"十三五"国家重点出版物出版规划项目

面向可持续发展的土建类工程教育丛书

工程结构可靠性设计原理

第 2 版

贡金鑫 张 勤 编著

机械工业出版社

工程结构可靠性设计方法用可靠度或可靠指标描述工程结构的安全性、适用性和耐久性，用可靠指标或基于可靠指标的分项系数设计表达式对结构进行设计。目前工程结构可靠性已形成一套完整的理论并在世界各国的土木工程结构设计规范中得到应用。本书主要从概率的角度论述结构的设计原理，目的是使读者了解工程结构设计中的不确定性问题，以及近年来用概率方法解决这些问题取得的成果和在设计规范中的应用。本书主要内容包括绪论、结构可靠性的基本概念和原理、结构可靠度的计算、结构上的作用和作用效应、结构抗力和岩土性能、结构可靠度分析和校准、结构概率极限状态设计、结构整体稳固性与抗连续倒塌设计及既有结构可靠性评估。针对国内外工程结构设计理论的发展，本书介绍了国际标准《结构可靠性总原则》（ISO 2394），欧洲规范《结构设计基础》（EN 1990），美国标准《建筑及其他结构最小设计荷载》（ASCE 7）、《建筑规范对结构混凝土的要求》（ACI 318）等国际和国外标准，以及我国《工程结构可靠性设计统一标准》（GB 50153）和新修订的建筑、港口、水利水电、公路、铁路工程设计统一标准的内容。本书编写了较多的例题，以便读者理解和掌握相关知识。附录 A 给出了有关结构可靠性的一些中英文名词对照，附录 B 简要描述了概率论与数理统计的基本概念。

本书可作为高等学校土木、水利、交通、海洋等工程专业研究生相关课程的教材或教学参考书，也可供从事工程结构可靠性研究、工程结构设计和施工的科技人员学习参考。

图书在版编目（CIP）数据

工程结构可靠性设计原理/贡金鑫，张勤编著. —2 版. —北京：机械工业出版社，2021.6

（面向可持续发展的土建类工程教育丛书）

"十三五"国家重点出版物出版规划项目

ISBN 978-7-111-68402-2

Ⅰ.①工⋯ Ⅱ.①贡⋯ ②张⋯ Ⅲ.①工程结构-可靠性设计 Ⅳ.①TU311.2

中国版本图书馆 CIP 数据核字（2021）第 110484 号

机械工业出版社（北京市百万庄大街 22 号 邮政编码 100037）
策划编辑：马军平　　　　　责任编辑：马军平
责任校对：樊钟英　刘雅娜　封面设计：张　静
责任印制：李　昂
北京捷迅佳彩印刷有限公司印刷
2022 年 3 月第 2 版第 1 次印刷
184mm×260mm · 28 印张 · 690 千字
标准书号：ISBN 978-7-111-68402-2
定价：85.00 元

电话服务　　　　　　　　　网络服务
客服电话：010-88361066　　机　工　官　网：www.cmpbook.com
　　　　　010-88379833　　机　工　官　博：weibo.com/cmp1952
　　　　　010-68326294　　金　书　网：www.golden-book.com
封底无防伪标均为盗版　　　机工教育服务网：www.cmpedu.com

前　言

　　辩证唯物主义告诉我们，世界是物质的，物质是变化的，变化是有规律的。自古以来，人类不断地对世界进行探索和研究，就是为了寻找和认识客观世界发展、变化的规律，利用这些规律来改造世界，改善人类生存的条件，提高人们的生活水平，为人类造福。随着研究范围的不断扩大，将掌握的规律归类并转化为知识，就形成了今天的学科、领域和行业门类。在对客观世界进行研究和探索的过程中，人们也观察和意识到，规律是确定的，但相同条件下得到的结果未必是确定的，这是因为事物发展的初始条件并不完全充分，事物发展过程中也会存在多种不能明确和控制的因素，这些因素的干扰使得最终结果呈现不确定性。因此，规律是由客观世界或事物的内在发展机制决定的，而处在复杂环境中的事物的外在表现是多种多样的，也就是说，在一定的阶段和条件下，规律是确定性的，而结果应从统计上来认识。

　　具体到我们人类建造的各种土木工程设施也是如此。工程设施主要承受其自重及使用中的各种作用，力学是各种工程设施设计和建造的基石，而对其中各种不确定性的把握和应用概率、统计理论进行分析是其安全性的保证。从土木工程的发展历史来看，力学理论的应用要比概率、统计理论的应用发展得早、发展得快，这是因为土木工程设计问题就是求解力学问题的过程，一些力学理论和方法也是因土木工程设计的客观需求而很早就发展了起来的；而概率和统计理论的建立要晚于力学的发展，除了简单用来分析材料的性能外，概率和统计理论并不能像力学那样直接用于描述和分析土木工程设施的安全性，需要将概率和统计理论作为基本工具，结合力学方法对工程设施的安全问题进行专门研究。所以，历史上土木工程设施设计方法的发展是沿着力学方法和概率方法应用两条路径发展的，大致对应关系为：容许应力法—定值设计法（按经验确定的），破损阶段设计法（一个极限状态）—部分概率设计法（材料强度取值采用了概率法，荷载取值和安全系数仍是按经验确定的），极限状态设计法（多个极限状态）—部分概率法，极限状态设计法—近似概率法或概率极限状态设计法（材料强度和荷载取值均采用概率方法，可靠度采用可靠指标描述）。我国目前采用的结构设计方法是概率极限状态设计法，对于这种设计方法，虽然并不直接采用可靠指标进行计算，但分项系数是以可靠指标为基础确定的。概率极限状态设计法也称为以概率理论为基础、以分项系数表达的极限状态设计方法。

　　从20世纪70年代起，结构可靠性理论在结构设计规范中得到应用，目前概率极限状态设计方法已经成为国际上大部分国家结构设计的主流方法。具有科学性、先进性和引领性的国际标准《结构可靠性总原则》（ISO 2394）自1973年第一版到现在已经颁布了4版，2002年颁布的欧洲规范《结构设计基础》（EN 1990）规定了系列欧洲规范设计的基本原则和概率基础，我国《工程结构可靠性设计统一标准》自1992年颁布以来于2008年完成了第一次修订，《建筑结构可靠性设计统一标准》自1984年颁布以来已分别于2001年和2018年进行了两次修订，港口工程、水利水电工程、铁路工程和公路工程结构的可靠性设计统一标准也在第一版颁布后分别进行了一次修订。另外、我国核电、风电、电网等行业也基于可靠性理论编制和修订了其行业工程结构的设计标准和规范。

结构可靠性设计理论和方法在世界范围内得到认可并被广泛采用，是因其合理性、先进性，是科学技术发展的必然结果，体现了行业技术进步，这主要反映在如下几个方面。

1）结构可靠性理论在一定程度上反映了结构建造、使用过程中存在的随机不确定性。不确定性是自然界和社会中存在的客观现象，结构设计方法的发展，一条路径就是按照概率和统计理论的应用进行的。容许应力法、安全系数法中的安全系数尽管是用来考虑结构建造、使用过程中存在的各种不确定性的，但由于科技发展的局限性，当时尚不能通过概率和统计理论来分析，而是完全凭经验确定的；结构可靠性设计理论则不同，第一次近似用概率度量结构的可靠度，用可靠指标体现结构的可靠度水平，建立了分项系数与可靠指标的关系，实现了结构设计由确定性方法向不确定性方法的重大跨越。尽管目前的结构可靠性理论仍不是很完善，但是结构设计方法前进的一大步，按照赵国藩院士的说法，"可靠度方法如同一杆秤，虽然还不是很精确，但总是要比没有这样一杆秤好。"

2）结构可靠性理论为结构设计提供了合理的分项系数设计表达式。容许应力设计法和单一安全系数设计法直接将同时出现的各种荷载的效应叠加在一起进行设计，不区分各荷载随机变异性的大小，这将导致所设计的结构在不需要使用很多材料之处使用了很多的材料，而在需要较多材料之处材料用量又不足，结构各构件或部件的可靠度非常不一致。概率极限状态设计方法首先按照结构作用组合原理确定了符合结构荷载组合规则的分项系数设计表达式，表达式中的各分项系数与作用、材料的概率特性和设计采用的目标可靠指标相联系，不仅概念明确，而且合理。

3）以结构可靠性理论为基础构建了结构设计理论的完整体系。结构可靠性理论解决的主要问题是设计中如何考虑结构建造和使用中的各种不确定性；根据结构设计中的不同要求、作用的随机特点等，建立了以可靠性为核心的结构设计理论和体系，包括极限状态的定义、内容和设计原则，设计状况，材料性能、作用标准值的确定，结构分析方法，作用组合原则，分项系数设计表达式等。结构可靠性理论应用于结构设计规范已经有近40年的历史，从这40年的发展历程来看，结构可靠性理论的重要作用不仅赋予了结构安全的宏观概率度量指标，更重要的是统一了各结构设计规范的设计方法和表达式。建筑工程领域是可靠性理论应用最早，也是研究和应用相对较完善的领域，所以可靠性理论起的统一作用在建筑领域体现得更为充分。20世纪70年代，我国建筑结构设计规范采用的是单安全系数的极限状态设计方法，不同材料的结构采用的安全系数是不同的，相同材料的结构不同类型的构件设计采用的安全系数也是不同的。如建筑钢筋混凝土偏心受压构件采用的安全系数为1.55，砌体结构偏心受压构件采用的安全系数为2.3；钢筋混凝土受弯构件采用的安全系数为1.4，而受剪构件采用的安全系数为1.55。这种处理方法不能解释为什么钢筋混凝土与砌体结构性能的不同要用对荷载乘不同的安全系数来考虑；对于钢筋混凝土构件，受剪和受弯性能的不同也反映在对荷载所乘的安全系数的不同上；对于部分为混凝土结构、部分为砌体或钢材的结构，矛盾更为突出，整个设计体系比较混乱。以可靠性理论为基础的结构设计方法则较好地解决了这一问题：相同的荷载采用相同的荷载分项系数，不同的材料采用不同的材料性能分项系数，各荷载的分项系数和各材料性能的分项系数由其概率分布、统计参数和目标可靠指标确定，对于不能确定变量概率分布和统计参数的情况，则结合工程经验确定其分项系数。建筑工程领域20世纪80年代以后颁布的混凝土结构、钢结构、砌体结构、木结构等设计规范，都采用了相同的设计表达式和荷载分项系数，而不同的材料性能采用各自的材料性能分项系数，实现了结构设计方法的统一。

到目前为止，虽然我们在工程结构可靠性理论和应用方面取得了阶段性的成绩，但还有更多的工作要做，除了继续加强基础理论研究外，应用方面的研究更为重要。多年的实践告诉我们，虽然工程结构可靠性有一套完善的理论，同时涉及设计变量的概率分析和结构可靠指标的计算，但可靠指标只是一个宏观的代表性指标，更为重要的是如何将可靠性的基本思想贯穿到规范的编制和结构设计中，以及如何从工程实践中把握和解决各种不确定性问题并进行决策。事实上，实际工程中可进行统计分析并能获得概率分布和统计参数的变量是少数，甚至是极少数，大部分设计变量的概率分布和统计参数是难以得到的，特别是在水利水电工程结构、港口工程结构、铁路工程结构、公路工程结构设计中。建筑工程结构设计的作用变量相对较少，材料性能参数也比较容易统计。土木工程结构荷载多、变异性大的特点，是推动可靠性设计方法或分项系数设计方法不断发展的动力之一。

本书作者之一贡金鑫自20世纪80年代末开始至今，一直从事工程结构可靠性理论和应用的研究，并一直承担大连理工大学土木、水利工程本科生和研究生"工程结构可靠度"课程的教学工作。本书作者除承担多项国家、省部科研项目外，先后参与了20多本结构设计标准和规范的编写和修订工作，包括《工程结构可靠性设计统一标准》（GB 50153—2008）、《建筑结构可靠性设计统一标准》（GB 50068—2018）、《港口工程结构可靠性设计统一标准》（GB 50158—2010）、《公路工程结构可靠性设计统一标准》（JTG 2120—2020）、《建筑结构荷载规范》（GB 50009—2012）和《工程结构通用规范》（GB 55001—2021）等，同时参与了《水利水电工程结构可靠性设计统一标准》（修订稿）的审查，以及铁路工程结构由容许应力设计法向概率极限状态设计法转轨的科研工作。此外，作者承担了《核电厂混凝土结构技术标准》（GB/T 51390—2019）、海上风电机组基础、《重力式码头结构设计与施工规范》（JTS 167-2—2009）、《板桩码头设计与施工规范》（JTS 167-3—2009）、《港口工程桩基规范》（JTS 167-4—2012）、《输电线路跨越（钻越）高速铁路设计技术导则》（Q/GDW 1949—2013）、《船厂水工工程设计规范》（JTS 190—2018）可靠性研究专题及规范的编制和修订工作；以"连云港至镇江线五峰山长江大桥""江阴三桥"等多项工程为依托工程，对千米级多线、多车道公铁两用悬索桥列车荷载效应折减系数及列车荷载与其他荷载组合的组合值系数进行了研究。针对目前土木工程结构设计采用的概率极限状态方法，本书主要从概率的角度论述结构的设计原理，目的是使读者了解结构设计中的不确定性问题，及近年用概率方法解决这些问题取得的成果和概率方法在设计规范中的应用。本书的编写参考了大量的文献，在此向文献的作者表示衷心感谢。

本书第1版由中国工程结构可靠性领域创始人之一赵国藩院士主审。2017年2月1日，赵国藩院士与世长辞，作者以本书的出版表达对赵国藩院士的深切怀念。

限于作者水平，书中难免存在不妥之处，敬请读者批评指正。

作 者

目　录

X

第1章

绪　　论

土木工程是建造各类工程设施的统称。在卫星上天、信息网络技术覆盖地球各角落、生物研究已进入基因阶段的今天，土木工程似乎与高科技相差较远。的确，从建造材料、建造手段来讲，土木工程与当今高科技产品是不能同日而语的。然而，谁又能说我们今天生活的方方面面和高科技的发展离得开土木工程呢？人们居住、生活、工作离不开房屋，运送货物、跨江过水离不开桥梁，拦水、灌溉、发电离不开水坝，海上运输装卸离不开码头。总而言之，土木建筑与我们的生活息息相关。特别是，今天许多工程试验和力学的进步，得益于历史上土木工程的不断发展；而无论是力学对土木工程的推动，还是土木工程本身的发展，安全贯穿于其始终。

1.1　土木工程是人类文明的起源

人类生存的第一需要是吃饭和居住，所以自从地球上有了人，也就有了建筑物。这种建筑物可能是原始人居住的极其简陋的天然建筑物，如可挡风遮雨的原始森林、洞穴等（姑且称为建筑物），也可能是当今现代化的高楼大厦。

我国历史悠久，文化源远流长，对人类文化和科技的发展做出了重要贡献，留下了许多代表人类文明的建筑遗产。

我们的祖先很早就掌握了土木建造技术。在新石器时代后期仰韶文化的重要遗址中已发现用木骨泥墙构成的居室，如在1954年开始发掘的仰韶文化（约公元前5000—公元前3000年）重要遗址——西安东郊半坡遗址中已有居住区，并有制造陶器的窑场。公元前20世纪（约相当于夏代），有夯土的城墙。商代时（约公元前1324—公元前1265年）已逐渐采用黏土做成的版筑墙。西周时期（公元前1134—公元前771年）已有烧制的瓦。战国（约公元前475—公元前221年）墓葬中发现有烧制的大尺寸空心砖。

我国大规模兴修水利工程的人是传说中的夏禹，在治水的13年中，三过家门而不入。春秋时期（约公元前600年）修建了安丰塘灌溉水库。战国魏文侯（约公元前445—公元前396年）时西门豹开凿水渠12条，引漳水灌溉。秦昭王（约公元前306—公元前251年）时，李冰父子在岷山流域兴建了许多水利工程，其中以都江堰最为有名。

长城原是春秋、战国时各国为了相互防御而在形势险要处修筑的城墙。秦始皇（公元前259—公元前210年）于公元前221年统一中国，为了防御北方匈奴的南侵，于公元前214年将秦、赵、燕三国的北边长城予以修缮，连贯为一体。蜿蜒万山之中的长城，气势磅磚，是世界上最伟大的工程之一。

桥梁结构最早是为行人建造的石板桥和木梁桥，这可能是最简单和最古老的桥梁形式。后来逐步发展成为石拱桥。拱桥最早见于记载的是晋太康三年（282 年）建造的洛阳七里涧旅人桥（石拱桥）。现保存完好的我国最早石拱桥为河北赵县安济桥，又名赵州桥，该桥大约在隋开皇十五年至大业年（595—605 年）由李春建造，净跨 37.02m，矢高 7.23m，宽约 10m。该桥在材料使用、结构受力、艺术造型和经济上都达到极高的成就，是世界上最早的敞肩式拱桥，它比欧洲同类桥约早 1000 年。1991 年该桥被美国土木工程师学会（ASCE）选为世界第 12 个土木工程里程碑，这对弘扬我国民族文化有深远意义。

到了宋辽金元时期，我国建筑技术已经达到了成熟和高度发展的阶段，这一阶段建筑主要是以木结构为主体的结构形式，著名的山西应县佛宫寺释迦塔就是一个典型的例子。该木质佛塔高达 67.31m，距今已有近千年的历史，虽然经历近千年的风雨侵蚀和多次地震、炮击的重创，但是至今仍巍然耸立。据分析，为了保持塔身的稳定，释迦塔采用双层环形空间、明暗层的结构形式，所用木料超过 5000m^3，所用构件的尺寸只有 6 种规格。用现代力学的观点看，每种规格的构件的受力特性都较好，是近乎优化选择的尺寸。正是在这些技术成就所提供的经验知识的基础上，北宋出现了总结性的著作《营造法式》。

在国外，埃及人于公元前 27—公元前 26 世纪创建了世界上最大的帝王陵墓建筑群——吉萨金字塔，其计算准确、施工精细、规模宏大。古罗马人在公元前 4 世纪用拱券技术砌筑下水道、隧道、渡槽。公元前 2 世纪，用火山灰和石灰的混合物制成的天然混凝土得到广泛应用，有力地推动了古罗马的拱券结构的大发展。如万神庙的圆形正殿屋顶，直径为 43.43m，是古代最大的圆顶庙。古罗马的公共建筑类型多，结构设计、施工水平高，已初步建立了土木建筑科学理论，如维特鲁威所著的《建筑十书》奠定了欧洲土木建筑科学的体系基础，并对欧洲土木建筑的发展有深远影响。

"土木"在中国是一个古老的名词，意指建筑房屋等工事，如把大量建造房屋称作大兴土木。古代建房主要依靠泥土和木料，所以称土木工程。在国外，土木工程一词是 1750 年由设计建造艾德斯通灯塔的英国人 J. 斯米顿首先引用的，意即民用工程，以区别于当时的军事工程。至 1828 年，伦敦土木工程师学会的皇家特许状为土木工程下的定义为 "Civil Engineering 是利用伟大的自然资源为人类造福的艺术"，与中国土木工程的含义相近，故译作土木工程。事实上，土木工程是所有工程中发展最早、内容最广的工程学科，是人类改造和建设生活、生产环境的先行基本手段。它所建造的各种工程设施，既满足了当时的生活和生产的需求，也反映了各个历史时期的社会、经济、文化和科学技术的面貌。

1.2　近代土木工程的发展

土木工程的出现，源于人类生存的基本需求。而土木工程的发展，得益于新材料的不断出现和数学、力学的不断进步。结构工程是土木工程的重要组成部分，近代结构工程的发展，在相当程度上反映了土木工程的发展，下面以建筑和桥梁为代表论述近代结构工程的发展对土木工程发展的推动作用。

古代的建筑物是用木、石等天然材料建造的，这些材料强度有限，有时不能按照人们的想法建造成期望的建筑形式。随着炼铁技术的出现，铸铁成为重要的材料，建造技术和规模

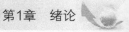

有了一定程度的提升。1750 年前后，炼铁技术有了改进，可以用焦炭代替木炭进行冶炼，在英格兰铸铁生产开始商业化，同时人们也掌握了锻铁的技术。第一个以铸铁为主要建筑材料建造的结构物是 1779 年建于英格兰塞文河上的拱桥。该桥跨度为 36.6m，类似于石拱桥，构件之间的连接参考了木桥的接头。18 世纪末，铁作为主要建筑材料，在桥梁和房屋建筑中得到广泛应用。

仓库和工业建筑的耐火要求是金属铁在建筑结构中广泛应用的一个重要推动力。19 世纪初，典型的框架结构工业建筑的形式为：用砖墙或铸铁柱支撑铸铁大梁，楼板为横跨大梁的砖拱，拱肩填充瓦砾或石灰混合物。为减轻梁的重量，梁腹板开孔。因为铸铁的抗压强度较高，用铸铁做柱比做梁更为常见。1847 年，亨利·菲德勒（Henry Fiedler）提出了用铆钉将铸铁和锻铁件、板和角钢连接在一起制成复合梁的方法。由于锻铁的强度是铸铁的两倍，所以锻铁更多用于受拉的构件，而铸铁主要用作支撑或用于受压的构件。

1851 年，伦敦水晶宫建成，这是第一个采用梁柱框架形式的金属铁建筑，由工程师约瑟夫·帕克斯顿（Joseph Paxton）设计，该建筑使用了 3300 个铸铁柱。

1856 年，亨利·贝塞默（Henry Bessemer）发明了冶炼过程中通过向生铁流吹气减小碳含量的工艺，从而生产出韧性较好的钢铁。1885 年，多曼·朗（Dorman Long）的公司开始生产轧制钢梁，这种钢梁比铸铁梁更适合用于建造房屋和桥梁。1874 年，詹姆斯·布坎南·埃德斯（James Buchanan Eads）在美国圣路易斯建造了第一座由锻铁和钢构件组成的公铁两用拱桥，桥梁横穿密西西比河。1883—1890 年，本杰明·贝克（Benjamin Baker）使用钢材建造了苏格兰爱丁堡附近的福斯湾大桥，桥梁净跨度 521.2m。威廉·勒巴隆·詹妮（William L. Jenney）于 1883 年首次在芝加哥家庭保险公司大楼的结构框架中使用了钢材，这标志着芝加哥摩天大楼的出现。家庭保险公司大楼采用了箱形铸铁和锻铁柱、锻铁次梁和主梁，共 10 层，较厚的砖墙提供了抗风能力。1881 年，法国的奥古斯特·德·梅里滕斯（Auguste de Meritens）开发了电弧焊接技术，但当时应用不多，钢框架还是以铆接为主。1889 年，芝加哥的 14 层塔科马（Tacoma）大楼成为第一座采用铆接技术的高层框架钢结构，用砖做围护墙。1887—1889 年，法国工程师古斯塔夫·埃菲尔（Gustav Eiffel）采用锻铁建造了高 300 多米的埃菲尔铁塔，用时 26 个月。埃菲尔对风引起的塔摆动进行了多次的测算，但由于他对结构钢的性能信心不足，埃菲尔铁塔的建造全部采用锻铁。

西方所记载的首座悬索桥是临时搭建的铁索桥，该桥于 1734 年由萨克森的军队在远征但泽的途中搭建完成。1741 年英国用铁链建成吊桥，跨越提兹河，比我国泸定河铁索桥晚 35 年。1801 年詹姆斯·莱芬设计建造了具有现代化特征的雅各布涧悬索桥。1883 年建造完成的布鲁克林大桥，坐落于美国纽约，距今已有 130 多年的历史，其主跨 486m，全长 1834m，是世界上第一座有着较大跨度的现代悬索桥。世界上首座跨径超过千米的悬索桥，是于 1931 年建成的美国乔治·华盛顿大桥，其跨距长达 1066.8m，总长达到了 1450.8m。1937 年美国的金门大桥建成通车，反映美国当时的桥梁水平已达到世界领先水平。

20 世纪 40 年代建成的塔科马海峡吊桥位于美国华盛顿州塔科马，主跨跨径 853m，全长 1524m。该桥于 1940 年 7 月 1 日通车，但四个月后戏剧性地被微风摧毁，这一幕正好被一支摄影队拍摄了下来，该桥因此声名大噪，故也被称为"舞动的格蒂"。这戏剧性一幕对未来悬索桥的发展产生了巨大的影响，设计师们开始意识到风荷载在悬索桥设计建造中的重要作用，悬索桥风动力稳定性的研究也逐渐受到重视。重建的大桥于 1950 年通车，被称为

"强壮的格蒂"，这也标志着悬索桥发展重新步入正轨。

两千多年前的罗马就开始用在石灰中掺入碎石的黏合物建造房屋。在 1793 年重建于普利茅斯（Plymouth）海岸附近的埃迪斯顿（Eddystone）灯塔的报告中，记载了制作耐水黏合物的方法。1796 年，约瑟夫·帕克（Joseph Parker）发明制作了水硬性水泥并取得了其专利，对钙质黏土进行煅烧，即得到所谓的罗马水泥。1824 年，阿斯普丁（J. Aspdin）发明了波特兰水泥。1840 年法国、1871 年美国、1889 年澳大利亚出现了生产波特兰水泥的工厂。钢筋混凝土是 1867 年由弗朗索瓦·科吉尼特（Francois Coignet）和约瑟夫·莫尼尔（Joseph Monier）两位法国工程师研制成功的，最早用于制作混凝土花盆，实际上早在 1854 年，英国威廉·布特兰威尔金森（William Boutland Wilkinson）就获得了一种钢筋混凝土复合楼板的专利。弗朗索瓦·亨内比克（Francois Hennebique）在 1880—1890 年间建造了 100 多座钢筋混凝土桥梁，其中包括法国维埃纳河上著名的三跨夏特勒罗（Pont de Chatellerault）拱桥。第一座钢筋混凝土多层建筑是 1908 年由阿尔伯特·卡恩（Albert Kahn）在美国纽约建造的。1930 年，罗伯特·梅勒（Robert Maillart）设计了蘑菇形柱顶的无梁楼盖，此外他还在欧洲设计了多个造型美观的拱桥、箱梁桥和板梁桥。尤金·弗雷西内（Eugene Freyssinet）在欧洲和南美设计、建造了多座钢筋混凝土桥梁，他还提出用高强钢丝制作预应力混凝土结构的设想。1920 年预应力混凝土结构得到应用，大大增加了混凝土桥梁的跨度。

1894 年美国曼哈顿人寿保险大厦的建成，体现了钢结构和混凝土结构的创新。该大厦采用了抗风支撑，基础采用了气动沉箱，从基础到顶部的高度为 106.1m。1913 年建成的伍尔沃斯大楼（Woolworth Building）高 231.65m，是当时最高的建筑，地下 3 层，地上 55 层，为使结构耐火，全部钢材用混凝土包裹。1931 年，102 层、高 381m 的美国帝国大厦竣工。帝国大厦使用了 67000t 钢材，平均每周建造 4 层半楼。在 33.5m/s 的强风中，大厦的水平位移为 63mm。帝国大厦也是高层建筑中第一个采用幕墙的结构，石灰墙直接用角钢固定在钢框架上。钢框架的设计要求考虑了外墙的移动。

1969 年，美国芝加哥约翰·汉考克中心（John Hancock Center）建成，建筑高 343.5m，地上共 100 层，采用锥形斜桁架管系统。该建筑物有多项技术创新，采用外框架管体系承担全部风荷载，既有办公区，又有公寓区。20 世纪 70 年代美国匹兹堡（Pittsburgh）建造了 75 层的超高钢结构建筑，使用屈服强度 250~690MPa 的结构钢；纽约世界贸易中心双塔楼 110 层，高 411.48m，使用屈服强度高达 690MPa 的钢材；芝加哥西尔斯大厦（Sears Tower）110 层，高 443.18m，采用模块化和捆绑式框架系统抵抗风荷载。之后，又出现了钢-混凝土组合高层结构，如香港著名的中国银行大楼（采用了斜桁架管系统）、休斯敦的德克萨斯商业法院大楼、芝加哥印第安纳州标准石油大厦（采用了人形柱外部框架管系统）等。

我国古代建筑和桥梁具有非凡的成就，但近代由于受到西方列强的侵略，民不聊生，科学技术发展缓慢，没有具有国际代表性的建筑和桥梁。改革开放以来，我国经济迅速发展，建造了大量的高层、超高层建筑和大跨度、特大跨度桥梁，并且多次创世界纪录。如 2018 年 5 月 24 日正式通车的港珠澳大桥集桥梁、隧道和人工岛于一体，建设难度之大，被业界誉为桥梁界的"珠穆朗玛峰"，也被英国《卫报》评为"新世界七大奇迹"之一。据不完全统计，港珠澳大桥创下了 8 个"世界之最"：最长的跨海大桥（全长 55km）、最长的钢铁大桥（有 15km 是全钢结构钢箱梁）、最重的钢结构桥梁（主体桥梁总用钢量达到了 42 万 t，相当于 10 座鸟巢或 60 座埃菲尔铁塔）、最长的海底隧道（沉管隧道全长 6.7km）、最深的沉管隧道（海底隧道最深 48m）、最大的沉管（沉管隧道由 33 个巨型混凝土管节组成，每个管节长 180m、宽 38m、高 11.4m、重达 8 万 t）、最精准的深海对接（沉管在海平面以下 13~48m 进行海底无人对接，对接误差控制在 2cm 以内）。

1.3 土木工程与力学的发展

建筑物建造及使用过程中安全与否，取决于它是否符合力学原理，所以土木工程离不开力学。但如前所述，在有现代力学知识以前，人们就已经会建造房子了。可以想象，那时的建筑师已经有了关于建筑结构及材料强度的感性认识，并由此有了决定构件安全尺寸的经验法则。即便是今天，经验在土木工程中也是不可缺少的。

古希腊人在把建筑技术推向前进的过程中，发展了静力学。阿基米德是静力学的创始人，是将力学与数学结合的典范。他对杠杆平衡条件做了严格的证明，并且概述了物体重心的求法。古罗马时期的建筑经常采用拱形，但因为当时还没有对拱这种结构的力学分析，所以他们并不知道怎样合理选择尺寸，古代建筑中的拱都是跨度较小的半圆拱，而各部分的尺寸大，比现代的拱笨重。

在欧洲文艺复兴时期，出现了一些杰出的建筑师和工程师，其中出生于意大利佛罗伦萨的画家、自然科学家、工程师莱昂纳多·达·芬奇是最突出的一个。达·芬奇强调数学和力学是科学的基础。他研究过落体运动，研究过梁的强度，也做过一项关于柱（压杆）的强度的研究；他是最早试图用实验来确定结构材料强度的人。然而可惜的是，达·芬奇的这些杰出的力学研究成果一直埋没在他的笔记里，没有写成书，也没有发表，只留下了大量的手稿。同时，这个时期（15—16 世纪）的工程师和古罗马时代的人一样，继续仅凭经验和臆断来决定构件的尺寸。

最早尝试用力学分析的方法来求构件的经济安全尺寸是从 17 世纪开始的。著名力学家伽利略·伽利雷（Galileo Galilei），罗伯特·胡克（R. Hooke）及提出理想气体公式的物理学家马略特（Edme Mariotte）都对梁的变形和抗弯强度做过研究。

1729 年，法国人贝利多（Belidor）出版了《工程师的科学》一书。此书在当时的建筑工程师中流传极广而且多次再版。在该书中，贝利多将伽利略和马略特的成果应用到木梁的试验中，得出了决定梁的经济安全尺寸的法则。1798 年，法国人吉拉尔（Girard）出版了另一本书，名为《固体的抗力分析》。在该书中，作者介绍说，关于梁的弯曲，伽利略和马略特的两种理论都被土木工程师采用了。对于脆性材料，如石料，工程师们采用了伽利略的假说，即假定在断裂时，内力是均匀分布在整个截面上的；对于木梁，工程师们采用了马略特的假说，即假定内力集度在凹面上为零，而在凸面上的最外层纤维中达到最大。有趣的是，这个时期的许多力学家都在土木工程这个领域中做出了卓越贡献，有的甚至本人就是土木工程师。例如，上面提到的胡克，他是一位卓有建树的力学家，线弹性材料的本构关系（描述材料受力与变形之间的关系）就是他于 1678 年提出的，现在称为胡克定律。他还是一位土木工程师，在 1666 年 9 月的伦敦大火后，他曾做过一个重建城市的模型，并写了建议书，后受聘担任测量师，还亲自设计过几栋房屋。

梁是现代工程结构的主要构件之一。历史上最早提出梁弯曲问题的是伽利略。贝努利（Bernoulli）对纯弯梁进行了研究，为纪念他及其家族所做出的贡献，也把梁称为"贝努利梁"。铁木辛柯（Timoshenko）考虑梁剪切变形的影响，进一步完善了梁的计算理论。对梁弯曲理论有重大贡献的还有查利·奥古斯丁·库仑（C. A. Coulomb）、纳维（Navier）和圣维南（Saint-Venant）等。根据对梁弯曲理论的研究，他们已经知道梁的中间部分起的作用不大，如果挖掉这一部分，对梁的承载力影响很小，从而减轻梁的自重。这就是今天工字形梁、T形梁及箱形梁的由来。

柱是承受压力的基本构件。1744 年，著名的瑞典数学力学家莱昂哈德·欧拉（L. Euler）就提出了柱的受压屈曲公式。1757 年，欧拉再次出版了关于柱屈曲问题的书，简单地给出了确定临界载荷的公式。随着钢结构在土木工程中的广泛应用，细长柱（杆）和薄腹板的受压稳定问题日益重要。第一次柱的压屈试验是包辛格（J. Bauschinger）做出的。与此同时，力学家们都在关注一个根本性的问题，即结构压屈失稳前后，虽然结构的形状发生了变化，但它们都满足弹性理论方程。

事实上，稳定性理论有三个研究方向。除了欧拉和拉格朗日的两个方向以外，另一个方向则是法国数学力学家亨利·庞伽莱（H. Poincaré）于 1881 年在研究周期运动轨道稳定性问题时所开创的。1888 年，布赖恩（G. H. Bryan）发表了一篇关于弹性稳定的一般理论的论文，大大提高了人们对于稳定性的认识。目前，一些力学家正致力于将上述三个方向统一起来的稳定性理论研究。

拱是主要承受压力的构件。古时的石拱是用楔形石块拼接而成的。各个楔块之间传递推力使其保持稳定。一直到 19 世纪 30 年代，拱的设计都依从库仑的理论。后来，著名力学家拉梅（M. G. Lamé）对库仑理论做了补充。纳维于 1826 年讨论了拱内的应力。1830 年，匈牙利人格斯特纳（Gerstner）主编了《力学手册》一书，首次在拱的分析中引入了压力线和抗力线的概念。此后的力学工作者大多致力于寻找解压力线的简便方法，以及据此选定拱中心线的最佳形状。采用钢筋混凝土建造拱以后，应力分析成为工程师们主要关心的问题，拱的理论又有了新的发展。

板的弯曲问题一直以来是许多力学工作者研究的重点。1829 年西莫恩·德尼·泊松（S. D. Poisson）给出了板抗弯刚度的正确表述。1850 年，古斯塔夫·罗伯特·基尔霍夫给出了板的边界条件的正确表述。现在的薄板理论，包括薄板的基本假设都被认为是基尔霍夫建立的。工程上广泛采用薄板理论是从 20 世纪才开始的，那时在薄板问题的数值解中已广泛采用里兹法和有限差分法，工程中用的数据都可以通过数值计算求得。薄板理论有小挠度理论和大挠度理论。最早的薄板大挠度方程是基尔霍夫在 1877 年给出的，最著名的则是匈牙利力学家冯·卡门（T. von Kármán）于 1910 年给出的。我国著名力学家钱伟长也做出了卓越的贡献。直到现在，还有力学工作者在为完善各种厚度的板理论而努力。

壳是指具有一定厚度的曲面构件。壳体结构具有强度和刚度高而用料省的优点，所以在自然界，像蛋壳、贝壳、果核等都自然选择了壳体结构。薄壳理论最早是由德国力学家阿龙（H. Aron）于 1874 年，英国力学家乐夫（A. E. H. Love）于 1888 年分别提出的。第一次将壳体方程用于土木工程的是斯托多拉（A. Stodola）。在土木建筑中用处很广的是唐奈（L. H. Donnell）的扁壳方程，它指出双曲屋盖和拱形板等都可以看作扁壳。20 世纪以来，各类工程中开始应用壳体结构。例如，1957 年建成的北京天文馆就是一个直径 25m 的半球形球壳；1978 年建造的天津市新体育馆，采用了直径 108m 的双层球壳。

桁架最早出现在木桥和屋架上。古罗马人在建造木桥时就用过桁架；文艺复兴时期，意大利建筑师也采用木桁架建造桥梁；18 世纪出现铁路以后，美国和俄国更是大量使用木桁架建造桥梁。

　　美国桥梁工程师惠普尔（S. Whipple）和俄国工程师儒拉夫斯基（Zhulavski）最先提出了求静定桁架各杆内力的节点平衡法。随后，德国工程师里特（A. Ritter）和施维德勒（J. W. Schwedler）提出了截面法。英国剑桥大学教授麦克斯韦（J. C. Maxwell）把图解法引入到桁架分析中，1864 年在分析桁架节点位移时，他提出了位移互等定理，直至今天，这个定理还是分析超静定结构的重要工具，称为麦克斯韦互等定理。在桁架分析中做出很多贡献的还有莫尔，他独立推导出了麦克斯韦的公式，讨论了桁架的一般理论。从他开始，在桁架分析中使用了虚位移原理。德国慕尼黑工程学院的弗普尔（A. Föppl）发展了空间桁架理论，并讨论了把空间桁架作为屋盖的可能性。

　　针对梁、柱、板、壳等进行研究只能解决特定的问题，实际上，由于结构承受的荷载、结构的实际边界条件非常复杂，很难与有解的情况完全相符，所以采用传统的解析法计算结构的内力会遇到困难。在这一背景下，有限元方法应运而生。计算机的出现，为有限元方法的发展提供了技术条件。有限元方法的基本思想是将结构离散化，用有限个简单的单元来表示复杂的对象，单元之间通过有限个节点相互连接，然后根据平衡和变形协调条件将这些单元组合在一起进行求解。由于单元的数目是有限的，节点的数目也是有限的，所以称为有限元法。1960 年，美国加州大学伯克利分校的克拉夫（R. W. Clough）教授首先在其论文中采用了"有限单元"一词，而实际上 20 世纪 50 年代，飞机设计师在飞机的应力、应变分析中就采用了该方法。目前，有限元方法是迄今为止最为有效和应用最为广泛的结构分析方法，推动了土木工程向大型化和精细化设计方向发展。

1.4　土木工程结构设计方法的发展

　　科学试验和力学的发展使土木工程由完全凭直觉和经验走向了科学与经验相结合的道路。土木工程结构设计理论和方法的发展经历了几个阶段，这几个阶段是按两条发展路径划分的：按力学方法的发展和按概率方法的发展。按力学方法的发展包括几何学设计法、容许应力设计法、破损阶段设计法和极限状态设计法；按概率方法的发展包括定值设计法、半概率设计法和近似概率设计法。两条路径的发展过程大致是相互对应的。下面按力学方法的发展过程进行论述。

1.4.1　几何学设计法

　　将数学和科学应用于建筑以前，设计准则主要依据传统经验。很多准则通常是根据几何原理控制建筑的安全的。西方的古代建筑物常采用笨重的承重墙和拱式体系，这种结构体系自重甚大，只要拆除了施工中所搭建的脚手架而结构不倒塌，就认为是安全的。这些准则通常建立于不断的尝试与失败的基础上，因此曾发生过多起结构倒塌事故。然而，从古代一直到文艺复兴时期的哥特式教堂及其他结构，采用这种设计方法却产生了一批伟大的建筑，许多建筑至今还存在。这些设计准则比较适合于砌体结构，砌体结构的应力一般较低，破坏是由刚体运动导致的，即结构承载力取决于几何形状而不是材料性能。一般情况下，如果此类结构满足设计要求，预计规模扩大一倍后也会满足要求。我国的古代房屋建筑结构多采用构架体系，即梁柱体系。这种体系开门窗方便，使用的灵活性大，梁柱尺寸也是根据经验按建筑物的比例而定的，而其中斗拱为各部分比例的基础。

法国人拉伊尔（Lahire）出版了《力学论著》一书，第一次用静力学方法分析了组成半拱的楔块的重量为多大时，石拱才稳定的问题，并给出了支墩的安全尺寸。后来，通过模型试验发现了拱的四段式典型破坏形式。据此，库仑在1773年的一篇研究报告中给出了组成拱的各个楔块之间推力上下限的表达式，只要推力在这个界限内，楔块就是稳定的，拱就不会破坏。一直到19世纪30年代，拱的设计者们都采用库仑的理论。后来，著名力学家拉梅对库仑理论做了扩充。纳维于1826年讨论了拱内的应力。

这个阶段建筑物的建造基本处于完全的经验阶段，谈不上考虑建造中的不确定性问题。

1.4.2 容许应力设计法

随着线弹性理论的发展，出现了容许应力设计法。该理论准确描述了结构材料在达到屈服应力（破坏开始）时的性能。随着科学与数学在工程中应用的发展，人们可以分析超静定结构，并能详细计算出梁、柱等弯曲应力和剪应力的分布。现在应用的许多弹性结构和材料性能的理论大多都是在这一时期形成的，这些理论是欧拉（Euler，1757年）、库仑（Coulomb，1773年）、纳维（Navier，1826年）、圣维南（Saint-Venant，1855年）、摩尔（Mole，1874年）、卡斯特哥雷诺（Castigliano，1879年）和铁木辛柯（Timoshenko，1910年）等学者的研究成果。

随着1849年针对大量铁路桥梁破坏情况调查研究的开展，兴起了对结构安全性的深入研究。工程师们听取了布鲁尔（Brunel）、罗伯特·斯蒂芬森（Robert Stephenson）、洛克（Locke）、费尔班（W. Fairbairn）及当时许多著名工程师的意见，在研究结构破坏的同时，也开始意识到需要预防结构永久变形的发展。这种计算方法是容许应力法，即由名义或特征设计荷载引起的应力不应超过容许应力或极限应力，容许应力是指材料的屈服应力或破坏应力除以安全系数后的值，即

$$\sigma \leqslant [\sigma] = \frac{\sigma_{max}}{K} \tag{1-1}$$

式中，σ_{max} 是屈服应力或破坏应力值；K 是安全系数。对于塑性材料，取材料的屈服点 σ_y 为 σ_{max}，相应的安全系数 K 取 $1.4\sim1.6$；对脆性材料，取材料的强度极限 σ_b 为 σ_{max}，相应的安全系数 K 取 $2.5\sim3.0$。其实对塑性材料也可取其强度极限 σ_b 为 σ_{max}，由于屈服点 $\sigma_y = (0.5\sim0.7)\sigma_b$，故此时相应的安全系数 K 取 $2.3\sim2.8$。

容许应力设计法包含了两个方面的内容：第一，用材料的线性弹性性质来概括结构的实际工作规律，以此确定结构在达到极限状态时的计算应力；第二，通过规定标准荷载和容许应力，来保证结构在使用中的可靠性，而且将影响结构安全的各种可能因素主要集中在安全系数中考虑。由于材料性能、荷载取值及安全系数全部是通过经验确定的，所以从概率方面来讲，容许应力设计法属于定值设计法。

图1-1示出了钢筋混凝土梁采用容许应力法设计的截面应力分布，σ_c、$[\sigma_c]$ 为梁受压混凝土最边缘纤维的压力和容许压力，σ_s、$[\sigma_s]$ 为钢筋的拉应力和容许应力。

结构工程发展初期采用容许应力设计法，在今天来看，应认为是比较合理的。但随着工业的发展，结构建造中大量地采用了钢材和混凝土，由于这些材料都具有不同程度的塑性性

能，因此在采用容许应力设计法进行设计时，就会出现一些不合理的结果。例如，对于受弯、偏心受压或偏心受拉及受扭构件，按线性弹性理论计算应力时，得到的应力分布是不均匀的，据此应力分布设计的结构，由于没有考虑结构在塑性阶段能够继续承受荷载的潜力，当采用固定不变的安全系数时，其实际安全水平比应力分布均匀的受拉或受压构件高。

此外，容许应力设计法将与材料性能无关的影响因素，如荷载的变异性，也通过安全系数考虑在材料的容许应力中，因而对于不同性质的荷载，就无法区别对待。众所周知，永久荷载的变异性要比活荷载小，设计中对永久荷载取值的估计要比活荷载准确得多，但容许应力设计法不能考虑这两种荷载变异性的差异，致使承受不同比例的永久荷载和活荷载的结构，其安全水平极为不一致，尤其当这两种荷载引起的效应的符号相反时，对有些结构还存在很大的风险。

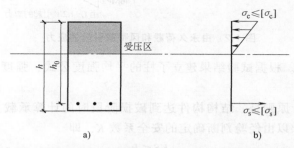

图1-1 钢筋混凝土梁采用容许应力法设计的截面应力分布
a）截面及配筋 b）截面应力

1965年，英国费里布里奇（Ferry bridge）电厂的八座钢筋混凝土冷却塔，由于大风导致其中三座倒塌。塔的高度为115m，塔底直径为92m，壁厚为12.5cm，塔壁中部配置有直径10mm、间距25cm的钢筋网，设计风压为830Pa。当时的风速为23.6m/s（时距为1h的平均风速），阵风达43.2m/s。事故调查委员会调查的结论是：由于内部的吸力和外部的压力造成冷却塔上部壳体失稳；在风压和自重共同作用下，塔底仍存在很高的拉应力；由于塔的间距太近，导致局部风速加大。

塔底产生的拉应力如图1-2所示。采用容许应力法进行设计，假定塔底的抗拉和抗压强度分别为1.46MPa和13.1MPa，在标准永久荷载和风荷载（$G+W$）的作用下，塔底最大拉应力和压应力分别为各自强度的50%（见图1-2d）。如果风荷载增大20%，塔底A处应力则增到抗拉强度值（见图1-2e），而实际风压超过设计风压，远大于20%。因此，在容许应力设计法中，不区分不同的荷载变异情况，仅根据所采用的结构材料取统一的容许应力值，实际上是不合理的。

1.4.3 破损阶段设计法

在砌体结构中，虽然石材是"脆性的"，但墙和拱很少会因为材料突然断裂而产生破坏。然而，随着铸铁技术的发展及其在建筑和桥梁结构中的应用（起初用于柱，后来又用于梁），结构突然发生断裂破坏的事件经常发生。

1840年，伊顿·霍奇金森（Eaton Hodgkinson）采用试验方法研究了铸铁柱的强度，之后其他人也采用了这种方法进行了研究［蒂特迈杰（L. Tetmajer），1896年和爱翁

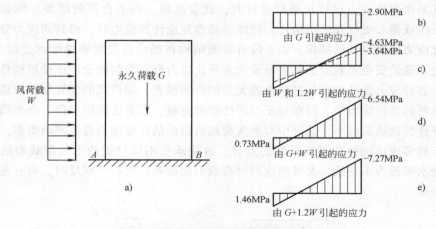

图1-2 由永久荷载和风荷载引起的应力

（A. Ewing），1898年]。根据试验结果建立了柱的平均强度公式，强度与柱的长细比和破坏时的轴向应力有关。

破损阶段法的设计原则是：结构构件达到破损阶段时的计算承载力 R 应不低于标准荷载引起的构件内力 S 乘以由经验判断确定的安全系数 K，即

$$KS \leqslant R \qquad\qquad (1\text{-}2)$$

计算承载力 R 是根据结构构件达到破损阶段时的实际工作条件来确定的，这种承载力可通过试验验证。由于将安全系数乘在荷载效应上，因此该设计方法也称为荷载系数法。

在1849年对铁路桥梁破坏进行调查研究后，英国贸易部规定铁的极限应力是77.5MPa，对应的安全系数至少为4。

普哥斯雷（A. Pugsley）解释了为何用平均破坏荷载除以荷载系数来确定使用荷载；在朗肯（W. Rankine）最初提出的公式中，不同性质荷载的荷载系数是不同的。西蒙（E. Salmon）进一步研究了不同情况的荷载系数，大部分研究来源于他在铁路桥梁方面的工作实践。火车的活荷载施加得非常快，它引起的应力是永久荷载的两倍。因此，西蒙在1921年提出活荷载的荷载系数应为永久荷载系数的两倍。

然而，进一步的研究表明柱的强度有很大的离散性，而且实验室的试件与工程实际的试件也有很大的差异。如前所述，早在1744年，著名的瑞典数学力学家欧拉就建立了柱的受压屈曲公式，然而欧拉的理论在那个时期并没有得到广泛应用，因为土木工程师对于该理论的可靠程度还不十分清楚，所以他们开始做试验研究。遗憾的是，因为当时对于受压柱的端部支承情况、加载的精确程度及材料的弹性常数精度重视程度不足，所以试验结果与理论并不相符，导致工程师们在设计时更愿意采用各种经验公式。费尔班（W. Fairbairn，1864年）也意识到了大型铸件中的缺陷会对梁的强度产生影响，并注意到铸铁强度的显著变化。

钢筋混凝土梁采用破损阶段法设计的截面应力分布如图1-3所示。x_c 和 x 分别为梁混凝土的实际受压区高度和等效受压区高度；f_{cw} 为混凝土的等效抗压强度，根据混凝土强度按经验公式折算得到；A_s 为受拉钢筋的面积；f_y 为钢筋的屈服强度。

1900年，蒙克瑞夫（J. Moncrieff）认为设计柱时应采用三个系数，以描述导致柱破坏的三个主要不确定因素：

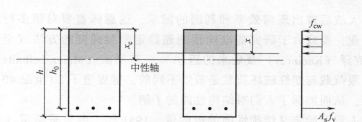

图 1-3 钢筋混凝土梁采用破损阶段法设计的截面应力分布

a）截面及配筋 b）截面应力

1）应防止由偶然超载引起的弹性不稳定，蒙克瑞夫建议使用荷载应限制在欧拉标准荷载的 1/3 以内。

2）容许柱由于不平直或荷载偏心导致的几何不完善，柱的强度计算公式中应考虑偏心。

3）考虑大型铸铁柱存在材料的缺陷（这是大型铸铁柱的显著缺陷），建议将平均破坏应力折减为其值的 1/3，后来采用一个更低的限值。

19 世纪 50 年代，英国通过进行大量的试验及采用荷载验证法来避免这类破坏发生。在梅奈（Menai）海峡大桥（1826 年启用）施工时，托马斯·泰尔福德（Thomas Telford）将每根钢筋加载至预期荷载的两倍进行检验。费尔班也以其试验技术闻名，在 19 世纪 40 年代末，他负责一个大型试验项目，研究将不列颠尼亚（Britannia）和康韦（Conway）大桥采用的薄板弯成大的管状截面后的受压屈曲。

尽管早在 19 世纪就已经形成了破损阶段设计法，但由于容许应力法的发展和成熟，其主宰了整个结构设计领域，使破损阶段设计理论延迟到钢筋混凝土结构得到大量应用的 19 世纪 30 年代才正式形成。当时，塑性理论和钢筋混凝土结构的试验研究已取得一定的成果，为钢筋混凝土结构按破损阶段法进行设计奠定了基础，使从理论上计算结构的最终承载力成为可能。因此，与容许应力设计法不同的是，破损阶段设计法考虑了结构材料的塑性性能及其极限强度，从而确定结构的最终承载力；破损阶段设计法在结构可靠性方面也是用安全系数来保证的，这一点与容许应力设计法相同，因此也存在着与容许应力法类似的缺点。

由于破损阶段设计法是以结构进入最终破损阶段的实际工作状况为依据，因此当对其他工作状况也有限制时，如使用阶段的结构变形和裂缝状态，除了那些对设计理论娴熟、经验丰富的工程师能对结构做出必要的验算外，一般设计人员只能依靠"足够大"的安全系数，或者在设计规范中通过构造要求规定给出一个模糊的保证，即使如此，也难免出现各种问题。

1.4.4 极限状态设计法

直到 1910 年，结构工程设计方法开始进入稳定发展时期。当第一次世界大战来临时，情况发生了变化。随着战争中军用飞机的快速发展，通过检测结构的破坏程度来证明结构的有效性再次成为普遍应用的方法。当时，飞机的机翼是由木制的小柱和压杆组成的，并用钢丝拉牢，机翼经常会突然发生破坏，因此，设计时改为以试验测得的最终强度为准。

第一次世界大战后曾出现对效率和利润的需求，这意味着要对很多行业投入更多的研究，尤其是航空业，要致力于研究能准确预测超静定桁架强度的方法（至今仍是重要的研究领域）。卡信克泽（Kacinczy）及后来的迈尔·莱布尼茨（Maier Leibnitz）对夹层梁进行了试验，发现屈服荷载与塑性破坏荷载是截然不同的。这促进了20世纪40年代塑性理论和计算方法的发展，从而加深了人们对结构性能的了解。

自此以后，人们开始定义结构性能的极限值。1951年，由普哥斯雷（A. Pugsley）领导的委员会开始研究确定结构设计安全储备的方法。委员会于1955年发表的报告阐述了一种计算荷载系数的表格方法，该方法以主观评定的五种效应等级为基础。这五种效应是按影响结构破坏的概率（材料、荷载和分析的准确性）及影响结构破坏后果的严重性（生命损失和经济影响）划分的，荷载系数是根据破坏概率的评估结果来确定的。这些基本影响因素构成了现在安全系数校准和设计方法的基本原理。

普哥斯雷领导的委员会早期主要致力于研究防止结构的破坏，即结构安全性，后来的工作主要是研究结构的适用性，即正常使用极限状态。委员会建议考虑两个荷载系数，一个与标准荷载有关，定义为引起可估测的永久变形的荷载，另一个与破坏荷载有关，或导致过大永久变形的荷载。

钢筋混凝土梁采用极限状态设计法设计的截面应力分布如图1-4所示。极限状态设计法的截面应力分布基本与破损阶段设计法一致，区别是参数的取值有所不同，f_{cw}、f_c 分别为混凝土的弯曲抗压强度和抗压强度设计值。

极限状态设计法与破损阶段设计法是不同的。极限状态设计法考虑两个极限状态，即承载能力极限状态和正常使用极限状态，而破损阶段设计法采用一个极限状态。承载能力极限状态考虑的是结构使用中可能出现的荷载极端大而材料强度极端小的情况，荷载系数可采用单安全系数，或针对不同荷载采用不同系数值的多安全系数，即

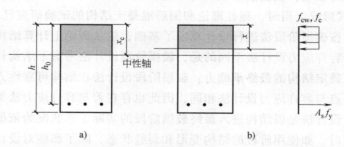

图1-4 钢筋混凝土梁采用极限状态设计法设计的截面应力分布

a）截面及配筋　b）截面应力

$$KS \leqslant R \ \text{或} \ \sum_{i=1}^{n} K_i S_i \leqslant R \tag{1-3}$$

式中，K_i、S_i 分别为第 i 个荷载的安全系数和荷载效应值。正常使用极限状态考虑的是结构使用过程中出现的一般荷载值（不是极端大的值），结构出现的裂缝或变形不影响结构使用的情况。另外，在极限状态设计法中，材料强度可通过对材料试验结果的统计分析，采用概率方法确定，但荷载和安全系数仍是通过经验确定的。从概率应用角度考虑，此阶段的极限状态设计法同前面论述的破损阶段法称为水准Ⅰ方法。

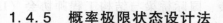

1.4.5 概率极限状态设计法

在前面论述的结构设计方法中，每一次的发展主要集中在力学计算方面，这是非常重要的，而对保证结构安全的安全系数的研究不够深入，基本是凭经验确定的。这就出现了精确的力学计算与粗糙的安全系数不匹配的局面。事实上，结构的安全设计应首先从力学角度掌握结构的承载机理和破坏过程，然后考虑因不可控制或难以控制的结构材料性能波动、施工造成的尺寸误差及设计计算结果的不精确而产生的结构设计与实际结果的差别，因此用概率论和数理统计方法分析和确定结构安全性的方法——概率极限状态设计法发展了起来。

顾名思义，概率极限状态设计法就是基于概率的极限状态设计法，也可认为是极限状态设计法的一种。与前面提到的水准Ⅰ极限状态设计法不同的是，结构上的荷载、材料性能都是采用概率方法定义的，采用可靠指标定义结构的可靠度。但由于目前荷载、材料性能的统计数据并不充分，而且采用的可靠度计算方法属于近似方法，所以概率极限状态设计法也称为近似概率设计法或水准Ⅱ方法。具体到规范应用中，并不直接采用近似概率法，而是采用以概率为基础、以分项系数表达的极限状态设计法。与水准Ⅰ极限状态设计方法的区别是，分项系数表达式中的荷载分项系数和材料性能分项系数都是通过可靠度校准并结合工程经验确定的。概率极限状态设计法的一个重要特征是设计有明确的目标可靠指标。

1. 国际上的发展

20世纪20年代，德国的迈耶（H. Mayer）和苏联的柯察洛夫（В. Р. ксцалсь）提出应用概率理论分析结构的安全度，后来斯特列律斯基（Н. С. Стрелепкий）、弗洛伊登彻尔（A. M. Freudenthal）、尔然尼采（А. Р. Ржаничын）等人也加入了的这一研究行列。一般认为美国学者弗洛伊登彻尔1947年的工作，是结构可靠性理论系统研究的开始。1957年，美国土木工程协会成立了结构安全度委员会，由弗洛伊登彻尔任委员会主席，与普哥斯雷领导的委员会目的相似，旨在采用概率方法研究与结构破坏有关的基本参数的不确定性。同年朱利安（O. G. Julian）在结构安全度委员会上做了应用概率理论进行结构安全度分析初步进展的报告。经过普哥斯雷、勃朗（C. B. Brown）、鲍罗金（В. В. Волотин）、弗洛伊登彻尔及史诺辛克（M. Shinozuka）等人的进一步发展，结构可靠性研究取得了一定成果。1966年，在结构安全度委员会举行的会议上，弗洛伊登彻尔等做了结构可靠性研究的总结报告。此后，洪华生（Ang A. H-S）、阿明（M. Amin）及康奈尔（C. A. Cornell）着手于结构近似概率设计方法的研究，康奈尔首次提出比较系统的一次二阶矩的设计方法，使结构可靠性设计理论开始进入实用阶段。20世纪70年代，结构可靠性理论的研究进展很快，参与这个行列的有墨西哥的罗森布鲁斯（E. Rosenblueth）、加拿大的林德（N. C. Lind）和哈索夫（A. M. Hasofer）、荷兰的帕洛海摩（E. Paloheimo）、丹麦的迪特莱夫森（O. Ditlevsen）等学者，他们都提出了不同的结构近似概率计算和设计方法。1976年，在联邦德国的拉克维茨（Rackwitz）等人提出可靠指标计算的验算点方法之后，考虑设计变量概率分布类型的结构可靠度计算和设计方法进入新的阶段。与此同时，关于结构上荷载的分析和理论，也取得了相当的成就。

1970年，欧洲混凝土委员会（CEB）和国际预应力协会（FIP）共同提出了《钢筋混凝土和预应力混凝土结构设计与施工建议》，之后基于结构可靠性的结构设计方法有了进一步的发展。1971年，根据欧洲混凝土委员会的倡议，成立了由欧洲混凝土委员会、国际预应力协会、欧洲钢结构协会（CECM）、国际房屋协会、国际桥梁与结构工程师协会（IAB-SE）、国际材料与结构试验研究所联合会（RILEM）组成的结构安全度联合会（JCSS），委员会共同起草了一份文件，来阐明与结构安全度有关的各种问题，以便于发展一个简单的、合乎逻辑的、实用的结构设计方法。1974 年，在欧洲混凝土委员会的会议上，提出对欧洲混凝土委员会和国际预应力协会的上述国际建议进行扩展，编制一套《结构统一标准规范的国际体系》文件，其中第 1 卷由结构安全度联合会草拟，名为"各类结构和各种材料的统一规定"，于 1976 年完成。以此为基础，继续由各国际组织负责编写了文件的第 2~6 卷，分别为混凝土结构、钢结构、钢与混凝土组合结构、木结构和砖石结构的标准规范。1977 年，联邦德国编制了建筑结构安全度规程《确定建筑物安全度要求的基础》（草案），北欧五国于 1978 年制订了《结构荷载与安全设计规程的建议》，这些规程和建议与 JCSS 草拟的第一卷内容基本上是一致的。1973 年，国际标准化组织颁布了第一版的国际标准《结构安全校核总原则》（ISO 2394），后又改名为《结构可靠性总原则》（ISO 2394），目前共颁布了 4 版。该标准成为国际上各国家和地区编制各自标准和规范的基础。

在北美美国钢铁学会曾委托华盛顿大学主持研究钢结构的概率极限状态设计准则，盖仑鲍斯（T. V. Galambos）负责这个项目，在 1973—1976 年相继发表了多篇论文。利用这批成果，首先用概率理论分析结构安全度，并以此来制定结构设计规范的国家是加拿大；由加拿大标准协会（CSA）和国家建筑规范（NBC）联合委员会，编制了新的钢结构规范和冷弯型钢结构规范；接着阿仑（D. E. Allen）和麦格列哥（J. G. MacGregor）还研究了在钢筋混凝土结构应用概率极限状态设计方法的可行性。1980 年由埃林伍德（B. R. Ellingwood）、盖仑鲍斯、麦格列哥和康奈尔四人共同为美国国家标准 A58《建筑规范——房屋和其他结构的最小设计荷载》提交了一份报告——基于概率的荷载准则，为以后美国各种材料的结构设计规范的修订建立了新的基础。

关于国外一些主要结构设计标准、规范在可靠度理论应用方面的情况，详见第 1.5 节的论述。

水准Ⅱ方法采用可靠指标描述结构或结构构件的可靠性，所计算的只是结构失效概率的一个运算值，与实际中结构真实的破坏率并不等同。因为所采用的概率模型是近似的，得到的统计数据并不够多，计算中的一些假定与实际还有一定差别，只能用于相互比较，进而进行决策。随着研究的进一步深入，如果能够收集到更多的数据，采用更为精确的模型和计算方法，计算的失效概率比较接近或经修正能够反映结构真实的失效概率，这种方法称为水准Ⅲ方法。水准Ⅲ方法是目前正在研究的方法。

事件存在不确定性，进行决策就存在风险。设计、建造结构就是一个风险决策过程。如果结构失效概率的计算能够得到与实际比较接近的结果，即失效概率的计算达到了水准Ⅲ的水平，那么可用计算的失效概率进行风险分析（风险为失效概率与倒塌造成的直接损失和间接损失之积）。所以，未来的结构设计方法应是以风险分析为基础的方法。具体的目标目前尚不够明确，属于将来研究的内容。

2. 国内的发展

我国从 20 世纪 50 年代初期开始，大连理工大学（原大连工学院）、原中国科学院土木建筑研究所、同济大学、清华大学、原冶金工业部科学研究院等单位开展了极限状态设计法的研究，并用数理统计方法确定超载系数和材料强度。20 世纪 80 年代，随着国际上结构可

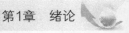

靠性研究进入一个新的阶段，我国结构可靠性方面的研究也进入高潮，许多高等院校和科研院所开展了结构可靠性理论和方法的研究，可靠性理论和方法成为很多博士和硕士研究生论文的选题。虽然我国结构可靠性理论的研究起步较晚，但发展迅速。可靠度理论已成为我国结构工程研究的一个重要方向。

在结构可靠性理论应用方面，国内与国外的差距较小，在某些方面甚至已经达到国际领先水平。我国在1976年和1978年由国家建委先后下达了"建筑结构安全度及荷载组合"课题的研究和《建筑结构设计统一标准》的编制任务，在中国建筑科学研究院的协调组织下，于1982年完成了此标准的编制工作，并以此标准为基础，开展了各种材料的结构设计规范的修订。在《建筑结构设计统一标准》（GBJ 68—1984）颁布后，我国港口工程、铁路工程、水利水电工程和公路工程行业也相继开展了相应结构可靠度的研究和可靠度设计统一标准的编制工作，这些标准于20世纪90年代相继颁布实施，成为指导相应工程行业结构设计的基础标准。为了进一步在设计方法和原则方面协调我国各种工程结构的设计，建设部门又会同港口、铁路、水利水电和公路部门，联合编制了《工程结构可靠度设计统一标准》，并于1992年颁布实施。《工程结构可靠度设计统一标准》属于第一层次的标准，而各行业的统一标准属于第二层次的标准。目前，这些统一标准均已经完成了不同版次的修订并已颁布。

下面是我国五个行业结构设计方法的演变过程和可靠性理论应用的总体情况。

（1）建筑工程　20世纪50年代初期，我国建筑建设规模不大，建筑结构设计基本采用英、美等国的规范，东北地区则率先采用苏联的设计规范。苏联是世界上较早提出将概率理论用于材料强度取值并按两个极限状态进行设计的国家之一。根据苏联的《建筑法规》，我国编制了《混凝土及钢筋混凝土结构设计标准及技术规范》（НИТУ-123—1955）等相关结构设计标准规范，采用三系数极限状态设计方法（超载系数、材料匀质系数和工作条件系数）。该规范是我国第一代的混凝土结构设计规范。

20世纪50年代中期，我国全面采用了苏联的工程结构设计规范，从而成为世界上较早采用半概率极限状态设计方法的国家之一。这种设计方法在当时具有一定的先进性，采用了极限状态的概念，部分融合了概率方法，设计也是比较经济的。

20世纪60年代，我国开始编制自己的荷载规范和各种材料的结构设计规范，为此开展了相关的试验研究和调查分析。在1962年举办的土木工程学会年会上，针对结构的可靠度进行了讨论，对是采用安全系数设计方法，还是继续采用苏联的三系数极限状态设计法的问题，形成了两种观点。一种观点是结构安全度应用结构在一定使用期限内达到极限状态的概率来表达；另一种观点则是确定结构安全度需要大量统计资料，这实际上是很难办到的。由于对可靠度问题存在分歧，《钢筋混凝土结构设计规范》（BJG 21—1966）只是参照苏联规范 НИТУ-123—1955 的模式进行了调整，没有实质性的变化。在那个年代，大多数学者和工程技术人员尚未掌握和接受有关可靠度的概念和知识，规范的编制和修订很难超越传统的观念。

20世纪70年代初期，国家建委布置修订各种材料的结构设计规范。在所谓"多系数分析、单系数表达"的口号下，结构设计退到单一安全系数设计方法。但在当时的历史条件下，由于缺乏统一要求，各种材料结构设计规范的修订有很大差异，如砌体结构规范采用大老 K 方法（$K=2.3$），混凝土结构规范采用中老 K 方法（受弯构件，$K=1.4$；偏心受压、受剪构件，$K = 1.55$），钢结构规范和木结构规范采用一串小老 K 构成的容许应力设计方法。这种做法不仅给设计人员带来诸多不便，也给学校教学带来混乱，社会反应强烈。

1976 年在国家建委组织下，中国建筑科学研究院主持召开了建筑结构安全度综合研究会议，重点讨论各类建筑结构安全度水平设置和结构设计表达式的不协调问题。20 世纪 70 年代后期，根据国家建委（79）建发设字第 67 号文，中国建筑科学研究院承担了重点科研课题——结构安全度与荷载组合研究。为了解决各材料结构设计规范中结构安全度表达的不一致与荷载组合的混乱问题，中国建筑科学研究院与各材料结构设计规范管理组等近百个单位组成了设计、荷载和材料三个研究组，针对课题开展了研究。之后，中国建筑科学研究院又与建筑结构荷载规范和钢、薄壁型钢、钢筋混凝土、砖石、木材等各材料结构设计规范国家标准的管理单位，以及有关的设计、科研单位和高等院校一起，承担了《建筑结构设计统一标准》的编制工作。

在这一背景下，标准编制组和课题组开始关注国际上的研究动态，学习国外关于结构可靠度理论及其在规范中应用的研究成果。1979 年，中国建筑科学研究院邀请美籍华人、美国伊利诺伊大学洪华生教授举办结构可靠度和基于概率的极限状态设计方法学习班。国际上结构可靠度理论与应用的研究成果，对《建筑结构设计统一标准》的编制起了很大启发作用。在课题研究中，专家们取得了以概率理论为基础，解决我国结构安全度和荷载组合问题的共识。当时面临的最大困难是收集、实测与分析各种统计数据。在国家有关部门的大力支持下，各材料结构规范管理组积极努力、分工负责，一方面收集大量实测数据，如楼面荷载的实测资料（住宅、办公楼、商店、轻工业厂房），风、雪荷载的记录，混凝土、钢、冷弯型钢、砌体和木结构的材料强度及几何尺寸的实测数据等；另一方面向高等院校从事概率论、数理统计教学的老师请教和学习，掌握概率和统计方面的数学知识，以正确的思路指导结构安全度与荷载组合的研究。

确保安全是结构设计追求的首要目标，这一问题要依靠长期实践获得的工程经验来解决。课题组确定用概率作为度量结构可靠性的尺度，尺度大小取值则采用校准法确定。因标准、规范解决的是广大设计人员关心的实用问题，因此力求最大可能的简化。根据当时的研究水平，仍以构件截面可靠度为出发点，作为各材料结构可靠度相对比较的尺度，代替尚未进入实用阶段的结构体系可靠度，并以荷载最大值随机变量模型偏安全地代替随机过程模型。

20 世纪 80 年代以来，借鉴国外先进经验，同时以我国的实测统计资料为基础，立足国内大规模建设积累的经验，形成了建筑结构以概率理论为基础的可靠度设计方法——概率极限状态设计方法，这也是《建筑结构设计统一标准》的基本思想。《建筑结构设计统一标准》（GBJ 68—1984）于 1984 年颁布。在这一标准指导下，20 世纪 80 年代末期我国相继完成了各材料结构设计规范的修订任务。采用这一版的设计规范，在全国范围内设计、建造了许多建筑结构，几十年来，运行状况良好，说明采用可靠度设计方法进行设计是可行的，也是科学的。

20 世纪 90 年代中后期，《建筑结构设计统一标准》（GBJ 68—1984）进行修订。在此期间，国内对建筑结构可靠度设计问题展开了大讨论，专家的共识是应继续坚持走基于概率的极限状态设计方法的道路。修订后的《建筑结构设计统一标准》更名为《建筑结构可靠度设计统一标准》（GB 50068—2001），这次修订在一定程度上提高了我国建筑结构的可靠度

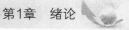

水平，增加了对结构正常使用极限状态可靠指标的要求，增加了设计状况、结构设计使用年限等概念，并将设计使用年限与结构可靠度联系起来。

2015 年，《建筑结构可靠度设计统一标准》开始了第二次修订，修订后的标准名为《建筑结构可靠性设计统一标准》（GB 50068—2018），于 2018 年颁布。第二次修订以附录形式增加了既有结构的可靠性评定、结构整体稳固性、耐久性极限状态设计、质量管理、结构可靠度分析基础和可靠度设计方法、试验辅助设计方面的内容。另外，考虑到我国经过几十年的改革开放，综合国力有了很大提升，根据国务院国办发〔2015〕67 号文要求贯彻实施的《〈深化标准化改革方案〉行动计划（2015—2016）》中，"不断提高国内标准与国际标准水平一致性程度" 的指导思想，结合我国规范与美国规范和欧洲规范安全度水平的比较结果，对作用分项系数进行了调整：永久作用分项系数由 1.2 提高到 1.3，可变作用分项系数由 1.4 提高到 1.5，取消了永久作用起主导作用的组合。

（2）港口（水运）工程 为顺应国内外结构可靠性设计方法的发展，1983 年，我国港务部门开展了可靠度理论在港口工程中的应用研究，1992 年颁布了《港口工程结构可靠度设计统一标准》（GB 50158—1992）。之后，以《港口工程结构可靠度设计统一标准》为准则，展开了港口工程荷载、混凝土结构、地基、桩基、高桩码头、重力式码头、防波堤、抗震设计及海港水文等 9 本规范的修订工作，新编了《板桩码头设计与施工规范》（JTJ 292—1998）。规范修订过程中，对荷载和材料性能进行了大量的实测、统计分析，主要成果反映在《港口工程结构可靠度》一书中。2002 年启动了新一轮的港口结构设计规范修订工作，《港口工程结构可靠度设计统一标准》作为港口工程设计的基础性标准，是首先开始修订的标准，以进一步统一各港口结构设计规范的原则和方法。新修订的《港口工程结构可靠性设计统一标准》（GB 50158—2010）于 2010 年颁布，修订的其他各港口结构设计规范也随后陆续颁布。

在我国，港口工程是可靠度设计研究和应用比较深入和全面的领域。港口结构的形式多样，在相应规范的编制和修订过程中，均专门针对可靠度进行了研究。

1）码头荷载。在编制《港口工程结构可靠度设计统一标准》（GB 50158—1992）及相关规范的过程中，在多个港口对码头堆货荷载进行了比较系统的实测和统计分析，提出了码头堆货荷载的概率模型。对于门式起重机荷载，也曾针对典型码头进行了实测和统计分析，现行荷载规范中的轮压标准值是通过规定风速计算确定的。对码头后方堆场荷载也进行了数据收集和统计分析，建立了后方堆场的整体荷载概率模型（用于码头圆弧滑动分析）和局部荷载概率模型（用于堆场集装箱箱角承载力验算）。对于系缆力和撞击力，统计分析了离泊风级、靠泊速度和离泊波浪等参数。20 世纪 80 年代对波浪力的长期分布进行了专题研究。2013 年，结合交通运输部交通建设科技项目，通过模型试验对波吸力进行了实测和统计分析，确定了波吸力的概率模型和统计参数。

2）重力式码头。在编制《港口工程结构可靠度设计统一标准》（GB 50158—1992）的过程中，对构件材料重度、码头后填料重度、内摩擦角及土压力计算模式不确定性进行了统计分析，对重力式码头抗滑、抗倾稳定性进行了可靠度分析。在修订《重力式码头设计与施工规范》（JTJ 290—1998）时，对重力式码头抗滑、抗倾稳定性的可靠度设计方法进行了研究，在此研究成果的基础上，《重力式码头设计与施工规范》（JTS 167-2—2009）增加了抗滑、抗倾稳定性按可靠指标设计的内容。结合交通运输部交通建设科技项目，提出了重力式码头抗滑、抗倾稳定性的简化可靠指标设计方法。

3）高桩码头。在编制《港口工程结构可靠度设计统一标准》（GB 50158—1992）的过程中，对各构件的承载力进行了研究和统计分析，得到了构件承载力的统计参数；分析了构件的可靠度，提出了码头结构设计的目标可靠指标。

4）板桩码头。在编制《板桩码头设计与施工规范》（JTJ 292—1998）的过程中，选择我国南、北方典型的20座码头，对前墙踢脚稳定的安全系数进行了可靠度分析，提出了前墙踢脚稳定和入土深度的分项系数表达式和分项系数值，对前墙和拉杆承载力采用了以综合分项系数表达的承载力极限状态设计表达式。在对 JTJ 292—1998 修订的过程中，又选了 14 个代表性板桩码头，计算了码头踢脚稳定、拉杆拉力、前墙抗弯、锚碇板稳定和整体稳定性（圆弧滑动）的可靠指标，提出了板桩码头设计的目标可靠指标，在此基础上修改了前墙踢脚稳定和锚碇板稳定的抗力系数。

5）地基。由于存在明显的空间变异性，地基的可靠度问题比较复杂，尽管如此，在编制《港口工程结构可靠度设计统一标准》（GB 50158—1992）的过程中，仍在码头地基承载力和土坡稳定统计分析和可靠度计算等方面做了大量工作。对地基承载力，可靠度计算表明，极限状态时作用设计值较标准值增大很小，所以作用综合分项系数取 1.0；地基土黏聚力和摩擦角设计值较标准值减小，但很难对全国不同地区土层的黏聚力和摩擦角给出统一的分项系数。计算了 13 个重力式码头、4 个防波堤工程的可靠指标。采用固结快剪强度指标的抗力分项系数，分别对 11 个重力式码头和 8 个高桩码头的岸坡进行了可靠度分析。

6）桩基。在编制《港口工程结构可靠度设计统一标准》（GB 50158—1992）的过程中，对收集的全国 297 根试桩的承载力进行了计算和统计分析，确定了桩基承载力的概率分布和统计参数。在编制《港口工程桩基规范》（JTS 167-4—2012）的过程中，根据收集的 49 根预应力混凝土打入桩的试桩资料并经过可靠度分析，对桩端阻力系数和桩侧阻力系数进行了扩展；根据 24 根钢管桩的试桩资料并经可靠度分析，校准了港口工程钢管桩的竖向承载力计算公式。在编制《水运工程桩基设计规范》的过程中，校准了船坞和船闸桩基承载力的可靠度；通过可靠度分析确定了低桩承台复合桩承台承载力的抗力分项系数。

7）船坞。《干船坞水工结构设计规范》（JTJ 252—1987）中船坞水工结构设计采用的是安全系数法。在该规范修订的过程中，对扶壁式船坞坞墙抗滑、抗倾稳定性和板桩式船坞坞墙"踢脚"稳定性进行了可靠度校准，研究了分项系数设计方法，确定了抗力分项系数的取值。该成果用于《船厂水工工程设计规范》（JTS 190—2018）。

（3）公路工程　同其他工程结构一样，公路工程结构设计理论和方法也经历了一个长期的发展过程，从容许应力设计法、破损阶段设计法逐步过渡到了目前广泛采用的概率极限状态设计法。由于公路工程门类众多，目前仍存在多种设计理论并行的局面，但就发展趋势而言，设计理论相对滞后的工程结构也在逐步向概率极限状态设计方法靠拢。

1）公路桥梁。公路桥梁是最早开展可靠性设计的公路工程结构之一。20 世纪 80 年代末，交通部公路规划设计院（现中交公路规划设计院有限公司）承担了"公路桥梁可靠度研究"课题，开展了公路桥梁荷载和材料的全面调研，通过校准确定了公路桥梁结构的目标可靠指标和分项系数，为公路桥梁概率极限状态设计奠定了基础。1999 年，《公路工程结构可靠度设计统一标准》（GB/T 50283—1999）颁布实施，以此为依据，对原有桥涵设计规范进行了全面修订。

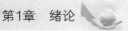

公路桥梁结构设计规范根据规定的对象可分为材料、桥型与结构两大类。公路桥梁可靠度研究主要是针对钢筋混凝土结构的，所以《公路钢筋混凝土及预应力混凝土桥涵设计规范》（JTG D62—2004）是第一部采用概率极限状态设计方法的规范。随后颁布实施的《公路圬工桥涵设计规范》（JTG D61—2005）和《公路钢结构桥梁设计规范》（JTG D64—2015）也采用了概率极限状态设计方法。由于早期的公路桥梁基本上是以混凝土结构和圬工结构为主的，钢结构和钢-混组合结构应用很少，且缺乏相应的研究基础，因此，《公路桥涵钢结构及木结构设计规范》（JTJ 025—1986）的修订起步较晚且进展相对缓慢。《公路钢混凝土组合桥梁设计与施工规范》（JTG/T D64-01—2015），采用了概率极限状态设计方法。至此，公路桥梁材料类规范已基本完成了向概率极限状态设计方法转轨的工作。

在桥型与结构类规范方面，《公路桥涵地基与基础设计规范》（JTG D63—2007）是首部引入极限状态设计方法的规范。新修订完成的《公路钢管混凝土拱桥设计规范》（JTG/T D65-06—2015）和《公路悬索桥设计规范》（JTG/T D65-05—2015）也采用了极限状态设计方法。现行《公路斜拉桥设计细则》（JTG/T D65-01—2007）仍采用容许应力设计方法，主要原因是该细则制订时行业钢结构规范仍采用容许应力设计方法。目前《公路斜拉桥设计细则》修订工作已经启动，设计理论的协调也是修订主要内容之一。随着新一轮公路桥梁设计规范修订工作的完成，概率极限状态设计方法已经完全取代了以往的设计方法，成为公路桥梁结构设计的统一方法。

2008年，交通运输部启动了西部交通建设科技项目"桥梁设计荷载与安全鉴定荷载的研究"，项目组在全国23个省区对车辆荷载数据进行了实测，数据涉及全国65个路段，共计72个时段，数据的空间和时间跨度大，可以较好地代表我国近年来的车辆荷载总体情况。针对这些数据进行了分析，建立了车辆荷载概率模型，在此基础上分析了桥梁结构的可靠度。根据车辆荷载和可靠度分析结果，《公路桥涵设计通用规范》（JTG D60—2015）修改了车辆荷载的分项系数。

2020年，《公路工程结构可靠性设计统一标准》（JTG 2120—2020）颁布实施。

2）路基与路面结构。路基与路面结构的可靠度研究工作与公路桥梁基本同期开展，先后完成了"公路沥青路面可靠度研究""公路水泥混凝土路面可靠度研究"和"公路路基可靠度研究"课题，为公路路基与路面结构采用概率极限状态设计方法奠定了基础。基于上述课题研究成果，《公路工程结构可靠度设计统一标准》（GB/T 50283—1999）规定了路面结构的目标可靠指标，由于当时路基结构的可靠度研究成果尚未取得广泛认同，仅在条文说明中给出了路基结构的目标可靠指标建议值。

在《公路工程结构可靠性设计统一标准》（GB/T 50283—1999）的引领下，《公路路基设计规范》（JTG D30—2004）中的支挡结构采用了极限状态设计方法，《公路水泥混凝土路面设计规范》（JTG D40—2011）和《公路沥青路面设计规范》（JTG D50—2006）采用了概率极限状态设计方法。虽然目前《公路路基设计规范》只是部分采用了极限状态设计方法，相信随着相关研究的不断深入，未来也将全面采用概率极限状态设计方法。

3）隧道结构。隧道主体结构材料为天然土体或岩体，与桥梁结构、路面结构等采用的人工材料相比，具有很强的变异性，难以获得相对统一的统计规律。因此，隧道结构可靠度研究的难度很大，虽然目前是国内外研究的热点，且研究成果很多，但尚不具备全面应用的条件。因此，隧道结构采用概率极限状态设计方法尚有很长的路要走。尽管如此，公路隧道结构也在积极推动概率极限状态设计方法的应用。在衬砌结构方面，《公路隧道设计细则》（JTG/T D70—2010）和正在修订中的《公路水下隧道设计规范》采用了极限状态设计方法。由于《公路隧道设计规范 第一册 土建工程》（JTG 3370.1—2018）编制时相关研究尚不成熟，因此，规范的衬砌结构仍采用破损阶段设计方法。总的来讲，受限于结构的实际情况，公路隧道结构尚不能全面采用极限状态设计方法。

（4）铁路工程 早在20世纪80年代，铁道部组织开展了设计规范由容许应力法向极限状态法转轨的基础研究工作。1985年8月，铁道部基建总局在吉林召开了铁路工程结构可靠性科研工作会议，部署和研究以结构可靠性理论为基础修订铁路工程结构设计规范的工作，并于同年召开了"桥规"科研讨论会，探讨铁路桥梁设计规范修订的具体问题。铁路工程建设"七五"科技发展规划列入了结构可靠性理论应用研究的内容。1988年，铁道部基建总局在天津召开了"基于可靠性理论的桥规编制工作会议"，深入开展相关的课题研究工作。

为编制铁路桥梁上部结构设计规范，1987—1993年，铁道部组织了对以可靠度理论为基础的极限状态设计方法的系统研究，分为抗力、荷载、设计方案等方面。1993年着手编制《铁路桥涵可靠度设计规范 上册》（主要是梁部结构），历经初稿、征求意见稿、送审稿几个阶段。对12套标准图19个跨度混凝土梁和9套标准图11个跨度钢梁按极限状态法进行检算。经过反复修改，于2000年初步定稿。

1994年《铁路工程结构可靠度设计统一标准》（GB 50216—1994）编制完成并颁布实施，用来指导包括桥梁在内的铁路各专业极限状态法设计规范的编制。1994版"铁路主要技术政策"规定结构设计应逐步采用可靠度理论，表明结构可靠度方法已经成为铁路行业结构设计的重要技术政策和基本原则。为了促进以可靠性理论为基础的规范修订工作进一步发展，使以可靠性理论为基础修订的《铁路桥涵结构设计规范》形成一个完整的体系，铁道部建设司于1996年5月在天津召开了铁路桥墩台可靠度规改工作会议，向有关部门部署了工作。1997年4月在武汉召开了岩土工程及桥墩台可靠度规改研讨会。

1996年，为了规范配套使用，《铁路桥涵可靠度设计规范 下册》（主要是墩台和基础）的编制工作启动，并对相关课题进行了研究，同时开展了圆端形空心墩和矩形实体墩的极限状态设计法研究，并与容许应力法进行了对比分析，于2002年10月完成征求意见稿。

根据2011年确定的规范转轨工作实施方案，为解决规范编制中存在的技术问题，铁道部门开展了"铁路桥梁结构和基础极限状态设计方法研究""铁路桥梁结构疲劳极限状态设计方法研究"等课题研究，2014年5月发布了《铁路桥涵极限状态法设计暂行规范》（Q/CR 9300—2014）。2014年，第2版《铁路工程结构可靠性设计统一标准（试行）》（Q/CR 9007—2014）发布，2019年又经修订按国家标准GB 50216—2019颁布。

2016年，根据《中国铁路总公司关于〈铁路桥涵典型结构极限状态法试设计工作大纲〉的批复》（铁总建设函〔2015〕1485号）的要求，采用《铁路桥涵极限状态法设计暂行规范》（Q/CR 9300—2014）完成了典型桥涵结构的试设计工作。按照铁路总公司的部署和要求，规范编制组于2018年1月完成了《铁路桥涵设计规范（极限状态法）》（Q/CR 9300—2018）的编制工作。

可以看出，铁路工程领域在基于概率的极限状态设计方法方面做过很多工作，先后颁布了两版《铁路工程结构可靠性设计统一标准》，但与国内其他工程结构及国外铁路工程结构

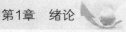

相比，国内铁路工程结构设计方法的发展相对较慢。目前我国铁路建设正处于飞速发展时期，随着我国高铁技术走出国门，我国铁路桥梁设计规范也饱受国外争议。因此，持续开展铁路桥涵极限状态法设计标准应用研究，将我国铁路桥涵极限状态设计规范完善为能与国际接轨，科学合理，技术领先的设计规范迫在眉睫。

（5）水利水电工程 1986年，水利水电规划设计总院和北京、西北、华东、上海、成都等五个勘测设计研究院组成了《水利水电工程结构可靠度设计统一标准》编制组。在编制过程中，编制组针对标准的主要内容，结合水工结构的特点，对水工结构中常遇的作用、常用的材料、岩土性能等进行了大量的现场调查、室内试验和理论分析；针对标准的一些主要规定进行了论证，包括设计基准期、建筑物结构的安全级别、概率理论设计原则和设计表达式的具体应用等。选取了《混凝土重力坝设计规范》（SDJ 21—1978）和《水工钢筋混凝土设计规范》（SDJ 20—1978）两本有代表性的规范进行了可靠度校准，以掌握当时规范的可靠度水平、可能存在的问题、按可靠度理论设计的具体方法和分项系数的确定，并提出水工结构的目标可靠指标和各分项系数的建议值，既为统一标准编制提供了依据，也为其他水工结构设计规范按可靠度理论进行修订提供了参考。此外，还初步探索了校核洪水、地震作用等偶然状况下的结构可靠度。1994年，《水利水电工程结构可靠度设计统一标准》（GB 50199—1994）颁布实施。

之后，在《水工混凝土设计规范》的几次修订中，又对钢筋混凝土构件的可靠度进行了分析和校准。在《水电站压力钢管设计规范》（DL/T 5141—2001）和《碾压式土石坝设计规范》（DL/T 5395—2007）的修订过程中，分别对压力钢管结构和坝坡抗滑稳定性可靠度进行了校准。2013年，修订的《水利水电工程结构可靠性设计统一标准》（GB 50199—2013）颁布实施。

（6）能源和电网工程

1）海上风电。风力发电是世界上发展最快的绿色能源技术，在陆地风电场建设快速发展的同时，海上风电场也得到大规模开发，我国海上风电更是呈现出强劲的发展态势。在我国，东南沿海靠近电力负荷中心，风力发电带动沿海经济发展的同时，也饱受台风侵扰，安全生产受到影响。2003—2014年，东南沿海风电场几乎年年遭受台风侵袭，"杜鹃""桑美""天兔""威马逊"等强（超强）台风过境时更是对其影响范围内的风电场造成了严重破坏。因此，东南沿海海上风电的开发必然面对台风的挑战。

基础是支撑整个风力发电机组的重要组成部分。我国于2018年颁布了行业标准《海上风电场工程风电机组基础设计规范》（NB/T 10105—2018）。针对该规范，大连理工大学、广东省电力设计院有限公司和中国海洋大学联合对海上风电基础的可靠度进行了研究，建立了广东、福建和山东临海海域年最大风压概率模型和年最大波浪力的概率模型，分析了海上风电基础结构的可靠度。除此之外，大连理工大学还与中广核工程公司能源研究院和中国电建集团华东勘测设计院对按中国标准、美国标准和挪威船级社标准设计的风电基础的可靠度进行了分析和比较。

2）核电工程。采用清洁能源、减轻环境污染和减少二氧化碳排放量是我国未来能源发展的目标，实现这一目标的一个重要途径是发展核电技术。据统计，截至2019年6月底，我国已投入商业运营机组47台，装机容量达4873MW。目前我国已成为世界上在建核电厂最多的国家。

压水堆核电厂核安全相关混凝土结构包括核岛、常规岛及燃料厂房等。这些混凝土结构在为核反应堆、发电机组等提供庇护空间的同时，对防止核物质泄露也起着重要作用。根据我国《核电厂混凝土结构技术标准》编制的需要，大连理工大学对压水堆核电厂核安全相关混凝土结构的可靠度水平进行了校准，提出了我国压水堆核电厂核安全相关混凝土结构正常运行工况和异常工况的目标可靠指标；同时，对我国与美国压水堆核电厂核安全相关混凝土结构的安全水平进行了比较，为《核电厂混凝土结构技术标准》（GB/T 51390—2019）的编制提供了支持。

3）输电线路。输电线路是架设于地面上，利用导线传输高压电力的线路，由杆塔、地导线、绝缘子、金具等组成。杆塔作为支撑导线的结构，其可靠性关系到输电线路的畅通。随着我国经济的高速发展，对电力的需求呈直线增长趋势，电力系统的发展成为一种必然趋势。输电线路体系是高负荷电能输送的载体，近年来逐渐向大型化、复杂化方向发展。因此，对输电塔线路体系的设计理论、结构安全性都提出了新的要求，国内在输电塔可靠度方面开展了研究。近年来随着我国高速铁路的迅速发展，输电线路跨越高铁的情况经常出现。高铁安全运行的需要，对输电线路跨越提出了更高的要求。因为铁路基础设施设计与输电线路采用不同的设计方法，设计规范中材料强度的取值、分项系数或安全系数的含义不同，单从设计规范出发并不能明确铁路设施与输电线路的安全度。因此，需要采用同一个尺度进行分析和协调。

为满足跨越高速铁路输电线路的安全要求，大连理工大学与国网北京经济技术研究院联合开展了跨越高速铁路输电线路可靠度的专题研究。研究内容总结为5个部分：输电线路杆塔构件可靠度校准，输电线路绝缘子、金具和导地线可靠度校准，跨越高速铁路输电线路的目标可靠指标，跨越高速铁路输电线路杆塔体系可靠度，跨越高速铁路输电线路一个耐张段的体系可靠度。研究成果被《输电线路跨越（钻越）高速铁路技术导则》（Q/GDW 1949—2013）采用。

1.5 工程标准与规范

1.5.1 工程标准和规范的定义

由前面的论述可以看出，结构设计方法的发展与结构设计标准或规范有密切的关系。事实上，结构的设计方法是以标准或规范的形式体现的。因此，标准和规范在工程建设中具有特别重要的地位。

《标准化工作指南 第1部分：标准化和相关活动的通用术语》（GB/T 20000.1—2014）将"标准化"定义为"为了在既定范围内获得最佳秩序，促进共同效益，对现实问题或潜在问题确立共同使用和重复使用的条款以及编制、发布和应用文件的活动"，将"标准"定义为"通过标准化活动，按照规定的程序经协商一致制定，为各种活动或其结果提供规则、指南或特性，供共同使用和重复使用的文件"。该文件经协商一致制定并经一个公认机构批准，以科学、技术和实践经验的综合成果为基础，以促进最佳社会效益为目的。标准、规范、规程是出现频率最多的，也是人们难以区分的三个基本术语。按照GB/T 20000.1—2014的定义，规范是规定产品、过程或服务应满足的技术要求的文件；规程是为产品过程

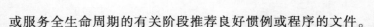

或服务全生命周期的有关阶段推荐良好惯例或程序的文件。

在工程建设领域，标准、规范、规程都是标准的一种表现形式，习惯上统称为标准，只有针对具体对象才加以区别。当针对产品、方法、符号、概念等基础标准时，一般采用"标准"，如《土工试验方法标准》《工程结构可靠性设计统一标准》《建筑抗震鉴定标准》《工程结构设计通用术语标准》等；当针对工程勘察、规划、设计、施工等通用的技术事项做出规定时，一般采用"规范"，如《混凝土结构设计规范》《建设设计防火规范》《住宅建筑设计规范》《砌体工程施工及验收规范》等；当针对操作、工艺、管理等专用技术要求时，一般采用"规程"，如《钢筋气压焊接规程》《建筑安装工程工艺及操作规程》《建筑机械使用安全操作规程》等。由于各主管部门在使用这三个术语时掌握的尺度、习惯不同，使用的随意性比较大，这是造成人们难以区分这三个术语的根本原因。

1.5.2 工程标准和规范的作用

标准是现代社会高度协调发展的产物，标准的作用体现在如下几个方面：

1）标准为科学管理奠定了基础。所谓科学管理，就是依据生产技术的发展规律和客观要求对企业或一个行业进行约束和管理，而各种科学管理制度的形式，都以标准为基础。

2）标准是提高工程产品、设计、施工质量，满足国家资源合理利用、节约能源和节约原材料的有效途径。

3）标准是科研、生产、使用三者之间的桥梁。一项科研成果，一旦纳入相应标准，就能迅速得到推广和应用。因此，标准化可使新技术和新科研成果得到推广应用，从而促进技术进步。

4）随着科学技术的发展，生产的社会化程度越来越高，生产规模越来越大，技术要求越来越复杂，分工越来越细，生产协作越来越广泛，这就必须通过制定和使用标准来保证各生产部门的活动，在技术上保持高度的统一和协调，使生产得以正常进行。

标准是一把双面刃，如果编制得好，则促进一个行业健康发展；如果有很多缺陷，则可能出现很多的问题，造成工程事故、影响人的生命安全和身体健康，危害环境。所以，标准都是由相关行业的专家集体编制的，而且要随着科学技术的发展和认识的不断深入定期修订。

随着国际经济一体化的发展，世界各国技术、经济高度融合，技术标准已不再单是保证安全和质量要求的技术文件，它既可以用来消除技术性贸易壁垒，也可以筑起新的技术性贸易壁垒。在激烈的市场竞争中，许多国家往往通过标准来采取技术性贸易措施，保护本国民族工业，维护本国利益；许多行业也往往通过标准来推行专利技术，保护本行业的利益。为此，世界贸易组织（WTO）在《技术性贸易壁垒协议》（TBT）中规定：在一切需要有技术法规和标准的地方，当已经有国际标准或相应的国际标准即将制定出时，缔约方均应以这些国际标准或标准的有关部分，作为制定本国技术法规的依据，目的是克服因各国标准不一致而造成的技术障碍。我国政府在正式加入 WTO 的法律文件中承诺：中国应自加入时起，使所有技术法规、标准和合格评定程序符合《技术性贸易壁垒协议》（TBT）。

因此，我国在编制工程建设标准时，保持我国标准与国外先进标准的协调，不仅是提高我国设计、施工水平的一个重要方面，也是走向国际建设市场、提高我国标准国际认可度必须要考虑的。

1.5.3 工程标准和规范的发展历史

古代都将结构安全性的责任归于设计者和建造者,并且明确规定了建造者对结构破坏引起的灾难应负的责任。最著名的是,公元前1780年巴比伦国王汉谟拉比(Hammurabi)制定了280多条法规来治理国家。法规中包含了很多针对建造者的规定,这些规定类似法规中众所周知的"以牙还牙":假如房屋倒塌,导致业主死亡,则建造者应判处死刑;假如导致业主的儿子死亡,则建造者的儿子应判处死刑;假如导致业主的奴隶死亡,则建造者应以等量的奴隶赔偿;假如导致财产损失,则建造者应予以赔偿,倒塌房屋要由建造者重建,费用由建造者承担。

在文艺复兴时期以前,人们还一直认为破坏是进步的代价,把破坏看作是不可避免的。

在英国,最早由詹姆斯一世于1620年宣布了与结构相关的法规,这些法规包括墙体厚度等相关规定。伦敦发生大火后,1667年制定了第一部全面的建筑法律,其中就参照了上述法规。

19世纪末,随着对科学和数学知识理解的进步,人们认为工程师应能控制自然界,从而国家产生了工程机构,后来又形成了规范和标准体系。

20世纪初,英国编制了建筑材料标准。1904年各种工程机构组成了工程标准委员会,将委员会的出版物作为英国标准。第一个标准是关于截面尺寸的标准,其他标准规定了钢材的规格及试验的标准。早在1909年,《伦敦建筑条例》就规定了钢材容许应力取值。大约在同一时期,美国也做出了类似的规定。

1922年,英国首次出版了用于钢桥设计的标准,采用容许应力设计法,是标准BS 153(早期的钢桥设计规范,1958年颁布)的前身。1932年出版了钢结构设计标准(BS 449)。

这一时期的许多建筑法规和标准本质上是具有法律效力的。例如,1935年的伦敦建筑规范规定了给定房屋高度下外墙的厚度。建造者的责任仅是确保满足规范要求,如果建筑物事后倒塌,建造者也不承担责任。

地方条例及1965年后的建筑规范不断参考英国标准,逐渐产生了服从标准就能满足设计要求的观点。然而,当今大多数英国设计标准都规定:符合英国标准并不能免除其法律责任。

在工业中,规范和标准这两个术语经常混淆。标准是强制性的,而规范在起草时仅提供规范委员会认为最符合工程实践的建议指导。标准一般用于材料和产品,材料和产品应服从标准的要求。现行规范一般用于设计,规范需要有一系列的设计原理以及满足设计原理的设计准则。

标准一般以指令的方式指出事件应如何处理,而不阐述其理由,也不阐述所要达到的目的。很多标准和早期的规范都是在有限的试验基础上总结出来的。由于适用性及所做假定的局限性,设计人员难以考虑超出规范范围的情况。同样,在早期制定规范时,可能出现得不到有效试验数据的情况,因此规范制定委员会就必须做出与实际最接近的假定。经过多年使用后,如果没有出现问题,则这些假定会被接受,并与基于相关试验数据的条款具有同等地位。当超出规范范围时,同样还会出现困难,如对现有结构重新进行评估。制定及批准规范需要花费很长的时间,这在一定程度上限制了最新研究成果的应用。

航空业最先发现了规范存在的这种缺陷,因此在1943年指出规范应是提出目标而不是做出规定,即规范应阐明设计要达到的目标,并让设计者自己选择如何达到这个目标。这就

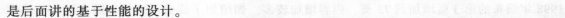

是后面讲的基于性能的设计。

20 世纪 70 年代是规范发展比较快的时期，如索夫特·克瑞斯泰森（Thoft Christensen）和贝克（Baker）所论述的，这一时期发展的主要特点是，根据试验和理论研究得到的科学计算方法取代了很多简单的设计方法，具体包括如下几个方面：

1）向极限状态设计方向发展。

2）分项系数体系取代了单一的安全系数或荷载系数。

3）改进了荷载和其他作用组合的处理方法。

4）应用结构可靠性理论确定合理的分项系数。

5）制定不同类型的建筑材料及结构的模式规范，并向国际规范方向协调发展。

1.6　国外一些标准机构及标准、规范介绍

1.6.1　国际标准化组织与国际标准 ISO 2394

1. 国际标准化组织

国际标准化组织（ISO）是一个全球性的非政府组织，截至 2019 年底，有 164 个成员，遵循一个国家为一个代表的原则。该组织于 1947 年 2 月 23 日成立，总部设在瑞士日内瓦。

国际标准化组织按专业的不同分成不同的技术委员会（TC），每个专业内部还分为分委员会（SC），技术委员会与分委员会共同管理国际标准化组织的活动，而工作组（WG）负责策划各种国际标准。ISO/TC 98 为结构设计基础委员会，其工作范围涉及各种材料的结构。在有必要与其他技术委员会联合制定统一的标准时，该委员会的职责是从总体上进行分析和协调，提出有关结构（包括钢、砖石、混凝土、木材等）可靠性的基本要求。所以说 ISO/TC 98 是协调、组织建筑和土木工程领域国际标准的一个机构。

ISO/TC 98 有三个下属委员会：

1）ISO/TC 98/SC 1——术语和符号。

2）ISO/TC 98/SC 2——结构可靠性。

3）ISO/TC 98/SC 3——荷载、力及其他作用。

2. 国际标准《结构可靠性总原则》（ISO 2394）

《结构可靠性总原则》（ISO 2394）是 ISO/TC 98/SC 2 编制的一本关于结构可靠性设计的国际标准，该标准对国际上结构可靠性设计理论和应用的发展起到了重要推动作用，许多国家的有关规范编制、修订都参考了该标准。

作为结构可靠性设计的基础标准，《结构可靠性总原则》规定了结构设计的基本原则，包括对结构的基本要求、结构的极限状态（承载能力极限状态和使用极限状态）、作用及作用的分类（按时间分为永久作用、可变作用和偶然作用）、分析模型及模型的不确定性、基于概率的设计原则（目标可靠指标、可靠指标计算方法）、分项系数表达式、作用代表值（特征值、组合值、频遇值和准永久值）、作用设计值及材料和岩土性能设计值的确定、作用效应组合、疲劳验算及既有结构的评定等。

目前，《结构可靠性总原则》（ISO 2394）已经更新到第 4 版，每一版都有较大的改动，内容也增加很多。1973 年颁布的第 1 版只有几页；1986 年颁布的第 2 版增加到十几页；

1998 年颁布的第 3 版增加到 73 页，内容增加较多，如增加了疲劳可靠性、既有结构可靠性评估、基于试验的结构可靠性设计等方面的内容，有些方面的内容也更加详尽，如引进了结构使用年限的概念、环境影响等与结构耐久性有关的内容；2015 年颁布的第 4 版增加到 111 页。第 4 版与前面几版在内容上有很大变化。第一，将对结构的要求由结构本身扩大到结构系统和可持续发展。传统的结构可靠性要求主要是针对结构物本身的，要求结构具有适当的安全性、适用性、耐久性和整体稳固性，第 4 版在强化这些要求的同时，提出了结构系统的概念，将结构本身扩大到结构所处的环境，要求结构设计应考虑环境质量、成本效益、二氧化碳排放最小化、自然资源消耗最小化和能源使用最小化。第二，将结构可靠性上升到风险决策和风险管理的高度。第 4 版从风险指引的决策、基于可靠度的决策和半概率法三个层次考虑对结构系统进行设计。第三，将结构设计使用年限内的设计扩大到结构全生命周期决策。第 4 版包括了结构设计、施工、运营、监测、检测、维护、维修和报废等全生命过程，质量管理贯穿于整个过程；增加了结构整体全寿命管理的附录。第四，增加了条件极限状态的概念。第五，增加了保证结构整体稳固性方法和措施方面的内容。第六，增加了岩土结构可靠度设计的内容。

1.6.2　国际结构安全度联合委员会与《概率模式规范》

1. 国际结构安全度联合委员会

1971 年，协调六个国际土木工程协会活动的联络委员会创建了国际结构安全度联合委员会（JCSS），其目的是增进工程技术人员对结构安全性方面知识的了解。这六个协会包括欧洲混凝土委员会（CEB）、国际房屋建筑协会（CIB）、欧洲建筑钢结构协会（ECCS）、国际桥梁与结构工程师协会（IABSE）、国际壳与空间结构协会（IASS）和结构材料与结构研究所联合会（RILEM）。1985 年国际结构安全度联合委员会曾进行过改组，起草并出版了多个有关结构安全性的文件，这些文件成为编制不同类型结构设计和建造指导文件的背景材料，其中包括国际标准化组织文件、欧洲混凝土委员会和欧洲建筑钢结构协会模式规范。按照 1999 年 7 月 1 日的决议，联络委员会的成员协会为：国际房屋建筑协会（CIB）、欧洲建筑钢结构协会（ECCS）、国际混凝土结构联盟（FIB）、国际桥梁和结构工程师协会（IABSE）和结构材料与结构研究所联合会（RILEM）。

国际结构安全度联合委员会的主要工作目标是：

1）将新的基础科学知识转化为规范编制前可以应用的原理。

2）通过更新现有的指导文件，或通过编写全体会议或成员协会所需文件，以支持成员协会的工作。在与全体会议或成员协会工作协调方面，国际结构安全度联合委员会应承担编写关于安全性、可靠性和质量保证最新文献的任务，包括可靠度方法和模式的发展动态。

3）增进安全性、可靠性方面的一般知识和了解，加强结构质量保证技术与结构可靠性评估的交流。

4）为成员协会在相关主题的技术合作提供一个框架，鼓励研究，传播信息。在适当的情况下，国际结构安全度联合委员会应考虑技术委员会和成员协会工作组的方针、活动和成果。特别要制定和不断更新可操作的规则，这些文件提供直接进行概率设计的方法，包括所有必需的概率模型和方法，既有结构的可靠度评估，以及相关质量保证措施、检测、维护策略，安全性、可靠性、耐久性的决策规则。

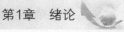

2. 《概率模式规范》（2001）

国际结构安全度联合委员会一直致力于编制一本《概率模式规范》（2001），其目的是探讨直接用概率原理对结构进行设计的方法。《概率模式规范》共分4部分：第1部分——设计基础，阐述了结构可靠性的基本概念，在附录中以较多的篇幅论述了结构可靠度的计算原理，特别在"附录D：概率的贝叶斯解释"中，提到了用贝叶斯方法理解结构可靠性的重要性；第2部分——荷载模型，讨论了结构设计中各种荷载的随机变量、随机场和随机过程模型及荷载组合方法；第3部分——材料特性，论述了各种材料的随机特性和质量控制策略及结构抗力的概率模型；第4部分——应用实例，用钢筋混凝土板、钢梁、二层钢框架结构和多层框架中的钢筋混凝土柱四个例子介绍了直接用可靠度理论进行设计的方法。

1.6.3 国际电工委员会与风电设计标准

1. 国际电工委员会

国际电工委员会（IEC）成立于1906年，是世界上成立最早的国际性电工标准化机构，负责有关电气工程和电子工程领域中的国际标准化工作。国际电工委员会的总部最初设立在伦敦，1948年搬到了日内瓦。国际电工委员会的宗旨是：促进电气、电子工程领域中标准化及有关问题的国际合作，增进了解。为实现这一目标，国际电工委员会出版了包括国际标准在内的各种出版物，并希望各成员在条件允许的情况下，在本国的标准化工作中使用这些标准。截至2018年底，国际电工委员会共发布约一万多个国际电工委员会标准。

2. 国际标准 IEC 61400-1 和 IEC 61400-3

《风力发电机组 第1部分：设计要求》（IEC 61400-1：2005）和《风力发电机组 第3部分：海上风电机组设计要求》（IEC 61400-3：2009）是国际电工协会技术委员会88编制的国际标准。这两本标准的第7章"结构设计"规定了陆上风力发电机组支撑结构的设计原则和方法，这些原则和方法是以国际标准《结构可靠性总则》（ISO 2394）为基础编写的。

丹麦里索（Riso）国家实验室针对IEC 61400-1第2版的修订进行了可靠度研究，采用3.09的年目标可靠指标，考虑荷载、荷载效应模型的不确定性和环境暴露条件的不确定性，以及气动力荷载与重力荷载比值的影响，确定了极值静力荷载和正常运行（非疲劳荷载）极值荷载的分项系数。IEC 61400-1中的分项系数参考了这一可靠度的研究成果。针对第3版的修订，丹麦科技大学和奥尔堡（Aalborg）大学采用可靠度理论对风力发电机组支撑结构设计的分项系数进行了进一步的研究，采用3.3的年目标可靠指标，提出了对荷载分项系数、材料分项系数和破坏后果系数修订的建议。目前，IEC 61400-1标准的第4版已于2019年颁布，IEC 61400-3拆分为《风力发电机组 第3-1部分：固定式海上风电机组设计要求》（IEC 61400-3-1：2019）和《风力发电机组 第3-2部分：浮式海上风电机组设计要求》（IEC 61400-3-2：2019）颁布。

1.6.4 欧洲标准化委员会与欧洲规范

1. 欧洲标准的由来

1951年4月18日，法国、德国、意大利、荷兰、比利时和卢森堡在巴黎签订了建立欧洲煤钢共同体的条约，1952年7月25日生效。1957年3月25日，六国又在罗马签订了建立欧洲经济共同体（EEC）条约和原子能共同体条约，统称为《罗马条约》，1958年1月1

日生效。《罗马条约》的一个基本出发点是"消除分裂欧洲的壁垒",并"通过共同贸易政策","为逐步废止国际交换的限制做出贡献"。

在1957年3月25日关于成立欧洲经济共同体的条约中并没有出现"标准化"这个概念和名称,然而,为实现《罗马条约》的诺言,欧洲共同体委员会一致认为,标准化是达成欧洲经济共同体目标的一个极其重要的工具。共同体委员会在1966年就电工领域的标准化问题举行了一次大规模的研讨会,这次研讨会达成的共识体现在1973年2月19日的欧洲共同体低压准则中。1976年正式成立了欧洲电工标准化委员会(CENELEC)。欧洲标准化委员会(CEN)成立于1961年,1976年1月29日在比利时公报上公布了欧洲标准化委员会的章程。1971年以来欧洲标准化委员会会址设在布鲁塞尔,与欧洲电工标准化委员会同址办公。欧洲电工标准化委员会主管电工技术领域,而欧洲标准化委员会负责其他的所有领域。欧洲电工标准化委员会与欧洲标准化委员会在"共同的欧洲标准化机构"的名义下汇到了一起,但两个组织仍保留其各自法律上的独立性。欧洲标准化委员会和欧洲电工标准化委员会工作的第一个成果是1988年通过了《标准化工作的共同导则》。根据这一导则,将欧洲标准化委员会和欧洲电工标准化委员会出版物的作用区分为:EN——欧洲标准;HD——协调文件;ENV——欧洲暂行标准。

EN作为欧洲标准,它负有必须被各成员国家一级采用的责任。EN被各国采用后就具有国家标准的合法地位,而与其相对应的原有国家标准必须撤销。HD作为协调文件,它也负有必须被各成员国家一级采用的责任。各成员必须公布HD的编号和标准名称,并撤销与其相对应的原有国家标准。ENV作为暂行的欧洲标准,预期以后将成为正式标准,供各国暂时使用,各国与之相对应的国家标准可以同期并行。欧洲标准化委员会与欧洲电工标准化委员会还商定了欧洲标准的编号体系,规定数码在40000以下为欧洲标准化委员会标准的编号,50000以上为欧洲电工标准化委员会标准的编号,40000~50000之间属于欧洲标准化委员会和欧洲电工标准化委员会标准共同使用的区域。

2. 欧洲规范项目的背景

早在1975年,欧洲共同体委员会根据协议的第95条款,决定在土建领域实施一个联合行动项目,建立一整套用于房屋建筑、土木工程结构和土工设计的标准,其目的是消除对贸易的技术障碍,协调各国土建方面的技术规范。具体来讲,包括如下几个方面:

1)提供符合必要的承载力、稳定性和防火要求的通用设计准则和方法,包括耐久性和经济方面。

2)为业主、经营者、用户、设计人员、承包商及建筑产品的制造商提供结构设计的通用指导。

3)促进成员之间建筑业务的交流。

4)促进成员之间结构构件的使用和市场开拓。

5)促进材料及通用产品(这些材料及产品的性能设计计算时要考虑)的使用和市场开拓。

6)为建筑业的研究和发展提供统一的基础。

7)为通用的设计辅助设备及软件做准备。

8)增加欧洲土木工程公司、承包商、设计公司及生产商在世界上的竞争力。

由成员代表组成的指导委员会实施开展了该项欧洲规范项目,并于1980年产生了第一

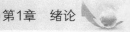

代欧洲规范。1989 年，根据指导委员会与欧洲标准化委员会达成的协议，在咨询了各成员之后，指导委员会与欧洲成员及欧洲自由贸易联盟（EFTA）决定，通过一系列的委托手续，将欧洲规范的编制与出版工作转交欧洲标准化委员会，以便使其将来具有与欧洲标准同等的地位。同时，欧洲规范交由欧洲标准化委员会编制和出版，使得欧洲规范能够与涉及理事会指南及委员会决议的所有条款相衔接，统一在一个框架内。具体工作由设在英国标准化协会的欧洲标准技术委员会 CEN/TC-250 来负责管理。

20 世纪 80 年代末和 90 年代，在欧洲标准技术委员会 CEN/TC-250 的组织和协调下，根据欧洲规范的规划又成立了分技术委员会，首先编制了一套欧洲试行规范 ENV 1991～1999，并且明确指出，试行规范只供试用并提交委员会讨论，自开始试行之日起，两年后还将邀请欧洲标准化委员会成员提交正式的评论以决定未来进一步要进行的工作。在经过一段时间的使用后，欧洲标准技术委员会决定，通过修订和补充，将欧洲试行规范转变为欧洲正式规范，即欧洲规范。

3. 欧洲规范的体系及特点

欧洲结构规范是一相互配套使用的土木工程设计规范，这套规范具体由下面的规范组成：

EN1990 欧洲规范 0：结构设计基础

EN1991 欧洲规范 1：结构上的作用

EN1992 欧洲规范 2：混凝土结构设计

EN1993 欧洲规范 3：钢结构设计

EN1994 欧洲规范 4：钢-混凝土组合结构设计

EN1995 欧洲规范 5：木结构设计

EN1996 欧洲规范 6：砌体结构设计

EN1997 欧洲规范 7：土工设计

EN1998 欧洲规范 8：结构抗震设计

EN1999 欧洲规范 9：铝合金结构设计

欧洲规范有英语、法语和德语三种语言的官方版本，欧洲规范的前言中都明确说明，由欧洲标准化委员会负责翻译成各成员使用的语言并在管理中心登记的任何一种版本都具有与官方版本同等的地位。

根据欧洲标准化委员会和欧洲电工标准化委员会的内部规定，执行欧洲规范的国家包括奥地利、比利时、捷克共和国、丹麦、芬兰、法国、德国、希腊、冰岛、爱尔兰、意大利、卢森堡、马耳他、荷兰、挪威、葡萄牙、西班牙、瑞典、瑞士和英国（英国现已脱欧，未来情况未知）。如前所述，按照欧洲标准化委员会的规定，欧洲规范作为以 EN 为标准的欧洲标准，它负有必须被各成员一级采用的责任，一旦采用后就具有国家标准的合法地位，而其他的原有国家标准必须撤销。因此，欧洲规范规定，这些执行欧洲规范的国家的标准应包括欧洲规范的全文（包括所有附录），可以在各自国家标准的前面附以国家标题页和前言，后面附以国家附录。考虑到每一成员规范管理机构的责任，国与国之间安全水平的不同，保留各成员根据他们的具体情况确定与安全有关的参数值的权利。而国家附录仅包括那些欧洲规范中留做待定、供成员选择的参数和有关信息，这些参数称为用来进行建筑和土木工程设计的国家参数，包括：

1）欧洲规范给出的可供选择的值或等级。

2）在欧洲规范中只给出了符号的值。

3）国家的专用数据（地理、气候等），如雪分布图。

4）欧洲规范给出的可供选择的方法，包括信息性附录和为帮助用户使用欧洲规范、无抵触的补充参考资料。

欧洲标准化委员会与国际标准化组织有着极其密切的关系。根据1991年国际标准化组织和欧洲标准化委员会之间缔结的维也纳协定，对于欧洲标准化委员会先行制定的标准，国际标准化组织将不再另行制定，用欧洲标准化委员会制定的标准作为国际标准化组织相应部分标准的草案。

4. 欧洲规范《结构设计基础》（EN 1990：2002）

欧洲规范《结构设计基础》EN 1990是由其试行标准《设计基础与结构上的作用》（ENV 1991-1）修订而来的。在修订过程中，将ENV 1991-1中原有的内容分为两部分，一部分成为EN 1990，另一部分成为EN 1991。作为欧洲系列结构规范的第一本规范，EN 1990给出了所有材料结构设计时有关安全性、适用性和耐久性的原理和要求，为建筑、土木工程的设计和校核提供了基础和基本原理，与国际标准《结构可靠性总原则》（ISO 2394）相比，具有更强的可操作性。

在将欧洲试行标准（ENV）转化为欧洲标准（EN）的过程中，为保证结构设计中建筑规范的统一和协调，北欧建筑规范委员会（NKB）和北欧结构标准化委员会（INSTA-B）成立了北欧结构联合工作组（SAKO）。北欧结构联合工作组的主要工作是检查CEN/TC250的工作，并将北欧的经验和观点反映到欧洲规范的起草文件中。1999年，北欧结构联合工作组完成了一份可靠度研究报告，目的是在将ENV转化为EN时，对分项系数的修改提供建议。针对北欧的情况，考虑混凝土、钢材和木材三种主要结构材料，对不同永久作用与可变作用比值下安全水平的一致性进行了比较。项目完成后，分别由法国、比利时和丹麦的三位知名教授进行了独立评审。

欧洲规范EN 1990颁布后，根据2002年9月10日在布鲁塞尔召开的欧洲规范第2.5课题会议的精神，英国建筑研究院（BRE）用可靠度方法对EN 1990中的组合规则进行了研究，研究中应用了国际结构安全度联合会（JCSS）《概率模式规范》建议的参数（荷载，材料特性，几何参数，荷载和抗力的计算模式不确定性及可靠度的概念），分析中选取的典型的、具有一般材料特性的结构构件包括钢筋混凝土梁、钢梁、钢-混凝土组合梁和木梁，研究内容包括永久荷载与楼面活荷载或风荷载，荷载组合系数的敏感性，对预制混凝土进行高质量控制的效果。

1.6.5 美国《建筑及其他结构最小设计荷载》（ASCE 7）

20世纪六七十年代，对美国加利福尼亚三番市、马那瓜、尼加拉瓜和日本宫城县地震导致的房屋倒塌，美国哈特福德市民活动场屋顶发生坍落之前雪和雨水荷载的调查，引发了美国工程界对建筑物安全问题的重新思考，人们认识到当时使用的容许应力设计法的缺陷，以及为保证结构极端情况下安全性和正常使用情况下良好工作性能的重要性，开始结合当时可靠性理论的研究，探讨考虑荷载和材料性能随机性的可靠度设计方法。钢结构规范中荷载和抗力系数设计（LRFD）方法的提出是美国结构可靠度理论应用的开端。但随后人们意识到必须将荷载系数与结构材料有关的系数相分离，否则会出现因各规范编制组协调不好，不

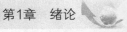

同材料结构中的同种荷载分项系数不同的不合理局面。在这种前提下，确立了美国国家标准委员会 A58《建筑及其他结构最小设计荷载》的独特地位。

1978 年，在美国建筑技术中心结构分部工作的埃利伍德（Ellingwood）教授主持了"基于概率的极限状态设计荷载要求"的研究项目。研究工作的目标是：

1）提出一套适合于所有类型建筑（钢结构、混凝土和预应力混凝土结构、木结构、砌体结构、冷轧成型钢结构和铝结构）的荷载系数与荷载组合系数。

2）提出一种供各材料规范选择与 A58 荷载要求和其性能目标协调的抗力准则。

研究成果反映在 1980 年出版的美国国家标准（NBS）特别报告 577《美国国家标准 A58 基于概率的荷载准则》中，随后的工作则是基于概率的设计理论在各种结构中的应用。NBS 特别报告 577 的概率荷载准则首次在 1982 年版的美国国家标准 A58 中得到应用，1985 年开始由美国土木工程师学会（ASCE）按标准 ASCE 7—85 出版，自 1982 年至今一直为美国多本标准、规范极限状态设计方法所参考，这包括美国钢结构协会的钢结构规范 AISI 2002 及其之后的版本，木结构标准 ASCE16—95 及其之后的版本，美国混凝土协会混凝土规范 ACI 318—02 及其之后的版本。

《建筑及其他结构最小设计荷载》（ASCE/SEI 7—16）为目前最新的版本。该版本进一步明确了结构设计组合中各荷载系数和抗力系数（强度折减系数）的可靠度基础，给出了一般设计状况下不同类型结构的可靠指标和年失效概率及地震时预期的可靠度，同时给出了基于性能的设计方法。

1.6.6 美国《建筑规范对结构混凝土的要求》（ACI 318）

早在 20 世纪 50 年代，美国混凝土协会（ACI）就发表论文建议在混凝土结构中使用荷载系数来达到要求的安全性，在建筑规范 ACI 318—63 中采用荷载系数方法。1969 年 ACI 委员会"结构安全性"曾尝试采用概率理论，1996 年以概率为基础确定的荷载系数（ASCE 7）出现于《建筑规范对结构混凝土的要求》（ACI 318—96）附录 C 中。

ACI 318—96 附录 C 给出采用 ASCE 7 荷载系数的原因是：

1）在"混合型"结构（如有钢筋混凝土剪力墙的钢框架、支撑在混凝土基础上的钢柱及钢筋混凝土柱、组合楼板和钢梁的建筑）设计中，采用 ASCE 7 的荷载组合意味着采用了同一套荷载系数。

2）对 ACI 318—96 第 9 章的荷载组合和强度折减系数的可靠度分析表明，随着可变荷载与永久荷载比值的增大，可靠指标降低。而对附录 C 中的荷载组合和强度折减系数的可靠度分析表明，可靠指标随可变荷载与永久荷载比值变化的幅度较小，即可靠度的一致性较好。

3）对于可变荷载与永久荷载比值较小的风荷载设计的情况，可靠度较永久荷载的情况低（这种情况中 ACI 318—96 第 9 章中永久荷载的系数为 1.05，而 ASCE 7 的系数为 1.2）。

在 ACI 318—99 颁布后，又对 ACI 318—99 进行了可靠度校准，校准的原因是：

1）ACI 318 一直采用的是 20 世纪 50 年代的荷载系数。

2）引入新的荷载和 ASCE 7。

3）ASCE 7 规定的荷载系数已为钢结构规范（AISC）和木结构规范所采用。

4）存在混合结构形式（如钢-混凝土组合结构）。

对 ACI 318—99 进行可靠度校准的目的是：①确定相应于新荷载系数（ASCE 7）的抗

力系数 ϕ；②所设计结构的可靠度不能小于预先规定的最小值；③保持混凝土结构的竞争地位；④如果必要，确认改变 ASCE 7 荷载系数的要求。

在对 ACI 318—99 进行可靠度校准中，选择了钢筋混凝土梁和预应力混凝土梁、钢筋混凝土板和预应力混凝土板、钢筋混凝土柱和预应力混凝土柱（普通箍筋和螺旋箍筋）和素混凝土七种类型的构件，混凝土包括普通混凝土、轻骨料混凝土（18kN/m³）、高强混凝土（$f'_c \geqslant 45MPa$），钢筋包括普通钢筋和预应力钢绞线。考虑的荷载包括永久荷载、活荷载、雪荷载、风荷载、地震作用及其相关组合，荷载组合采用 Turkstra 规则。考虑了"新"和"旧"两种情况。"新"指的是根据建议的新 ACI 318 规范、采用 2001 年和 2002 年的材料统计资料进行的分析，"旧"指的是根据 ACI 318—99 规范、采用 1970 年以前的材料统计资料进行的分析。分析得到可靠指标的范围，提出了目标可靠指标 β_T，根据 β_T 确定了抗力折减系数。

对 ACI 318—99 规范进行可靠度校准得出的结论是：

1）近二三十年来材料（混凝土和钢筋）质量有了很大变化。

2）根据"旧 ACI 318"（ACI 318—99）设计的结构的可靠度高于最小可接受水平。

3）抗力系数可提高 10%~20%，所以对于新的荷载系数（ASCE 7），"旧"的抗力折减系数是可以接受的。

ACI 318—02 的正文直接采用了 ASCE 7 的荷载系数和设计表达式，将抗力折减系数 ϕ 由 0.8 提高到 0.9，这将导致梁板等受弯构件的纵向受拉钢筋减少约 10%。在解释这一变化时，该规范在条文解释中指出是基于过去和现在的可靠度分析、对材料性能的统计研究及委员会的意见。

ACI 318—11 采用了 ASCE/SEI 7—10 的荷载组合。对于强度折减系数 ϕ，ACI 318—2011 指出 ϕ 考虑和反映了：①由于材料强度和构件尺寸变异导致的构件承载力偏低的可能性；②设计表达式的不准确性；③所考虑荷载效应下构件的延性和要求的可靠度；④结构构件的重要性。

1.6.7　美国《荷载与抗力系数桥梁设计规范》（AASHTO LRFD）

美国的公路桥梁设计规范是由美国州公路与运输官员协会（AASHTO）发布主管的。第 1 版于 1931 年颁布，称为 AASHO⊖规范，以后演化为 AASHTO 规范。AASHTO 于 1994 年颁布了第 1 版的《荷载与抗力系数桥梁设计规范》（AASHTO LRFD：1994），采用了以分项系数表达的可靠度设计方法。在进行可靠度校准、确定设计荷载和抗力分项系数的过程中，根据美国各州公路桥梁结构的形式和分布特点，选取了 200 个代表性的公路桥梁，跨度范围为 30~200ft（9.14~60.96m），梁间距范围为 4~12ft（1.22~3.66m）。根据目标可靠指标确定结构的荷载分项系数。《荷载与抗力系数桥梁设计规范》每 4 年修订一次，目前为第 9 版，即 AASHTO LRFD：2020。

1.7　基于性能的设计方法

一些基础设施，特别是房屋建筑，是可以通过货币交换进行流通的商品。既然是商品，

⊖　早期为美国各州公路官员协会。

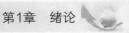

就存在卖主和客户的关系。对于大部分的商品和商业服务，我们已经习惯了"顾客永远是对的"理念，这种理念在建筑商品交换中也存在。由于建筑用户都是很少有建筑经验的，所以他们在购买商品房时希望由自己决定一些建筑性能，就像我们自己买计算机一样，由我们自己来选择计算机的内存、硬盘的容量，显示器的尺寸及分辨率等。顾客们有可能不知道各种指标的具体含义，但他们知道与之相关的一些性能，如 30 GB 的计算机可比 20 GB 的计算机存储更多的信息，但是关于 GB 的具体含义他们就不懂了。在购买商品房时，我们同样要关心其性能，如供能、便利性、耐久性、防盗性及隔声效果、造价和可维修性等指标。在传统基于规范的设计中，重点放在对原材料的控制来达到满足用户对建筑物的要求，而不是采用基于性能的设计（Performance-based design）使顾客花钱买的房屋有较好的质量和较长的使用寿命。

由此可见，基于性能设计的概念非常简单：所有程序都必须以满足建筑物的使用性能为基础，而不是采用规定的模式建造。采用这种方法进行设计和施工可以促进建筑创新、国际贸易的发展及降低建筑成本。最初的研究表明，如果完全依照性能进行设计和施工，可以节约工程造价可达 25%。要达到这个水平，建筑的各个方面都必须是基于性能要求的，包括设计、建筑材料、建筑创新、施工规范、施工环境、施工程序及专业文件等。而且所有的建筑单位、建筑科研团体、建设单位、用户及建筑管理人员都必须形成基于性能的理念。这种理念以相关资料的获取（建筑资金的分配计划、程序、设计、施工）、生命周期管理及施工规范的控制为依托。基于性能设计已经作为一种设计方法被大家所认可，这种方法是以满足建筑物的使用性能为最高要求，这是不同于按规范设计和传统施工方法的重大改变。

基于性能的设计具有如下特点：

1）使用功能条款规定了建筑物所能提供的功能，而不是强调建筑物是如何建造的。

2）关心最终业主对建筑物的使用要求，而不关心建筑物能提供什么功能。

3）规定了各种建筑物的功能等级，这将要求建筑材料、建筑部件、设计因素和施工方法要以满足社会和业主的使用要求为基准。

4）促进了建筑设计单位对建筑材料、建筑物组成部分和设计系统的创新。

5）一些成功的工程实例及性能标准从某种程度上让用户感到放心，也可以促进基于性能方法的应用。

6）在规范和标准中采用不同的性能等级，从而满足不同国家期望的要求。

7）性能等级选择具有很大灵活性。

8）在整个设计使用年限内考虑建筑物的各组成部分和设施的性能要求。

9）在某种程度上不限制解决问题的手段。

基于性能的设计不同于传统按规范方法的设计。规范设计方法很容易理解和掌握，结果很容易控制，但阻碍了建筑创新，同时建造的建筑也很难满足用户的要求，建筑资金发挥不了很好的效益。基于规范的设计和基于性能的设计在一些关键方面的比较见表 1-1。

基于性能设计的方法是否被认可，依赖于建筑性能接近用户对其性能要求的程度。为此，供方和需方必须达成一致意见，尽可能使建筑物达到用户对其性能的要求。

下面是一些主要国家和地区基于性能设计方法的研究和应用情况。

表 1-1　基于规范的设计与基于性能的设计在关键方面的比较

关键方面	基于规范的设计	基于性能的设计
总顾问的角色	设计和指导施工	帮助建设单位起草性能要求和提供合理的建议
初级阶段	以施工详图和材料用量表为基础	承包商和转包商用最好的施工方法和最专业的施工手段
投资重点	尽量采用造价最低的施工方法	最低的生命周期造价
批准程序	以规范为基础	以性能要求为基础
施工程序	以被批准的施工计划为基础,变更会遭受经济处罚	以性能要求为基础,提高施工效率
委托、移交程序	业主和用户不清楚使用和性能维护	用户完全清楚使用和性能维护
相互关系	建筑物从施工到使用的整个过程,各方矛盾始终存在	为了满足用户对建筑使用性能的要求,各方合作很好
能源效率	按照最少使用原则	根据用户的要求合理使用资金
公布达标评估	条款中不明确	重要的性能评估手段

1.7.1　欧洲的情况

为协调北欧各国建筑标准,以技术革新和经济一体化为目标的北欧建筑标准委员会(NKB)于 1963 年就开展了基于性能设计的研究并于 1972 年确定了行动流程,目的是保障北欧各国之间劳动力的流动,扩大建筑市场及其相关产品的商业流通。在此过程中,为理解和修订各国建筑标准,NKB 将建筑标准规定分为 5 个水准,形成金字塔式的等级。该等级称为北欧建筑标准委员会水准体系,见表 1-2。早期标准的金字塔等级概念,对欧洲标准的金字塔等级发展有很大影响。

表 1-2　北欧建筑标准委员会水准体系(NKB 水准体系)

水　准	定　义
水准 1:目的	从社会及其构成人员角度,对重要建筑物的所有描述
水准 2:性能要求	为明确特殊目的、意图,将水准 1 规定的所有目标按照功能项目和原则分类
水准 3:性能要求水准	为实现水准 2 的规定提出的每一性能的具体要求
水准 4:验证	符合性能要求的验证方法
水准 5:具体解决方法	符合性能要求的具体设计方法

自 1978 年以来,为制定基于此方针的建筑模式标准,联合国欧洲经济委员会(ECE)对北欧建筑标准委员会水准体系进行了讨论,并确认水准 1~3 为法规层次的强制性规定,水准 4 和 5 是法规之外的内容。

英国曾制定了多种基于规定方法的建筑标准,但从 20 世纪 70 年代后期开始,关于这些标准会降低建筑业活力的批评逐渐出现,为此英国于 1984 年制定了新的建筑法,废止了对方法的限制,改为简洁的建筑标准,将传统的规定方法的标准看作是认可的但没有强制性的标准。

为发展基于性能的设计方法,欧洲建立了基于性能的建筑(PEBBU)网络,分为北欧

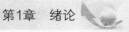

地区网络平台、西欧和中欧地区网络平台、东欧地区网络平台和地中海地区网络平台。虽然基于性能设计理念的关注度呈上升趋势，但还未被广泛认识，受传统文化和保守观念的制约，实施还有困难，尽管如此，未来的发展是可期待的。

1.7.2 美国的情况

在美国，基于性能的设计一般指工程初期选择的一系列设计性能指标，并将其作为设计的基础。使用这种方法时，通过合理的方法和程序对设计过程进行论证，如计算、原型测试或两者同时进行，以证明整个设计满足性能要求。

美国关于基于性能的设计更多的是体现在结构抗震设计方面。从1927年美国颁布第一部关于抗震设计的非强制性规范，到1976年颁布《统一建筑规范》（ICBO），抗震设计的唯一性能指标是避免结构倒塌。

在1971年美国加利福尼亚西尔马市地震中，大多数建筑（包括医院）发生了局部或整体倒塌，当时新建的橄榄景医院（Olive View Hospital）是其中之一。震后有关部门对这次地震中建筑破坏的情况进行了调查。医院和其他固定设施应具备救灾功能，其设计应比一般的商业和民用建筑有更好的性能，1976年颁布的《统一建筑规范》对建筑抗震设计要求做了重大修改。

1989年，距旧金山南部100km的加州圣克鲁斯附近发生了7.1级地震。虽然地震在旧金山海湾区仅产生了中等程度的地面运动，但却导致了重大的经济损失，仅财产损失估计就达700万美元。因此，工程师、政府管理人员和私营企业相关人员对当时规范中规定的性能指标，能否在中等地震时使损失得到控制提出质疑。特别是，在加州洛马普列塔地震之后，很多建筑业主和老社区的建筑租户开始关注他们居住的建筑能否在未来的地震中保护其财产的安全，他们要求对建筑进行改造。然而，业主和租户并不是要求对建筑按照建筑规范进行改进，而是要求工程师对设计进行改进，以取得在不同的地震作用时，满足与商业中断和修复成本相关的性能指标。

近年来，美国应用技术协会（ATC）提出了《既有结构基于性能的抗震加固指南》，加利福尼亚州结构工程师协会（SEAOC）2000版的报告将性能设计的概念推广到新建结构。尽管美国目前的建筑规范仍未采用性能设计的方法，但美国地震安全协会（BSSC）1997年的美国国家地震减灾计划（NEHRP）报告包含了这方面的条文，在其条文说明中，性能目标取自于加利福尼亚州结构工程师协会2000版的报告。美国混凝土协会标准也引入了普通和预制混凝土结构体系基于性能设计的说明。

1.7.3 日本的情况

日本的建筑标准法要求建筑结构的设计首先要"保护人的生命、健康及财产的安全，提高公共福祉"。因此，建筑标准法的精神是确定最低性能要求和水准的依据，比此更高的性能水准和其他要求可根据需要确定。1995—1997年日本开展了建设省综合技术研究项目"新建筑结构体系开发"。在此项目中，以性能评估为基础的结构设计方法如下：

1）在业主和结构设计人员协商的基础上，确定建筑结构性能。

2）结构设计人员根据结构特性等条件，选择适当的设计和计算方法，对结构进行设计。

3) 确认结构具有设计的性能。

2000 年，住宅质量保证法律的出台和建筑标准法的修订，促进了日本现代建筑向基于性能的设计方向发展。在建筑标准法的修订过程中，对结构强度及结构或材料防火性能做了大幅度的调整，放宽了对材料或尺寸的规定，可不按照规定的方法进行设计，只要达到了规定的性能即可。

传统建筑设计的中心是设计人员，他们按照规范进行设计。在图 1-5 所示的建筑性能要求的决策主体中，横线表示的是传统的安全标准决策的主体，斜线表示未来的标准决策主体。建筑物最终多属于私有财产，在这种情况下，作为投资者的建筑业主具有选择建筑安全性的权利并承担相应的责任。作为设计人员的专家，应能够通过适当的判断帮助业主实施。当然，从承担社会责任的角度考虑，所做出的公共决策应是以建筑标准法为基础的相关法令中的最低规定。

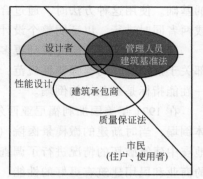

图 1-5　建筑性能要求的决策主体
注：横线表示之前的安全标准决策主体，
　　斜线表示未来的标准决策主体。

在基于性能的设计方法中，设计人员应根据业主的需要，针对不同建筑要求的环境进行设计，具有按照业主和用户的多种要求实现性能设计的综合判断能力。这种建筑性能要求决策主体的变化来源于民众问卷调查，如图 1-6 所示。从问卷调查结果可以看出，关于安全性的决策主体问题，认为依据管理部门规定的人数比例上几乎没有变化，均达到 40%；依据业主意见的人数增加了 15%~20%，依据设计者意见的人数减少了约一半。从其他调查结果同样可以看出，民众希望自己决定结构的安全水平，对自己应承担的责任也有了一定的理解。另外，从图 1-7 可以看出，民众希望有建筑方面的专业知识，希望公开住宅危险性的相关信息。

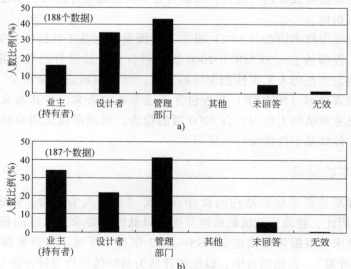

图 1-6　结构安全水平的决策主体
a) 目前决定住宅地震时安全性的主体　b) 未来决定住宅地震时安全性的主体
注：设计者包括住宅建设、销售公司。

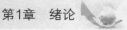

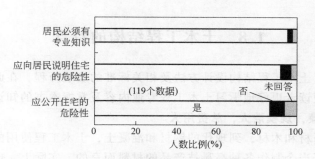

图 1-7　业主希望信息公开的要求

由此可见，基于性能的设计要求设计人员/专家、业主/用户、政府（法律）单位等按照各自的角色/职能分别承担各自的责任。承包商的责任不只是"如何建造"，还要明确"建造什么样的"，要求说明"什么水平的性能"。对于具备专业知识的设计人员，在承担社会责任时，应首先考虑民众的需要。按照结构的目标性能水准，说清楚用"多少金钱"可以保证"多大的安全性"，这不仅要求市民有最低限度的抗震方面的知识，还要求设计人员采用通俗易懂的表现方式，真诚、耐心地与业主或用户进行交流。因此，设计人员可以灵活处理，根据具体要求和环境确定设计条件，可以用不同的方法满足要求的性能。但另一方面，如果未能实现目标性能，设计人员承担的责任就会很大，将会被严厉追究责任。

图 1-8 为建筑结构基于性能的设计流程。

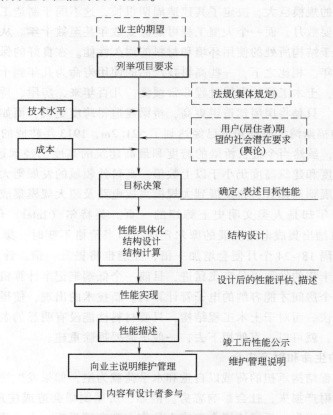

图 1-8　建筑结构基于性能的设计流程

1.8 土木工程结构的特点

本章前面论述了土木工程结构设计方法及相关标准的发展历程,在此对土木工程结构的特点进行归纳,以便读者更好地学习土木工程专业内容及掌握本书的知识。

1. 材料成本低廉,规模浩大,总费用大

从天然的土、石材和木材,到现代的钢材和混凝土,土木工程使用的材料属于低成本材料,当然这是相对于当今制作各种高科技产品的材料而言的,实际上,也只是到了现代才出现了各种高科技技术和产品。土木工程材料的低廉成本,也是与土木工程结构量大面广、规模宏大的现实和需求相适应的,量多和宏大的规模造成了土木工程结构的总费用巨大,投资几十亿、上百亿的工程比比皆是。并且由于巨大的需求量和制作过程中涉及多个环节和行业,往往成为一个国家一段时期内拉动 GDP 增长的动力。也就是说,当今的土木工程结构发展已经不再是像古代人那样仅仅是为了满足居住的需求,而是人类社会生存和发展共同事业的基本条件,是一个国家经济发展不可或缺的重要组成部分,现在如此,将来也是如此。高科技产品以娇小、精密、科技含量高为特点,虽然材料成本高昂、制作工艺复杂,但采用流水线批量制作,单件成本并不高。一个高配置电脑的价格为几万元到几十万元,而一套 100 多 m^2 商品房的价格则要近百万元到几百万元。

2. 建造周期长,使用时间长

土木工程结构的规模巨大,决定了其建造周期很长,这不同于制造工业产品。建造一个小型结构物可能需要数月,而一个大型工程可能需要数年甚至数十年。从使用上讲,工程结构的使用年限取决于结构所处的使用环境和材料的耐久性能。在良好的保护条件下,结构可使用数十年到上百年。相比之下,一些高科技产品的使用寿命为几年到十几年。

从发展过程看,土木工程的发展过程非常缓慢,几百年来,房屋、桥梁等结构的材料和形式没有大的变化,只是将房屋建造得更高,桥梁建造得跨度更大,而如在第 1.2 节所提到的,1883 年建造的福斯湾大桥净跨度已经达到了 521.2m,1913 年建成的伍尔沃斯大楼高度已经达到 231.65m,虽然当今最长桥梁的跨度和最高建筑的高度已经远远超过了以上数值,但大部分桥梁的跨度和建筑高度仍小于以上数值。高科技领域的发展则大不相同,电子元件由最初的电子管发展到晶体管,再发展到大规模集成电路及超大规模集成电路也不过几十年的时间,而这几十年却是人类文明史上辉煌的一页。英特尔(Intel)创始人戈登·摩尔(Gordon Moore)总结出集成电路发展的摩尔定律,即当价格不变时,集成电路上可容纳的元器件的数目,每隔 18~24 个月便会增加一倍,性能也将提升一倍。计算机的出现也只有几十年的历史,近十年的发展更是突飞猛进,目前一个低端笔记本计算机的性能,就已经远超几十年前需要一个房间才能容纳的电子管计算机。新技术的出现,使得高科技产品的更新和淘汰速度也非常快。而对于土木工程结构,只要材料性能没有明显的老化,不至于影响其安全性和使用性能,就可以一直使用下去,一般不需要拆除重建。

3. 关系人民的生命和财产安全

大部分土木工程结构承担的荷载以自重和水平荷载为主,如果发生垮塌事故,则会导致大量的人员伤亡和财产损失,社会影响恶劣。例如,房屋倒塌会造成住户、办公人员伤亡,个人财产和国家财产损失;桥梁垮塌会造成人员伤亡和车辆报废;水库溃坝更是会造成大规

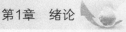

模人员伤亡和经济损失，引起社会动荡。1975 年河南驻马店板桥水库溃坝事件就是一个典型的案例，这一事件造成河南、安徽有 29 个县市受灾，死亡人数超过 10 万，直接经济损失上百万元。因此，土木工程结构设计、建造和使用中的安全向来是人们最为关注的问题，正是所谓"百年大计，安全第一"，设计和施工人员担负着巨大的社会责任。相比之下，一般的高科技产品不会直接影响人的生命安全。

4. 设计、建造方法基本是以经验为基础发展起来的

自从地球上有了人，居住就成为人类生存必须面对的一个问题。古猿人不会建造房屋，树林成为其遮风挡雨的场所，山洞成为其祛风避寒的"家"，在人类掌握了制作工具和使用工具的技术后，才慢慢具备了建造房屋及其他结构物的能力。随着科学技术的进步，数学和力学理论得到相当程度的发展，现代人掌握了制作钢铁和混凝土材料的技术，才具备了今天设计和建造大型工程结构的能力。由此可见，土木工程发展遵循的路径是"经验→技能→科学和技术"。相比之下，高科技不是按这种路径发展的，高科技是科学和技术发展到一定程度的产物。没有科学理论的支撑，没有技术的积累，制作高科技产品是不可能的，所以高科技发展的路径是"基础理论→技术→实践"，然后向新的高度发展。古人在没有掌握科学和技术的条件下，可以不乘汽车，不乘高铁，不乘飞机，可以不使用计算机，但不能缺少必要的居住条件。高科技能够发展到今天的高度，也是土木工程技术的发展为人类提高了良好、舒适的居住和工作条件，使人类能够在住有所居、居有所安的条件下生活和学习、进行科学研究的结果。

5. "理论+试验+经验"仍然是土木工程发展的模式

从古至今，土木工程虽然在经历了完全经验、科学试验和理论分析的发展过程之后有了巨大的进步，设计和建造理论不断发展，但土木工程仍然是一个需要经验的学科和行业。今天，天文学家已经在一定程度上了解了宇宙的起源，可以相当准确地预测天体的运行规律，医学研究已经达到分子水平，计算机芯片制造已经处于纳米级水平，但我们土木工程工作者仍然不能准确预测结构上作用荷载的大小，不能准确计算结构的承载力，土木工程教材和规范中的很多公式采用的仍然是经验公式或半理论、半经验公式，对于岩土工程更是如此。这不是从事土木工程研究、设计和建造人员的技术水平不够，而是由土木工程行业的特点所决定的。虽然现代计算机技术和数值计算技术高度发展，但复杂的计算并不一定能够带来真正的精度。通过试验建立的经验公式虽然不能完全解释结构的承载机理，但其结果可能比所谓的高精度计算结果更好。实际上，工程设计并不要求多高的精度，概念清楚、计算简便和一定精度是工程设计最为重要的，这在工程结构设计规范中也有所体现。工程中存在的大量的不确定性是精确的计算难以考虑的。因此，经验和试验仍然是未来土木工程结构发展中所不可或缺的部分。更清楚地掌握结构或构件的破坏机理，减少经验的成分是土木工程结构研究的意义所在。

1.9 本书主要内容

结构的可靠性包括安全性、适用性、耐久性和偶然作用下的整体稳固性。保证结构的可靠性是结构设计的基本原则，任何一项与结构设计有关的研究都与结构的可靠性有关，如材料性能研究、构件受力性能和破坏机理研究、荷载分析、分项系数的确定等，所以可靠性是一个含义非常广的概念。广义来讲，结构的可靠性并不一定采用概率方法描述，采用概率方法描述结构的可靠性之前设计的结构也是存在可靠性的，只是不能像现在一样采用概率方法描述，也不能根据设计变量不同的概率特性采用不同的分项系数进行设计。目前土木工程结构设计采用概率极限状态方法，本书主要从概率的角度论述结构的设计原理，目的是使读者了解结构设计中的不确定性问题，以及近年用概率方法解决这些问题取得的成果和在设计规范中的应用。

　　本书共9章和两个附录，主要介绍结构可靠性的基本理论和方法、结构可靠度的基本计算方法、结构上的作用和作用效应、结构抗力和岩土性能、结构可靠度分析和校准、结构概率极限状态设计方法、结构整体稳固性和抗连续倒塌设计及既有结构可靠性评估方面的内容，同时介绍了国际标准《结构可靠性总原则》（ISO 2394：1998，ISO 2394：2015）、欧洲规范《结构设计基础》（EN 1990：2002）、美国的相关标准、我国《工程结构可靠性设计统一标准》（GB 50153—2008）及新修订的建筑、港口、水利水电、公路、铁路工程结构可靠性设计统一标准的内容，也包含国内外其他相关标准和规范中可靠性设计方法的最新发展。本书强调可靠性的基本概念、基本原理及可靠性理论的应用，不注重公式的详细推导。本书第2~7章属于重点讲授的内容，第8章和第9章可作为选讲内容，也可供自学。本书附录A提供了与结构可靠性有关的一些名词的中英文对照，为读者以后查阅国外文献提供方便。本书附录B简要提供了概率论、数理统计和随机过程方面的一些基础知识，主要是为方便读者阅读时查阅，如果希望学习概率论、数理统计和随机过程方面的知识，需要阅读专门的教材。

第 2 章

结构可靠性的基本概念和原理

在结构建造和使用过程中，结构可靠与不可靠是不可预知的，这是因为建造和使用中存在着诸多不确定性，对这些不确定性进行了解并在设计中加以运用，是保证结构具有设计规定可靠性的前提。本章首先介绍不确定性的概念，然后讨论结构设计中的不确定性，介绍设计变量、结构功能要求、极限状态和设计状况的概念，在此基础上，论述结构可靠性的定义和可靠度的描述方法。

2.1 结构分析中的不确定性

不确定性是指事件出现或发生的结果是不能准确确定的，事先不能给出一个明确的结论。事件的不确定性需要采用不确定性理论描述，有时还需通过经验来分析和判断。结构可靠性理论正是因为结构建造和使用中存在着诸多不确定性而产生和发展的。如果在设计前能够准确预测结构的极限承载力和所承担荷载的大小，则可将结构设计为使用期内不会发生破坏，但这是不现实的。

根据工程设计和使用中事物、事件或变量不确定性的性质和特点，不确定性有多种划分方法。如按不确定性产生的原因、条件和属性分为随机性、模糊性和认知不确定性，按主观性和客观性分为主观不确定性和客观不确定性等。下面的分析是按照不确定性产生的原因、条件和属性划分的。

2.1.1 随机性

随机性是指事件发生条件的不充分性，不能确定最后出现的结果。如在混凝土结构设计中，混凝土的强度等级是设计者根据结构的强度要求和使用环境确定的，虽然图样上标明了混凝土的强度等级，但当结构建造完成后，对混凝土强度实测得到的结果与图样上标明的值往往不一致。这其中有多方面的原因，包括选材、配合比设计、制作、运输、浇筑、振捣及养护等，其中的每一个环节都对混凝土强度有影响，具体是哪些环节使混凝土的实际强度与设计强度产生了偏差，是难以确定的，即确定产生偏差的条件不充分。需要说明的是，由于事件发生的条件不充分而不能确定最后的结果，并不是说事件发生的结果是完全不可控制的，而是可以将其控制在一定范围内，即在概率的意义上是可以控制的。

在结构可靠性理论中，随机性又可分为物理不确定性、统计不确定性和模型不确定性。

1. 物理不确定性

在结构设计中，承认存在随机不确定性，就是承认与结构设计有关的变量存在变异性，如荷载的变异性、材料强度的变异性等。在一定的环境和条件下，这些变量的不确定性是由其内在因素和外在条件共同决定的，称为物理不确定性，属于事物、事件或变量本质上的不确定性。

在有些情况下，当与制作过程有关时，物理不确定性可通过提高技术水平或质量控制水平来降低。如混凝土的变异性可通过严格要求配制程序、准确控制拌和料称重、细心拌和等手段而减小。但控制过于严格会提高构件制作的费用，降低生产效率。所以降低物理不确定性有时是与一定的经济条件相关的。而有些情况下物理不确定性不能人为降低，如风荷载、雪荷载等。

2. 统计不确定性

概率论所研究的随机变量的概率分布和统计参数（如平均值、标准差、形状参数、尺度参数等）都是已知的、确定的，但在实际中，随机变量的概率分布和统计参数要根据收集到的样本数据，利用数理统计方法进行检验和估计才能得到。而检验和估计的结果与样本的容量有关。理论上，只有当样本的容量为无穷时，结果才是准确的，估计的参数才是一个确定值。一般情况下估计的参数也是一个随机变量，样本容量大时，参数估计值的变异性小；样本容量小时，变异性大。例如，一般认为混凝土的抗压强度服从正态分布，当用矩估计法或其他方法估计抗压强度的平均值时，即使是同一批试件，用不同组试件进行估计的结果也是不同的，组中试件数量越多，往往得到的平均值越稳定。这种由于随机变量样本量的不足而导致统计参数估计值的不确定性，称为统计不确定性。

以一个简单的例子进行说明。假定某一强度等级混凝土立方体抗压强度服从正态分布，总体的平均值为 μ_X，标准差为 σ_X。制作了 n 个该强度等级的混凝土立方体试件，对这些试件进行试验得到的抗压强度分别为 X_1，X_2，$\cdots$，X_n，则可按下式由这 n 个强度值估计得到该强度等级混凝土的抗压强度平均值为

$$\overline{X} = \frac{1}{n} \sum_{i=1}^{n} X_i \tag{2-1}$$

由于 X_1，X_2，$\cdots$，X_n 只是总体中的一个子样，其值仍然是不确定的（可理解为每次制作的 n 个试件的抗压强度值都是不同的）。因此，按照数理统计理论，由式（2-1）估计的混凝土立方体抗压强度的平均值仍服从正态分布，期望值和标准差分别为

$$\mu_{\overline{X}} = E(\overline{X}) = \mu_X, \quad \sigma_{\overline{X}} = \sqrt{D(\overline{X})} = \frac{\sigma_X}{\sqrt{n}} \tag{2-2}$$

由式（2-2）可以看出，$\overline{X}$ 的期望值与总体的平均值相同，标准差与制作的混凝土试件的数量 n 有关，n 越小，$\sigma_{\overline{X}}$ 越大，$\overline{X}$ 波动越明显；n 越大，$\sigma_{\overline{X}}$ 越小，$\overline{X}$ 波动越不明显；当 $n \to \infty$ 时，$\sigma_{\overline{X}} \to 0$，$\overline{X} \to \mu_X$。$\sigma_{\overline{X}}/\sigma_X$ 随样本容量 n 变化的曲线如图 2-1 所示。

由式（2-2）和图 2-1 可以看出，降低统计不确定性的方法是增大样本容量或采用合适的估计方法，但由于客观条件和经济条件的限制，很多情况下并不能得到足够多的数据，甚至有时获得少量样本数据都是困难的。当变量的统计数据不足时，理应将统计不确定性也考虑在结构可靠度分析和设计中，目前有一些有关这方面的研究，如用贝叶斯方法进行分析，但这将会使分析变得复杂。因此，在结构可靠度设计中，一般在统计分析的基础上，结合工

程经验对估计的参数进行调整。

3. 模型不确定性

在结构设计和分析中，常需要根据一些变量利用已有的公式或模型计算另一变量的值，如根据结构的材料特性和几何尺寸计算结构的承载力，根据结构上的荷载计算结构的反应等。计算使用的公式可为理论公式，也可为半经验半理论公式，还可能是完全通过试验得到的经验公式。即便是精确推导得到的理论公式，计算结果也会与实际值有所

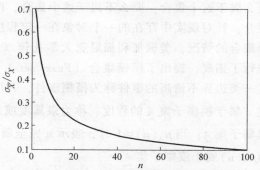

图 2-1 $\sigma_{\bar{X}}/\sigma_X$ 随样本容量 n 变化的曲线

差别，因为理论公式是在一定假设条件下推导得到的，而假设的条件一般总是与实际情况有差别的。对于经验公式更是如此。除此之外，采用各种简化方法和手段进行分析也会产生一定的误差，如将非线性问题简化为线性问题，将动力问题简化为静力问题等。因计算公式不准确或模型简化而产生的不确定性，称为模型不确定性，在结构可靠度分析中常用一个或多个附加的随机变量来描述。如结构中的基本设计变量为 X_1, X_2, $\cdots$, X_n，根据物理学、力学或试验建立的结构分析模型为

$$Y = f(X_1, X_2, \cdots, X_n) \tag{2-3}$$

由于式（2-3）的不精确性，可通过引入变量 θ_1, θ_2, $\cdots$, θ_m 对计算结果进行修正，修正后的分析模型为

$$Y = f'(X_1, X_2, \cdots, X_n; \theta_1, \theta_2, \cdots, \theta_m) \tag{2-4}$$

针对不同的情况 θ_1, θ_2, $\cdots$, θ_m 取不同的值，这样可使式（2-4）的计算结果与精确结果或试验结果一致，由于 θ_1, θ_2, $\cdots$, θ_m 的值是不确定的，所以可将其视为随机变量，称为反映模型不确定性的随机变量，其统计特性根据精确的计算结果和试验结果经统计分析确定。在可靠度分析和设计中，需要考虑计算模型的不确定性。

在结构分析和设计中，常将问题归结为内力计算和承载力计算两个方面，两个方面都存在模型不确定性，应分别进行考虑。

降低模型不确定性的途径是使计算假定尽量与实际情况相符、采用先进的计算手段等，但这些都要受到科学技术发展水平和经济条件的限制，工程中的许多问题目前还不能建立更为准确的理论模型，有些情况下虽可进行更精确的分析，但需要花费相当多的费用和时间，综合比较起来未必是最佳方案。

2.1.2 模糊性

模糊性是指事物的属性不分明或存在中间过渡性所产生的不确定性，即一个事物是否属于一个集合是不明确的，如"晴天和阴天""年轻人和老年人""快与慢"都没有明确的判断标准，或者说划分的标准是不分明的，从一种属性到另一种属性，具有中间过渡性。在结构可靠性理论中，"可靠与不可靠""适用与不适用"的描述也带有模糊性。如对于钢筋混凝土结构的裂缝宽度，刚刚超过规范规定的值并不会导致结构完全不适用，而裂缝宽度接近但未超过规范规定的值时结构也未必完全适用。

经典数学中描述事件及其性能的理论是集合论，其特点之一是排中律成立，即一个对象

要么属于这个集合，要么不属于这个集合，两者只居其一，不能同时属于两个或多个不同的集合。针对现实中存在的一个对象在一定程度上属于一个集合，而在一定程度上又属于另一个集合的情况，美国加利福尼亚大学扎德（Z. L. Zadeh）教授在1965年对经典的集合概念进行了拓展，提出了模糊集合（Fuzzy sets）的概念，创建了模糊数学。在模糊数学中，将这一类边界不清晰的事件称为模糊事件，并用一个处于 $[0,1]$ 之间的变量或函数 $\mu_{\underset{\sim}{A}}(u)$ 描述 u 属于模糊子集 $\underset{\sim}{A}$ 的程度，称为隶属度或隶属函数。当 $\mu_{\underset{\sim}{A}}(u)=0$ 时，表示 u 完全不属于模糊子集 $\underset{\sim}{A}$；当 $\mu_{\underset{\sim}{A}}(u)=1$ 时，表示 u 完全属于模糊子集 $\underset{\sim}{A}$；当 $0<\mu_{\underset{\sim}{A}}(u)<1$ 时，表示 u 以数值 $\mu_{\underset{\sim}{A}}(u)$ 属于模糊子集 $\underset{\sim}{A}$。

图2-2为国际标准《结构可靠性总原则》（ISO 2394：1998）给出的关于结构使用性能存在中间过渡特性的图示。当指标 $\lambda \leq \lambda_1$ 时，结构处于完全可使用的状态；当指标 $\lambda \geq \lambda_2$ 时，结构处于完全不可使用的状态；指标 $\lambda_1 < \lambda < \lambda_2$ 时，结构处于可使用和不可使用的中间状态，可使用的程度与 λ 的值有关，λ 接近

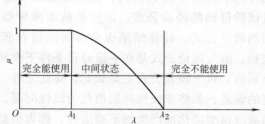

图2-2 结构使用性能存在的中间过渡特性

于 λ_1 时，可使用的程度大一些，λ 接近于 λ_2 时，可使用的程度小一些。如果用模糊数学的方法进行描述，可将结构的使用性能用模糊子集 $\underset{\sim}{A}$ 表示，则结构使用性能的隶属度为

$$\mu_{\underset{\sim}{A}}(\lambda)=\begin{cases} 1 & (\lambda \leq \lambda_1) \\ \left(\dfrac{\lambda_2-\lambda}{\lambda_2-\lambda_1}\right)^{\alpha} & (\lambda_1 < \lambda < \lambda_2) \\ 0 & (\lambda \geq \lambda_2) \end{cases} \tag{2-5}$$

式中，α 为参数，且 $\alpha>0$。

式（2-5）只是隶属度的一种形式，也可采用其他能反映所考虑问题的形式。

需要说明的是，模糊性与随机性是完全不同的两个概念。模糊性反映的是事件或事物的状态或结果是明确的，但这种状态或结果是否属于或不属于一个集合是不明确的；随机性反映的是事件发生的结果是不明确的，而发生或不发生的结果所属的集合是明确的。有时一个事件同时具有模糊性和随机性，如钢筋混凝土构件的裂缝宽度，一定宽度的裂缝是否影响结构的使用具有一定的模糊性，但裂缝宽度受结构上的荷载、材料性能等多种因素影响，具有明显的随机性，所以钢筋混凝土的裂缝控制是一个模糊随机问题。

2.1.3 认知不确定性

认知不确定性是由于客观信息的不完备和主观认识的局限性而产生的不确定性。认知不确定性也称为知识的不完善性。认知不确定性可分为两种。一种是知道事物变化的趋势，但没有数据预测事物未来变化的程度，如近年我国列车速度和载重不断提高，不同车速和载重对铁路桥梁的要求是不同的，设计桥梁时，需考虑未来列车速度和荷载的变化，但未来车速和荷载会是多少难以确定，需要根据经济和列车未来的发展趋势，通过分析和判断给出一个提高系数。另一种是主观认识的局限性，即由于人对自然规律认识的不足而产生的不确定性。美国塔科马峡谷悬索桥风毁事件就是一个典型的例子。

1940 年秋，美国在华盛顿州的塔科马峡谷上建造了一座主跨度为 853m 的悬索桥（Tacoma Narrows Bridge）。建成才四个月，就遇到了八级大风，虽然风速还不到 20m/s，但是桥梁却发生了剧烈的振动，而且振幅越来越大，直到桥面倾斜到 45°左右。最终，因吊杆逐根拉断导致桥面钢梁折断而解体，并坠落到峡谷中。当时，恰巧好莱坞的一个电影队在以该桥为外景拍摄影片，记录了桥梁从开始振动到最后毁坏的全过程，图 2-3 为桥梁毁坏的瞬间，这一记录后来成为美国联邦公路局调查事故原因的珍贵资料。在为调查这一事故而收集历史资料时，人们惊异地发现，从 1818 年到 19 世纪末，风引起的桥梁振动至少毁坏了 11 座悬索桥。

第二次世界大战结束后，人们对塔科马桥的风毁事故展开了研究。一部分航空工程师认为塔科马桥的振动类似于机翼的颤振，并通过桥梁模型的风洞实验重现了这种风致扭转发散振动。与此同时，以冯·卡门为代表的流体力学家则认为，

图 2-3　塔科马峡谷悬索桥破坏

塔科马桥的主梁有着钝头的 H 形断面，与流线型的机翼不同，存在着明显的涡流脱落，应该用涡激共振机理来解释。在 20 世纪五六十年代，两种观点互有争论。直到 1963 年，美国斯坎伦教授提出了钝体断面的分离流自激颤振理论，才成功地解释了造成塔科马桥风毁的致振机理，并由此奠定了桥梁颤振的理论基础。加拿大达文波特教授利用随机振动理论，建立了一套桥梁抖振分析方法。该方法经斯坎伦于 1977 年进行修正后，更加完备，可以说，斯坎伦和达文波特奠定了桥梁风振的理论基础。这说明人们对事物的认识有时是要付出很大代价的。

上面论述了事物、事件或变量的随机性、模糊性和认知不确定性，就目前的科学发展水平而言，在这三种不确定性中，对随机性的研究比较充分，概率论、数理统计和随机过程（随机场）理论是描述和研究这种不确定性的数学工具，本书所介绍的结构可靠性是随机不确定性下的可靠性。模糊性的研究还不完善，目前仍在发展之中。认知不确定性尚无可行的数学分析方法，工程中一般结合经验进行处理。

2.2　结构设计中的变量

结构的设计与分析，是一个定性分析和定量计算相结合的过程。定性分析包括结构方案制定、结构概念设计等。定量计算就是利用数学方法、力学方法和规范中规定的公式，根据给定的变量值对结构的内力、变形及结构承载力等进行计算。在可靠性理论中，这种设计计算中直接使用的变量称为基本变量，它代表一组规定的物理量，如设计中的荷载、材料强度、弹性模量、构件尺寸等。当将这些基本变量视为随机变量时，称为基本随机变量，如果没有特别指明其物理含义，可用 X 表示。需要说明的是，这里的基本随机变量是从结构设计中直接使用的变量的层次定义的，如果从更低一级的层次定义，还可将其表示为其他多种因素的函数。如钢筋的屈服强度与钢材中各元素的含量、制造工艺、环境条件、试验时的加载速度、尺寸等因素有关，混凝土的强度与水泥品种、水泥含量、水灰质量比、掺和料类型

和含量、外加剂类型和含量、拌和方法、施工工艺、养护方法等因素有关。在这些因素中，任一因素的变化都会引起材料强度的变化，也就是说，强度变量的随机性是由上述多种低层次的随机性引起的，但在分析中直接考虑这些因素就过于烦琐和复杂，且设计中并不直接使用这些低层次的变量，所以可靠度分析和设计中不将这些低层次的变量视为基本随机变量。

综合变量是由若干个基本变量用数学函数描述或经力学计算得到的变量。如果综合变量是随机变量，则称为综合随机变量。图 2-4 所示为自重 g 和均布活荷载 q 作用下的钢筋混凝土矩形简支梁，梁的跨度为 l，高度为 h（有效高度为 h_0），宽度为 b，混凝土的轴心抗压强度为 f_c，钢筋的屈服强度为 f_y，钢筋截面面积为 A_s，这些变量均为随机变量。根据钢筋混凝土结构基本原理，梁的极限承载力可按式（2-6）计算：

$$R = K_P A_s f_y \left(h_0 - \frac{A_s f_y}{2\alpha_1 b f_c} \right) \tag{2-6}$$

式中，α_1 为与混凝土强度等级有关的系数；K_P 为梁受弯承载力计算模式不确定性（模型不确定性）系数。

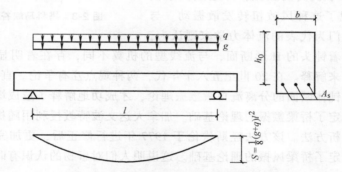

图 2-4　受均布荷载作用的钢筋混凝土梁

自重 g 和荷载 q 在梁跨中产生的弯矩为

$$S = \frac{1}{8}(g+q)l^2 \tag{2-7}$$

在式（2-6）和式（2-7）中，g、q、l、b、h_0、f_c、f_y 和 A_s 均为基本随机变量，R 和 S 为综合随机变量。

将随机变量区分为基本随机变量和综合随机变量的目的是使可靠度分析和设计简化。如在式（2-6）和式（2-7）中，直接用基本随机变量 g、q、l、b、h_0、f_c、f_y 和 A_s 进行可靠度分析和设计也是可以的，但因随机变量较多会使计算复杂，特别是有些情况下，迭代计算可能会出现多个收敛点，难以判断哪个收敛点是合理的，也可能会出现迭代不收敛的现象。如果将 b、h_0、f_c、f_y 和 A_s 凝聚为综合随机变量 R，基本随机变量 g、q 和 l 凝聚为综合随机变量 S，只使用综合变量 R 和 S 进行分析和设计，则计算会大大简化。综合随机变量的概率分布和统计参数，取决于用基本随机变量描述综合随机变量的函数和基本随机变量的统计参数。可采用数学方法确定综合随机变量的概率分布和统计参数，但比较复杂，工程中一般采用近似方法进行分析，具体可见附录 B。

在传统的概念中，变量是一个具有确定数值或不确定数值的量。国际标准《结构可靠性总原则》（ISO 2394：1998）和欧洲规范《结构设计基础》（EN 1990：2002）中给出了环境作用的概念，在结构设计中，也将环境作用作为基本变量看待。环境作用可能具有机械的、物理的、化学的或生物的性质，主要影响结构的耐久性，与环境条件（如侵蚀介质类型、温度、湿度等）和材料（钢材、混凝土等）、材料性能（强度、弹性模量、渗透性等）密切相关，不同的环境条件和不同的材料，环境对材料性能的影响往往是不同的。有些情况下环境影响可用数值描述，如混凝土的碳化深度和氯离子的渗透深度，但多数情况下用数值描述尚有一定困难。少数情况下两种或两种以上环境的组合影响比单一环境的影响小，如海水中氯离子的存在减轻了海水中硫酸盐对混凝土的侵蚀，但多数情况下环境的组合影响比单一环境的影响严重。对于这种情况，要考虑环境影响的组合效应。

2.3 结构的功能要求

人们建造各种结构物是有一定的目的的，如建造房屋是为了居住、办公、工农业生产及社会文化活动的需求，建造桥梁是为了交通的需要，建造水坝是出于挡水、蓄水和发电的需要等。从可靠性的角度讲，为达到这些目的，就要对结构应该满足的功能提出要求。我国《工程结构可靠性设计统一标准》（GB 50153—2008）对工程结构应满足的功能和要求进行了规定。

1. 能承受施工和使用期间可能出现的各种作用

结构为完成其使用功能，首先应能承受施工和使用期间可能出现的各种作用，否则，结构不仅不能完成其使命，还会造成人民生命财产的重大损失。下面是一个结构因设计存在问题在施工过程中发生倒塌的例子。

四川某市棉麻公司综合楼是七层钢筋混凝土框架结构，建筑面积 $3100m^2$。设计单位是某建筑勘测设计所，属于丁级资质单位。由于设计错误，结构基础承重台厚度过小，承载能力严重不足，当上部结构重量施加后，基础首先破坏，造成结构整体倒塌。该框架结构的柱、梁截面和钢筋含量也严重不足，所以在基础破坏后，上部结构也随之散架倒塌。

2. 保持良好的使用性能

结构使用性能的好坏是非常重要的，关系到结构能否满足规定的使用要求，很多结构往往不是安全性不足，而是不能满足使用功能而不符合要求。下面是一个结构使用性能不符合要求的例子。

丹麦工程师伯格哈特在新加坡国际结构事故会议（ICSF-87）的发言中，举了一个钢筋混凝土跳水台因设计刚度不足而影响使用的例子。跳水台为钢筋混凝土结构，如图 2-5 所示，分 5m 和 3m 两级跳水平台。在 3m 平台上还装有一块长跳板，立柱截面为十字形。从外表看，该跳台与其他常见的跳水台并无不同之处。考虑到动力效应，设计者还特意将活荷载标准提高到 2kPa 的水平。此外，还在跳板上用 +18kN 与 −11kN 的一组集中荷载做过模拟试验和结构计算，并得出一切正常的结论，认为不论是结构强度，还是结构刚度，都是令人满意的。建成后还对结构计算和施工质量进行过反复检查，认为正确无误。然而，用户却强烈反映跳水台的刚度严重不足。当跳水运动员跳离 3m 跳板时，整个

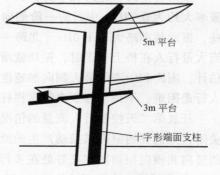

5m 平台

3m 平台

十字形端面支柱

图 2-5 钢筋混凝土跳水台

结构的振动非常强烈。测量发现，跳水台振动频率极低，仅为 2.5Hz。当运动员跳离 5m 平台时，情况就更为严重，5m 平台尾端振幅达 20mm。由扭矩产生的扭曲拉应力引起的裂缝也表明，采用这种十字形截面的立柱，其抗扭能力也是不理想的。虽然该平台做过模拟试验和精细计算，但实际的性能表现不佳，可能试验条件和建立的分析模型都没有反映平台的真实情况。

伦敦千禧桥（The Millennium Bridge）关闭事件是近年结构不能满足正常使用极限状态要求的一个典型事件。

伦敦千禧桥是英国伦敦泰晤士河上的一座人行桥，是 2000 年英国为庆祝进入 21 世纪而建的一项重要桥梁工程（见图 2-6），开通仅三天就不得不关闭。这一事件受到了全世界的关注。

该桥是一座结构新颖的扁平轻巧的悬索桥，是自伦敦塔桥 1894 年建成后约 100 年来在伦敦泰晤士河上首次修建的大桥，它为两岸的圣保罗大教堂和新泰特现代艺术馆提供一个优雅从容的步行通道。所以，该桥从规划、设计以来备受关注。该桥于 2000 年 6 月 10 日开通，不幸的是，开放当日桥梁即发生过大的横向摇摆，在减少上桥人数后仍发生过大横向摇摆的情况下，6 月 12 日该桥梁被临时关闭。这样一座事先大肆渲染，女王剪彩，耗资达 1800 万英镑的新型桥梁在开通三天后就不得不关闭的重大新闻立刻

图 2-6　伦敦千禧桥
（从桥面上向北望可见圣保罗大教堂）

传遍了全世界。据统计，全世界有超过 1000 篇的专业文献和 150 家的媒体报道了千禧桥的过度振动问题，部分媒体甚至怀疑桥梁有安全问题，因而采用了极具震撼力的标题。例如：那座摇摆不定的桥将长期关闭（BBC 新闻）；要用两百万英镑加固这座摇摇晃晃的桥，明年春天前都不能开通（每日报）；那座柔美的桥在风中摇摆晃动如此厉害，人们担心伦敦桥会倒塌（华盛顿邮报）。

据估计，开放当天有 8 万~10 万人通过了该桥。录像分析表明，最高峰时约有 2000 人同时在桥上，人群密度达到 1.3~1.5 人/m²。

该桥有南跨、北跨和中跨，其中大幅度侧向振动主要发生在南跨和中跨。南跨一阶侧向频率大约为 0.8Hz，中跨的一阶侧向频率低于 0.5Hz，二阶频率低于 1.0Hz。北跨振动要小些，振动频率略大于 1.0Hz（北跨一阶侧向频率）。大幅度的振动并不是持续发生的，但是当大量行人在桥上行走时，振动就增大，而行人减少或停止行走时，振动就减小。根据目测估计，南跨和中跨的最大侧向加速度为（0.20~0.25）g。在这样的加速度水平下，大量的行人行走困难，不得不停下来依靠栏杆保持身体平衡。没有观察到过大的竖向振动。

开放第二天控制行人流量的情况下，振动仍然影响到正常行走，所以桥梁在 6 月 12 日关闭，人们开始研究其振动产生的原因。经实测和研究确认，引起桥梁振动的原因是千禧桥的竖向和横向振动频率正好处在步行力的频率范围内，行人与桥梁产生了共振效应。为此，2001 年在桥梁上安装了多个 TMD 阻尼器对桥梁进行了减震，安装减震器后的桥梁再未出现

人桥共振现象。

我国武汉长江大桥也发生过振动问题。1957年10月5日，武汉长江大桥建成通车那一天，当车辆开过大桥时，大桥突然发生了晃动，拥上大桥的人们一时非常紧张，不知道发生了什么事情。李国豪教授后来进行了研究，得出的结论是：武汉长江大桥通车时出现的晃动，是由于拥上大桥的人群荷载造成的桥梁弯曲形成了扭转共振，而大桥自身结构没有问题。

3. 具有足够的耐久性能

耐久性问题是结构外部环境对结构材料的物理、化学、生物作用或结构材料内部的相互作用引起的结构性能劣化，这种过程一般是缓慢的，其最终结果是影响结构的安全性和使用性能。耐久性病害与结构的使用环境和结构材料有关。对于混凝土结构，耐久性病害形式多样，如裂缝、钢筋锈蚀、化学侵蚀、渗漏和融蚀、冻融破坏、碱-骨料反应等，其中比较典型的是混凝土中钢筋的锈蚀，我国的钢筋混凝土结构曾因钢筋锈蚀而发生过多起安全事故，下面是其中的几个例子。

原四机部某厂221号厂房，采用钢筋混凝土槽瓦，于1972年建成投产，1982年3月31日发生槽瓦破坏塌落事故，幸被屋架上弦的水平支撑阻挡未掉下来。主要原因是混凝土保护层太薄，仅8~10mm，经过10年使用，混凝土碳化深度已达12mm。混凝土保护层碳化使直径仅为4mm的低碳冷拔钢丝失去了保护，遭受锈蚀后直径仅为2.8mm，槽瓦的安全系数由2.0降为0.98，引起钢丝断裂，槽瓦塌落。再如上海煤炭科学测试中心食堂是直径为17.5m的圆形单层建筑，屋盖采用悬索结构，由沿墙的钢筋混凝土外环和直径为3.0m的型钢内环，以及90根直径为7.5mm的钢丝索组成，预制钢筋混凝土异形屋面板搭于钢索上，上做卷材防水屋面。该工程于1960年建成，经过23年使用，屋面于1983年9月22日晚突然整体塌落。主要原因是钢索锚头长期锈蚀后被拉断。20世纪80年代，德国西柏林一会议大厅也发生过类似事故，也是使用23年后倒塌的。

具有足够的耐久性，就是使结构在其工作的环境中长时间保持设计要求的性能。我国《建设工程质量管理条例》（国务院2000年279号令）第21条明确规定"设计文件应当符合国家规定的设计深度要求、注明工程合理使用年限。"工程合理使用年限是指从工程竣工验收合格之日起，工程的地基基础、主体结构能保证在正常情况下安全使用的年限，所以所谓"长时间"就是"合理使用年限"。"合理使用年限"的确定是一个非常复杂和困难的问题，需考虑结构的形式、使用目的、使用环境及维修的难易程度、技术上的可行性、经济性和重要性等。将分析、确定的合理使用年限在设计标准和规范中统一作出规定，即为"设计使用年限"。《工程结构可靠性设计统一标准》（GB 50153—2008）和《混凝土结构耐久性设计标准》（GB/T 50476—2019）对混凝土结构设计使用年限的定义是"设计规定的结构或结构构件不需进行大修即可按预定目的使用的年限"；对混凝土结构耐久性的定义是"在环境作用和正常维护、使用条件下，结构或构件在设计使用年限内保持其适用性和安全性的能力"。设计使用年限是结构耐久性设计的一个宏观目标，现行结构设计规范或耐久性设计规范，从材料选用、设计、施工、养护和使用中的维护等多方面进行规定，就是为了达到结构设计使用年限的这个目标。但目前这些指标和措施与设计使用年限的关系还是根据经验确定的。

国外的结构标准和规范很早就有了结构设计使用年限的规定，我国标准和规范的规定比较晚。表2-1为我国《工程结构可靠性设计统一标准》（GB 50153—2008）、五种不同行业的结构可靠性设计统一标准、国际标准《结构可靠性总原则》（ISO 2394：1998）和欧洲规范《结构设计基础》（EN 1990：2002）规定的结构设计使用年限。表 2-2 为日本《建筑物使用寿命规划指南》（2003）中对结构设计使用年限分级的例子。美国房屋建筑设计使用年限为 50 年。

表 2-1 不同标准和规范规定的结构设计使用年限

标准	类别	设计使用年限/年	示 例
中国《工程结构可靠性设计统一标准》（GB 50153—2008）	1	<10	临时性结构
	2	10~30	易于替换的结构构件等
	3	50	一般的房屋结构和其他普通的工程结构
	4	100	重要的纪念性建筑结构、大型桥梁和其他重大工程的结构
中国《建筑结构可靠性设计统一标准》（GB 50068—2018）	1	5	临时性建筑结构
	2	25	易于替换的结构构件
	3	50	普通房屋和构筑物
	4	100	标志性建筑和特别重要的建筑结构
中国《港口工程结构可靠性设计统一标准》（GB 50158—2010）	1	5~10	临时性港口建筑物
	2	50	永久性港口建筑物
中国《铁路工程结构可靠性设计统一标准》（GB 50216—2019）	1	30	铁路路基排水结构，电缆沟槽、防护砌块、栏杆等可更换的小型构件
	2	60	路基防护结构，铁路路基排水结构，接触网支柱等
	3	100	桥涵主体结构，隧道主体结构，路基主体、路基主体支挡工程和承载结构，无砟轨道道床板、底座板等

中国《公路工程结构可靠性设计统一标准》（JTG 2120—2020）	公路桥涵	1	15	可更换部件	栏杆，伸缩缝，支座等
		2	20		斜拉索，吊索，系杆等
		3	30	主体结构	二级~四级公路的小桥、涵洞
		4	50		高速公路和一级公路的小桥、涵洞，二级~四级公路的中桥
		5	100		高速公路和一级公路的特大桥、大桥和中桥，二级~四级公路的特大桥和大桥
	公路隧道	1	30	可更换、修复构件①	特长、长、中、短隧道
		2	50	衬砌、洞门等主体结构	三级公路的短隧道，四级公路的长隧道、中隧道和短隧道
		3	100		高速公路、一级公路和二级公路的特长隧道、长隧道、中隧道和短隧道，三级公路的特长隧道、长隧道和中隧道，四级公路的特长隧道
	公路路面	1	8		四级公路的沥青混凝土路面
		2	10		三级公路的沥青混凝土路面，四级公路的水泥混凝土路面
		3	12		二级公路的沥青混凝土路面
		4	15		高速公路和一级公路的沥青混凝土路面，三级公路的水泥混凝土路面
		5	20		二级公路的水泥混凝土路面
		6	30		高速公路和一级公路的水泥混凝土路面

（续）

标准	类别	设计使用年限/年	示　例
中国《水利水电工程结构可靠性设计统一标准》（GB 50199—2013）	1	5~15	临时性建筑物结构
	2	50	其他建筑物结构
	3	100	1 级~3 级主要建筑物结构
国际标准《结构可靠性总原则》（ISO 2394：1998）	1	1~5	临时性建筑
	2	25	可替换的结构构件，如门式大梁，各种支撑构件
	3	50	各种房屋及除下面结构之外的普通结构
	4	≥100	纪念性建筑，其他特殊的或重要的结构，如大桥
欧洲规范《结构设计基础》（EN 1990：2002）	1	10	临时性结构
	2	10~15	可替换的结构构件，如门式大梁，支撑
	3	15~30	农用及类似的结构
	4	50	房屋建筑及其他普通结构
	5	100	纪念性建筑、桥梁和其他的土木工程结构

① 可更换、修复构件为隧道内水沟、电缆沟槽、盖板等。

表 2-2　日本《建筑物使用寿命规划指南》（2003）中设计使用年限的分级

等　级	设计使用年限		
	代表值/年	范围/年	下限值/年
150	150	120~200	120
100	100	80~120	80
60	60	50~80	50
40	40	30~50	30
25	25	20~30	20
15	15	12~20	12
10	10	8~12	8
6	6	5~8	5
3	3	2~5	2

除上面的设计使用年限外，国际标准《建筑及构筑物资产——使用年限规划》（ISO 15686-1：2011）还给出了多个使用年限的定义，见表 2-3。

表 2-3　国际标准 ISO 15686-1：2011 中关于使用年限的定义

年　限	定　义
使用年限 Service Life	竣工后,建筑或其构件达到或超出性能要求的时间段
基准使用年限 Reference Service Life	一定(基准)使用条件下对制品、构件、部件或系统期望的使用年限,该年限形成了估计其他使用条件下使用年限的基础
估计的使用年限 Estimated Service Life	在特定使用条件下,对建筑或其部分期望的使用年限,这一年限是考虑基准使用条件的差异后根据基准使用年限数据确定的

（续）

年　限	定　义
设计年限 Design Life	1. 计划使用年限（不赞成使用） 2. 期望使用年限（不赞成使用） 3. 设计者计划的使用年限 注：如遵照说明书的规定，设计者需对客户声明
预测的使用年限 Predicted Service Life	根据 ISO 15686-2 描述的方法记录的性能随时间的变化预测的使用年限
使用年限规划 Service Life Planning	1. 使用年限设计（不赞成使用） 2. 为达到设计年限，编制设计过程大纲和对建筑及其组成部分进行设计的过程 注：使用年限规划可降低建筑业主成本，方便维护和维修

4. 当发生火灾时，在规定的时间内可保持足够的承载力

火灾是建筑物遭受破坏的原因之一。美国 2006 年发生火灾 164 多万起，直接损失 62.5 亿美元，同年日本发生火灾 6 余万起，直接损失 1460 亿日元。我国的火灾虽然比发达国家少，但也相当严重。2020 年发生的火灾有 25.2 万起，直接损失 40.09 亿元。

目前我国常用的建筑材料是混凝土和钢材。当受到火烧时，混凝土会发生爆裂，钢材、钢筋会软化，从而引起强度降低（见图 2-7），钢筋与混凝土的粘结力也降低，结构构件的承载力下降，危及结构的安全。2001 年美国 "9·11" 事件中的世界贸易大厦，就是因为遭到飞机撞击后引起火灾，钢材软化而最终倒塌。一些劫难幸存的结构，即使保留了下来，也可能会因材料性能发生变化、承载力不足而不能继续使用，需拆除重建。

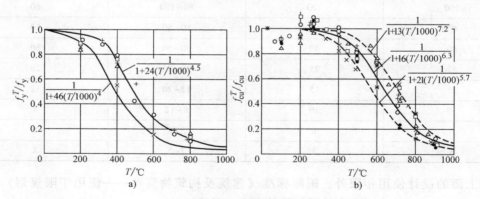

图 2-7　钢筋和混凝土高温时的强度

a）钢筋　b）混凝土

5. 当发生爆炸、撞击、人为错误等偶然事件时，结构仍可保持必需的整体稳固性，不会出现与起因不相称的后果

这是对结构整体稳固性的要求。结构稳固性也称为结构损伤不敏感性，要求结构在遭受爆炸、撞击等偶然作用所产生的巨大外力下，或存在人为错误引起结构受力与设计不符的情况下，可以发生局部破坏，但破坏仅限于偶然事件所作用的局部范围内，被破坏的构件原来承担的力能够转移到其附近的其他构件，不致因局部破坏而引起结构大面积甚至整个结构的倒塌，受损的结构在短期内经过修复和加固可恢复原有功能。例如，当建筑物的某根柱子受

到撞击而不能继续承担荷载时，通过专门的设计，其承受的荷载可通过梁和板转移或部分转移到其他柱上。受损的建筑物或受损的区域虽然不能再承担规定的设计荷载（设计基准期内一个出现概率很低的荷载），但一般情况下，结构使用中短时间内出现的荷载达到设计荷载值的概率很低，结构一般不会因发生了局部损坏而引发连续倒塌。结构发生连续倒塌是不满足结构整体稳固性的一种表现。连续倒塌定义为初始的局部破坏，从构件到构件扩展，最终导致整个结构倒塌或与起因不相称的一部分结构倒塌。

在上面的各项功能中，第一项是对结构承载能力的要求，也是对结构功能最基本的要求，关系到结构的安全性（Safety），如果不满足安全性要求，结构就会发生倒塌、破坏，造成人民生命和财产的重大损失。特别是近年高科技的发展，人们对现代化设备和手段的依赖性越来越强，结构破坏造成的经济损失非昔日所能同语，甚至间接损失比直接损失还要大。所以，保证结构的安全性是结构设计的主要内容，也是本书讨论的重点。第二项是对结构适用性（Serviceability）的要求，影响的是结构的使用性能。第三项是对结构耐久性（Durability）的要求，关系到结构的使用寿命，也是近年受到国内外学者和工程技术人员关注的问题。第四项是对结构抗火性能的要求。第五项是对结构整体稳固性或抗连续倒塌的要求，与第一项对承载力要求的不同反映在两个方面：①承受的荷载不同，安全性针对的是设计使用年限内出现的永久作用和可变作用（一定出现，强度在可控或预测范围内，持续时间长），稳固性针对的是偶然作用（出现的概率很低，强度大，持续时间短）；②安全性是设计中面对的主要目标，在设计使用年限内的任一个时刻都应满足这一目标，稳固性面对的是结构使用过程中可能会意外出现的作用，设计中要求整个结构能度过这一短暂的阶段即可，允许结构出现局部损坏，但不能引起结构整体倒塌。

2.4 结构极限状态和设计状况

2.4.1 极限状态的概念

结构是否可靠，决定于结构所处的状态。极限状态是区分结构可靠与不可靠的界限。《工程结构可靠性设计统一标准》（GB 50153—2008）对结构极限状态的定义是：当结构或结构的一部分超过某一特定状态就不能满足设计规定的某一功能要求时，此特定状态为该功能的极限状态。当结构能够完成预定的功能时，称结构处于可靠状态；不能完成预定的功能时，称结构处于失效状态。当结构处于可靠与不可靠的过渡状态时，称结构处于极限状态。对结构进行可靠性分析和设计，首先要明确结构的极限状态。

结构的极限状态分为承载能力极限状态和正常使用极限状态。两者针对不同的性能要求和目标。

2.4.2 承载能力极限状态

承载能力极限状态对应于结构或结构构件达到最大承载力或不适于继续承载的变形的状态。承载能力极限状态涉及结构性能的多方面，下面是《工程结构可靠性设计统一标准》（GB 50153—2008）给出的结构或结构构件超过承载能力极限状态的标志。

1. 结构构件或连接因超过材料强度而破坏，或因过度变形而不适于继续承载

结构构件或连接的材料强度是确定结构承载力最基本的参数。例如，钢筋混凝土构件的承载力决定于混凝土的强度和钢筋的强度（见图2-8），钢结构节点的强度决定于节点焊缝材料或螺栓连接的强度。结构或结构构件因过度变形而不适于继续承载的情况也比较常见，如在钢筋混凝土或钢结构的塑性设计中，要控制构件截面的变形不能太大，以使构件有足够的变形能力完成塑性重分布。下面是一个因结构构件或连接超过材料强度而破坏的例子。

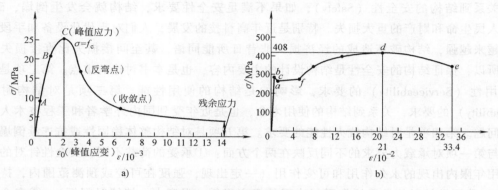

图2-8　混凝土和钢筋的强度

a) 混凝土　b) 钢筋

1999年1月4日晚6时50分前后，重庆市綦江县城跨越綦河（长江支流）两岸、连接城东城西的人行彩虹桥（因形似彩虹而得名）突然整体垮塌，造成40人死亡、14人重伤的特大事故。

该桥净跨120m，拱形钢管混凝土为主要受力结构，桥面由拉索传力于拱形结构。该工程于1994年11月5日开工，1996年2月16日竣工，使用三年后突然整体垮塌。据调查，垮塌的主要原因是：该桥主要受力拱架钢管焊接质量不合格，存在严重缺陷，个别焊缝有陈旧性裂痕；钢管内混凝土抗压强度不足，低于设计强度的1/3；连接桥面和拱架的拉索、锚具和锚片严重锈蚀。

2. 整个结构或其一部分作为刚体失去平衡

整个结构或其一部分作为刚体失去平衡也是结构失效较为常见的一种形式，如图2-9所示。图2-10所示为港口工程的重力式码头，其前作用有波浪力（吸力时不利）或系缆力，其后作用有主动土压力、码头荷载土压力、剩余水压力。在这些荷载作用下，码头可能会出现两种形式的破坏，一种是向前倾覆，另一种是沿码头与基床的交界面滑移。在这两种破坏形式中，起抵抗作用的是重力产生的抗倾覆力矩和交界面存在的摩擦力。

对于建筑物的悬臂结构，因稳定性不足而发生倾覆的例子很多，下面是其中之一。

1984年5月26日上午8时40分左右，山东胶县（现胶州市）某服装厂展销楼正面女儿墙上的现浇钢筋混凝土挑檐板突然倾覆塌落，造成死亡6人、重伤3人的重大事故。

该工程为四层框架结构，开间4m，跨度11.5m，总高18.2m。独立基础，框架采用C20混凝土，楼板为多孔板，砖墙围护。正面檐口砌高度为600mm的女儿墙，上面现浇钢筋混凝土檐板。

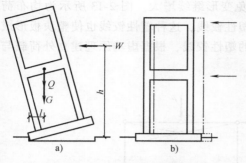

图 2-9 结构作为刚体失去平衡和滑移
a) 倾覆 b) 滑移

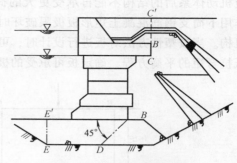

图 2-10 方块式重力码头

挑檐板塌落的主要原因是设计和施工错误。设计方案是在女儿墙上浇筑两侧悬空的钢筋混凝土挑檐板，但该挑檐板在自重作用下，并不能稳定在 240mm 厚的女儿墙顶。经验算，挑檐板的重心在距女儿墙面外 41mm 处，在自重和施工检修荷载或风、雪荷载的作用下会倾覆。另外，按设计意图该女儿墙厚度为 240mm，但设计图上表达不够明确，施工单位提出这一问题后，未问清楚就按 120mm 厚施工。

3. 结构转变为机动体系

很多工程结构是由多个构件以相互约束的方式连接在一起而构成固定不变体系的，如果这些构件之间或其中的一部分约束发生了改变，使得结构或其中的一部分变成几何可变的，则称结构转变为可变体系或机动体系。机动体系可分为常变体系和瞬变体系。如果一个体系可以发生大位移，则称为常变体系，生活中儿童玩的跷跷板就是常变体系的一个例子，如图 2-11a 所示。如果一个体系发生了微小位移后变成了几何可变体系，称为瞬变体系，如桁架的三铰共线，如图 2-11b 所示。常变体系和瞬变体系都属于静力上不稳定的结构（注意，不是非静定结构），如果不是设计错误，不应该将结构设计成静力上不稳定状态的。实际中的结构达到极限状态，通常是在荷载作用下逐步由静定状态或非静定状态转化为静力上不稳定状态的。

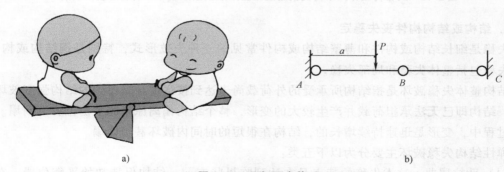

图 2-11 几何可变体系
a) 跷跷板 b) 三铰共线的桁架

图 2-12a 所示的门式刚架为一个几何不变体系。假定按塑性理论进行设计，在水平集中荷载 W 和竖向集中荷载 P 作用下，如果柱端、梁端和梁跨中出现图 2-12 b~d 所示的组合形式的塑性铰时，刚框架即成为机构，由几何不变体系转化为几何可变体系，即机动体系。形

成机动体系后的结构不能再承受更大的荷载，以免变形继续增大。图 2-13 所示为均布荷载作用下简支钢筋混凝土矩形板极限破坏时出现的塑性铰线，这种塑性铰线也使整块板形成了机构。当按塑性方法对板进行设计时，可按图示的塑性铰线，根据虚功原理建立外荷载与板抵抗弯矩的平衡方程，确定板可承受的极限荷载。

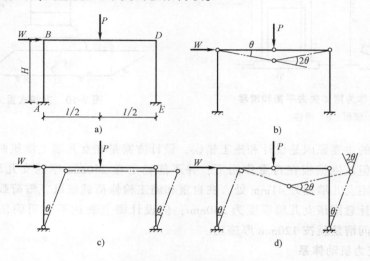

图 2-12　门式刚架的破坏机构

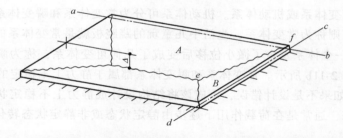

图 2-13　均布荷载作用下简支钢筋混凝土矩形板极限破坏时出现的塑性铰线

4. 结构或结构构件丧失稳定

失稳是细长结构或构件和薄壁结构或构件常见的一种失效形式，特别是钢结构或构件。结构失稳包括整体失稳和局部失稳。

结构整体失稳破坏是指结构所承受的外荷载尚未达到按强度计算得到的结构强度破坏荷载时，结构即已无法承担荷载并产生较大的变形，整个结构偏离原来的平衡位置而倒塌。在失稳过程中，变形是迅速持续增长的，结构在很短的时间内破坏甚至倒塌。

弹性结构失稳破坏主要分为以下五类：

（1）欧拉屈曲　这类失稳的特点是在达到临界状态前，结构保持初始平衡位置，在达到临界状态时，结构从初始的平衡位置过渡到无限临界的新平衡位置，随着变形进一步增大，要求荷载继续增加，但增加幅度很小。此时结构的平衡形式发生了转移，平衡状态出现分岔。这类稳定问题最早由欧拉提出并加以研究，也称第一类失稳或欧拉屈曲，相应的荷载值称为屈曲荷载、平衡分枝荷载或欧拉临界荷载。直杆轴心受压的屈曲属于这种情况，

图 2-14 中的小图为其典型的荷载-侧移曲线。

（2）极值型失稳 这类失稳没有平衡分岔现象。随着荷载的增加，结构变形也增加，而且越来越快，直到结构不能承受增加的外荷载。此时，荷载达到极限值。这类失稳问题也称第二类失稳或压溃，相应的荷载值称为失稳极限荷载，也称为压溃荷载。压弯构件受压失稳属于这种情况，图 2-14 中示出了其典型的荷载-侧移曲线。与第一类失稳的构件相比，第二类失稳或极值失稳的构件有一定的初始变形。因为结构构件总是有不同程度的初始缺陷，所以构件第一类失稳的情况很少。

（3）屈曲后极值型失稳 这类失稳开始时有平衡分岔现象，即发生屈曲，结构屈曲后并不立即破坏，还有比较显著的屈曲后强度，因此能够继续承受增加的荷载，直到出现极值型失稳。薄壁钢构件中受压翼缘板和腹板的失稳就属于这种情况，板件的极限承载力往往比屈曲荷载大很多，图 2-15 分别给出四边支承平直板和微曲板受力至失稳时典型的荷载-位移曲线。

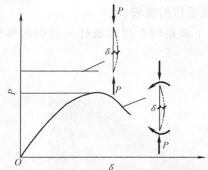

图 2-14 极值型失稳的荷载-侧移曲线

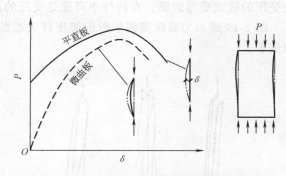

图 2-15 屈曲后极值型失稳的荷载-位移曲线

（4）有限干扰型屈曲 这类屈曲与屈曲后极值失稳刚好相反，结构屈曲后其承载力迅速下降。如果结构有初始缺陷，则在受载过程中不会发生屈曲现象而直接进入承载能力较低的极值型失稳。这类失稳也称不稳定分岔屈曲，具有这类失稳特征的结构也称为缺陷敏感型结构。承受轴向荷载的圆柱壳的失稳就属于这种类型，图 2-16 为其典型的荷载-轴向位移曲线。

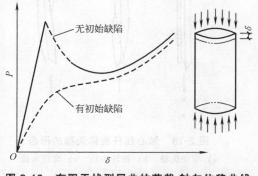

图 2-16 有限干扰型屈曲的荷载-轴向位移曲线

（5）跳跃型失稳 这类失稳的特点是结构由于初始的平衡位置突然跳跃到另一个平衡位置，在跳跃过程中出现很大的位移，使结构的平衡位形发生很大的变化。承受横向均布压力球面扁壳的失稳属于这种类型的失稳，图 2-17 为其典型的荷载-挠度曲线。

结构整体稳定因其截面形式的不同和受力状态的不同可以有各种不同的形式。对于轴心受压构件，可以是弯曲失稳、扭转失稳和弯扭失稳（见图 2-18）；对于受弯构件为弯曲失稳；对于单轴压弯构件，在弯矩作用平面内为弯曲失稳，在弯矩作用平面外为弯扭失稳；对于双轴压弯构件为弯扭失稳；对于框架和拱，在框架和拱平面内为弯曲失稳，在框架和拱平

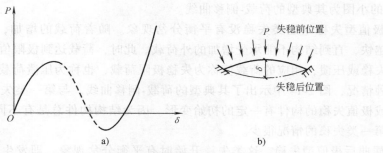

图 2-17　跳跃型失稳的荷载-挠度曲线

面外为弯扭失稳。

结构或构件的局部失稳是指结构或构件在保持整体稳定的条件下，结构中的局部构件或构件中的板件已不能承受外荷载的作用而失去稳定。在结构中这些发生局部失稳的构件可能是受压的柱或受弯的梁，在构件中可能是受压的翼缘板或受压的腹板。

图 2-19 所示为苏联莫兹尔桥桁架压杆失稳的情况。下面是两个屋架肢杆失稳引起事故的例子。

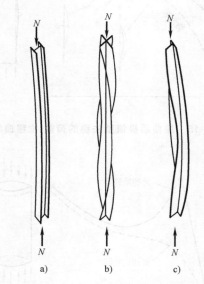

图 2-18　轴心压杆整体失稳的形态
a）弯曲失稳　b）扭转失稳　c）弯扭失稳

图 2-19　苏联莫兹尔桥桁架
压杆失稳的情况

辽宁大连市重型机器厂计量楼会议室是在原建筑物的三层屋面上加层建造的轻钢屋架结构，加层建筑面积 $324m^2$，采用砖墙、钢筋混凝土圈梁、梭形轻钢屋架。屋架跨度 14.4m，屋盖上铺钢筋混凝土预制空心板，炉渣保温层，水泥砂浆找平层，三毡四油防水层。1987年 3 月开工，同年 5 月 25 日竣工。在使用约三年后，1990 年 2 月 16 日，正值召开会议时，屋盖系统突然塌落，在场的 300 余人有 43 人死亡，31 人重伤。事故的主要原因是轻型屋架重、屋盖方案不合理。屋架的一些肢杆设计不合理，发生失稳，部分腹杆安全度达不到规范要求，屋架支撑系统不全，加上施工中又将保温层厚度加大，加速了破坏，酿成特大事故。

图 2-20 所示为美国康涅狄格州哈特福德（Hartford）中心大剧院的空间桁架结构。在一

次暴风雪中，该剧院的双层空间桁架破坏，导致剧院倒塌。调查表明，实际雪荷载与设计计算值非常接近，但空间桁架斜受压杆的长细比超过了容许值。由于该结构的冗余度较大，曾一度被认为十分坚固。

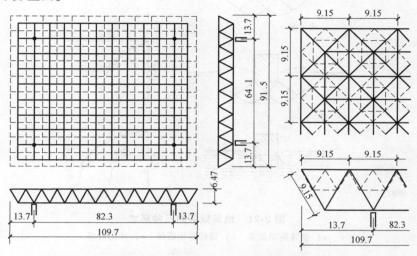

图 2-20　美国康涅狄格州哈特福德中心大剧院空间桁架结构（单位：m）

5. 地基丧失承载能力而破坏

地基虽然不是结构的组成部分，但它是支撑结构、保持结构稳定不可缺少的部分。

地基破坏通常分为整体剪切破坏、局部剪切破坏和冲切破坏三种形式（见图 2-21）。不同的地基破坏形式，会导致不同形式的结构破坏，严重时可能会导致整个结构倒塌。

整体剪切破坏的特征是，当基础上的荷载较小时，荷载与沉降的关系近乎直线，此时属于弹性变形阶段；随着荷载增大到某一数值，首先从基础边缘开始出现剪切破坏，随着荷载的继续增大，剪切破坏区也相应地扩大，此时荷载与沉降的关系呈曲线状，属于弹塑性变形阶段；如荷载继续增大，剪切破坏区也不断扩大，当荷载达到最大值时，基础急剧下沉，并突然向一侧倾倒而破坏。此时除了出现明显的连续滑动面以外，还出现基础两侧的地面向上隆起的现象。在采用应变控制的条件下（如用液压千斤顶加荷），当基础达到破坏后，随着基础的继续下沉，荷载将出现明显的减小现象（见图 2-21a）。

冲切破坏的特征是，基脚下不出现明显的连续滑动面，而是随着荷载的增加，基础将随着土的压缩近乎垂直向下移动，当荷载继续增加达到某一数值时，基脚连续刺入，地基因基脚周围附近土体发生垂直冲切破坏而破坏（见图 2-21c），地表几乎没有明显变化。

局部剪切破坏是介于整体剪切破坏和冲切破坏之间的一种破坏形式。这种剪切破坏的特征是，仅仅在基础下面某一范围之内形成剪切破坏区，滑动面也从基础边缘开始，但终止于土体内部的某一深度处，基础两侧的地面也会出现微微隆起的趋向（见图 2-21b）。

地基的破坏是一个很复杂的问题，地基出现哪种形式的破坏与多种因素有关：土的类别及性质、基础埋深与荷载性质（静荷载或动荷载）、地下水状况、冰冻作用、固结情况、开挖与施工方式、土与结构的相互作用等。图 2-22 所示为地基不均匀沉陷引起的结构破坏。下面是两个因地基承载力不足而导致结构破坏的例子。

某冶金工厂建于西北黄土高原的沟谷地带，距黄河 3km，最大黄土层覆盖厚度达 40m，

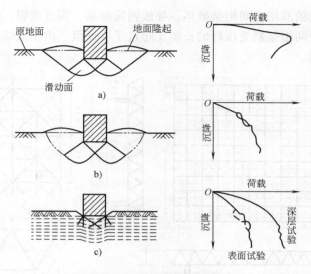

图 2-21 地基破坏的三种形式

a）整体剪切破坏 b）局部剪切破坏 c）冲切破坏

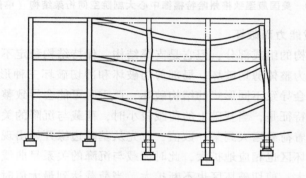

图 2-22 地基不均匀沉陷引起的结构破坏

湿陷层厚度为 7～12m，湿陷系数最大为 0.136，最大自重湿陷系数为 0.110。1971 年秋完成了主体工程建筑。1974 年底设备安装完毕，试车后即投产。在试车过程中发现 3 号车间出现湿陷事故，柱基 3 天下沉 103mm。投产后的 4 年中，厂区所有建（构）筑物，共 20 个单项工程的基础均出现了同步的快速下沉，最大累计下沉量达 1231mm，平均累计下沉量为 608.8mm，建筑物的最大差异沉降量为 625mm。不均匀沉降引起建筑物变形：墙面、地面到处是裂口，墙面裂缝最大宽度达 15.0mm，地裂延续长达 400m，缝宽达 100mm；屋面起伏不平，引起渗漏；框架梁、柱歪斜，梁头碎裂，致使桥式起重机无法运行；各种管线接头扭损，设备底座沉没到地平线以下，歪头扭脖，被迫停产整治。整治方式以井桩支承为主，硅化加固为辅，个别破坏严重的厂房，拆除重建。整个整治工作持续了 3 年多，耗资甚巨。

1984 年，辽宁复县镇小学校舍发生倒塌事故，其原因是地基置于冻土层上，基础埋深仅为 50～60cm，开冻后地基下沉造成房屋倒塌。有的将基础置于护坡上，因护坡失稳坍塌，导致房屋倒塌。还有的地基土为"裂隙性黏土"（膨胀土），在雨水的长期浸泡下，土膨胀塑化，地基承载力迅速减弱，造成地基下沉，基础折断，上部结构随之倒塌。

6. 结构或结构构件的疲劳破坏

疲劳破坏是承受反复、交变荷载作用且应力变幅（最大应力与最小应力之差）较大结构的一种破坏形式。国际标准化组织颁布的"金属疲劳试验总则"中对疲劳是这样描述的：由于反复施加的应力和应变，引起的金属材料性质的变化通常导致断裂或破坏。这段话虽然是针对金属材料而言的，但它对非金属材料也适用。构件的疲劳破坏与静强度破坏有着本质的区别，其主要特征为：

1）构件承受的必须是交变荷载，而且在交变荷载的作用下，构件有可能在承受远小于其极限强度的应力条件下发生突然断裂。

2）无论是塑性材料还是脆性材料，构件断裂时宏观上均表现为脆性断裂。

3）疲劳破坏是由荷载变化造成的损伤引起的，这种损伤不是荷载一次变化的结果，而是由荷载多次变化造成的损伤累积的结果。这种损伤累积有时需要很长时间。

4）疲劳破坏发生在局部危险点上，这种危险点可能是由于应力集中，还可能是由于温度、截面形状变化非常大，或材料内部缺陷等原因产生的。

5）疲劳破坏的断口在宏观上和微观上都不同于静强度破坏的断口。

对于金属材料而言，疲劳断裂过程从大的方面可以分为三个阶段，即裂纹萌生阶段、裂纹扩展阶段和最终突然断裂阶段。裂纹一般总是出现在局部应力最高、基体强度最弱的部位。所以在钢结构中，疲劳破坏多发生于截面突变、焊接和螺栓连接等位置。对于混凝土材料，由于其内部组成复杂，其破坏机理和过程与金属材料有很大不同。对于钢筋混凝土结构，疲劳破坏还与钢筋与混凝土的粘结有关。

影响钢结构焊接构件疲劳性能的因素是构件细节（如缺口、应力集中等）、循环次数及应力幅 $\Delta\sigma$（最大应力 σ_{max} 与最小应力 σ_{min} 之差），对于非焊接钢构件，还与最大应力及应力比（最小应力与最大应力之比，拉应力取正值，压应力取负值）有关。

同材料或构件的静力性能一样，材料或构件的疲劳性能需要通过试验得到。取一定数量的钢构件、构件细节或连接件，在给定的等幅荷载条件下按照一定的加载频率（一般为 3~16Hz）进行疲劳试验，可以得到应力幅 $\Delta\sigma$ 与破坏时的循环次数 N 之间的关系，如图 2-23 所示，这种关系曲线称为 $S-N$ 曲线。$S-N$ 曲线是描述结构构件、构件细节、连接件及材料疲劳特性的基本曲线。

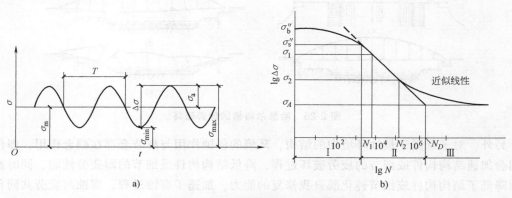

a) b)

图 2-23 等幅反复荷载与 $S-N$ 曲线

a）等幅反复荷载 b）$S-N$ 曲线

$S-N$ 曲线通常在对数坐标上绘出，即把 $\Delta\sigma$、N 轴都按对数分度，这样所得到的曲线非常接近于直线，即

$$\lg N = A - m\lg\Delta\sigma \tag{2-8}$$

式中，A 为直线在纵坐标上的截距；m 为 $S-N$ 曲线斜率的负倒数，通常 $m=3\sim4$；$\Delta\sigma$ 为应力幅，即构件最大应力与最小应力之差。

将式（2-8）稍作变换，可得

$$N(\Delta\sigma)^m = C \tag{2-9}$$

其中

$$C = e^A$$

疲劳破坏的实质是在反复荷载作用下，结构构件、细节出现微裂缝后，裂缝不断发展、结构构件或细节的有效截面不断减小的过程，如图 2-24 所示。但在实际中，并不知道结构构件或细节出现了裂缝及裂缝发展的长度，设计中也不能明确什么时间后出现微裂缝及考虑一定的裂缝长度，所以设计中一般用名义应力描述结构构件或细节的应力。

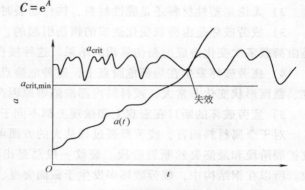

图 2-24　高周疲劳破坏

早期对结构构件或细节疲劳破坏机理的掌握不充分，结构发生疲劳破坏的现象比较常见。图 2-25 所示为 1938 年比利时著名的哈瑟尔特桥（Hasselt Bridge）破坏的过程，破坏是由钢材的疲劳脆性断裂引起的。

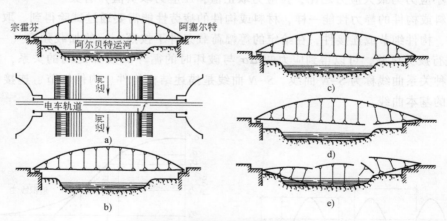

图 2-25　哈瑟尔特桥的疲劳破坏

另外，对于暴露于侵蚀环境中的结构，环境的侵蚀作用与疲劳会存在耦合作用，即侵蚀作用会加速结构构件或细节的疲劳破坏过程、降低结构构件或细节的耐疲劳性能，同时疲劳过程降低了结构构件或细节钝化膜自我修复的能力，加速了腐蚀进程。腐蚀与疲劳共同作用下的疲劳称为腐蚀疲劳，是工程结构常见的一种破坏形式。下面是两个典型的腐蚀疲劳破坏的例子。

1995 年 5 月 15 日，广东某斜拉桥南塔跨西侧的一根斜拉索，突然断裂落在桥面的人行道上，由于事故发生的时间正好是清晨，来往行人稀少，没有发生人员伤亡事故。调查表明，斜拉桥拉索中钢丝在腐蚀环境下承受循环荷载的作用是失效的主要原因。

1967 年 12 月 15 日，美国西弗吉尼亚的波因特普莱森特（Point Pleasant）桥，由于一根带环拉杆中的缺陷，在腐蚀和疲劳的共同作用下发生疲劳断裂后突然破坏，造成 46 人死亡。1980 年 3 月 27 日下午 6 时 30 分，英国北海埃科菲斯克（Ekofisk）油田的亚历山大克兰德（Alexander L. Kielland）钻井平台，由于撑管和支腿连接在以波浪力为主的反复荷载作用下，裂缝扩展了 100mm 后发生了断裂，发生倾覆，127 人落水，只有 89 人生还。

在工程结构中，存在两种形式的疲劳破坏。当应力变幅不是很大（不超过构件材料屈服强度）时，结构或结构构件要经历 10^6 次或更多次的反复作用才会破坏，这种破坏称为高周疲劳破坏，即前面所讨论的疲劳破坏。列车作用下的铁路桥梁、工业厂房的吊车梁、受海洋波浪作用的海洋采油平台等的疲劳破坏都属于高周疲劳破坏。当应力（或应变）很大（一般超过构件材料屈服强度或屈服应变）时，反复作用几十次甚至几次结构或结构构件就会发生破坏，这种破坏称为低周疲劳破坏。地震作用下结构或构件的破坏都是典型的低周疲劳破坏，图 2-26 所示为地震作用下钢筋混凝土构件的水平荷载-变形滞回曲线。

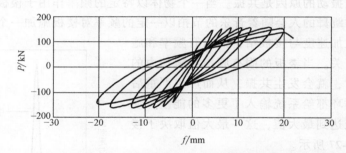

图 2-26　地震作用下钢筋混凝土构件的水平荷载-变形滞回曲线

2.4.3　正常使用极限状态

正常使用极限状态对应结构或结构构件达到正常使用或耐久性能的某项规定限值的状态。结构或结构构件的正常使用极限状态也涉及结构性能的多个方面。《工程结构可靠性设计统一标准》（GB 50153—2008）给出了超过正常使用极限状态的标志。

1. 影响正常使用或外观的变形

当结构或结构构件的变形过大时，可能会影响结构的观瞻或正常使用。例如，当结构整体刚度不足，在荷载作用下产生过大的侧移时，可能会影响门窗的关闭，甚至挤碎玻璃；工业厂房的吊车梁变形过大时，起重机运行会卡轨，影响材料和产品正常输送。为保证荷载作用下结构或结构构件变形不致过大，结构设计规范对结构或结构构件的容许变形进行了规定。

需要说明的是，此处正常使用极限状态的变形与前面承载能力极限状态的不适用继续承载的变形是两个不同的概念。前者针对的是结构或结构构件在一般使用条件和工作条件下的变形，结构或结构构件的状态尚处于远离破坏状态；而后者针对的是结构或结构构件设计使用年限内极端荷载下的变形，这时的变形已经远远超过前者的变形限值，结构或结构构件已经临近或达到破坏状态。

2. 影响正常使用或耐久性能的局部损坏（包括裂缝）

结构发生局部损坏不但会影响结构的外观或正常使用，还会影响结构的耐久性。例如，对于钢筋混凝土构件，使用荷载下裂缝过大一方面会引起人们的恐慌，使人产生结构要破坏的错觉，另一方面为环境侵蚀介质进入提供了通道，加速了混凝土或钢筋腐蚀，降低了结构使用年限。在很多情况下，耐久性与局部损坏是互为因果和相互促进的关系。例如，钢筋锈蚀会产生沿钢筋的纵向裂缝，引起局部损坏；混凝土的局部损坏会加速钢筋锈蚀。

3. 影响正常使用的振动

这里说的振动指的是结构使用过程中或外界环境产生的振动，不包括地震或冲击产生的振动。振动可能会使人感到不舒适，也可能使结构上的精密仪器受到干扰。下面就楼板振动对人舒适感的影响进行简单的讨论。

楼板的振动是由人或机器直接作用于楼板引起的上下振动，或者是由建筑物的柱从其他楼层的楼板或地基传递来的振动而引起的运动。虽然与楼板振动相关的问题很早就受到关注，并不是一个新问题，但在现代，由于建筑物楼板的跨度更大、更薄，结构阻尼更小，更多人在室内从事体育或健身运动，楼板的振动问题更加突出，从而受到更多的重视。

多数楼板产生振动的原因是共振。当一个物体以特定的频率作用于楼板时，可能会引发共振。例如，一群跳舞的人会随着音乐的节拍以一定的频率对楼板施加一个循环作用力，此时楼板产生的最大加速度与楼板结构的固有频率和施加力的循环频率有关。当楼板的固有频率与施加力的频率一致或相近时，就会发生共振，从而产生严重后果。荷载的每次循环都给系统输入了更多的能量，使得振幅增加，直至达到最大值，这一最大值取决于楼板的阻尼，如图 2-27 所示。

在任何有节拍的活动中，人都会对楼板施加作用力，这种作用力的频率范围为 2~3Hz（脚步频率）。如果楼板的固有频率在 2~3Hz，室内的人跳舞时就容易引发共振。为避免产生共振，《混凝土结构设计规范》（GB 50010—2010）规定，住宅和公寓楼盖结构的竖向自振频率不宜低于 5Hz，办公楼和旅馆不宜低于 4Hz，大跨度公共建筑不宜低于 3Hz。

楼板的振动通常会使人感到不舒服，比较强的振动常常使人感到厌烦，心理不安，生理和工作能力受到影响，当然不同的人对振动的感觉和反应各异。当振动非常严重时，有些人会产生结构要倒塌的错觉，

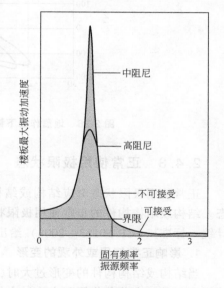

图 2-27 楼板最大振动加速度与固有频率的关系

尽管这种担心常常是没有根据的，因为实际上楼板振动时的位移和应力很小。

除人自身的生理和心理条件外，人对振动感受的敏感性还与振动发生时其所在的生活、工作环境和从事的活动有关。例如，在办公室或住宅就感到明显的振动（约 0.5%g 的加速度），一般的人是不能接受的；当在室内进行有氧运动时，更大的振动（约 10%g）也能接受；如果在舞厅周围吃饭或在大型购物中心购物，一般人能够接受介于上述两种振动之间的

振动（约2%g）。表2-4为《混凝土结构设计规范》（GB 50010—2010）对楼盖结构竖向振动加速度的限值。

表2-4　楼盖竖向振动加速度限值

人员活动	峰值加速度/(m/s²)	
	竖向自振频率不大于2Hz	竖向自振频率不大于4Hz
住宅、办公楼	0.07	0.05
商场及室内连廊	0.22	0.15

在非地震情况下，高层建筑结构会受风的强烈作用而发生水平摆动。因此，风是引起高层建筑水平振动的主要原因。为满足高层建筑居住的舒适性要求，《高层建筑混凝土结构技术规程》（JGJ 3—2010）规定，对于高度不小于150m的高层混凝土建筑结构，住宅和公寓顶点的风振加速度不超过0.15m/s²，办公楼和旅馆不超过0.25m/s²。

4. 影响正常使用的其他特定状态

除了上面论述的影响结构使用的三种正常使用极限状态外，还可能有其他的极限状态，这取决于结构的使用功能和用户、业主的要求。

正常使用极限状态分为可逆的和不可逆的两种，如图2-28所示。可逆正常使用极限状态是指当产生超越正常使用要求的作用撤除后，超越作用产生的后果可以恢复的极限状态。如在弹性范围内，结构受临时荷载作用变形增大，当荷载移走后，结构能够恢复到原来的变形。不可逆正常使用极限状态是指当产生超越正常使用要求的作用撤除后，超越作用产生的后果不可恢复的使用极限状态。如对于混凝土的开裂，即使撤除使混凝土开裂的荷载，裂缝虽然闭合，但仍然存在，裂缝的两个表面仍然处于分离状态；当再次出现比引起混凝土开裂的荷载还小的荷载时，裂缝也可能再次张开，这对于要求抗裂或有防渗、防气体泄漏的结构非常重要。所以，对于可逆的和不可逆的正常使用极限状态，设计中的控制要求是不同的，这也是正常使用极限状态设计中采用不同组合原因的之一，具体见第7章。

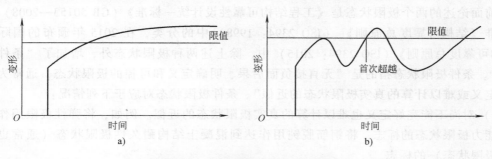

图2-28　不可逆与可逆极限状态

a）不可逆　b）可逆

将结构承载能力极限状态和正常极限状态进行对比可以看出，承载能力极限状态针对的是结构或结构构件弹塑性阶段的最大承载力，达不到要求的承载能力会导致结构破坏或倒塌，影响的是结构的安全性；正常使用极限状态针对的是结构或结构构件的弹性工作阶段（混凝土结构包括钢筋屈服之前的开裂阶段），人或设备等对结构或结构构件使用性能（裂缝、变形、振动等）的要求，如果不满足这些性能要求，可能会引起人感觉不适或设备不能正常工作等，影响结构的适用性，但一般不会影响结构的安全。承载能力失效要比正常使用失效代价高得多，所以设计中对结构承载能力极限状态的可靠度要求要高于对正常使用极限状态的可靠度要求，这可从第7章对两种极限状态规定的目标可靠指标的差别看出。在采用分项系数表达式进行设计时，两种极限状态采用的荷载和材料性能的取值和分项系数是不同的。

如同一个人从贫穷到富有的过程，先有温饱，后才有穿暖吃好，结构设计方法发展也是经历了相同的过程，这可从第1章结构由破损阶段设计法向极限状态设计法的过渡看出。虽然承载能力极限状态的可靠度高于正常使用极限状态的可靠度，但这并不意味着承载能力极限状态要求的结构或结构构件尺寸或材料用量，一定会高于正常使用极限状态要求的结构或结构构件尺寸或材料用量，这是因为决定两个极限状态的条件是不同的。例如，变形决定于结构或结构构件的尺寸和材料的弹性模量，而极限承载力决定于结构或结构构件的尺寸和材料强度。对于混凝土而言，弹性模量随强度的变化幅度比较小，对于钢材而言，弹性模量不随强度变化。事实上，在一些对正常使用极限状态要求较高的工程结构中，构件尺寸或材料用量是由裂缝、变形或振动等正常使用要求控制的。

结构按承载能力和正常使用两种极限状态进行设计，是工程技术人员多年研究、设计和工作经验的总结。如前所述，两种极限状态设计均包含了多方面的性能要求。在一些工程领域，可能对两种极限状态中的某一性能要求更为关注，从而将这一性能要求从两种极限状态中独立出来作为一种极限状态考虑。例如，对于钢桥，考虑车辆反复作用造成的疲劳累积损伤非常重要，美国《荷载与抗力系数桥梁设计规范》（AASHTO LRFD—2017）单独列出了疲劳极限状态。在我国《铁路工程结构可靠性设计统一标准》（GB 50216—2019）中，疲劳也是作为一个独立的极限状态考虑的，因为机车荷载反复作用是铁路桥梁设计考虑的主要内容。因此，极限状态的分类要考虑极限状态的本质，更重要的是要体现行业结构设计的特点和便于设计应用。

2.4.4 条件极限状态

前面论述的两个极限状态是《工程结构可靠性设计统一标准》（GB 50153—2008）和国际标准《结构可靠度总原则》（ISO 2394：1998）中的分类，在2015年颁布的国际标准《结构可靠度总原则》（ISO 2394：2015）中，除上述两种极限状态外，增加了"条件极限状态"。条件极限状态指的是"无直接负面后果、明确定义和可控的极限状态，通常为不能明确定义或难以计算的真实极限状态的近似"。条件极限状态对应于下列情况：

1）对尚不能完好定义也难以计算的真实极限状态的近似。例如，将弹性极限用作达到承载能力极限状态的标志，将钢筋脱钝用作达到混凝土结构耐久性极限状态（通常也称为起始极限状态）的标志。

2）降低结构耐久性或影响结构或非结构构件效能和外观的局部损坏（包括开裂）。

3）连续丧失功能情况的其他极限状态的临界值。

ISO 2394：2015对上面的第一条和第三条进行了解释。事实上，前面正常使用极限状态的第二条已经包括了与结构耐久性有关的内容，虽然结构的耐久性与结构的适用性有一定的关系（如混凝土的裂缝为外界环境中的侵蚀介质进入混凝土提供了新的通道，在混凝土结构设计规范中，裂缝宽度也是考虑耐久性的一个控制指标），但结构的耐久性问题比较复杂，不同的情况有不同的要求，往往不是一个指标可以全面控制的。所以，ISO 2394：2015

指出："理论上讲，足够的耐久性要求已包含在一段时间内的安全性和适用性要求中，然而，考虑到实用的原因，增加与极限状态有关的耐久性方面的专门内容（见 ISO 13823 和 ISO 13822）或针对一定（非临界）条件的极限状态是有用的。条件极限状态的可靠性要求应与开始定义的承载能力极限状态一致"。

现行的混凝土结构设计规范对混凝土结构耐久性的设计，都是从材料选择、施工、养护、采用的措施等方面直接规定的，如果对研究相对比较成熟的情况采用定量方法进行设计，则需要像承载能力极限状态和正常使用极限状态一样，对耐久性失效应该定义不同的耐久性极限状态。图 2-29 所示为钢筋混凝土或预应力混凝土结构或构件从钢筋开始锈蚀到混凝土保护层开裂、再到性能出现明显降低的过程。《混凝土结构耐久性设计标准》（GB/T 50476—2019）针对混凝土结构耐久性的定量计算，将混凝土结构和构件的耐久性极限状态分为三种：①钢筋开始发生锈

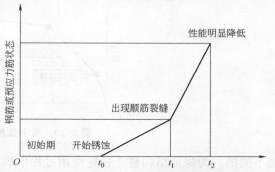

图 2-29 混凝土结构中钢筋或预应力筋锈蚀和
构件性能的劣化过程

蚀的极限状态；②钢筋适量锈蚀的极限状态；③混凝土表面轻微损伤的极限状态。大气环境下钢筋表面脱钝或氯离子侵入混凝土内部并在钢筋表面积累的浓度达到临界浓度的状态，为钢筋开始锈蚀的极限状态；钢筋锈蚀发展导致混凝土构件表面出现顺筋裂缝，或钢筋截面的径向锈蚀深度达到 0.1mm 的状态，为钢筋适量锈蚀的极限状态。设计使用年限 50 年以上的混凝土结构主要构件以及使用期难以维护的混凝土构件，宜采用钢筋开始锈蚀的极限状态；当采用对锈蚀敏感的预应力钢筋、冷加工钢筋或直径不大于 6mm 的普通热轧钢筋作为主筋时，应以钢筋开始锈蚀作为极限状态。混凝土结构中可维护的构件，可采用钢筋适量锈蚀的极限状态。

工程结构破坏的过程和形式多样，与结构所承受的荷载作用形式和结构形式有关。有一种结构破坏是整体、连续式的，特别当承受强度很高、不确定性很大的作用时，一般采用多目标设防的方法进行设计，如地震作用下的结构。《建筑抗震设计规范》（GB 50011—2010）的抗震设防原则是：小震不坏（承载力计算）、中震可修和大震不倒（变形验算），按这一原则进行设计，当结构承受不同强度的地震作用时，可以从一个链条上控制结构的破坏程度，综合平衡抗震投入与破坏损失间的矛盾。图 2-30 示出了基于位移的结构抗震设计采用的位移限值，位移分的档数及每档位移的大小是根据设计的需要人为规定的，所以也称为条件极限状态。如 ISO 2394：2015 对上面的第三条所解释的：暴露或环境发生很小变化而损失急剧增大的极限状态。如果损失是逐渐发生的，一种解决方法是按多个不同损失程度将不期望结果空间划分为子空间，如地震分析中可将条件极限状态定义为初始损伤、修复和倒塌极限状态。

从上面的讨论可以看出，结构的条件极限状态与承载能力极限状态和正常使用极限状态有一定的差别，又有密切的联系，是对承载能力极限状态和正常使用极限状态的补充。

2.4.5 设计状况

在结构建造和使用过程中，不同的时间段及不同的条件下结构的材料性能和承受的荷载

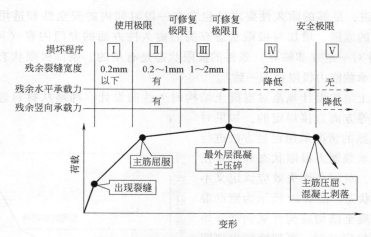

图 2-30　基于位移的结构抗震设计

是不同的。为保证结构整个建造使用过程中的可靠性，对结构进行设计时，应考虑结构这些不同阶段和条件下的特点，即设计状况。按照《工程结构可靠性设计统一标准》（GB 50153—2008）的定义，设计状况是根据一定时段确定的一组设计条件，设计应证明在该设计条件下结构不会超越有关的极限状态。设计状况分为持久设计状况、短暂设计状况、偶然设计状况和地震设计状况。欧洲规范《结构设计基础》（EN 1990：2002）也将结构设计状况分为上面四种形式。

持久设计状况是与结构设计使用年限为同一量级的时段相应的设计状况，指正常使用时的情况。对于这种状况，设计中考虑的材料性能为结构正常使用时的材料性能，荷载为结构正常使用时的荷载，使用的时间段相当于结构的设计使用年限。持久状况应考虑承载能力极限状态和正常使用极限状态。

短暂设计状况为时间段与结构的设计使用年限相比短得多且出现概率很高的状况，这种状况指施工或维修时的情况。在施工阶段，结构是一个材料性能、荷载和结构形式不断随时间变化的"时变结构"，具体而言，施工阶段的材料性能是变化的，如混凝土的强度随龄期而增长，短龄期时混凝土达不到设计要求的强度，部分荷载需由临时支撑承担。施工阶段的荷载形式和特性与使用阶段也完全不同。这些使得施工阶段的状况与使用阶段不同。对于使用过程中的维修，主要荷载是施工中短时间的堆载。所以，短暂设计状况与持久设计状况不同。短暂设计状况需进行承载能力极限状态的设计，根据需要进行正常使用极限状态设计。

偶然设计状况是指结构遭受火灾、爆炸、撞击或局部破坏等异常情况的状况。对于这种设计状况，结构所承受的外部作用与正常使用条件下的作用不同，其特点是时间短，但强度很大，需要进行专门的设计。对于偶然设计状况，因为其发生的概率很小，持续时间很短，只需进行承载能力极限状态的设计，可不进行正常使用极限状态的设计。

地震设计状况指结构遭受地震这一异常情况的状况，在抗震设防地区必须考虑。地震对结构的作用与持久设计状况、短暂设计状况和偶然设计状况不同，地震使结构所产生作用效应的大小除与地震本身的强度、频谱特性和持续时间有关外，还取决于结构本身的形式、质量、固有周期、阻尼及结构构件连接的延性和耗能能力。考虑地震作用的特点和地震作用下结构响应的特性，需要进行不同于其他状况的设计。

在对结构进行设计时，需按承载能力极限状态和正常使用极限状态进行作用组合。根据不同的设计状况，承载能力极限状态的作用组合包括基本组合、偶然组合和地震组合。基本组合用于持久设计状况或短暂设计状况，偶然组合用于偶然设计状况，地震组合用于地震设计状况。正常使用极限状态作用组合包括标准组合、频遇组合和准永久组合。标准组合宜用于不可逆正常使用极限状态设计，频遇组合宜用于可逆正常使用极限状态设计，准永久组合宜用于长期效应是决定性因素的正常使用极限状态设计。第7.5节给出了我国各统一标准和欧洲规范规定的结构不同设计状况承载能力极限状态和正常使用极限状态设计的表达式或计算原则。

如在北京建造一多层钢筋混凝土框架结构，应根据结构施工和使用中的永久荷载、楼面活荷载、风荷载等按照承载能力极限状态的基本组合进行持久和短暂设计状况的设计；按照我国地震区划图，北京属于8度（地面加速度为$0.3g$）地震设防区，所以还需按《建筑抗震设计规范》（GB 50011—2010）的地震组合进行地震设计状况的设计；如果结构设计使用年限（50年）内可能会遇到偶然作用，还要考虑防火、煤气爆炸等偶然组合，进行偶然设计状况的设计。此外，还需根据不同的适用性要求（裂缝宽度、构件挠度、振动等），按照标准组合、频遇组合和准永久组合，对结构进行正常使用极限状态设计。

2.5　结构极限状态方程

为使结构或结构构件满足规定的各项功能要求，在进行结构设计时，需建立结构的力学模型和数学模型，按照已知的基本变量值进行力学分析和数学运算，然后根据第2.4.2小节论述的达到极限状态的标志判断结构或结构构件是否达到了极限状态。如对于钢筋混凝土受弯构件的抗弯设计，需根据构件的截面尺寸、混凝土强度和钢筋屈服强度按照式（2-6）计算受弯承载力，将计算结果与荷载产生的弯矩进行对比，判断构件受弯承载力是否满足设计要求。

这里讨论结构的设计，实际上涉及了问题的两个方面，一个是结构或构件的内力，一个是结构的承载力。在结构可靠度理论中，将前者称为荷载效应，一般用S表示，后者称为结构抗力，一般用R表示（此处荷载效应和抗力均为狭义的定义，详细定义见第4章和第5章），两者是矛与盾的关系。当$R>S$时，盾强于矛，结构或结构构件处于可靠状态；当$R<S$时，矛强于盾，结构或结构构件处于失效状态；当$R=S$时，矛与盾强弱不分上下，结构或构件处于极限状态。如果建立下面的函数

$$Z = R - S \tag{2-10}$$

则$Z>0$表示结构处于可靠状态，$Z<0$表示结构处于失效状态，$Z=0$表示结构达到极限状态，称式（2-10）为结构或结构构件的极限状态函数或功能函数，$Z=0$为结构或结构构件的极限状态方程。

假定R和S是随机变量且相互独立（R和S不独立时，两者不能在直角坐标系中表示），则在平面直角坐标系中，$R=S$表示一条过原点的直线，如图2-31所示。$R>S$表示的结构或构件处于可靠状态的区域，称为可靠域；$R<S$表示结构或构件处于失效状态的区域，称为失效域。

上面用综合随机变量S和R描述了结构或结构构件所处的状态。若结构或结构构件的

某一功能与 n 个基本随机变量 X_1，X_2，$\cdots$，X_n 有关，建立下面一般的极限状态函数或功能函数：

$$Z = g_X(X_1, X_2, \cdots, X_n) \tag{2-11}$$

同样，$Z>0$、$Z<0$ 和 $Z=0$ 分别表示结构处于可靠状态、失效状态和达到极限状态，$Z=0$ 为结构或结构构件的极限状态方程。假定 X_1，X_2，$\cdots$，X_n 是相互独立的，在图 2-32 所示的直角坐标系（用两维坐标表示）中，极限状态方程 $Z=0$ 为一条曲线（曲面），曲线（曲面）无毛边的一侧表示可靠域，有毛边的一侧表示失效域。

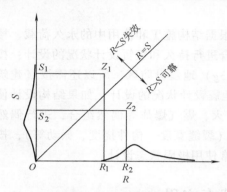
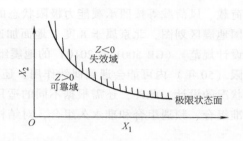

图 2-31 结构状态　　　　　图 2-32 结构极限状态曲线（曲面）

需要说明的是，结构功能函数或结构极限状态方程的表达方式并不是唯一的，可以采用多种不同的表达形式，具体采用什么样的表达形式要根据是否方便可靠度计算来确定。例如，功能函数 $Z_1 = R-S$ 与功能函数 $Z_2 = R/S-1$ 是等效的，因为 $Z_1>0$ 和 $Z_2>0$ 均表示结构处于可靠状态，$Z_1<0$ 和 $Z_2<0$ 均表示结构处于失效状态，$Z_1=0$ 和 $Z_2=0$ 均表示结构达到极限状态。在直角坐标系中，$Z_1 = R-S = 0$ 和 $Z_2 = R/S-1 = 0$ 表示同一条直线，该直线将结构的状态空间分成了相同的可靠域和失效域。

如上所述，结构或结构构件的可靠与不可靠问题，是抗力 R 与荷载效应 S 的关系问题，所以只要确定了 S 和 R，就可建立结构或结构构件的功能函数。下面针对结构或结构构件的承载能力极限状态和正常使用极限状态，通过几个例子说明如何建立结构或结构构件的功能函数。

【例 2-1】 建立图 2-4 所示钢筋混凝土矩形简支梁的受弯承载力、变形和裂缝的功能函数。

解　（1）受弯承载力　对于钢筋混凝土适筋梁，其承载力 R 与混凝土抗压强度 f_c、受拉钢筋截面面积 A_s 和屈服强度 f_y 及梁截面尺寸有关，可用式（2-6）计算，同时考虑计算模式不确定性系数 K_P；梁荷载效应 S 可表示为式（2-7）的形式。所以梁受弯承载力的功能函数为

$$Z = R-S = K_P A_s f_y \left(h_0 - \frac{A_s f_y}{2\alpha_1 f_c b} \right) - \frac{1}{8}(g+q)l^2 \tag{a}$$

（2）变形　按照《混凝土结构设计规范》（GB 50010—2010），钢筋混凝土矩形截面构件的短期刚度计算公式为

$$B_s = \frac{E_s A_s h_0^2}{1.15\psi + 0.2 + 6\alpha_E \rho}$$

式中，E_s 为钢筋弹性模量；α_E 为钢筋与混凝土弹性模量之比，$\alpha_E = E_s/E_c$；ρ 为纵向钢筋配筋率，$\rho = A_s/bh_0$；ψ 为裂缝间钢筋应力不均匀系数，表示为

$$\psi = 1.1 - 0.65 \frac{f_t}{\rho_{te}\sigma_s} \tag{b}$$

其中，f_t 为混凝土抗拉强度；$\rho_{te} = A_s/(0.5bh)$；σ_s 为纵向钢筋应力，按下式计算：

$$\sigma_s = \frac{M_s}{0.87h_0 A_s} \tag{c}$$

M_s 为荷载产生的弯矩，按下式计算：

$$M_s = \frac{(g+q)l^2}{8} \tag{d}$$

考虑梁挠度的计算模式不确定性系数 K_P，由以上各式得钢筋混凝土梁的短期挠度（荷载效应）为

$$S = f_s = K_P \frac{5M_s l^2}{48B_s} = K_P \frac{5(1.465+6\alpha_E\rho)M_s - 1.626h_0 bh f_t}{48E_s A_s h_0^2} l^2$$

$$= K_P \frac{5(1.465+6\alpha_E\rho)(g+q)l^2 - 13.008bh_0^2 f_t}{384E_s A_s h_0^2} l^2$$

在《混凝土结构设计规范》中，对不同使用条件下钢筋混凝土构件的容许变形 $[f]$ 都有明确的规定。当 $f_s \leqslant [f]$ 时，认为是满足要求的；$f_s > [f]$ 时，则认为不满足要求，所以容许变形 $[f]$ 为抗力 R。这样，梁跨中变形的功能函数为

$$Z = R - S = [f] - K_P \frac{5(1.465+6\alpha_E\rho)(g+q)l^2 - 13.008bh_0^2 f_t}{384E_s A_s h_0^2} l^2 \tag{e}$$

（3）裂缝 按照《混凝土结构设计规范》（GB 50010—2010）并考虑梁裂缝宽度的计算模式不确定性系数 K_P，钢筋混凝土矩形受弯构件裂缝宽度按下式计算：

$$S = w_{max} = K_P \alpha_{cr} \psi \frac{\sigma_s}{E_s} \left(1.9c_s + 0.08\frac{d_{eq}}{\rho_{te}}\right) v \tag{f}$$

式中，α_{cr} 为构件受力特征系数，受弯构件 $\alpha_{cr} = 2.1$；c_s 为最外层纵向受拉钢筋外边缘至受拉底边的距离；d_{eq} 为受拉钢筋等效直径；v 为纵向受拉钢筋特征参数。

规范对不同使用条件下钢筋混凝土构件的裂缝宽度限值为 w_{lim}。当 $w_{max} \leqslant w_{lim}$ 时，认为是满足要求的；$w_{max} > w_{lim}$ 时，则认为不满足要求。所以裂缝宽度限值 w_{lim} 是抗力 R。钢筋混凝土矩形梁裂缝宽度的功能函数为

$$Z = R - S = w_{lim} - K_P \alpha_{cr} \psi \frac{\sigma_s}{E_s} \left(1.9c_s + 0.08\frac{d_{eq}}{\rho_{te}}\right) v \tag{g}$$

由本例可以看出，在承载能力极限状态的功能函数中，材料性能参数出现在抗力中；而在正常使用极限状态的功能函数中，材料性能参数出现在荷载效应项中。一般将规范规定的容许挠度 $[f]$ 和裂缝宽度限值 w_{lim} 称为广义抗力，而将荷载产生的挠度和裂缝宽度称为广义荷载效应。

【例 2-2】 建立轴心受压钢构件稳定的功能函数。

解 《钢结构设计标准》（GB 50017—2017）采用第二种理论计算轴心受压构件的稳定

性，《冷弯薄壁型钢结构技术规范》（GB 50018—2002）则采用第一种理论。下面按第一种理论给出受压冷弯薄壁型构件的弯曲失稳功能函数。

按照规范的规定，当 $\sigma_{cr} > \varphi f_y$ 时，受压构件发生弯曲失稳，其中 σ_{cr} 为轴力产生的压应力；f_y 为钢材的屈服强度；φ 为稳定系数，按下式计算：

$$\varphi = \frac{1}{2}\left\{ 1 + \frac{1}{\overline{\lambda}^2}(1+\varepsilon_0) - \sqrt{\left[1 + \frac{1}{\overline{\lambda}^2}(1+\varepsilon_0) \right]^2 - \frac{4}{\overline{\lambda}^2}} \right\}$$

其中

$$\varepsilon_0 = \frac{A\Delta_0}{W_x}, \quad \overline{\lambda} = \frac{\lambda}{\pi}\sqrt{\frac{f_y}{E}}$$

式中，ε_0 为构件的初始偏心率；A 为构件截面面积；W_x 为构件失稳方向的截面抵抗矩；Δ_0 为构件中点的最大初挠度；$\overline{\lambda}$ 为相对长细比；λ 为构件的最大长细比；E 为钢材的弹性模量。

σ_{cr} 为荷载效应 S，φf_y 为抗力 R，同时考虑计算模式不确定性系数 K_P，则轴心受压构件弯曲失稳的功能函数为

$$Z = K_P \varphi f_y - \sigma_{cr} = \frac{1}{2}K_P\left\{ 1 + \frac{1}{\overline{\lambda}^2}(1+\varepsilon_0) - \sqrt{\left[1 + \frac{1}{\overline{\lambda}^2}(1+\varepsilon_0) \right]^2 - \frac{4}{\overline{\lambda}^2}} \right\}f_y - \sigma_{cr}$$

【例 2-3】 建立图 2-12 中门式刚架转变为机动体系时的功能函数。

解 对于图 2-12 所示的门式刚架，假定柱端 A 和 E 处的塑性抵抗弯矩为 M_A，柱端 B 和 D 处的塑性抵抗弯矩为 M_B^c，梁端 B 和 D 处的塑性抵抗弯矩为 M_B^b，梁跨中 C 处的塑性抵抗弯矩为 M_C。另假定刚架是刚-塑性的，这样分析中可忽略刚架的弹性变形。

1）对于图 2-12b 所示的机构，假定刚架塑性变形时梁端产生的转角为 θ，则整个刚架变形消耗的内功（抗力）为

$$R = 2M_B^b\theta + 2M_C\theta$$

荷载 P 做的外功（荷载效应）为

$$S = \frac{l}{2}\theta P$$

图 2-12b 所示的机构对应的功能函数为

$$Z = R - S = 2M_B^b\theta + 2M_C\theta - \frac{l}{2}P\theta$$

由于 θ 是一个虚位移，在刚-塑性变形的假定下，与结构承载力无关。所以图 2-12a 所示机构的功能函数简化为

$$Z = R - S = 2M_B^b + 2M_C - \frac{l}{2}P$$

2）对于图 2-12c 所示的机构，假定刚架塑性变形时柱端产生的转角为 θ，则整个刚架变形消耗的内功（抗力）为

$$R = 2M_A\theta + 2M_B^c\theta$$

荷载 W 做的外功（荷载效应）为

$$S = H\theta W$$

所以图 2-12c 所示机构的功能函数为（直接略去了 θ）

$$Z = 2M_A + 2M_B^c - HW$$

3）对于图 2-12d 所示的机构，假定刚架塑性变形时柱端产生的转角为 θ，则整个刚架变形消耗的内功（抗力）为

$$R = 2M_A\theta + 2M_C\theta + 2M_B^b\theta$$

荷载 W 和 P 做的外功（荷载效应）为

$$S = H\theta W + \frac{l}{2}\theta P$$

所以图 2-12d 所示的机构的功能函数为（直接略去了 θ）

$$Z = 2M_A + 2M_C + 2M_B^b - HW - \frac{l}{2}P$$

【例 2-4】 建立图 2-9 所示结构抗倾稳定性的功能函数。

解 在图 2-9 中，结构重心处的总竖向永久荷载为 G，重心处的总竖向活荷载为 Q，水平力合力作用点处的总水平力为 W，则 G 和 Q 产生的结构抗倾覆力矩（抗力 R）为 $(G+Q)l$，W 产生的结构倾覆力矩（荷载效应 S）为 Wh。所以，结构抗倾覆稳定的功能函数为

$$Z = R - S = (G+Q)l - Wh$$

【例 2-5】 建立图 2-33 所示打入桩竖向承载力的功能函数。

解 对于图 2-33 所示的打入桩，按照《码头结构设计规范》（JTS 167—2018），根据土的物理指标与承载力参数之间的经验关系，并考虑计算模式不确定性系数 K_P，按下式确定其竖向承载力（抗力 R）：

$$R = K_P R_k = K_P \left(U\sum q_{fi}l_i + q_R A_p \right) \quad (\text{a})$$

式中，R_k 为打入桩单桩竖向承载力标准值；U 为桩的周长；q_{fi} 为桩侧第 i 层土的极限侧阻力；l_i 为穿越第 i 层土的厚度；q_R 为桩极限端阻力；A_p 为桩端面积。

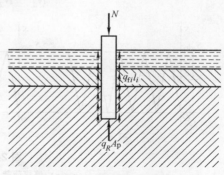

图 2-33 单桩竖向承载力

假定竖向荷载产生的轴力为 N（荷载效应 S），单桩竖向承载力的功能函数为

$$Z = R - S = K_P \left(U\sum q_{fi}l_i + q_R A_p \right) - N \quad (\text{b})$$

【例 2-6】 建立钢构件疲劳破坏的功能函数。

解 分别从等幅荷载、变幅荷载和随机荷载三种情况进行分析。

（1）等幅荷载的情况（见图 2-34a） 式（2-8）或式（2-9）表示构件或细节疲劳的 S–N 曲线，是在每一次疲劳试验的过程中保持应力幅 $\Delta\sigma$ 不变，而进行多次不同应力幅的疲劳试验得到的，称为等幅荷载疲劳试验，通常 m 和 $A(A$ 或 $C)$ 均为随机变量。如果反复荷载是等幅的，但其产生的应力幅是随机的，表示为 $\Delta\sigma_S$，则构件或细节的疲劳功能函数为

$$Z = A - m\lg\Delta\sigma_S - \lg N \quad (\text{a})$$

或

$$Z = C - N(\Delta\sigma_S)^m \quad (\text{b})$$

式中，N 为规定的等幅荷载循环次数。

按照式（b），如果在规定的等幅荷载循环次数 N 下构件或细节能够经受的应力幅为 $\Delta\sigma_R$，即满足

$$C = N(\Delta\sigma_R)^m \tag{c}$$

则 $\Delta\sigma_R$ 是一个随机变量，相当于规定等幅荷载下构件或细节的疲劳强度。代入式（b）得

$$Z = N(\Delta\sigma_R)^m - N(\Delta\sigma_S)^m \tag{d}$$

即

$$Z = \Delta\sigma_R - \Delta\sigma_S \tag{e}$$

需要说明的是，虽然式（a）、式（b）、式（d）和式（e）的表达形式是不同的，但在可靠度理论中，4 个公式的意义是相同的，具体分析见第 3 章。

（2）变幅荷载的情况（见图 2-34b）　对于变幅荷载的情况，应力幅也是变化的，可以用 Palmgren-Miner 线性累积损伤原理（简称 Miner 准则）描述结构、构件、细节、连接件及材料的疲劳特性。按照 Miner 准则，如果结构构件、细节等在其使用年限内承受 k 个不同等幅荷载产生的应力幅 $\Delta\sigma_1$，$\Delta\sigma_2$，$\cdots$，$\Delta\sigma_k$，所对应的循环次数分别为 n_1，n_2，$\cdots$，n_k；假设对应于每一应力幅 $\Delta\sigma_1$，$\Delta\sigma_2$，$\cdots$，$\Delta\sigma_k$ 的疲劳破坏次数分别为 N_1，N_2，$\cdots$，N_k，则每一应力幅 $\Delta\sigma_1$，$\Delta\sigma_2$，$\cdots$，$\Delta\sigma_k$ 所造成的疲劳损伤度 n_1/N_1，n_2/N_2，$\cdots$，n_k/N_k 之和等于 1 时，结构构件或细节发生疲劳破坏。用公式表示为

$$D = \frac{n_1}{N_1} + \frac{n_2}{N_2} + \cdots + \frac{n_k}{N_k} = \sum_{i=1}^{k} \frac{n_i}{N_i} = 1 \tag{f}$$

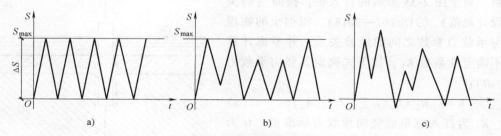

图 2-34　疲劳循环应力

a) 等幅荷载　b) 变幅荷载　c) 随机荷载

根据式（f）和 $C = N_i(\Delta\sigma_i)^m$，将结构或构件的疲劳损伤度用应力幅表示为

$$D = \sum_{i=1}^{k} \frac{n_i}{N_i} = \frac{1}{C} \sum_{i=1}^{k} n_i(\Delta\sigma_i)^m \tag{g}$$

按照 Miner 准则，变幅荷载情况下结构构件或细节疲劳破坏的功能函数可表示为

$$Z = 1 - \sum_{i=1}^{k} \frac{n_i}{N_i} = 1 - \frac{1}{C} \sum_{i=1}^{k} n_i(\Delta\sigma_i)^m \tag{h}$$

如果 $\Delta\sigma_1 = \Delta\sigma_2 = \cdots = \Delta\sigma_k = \Delta\sigma_S$，$N = \sum_{i=1}^{k} n_i$，则式（h）变为

$$Z = 1 - \frac{N(\Delta\sigma_S)^m}{C} \tag{i}$$

同样，式（i）表示的功能函数与式（b）表示的功能函数力学含义是相同的，具体见

第3章的分析。

如 Miner 准则所描述的，用 $\sum n_i/N_i$ 表示的累积损伤之和等于 1 时结构或构件发生疲劳破坏，但试验表明并非严格如此。试验表明，如果按照常应力幅 $\Delta\sigma_1$，$\Delta\sigma_2$，$\cdots$，$\Delta\sigma_k$ 递增的顺序进行反复加载试验，则疲劳破坏的损伤度 $D > 1$；相反，如果按照常应力幅 $\Delta\sigma_1$，$\Delta\sigma_2$，$\cdots$，$\Delta\sigma_k$ 递减的顺序进行反复加载试验，则疲劳破坏的损伤度 $D < 1$。实际结构承受的反复荷载作用的加载次序是无法预知的，因此可靠度分析中常将变幅荷载时结构或构件疲劳破坏时的损伤度 D 假定为随机变量，其平均值为 1.0，变异系数为 0.1~0.15，服从对数正态分布。这样，式（h）表示的变幅荷载时结构或构件疲劳破坏的功能函数变为

$$Z = D - \sum_{i=1}^{k} \frac{n_i}{N_i} = D - \frac{1}{C}\sum_{i=1}^{k} n_i(\Delta\sigma_i)^m \qquad (j)$$

式（j）称为以损伤度表示的疲劳功能函数。

令

$$\Delta\sigma_S = \sqrt[m]{\sum_{i=1}^{k} \frac{n_i}{N}(\Delta\sigma_i)^m} \qquad (k)$$

式中，$N = \sum_{i=1}^{k} n_i$；$\Delta\sigma_S$ 为等效应力幅。

考虑式（c），则式（j）与下面的功能函数是等价的

$$Z = D^{1/m}\Delta\sigma_R - \Delta\sigma_S \qquad (l)$$

如果取 $D = 1$，则式（l）变为式（e）的形式。

（3）随机荷载的情况（见图 2-34c） 对于随机荷载的情况，应力幅 $\Delta\sigma_i$ 也是随机的。在规定的总循环次数 $N = \sum_{i=1}^{k} n_i$ 下，经统计分析建立随机应力谱

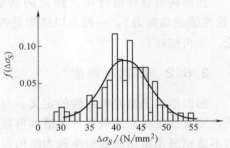

图 2-35 疲劳应力谱

（见图 2-35），同样由式（k）可确定等效应力幅 $\Delta\sigma_S$，进而建立式（l）表示的功能函数。

2.6 结构可靠性和可靠度

2.6.1 结构可靠性

第 2.3 节论述了对结构的功能要求。在结构可靠性设计中，这些功能要求是以概率的形式体现的。按照《工程结构可靠性设计统一标准》（GB 50153—2008）的定义，结构可靠性为"结构在规定的时间内，在规定的条件下，完成预定功能的能力"。国际标准《结构可靠性总原则》（ISO 2394：1998）和欧洲规范《结构设计基础》（EN 1990：2002）对可靠性的定义与此基本相同。在上面结构可靠性的定义中，有三个概念非常重要，即"规定的时间""规定的条件"和"预定功能"。

1. 规定的时间

在上面结构可靠性的定义中，规定的时间为结构的设计使用年限。对结构使用的时间进行规定是出于两个方面的考虑：第一，在结构使用过程中，结构材料性能会发生变化（一

般是降低），从而引起结构性能和承载力降低；第二，对于结构上随时间变化的荷载，结构使用时间越长，其出现大值的可能性越大。所以结构可靠性设计要规定使用时间。

需要说明的是，在结构良好工作到达其设计使用年限后，并不意味着结构不能再继续使用，而是说明结构已经完成了其规定时间段内的预定功能要求。如果希望结构继续使用，要求其在新规定的时间段内完成原来或新的功能，需要对其进行可靠性鉴定，判断是否能够满足规定的可靠性要求，此时规定的可靠性水平可能与设计时的可靠性水平一致，也可能不一致，需要根据对结构继续使用的目的按相关标准确定。

2. 规定的条件

在结构可靠性的定义中，规定的条件是指规定的设计条件、施工条件和使用条件。具体来讲，结构设计应由具有设计资质的单位承担，由具有设计资格的人员按照设计规范进行设计；结构施工应由具有施工资质的单位承担，由具备相关知识和技能的技术人员按设计图和施工规范进行施工，应对材料的性能和施工过程进行控制；结构应按设计规定的用途使用并进行维护和适当的维修。如果不符合上述规定的条件，就不能保证结构具有设计的可靠性。

3. 预定功能

在结构可靠性设计中，预定的功能指结构的安全性、适用性、耐久性和整体稳固性（抗连续倒塌能力）。一般是以结构是否达到"极限状态"为标志的，这在前面已经做了讨论，不再细述。

2.6.2 结构可靠度

前面给出了结构可靠性的定义。与这一概念相对应，结构在规定的时间内，规定的条件下，完成预定功能的概率称为结构可靠度。结构可靠度是结构可靠性的概率度量；相反，结构不能完成预定功能的概率称为结构失效概率。前面已经指出，这里规定的时间为结构的设计使用年限。

由此可见，功能函数实际上是一个与时间有关的函数，即式（2-11）表示的结构功能函数应是式（2-12）表示关于时间的函数，

$$Z(t) = g_X[X_1(t), X_2(t), \cdots, X_n(t)] \quad t \in [0, T] \tag{2-12}$$

式中，$X_1(t), X_2(t), \cdots, X_n(t)$ 是用随机过程描述的变量。

同样，$Z(t) > 0$、$Z(t) < 0$ 和 $Z(t) = 0$ 分别表示结构或结构构件在 t 时刻处于可靠状态、失效状态和达到极限状态三种情况，$Z(t) = 0$ 为结构或结构构件在 t 时刻的极限状态方程。

假定结构设计使用年限为 T，按照式（2-12）表示的时变功能函数，结构的可靠度和失效概率分别为

$$p_s = P\{Z(t) > 0, t \in [0, T]\} \tag{2-13a}$$

$$p_f = P\{Z(t) < 0, t \in [0, T]\} \tag{2-13b}$$

由于时变功能函数是时间的函数，理论上讲，可采用随机过程理论（如跨阈理论）按上述两式计算结构的可靠度和失效概率，但计算比较复杂，具体可见相关著作。工程上采用的方法是将功能函数中的随机过程变量转化为与时间无关的随机变量，具体见第4章。下面的分析是针对功能函数中的所有变量为随机变量的情况的。

首先，仍以抗力 R 和荷载效应 S 两个相互独立随机变量、功能函数为 $Z = R - S$ 的情况为

例进行分析，给出结构可靠度计算的基本公式。如图 2-31 或图 2-36 所示，极限状态方程为 $Z = R - S = 0$ 的直线将平面 $R\text{-}O\text{-}S$ 平面分为可靠域和失效域两个区域，坐标 (R, S) 表示平面内的一个点。由于 R 和 S 是两个相互独立的随机变量，则 (R, S) 构成一个随机点。对于一个设计中的结构，该点可能落在可靠域内，也可能落在失效域内。当落在可靠域内时，$Z = R - S > 0$，结构是可靠的，其概率为可靠概率，即可靠度；当落在失效域内时，$Z = R - S < 0$，结构失效，其概率为失效概率；由于 $Z = R - S = 0$ 的直线没有宽度，落在直线 $Z = 0$ 上的概率为 0。

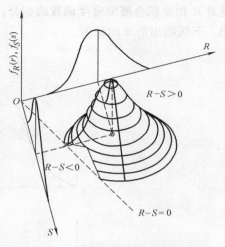

图 2-36　R 和 S 的联合概率密度函数

由此可见，计算结构可靠度，就是在随机空间内，计算由随机变量构成的随机点落入可靠域的概率 $P(Z > 0)$；同样，计算结构失效概率，就是计算由随机变量构成的随机点落入失效域的概率 $P(Z < 0)$。设 R 和 S 的概率密度函数分别为 $f_R(r)$ 和 $f_S(s)$，根据概率论原理，其联合概率密度函数为 $f_R(r)\,f_S(s)$，如图 2-36 中的曲面体所示。针对功能函数 $Z = R - S$，结构可靠度为 $Z > 0$ 区域内的曲面体的体积，即在 $Z > 0$ 的区域内对 R 和 S 联合概率密度函数的积分

$$p_s = P(Z > 0) = \iint_{Z > 0} f_R(r)\,f_S(s)\,\mathrm{d}r\mathrm{d}s \tag{2-14}$$

同样，结构失效概率为 $Z < 0$ 区域内的曲面体的体积，即在 $Z < 0$ 的区域内对 R 和 S 联合概率密度函数的积分

$$p_f = P(Z < 0) = \iint_{Z < 0} f_R(r)\,f_S(s)\,\mathrm{d}r\mathrm{d}s = \int_0^{+\infty} \int_0^s f_R(r)\,f_S(s)\,\mathrm{d}r\mathrm{d}s$$
$$= \int_0^{+\infty} F_R(s)\,f_S(s)\,\mathrm{d}s \tag{2-15a}$$

或

$$p_f = P(Z < 0) = \int_0^{+\infty} \int_r^{+\infty} f_R(r)\,f_S(s)\,\mathrm{d}r\mathrm{d}s = \int_0^{+\infty} [1 - F_S(r)]\,f_R(r)\,\mathrm{d}r \tag{2-15b}$$

可靠域和失效域构成整个随机空间，结构可靠度与失效概率是互补的（结构处于极限状态的概率为 0），所以存在关系 $p_s + p_f = 1$。确定了 p_f，也就确定了 p_s，而实际中用 p_f 表示结构的可靠度更方便，如 $p_f = 2.3 \times 10^{-4}$ 比 $p_s = 0.99977$ 表示起来更符合习惯。所以，工程中一般多用结构失效概率描述结构的可靠度。

图 2-37 在同一坐标系中画出了 R 和 S 的概率密度函数曲线。结构失效概率与两条曲线的贴近程度（由平均值反映）和平坦程度（由标准差反映）有关。两条曲线靠得越近，失效概率越大；两条曲线越平坦，失效概率也越大。图 2-38 示出了式（2-15a）表示的失效概率。但需要强调的是，结构失效概率

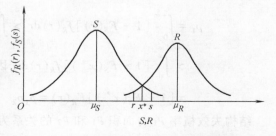

图 2-37　同一坐标中 R 和 S 的概率密度曲线

是对 R 和 S 联合概率密度函数的积分，而不是图 2-37 中 R 和 S 概率密度曲线重叠部分的面积。下面给出简单的证明。

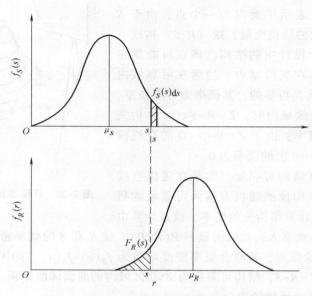

图 2-38 式 (2-15a) 表示的失效概率的计算

在图 2-37 中，自 R 和 S 概率密度曲线交点作横轴的垂线，与横轴的交点为 x^*，则

$$p_1 = P(R \leqslant x^*) = F_R(x^*), p_2 = P(S \geqslant x^*) = 1 - F_S(x^*)$$

R 和 S 概率密度曲线重叠部分的面积为 $p_1 + p_2$。

由式 (2-15a)，将结构失效概率另表示为

$$p_f = \int_0^{+\infty} F_R(s) f_S(s) \, ds = \int_{x^*}^{+\infty} F_R(s) f_S(s) \, ds + \int_0^{x^*} F_R(s) f_S(s) \, ds$$

$$= 1 - F_R(x^*) F_S(x^*) - \int_{x^*}^{+\infty} F_S(s) f_R(s) \, ds + \int_0^{x^*} F_R(s) f_S(s) \, ds$$

注意到当 $s > x^*$ 时 $F_S(x) > F_S(x^*)$，当 $s < x^*$ 时 $F_R(x) < F_R(x^*)$，所以

$$p_f < 1 - F_R(x^*) F_S(x^*) - \int_{x^*}^{+\infty} F_S(x^*) f_R(s) \, ds + \int_0^{x^*} F_R(x^*) f_S(s) \, ds$$

$$= 1 - F_S(x^*) + F_R(x^*) F_S(x^*) = p_2 + p_1(1 - p_2) = p_1 + p_2 - p_1 p_2$$

由式 (2-15b)

$$p_f = \int_0^{+\infty} [1 - F_S(r)] f_R(r) \, dr > \int_0^{x^*} [1 - F_S(r)] f_R(r) \, dr$$

$$> \int_0^{x^*} [1 - F_S(x^*)] f_R(r) \, dr [因为 r < x^* 时 F_S(r) < F_S(x^*)]$$

$$= [1 - F_S(x^*)] F_R(r) = p_1 p_2$$

结构失效概率 p_f 与面积 p_1 和 p_2 的关系为

$$p_1 p_2 < p_f < p_1 + p_2 - p_1 p_2 \tag{2-16}$$

这说明结构失效概率并不是 R 和 S 概率密度函数曲线重叠部分的面积 p_1+p_2。

前面分析的是两个随机变量的情况。如果结构分析或设计中包括 n 个相互独立的随机变量 X_1，X_2，$\cdots$，X_n，概率密度函数分别为 $f_{X_1}(x_1)$，$f_{X_2}(x_2)$，$\cdots$，$f_{X_n}(x_n)$，结构功能函数为式（2-11）。与两个随机变量的情况相似，按照概率论原理，结构失效概率为

$$p_f = P(Z < 0) = \iint \cdots \int_{Z < 0} f_{X_1}(x_1) f_{X_2}(x_2) \cdots f_{X_n}(x_n) \, dx_1 dx_2 \cdots dx_n \tag{2-17}$$

这是一个高维积分表达式，大多数情况下不能通过解析法求得积分结果。所以，需要寻求既满足工程精度要求，计算速度又快的数值方法，是可靠度研究的主要内容之一，将在第3章介绍。

【例 2-7】 某钢筋混凝土简支梁的计算跨度 $l_0 = 5.65\text{m}$，其中作用的均布荷载 q 的平均值 $\mu_q = 30.0\text{kN/m}$，标准差 $\sigma_q = 6.0\text{kN/m}$，服从极值 I 型分布；梁受弯承载力 R 服从对数正态分布，平均值 $\mu_R = 284.577\text{kN} \cdot \text{m}$，变异系数 $\delta_R = 0.082$（见例 5-1）。求梁的失效概率。

解 荷载 q 在梁跨中产生的最大弯矩为

$$S = \frac{1}{8} q l_0^2$$

忽略梁跨度 l_0 的变异性，则最大弯矩 S 的平均值和标准差为

$$\mu_S = \frac{1}{8}\mu_q l_0^2 = \frac{1}{8}\times 30\times 5.65^2 \text{kN} \cdot \text{m} = 119.71\text{kN} \cdot \text{m}$$

$$\sigma_S = \frac{1}{8}\sigma_q l_0^2 = \frac{1}{8}\times 6\times 5.65^2 \text{kN} \cdot \text{m} = 23.94\text{kN} \cdot \text{m}$$

S 服从极值 I 型分布，根据式（B-13b），S 的概率分布函数的参数 α 和 u 为

$$\alpha = \frac{\pi}{\sqrt{6}\,\sigma_S} = \frac{3.14}{\sqrt{6}\times 23.94} \text{kN} \cdot \text{m} = 0.054\text{kN} \cdot \text{m}$$

$$u = \mu_S - \frac{0.5772}{\alpha} = \left(119.71 - \frac{0.5772}{0.054}\right)\text{kN} \cdot \text{m} = 108.93\text{kN} \cdot \text{m}$$

根据式（B-13c），S 的概率分布函数为

$$F_S(s) = \exp\{-\exp[-\alpha(s-u)]\} = \exp\{-\exp[-0.054(s-108.93)]\}$$

R 服从对数正态分布，$\mu_R = 284.577\text{kN} \cdot \text{m}$，$\delta_R = 0.082$。根据式（B-12）：

$$\mu_{\ln R} = \ln \frac{\mu_R}{\sqrt{1+\delta_R^2}} = \ln \frac{284.577}{\sqrt{1+0.082^2}} = 5.65$$

$$\sigma_{\ln R} = \sqrt{\ln(1+\delta_R^2)} = \sqrt{\ln(1+0.082^2)} = 0.082$$

根据式（B-11a），R 的概率密度函数为

$$f_R(r) = \frac{1}{\sigma_{\ln R} r}\varphi\left(\frac{\ln r - \mu_{\ln R}}{\sigma_{\ln R}}\right) = \frac{1}{0.082\sqrt{2\pi}\,r}\exp\left[-\frac{1}{2}\times\frac{(\ln r - 5.65)^2}{0.082^2}\right]$$

根据式（2-15b），梁的失效概率为

$$p_f = \int_0^{+\infty}[1 - F_S(r)]f_R(r)\,dr$$

$$= \int_0^{+\infty}[1 - \exp\{-\exp[-0.054(r - 108.93)]\}] \times \frac{1}{0.082\sqrt{2\pi}\,r}\exp\left[-\frac{1}{2}\times\frac{(\ln r - 5.65)^2}{0.082^2}\right]dr$$

上式是一维积分，采用计算机进行数值积分计算，得到 $p_f = 1.6784 \times 10^{-4}$。

2.6.3　结构可靠指标

如前所述，虽然式（2-16）给出了计算结构失效概率的数学公式，但一般情况下不能求得解析结果，当随机变量较多时（多于5个），采用数值积分方法计算结构失效概率也是困难的，所以从工程应用的角度考虑，需要研究简化、效率高的计算方法。为此引入了可靠指标的概念。

对于式（2-11）表示的一般功能函数，假定 Z 服从正态分布，其平均值为 μ_Z，标准差为 σ_Z，概率密度函数为

$$f_Z(z) = \frac{1}{\sqrt{2\pi}\,\sigma_Z} \exp\left[-\frac{(z-\mu_Z)^2}{2\sigma_Z^2}\right]$$

则结构的失效概率按下式计算：

$$p_f = \int_{-\infty}^{0} f_Z(z)\,dz = \int_{-\infty}^{0} \frac{1}{\sqrt{2\pi}\,\sigma_Z} \exp\left[-\frac{(z-\mu_Z)^2}{2\sigma_Z^2}\right]dz \tag{2-18}$$

对积分变量进行变换，$z = \mu_Z + \sigma_Z t$，则 $dz = \sigma_Z dt$。当 $z = 0$ 时 $t = -\mu_Z/\sigma_Z$；当 $z \to -\infty$ 时 $t \to -\infty$。所以式（2-18）变为

$$p_f = \int_{-\infty}^{-\frac{\mu_Z}{\sigma_Z}} \frac{1}{\sqrt{2\pi}} \exp\left(-\frac{t^2}{2}\right)dt = \Phi\left(-\frac{\mu_Z}{\sigma_Z}\right) = \Phi(-\beta) \tag{2-19}$$

其中

$$\beta = \frac{\mu_Z}{\sigma_Z} \tag{2-20}$$

称为结构可靠指标。

可靠指标 β 与结构失效概率 p_f 具有式（2-19）表示的对应关系，求得了可靠指标，也就求得了结构失效概率或可靠度。表2-5给出了 β 与 p_f 的对应关系。需要说明的是，式（2-19）是在功能函数 Z 服从正态分布的条件下建立的，如功能函数不服从正态分布，则需将 Z 等效或近似为正态分布的随机变量，但这时求得的可靠指标与失效概率之间不再具有式（2-19）表示的精确关系，具体见第3章的讨论。

表2-5　失效概率与可靠指标的对应关系

β	0	1.0	2.0	3.0	4.0	5.0
p_f	0.5	1.5866×10^{-1}	2.2750×10^{-2}	1.3499×10^{-3}	3.1671×10^{-5}	2.8665×10^{-7}
β	1.2816	2.3263	3.0902	3.7190	4.2649	4.7534
p_f	10^{-1}	10^{-2}	10^{-3}	10^{-4}	10^{-5}	10^{-6}

考虑两个随机变量 R 和 S 均服从正态分布的简单情况，假定结构功能函数为 $Z = R - S$。由于 Z 是 R 和 S 的线性函数，根据正态随机变量的特性，Z 也服从正态分布，其平均值 $\mu_Z = \mu_R - \mu_S$，标准差 $\sigma_Z = \sqrt{\sigma_R^2 + \sigma_S^2}$，则可靠指标为

$$\beta = \frac{\mu_Z}{\sigma_Z} = \frac{\mu_R - \mu_S}{\sqrt{\sigma_R^2 + \sigma_S^2}} \tag{2-21}$$

如果 R 和 S 均服从对数正态分布，则 $\ln R$ 和 $\ln S$ 均服从正态分布，将结构功能函数表示

为 $Z = \ln R - \ln S$，这样 Z 也服从正态分布，其平均值为 $\mu_Z = \mu_{\ln R} - \mu_{\ln S}$，标准差为 $\sigma_Z = \sqrt{\sigma_{\ln R}^2 + \sigma_{\ln S}^2}$，则可靠指标为

$$\beta = \frac{\mu_{\ln R} - \mu_{\ln S}}{\sqrt{\sigma_{\ln R}^2 + \sigma_{\ln S}^2}} = \frac{\ln\left(\frac{\mu_R}{\mu_S}\sqrt{\frac{1+\delta_S^2}{1+\delta_R^2}}\right)}{\sqrt{\ln\left[(1+\delta_R^2)(1+\delta_S^2)\right]}} \tag{2-22}$$

如果 $\delta_R \leqslant 0.3$，$\delta_S \leqslant 0.3$，则 $\ln(1+\delta_R^2) \approx \delta_R^2$，$\ln(1+\delta_S^2) \approx \delta_S^2$。式（2-22）可简化为

$$\beta = \frac{\ln\left(\frac{\mu_R}{\mu_S}\right)}{\sqrt{\delta_R^2 + \delta_S^2}} \tag{2-23}$$

如果 R 和 S 不同时服从正态分布或对数正态分布，或同时服从正态分布或对数正态分布但功能函数 Z 不为线性函数，则不能再直接得到可靠指标的计算公式，需采用第 3 章的方法进行近似计算。

【例 2-8】 已知结构的功能函数为 $Z = R - S$，R 和 S 的平均值和变异系数分别为 $\mu_R = 75.0$，$\delta_R = 0.20$；$\mu_S = 35.0$，$\delta_S = 0.35$。假定：

1）R 和 S 均服从正态分布。

2）R 和 S 均服从对数正态分布。

求结构可靠指标和失效概率。

解 1）R 和 S 均服从正态分布时

$$\beta = \frac{\mu_R - \mu_S}{\sqrt{\sigma_R^2 + \sigma_S^2}} = \frac{\mu_R - \mu_S}{\sqrt{(\mu_R\delta_R)^2 + (\mu_S\delta_S)^2}} = \frac{75.0 - 35.0}{\sqrt{(75.0 \times 0.20)^2 + (35.0 \times 0.35)^2}} = 2.0654$$

结构失效概率为

$$p_f = \Phi(-\beta) = \Phi(-2.0654) = 1.9442 \times 10^{-2}$$

2）R 和 S 均服从对数正态分布时

$$\beta = \frac{\ln\left(\frac{\mu_R}{\mu_S}\sqrt{\frac{1+\delta_S^2}{1+\delta_R^2}}\right)}{\sqrt{\ln\left[(1+\delta_R^2)(1+\delta_S^2)\right]}} = \frac{\ln\left(\frac{75.0}{35.0}\sqrt{\frac{1+0.35^2}{1+0.20^2}}\right)}{\sqrt{\ln\left[(1+0.20^2)(1+0.35^2)\right]}} = 2.0340$$

结构失效概率为

$$p_f = \Phi(-\beta) = \Phi(-2.0340) = 2.0960 \times 10^{-2}$$

另假定 R 和 S 的平均值不变，变异系数分别改为 $\delta_R = 0.10$，$\delta_S = 0.20$ 则计算得到 R 和 S 均服从正态分布时的可靠指标和失效概率分别为 $\beta = 3.8986$，$p_f = 4.8100 \times 10^{-5}$；$R$ 和 S 均服从对数正态分布时的可靠指标和失效概率为 $\beta = 3.4991$，$p_f = 2.3260 \times 10^{-4}$。

比较上面两种情况的计算结果可以得出如下结论：①尽管随机变量的平均值和变异系数相同，但概率分布不同，得到的可靠指标也不同，说明可靠指标与随机变量的概率分布类型有关；②当可靠指标不大时（一般小于 2.0），随机变量的概率分布类型对可靠指标计算结果的影响不大，即可靠指标对随机变量的概率分布类型不敏感；当可靠指标较大时，可靠指标对随机变量的概率分布类型变得敏感，可靠指标越大，敏感程度越高。

2.7 结构安全等级

我国工程设计的基本方针是安全适用、经济合理、技术先进和经久耐用。安全和经济是一对不可调和的矛盾，结构的安全性越高，建造费用越大，资源消耗越多。在资源有限的情况下，为保持社会的协调发展，一个国家社会各方面资源的分配要协调，只能将一定比例的资金用于基础设施建设。所以，在工程结构设计中，就要考虑安全性与资源的合理利用问题。重要的工程结构，应具有较高的可靠度；不重要的工程结构，可以适当降低可靠度，即将工程结构划分为不同的安全等级。

确定结构的安全等级，首先要考虑结构破坏可能造成的后果，如危及人的生命安全、造成的经济损失、产生的社会影响等；其次还要考虑结构的重要性和破坏的性质，如是延性破坏还是脆性破坏。我国各工程结构可靠性设计统一标准将结构分为三个安全等级，见表2-6。一级结构的破坏后果很严重，如国家一些重要的通信设施、特大型桥梁等；二级结构的破坏后果比较严重，这一等级的结构量大面广，如一般办公楼、住宅，大、中、小桥梁，一般的码头等；三级结构的破坏后果不严重，如一些临时性结构等。关于不同等级结构的可靠指标或重要性系数将在第6章讨论。

表2-7为欧洲规范《结构设计基础》（EN 1990：2002）中划分的结构安全等级。同样，欧洲规范也根据结构失效后果的严重程度，将结构安全性划分为三个安全等级。

表2-6 我国各工程结构可靠性设计统一标准规定的结构安全等级

标准和规范		安全等级	破坏后果	结 构 物
《工程结构可靠性设计统一标准》（GB 50153—2008）		一级	很严重	
		二级	严重	—
		三级	不严重	
《建筑结构可靠性设计统一标准》（GB 50068—2018）		一级	很严重	重要的建筑物
		二级	严重	一般的建筑物
		三级	不严重	次要的建筑物
《公路工程结构可靠性设计统一标准》（JTG 2120—2020）	公路桥涵	一级	很严重	各等级公路上的特大桥、大桥、中桥；高速公路，一、二级公路，国防公路及城市附近交通繁忙公路上的小桥
		二级	严重	三、四级公路上的小桥；高速公路，一、二级公路，国防公路及城市附近交通繁忙公路上的涵洞
		三级	不严重	三、四级公路上的涵洞
	公路隧道	一级	很严重	高速公路、一级公路隧道；连拱隧道；三车道及以上跨度的公路隧道；长度 $L \geq 3000m$ 公路隧道；地下风机房
		二级	严重	双车道的二、三级公路隧道；四级公路上 $L > 1000m$ 的隧道；斜井、竖井及联络风道等通风构造物
		三级	不严重	四级公路上长度 $L \leq 1000m$ 的隧道；斜井、竖井及平行导坑等施工辅助通道
	公路路面	一级	很严重	高速公路、一级公路路面结构
		二级	严重	二级公路路面结构
		三级	不严重	三、四级公路路面结构

（续）

标准和规范	安全等级	破坏后果	结构物	
《港口工程结构可靠性设计统一标准》（GB 50158—2010）	一级	很严重	有特殊安全要求的结构	
	二级	严重	一般港口工程结构	
	三级	不严重	临时性港口工程结构	
《水利水电工程结构可靠性设计统一标准》（GB 50199—2013）	Ⅰ	—	水工建筑物级别	1
	Ⅱ			2,3
	Ⅲ			4,5
《铁路工程结构可靠性设计统一标准》（GB 50216—2019）	铁路桥梁 一级	危及人的生命,危险性很大,经济损失很大,社会和环境影响很严重	跨越大江、大河,且技术复杂、修复困难的特殊结构桥梁或重要桥梁等	
	二级	危及人的生命,危险性大,经济损失大,社会和环境影响严重	一般特大桥、大桥、中桥、小桥、涵洞	
	三级	危及人的生命,危险性一般,经济损失一般,社会和环境影响一般	一般附属结构或构件	
	铁路隧道 一级	同铁路桥梁	特大跨度隧道、水下隧道或有特殊要求的隧道	
	二级		一般隧道、明洞、棚洞及洞门,运营服务或防灾通道、泄水洞	
	三级		用于施工、通风、排水等的临时性辅助坑道	
	铁路路基 一级	同铁路桥梁	特殊条件、技术复杂的路基支挡和地基处理工程、特殊地质条件下高边坡路基工程	
	二级		一般路基支挡、地基处理工程、基床及以下路基本体,重要路基防护及排水结构	
	三级		一、二级之外的其他路基结构	
	铁路轨道 一级	同铁路桥梁	桥上道岔区、伸缩调节器区正线轨道	
	二级		其他正线、到发线轨道	
	三级		其他站线轨道	

表2-7　欧洲规范《结构设计基础》（EN 1990：2002）的安全等级

安全等级	破坏后果	结构物
RC3	CC3（严重后果）	失效后果严重的运动场看台、公共建筑（如音乐厅）
RC2	CC2（中等后果）	失效后果中等的住宅和办公楼、公共建筑
RC1	CC1（不严重后果）	人不经常进入的农业建筑（如仓库）、温室

表2-8为美国标准《建筑及其他结构最小设计荷载》（ASCE 7—10）中给出的结构风险类型（不包括地震），结构的风险类型分为4种形式,对每种风险所针对结构的描述比较细致。风险类型主要按结构破坏所受影响的人数确定（见图2-39）。

表 2-8　美国标准《建筑及其他结构最小设计荷载》给出的结构风险类型

风险类型	建筑及结构的用途
Ⅰ	破坏不危及人的生命安全的建筑及结构
Ⅱ	除Ⅰ、Ⅲ和Ⅳ之外的所有建筑及结构
Ⅲ	破坏危及人的生命安全的建筑及结构 不包括风险类别Ⅳ、破坏会引起很大经济影响和/或影响大面积居民日常生活的建筑及结构 不包括风险类别Ⅳ中储放质量超过管理部门规定的限量，且如果发生泄漏或爆炸足以对公众构成威胁的毒物或爆炸物的建筑及结构(包括但不限于制作、生产、运输、储放、使用或按危险燃料、危险化学品、危险废物或爆炸物销毁物品的设施)
Ⅳ	指定为重要设施的建筑及结构 破坏对公共团体具有严重威胁的建筑及结构 储放足够多、质量超过管理部门规定限量，且如果发生泄漏或爆炸足以对公众构成威胁的剧毒品或爆炸物的建筑及结构(包括但不限于制作、生产、运输、储放、使用或按危险燃料、危险化学品、危险废物或爆炸物销毁物品的设施)① 其他要求具有风险类别Ⅳ结构功能的建筑及结构

① 如果可以表明管理部门评价认定泄漏有一定的危险，储放毒物、剧毒品或爆炸物的建筑及结构可确认为是低风险类别。

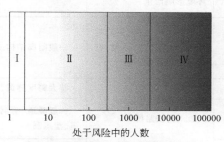

图 2-39　处在不同风险环境中的人数

2.8　结构可靠性设计中的时间概念

在结构可靠性设计和分析中，涉及三个时间的概念，即"设计使用年限""设计基准期"和"重现期"，《工程结构可靠性设计统一标准》（GB 50153—2008）给出了三个时间的定义。设计使用年限为"设计规定的结构或结构构件不需进行大修即可按预定目的使用的年限"，设计基准期为"确定可变作用等的取值而选定的时间参数"，荷载重现期（俗称"若干年一遇"）为"连续两次超越荷载标准值的平均间隔时间"。表 2-1 给出了我国各工程结构可靠性设计统一标准规定的设计使用年限，表 2-9 给出了我国各工程结构可靠性设计统一标准采用的基准期。这些时间概念含义是不同的，但有着一定的联系。

表 2-9　我国各工程结构可靠性设计统一标准采用的基准期

标准和规范	《建筑结构可靠性设计统一标准》（GB 50068—2018）	《公路工程结构可靠性设计统一标准》（JTG 2120—2020）	《港口工程结构可靠性设计统一标准》（GB 50158—2010）	《水利水电工程结构可靠性设计统一标准》（GB 50199—2013）	《铁路工程结构可靠性设计统一标准》（GB 50216—2019）
设计基准期	50 年	桥梁、隧道 100 年，路面 50 年	50 年	1~3 级主要建筑物结构 100 年，其他永久性建筑物结构 50 年	—

设计使用年限描述的是结构设计的目标年限，在这一时间段内，设计应能够保证结构完成其安全性、适用性和耐久性的功能要求，除考虑作用于结构上的荷载变化外，考虑更多的是环境（如海洋氯盐侵蚀环境、大气碳化环境、化学腐蚀环境等）因素的影响和结构材料性能的劣化。结构上作用的可变荷载是随时间随机变化的，时间越长，出现大值的可能性越大，所以确定可变荷载的标准值时，必须考虑时间的影响，即应确定一个统一的时间段，这个时间段即为设计基准期，可变荷载标准值就是按照这个时间段内荷载最大值的某一概率分布确定的（具体见第 4 章），或简单地理解为这个时间段内出现的最大值。如上所述，设计使用年限影响着结构的安全性和耐久性，而设计基准期只是用来确定结构上可变作用取值的时间参数，与结构耐久性关系不大。设计使用年限可以有多个值，设计中根据结构不同的使用要求，采用不同的年限值；而设计基准期一般只有一个值。在结构设计中，设计使用年限可以与设计基准期相同，也可以与设计基准期不同；由于结构设计采用的可变荷载值为设计使用年限内的最大值，当设计使用年限与设计基准期不同时，为保持结构可靠度的一致，应对按设计基准期确定的荷载标准值进行调整，《工程结构可靠性设计统一标准》（GB 50153—2008）给出了"考虑结构使用年限的荷载调整系数"，具体分析见第 7 章。

　　重现期是一个工程中比较常用的时间概念，在工程设计中，一般用于描述自然荷载的大小，如风荷载、地震作用、洪水、波浪等。需要注意的是，虽然重现期本身是一个时间概念，但它所描述的是荷载的大小，如我国建筑结构的风荷载分别经历了从 30 年一遇到 50 年一遇，再到 100 年一遇的调整，每一次调整基本风压都有所提高；再如我国建筑抗震设计中的众值烈度、基本烈度和罕遇烈度分别对应于 50 年、475 年和 2000 年的重现期。如前所述，设计基准期也是确定荷载标准值的时间参数，对应于同一荷载标准值，重现期与设计基准期的值是不同的，但两者有明确的对应关系。以上内容具体见第 4 章。第 4 章还用一个地震强度的例子说明了重现期与设计基准期的区别。

2.9　结构可靠性管理

　　第 2.6 节论述结构可靠性的定义时已经明确，结构可靠性是"规定条件"下的可靠性，即按照规定的要求进行设计，按照规定的要求进行施工，按照设计的要求进行使用，在满足这些条件时，结构才具有设计的可靠性。

2.9.1　结构失效事件的调查和原因分析

　　对结构进行可靠性设计，就是考虑结构承受荷载、结构材料性能、尺寸和计算误差等的不确定性，从结构材料性能、尺寸入手进行控制，对结构或结构构件进行设计，使其失效概率小于规定的容许失效概率值。一般情况下，结构或结构构件的容许失效概率值小于 10^{-4} 或 10^{-5}。但实际调查和统计分析表明，结构的实际破坏率要大于这一值，主要原因是这些结构未按照前述的规定条件进行设计、施工和使用。

　　下面是几个未按设计、施工规定建造和使用，导致结构倒塌的例子。

　　湖南某县建委办公楼为三层砖混结构，建于某湖滨水畔，建筑面积 $900m^2$。水面以上高度为 11m，水面以下为独立砖柱基础，高度 5.29～7.20m。整个楼房支撑在 20 根断面为 490mm×490mm 和 620mm×620mm 的独立砖柱基础上；基础底面积为 2.2m×2m～2m×1.8m，埋置在湖塘淤泥层以下的老土层上。主体结构完成后，于1987年9月14日凌晨突然倒塌，楼房全部浸没于水中，楼内41人，除1人重伤生还外，其余40人全部死亡。发生事故的主要原因是，砖柱基础的安全系数低于规范规定的2.42，只有0.92～1.35；施工采用包心砌筑，进一步削弱了基础的承载力。此外，基础虽埋置在老土层上，但传到地基上的最大荷载大大超出地基的承载力，基础的沉陷导致砖柱基础破坏。这是一起无证设计和无证施工造成的特大事故。

上海市梅陇镇莲花河畔景苑7号楼为采用桩基础的钢筋混凝土框架剪力墙结构，长46.4m，宽13.2m，建筑总高度为43.9m，建筑总面积为6451m^2，上部主体结构高度为38.2m，共计13层，层高2.9m。2009年6月27日5时30分，该楼轰然倒下（图2-40），致1名工人死亡。一位工人当时正在距倒塌大楼20多米处工作，目睹了大楼倒塌的过程。2009年7月3日上午，上海市政府召开新闻发布会，公布了来自勘察、设计、地质、水利、结构等相关专业的14位专家组成的事故调查专家组的调查报告。报告指出房屋倾倒的主要

图2-40　上海市梅陇镇莲花河畔景苑7号楼倒塌照片

原因是：紧贴7号楼北侧，在短期内堆土过高，最高处达10m左右；与此同时，紧邻大楼南侧的地下车库基坑正在开挖，开挖深度4.6m，大楼两侧的压力差使土体产生水平位移，过大的水平力超过了桩基的抗侧能力，导致房屋倾倒。事故调查组认定这是一起施工和管理问题导致的重大责任事故，6名事故责任人被依法判刑3～5年。

2016年11月24日，江西丰城发电厂三期扩建工程发生冷却塔施工平台坍塌的特别重大事故，造成73人死亡、2人受伤，直接经济损失10197.2万元。国务院调查组查明，冷却塔施工单位施工现场管理混乱，未按要求制定拆模作业管理控制措施，对拆模工序管理失控。事发当日，在7号冷却塔第50节筒壁混凝土强度不足的情况下，违规拆除模板，致使筒壁混凝土失去模板支护，不足以承受上部荷载，造成第50节及以上筒壁混凝土和模架体系连续倾塌坠落。

调查组认定，工程总承包单位对施工方案审查不严，对分包施工单位缺乏有效管控，未发现和制止施工单位项目部违规拆模等行为；其上级公司未有效督促其认真执行安全生产法规标准。监理单位未按照规定要求细化监理措施，对拆模工序等风险控制点失管失控，未纠正施工单位违规拆模行为；其上级公司对其安全质量工作中存在的问题督促检查不力。建设单位及其上级公司未按规定组织对工期调整的安全影响进行论证和评估；项目建设组织管理混乱。工程质量监督总站违规使用建设单位人员组建江西丰城发电厂三期扩建工程质量监督项目站，未能及时发现和纠正压缩合理工期等问题。有关安全监管司、监管局履行电力工程质量安全监督职责存在薄弱环节，对电力工程质量监督总站的问题失察。丰城市政府及其相关职能部门违规同意及批复设立混凝土搅拌站，对违法建设、生产和销售预拌混凝土的行为失察。

辽宁抚顺电瓷厂窑房于1960年建成投产。钢筋混凝土柱与窑相距只有140mm，由于炉体失修，火焰喷出，将柱子烤酥，混凝土强度等级从C20降到相当于C5。1973年即投产13

年后，柱子发生破坏，继而整个屋盖倒塌，造成 12 人死亡、10 人重伤的特大事故。青岛钢厂转炉车间 1969 年建成，屋顶两年未清扫，天窗挡风屏侧积灰高达 800mm，局部荷载达到 20kN/m²。由于严重超载，屋面于 1972 年垮塌。这两个都是使用中不对结构进行维护而导致结构倒塌的例子。

据国家有关部门的不完全统计，我国有 2/3 以上的工程结构倒塌事故发生在施工期间，表 2-10 是其中的一些统计数字。在这些倒塌事故中，设计和施工方面的缺陷是主要原因。

表 2-10　1984—1988 年间我国发生的结构倒塌事故统计

年　份	施工期间发生的事故(%)	使用期间发生的事故(%)
1984	69.7	30.3
1985	93.0	7.0
1986	82.9	17.1
1987	66.7	33.3
1988	79.3	20.7
平均	77.5	23.7

Matousek 和 Schneider、Stewart 和 Melcher 对国外的结构破坏案例进行了调查和分析，研究了结构发生破坏的原因、出现的错误及消除这些问题的可能性。图 2-41 所示为不同类型结构发生破坏的阶段和频率，图 2-42 所示为结构破坏的主要原因。

由此可以看出，没有设计、施工和使用条件的保障，只讲结构的可靠性是没有意义的。另外，保证结构具有设计要求的可靠性，不仅是一个技术问题，更是一个管理问题。可靠性管理是保障结构具有设计可靠度的重要手段。除了对设计和施工单位的资质、设计和施工人员的资格提出要求外，还应有完善的设计审核制度，尽可能减少设计中的差错；对设计人员进行再教育，不断提高设计人员的业务水平。在施工中，加强施工过程管理，防止偷工减料，未经设计单位同意和管理部门审批，不得擅自更改设计方案，一旦查出，应追究相关责任。

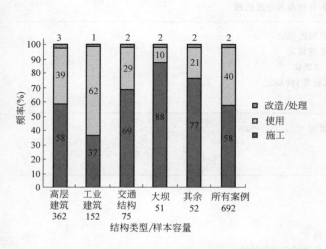

图 2-41　不同类型结构发生破坏的阶段和频率

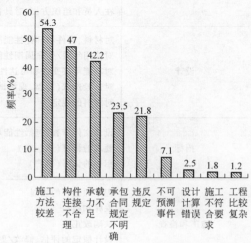

图 2-42　结构破坏的主要原因

2.9.2　可靠性管理

为使结构具有规定的可靠度，除有科学的理论分析和试验支撑及先进的设计和施工标准外，还要有一套完善的对结构设计、施工和使用等过程进行管理的体系和手段。与国际标准 ISO 9000 质量管理体系的相关内容相一致，国际标准《结构可靠性总原则》（ISO 2394：2015），要求从质量管理、质量保证和质量控制三个方面对结构设计、施工和使用中的可靠性进行管理。

1. 质量管理

质量管理是关于质量保证和质量控制的一套完整方法，人因错误、设计错误和施工错误也为整个质量管理体系的一部分。

设计质量管理包含下列工作内容：

1）区分质量可靠性的各方面（如结构安全性、使用便利性、舒适性、耐久性、美学、成本等）。

2）将上述各方面转化为一组质量要求（如功能特征、热特征、结构安全性、适用性和整体稳固性准则、设计使用年限、成本等）。

3）区分对满足质量要求有影响的主要活动（如初步调研、概念选择、设计状况、作用特性、材料特性、工艺水平、使用限制、维护原则等）。对建筑物生命周期中影响质量的各种活动进行区分。这些活动可解释为建筑物的质量环（见表 2-11）。

4）所考虑的活动均由有关机构管理控制。

表 2-11 为建筑物质量环中的质量管理活动，可以作为编制质量计划的参照表。

表 2-11　建筑物质量环中的质量管理活动

寿命周期阶段	活　动
概念	建立建筑物及其构件合理的性能水平 对设计/使用年限设计的规定 对供应商的规定 对实施和维护的初步规定 在人员和组织方面,对具备资格参与方的选择
设计	对材料、构件和部件性能准则的规定 对使用年限/生命周期性能的规定 对功能可接受性和可达性的确认 对试验选取(原型、现场试验等)的规定 对材料的规定
招标	设计文件审查,包括性能规定 要求的认可(承包商) 招标的认可(客户)
施工和检查	程序和过程的控制 取样和检验 缺陷改正 设计假定的评估、修改/更新 根据设计文件对规定的合格性试验进行认证

（续）

寿命周期阶段	活　　动
竣工和交付	试运营 竣工建筑物的性能验证（如使用荷载下的试验）
使用和维护	性能监测 劣化或损坏检测 问题调研 结构性能评估 工程认证

2．质量保证

为使设计满足规定的各项要求，应通过下列工作实现质量保证：

1）编制质量计划时考虑与满足质量规定要求有关的各主要因素（见表2-11）。

2）编制控制影响质量因素的文件，一直存档保存。

结构计算的质量保证，通常应包括下列内容：

1）设计准则，包括对设计原理的讨论、描述和所作假设。

2）列出永久荷载、活荷载/环境荷载。

3）对所用材料的规定。

4）岩土信息。

5）结构构件施工图。

考虑简化灵敏度分析的结果，高级的结构计算可包括：

1）竖向荷载分析和结构屋面、楼面、框架或桁架、柱、墙和基础的设计。

2）水平荷载分析及地震和风荷载作用下的设计。

3）动力分析。

使用软件进行设计时，设计人员应了解软件的基本原理，以得到有意义的计算结果。在确定哪些特性应精确模拟或应进行简化时，需进行可靠的工程判断。

对于质量管理活动中因质量缺失而对结构整体稳固性产生不成比例影响的情况，应加强对这些特定活动或结构细部的质量保证和控制。风险分析有助于找出那些因质量缺失引起的、潜在的、危及结构整体稳固性的影响因素。

对于失效和破坏后果严重的结构，应颁发结构证书。持证者对证书档案的建立、安全保存和定期更新负有责任。结构证书应包含下列内容：

1）业主要求的结构形状、材料、用途和性能方面的要求。

2）结构设计和施工的参考文件。

3）有关条件控制、检测、维护、维修的策略和方法的文件。

4）材料制作、设计、施工方面质量控制的文件。

5）关于结构竣工—试运营—评估可能不合格和相应处理措施的文件。

6）进行的条件控制、检测、维护和维修及其他问题改正方面的文件。

7）与意外事件和事件发生后的疏散计划和其他减小损失行动的有关文件。

8）实施目标符合程度（Fit for Purpose）评估的文件（每次做的计划和条件控制后的更新）。

3. 质量控制

进行质量控制需要做的工作包括：收集信息，根据收集的信息进行判断，根据判断做出决定。

（1）控制程序　材料制作和结构施工中的控制程序，分为下列两种情况。

1）生产控制。生产控制是对生产流程的控制。控制的目的是引导生产流程并保证获得可接受的结果。

2）合格控制。合格控制是对结构施工过程中或之后的控制，或对生产工艺结果的控制。控制的目的是保证生产流程的结果符合规定。

由于生产控制和合格控制的目的不同，应区分两种控制程序的方法，同时预先规定控制程序和可能的不合格处理方法。

（2）控制准则和可接受准则　可对全部产品进行控制，也可进行抽样控制。如果对全部产品进行控制，每一产品组都应进行检查。可接受准则（如果是定量的）为给定的容差。合格控制分为两种情况：当一个组为"好的"或"不好的"，决策为"接受的"或"不可接受的"时，按属性进行控制；当一个组根据测量结果进行评价时，按变量进行控制。

按统计方法控制的步骤如下：

1）将产品分为不同批次。

2）对每批产品进行抽样。

3）对样本进行试验。

4）对结果进行统计判断。

5）做出验收结论。

同一批次产品所要控制的性能可视为是相同的（空间和时间上），应根据规定的抽样方案对产品进行分批和抽样，根据下列情形之一对结果进行判定：

1）给定的置信水平/置信区间。

2）规定的与合格控制有关的使用性能。

对于按属性进行控制的情况，可接受准则规定为样本容量为 n 的随机样本中可接受的次品数 c。对于按变量进行控制的情况，应验证根据 n 个随机样本确定的、由一个或多个统计结果构成的合格函数是否在可接受区间内，该可接受区间可由一个或多个边界构成。

（3）控制过程　控制监管可分为如下几种情况。

1）个人自检。

2）内部控制。

3）项目管理人员进行验收控制。

4）与设计/施工独立的外方控制。

5）业主团体控制和监督。

其中内部控制是在所从事控制目标工作的同一办公室、工厂或车间进行的控制，但工作和控制由不同的主体执行。

根据要求的质量检验等级确定上述控制步骤，质量检验等级依赖于质量水平划分（表2-12）。质量水平可分别与质量管理、质量保证和质量控制措施相联系。对于破坏后会造成较大人员伤亡、经济损失、社会或环境后果的建筑、工程设施和工程系统，即失效后果非常严重的公共建筑（如音乐厅、看台、高层建筑、关键支撑构件等），应采用 QL3 级的质量水平。

除上述控制外，通常还需进行另外的控制，如由公共管理机构和按照建筑法或规范进行的控制。如果控制过程包括多个步骤，尽量保持各步骤的最终结果在统计上是相互独立的。

表 2-12　质量水平划分（QL）

质量水平	后果等级	描述	提出要求和进行检查的控制主体
QL1	1～2	基本质量水平	自控制：对质量管理、保证和控制要求的规定及由参与结构生命周期各阶段规划的人员进行的检查
QL2	3	提升的质量水平	对质量管理、保证和控制要求的规定，通过自控制进行的系统检查，及由未参与结构生命周期各阶段规划的其他人员按照组织程序进行的系统检查 重要结构构件施工中提高监管力度
QL3	4～5	与质量管理、检查和控制扩大措施有关的广泛质量水平	除自控制和系统控制外，还应由第三方独立控制：质量管理、质量保证和质量控制要求的规定及由未参与结构生命周期各阶段规划的组织进行检查 在结构重要承载系统的施工过程中，由具备专业知识（如关于结构的设计/施工）的高素质人员加强监管和检查

前述是国际标准《结构可靠性总原则》（ISO 2394：2015）的控制程序和方法。表 2-13 和表 2-14 为欧洲规范《结构设计基础》（EN 1990：2002）规定的设计监管水平和施工监管水平。总而言之，保证结构的可靠性是一个复杂的系统工程，技术和管理两个方面缺一不可。

表 2-13　欧洲规范 EN 1990：2002 规定的设计监督水平（DSL）

设计监管水平	特征	对计算、绘图和具体规定的最低要求
DSL3（针对 RC3）	扩大监管	非设计单位的第三方核查
DSL2（针对 RC2）	常规监管	项目负责人之外的其他人员按照管理程序核查
DSL1（针对 RC1）	常规监管	设计人员自检

注：RC3、RC2 和 RC1 分别指安全等级为 3 级、2 级和 1 级的钢筋混凝土结构，见表 2-1。

表 2-14　欧洲规范 EN 1990：2002 规定的施工检查水平（IL）

检查水平	特征	要求
IL 3（针对 RC3）	扩大检查	第三方检查
IL 2（针对 RC2）	常规检查	按照组织程序检查
IL 1（针对 RC1）	常规检查	自检

结构可靠度的计算

如第 2 章所述，当用概率描述结构的可靠性时，结构可靠度分析和设计就是一个概率的数学计算问题，即计算结构可靠度就是计算结构在规定的时间内、规定的条件下结构能够完成预定功能的概率。由于工程设计中直接进行高维数值积分计算结构的可靠度是不切实际的，所以提出了用可靠指标描述结构的可靠度，然后计算可靠指标的方法。目前基于可靠指标的可靠度计算方法有一次二阶矩方法和二次二阶矩方法。一次二阶矩方法又分为中心点法和验算点法，其中验算点法是目前工程中可靠度分析和设计最常用的方法，该法计算简便且具有一定的精度。二次二阶矩方法计算精度相对较高，但计算较为复杂，一般只用于对可靠度计算精度要求较高的情况。除一次二阶矩和二次二阶矩方法外，结构可靠度的计算还有蒙特卡洛（Monte-Carlo）方法和其他一些方法。本章只介绍一次二阶矩方法和蒙特卡洛方法，二次二阶矩方法及其他方法可参考文献 [2，5]。需要特别指出的是，这里所谓的计算精度较高，只是相对于不同计算方法本身而言的，并不表示计算结果是结构可靠度的准确结果。事实上，由于结构的可靠度受多种因素影响，如随机变量统计参数的准确性，计算中的各种假定是否完全合理，以及存在的认知不确定性等，采用目前的可靠度计算方法得到的概率值只是一个运算值，与结构的实际可靠度并不完全等同。尽管如此，仍可将目前的可靠度计算结果作为结构可靠性的一个比较好的相对度量指标使用，可用于不同条件下结构可靠度的比较。

3.1　中　心　点　法

第 2 章给出了结构可靠指标的概念。在结构可靠性研究的早期阶段，曾提出过多种可靠指标的定义，但只是按式（2-20）定义的可靠指标进行计算的方法得到发展，成为今天可靠度计算的一个重要指标。

中心点法是结构可靠性理论研究初期提出的分析方法，这种方法用可靠指标表示结构的可靠度。例如，假定结构功能函数为

$$Z = R - S \tag{3-1}$$

则可靠指标为

$$\beta_C = \frac{\mu_Z}{\sigma_Z} = \frac{\mu_R - \mu_S}{\sqrt{\sigma_R^2 + \sigma_S^2}} \tag{3-2}$$

从形式上看，式（3-2）与第 2 章的式（2-20）是一致的，但两者有着本质的不同。这是因为在给出式（3-2）时，并没有说明随机变量 R 和 S 的概率分布，而是直接使用了其平均值和标准差进行计算。理论上讲，平均值和标准差相同的随机变量可以有无穷多个，同样其概率分布也有无穷多个，随机变量概率分布不同的结构可靠度是不同的，而按式（3-2）计算的可靠指标是相同的，不能反映概率分布的不同。第 2 章式（2-20）表示的可靠指标，非常强调功能函数随机变量 Z 服从正态分布，这样式（2-20）定义的可靠指标与失效概率之间才具有式（2-18）表示的一一对应关系。因此，除随机变量 R 和 S 均服从正态分布的情况外，由式（3-2）计算的 β_C 只是一个数值结果，它与失效概率之间不存在式（2-18）表示的精确对应关系。尽管如此，第 2 章通过一个例子的分析表明，当结构的可靠度不是很高时（可靠指标小于 2），可靠度的计算结果对随机变量的概率分布类型不敏感。所以，对于实际应用中计算精度要求不高的情况，仍可按中心点法近似计算可靠指标的值，进而由式（2-18）近似估计失效概率。

式（3-2）表示的是两个随机变量且功能函数为线性情况的可靠指标。对于一般形式的结构功能函数

$$Z = g_X(X_1, X_2, \cdots, X_n) \tag{3-3}$$

式中，X_1，X_2，$\cdots$，X_n 为 n 个相互独立的随机变量，平均值为 μ_{X_1}，μ_{X_2}，$\cdots$，μ_{X_n}，标准差为 σ_{X_1}，σ_{X_2}，$\cdots$，σ_{X_n}，在用式（3-2）计算 β_C 时，首先需要确定功能函数 Z 的平均值 μ_Z 和标准差 σ_Z，为此将式（3-3）展开为泰勒级数，并保留至一次项，近似确定 μ_Z 和 σ_Z 的值。在对式（3-3）泰勒级数进行展开时，展开点的选择是一个值得考虑的问题，不同的展开点得到的 μ_Z 和 σ_Z 是不同的，进而得到不同的 β_C 值。一般将展开点选为各随机变量的平均值 μ_{X_1}，μ_{X_2}，$\cdots$，μ_{X_n} 处，即中心点，这也是中心点法名称的来源。根据附录中的式（B-35）和式（B-36a），功能函数 Z 的平均值和标准差近似表示为

$$\mu_Z = g_X(\mu_{X_1}, \mu_{X_2}, \cdots, \mu_{X_n}) \tag{3-4a}$$

$$\sigma_Z = \sqrt{\sum_{i=1}^{n} \left(\left. \frac{\partial g_X}{\partial X_i} \right|_\mu \sigma_{X_i} \right)^2} \tag{3-4b}$$

式中，$\left. \dfrac{\partial g_X}{\partial X_i} \right|_\mu$ 表示功能函数在 μ_{X_1}，μ_{X_2}，$\cdots$，μ_{X_n} 处的一阶导数值。

由此得到中心点法的可靠指标为

$$\beta_C = \frac{g_X(\mu_{X_1}, \mu_{X_2}, \cdots, \mu_{X_n})}{\sqrt{\sum_{i=1}^{n} \left(\left. \frac{\partial g_X}{\partial X_i} \right|_\mu \sigma_{X_i} \right)^2}} \tag{3-5}$$

由式（3-5）可以看出，中心点法使用了结构功能函数泰勒级数展开式的一次项和随机变量的前两阶矩（平均值和方差），故称为一次二阶矩方法，早期也称作二阶矩模式。中心点法的优点是显而易见的，即计算简便（不像后面的验算点法那样要进行迭代），但其缺点也是明显的，主要表现在如下三个方面：①功能函数在平均值处展开不尽合理；②对于力学意义相同但数学表达形式不同的结构功能函数，由中心点法计算的可靠指标可能不同；③没有考虑随机变量的概率分布。

对于第一个缺点，将结合验算点法，在后面讨论；第三个缺点前面已论及。下面通过一个简单的例子来说明第二个缺点。

在第 2 章已经提到，对于两个随机变量 R 和 S 的情况，如果 R 表示结构的抗力，S 表示结构荷载效应，在可靠度分析中，结构功能函数可表示为 $Z_1 = R - S$ 和 $Z_2 = R/S - 1$ 两种形式，这两种表达式有相同的力学意义，因为在平面直角坐标系中，$Z_1 = 0$ 和 $Z_2 = 0$ 描述的是同一条直线（见图 2-31），对于这两个函数所描述的结构性能，$R<S$、$R = S$ 和 $R>S$ 均分别对应着失效、极限和可靠状态。对应于结构功能函数 Z_1，可靠指标 β_{C1} 按式（3-2）计算；而对应于结构功能函数 Z_2，根据式（3-4a）和式（3-4b）得：

$$\mu_{Z_2} \approx \frac{\mu_R}{\mu_S} - 1 \ ,\ \sigma_{Z_2}^2 \approx \frac{\sigma_R^2}{\mu_S^2} + \frac{\mu_R^2 \sigma_S^2}{\mu_S^4}$$

根据式（3-5）得

$$\beta_{C2} = \frac{\mu_{Z_2}}{\sigma_{Z_2}} \approx \frac{\mu_R - \mu_S}{\sqrt{\sigma_R^2 + \left(\dfrac{\mu_R^2}{\mu_S^2}\right)\sigma_S^2}} \tag{3-6}$$

比较 β_{C1} 和 β_{C2} 可以看出，两者并不相等。在实际工程中，一般应该有 $\mu_R>\mu_S$（否则结构很容易失效），所以一般 $\beta_{C1}>\beta_{C2}$。这表明由中心点法计算的可靠指标依赖于结构功能函数的表达形式。对于正常使用极限状态，结构可靠指标 $\beta = 0 \sim 2.0$，μ_R 虽然较 μ_S 大，但不是大很多，用式（3-2）计算的可靠指标较式（3-6）大，但差别不大，即结构正常使用极限状态的可靠指标可用中心点法计算。对于承载能力极限状态，结构的失效概率很小，可靠指标 $\beta = 3 \sim 5$，甚至更大，μ_R 要比 μ_S 大很多，显然用式（3-6）计算的可靠指标较式（3-2）小很多，即结构承载能力极限状态的可靠指标用中心点法计算会产生较大的误差，这时可使用后面介绍的验算点法进行计算。

【例 3-1】已知结构有两个随机变量 R 和 S，功能函数分别为前面的 Z_1 和 Z_2，R 和 S 的平均值和变异系数分别为

1）$\mu_R = 80$，$\delta_R = 0.1$；$\mu_S = 54$，$\delta_S = 0.2$。

2）$\mu_R = 105$，$\delta_R = 0.1$；$\mu_S = 54$，$\delta_S = 0.2$。

分别用式（3-2）和式（3-6）计算结构可靠指标。

解 1）$\mu_R = 80$

$$\beta_{C1} = \frac{\mu_R - \mu_S}{\sqrt{\sigma_R^2 + \sigma_S^2}} = \frac{\mu_R - \mu_S}{\sqrt{(\mu_R \delta_R)^2 + (\mu_S \delta_S)^2}} = \frac{1 - \dfrac{\mu_S}{\mu_R}}{\sqrt{\delta_R^2 + \left(\dfrac{\mu_S}{\mu_R}\right)^2 \delta_S^2}}$$

$$= \frac{1 - \dfrac{54}{80}}{\sqrt{0.1^2 + \left(\dfrac{54}{80}\right)^2 \times 0.2^2}} = 1.934$$

$$\beta_{C2} = \frac{\mu_R - \mu_S}{\sqrt{(\mu_R \delta_R)^2 + \left(\dfrac{\mu_R^2}{\mu_S^2}\right)(\mu_S \delta_S)^2}} = \frac{\mu_R - \mu_S}{\sqrt{(\mu_R \delta_R)^2 + (\mu_R \delta_S)^2}} = \frac{1 - \dfrac{\mu_S}{\mu_R}}{\sqrt{\delta_R^2 + \delta_S^2}}$$

$$= \frac{1 - \dfrac{54}{80}}{\sqrt{0.1^2 + 0.2^2}} = 1.453$$

2) $\mu_R = 105$

$$\beta_{C1} = \frac{1 - \dfrac{54}{105}}{\sqrt{0.1^2 + \left(\dfrac{54}{105}\right)^2 \times 0.2^2}} = 3.386$$

$$\beta_{C2} = \frac{1 - \dfrac{54}{105}}{\sqrt{0.1^2 + 0.2^2}} = 2.172$$

上面的结果证实了前面的结论。为了进一步观察两个公式计算结果的差别，图3-1 示出了 R 和 S 的变异系数 δ_R 和 δ_S 不变时，β_{C1} 和 β_{C2} 随 μ_R/μ_S 的变化。由图3-1可以看出，随着 μ_R/μ_S 的增大，β_{C1} 与 β_{C2} 的差别越来越大，说明了中心点法的缺陷。

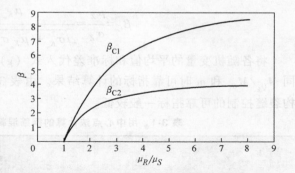

图3-1 例3-1 中心点法可靠指标计算结果的比较

【例3-2】 在钢筋混凝土结构设计中，为保证其适用性和耐久性，要限制构件的裂缝宽度。例2-1 给出了按照《混凝土结构设计规范》（GB 50010—2010）进行裂缝控制时的功能函数。计算构件裂缝控制的可靠指标。

解 将式（3-1）的功能函数修改为下面的形式

$$Z = K_w w_{max,k} - K_p K_a w_{max,k} \tag{a}$$

式中，$w_{max,k}$ 为将例2-1式（c）中的各参数取为标准值时计算的裂缝宽度值；$K_w = w_{lim}/w_{max,k}$，为规范规定的容许裂缝宽度与 $w_{max,k}$ 之比，是一个随机变量，由于设计中要求 $w_{max,k} \leqslant w_{lim}$，近似取 $\mu_{K_w} = 1.1$，$\delta_{K_w} = 0.1$；$K_p = w_{max,s}/w_{max,j}$ 为构件裂缝宽度与按规范公式计算的裂缝宽度（计算时公式中的各参数取实测值）的比值，是一个随机变量，根据对试验结果的统计分析，取 $\mu_{K_p} = 1.0$，$\delta_{K_p} = 0.33$；$K_a = w_{max,j}/w_{max,k}$ 为规范裂缝宽度公式中的各参数取实测值时计算的裂缝宽度与 $w_{max,k}$ 之比，是一个随机变量。将例2-1式（b）和例2-1式（c）代入例2-1式（f），并为简便起见，将钢筋弹性模量、构件几何参数等变异性较小的量视为确定的量，得：

$$K_a = \frac{w_{\text{max,j}}}{w_{\text{max,k}}} = \frac{1.264mK_m - 0.375K_{f_t}}{1.264m - 0.375} \quad \text{(b)}$$

式中，$m = M_k/(bh_0^2 f_{tk})$；$K_m = M/M_k$，为构件的实际弯矩与设计时的弯矩标准值之比，反映了荷载效应的不确定性，对应于可变荷载与永久荷载效应之比 $M_{Q_k}/M_{G_k} = 0.5$、1.0 和 2.0，取 $\mu_{K_m} = 0.94$、0.88 和 0.82；$\delta_{K_m} = 0.10$ 和 0.25；$K_{f_t} = f_t/f_{tk}$ 为构件混凝土抗拉强度与抗拉强度标准值的比值，反映了材料性能的不确定性，取 $\mu_{K_{f_t}} = 1.23$，$\delta_{f_t} = 0.19$。

由式（b）可求得：

$$\mu_{K_a} = \frac{1.264m\mu_{K_m} - 0.375\mu_{K_{f_t}}}{1.264m - 0.375} \quad \text{(c)}$$

$$\sigma_{K_a} = \frac{\sqrt{(1.264m\mu_{K_m}\delta_{K_m})^2 + (0.375\mu_{K_{f_t}}\delta_{f_t})^2}}{1.264m - 0.375} \quad \text{(d)}$$

对于式（a），根据式（3-4a）得到：

$$\mu_Z \approx \mu_{K_w}w_{\text{max,k}} - \mu_{K_p}\mu_{K_a}w_{\text{max,k}} \quad \text{(e)}$$

$$\sigma_Z \approx w_{\text{max,k}}\sqrt{\sigma_{K_w}^2 + (\mu_{K_a}\sigma_{K_p})^2 + (\mu_{K_p}\sigma_{K_a})^2} \quad \text{(f)}$$

所以，由中心点法计算的可靠指标为

$$\beta_C = \frac{\mu_Z}{\sigma_Z} \approx \frac{\mu_{K_w} - \mu_{K_p}\mu_{K_a}}{\sqrt{\sigma_{K_w}^2 + (\mu_{K_a}\sigma_{K_p})^2 + (\mu_{K_p}\sigma_{K_a})^2}} \quad \text{(g)}$$

将各随机变量的平均值和标准差代入式（g），即可求得可靠指标 β_C。表 3-1 给出了不同 M_{Q_k}/M_{G_k} 和 m 时可靠指标的计算结果。由表 3-1 中的计算结果可以看出，钢筋混凝土结构裂缝控制的可靠指标一般较低。

表 3-1　用中心点法计算的钢筋混凝土构件裂缝控制的可靠指标

M_{Q_k}/M_{G_k}	μ_{K_m}	δ_{K_m}	m		
			0.5	1.0	1.5
0.5	0.94	0.10	1.270	0.842	0.694
		0.25	0.832	0.622	0.541
1.0	0.88	0.10	1.676	1.187	0.988
		0.25	1.107	0.871	0.768
2.0	0.82	0.10	2.103	1.591	1.330
		0.25	1.410	1.160	1.030

3.2　验　算　点　法

前面已经说明了中心点法存在的三个明显的缺点，特别是第二个缺点曾一度使一些早期结构可靠度研究者对二阶矩模式的合理性产生了怀疑。1974 年，哈索夫（Hasofer）和林德（Lind）更加科学地对可靠指标进行了定义，并引入了验算点的概念，才使二阶矩模式有了更进一步的发展。由于计算可靠指标时要同时迭代确定验算点，且验算点是可靠度分析中的一个关键点，所以将这种方法称为验算点法。本节首先从简单的情况入手，介绍验算点的概念，然后讨论一般情况下的可靠指标计算。

3.2.1　随机变量服从正态分布的情形

1. 功能函数为线性函数

假定结构功能函数随机变量 Z 是一个正态随机变量，其平均值 μ_Z 和标准差 σ_Z 已知，则概率密度函数曲线如图 3-2a 所示。根据式（2-20），可靠指标为 $\beta=\mu_Z/\sigma_Z$，在图 3-2a 中，平均值 μ_Z 到直线 $Z=0$ 的距离为标准差 σ_Z 的 β 倍。如果将随机变量 Z 用一个标准正态随机变量 Y 表示，即 $Z=\sigma_Z Y+\mu_Z$，则 Z 可看作具有一个标准正态随机变量的功能函数。在图 3-2b 所示的随机变量 Y 的概率密度函数曲线中，β 就是坐标原点 O 到极限状态直线 $Y=-\beta$ 的距离，且在失效域或失效边界上，当 $y=-\beta$ 时 Y 的概率密度函数取得最大值。所以，就单个随机变量 Z 而言，在标准化的正态坐标系中，β 的几何意义是很明确的。下面讨论多个正态随机变量时，可靠指标 β 的几何意义。

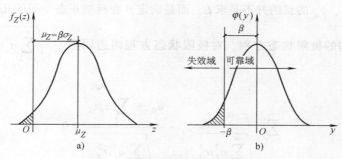

图 3-2　一个随机变量时的可靠指标

a）一般正态随机变量　b）标准正态随机变量

假定结构设计中包含 n 个相互独立的正态随机变量 X_1，X_2，$\cdots$，X_n，其平均值为 μ_{X_1}，μ_{X_2}，$\cdots$，μ_{X_n}，标准差为 σ_{X_1}，σ_{X_2}，$\cdots$，σ_{X_n}，结构功能函数为

$$Z=g_X(X_1,X_2,\cdots,X_n)=a_0+\sum_{i=1}^{n}a_iX_i \tag{3-7}$$

式中，$a_i(i=0,1,\cdots,n)$ 为常数。

为进一步研究可靠指标的几何意义，按式（3-8）将随机变量 X_1，X_2，$\cdots$，X_n 变换为标准正态随机变量 Y_1，Y_2，$\cdots$，Y_n，即

$$Y_i=\frac{X_i-\mu_{X_i}}{\sigma_{X_i}}\quad(i=1,2,\cdots,n) \tag{3-8}$$

式（3-7）表示的结构功能函数用 Y_1，Y_2，$\cdots$，Y_n 表示为

$$Z=g_Y(Y_1,Y_2,\cdots,Y_n)=a_0+\sum_{i=1}^{n}a_i(\mu_{X_i}+\sigma_{X_i}Y_i) \tag{3-9}$$

$$=a_0+\sum_{i=1}^{n}a_i\mu_{X_i}+\sum_{i=1}^{n}a_i\sigma_{X_i}Y_i$$

功能函数的平均值和标准差为

$$\mu_Z = a_0 + \sum_{i=1}^{n} a_i \mu_{X_i} \tag{3-10}$$

$$\sigma_Z = \sqrt{\sum_{i=1}^{n} a_i^2 \sigma_{X_i}^2} \tag{3-11}$$

这样，按照第 2 章对结构可靠指标的严格定义，可靠指标为

$$\beta = \frac{\mu_Z}{\sigma_Z} = \frac{a_0 + \sum_{i=1}^{n} a_i \mu_{X_i}}{\sqrt{\sum_{i=1}^{n} a_i^2 \sigma_{X_i}^2}} \tag{3-12}$$

由式（3-12）计算的可靠指标与结构失效概率存在着精确的对应关系 $p_f = \Phi(-\beta)$。

需要说明的是，上面计算可靠指标 β 时经历了将随机变量 X_1，X_2，$\cdots$，X_n 变换为标准正态随机变量 Y_1，Y_2，$\cdots$，Y_n 的过程，实际上可直接由式（3-7）确定 Z 的平均值和标准差，然后计算可靠指标，如此得到的可靠指标 β 与式（3-12）是相同的，但这里将 X_1，X_2，$\cdots$，X_n 变换为 Y_1，Y_2，$\cdots$，Y_n 的目的并不是求 β，而是确定 β 在标准正态空间的几何意义。

$Z = 0$ 表示结构的极限状态方程。对极限状态方程两边同除 $-\sqrt{\sum_{i=1}^{n} a_i^2 \sigma_{X_i}^2}$，得到如下形式的方程

$$\sum_{i=1}^{n} \frac{-a_i \sigma_{X_i}}{\sqrt{\sum_{j=1}^{n} a_j^2 \sigma_{X_j}^2}} Y_i - \frac{a_0 + \sum_{j=1}^{n} a_j \mu_{X_j}}{\sqrt{\sum_{j=1}^{n} a_j^2 \sigma_{X_j}^2}} = 0 \tag{3-13}$$

将式（3-13）与式（3-12）进行比较可以看出，方程的常数项即为可靠指标 β，从而将式（3-13）表示为

$$\sum_{i=1}^{n} \frac{-a_i \sigma_{X_i}}{\sqrt{\sum_{j=1}^{n} a_j^2 \sigma_{X_j}^2}} Y_i - \beta = 0 \tag{3-14}$$

令

$$\alpha_{Y_i} = \cos\theta_{Y_i} = -\frac{a_i \sigma_{X_i}}{\sqrt{\sum_{j=1}^{n} a_j^2 \sigma_{X_j}^2}} \quad (i = 1, 2, \cdots, n) \tag{3-15}$$

则式（3-14）变为

$$\sum_{i=1}^{n} \alpha_{Y_i} Y_i - \beta = \sum_{i=1}^{n} \cos\theta_{Y_i} Y_i - \beta = 0 \tag{3-16}$$

由解析几何的知识不难看出，式（3-16）为极限状态面的法线式方程，$\cos\theta_{Y_i}$ 为极限状态面的法线与坐标轴夹角的余弦，显然满足

$$\sum_{i=1}^{n} \alpha_{Y_i}^2 = \sum_{i=1}^{n} \cos^2\theta_{Y_i} = 1 \tag{3-17}$$

的条件，而 β 为坐标原点到极限状态面的最短距离。图 3-3 示出了两个随机变量时的情形。

上述分析过程明确了可靠指标的几何意义，即在标准正态坐标系 Y 中，可靠指标为坐标原点到极限状态面的最短距离，这就是 1974 年哈索夫和林德对可靠指标的几何定义。由这一定义可以看出，不管结构功能函数的表达形式如何，只要具有相同的物理意义，其在标准正态空间内的极限状态面是同一个面，坐标原点到极限状态面的距离是相同的，即可靠指标是相同的，所以可靠指标是唯一的，不随功能函数表达形式的改变而变化，而且与式（2-20）定义的可靠指标相同。

在 Y 坐标系中，将坐标原点到极限状态面垂线的垂足定义为验算点，用 $(y_1^*, y_2^*, \cdots, y_n^*)^{\mathrm{T}}$ 表示，在 X 坐标系中，表示为 $(x_1^*, x_2^*, \cdots, x_n^*)^{\mathrm{T}}$。根据式（3-8），可得下面 X 坐标系中的验算点与 Y 坐标系中的验算点坐标间的关系：

$$x_i^* = \mu_{X_i} + \sigma_{X_i} y_i^* \quad (i = 1, 2, \cdots, n) \tag{3-18}$$

参考图 3-3，在 Y 坐标系中，可靠指标与极限状态面法线的方向余弦有如下关系：

$$y_i^* = \beta \alpha_{Y_i} = \beta \cos\theta_{Y_i} \quad (i = 1, 2, \cdots, n) \tag{3-19}$$

因此，在 X 坐标系中，验算点的坐标值为

$$x_i^* = \mu_{X_i} + \alpha_{X_i} \beta \sigma_{X_i} = \mu_{X_i} + \beta \sigma_{X_i} \cos\theta_{X_i} \quad (i = 1, 2, \cdots, n) \tag{3-20}$$

式中，α_{X_i} 或 $\cos\theta_{X_i}$ 为在 X 空间表示的 α_{Y_i} 或 $\cos\theta_{Y_i}$。

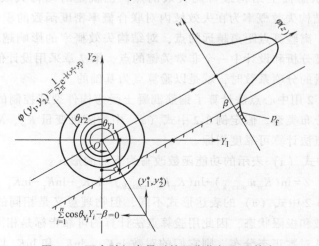

图 3-3　两个随机变量时的可靠指标和验算点

将式（3-20）代入式（3-3），不难验证 $Z = g_X(x_1^*, x_2^*, \cdots, x_n^*) = 0$，说明验算点 x^* 是极限状态面上的一点。下面说明验算点是一个具有什么性质的点。

回到标准正态空间 Y（图 3-3）继续讨论。设 $(y_1, y_2, \cdots, y_n)^{\mathrm{T}}$ 是标准正态空间内的任一点，则该点到坐标原点的距离为

$$r = \sqrt{\sum_{i=1}^{n} y_i^2}$$

标准正态空间内随机变量 Y_1，Y_2，$\cdots$，Y_n 的联合概率密度函数为

$$\varphi(y) = \prod_{i=1}^{n} \varphi(y_i) = \frac{1}{(2\pi)^{n/2}}\exp\left(-\frac{1}{2}\sum_{i=1}^{n} y_i^2\right) = \frac{1}{(2\pi)^{n/2}}\exp\left(-\frac{1}{2}r^2\right) \tag{3-21}$$

式（3-21）表明，标准正态空间内随机变量的联合概率密度，可表示为标准正态空间内的点到坐标原点距离的函数。而已知验算点 $(y_1^*, y_2^*, \cdots, y_n^*)^{\mathrm{T}}$ 为极限状态面上与坐标原点距离最近的点，即

$$\beta = \min\{r\,|\,g_Y(y_1, y_2, \cdots, y_n) \leqslant 0\} = \sqrt{\sum_{i=1}^{n} y_i^{*\,2}}$$

所以验算点 $(y_1^*, y_2^*, \cdots, y_n^*)^{\mathrm{T}}$ 处随机变量的联合概率密度函数值为

$$\varphi(y^*) = \prod_{i=1}^{n} \varphi(y_i^*) = \frac{1}{(2\pi)^{n/2}}\exp\left(-\frac{1}{2}\sum_{i=1}^{n} y_i^{*\,2}\right) = \frac{1}{(2\pi)^{n/2}}\exp\left(-\frac{1}{2}\beta^2\right)$$
$$= \max\left\{\prod_{i=1}^{n} \varphi(y_i)\,\Big|\,g_Y(y_1, y_2, \cdots, y_n) \leqslant 0\right\} \tag{3-22}$$

式（3-22）表明，在标准正态空间内，验算点是极限状态面上随机变量联合概率密度函数值最大的点。随机变量联合概率密度函数 $\prod_{i=1}^{n} \varphi(y_i)$ 是点 $(y_1, y_2, \cdots, y_n)^{\mathrm{T}}$ 到坐标原点距离的平方 r^2 的负指数函数，当距离 r 略微增大时，$\prod_{i=1}^{n} \varphi(y_i)$ 的值将迅速减小。因此，验算点是失效域及极限状态面上结构最可能失效的点，也就是对结构失效概率贡献最大的点［根据式（2-17），结构失效概率为在失效域内对联合概率密度函数的积分］，验算点附近的区域称为重要区域，离验算点距离越远的点，对结构失效概率的影响越小。由此可以看出，验算点是结构可靠度分析和设计中一个非常关键的点，第 7 章采用设计值法确定分项系数设计表达式中设计变量的分项系数时，就是以验算点为基础的。

【例 3-3】 例 3-2 用中心点法计算了钢筋混凝土受弯构件裂缝控制的可靠指标，没有考虑随机变量的概率分布类型。假定例 3-2 中式（a）中的随机变量 K_w、K_p 和 K_a 均服从对数正态分布，用验算点法计算可靠度指标。

解 将例 3-2 中式（a）表示的功能函数改写为下面的形式：

$$Z = \ln(K_w w_{\max,k}) - \ln(K_p K_a w_{\max,k}) = \ln K_w - \ln K_p - \ln K_a$$

尽管上式与例 3-2 中式（a）的表达形式不同，但物理意义是相同的，它们均对应着相同的失效域、可靠域和极限状态，因此用验算点法计算的可靠指标是相同的。由于随机变量 K_w、K_p 和 K_a 均服从对数正态分布，则它们的对数 $\ln K_w$、$\ln K_p$ 和 $\ln K_a$ 均服从正态分布，这样按上式表示的功能函数 Z 也服从正态分布，可以按可靠指标的严格定义计算可靠指标。

功能函数 Z 的平均值和标准差为

$$\mu_Z = \mu_{\ln K_w} - \mu_{\ln K_p} - \mu_{\ln K_a}$$

$$\sigma_Z = \sqrt{\sigma_{\ln K_w}^2 + \sigma_{\ln K_p}^2 + \sigma_{\ln K_a}^2}$$

根据附录式（B-12），求得各变量对数的平均值和标准差如下：

$$\mu_{\ln K_w} = \ln \frac{\mu_{K_w}}{\sqrt{1+\delta_{K_w}^2}} = \ln \frac{1.1}{\sqrt{1+0.1^2}} = 0.090$$

$$\sigma_{\ln K_w} = \sqrt{\ln\left(1+\delta_{K_w}^2\right)} = \sqrt{\ln\left(1+0.1^2\right)} = 0.099$$

$$\mu_{\ln K_p} = \ln \frac{\mu_{K_p}}{\sqrt{1+\delta_{K_p}^2}} = \ln \frac{1.0}{\sqrt{1+0.33^2}} = -0.052$$

$$\sigma_{\ln K_p} = \sqrt{\ln\left(1+\delta_{K_p}^2\right)} = \sqrt{\ln\left(1+0.33^2\right)} = 0.322$$

$$\mu_{\ln K_a} = \ln \frac{\mu_{K_a}}{\sqrt{1+\delta_{K_a}^2}}, \quad \sigma_{\ln K_a} = \sqrt{\ln\left(1+\delta_{K_a}^2\right)}$$

其中的 μ_{K_a} 根据例 3-2 中的式（c）计算，δ_{K_a} 根据例 3-2 中的式（d）计算。

这样，构件裂缝控制的可靠指标为

$$\beta = \frac{\mu_Z}{\sigma_Z} = \frac{\mu_{\ln K_w} - \mu_{\ln K_p} - \mu_{\ln K_a}}{\sqrt{\sigma_{\ln K_w}^2 + \sigma_{\ln K_p}^2 + \sigma_{\ln K_a}^2}}$$

表 3-2 给出了按验算点法计算的可靠指标，这些结果是理论上的精确结果，失效概率与可靠指标具有式（2-20）表示的精确对应关系。将表 3-1 与表 3-2 中的可靠指标进行比较可以看出，由于本例的可靠指标本身不大，虽然按中心点法计算的可靠指标与按验算点法计算的可靠指标是不同的，但相差不大。这进一步证明了前面的结论，即结构可靠度不高时，可靠度的计算结果对随机变量的概率分布类型不敏感。

表 3-2 用验算点法计算的钢筋混凝土构件裂缝控制的可靠指标

M_{Q_k}/M_{G_k}	μ_{K_m}	δ_{K_m}	m		
			0.5	1.0	1.5
0.5	0.94	0.10	1.347	0.927	0.799
		0.25	1.235	0.806	0.714
1.0	0.88	0.10	1.614	1.193	1.039
		0.25	1.495	1.001	0.899
2.0	0.82	0.10	1.901	1.477	1.299
		0.25	1.811	1.206	1.095

2. 功能函数为非线性函数

同样假定随机变量 X_1，X_2，$\cdots$，X_n 服从正态分布且相互独立，但结构功能函数为下面的非线性形式：

$$Z = g_X(X_1, X_2, \cdots, X_n)$$

显然，这时精确求解 Z 的平均值和标准差是非常困难的，即便能够求得，Z 也不一定服从正态分布，按 $\beta = \mu_Z/\sigma_Z$ 计算的可靠指标与结构失效概率也不具有式（2-20）表示的关系。

同结构功能函数为线性函数的情形一样，如果将可靠指标定义为标准正态坐标空间内，坐标原点到极限状态曲面的距离，垂足为验算点（且只有一个，多个验算点的情况另当别论），则不管结构极限状态方程的数学表达形式如何，只要具有相同的力学或物理含义，所表示的曲面都是同一个曲面，曲面上与坐标原点距离最近的点也只有一个，即曲面 $Z=0$ 与其在验算点处线性化超平面 $Z_L=0$ 的切点。这样得到的可靠指标是唯一的，不像中心点法那样，随结构极限状态方程表达形式的不同而变化。

为计算可靠指标，将非线性功能函数在验算点 $P(x_1^*, x_2^*, \cdots, x_n^*)$ 处按泰勒级数展开，并保留至一次项，即

$$Z_L = g_X(x_1^*, x_2^*, \cdots, x_n^*) + \sum_{i=1}^{n} \frac{\partial g_X}{\partial X_i}\bigg|_P (X_i - x_i^*) \tag{3-23}$$

Z_L 的平均值和方差为

$$\mu_{Z_L} = EZ_L = g_X(x_1^*, x_2^*, \cdots, x_n^*) + \sum_{i=1}^{n} \frac{\partial g_X}{\partial X_i}\bigg|_P (EX_i - x_i^*)$$

$$= g_X(x_1^*, x_2^*, \cdots, x_n^*) + \sum_{i=1}^{n} \frac{\partial g_X}{\partial X_i}\bigg|_P (\mu_{X_i} - x_i^*) \tag{3-24}$$

$$\sigma_{Z_L}^2 = E(Z_L - EZ_L)^2 = \sum_{i=1}^{n} \sum_{j=1}^{n} \frac{\partial g_X}{\partial X_i}\bigg|_P \frac{\partial g_X}{\partial X_j}\bigg|_P E[(X_i - \mu_{X_i})(X_j - \mu_{X_j})]$$

$$= \sum_{i=1}^{n} \left(\frac{\partial g_X}{\partial X_i}\bigg|_P \sigma_{X_i} \right)^2 \tag{3-25}$$

式中，$\sum_{i=1}^{n} \dfrac{\partial g_X}{\partial X_i}\bigg|_P$ 为 $g_X(\cdot)$ 的一阶偏导数在验算点 $P(x_1^*, x_2^*, \cdots, x_3^*)$ 处的值。

将式（3-24）和式（3-25）与式（3-10）和式（3-11）进行比较可以看出

$$a_0 = g_X(x_1^*, x_2^*, \cdots, x_n^*), \quad a_i = \frac{\partial g_X}{\partial X_i}\bigg|_P \quad (i = 1, 2, \cdots, n) \tag{3-26}$$

将 a_0、$a_i (i = 1, 2, \cdots, n)$ 代入式（3-12），得到随机变量服从正态分布、功能函数为非线性函数时结构的可靠指标

$$\beta = \frac{\mu_{Z_L}}{\sigma_{Z_L}} = \frac{g_X(x_1^*, x_2^*, \cdots, x_n^*) + \sum_{i=1}^{n} \frac{\partial g_X}{\partial X_i}\bigg|_P (\mu_{X_i} - x_i^*)}{\sqrt{\sum_{i=1}^{n} \left(\frac{\partial g_X}{\partial X_i}\bigg|_P \sigma_{X_i} \right)^2}} \tag{3-27}$$

由式（3-27）可以看出，可靠指标是验算点坐标值的函数，而验算点坐标值是未知的，所以单由式（3-27）并不能求得可靠指标，尚需补充其他条件。

将式（3-26）代入式（3-15）得到

$$\alpha_{X_i} = \cos\theta_{X_i} = -\frac{\frac{\partial g_X}{\partial X_i}\bigg|_P \sigma_{X_i}}{\sqrt{\sum_{j=1}^{n} \left(\frac{\partial g_X}{\partial X_j}\bigg|_P \sigma_{X_j} \right)^2}} \quad (i = 1, 2, \cdots, n) \tag{3-28}$$

如同式（3-20），验算点与可靠指标之间具有如下关系

$$x_i^* = \mu_{X_i} + \beta \sigma_{X_i} \cos\theta_{X_i} \quad (i = 1, 2, \cdots, n) \tag{3-29}$$

式（3-27）、式（3-28）和式（3-29）构成了一个非线性方程组，β 和验算点 $P(x_1^*, x_2^*, \cdots, x_n^*)$ 需要根据这个非线性方程进行迭代计算。迭代步骤如下：

1）假定初始验算点坐标值 $x^{*(0)} = (x_1^{*(0)}, x_2^{*(0)}, \cdots, x_n^{*(0)})^T$，一般可取 $x^{*(0)} = (\mu_{X_1}, \mu_{X_2}, \cdots, \mu_{X_n})^T$。

2）由式（3-27）计算可靠指标 β。

3）由式（3-28）计算方向余弦 $\cos\theta_{X_i}(i = 1, 2, \cdots, n)$。

4）由式（3-29）计算新的验算点 $x^{*(1)} = (x_1^{*(1)}, x_2^{*(1)}, \cdots, x_n^{*(1)})^T$。

5）若 $\| x^{*(1)} - x^{*(0)} \| < \varepsilon$，$\varepsilon$ 为规定的容许误差，则停止迭代，所求 β 即为要求的可靠指标；否则，取 $x^{*(0)} = x^{*(1)}$，转步骤 2）继续迭代。

上述即为结构的随机变量服从正态分布、功能函数为非线性函数时可靠指标的计算公式和迭代计算步骤。需要说明两点：

1）将极限状态曲面在验算点处做泰勒级数展开后所计算的可靠指标是对应于切平面 $Z_L = 0$ 的可靠指标，没有反映曲面的凹凸性，或者说由此计算的失效概率是精确失效概率的一次近似结果。图 3-4 示出了三种凹凸情况下由验算点法计算的失效概率与精确失效概率的关系。若要获得更为准确的结果，尚需考虑极限状态曲面的凹凸性及程度，如采用二次二阶矩方法。

2）虽然验算点法采用泰勒级数展开的方法对非线性功能函数进行了线性化，但因为线性化是在验算点处进行的，所以在验算点处线性化函数最好地保留了原非线性功能函数的性质（函数的值，一阶导数）。而如本节前面分析所表明的，验算点是对结构失效概率贡献最大的点，失效域内稍微离开验算点的点对结构失效概率的贡献迅速减小。所以，在验算点处对非线性函数进行线性化是最合理的，从理论上保证了非线性函数线性化引起的误差最小。

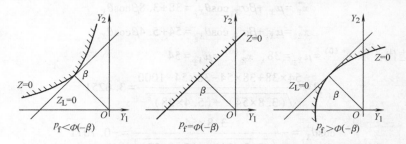

图 3-4 三种凹凸情况下验算点法计算的失效概率与精确失效概率的关系

【例 3-4】 假定结构功能函数为 $Z = g_X(X_1, X_2) = X_1 X_2 - 1000$，随机变量 X_1 和 X_2 的平均值和标准差分别为 $\mu_{X_1} = 38$，$\sigma_{X_1} = 3.8$，$\mu_{X_2} = 54$，$\sigma_{X_2} = 5.4$，均服从正态分布。用验算点法计算可靠指标 β，容许误差取为 $\varepsilon = 10^{-3}$。

解 功能函数 Z 对 X_1 和 X_2 的一阶偏导数为

$$\frac{\partial g_X(x^*)}{\partial X_1} = x_2^*, \frac{\partial g_X(x^*)}{\partial X_2} = x_1^*$$

由式（3-27）得

$$\beta = \frac{g_X(x_1^*, x_2^*) + \sum_{i=1}^{2} \frac{\partial g_X(x^*)}{\partial X_i}(\mu_{X_i} - x_i^*)}{\sqrt{\sum_{i=1}^{2}\left[\frac{\partial g_X(x^*)}{\partial X_i}\sigma_{X_i}\right]^2}} = \frac{x_1^*\mu_{X_2} + x_2^*\mu_{X_1} - x_1^* x_2^* - 1000}{\sqrt{(x_2^*\sigma_{X_1})^2 + (x_1^*\sigma_{X_2})^2}}$$

$$= \frac{54x_1^* + 38x_2^* - x_1^* x_2^* - 1000}{\sqrt{(3.8x_2^*)^2 + (5.4x_1^*)^2}}$$

由式（3-28）得

$$\cos\theta_{X_1} = -\frac{\frac{\partial g_X(x^*)}{\partial X_1}\sigma_{X_1}}{\sqrt{\left[\frac{\partial g_X(x^*)}{\partial X_1}\sigma_{X_1}\right]^2 + \left[\frac{\partial g_X(x^*)}{\partial X_2}\sigma_{X_2}\right]^2}} = -\frac{x_2^*\sigma_{X_1}}{\sqrt{(x_2^*\sigma_{X_1})^2 + (x_1^*\sigma_{X_2})^2}}$$

$$= -\frac{3.8x_2^*}{\sqrt{(3.8x_2^*)^2 + (5.4x_1^*)^2}}$$

$$\cos\theta_{X_2} = -\frac{\frac{\partial g_X(x^*)}{\partial X_2}\sigma_{X_2}}{\sqrt{\left[\frac{\partial g_X(x^*)}{\partial X_1}\sigma_{X_1}\right]^2 + \left[\frac{\partial g_X(x^*)}{\partial X_2}\sigma_{X_2}\right]^2}} = -\frac{x_1^*\sigma_{X_2}}{\sqrt{(x_2^*\sigma_{X_1})^2 + (x_1^*\sigma_{X_2})^2}}$$

$$= -\frac{5.4x_1^*}{\sqrt{(3.8x_2^*)^2 + (5.4x_1^*)^2}}$$

由式（3-29）得

$$x_1^* = \mu_{X_1} + \beta\sigma_{X_1}\cos\theta_{X_1} = 38 + 3.8\beta\cos\theta_{X_1}$$

$$x_2^* = \mu_{X_2} + \beta\sigma_{X_2}\cos\theta_{X_2} = 54 + 5.4\beta\cos\theta_{X_2}$$

第一次迭代：取 $x_1^{*(0)} = \mu_{X_1} = 38$，$x_2^{*(0)} = \mu_{X_2} = 54$

$$\beta = \frac{54\times38 + 38\times54 - 38\times54 - 1000}{\sqrt{(3.8\times54)^2 + (5.4\times38)^2}} = 3.6251$$

$$\cos\theta_{X_1} = -\frac{3.8\times54}{\sqrt{(3.8\times54)^2 + (5.4\times38)^2}} = -0.7071$$

$$\cos\theta_{X_2} = -\frac{5.4\times38}{\sqrt{(3.8\times54)^2 + (5.4\times38)^2}} = -0.7071$$

$$x_1^{*(1)} = 38 + 3.8\times3.6251\times(-0.7071) = 28.2593$$

$$x_2^{*(1)} = 54 + 5.4\times3.6251\times(-0.7071) = 40.1581$$

$$\| x^{*(1)} - x^{*(0)} \| = \sqrt{(x_1^{*(1)} - x_1^{*(0)})^2 + (x_2^{*(1)} - x_2^{*(0)})^2}$$

$$= \sqrt{(28.2593 - 38)^2 + (40.1581 - 54)^2}$$

$$= 16.9257 > 10^{-3}$$

不满足收敛条件，需要继续进行迭代。

第二次迭代：取 $x_1^{*(0)} = 28.2593$，$x_2^{*(0)} = 40.1581$

$$\beta = \frac{54 \times 28.2593 + 38 \times 40.1581 - 28.2593 \times 40.1581 - 1000}{\sqrt{(3.8 \times 40.1581)^2 + (5.4 \times 28.2593)^2}} = 4.2697$$

$$\cos\theta_{X_1} = -\frac{3.8 \times 40.1581}{\sqrt{(3.8 \times 40.1581)^2 + (5.4 \times 28.2593)^2}} = -0.7071$$

$$\cos\theta_{X_2} = \frac{5.4 \times 26.5275}{\sqrt{(3.8 \times 40.1581)^2 + (5.4 \times 28.2593)^2}} = -0.7071$$

$$x_1^{*(1)} = 38 + 3.8 \times 4.2697 \times (-0.7071) = 26.5274$$

$$x_2^{*(1)} = 54 + 5.4 \times 4.2697 \times (-0.7071) = 37.6968$$

$$\| x^{*(1)} - x^{*(0)} \| = \sqrt{(26.5274 - 28.2593)^2 + (37.6968 - 40.1581)^2} = 3.0096 > 10^{-3}$$

不满足收敛条件，需要继续进行迭代。

第三次迭代：取 $x_1^{*(0)} = 26.5274$，$x_2^{*(0)} = 37.6968$

$$\beta = \frac{54 \times 26.5274 + 38 \times 37.6968 - 26.5274 \times 37.6968 - 1000}{\sqrt{(3.8 \times 37.6968)^2 + (5.4 \times 26.5274)^2}} = 4.2696$$

$$\cos\theta_{X_1} = -\frac{3.8 \times 37.6968}{\sqrt{(3.8 \times 37.6968)^2 + (5.4 \times 26.5274)^2}} = -0.7071$$

$$\cos\theta_{X_2} = -\frac{5.4 \times 26.5274}{\sqrt{(3.8 \times 37.6968)^2 + (5.4 \times 26.5274)^2}} = -0.7071$$

$$x_1^{*(1)} = 38 + 3.8 \times 4.2696 \times (-0.7071) = 26.5275$$

$$x_2^{*(1)} = 54 + 5.4 \times 4.2696 \times (-0.7071) = 37.6969$$

$$\| x^{*(1)} - x^{*(0)} \| = \sqrt{(26.5275 - 26.5274)^2 + (37.6969 - 37.6968)^2} = 1.4 \times 10^{-4} < 10^{-3}$$

满足收敛条件，停止迭代，这时得到的可靠指标为 $\beta = 4.2696$，验算点坐标为 $x_1^* = 26.5274$，$x_2^* = 37.6968$。

对求得的验算点坐标进行校核

$$g_X(x_1^*, x_2^*) = x_1^* x_2^* - 1000 = 26.5274 \times 37.6968 - 1000 \approx -0.0019$$

基本接近 0，计算结果是正确的。

需要说明的是，按本节给出的步骤迭代计算可靠指标虽然简单，但并不一定总是收敛的，这与功能函数的非线性程度有关。下面是一个迭代计算不收敛的例子。

【例 3-5】 结构性能函数为 $g_X(X_1, X_2) = X_1^3 + X_2^3 - 4.0$，其中随机变量 X_1 和 X_2 均为服从正态分布的随机变量，平均值和标准差分别为 $\mu_{X_1} = 3.0$、$\sigma_{X_1} = 1.0$ 和 $\mu_{X_2} = 2.9$、$\sigma_{X_2} = 1.0$。迭代计算结构可靠指标。

解 功能函数在验算点 (x_1^*, x_2^*) 处的一阶偏导数为

$$\frac{\partial g_X(x_1^*, x_2^*)}{\partial X_1} = 3x_1^{*2}, \frac{\partial g_X(x_1^*, x_2^*)}{\partial X_2} = 3x_2^{*2}$$

由式（3-27）得

$$\beta = \frac{g_X(x_1^*,x_2^*) + \dfrac{\partial g_X(x_1^*,x_2^*)}{\partial X_1}(\mu_{X_1}-x_1^*) + \dfrac{\partial g_X(x_1^*,x_2^*)}{\partial X_2}(\mu_{X_2}-x_2^*)}{\sqrt{\left[\dfrac{\partial g_X(x_1^*,x_2^*)}{\partial X_1}\sigma_{X_1}\right]^2 + \left[\dfrac{\partial g_X(x_1^*,x_2^*)}{\partial X_2}\sigma_{X_2}\right]^2}}$$

$$= \frac{-2x_1^{*3}-2x_2^{*3}-4.0+9x_1^{*2}+8.7x_2^{*2}}{3\sqrt{x_1^{*4}+x_2^{*4}}}$$

由式（3-28）得

$$\cos\theta_{X_1} = -\frac{\dfrac{\partial g_X(x_1^*,x_2^*)}{\partial X_1}\sigma_{X_1}}{\sqrt{\left[\dfrac{\partial g_X(x_1^*,x_2^*)}{\partial X_1}\sigma_{X_1}\right]^2 + \left[\dfrac{\partial g_X(x_1^*,x_2^*)}{\partial X_2}\sigma_{X_2}\right]^2}} = -\frac{x_1^{*2}}{\sqrt{x_1^{*4}+x_2^{*4}}}$$

$$\cos\theta_{X_2} = -\frac{\dfrac{\partial g_X(x_1^*,x_2^*)}{\partial X_2}\sigma_{X_2}}{\sqrt{\left[\dfrac{\partial g_X(x_1^*,x_2^*)}{\partial X_1}\sigma_{X_1}\right]^2 + \left[\dfrac{\partial g_X(x_1^*,x_2^*)}{\partial X_2}\sigma_{X_2}\right]^2}} = -\frac{x_2^{*2}}{\sqrt{x_1^{*4}+x_2^{*4}}}$$

由式（3-29）得

$$x_1^* = \mu_{X_1}+\beta\sigma_{X_1}\cos\theta_{X_1} = 3+\beta\cos\theta_{X_1}$$
$$x_2^* = \mu_{X_2}+\beta\sigma_{X_2}\cos\theta_{X_2} = 2.9+\beta\cos\theta_{X_2}$$

取初始验算点坐标为随机变量 X_1 和 X_2 的平均值为 3.0 和 2.9，按照前面给出的迭代步骤进行迭代计算，表 3-3 示出了迭代过程中可靠指标和验算点坐标的值。由表 3-3 中的结果可以看出，在迭代到第 1000 步时，迭代仍未收敛，出现循环现象。如果改变验算点坐标的初值，同样不能收敛。

表 3-3　例 3-5 的可靠指标和验算点迭代计算过程

迭代步	$x_1^{*(0)}$	$x_2^{*(0)}$	β	$x_1^{*(1)}$	$x_2^{*(1)}$
1	3	2.9	1.2824	2.0630	2.0244
2	2.0630	2.0244	2.0200	1.5449	1.4988
3	1.5449	1.4988	2.3305	1.3029	1.3027
4	1.3029	1.3027	2.3882	1.3110	1.2116
5	1.3110	1.2116	2.3856	1.1861	1.3506
6	1.1861	1.3506	2.3538	1.5626	1.0361
7	1.5626	1.0361	2.1820	1.0026	2.0218
8	1.0026	2.0218	1.7472	2.5828	1.2033
9	2.5828	1.2033	1.4987	1.5354	2.5821
10	1.5354	2.5821	1.5815	2.4728	1.4090
…	…	…	…	…	…
20	1.4165	2.4397	1.6512	2.4725	1.3353
55	2.4725	1.3353	1.6506	2.4726	1.3346
56	2.4726	1.3346	1.6518	1.4153	2.4383

（续）

迭代步	$x_1^{*(0)}$	$x_2^{*(0)}$	β	$x_1^{*(1)}$	$x_2^{*(1)}$
57	1.4153	2.4383	1.6506	2.4726	1.3346
…	…	…	…	…	…
99	2.4726	1.3346	1.6518	1.4153	2.4383
100	1.4153	2.4383	1.6506	2.4726	1.3346
…	…	…	…	…	…
999	2.4726	1.3346	1.6518	1.4153	2.4383
1000	1.4153	2.4383	1.6506	2.4726	1.3346

为了解本例迭代计算可靠指标不收敛的原因，继续进行如下分析。将正态随机变量 X_1、X_2 用标准正态随机变量 Y_1、Y_2 表示

$$X_1 = \mu_{X_1} + \sigma_{X_1} Y_1 = 3.0 + Y_1$$
$$X_2 = \mu_{X_2} + \sigma_{X_2} Y_2 = 2.9 + Y_2$$

则结构功能函数变为下面的形式

$$g_Y(Y_1, Y_2) = (3.0 + Y_1)^3 + (2.9 + Y_2)^3 - 4.0$$

图 3-5 示出了在标准正态坐标系中的极限状态曲线 $g_Y(Y_1, Y_2) = 0$。由图 3-5 可以看出，极限状态曲线的非线性程度很高，而曲线上与坐标原点距离最近的点即验算点 (y_1^*, y_2^*)，恰好在曲线曲率最大的点上（或附近），而在验算点处及附近，极限状态曲线的一阶导数变化较大，导致迭代过程不稳定，出现摆动现象，这就是有些情况下按本节迭代步骤计算可靠指标不收敛的原因。针对可靠指标迭代计算的不收敛问题，很多学者进行了研究，可见参考文献［5］。采用参考文献［5］的方法进行迭代计算，求得验算点坐标为 $(-1.2714, -1.2483)$，可靠指标为 $\beta = 2.3909$。本例是一个专门编写的例子，大量计算表明，对于实际工程中的可靠度计算问题，极限状态方程的非线性

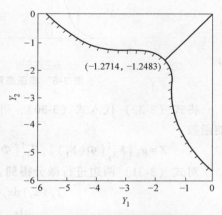

图 3-5 例 3-5 标准坐标系中的极限状态曲线

程度一般都不是很高（指在标准正态坐标系中的验算点附近），多数情况下按本节的方法进行迭代计算是收敛的。

3.2.2 随机变量不服从正态分布的情形

前面讨论了随机变量服从正态分布时的可靠指标计算方法，在实际工程中，许多随机变量并不一定服从正态分布，如有的变量服从对数正态分布，有的变量服从极值 I 型分布。这样，需要研究随机变量不服从正态分布时的可靠指标计算方法。

1. 等概率变换方法

等概率变换是按照概率分布函数值相等的原则，将非正态随机变量变换为标准正态随机变量的方法。设结构设计中的 n 个相互独立的非正态随机变量为 X_1、X_2、…、X_n，其概率

密度函数为 $f_{X_1}(x_1)$, $f_{X_2}(x_2)$, $\cdots$, $f_{X_n}(x_n)$, 概率分布函数为 $F_{X_1}(x_1)$, $F_{X_2}(x_2)$, $\cdots$, $F_{X_n}(x_n)$, 由这 n 个随机变量表示的结构功能函数为

$$Z = g_X(X_1, X_2, \cdots, X_n) \tag{3-30}$$

作为一般的情况，结构的失效概率可用式（2-17）表示。

作变换

$$F_{X_i}(X_i) = \Phi(Y_i) \quad (i = 1, 2, \cdots, n) \tag{3-31}$$

式中，$\Phi(\cdot)$ 为标准随机变量的概率分布函数。

由此得到

$$X_i = F_{X_i}^{-1}[\Phi(Y_i)] \quad (i = 1, 2, \cdots, n) \tag{3-32}$$

$$Y_i = \Phi^{-1}[F_{X_i}(X_i)] \quad (i = 1, 2, \cdots, n) \tag{3-33}$$

式中，$F_{X_i}^{-1}(\cdot)$ 和 $\Phi^{-1}(\cdot)$ 分别为 $F_{X_i}(\cdot)$ 和 $\Phi(\cdot)$ 的反函数。式（3-31）表示的等概率变换是 Rosenblatt 变换的一种特殊形式。图 3-6 示出了将 X_i 变换为 Y_i 的过程。

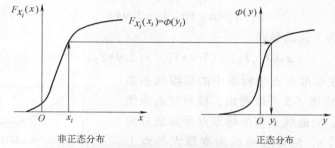

图 3-6 非正态随机变量变换为正态随机变量的过程

将式（3-32）代入式（3-30），得到由标准正态随机变量 Y_1, Y_2, $\cdots$, Y_n 表示的结构功能函数：

$$Z = g_X\{F_{X_1}^{-1}[\Phi(Y_1)], F_{X_2}^{-1}[\Phi(Y_2)], \cdots, F_{X_n}^{-1}[\Phi(Y_n)]\} = g_Y(Y_1, Y_2, \cdots, Y_n) \tag{3-34}$$

对式（3-31）两边进行微分得到：

$$f_{X_i}(x_i)\mathrm{d}x_i = \varphi(y_i)\mathrm{d}y_i \quad (i = 1, 2, \cdots, n) \tag{3-35a}$$

或

$$\frac{\mathrm{d}x_i}{\mathrm{d}y_i} = \frac{\varphi(y_i)}{f_{X_i}(x_i)} (i = 1, 2, \cdots, n) \tag{3-35b}$$

式中，$\varphi(\cdot)$ 为标准正态随机变量的概率密度函数。

将式（3-35a）代入式（2-17），则得到由随机变量 Y_1, Y_2, $\cdots$, Y_n 的概率密度函数表示的失效概率公式

$$p_f = \int\limits_{g_Y(Y) < 0} \int \cdots \int \varphi(y_1)\varphi(y_2)\cdots\varphi(y_n)\mathrm{d}y_1\mathrm{d}y_2\cdots\mathrm{d}y_n \tag{3-36}$$

由此可以看出，在通过式（3-32）将非正态随机变量 X_1, X_2, $\cdots$, X_n 变换为标准正态随机变量 Y_1, Y_2, $\cdots$, Y_n 后，结构失效概率表达式的形式没有改变，即式（3-36）表示的失效概率与式（2-17）表示的失效概率是相同的。但由于将非正态随机变量变换为了标准正态随机变量，可利用第 3.2.1 小节正态随机变量情况的可靠指标计算方法计算结构可靠指标。这样，由式（3-27）、式（3-28）和式（3-29）得到下面迭代计算可靠指标的公式（$\mu_{Y_i} = 0$, $\sigma_{Y_i} = 1$）：

$$\beta = \frac{g_Y(y_1^*, y_2^*, \cdots, y_n^*) - \sum\limits_{i=1}^n \frac{\partial g_Y(y^*)}{\partial Y_i} y_i^*}{\sqrt{\sum\limits_{i=1}^n \left[\frac{\partial g_Y(y^*)}{\partial Y_i} \right]^2}} = \frac{g_X(x_1^*, x_2^*, \cdots, x_n^*) - \sum\limits_{i=1}^n \frac{\partial g_X(x^*)}{\partial X_i} \frac{\partial X_i}{\partial Y_i} y_i^*}{\sqrt{\sum\limits_{i=1}^n \left[\frac{\partial g_X(x^*)}{\partial X_i} \frac{\partial X_i}{\partial Y_i} \right]^2}} \tag{3-37}$$

$$\alpha_{Y_i} = -\frac{\frac{\partial g_Y(y^*)}{\partial Y_i}}{\sqrt{\sum\limits_{j=1}^n \left[\frac{\partial g_Y(y^*)}{\partial Y_j} \right]^2}} = -\frac{\frac{\partial g_X(x^*)}{\partial X_i} \frac{\partial X_i}{\partial Y_i}}{\sqrt{\sum\limits_{j=1}^n \left[\frac{\partial g_X(x^*)}{\partial X_j} \frac{\partial X_j}{\partial Y_j} \right]^2}} \quad (i=1,2,\cdots,n) \tag{3-38}$$

$$y_i^* = \alpha_{Y_i} \beta \quad (i=1,2,\cdots,n) \tag{3-39}$$

按等概率变换原则将非正态随机变量变换为正态随机变量后，迭代计算可靠指标的步骤如下：

1）假定验算点的初值 $y^{*(0)} = (y_1^{*(0)}\ y_2^{*(0)} \cdots y_n^{*(0)})^{\mathrm{T}}$，一般可取 $y^{*(0)} = (0,0,\cdots,0)^{\mathrm{T}}$。

2）由式（3-32）和式（3-35b）计算 x_i^* 和 $\mathrm{d}X_i/\mathrm{d}Y_i (i=1,2,\cdots,n)$。

3）由式（3-37）计算 β。

4）由式（3-38）计算 $\alpha_{Y_i} (i=1,2,\cdots,n)$。

5）由式（3-39）计算新的验算点 $y^{*(1)} = (y_1^{*(1)}\ y_2^{*(1)} \cdots y_n^{*(1)})^{\mathrm{T}}$。

6）若 $\| y^{*(1)} - y^{*(0)} \| < \varepsilon$，$\varepsilon$ 为规定的容许误差，则停止迭代，所求 β 即为要求的可靠指标；否则，取 $y_i^{*(0)} = y_i^{*(1)} (i=1,2,\cdots,n)$，转 2）继续迭代。

【例 3-6】 作用于某钢筋混凝土轴心受压构件的永久荷载标准值产生的轴力为 $S_{G_k} = 120\mathrm{kN}$，可变荷载标准值产生的轴力为 $S_{Q_k} = 60\mathrm{kN}$。已知设计中永久荷载效应和可变荷载效应的分项系数分别为 $\gamma_G = 1.2$，$\gamma_Q = 1.4$，永久荷载效应的均值系数（平均值与标准值的比值）$k_G = 1.06$，变异系数 $\delta_G = 0.07$；可变荷载效应的均值系数 $k_Q = 0.859$，变异系数 $\delta_Q = 0.233$；构件抗力 R 的平均值与设计值的比值 $k_R = 1.64$，变异系数 $\delta_R = 0.154$，抗力 R、永久荷载效应 S_G 和可变荷载效应 S_Q 分别服从对数正态分布、正态分布和极值 I 型分布。计算该轴心受压构件的可靠指标，容许误差为 $\varepsilon = 0.1$。

解 轴心受压构件抗力的设计值为

$$R_d = \gamma_G S_{G_k} + \gamma_Q S_{Q_k} = 1.2 \times 120\mathrm{kN} + 1.4 \times 60\mathrm{kN} = 228\mathrm{kN}$$

构件抗力的平均值和变异系数为

$$\mu_R = k_R R_d = 1.64 \times 228\mathrm{kN} = 373.92\mathrm{kN}, \delta_R = 0.154$$

永久荷载效应的平均值和标准差为

$$\mu_{S_G} = k_G S_{G_k} = 1.06 \times 120\mathrm{kN} = 127.2\mathrm{kN}$$

$$\sigma_{S_G} = \mu_{S_G} \delta_G = 127.2\mathrm{kN} \times 0.07 = 8.904\mathrm{kN}$$

可变荷载效应的平均值与标准差为

$$\mu_{S_Q} = k_Q S_{Q_k} = 0.859 \times 60\mathrm{kN} = 51.54\mathrm{kN}$$

$$\sigma_{S_Q} = \mu_{S_Q} \delta_Q = 51.54\mathrm{kN} \times 0.233 = 12.01\mathrm{kN}$$

构件的功能函数为

$$Z = g_X(R, S_G, S_Q) = R - S_G - S_Q$$

随机变量 R 服从对数正态分布，概率分布函数分布为

$$F_R(r) = \frac{1}{\sqrt{2\pi} r \sigma_{\ln R}} \exp\left[-\frac{(\ln r - \mu_{\ln R})^2}{2\sigma_{\ln R}^2} \right] \quad (r > 0)$$

式中

$$\mu_{\ln R} = \ln\left(\frac{\mu_R}{\sqrt{1+\delta_R^2}} \right) = \ln\left(\frac{373.92}{\sqrt{1+0.154^2}} \right) = 5.9123$$

$$\sigma_{\ln R} = \sqrt{\ln(1+\delta_R^2)} = \sqrt{\ln(1+0.154^2)} = 0.1531$$

由 $F_R(R) = \Phi(Y_1)$ 得到

$$R = \exp(\mu_{\ln R} + Y_1 \sigma_{\ln R}), \frac{\partial R}{\partial Y_1} = R\sigma_{\ln R}$$

随机变量 S_G 服从正态分布，可以得到

$$S_G = \mu_{S_G} + Y_2 \sigma_{S_G} = 127.2 + 8.904 Y_2, \frac{\partial S_G}{\partial Y_2} = \sigma_{S_G} = 8.904$$

随机变量 S_Q 服从极值 I 型分布，概率分布函数为

$$F_{S_Q}(s_Q) = \exp\{-\exp[-\alpha(s_Q - u)]\}$$

由 $F_{S_Q}(S_Q) = \Phi(Y_3)$ 得到

$$S_Q = u - \frac{\ln\{-\ln[\Phi(Y_3)]\}}{\alpha}, \frac{\partial S_Q}{\partial Y_3} = -\frac{\varphi(Y_3)}{\alpha\Phi(Y_3)\ln[\Phi(Y_3)]}$$

式中

$$\alpha = \frac{\pi}{\sqrt{6}\sigma_{S_Q}} = \frac{3.1416}{\sqrt{6} \times 12.01} = 0.1068$$

$$u = \mu_{S_Q} - \frac{0.5772}{\alpha} = 51.54 - \frac{0.5772}{0.1068} = 46.1355$$

这样，用标准正态随机变量 Y_1、Y_2 和 Y_3 表示的构件功能函数为

$$Z = g_Y(Y_1, Y_2, Y_3) = \exp(5.1923 + 0.1531 Y_1) - 8.904 Y_2 + \frac{\ln\{-\ln[\Phi(Y_3)]\}}{0.1068} - 173.3355$$

令

$$s = \sqrt{\left[\frac{\partial g_Y(y^*)}{\partial Y_1}\right]^2 + \left[\frac{\partial g_Y(y^*)}{\partial Y_2}\right]^2 + \left[\frac{\partial g_Y(y^*)}{\partial Y_3}\right]^2} = \sqrt{\left(\frac{\partial R}{\partial Y_1}\right)^2 + \left(\frac{\partial S_G}{\partial Y_2}\right)^2 + \left(\frac{\partial S_Q}{\partial Y_3}\right)^2}$$

按照式（3-37），可靠指标计算公式为

$$\beta = \frac{g_Y(y_1^*, y_2^*, y_3^*) - \frac{\partial R}{\partial Y_1} y_1^* + \frac{\partial S_G}{\partial Y_2} y_2^* + \frac{\partial S_Q}{\partial Y_3} y_3^*}{s}$$

由式（3-38）得

$$\alpha_{Y_1} = -\frac{1}{s} \frac{\partial R}{\partial Y_1}, \alpha_{Y_2} = \frac{1}{s} \frac{\partial S_G}{\partial Y_2}, \alpha_{Y_3} = \frac{1}{s} \frac{\partial S_Q}{\partial Y_3}$$

由式（3-39）得

$$y_1^* = \beta\alpha_{Y_1}, y_2^* = \beta\alpha_{Y_2}, y_3^* = \beta\alpha_{Y_3}$$

第一次迭代：取 $y_1^{*(0)}=0$，$y_2^{*(0)}=0$，$y_3^{*(0)}=0$

$$g_Y(y_1^{*(0)},y_2^{*(0)},y_3^{*(0)})=\exp(5.9123+0.1531\times0)-8.904\times0+\frac{\ln\{-\ln[\varPhi(0)]\}}{0.1068}-173.3355$$

$$=192.7961$$

$$\frac{\partial R}{\partial Y_1}=0.1531\times\exp(5.9123+0\times0.1531)=56.5796$$

$$\frac{\partial S_G}{\partial Y_2}=8.904$$

$$\frac{\partial S_Q}{\partial Y_3}=-\frac{\varphi(0)}{0.1068\times\varPhi(0)\times\ln[\varPhi(0)]}=10.7781$$

$$s=\sqrt{56.5796^2+8.904^2+10.7781^2}=58.2812$$

$$\beta=\frac{192.7961-56.5796\times0+8.904\times0+10.7781\times0}{58.2812}=3.3080$$

$$\alpha_{Y_1}=-\frac{56.5796}{58.2812}=-0.9708,\alpha_{Y_2}=\frac{8.904}{58.2812}=0.1528,\alpha_{Y_3}=\frac{10.7781}{58.2812}=0.1849$$

$$y_1^{*(1)}=3.3080\times(-0.9708)=-3.2114,y_2^{*(1)}=3.3080\times0.1528=0.5054$$

$$y_3^{*(1)}=3.3080\times0.1849=0.6118$$

$$\parallel y^{*(1)}-y^{*(0)}\parallel=\sqrt{(y_1^{*(1)}-y_1^{*(0)})^2+(y_2^{*(1)}-y_2^{*(0)})^2+(y_3^{*(1)}-y_3^{*(0)})^2}$$

$$=\sqrt{(-3.2114-0)^2+(0.5054-0)^2+(0.6118-0)^2}=3.3080>0.1$$

不满足规定的精度要求，需要继续迭代。

第二次迭代：取 $y_1^{*(0)}=-3.2114$，$y_2^{*(0)}=0.5054$，$y_3^{*(0)}=0.6118$

$$g_Y(y_1^{*(0)},y_2^{*(0)},y_3^{*(0)})$$

$$=\exp(5.9123-0.1531\times3.2114)-8.904\times0.5054+\frac{\ln\{-\ln[\varPhi(0.6118)]\}}{0.1068}-173.3355$$

$$=37.3790$$

$$\frac{\partial R}{\partial Y_1}=0.1531\times\exp(5.9123-3.2114\times0.1531)=34.6044$$

$$\frac{\partial S_G}{\partial Y_2}=8.904$$

$$\frac{\partial S_Q}{\partial Y_3}=-\frac{\varphi(0.6118)}{0.1068\times\varPhi(0.6118)\times\ln[\varPhi(0.6118)]}=13.4722$$

$$s=\sqrt{34.6044^2+8.904^2+13.4722^2}=38.1870$$

$$\beta=\frac{37.3790-34.6044\times(-3.2114)+8.904\times0.5054+13.4722\times0.6118}{38.1870}=4.2227$$

$$\alpha_{Y_1}=-\frac{34.6044}{38.1870}=-0.9062,\alpha_{Y_2}=\frac{8.904}{38.1870}=0.2332,\alpha_{Y_3}=\frac{13.4722}{38.1870}=0.3528$$

$$y_1^{*(1)}=4.2227\times(-0.9062)=-3.8266,y_2^{*(1)}=4.2227\times0.2332=0.9847$$

$$y_3^{*(1)}=4.2227\times0.3528=1.4898$$

$$\| y^{*(1)} - y^{*(0)} \| = \sqrt{(-3.8266+3.2114)^2 + (0.9847-0.5054)^2 + (1.4898-0.6118)^2}$$
$$= 1.1743 > 0.1$$

不满足规定的精度要求，需要继续迭代。

第三次迭代：取 $y_1^{*(0)} = -3.8265$，$y_2^{*(0)} = 0.9846$，$y_3^{*(0)} = 1.4897$

$g_Y(y_1^{*(0)}, y_2^{*(0)}, y_3^{*(0)})$

$$= \exp(5.9123 - 0.1531 \times 3.8265) - 8.904 \times 0.9846 + \frac{\ln\{-\ln[\Phi(1.4897)]\}}{0.1068} - 173.3355$$

$$= -1.2096$$

$$\frac{\partial R}{\partial Y_1} = 0.1531 \exp(5.9123 - 3.8265 \times 0.1531) = 31.4946$$

$$\frac{\partial S_G}{\partial Y_2} = 8.904$$

$$\frac{\partial S_Q}{\partial Y_3} = -\frac{\varphi(1.4897)}{0.1068 \Phi(1.4897) \ln[\Phi(1.4897)]} = 18.7230$$

$$s = \sqrt{31.4946^2 + 8.904^2 + 18.7230^2} = 37.7060$$

$$\beta = [-1.2096 - 31.4946 \times (-3.8265) + 8.904 \times 0.9846 + 18.7230 \times 1.4897]/37.7060 = 4.1363$$

$$\alpha_{Y_1} = -\frac{31.4946}{37.7060} = -0.8353, \alpha_{Y_2} = \frac{8.904}{37.7060} = 0.2361, \alpha_{Y_3} = \frac{18.7230}{37.7060} = 0.4966$$

$$y_1^{*(1)} = -0.8353 \times 4.1363 = -3.4549, y_2^{*(1)} = 0.2361 \times 4.1363 = 0.9768$$

$$y_3^{*(1)} = 0.4966 \times 4.1363 = 2.0539$$

$$\| y^{*(1)} - y^{*(0)} \| = \sqrt{(-3.4549+3.8265)^2 + (0.9768-0.9846)^2 + (2.0539-1.4897)^2}$$
$$= 0.6756 > 0.1$$

不满足规定的精度要求，继续迭代。

第四次迭代：取 $y_1^{*(0)} = -3.4549$，$y_2^{*(0)} = 0.9768$，$y_3^{*(0)} = 2.0539$

$g_Y(y_1^{*(0)}, y_2^{*(0)}, y_3^{*(0)}) = \exp(5.9123 - 0.1531 \times 3.4549) - 8.904 \times 0.9768 +$

$$\frac{\ln\{-\ln[\Phi(2.0539)]\}}{0.1068} - 173.3355 = -0.8146$$

$$\frac{\partial R}{\partial Y_1} = 0.1531 \exp(5.9123 - 3.4549 \times 0.1531) = 33.3382$$

$$\frac{\partial S_G}{\partial Y_2} = 8.904$$

$$\frac{\partial S_Q}{\partial Y_3} = -\frac{\varphi(2.0539)}{0.1068 \Phi(2.0539) \ln[\Phi(2.0539)]} = 22.8994$$

$$s = \sqrt{33.3382^2 + 8.904^2 + 22.8994^2} = 41.4137$$

$$\beta = [-0.8146 - 33.3382 \times (-3.4549) + 8.904 \times 0.9768 + 22.8994 \times 2.0539]/41.4137 = 4.1072$$

$$\alpha_{Y_1} = -\frac{33.3382}{41.4137} = -0.8050, \alpha_{Y_2} = \frac{8.904}{41.4137} = 0.2150, \alpha_{Y_3} = \frac{22.8994}{41.4137} = 0.5529$$

$$y_1^{*(1)} = -0.8050 \times 4.1072 = -3.3063, y_2^{*(1)} = 0.2150 \times 4.1072 = 0.8831$$

$$y_3^{*(1)} = 0.5529 \times 4.1072 = 2.2711$$

$$\| y^{*(1)} - y^{*(0)} \| = \sqrt{(-3.3063+3.4549)^2 + (0.8831-0.9768)^2 + (2.2711-2.0539)^2}$$
$$= 0.2793 > 0.1$$

不满足规定的精度要求，继续迭代。

第五次迭代：取 $y_1^{*(0)} = -3.3063$，$y_2^{*(0)} = 0.8831$，$y_3^{*(0)} = 2.2711$

$$g_Y(y_1^{*(0)}, y_2^{*(0)}, y_3^{*(0)}) = \exp(5.9123 - 0.1531 \times 3.3063) - 8.904 \times 0.8831 +$$
$$\frac{\ln\{-\ln[\varPhi(2.2711)]\}}{0.1068} - 173.3355 = -0.1303$$

$$\frac{\partial R}{\partial Y_1} = 0.1531 \times \exp(5.9123 - 3.3063 \times 0.1531) = 34.1052$$

$$\frac{\partial S_G}{\partial Y_2} = 8.904$$

$$\frac{\partial S_Q}{\partial Y_3} = -\frac{\varphi(2.2711)}{0.1068 \times \varPhi(2.2711) \times \ln[\varPhi(2.2711)]} = 24.6317$$

$$s = \sqrt{34.1052^2 + 8.904^2 + 24.6317^2} = 43.1120$$

$$\beta = \frac{-0.1303 - 34.1052 \times (-3.3063) + 8.904 \times 0.8831 + 24.6317 \times 2.2711}{43.1120} = 4.1030$$

$$\alpha_{Y_1} = -\frac{34.1052}{43.1120} = -0.7931, \alpha_{Y_2} = \frac{8.904}{43.1120} = 0.2071, \alpha_{Y_3} = \frac{24.6317}{43.1120} = 0.5728$$

$$y_1^{*(1)} = 4.1030 \times (-0.7931) = -3.2541, y_2^{*(1)} = 4.1030 \times 0.2071 = 0.8457$$

$$y_3^{*(1)} = 4.1030 \times 0.5728 = 2.3502$$

$$\| y^{*(1)} - y^{*(0)} \| = \sqrt{(-3.2541+3.3063)^2 + (0.8457-0.8831)^2 + (2.3502-2.2711)^2}$$
$$= 0.1005 \approx 0.1 = \varepsilon$$

可以认为满足收敛条件，停止迭代。

R、S_G 和 S_Q 的验算点坐标值为

$$r^* = \exp(5.9123 - 3.2541 \times 0.1531) = 222.7667$$

$$s_G^* = 127.2 + 8.904 \times 0.8457 = 135.0628$$

$$s_Q^* = 46.1355 - \frac{\ln\{-\ln[\varPhi(2.3502)]\}}{0.1068} = 87.8341$$

在验算点处，功能函数的值为

$$g_Y(r^*, s_G^*, s_Q^*) = r^* - s_G^* - s_Q^* = 225.7667 - 135.0628 - 87.8341 = -0.1302 \approx 0$$

2. 当量正态化方法

对于含有非正态随机变量结构的可靠指标计算，前面采用等概率变换方法将非正态随机变量变换为标准正态随机变量，然后采用正态随机变量的可靠指标计算方法计算结构可靠指标。对这一方法做进一步的分析，可获得工程意义更为明确的方法。

相应于非正态随机变量 X_i 引入新的随机变量 X_i'，其平均值和标准差分别为 $\mu_{X_i'}$ 和 $\sigma_{X_i'}$，并令

$$\mu_{X_i'} - x_i^* = -\frac{\mathrm{d}X_i}{\mathrm{d}Y_i} y_i^* \quad (i=1,2,\cdots,n) \tag{3-40}$$

$$\sigma_{X_i'} = \frac{\mathrm{d}X_i}{\mathrm{d}Y_i} \quad (i = 1, 2, \cdots, n) \tag{3-41}$$

将式（3-40）和式（3-41）分别代入式（3-37）、式（3-38）和式（3-39）得：

$$\beta = \frac{g_X(x_1^*, x_2^*, \cdots, x_n^*) + \sum\limits_{i=1}^{n} \dfrac{\partial g_X(x^*)}{\partial X_i}(\mu_{X_i'} - x_i^*)}{\sqrt{\sum\limits_{i=1}^{n}\left[\dfrac{\partial g_X(x^*)}{\partial X_i}\sigma_{X_i'}\right]^2}} \tag{3-42}$$

$$\alpha_{X_i'} = -\frac{\dfrac{\partial g_X(x^*)}{\partial X_i}\sigma_{X_i'}}{\sqrt{\sum\limits_{j=1}^{n}\left[\dfrac{\partial g_X(x^*)}{\partial X_j}\sigma_{X_j'}\right]^2}} \quad (i = 1, 2, \cdots, n) \tag{3-43}$$

$$x_i^* = \mu_{X_i'} + \sigma_{X_i'}\beta\alpha_{X_i'} \quad (i = 1, 2, \cdots, n) \tag{3-44}$$

将式（3-42）、式（3-43）和式（3-44）与式（3-27）、式（3-28）和（3-29）进行对比可以看出，如果将 X_i' 看作是平均值为 $\mu_{X_i'}$、标准差为 $\sigma_{X_i'}$ 的正态随机变量，则式（3-42）、式（3-43）和（3-44）正是正态随机变量情况下迭代计算可靠指标的公式，因此称 X_i' 为 X_i 的当量正态随机变量。为确定 X_i' 的平均值 $\mu_{X_i'}$ 和标准差 $\sigma_{X_i'}$，由式（3-35b）和式（3-33）得：

$$\frac{\mathrm{d}X_i}{\mathrm{d}Y_i} = \frac{\varphi(y_i^*)}{f_{X_i}(x_i^*)} = \frac{\varphi\{\Phi^{-1}[F_{X_i}(x_i^*)]\}}{f_{X_i}(x_i^*)} \tag{3-45}$$

将式（3-41）和式（3-33）代入式（3-40），式（3-45）代入式（3-41）得：

$$\mu_{X_i'} = x_i^* - \Phi^{-1}[F_{X_i}(x_i^*)]\sigma_{X_i'} \tag{3-46}$$

$$\sigma_{X_i'} = \frac{\varphi\{\Phi^{-1}[F_{X_i}(x_i^*)]\}}{f_{X_i}(x_i^*)} \tag{3-47}$$

由式（3-46）和式（3-47）可以看出，当量正态随机变量 X_i' 的平均值 $\mu_{X_i'}$ 和标准差 $\sigma_{X_i'}$ 与验算点有关，其值要随同可靠指标通过迭代计算确定。迭代确定 X_i' 的平均值 $\mu_{X_i'}$ 和标准差 $\sigma_{X_i'}$ 的过程，称为非正态随机变量的当量正态化过程。

对式（3-46）和式（3-47）做进一步分析得到：

$$F_{X_i}(x_i^*) = \Phi\left(\frac{x_i^* - \mu_{X_i'}}{\sigma_{X_i'}}\right) = F_{X_i'}(x_i^*) \tag{3-48}$$

$$f_{X_i}(x_i^*) = \frac{1}{\sigma_{X_i'}}\varphi\left(\frac{x_i^* - \mu_{X_i'}}{\sigma_{X_i'}}\right) = f_{X_i'}(x_i^*) \tag{3-49}$$

式（3-48）和式（3-49）称为非正态随机变量 X_i 当量为正态随机变量 X_i' 的当量正态化的条件：①在验算点处非正态随机变量 X_i 的概率分布函数值与当量正态随机变量 X_i' 的概率分布函数值相等；②非正态随机变量 X_i 的概率密度函数值与当量正态随机变量 X_i' 的概率密度函数值相等。图3-7为非正态随机变量的当量正态化示意图。

从上面的分析可以看出，非正态随机变量的当量正态化公式（3-48）和公式（3-49），是从等概率条件按照验算点法计算可靠指标的过程分析得到的，所以按当量正态化方法计算的可靠指标与按等概率方法计算的可靠指标是相同的。在工程结构可靠度分析中，一般可直接应用式（3-48）和式（3-49）表示当量正态化条件。

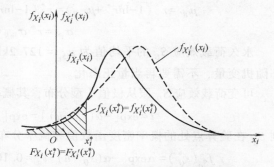

图 3-7　非正态随机变量的当量正态化

对于大多数的非正态随机变量 X_i，不能用其概率分布函数和概率密度函数以解析的形式表示其当量正态化随机变量 X_i' 的平均值 $\mu_{X_i'}$ 和标准差 $\sigma_{X_i'}$，而是需要数值计算。

对数正态随机变量与正态随机变量存在一定的关系，可以直接得到 $\mu_{X_i'}$ 和 $\sigma_{X_i'}$ 的解析表达式。

由式（3-48）得

$$\Phi\left(\frac{\ln x_i^* - \mu_{\ln X_i}}{\sigma_{\ln X_i}}\right) = \Phi\left(\frac{x_i^* - \mu_{X_i'}}{\sigma_{X_i'}}\right)$$

即

$$\frac{\ln x_i^* - \mu_{\ln X_i}}{\sigma_{\ln X_i}} = \frac{x_i^* - \mu_{X_i'}}{\sigma_{X_i'}} \tag{3-50}$$

由式（3-49）得

$$\frac{1}{\sqrt{2\pi}\,\sigma_{\ln X_i} x_i^*}\varphi\left(\frac{\ln x_i^* - \mu_{\ln X_i}}{\sigma_{\ln X_i}}\right) = \frac{1}{\sqrt{2\pi}\,\sigma_{X_i'}}\varphi\left(\frac{x_i^* - \mu_{X_i'}}{\sigma_{X_i'}}\right) \tag{3-51}$$

将式（3-50）代入式（3-51）得

$$\sigma_{X_i'} = x_i^* \sigma_{\ln X_i} = x_i^* \sqrt{\ln\left(1+\delta_{X_i}^2\right)} \tag{3-52}$$

将式（3-52）代入式（3-50）得

$$\mu_{X_i'} = x_i^* + x_i^*\left(-\ln x_i^* + \mu_{\ln X_i}\right) = x_i^*\left[1 - \ln x_i^* + \ln\left(\frac{\mu_{X_i}}{\sqrt{1+\delta_{X_i}^2}}\right)\right] \tag{3-53}$$

式（3-52）和式（3-53）即为对数正态分布当量正态化后的平均值和标准差。

用当量正态化方法迭代计算可靠指标的步骤如下：

1）假定初始验算点 $x^{*(0)} = (x_1^{*(0)}, x_2^{*(0)}, \cdots, x_n^{*(0)})^{\mathrm{T}}$，一般可取 $x^{*(0)} = (\mu_{X_1}, \mu_{X_2}, \cdots, \mu_{X_n})^{\mathrm{T}}$。

2）由式（3-46）和式（3-47）计算 $\mu_{X_i'}$ 和 $\sigma_{X_i'}$。

3）由式（3-42）计算 β。

4）由式（3-43）计算 $\alpha_{X_i'}(i=1,2,\cdots,n)$。

5）由式（3-44）计算新的验算点 $x^{*(1)} = (x_1^{*(1)}, x_2^{*(1)}, \cdots, x_n^{*(1)})^{\mathrm{T}}$。

6）若 $\| x^{*(1)} - x^{*(0)} \| < \varepsilon$，$\varepsilon$ 为规定的允许误差，则停止迭代，所求 β 即为要求的可靠指标；否则，取 $x^{*(0)} = x^{*(1)}$，转步骤 2）继续迭代。

【例 3-7】　用当量正态化方法计算例 3-6 的可靠指标。

解　由例 3-6 知，构件抗力 R 服从对数正态分布，$\mu_{\ln R} = 5.9123$，$\sigma_{\ln R} = 0.1531$。由式（3-53）和式（3-52）得 R 的当量正态随机变量 R' 的平均值和标准差

$$\mu_{R'} = r^*(1 - \ln r^* + \mu_{\ln R}) = r^*(1 - \ln r^* + 5.9123) = r^*(6.9123 - \ln r^*)$$

$$\sigma_{R'} = r^* \sigma_{\ln R} = 0.1531 r^*$$

永久荷载效应 S_G 的平均值为 $\mu_{S_G} = 127.2\text{kN}$、标准差为 $\sigma_{S_G} = 8.904\text{kN}$，由于 S_G 已是正态随机变量，不需要再当量正态化。

可变荷载效应 S_Q 服从极值 I 型分布，其概率分布函数的参数 $\alpha = 0.1068$，$u = 46.1355$。令

$$t = \exp[-\alpha(s_Q^* - u)] = \exp[-0.1068(s_Q^* - 46.1355)]$$

则 S_Q 在验算点处的概率密度函数值和概率分布函数值可表示为

$$f_{S_Q}(s_Q^*) = \alpha \exp[-\alpha(s_Q^* - u) - t] = 0.1068\exp[-0.1068(s_Q^* - 46.1355) - t]$$

$$F_{S_Q}(s_Q^*) = \exp(-t)$$

由式（3-46）和式（3-47），S_Q 的当量正态随机变量 S_Q' 的平均值和标准差为

$$\mu_{S_Q'} = s_Q^* - \Phi^{-1}[F_{S_Q}(s_Q^*)]\sigma_{S_Q'} \ ; \ \sigma_{S_Q'} = \frac{\varphi\{\Phi^{-1}[F_{S_Q}(s_Q^*)]\}}{f_{S_Q}(s_Q^*)}$$

结构功能函数为

$$Z = g_X(R, S_G, S_Q) = R - S_G - S_Q = R' - S_G - S_Q'$$

式中，S_G 为正态随机变量，R' 和 S_Q' 为当量正态化的随机变量，从而得下面可靠指标的计算公式

$$\beta = \frac{\mu_{R'} - \mu_{S_G} - \mu_{S_Q'}}{\sqrt{\sigma_{R'}^2 + \sigma_{S_G}^2 + \sigma_{S_Q'}^2}}$$

第一次迭代：取 $r^{*(0)} = \mu_R = 373.92$，$s_G^{*(0)} = \mu_{S_G} = 127.2$，$s_Q^{*(0)} = \mu_{S_Q} = 51.54$

$$\mu_{R'} = r^{*(0)}(6.9123 - \ln r^{*(0)}) = 373.92 \times (6.9123 - \ln 373.92) = 369.5378$$

$$\sigma_{R'} = 0.1531 r^{*(0)} = 0.1531 \times 373.92 = 57.2466$$

$$t = \exp[-0.1068(s_Q^{*(0)} - 46.1355)] = \exp[-0.1068 \times (51.54 - 46.1355)] = 0.5615$$

$$f_{S_Q}(s_Q^{*(0)}) = 0.1068\exp[-0.1068(s_Q^{*(0)} - 46.1355) - t]$$

$$= 0.1068 \times \exp[-0.1068 \times (51.54 - 46.1355) - 0.5615] = 3.4202 \times 10^{-2}$$

$$F_{S_Q}(s_Q^{*(0)}) = \exp(-t) = \exp(-0.5615) = 0.5704$$

$$\sigma_{S_Q'} = \frac{\varphi\{\Phi^{-1}[F_{S_Q}(s_Q^{*(0)})]\}}{f_{S_Q}(s_Q^{*(0)})} = \frac{\varphi\{\Phi^{-1}(0.5704)\}}{3.4202 \times 10^{-2}} = 11.4820$$

$$\mu_{S_Q'} = s_Q^{*(0)} - \Phi^{-1}[F_{S_Q}(s_Q^{*(0)})]\sigma_{S_Q'} = 51.54 - \Phi^{-1}[0.5704] \times 11.4820 = 49.5030$$

$$\beta = \frac{\mu_{R'} - \mu_{S_G} - \mu_{S_Q'}}{\sqrt{\sigma_{R'}^2 + \sigma_{S_G}^2 + \sigma_{S_Q'}^2}} = \frac{369.5378 - 127.2 - 49.5030}{\sqrt{57.2466^2 + 8.904^2 + 11.4820^2}} = 3.2650$$

$$\alpha_{R'} = -\frac{\sigma_{R'}}{\sqrt{\sigma_{R'}^2 + \sigma_{S_G}^2 + \sigma_{S_Q'}^2}} = -\frac{57.2466}{\sqrt{57.2466^2 + 8.904^2 + 11.4820^2}} = -0.8693$$

$$\alpha_{S_G} = \frac{\sigma_{S_G}}{\sqrt{\sigma_{R'}^2 + \sigma_{S_G}^2 + \sigma_{S_Q'}^2}} = \frac{8.904}{\sqrt{57.2466^2 + 8.904^2 + 11.4820^2}} = 0.1508$$

$$\alpha_{S_Q} = \frac{\sigma_{S'_Q}}{\sqrt{\sigma_{R'}^2 + \sigma_{S_G}^2 + \sigma_{S'_Q}^2}} = \frac{11.4820}{\sqrt{57.2466^2 + 8.904^2 + 11.4820^2}} = 0.1944$$

$$r^{*(1)} = \mu_{R'} + \beta\sigma_{R'}\alpha_{R'} = 369.5378 - 0.8693 \times 3.2650 \times 57.2466 = 188.3738$$

$$s_G^{*(1)} = \mu_{S_G} + \beta\sigma_{S_G}\alpha_{S_G} = 127.2 + 0.1508 \times 3.2650 \times 8.904 = 131.5827$$

$$s_Q^{*(1)} = \mu_{S'_Q} + \beta\sigma_{S'_Q}\alpha_{S'_Q} = 49.5030 + 0.1944 \times 3.2650 \times 11.4820 = 56.7911$$

第二次迭代：取 $r^{*(0)} = 188.3738$，$s_G^{*(0)} = 131.5827$，$s_Q^{*(0)} = 56.7911$

$$\mu_{R'} = r^{*(0)}(6.9123 - \ln r^{*(0)}) = 188.3738 \times (6.9123 - \ln 188.3738) = 315.3178$$

$$\sigma_{R'} = 0.1531 r^{*(0)} = 0.1531 \times 188.3738 = 28.8397$$

$$t = \exp[-0.1068(s_Q^{*(0)} - 46.1355)] = \exp[-0.1068 \times (56.7911 - 46.1355)] = 0.3205$$

$$f_{S_Q}(s_Q^{*(0)}) = 0.1068\exp[-0.1068(s_Q^{*(0)} - 46.1355) - t]$$

$$= 0.1068 \times \exp[-0.1068 \times (56.7911 - 46.1355) - 0.3205] = 2.4841 \times 10^{-2}$$

$$F_{S_Q}(s_Q^{*(0)}) = \exp(-t) = \exp(-0.3205) = 0.7258$$

$$\sigma_{S'_Q} = \frac{\varphi\{\Phi^{-1}[F_{S_Q}(s_Q^{*(0)})]\}}{f_{S_Q}(s_Q^{*(0)})} = \frac{\varphi\{\Phi^{-1}(0.7258)\}}{2.4841 \times 10^{-2}} = 13.4136$$

$$\mu_{S'_Q} = s_Q^{*(0)} - \Phi^{-1}[F_{S_Q}(s_Q^{*(0)})]\sigma_{S'_Q} = 56.7911 - \Phi^{-1}(0.7258) \times 13.4136 = 48.7417$$

$$\beta = \frac{\mu_{R'} - \mu_{S_G} - \mu_{S'_Q}}{\sqrt{\sigma_{R'}^2 + \sigma_{S_G}^2 + \sigma_{S'_Q}^2}} = \frac{315.3178 - 127.2 - 48.7417}{\sqrt{28.8397^2 + 8.904^2 + 13.4136^2}} = 4.2198$$

$$\alpha_{R'} = -\frac{\sigma_{R'}}{\sqrt{\sigma_{R'}^2 + \sigma_{S_G}^2 + \sigma_{S'_Q}^2}} = -\frac{28.8397}{\sqrt{28.8397^2 + 8.904^2 + 13.4136^2}} = -0.8732$$

$$\alpha_{S_G} = \frac{\sigma_{S_G}}{\sqrt{\sigma_{R'}^2 + \sigma_{S_G}^2 + \sigma_{S'_Q}^2}} = \frac{8.904}{\sqrt{28.8397^2 + 8.904^2 + 13.4136^2}} = 0.2696$$

$$\alpha_{S'_Q} = \frac{\sigma_{S'_Q}}{\sqrt{\sigma_{R'}^2 + \sigma_{S_G}^2 + \sigma_{S'_Q}^2}} = \frac{13.4136}{\sqrt{28.8397^2 + 8.904^2 + 13.4136^2}} = 0.4061$$

$$r^{*(1)} = \mu_{R'} + \beta\sigma_{R'}\alpha_{R'} = 315.3178 - 0.8732 \times 4.2198 \times 28.8397 = 209.0547$$

$$s_G^{*(1)} = \mu_{S_G} + \beta\sigma_{S_G}\alpha_{S_G} = 127.2 + 0.2696 \times 4.2198 \times 8.904 = 137.3288$$

$$s_Q^{*(1)} = \mu_{S'_Q} + \beta\sigma_{S'_Q}\alpha_{S'_Q} = 48.7417 + 0.4061 \times 4.2198 \times 13.4136 = 71.7286$$

上面给出了 2 次迭代计算的过程，表 3-4 列出了 6 次迭代计算的结果。需要说明的是，理论上讲，由当量正态化方法计算的可靠指标和验算点值，与由等概率变换方法计算的可靠指标和验算点值是一致的，表 3-4 最后的计算结果与例 3-6 存在一定差别，这种差别产生于变量初值和迭代过程的不同，以及迭代次数不足而导致的计算精度不足（尽管已经满足了计算规定的精度）。如果增加迭代次数（如迭代 20 次），两种方法则会在一定有效数字下得到相同的结果。

表 3-4　例 3-7 的迭代计算过程

迭代次数	1	2	3	4	5	6
$r^{*(0)}$	373.92	188.3738	209.0574	214.4478	222.2087	224.2772
$s_G^{*(0)}$	127.2	131.5827	137.3288	135.7683	135.1093	134.8017
$s_Q^{*(0)}$	51.54	56.7911	71.7286	81.6165	87.0994	89.4754
$\mu_{R'}$	369.5378	315.3178	328.1602	332.7742	335.2474	336.2901
$\sigma_{R'}$	57.2466	28.8397	32.0063	33.2909	34.0198	34.3365
t	0.5615	0.3205	6.5001×10^{-2}	2.2458×10^{-2}	1.2589×10^{-2}	9.7672×10^{-2}
$f_{S_Q}(s_Q^{*(0)})$	3.4202×10^{-2}	2.4841×10^{-2}	6.5052×10^{-3}	2.3452×10^{-3}	1.3276×10^{-3}	1.0330×10^{-3}
$F_{S_Q}(s_Q^{*(0)})$	0.5704	0.7258	0.9371	0.9778	0.9875	0.9903
$\sigma_{S_Q'}$	11.4820	13.4136	19.0069	22.5577	24.3892	25.1681
$\mu_{S_Q'}$	49.5030	48.7417	42.6361	36.3351	32.4406	30.6578
β	3.2650	4.2198	4.1365	4.1090	4.1034	4.1025
$\Delta\beta$	—	0.9548	0.0833	0.0275	0.0056	0.0009
$\alpha_{R'}$	−0.9693	−0.8732	−0.8362	−0.8083	−0.7949	−0.7895
α_{S_G}	0.1508	0.2696	0.2326	0.2162	0.2081	0.2047
$\alpha_{S_Q'}$	0.1944	0.4061	0.4966	0.5477	0.5699	0.5787
$r^{*(1)}$	188.3738	209.0574	214.4478	222.2087	224.2772	225.0833
$s_G^{*(1)}$	131.5827	137.3288	135.7683	135.1093	134.8017	134.6781
$s_Q^{*(1)}$	56.7911	71.7286	81.6165	87.0994	89.4754	90.4052

3.2.3　已知可靠指标求抗力平均值

　　第 3.2.2 节介绍的是已知结构功能函数及随机变量的概率分布和统计参数，求可靠指标的方法；在结构可靠度设计中，则需要根据已知的结构功能函数及随机变量的概率分布、统计参数和目标可靠指标（设计要求的可靠指标），求抗力的平均值，然后再根据抗力的均值系数确定抗力的标准值，进而对结构或结构构件进行设计。对于一般的情况，如果求抗力平均值，可以先假定抗力的平均值，采用第 3.2.2 节的方法和迭代步骤计算可靠指标，将计算得到的可靠指标与设计要求的可靠指标进行比较，通过不断调整得到可靠指标与目标可靠指标一致的抗力平均值。

　　如果结构功能函数表示为线性函数，即

$$Z = R - \sum_{i=1}^{n} S_i \tag{3-54}$$

抗力 R 服从对数正态分布且其变异系数 δ_R 已知，荷载效应 $S_i(i = 1, 2, \cdots, n)$ 的概率分布和统计参数也已知，则可根据设计要求的目标可靠指标 β_T 直接迭代计算抗力 R 的验算点值 r^*，根据下式计算抗力平均值：

$$\mu_R = r^* \sqrt{1 + \delta_R^2} \exp\left[-\beta_T \alpha_{R'} \sqrt{\ln(1 + \delta_R^2)} \right] \tag{3-55}$$

　　式（3-55）是将式（3-44）和式（3-52）代入式（3-53）得到的。按式（3-55）计算

μ_R，只需迭代计算 r^* 和 $\alpha_{R'}$ 即可，省去了不断对 μ_R 进行试算的过程。

采用当量正态化方法进行迭代计算的步骤如下：

1）假定变量的初值：$s_i^{*(0)}$（可取 $\mu_{S_i'}$）$(i=1,2,\cdots,n)$，$r^{*(0)}$（可取 $\sum\limits_{i=1}^{n}\mu_{S_i}$）。

2）由式（3-46）和式（3-47）计算 $\mu_{S_i'}$ 和 $\sigma_{S_i'}$ $(i=1,2,\cdots,n)$，由式（3-52）计算 $\sigma_{R'}$。

3）由式（3-43）计算 $\alpha_{S_i'}$ $(i=1,2,\cdots,n)$ 和 $\alpha_{R'}$。

4）取 $\beta=\beta_T$，由式（3-44）计算 $s_i^{*(1)}(i=1,2,\cdots,n)$，$r^{*(1)}=\sum\limits_{i=1}^{n}s_i^{*(1)}$。

5）如果 $|r^{*(1)}-r^{*(0)}|<\varepsilon$（$\varepsilon$ 为容许的误差），则转步骤6）；否则，取 $s_i^{*(0)}=s_i^{*(1)}$（$i=1,2,\cdots,n$），$r^{*(0)}=r^{*(1)}$，转步骤2）继续迭代。

6）由式（3-55）计算 μ_R。

从上面的迭代计算步骤可以看出，R 服从对数正态分布时可直接迭代求解 μ_R，是因为 R 的验算点值 r^* 与其平均值 μ_R 无关，见式（3-44）。如果 R 不服从对数正态分布，则不能用上述步骤进行迭代计算 μ_R。

【例3-8】 结构功能函数为 $Z=R-S_G-S_Q$，假定抗力 R 服从对数正态分布，永久荷载效应 S_G 服从正态分布，可变荷载效应 S_Q 服从极值 I 型分布，统计参数为 $\mu_{S_G}=3.985$，$\sigma_{S_G}=0.279$，$\mu_{S_Q}=4.374$，$\sigma_{S_Q}=1.260$，$\delta_R=0.1$，目标可靠指标 $\beta_T=3.2$。计算 μ_R。

解 R、S_G 和 S_Q 的验算点值分别为 r^*、s_G^* 和 s_Q^*，抗力 R 服从对数正态分布，则

$$\sigma_{\ln R}=\sqrt{\ln(1+\delta_R^2)}=\sqrt{\ln(1+0.1^2)}=0.10$$

R 的当量正态随机变量 R' 的标准差为

$$\sigma_{R'}=r^*\sigma_{\ln R}=0.10r^*$$

荷载效应 S_Q 服从极值 I 型分布，其概率分布函数的参数为

$$\alpha=\frac{\pi}{\sqrt{6}\sigma_{S_Q}}=\frac{3.14}{\sqrt{6}\times1.260}=1.017, u=\mu_{S_Q}-\frac{0.5772}{\alpha}=4.374-\frac{0.5772}{1.017}=3.853$$

令

$$t=\exp[-\alpha(s_Q^*-u)]=\exp[-1.107(s_Q^*-3.853)]$$

S_Q 在验算点处的概率密度函数值和概率分布函数值为

$$f_{S_Q}(s_Q^*)=\alpha\exp[-\alpha(s_Q^*-u)-t]=1.107\exp[-1.107(s_Q^*-3.853)-t]$$

$$F_{S_Q}(s_Q^*)=\exp(-t)$$

由式（3-46）和式（3-47），S_Q 的当量正态随机变量 S_Q' 的平均值和标准差为

$$\mu_{S_Q'}=s_Q^*-\Phi^{-1}[F_{S_Q}(s_Q^*)]\sigma_{S_Q'};\sigma_{S_Q'}=\frac{\varphi\{\Phi^{-1}[F_{S_Q}(s_Q^*)]\}}{f_{S_Q}(s_Q^*)}$$

表3-5给出了迭代计算抗力验算点值 r^* 的过程。将 $r^*=14.078$ 代入式（3-55），得抗力平均值

$$\mu_R=14.078\times\sqrt{1+0.1^2}\times\exp[-3.2\times\sqrt{\ln(1+0.1^2)}\times(-0.406)]=16.105$$

表 3-5　例 3-8 迭代计算抗力验算点的过程

迭代次数	r^*	s_G^*	s_Q^*	$\alpha_{R'}$
1	8.359	3.985	4.374	−0.559
2	11.426	4.152	7.274	−0.445
3	13.511	4.080	9.429	−0.411
4	14.039	4.061	9.978	−0.406
5	14.075	4.057	10.019	−0.406
6	14.078	4.057	10.020	−0.406

抗力平均值接近于永久荷载效应和可变荷载效应平均值之和 3.985+4.374 = 8.359 的两倍，这是由 3.2 的可靠指标所要求的。如果提高可靠指标，则抗力平均值也会相应增大。

3.3　随机变量相关时可靠指标的计算

前面介绍的结构可靠指标计算方法都假定随机变量是相互独立的，而在有些情况下，随机变量间可能存在一定的相关性，如同时作用于海上结构的风荷载和波浪力，岩土工程中土的黏聚力和内摩擦角等。在这种情况下，计算可靠指标时应考虑随机变量间的相关性。随机变量间的相关性可用相关系数表示，具体见附录 B。

3.3.1　随机变量服从正态分布、功能函数为线性函数的情况

设 $X_1, X_2, \cdots, X_n$ 为 n 个服从正态分布的随机变量，平均值为 $\mu_{X_i}(i=1,2,\cdots,n)$，标准差为 $\sigma_{X_i}(i=1,2,\cdots,n)$，$X_i$ 与 X_j 间的相关系数为 $\rho_{X_iX_j}$，功能函数 Z 为 $X_1, X_2, \cdots, X_n$ 的线性函数，见式 (3-7)。由于 Z 为正态随机变量的线性函数，根据正态随机变量的特性，Z 也服从正态分布，平均值和标准差为

$$\mu_Z = a_0 + \sum_{i=1}^{n} a_i \mu_{X_i} \tag{3-56}$$

$$\sigma_Z = \sqrt{\sum_{i=1}^{n}\sum_{j=1}^{n} \rho_{X_iX_j} a_i a_j \sigma_{X_i} \sigma_{X_j}} \tag{3-57}$$

这样可靠指标为

$$\beta = \frac{\mu_Z}{\sigma_Z} = \frac{a_0 + \sum_{i=1}^{n} a_i \mu_{X_i}}{\sqrt{\sum_{i=1}^{n}\sum_{j=1}^{n} \rho_{X_iX_j} a_i a_j \sigma_{X_i} \sigma_{X_j}}} \tag{3-58}$$

同第 3.2.1 节功能函数为线性函数、随机变量不相关的情况一样，根据式 (3-58) 可计算随机变量相关时结构或结构构件的可靠指标，只是计算公式中包含了随机变量间的相关系数。第 3.2.1 节的分析中还引入了验算点的概念，同时说明了验算点为结构失效边界上失效概率最大的点，该点对于结构可靠度计算中非线性功能函数的线性化和概率极限状态设计中设计变量设计值的确定非常重要。因此，对于功能函数为线性函数、随机变量不相关的情况，同样需要确定验算点。

为便于分析，将 n 个相关正态随机变量表示为随机向量 $\boldsymbol{X} = (X_1, X_2, \cdots, X_n)^{\mathrm{T}}$ 的形式，其平均值向量为 $\boldsymbol{\mu}_X = (\mu_{X_1}, \mu_{X_2}, \cdots, \mu_{X_n})^{\mathrm{T}}$，标准差矩阵为 $\boldsymbol{\sigma}_X = \mathrm{diag}[\sigma_{X_1}, \sigma_{X_2}, \cdots, \sigma_{X_n}]$，相关系数矩阵见式（B-27）为 $\boldsymbol{\rho}_X$。协方差矩阵见式（B-29a）为

$$\boldsymbol{C}_X = \boldsymbol{\sigma}_X^{\mathrm{T}} \boldsymbol{\rho}_X \boldsymbol{\sigma}_X \tag{3-59}$$

$\boldsymbol{X}$ 的联合概率密度函数见附录式（B-29b）。

将式（3-7）表示的线性极限方程另表示为

$$Z = a_0 + \boldsymbol{A}^{\mathrm{T}} \boldsymbol{X} = 0 \tag{3-60}$$

式中，$\boldsymbol{A} = (a_1, a_2, \cdots, a_n)^{\mathrm{T}}$。

式（3-58）表示的可靠指标另表示为

$$\beta = \frac{a_0 + \boldsymbol{A}^{\mathrm{T}} \boldsymbol{\mu}_X}{\sigma_Z} \tag{3-61}$$

式中，$\sigma_Z = \sqrt{\boldsymbol{A}^{\mathrm{T}} \boldsymbol{C}_X \boldsymbol{A}}$。

为确定验算点，将 σ_Z 展开为 $a_i \sigma_{X_i}$ 的线性组合形式，即将式（3-57）改写为

$$\sigma_Z = -\sum_{i=1}^{n} \alpha_{X_i} a_i \sigma_{X_i} = -\boldsymbol{\alpha}_X^{\mathrm{T}} \boldsymbol{\sigma}_X \boldsymbol{A} \tag{3-62}$$

式中，α_{X_i} 为灵敏系数，表示为

$$\alpha_{X_i} = -\frac{\sum_{j=1}^{n} \rho_{X_i X_j} a_j \sigma_{X_j}}{\sqrt{\sum_{i=1}^{n} \sum_{j=1}^{n} \rho_{X_i X_j} a_i a_j \sigma_{X_i} \sigma_{X_j}}} = -\frac{\boldsymbol{\rho}_X \boldsymbol{\sigma}_X \boldsymbol{A}}{\sigma_Z} \quad (i = 1, 2, \cdots, n) \tag{3-63}$$

显然有

$$\boldsymbol{\alpha}_X^{\mathrm{T}} \boldsymbol{\rho}_X^{-1} \boldsymbol{\alpha}_X = \frac{(\boldsymbol{\rho}_X \boldsymbol{\sigma}_X \boldsymbol{A})^{\mathrm{T}} \boldsymbol{\rho}_X^{-1} \boldsymbol{\rho}_X \boldsymbol{\sigma}_X \boldsymbol{A}}{\sigma_Z^2} = \frac{\boldsymbol{A}^{\mathrm{T}} \boldsymbol{\sigma}_X^{\mathrm{T}} \boldsymbol{\rho}_X^{\mathrm{T}} \boldsymbol{\rho}_X^{-1} \boldsymbol{\rho}_X \boldsymbol{\sigma}_X \boldsymbol{A}}{\sigma_Z^2}$$

$$= \frac{\boldsymbol{A}^{\mathrm{T}} \boldsymbol{\sigma}_X^{\mathrm{T}} \boldsymbol{\rho}_X \boldsymbol{\sigma}_X \boldsymbol{A}}{\sigma_Z^2} = \frac{\boldsymbol{A}^{\mathrm{T}} \boldsymbol{C}_X \boldsymbol{A}}{\sigma_Z^2} = 1 \tag{3-64}$$

在附录式（B-28b）表示的随机向量 $\boldsymbol{X}$ 的联合概率密度函数中，令

$$H = (\boldsymbol{x} - \boldsymbol{\mu}_X)^{\mathrm{T}} \boldsymbol{C}_X^{-1} (\boldsymbol{x} - \boldsymbol{\mu}_X) \tag{3-65a}$$

则验算点的值应使在 $Z = 0$ 的条件下 H 最小，为此引入拉格朗日乘子 λ

$$H_\lambda = (\boldsymbol{x} - \boldsymbol{\mu}_X)^{\mathrm{T}} \boldsymbol{C}_X^{-1} (\boldsymbol{x} - \boldsymbol{\mu}_X) + \lambda (a_0 + \boldsymbol{A}^{\mathrm{T}} \boldsymbol{x}) \tag{3-65b}$$

由 $\dfrac{\partial H_\lambda}{\partial \boldsymbol{x}} = 0$ 得到

$$\boldsymbol{C}_X^{-1} (\boldsymbol{x}^* - \boldsymbol{\mu}_X) + \lambda \boldsymbol{A} = 0 \tag{3-66a}$$

即

$$\boldsymbol{A}^{\mathrm{T}} (\boldsymbol{x}^* - \boldsymbol{\mu}_X) + \lambda \boldsymbol{A}^{\mathrm{T}} \boldsymbol{C}_X \boldsymbol{A} = 0$$

验算点在极限状态面上，所以有 $a_0 + \boldsymbol{A}^{\mathrm{T}} \boldsymbol{x}^* = 0$，这样

$$-a_0 - \boldsymbol{A}^{\mathrm{T}} \boldsymbol{\mu}_X + \lambda \boldsymbol{A}^{\mathrm{T}} \boldsymbol{C}_X \boldsymbol{A} = 0 \tag{3-66b}$$

根据式（3-61）得 $a_0 + \boldsymbol{A}^{\mathrm{T}} \boldsymbol{\mu}_X = \beta \sigma_Z$，由此得到 λ 的值

$$\lambda = \beta\sigma_Z(A^T C_X A)^{-1}$$

将 λ 代入式（3-66a）得

$$
\begin{aligned}
x^* &= \mu_X - \beta\sigma_Z(A^T C_X A)^{-1} C_X A \\
&= \mu_X - \beta\sigma_Z(A^T \sigma_X^T \rho_X \sigma_X A)^{-1} \sigma_X^T \rho_X \sigma_X A \\
&= \mu_X - \beta\sigma_Z^2(\sigma_Z A^T \sigma_X^T \alpha_X)^{-1} \sigma_X^T \alpha_X \\
&= \mu_X + \beta\sigma_Z[(\alpha_X^T \sigma_X A)^T]^{-1} \sigma_X^T \alpha_X \\
&= \mu_X + \beta\sigma_X^T \alpha_X
\end{aligned}
\tag{3-67a}
$$

写为标量的形式

$$x_i^* = \mu_{X_i} + \beta\alpha_{X_i}\sigma_{X_i} \quad (i = 1, 2, \cdots, n) \tag{3-67b}$$

由此可见，相关正态随机变量结构可靠度分析的验算点坐标值与独立正态随机变量结构可靠度分析的验算点坐标值的计算公式是相同的。

将 x^* 代入式（3-65a）

$$
\begin{aligned}
H &= (\beta\sigma_X \alpha_X)^T C_X^{-1}(\beta\sigma_X \alpha_X) \\
&= (\beta\sigma_X \alpha_X)^T(\sigma_X^T \rho_X \sigma_X)^{-1}(\beta\sigma_X \alpha_X) \\
&= \beta^2(\sigma_X \alpha_X)^T(\sigma_X^T \rho_X \sigma_X)^{-1}(\sigma_X \alpha_X) \\
&= \beta^2 \alpha_X^T \sigma_X^T(\sigma_X^T \rho_X \sigma_X)^{-1}(\sigma_X \alpha_X) \\
&= \beta^2 \alpha_X^T \sigma_X \sigma_X^{-1} \rho_X^{-1} \sigma_X^{-1} \sigma_X \alpha_X \\
&= \beta^2 \alpha_X^T \rho_X^{-1} \alpha_X \\
&= \beta^2
\end{aligned}
\tag{3-68}
$$

因此，在验算处相关正态随机变量的联合概率密度函数为

$$f_X(x^*) = \frac{1}{(\sqrt{2\pi})^n \sqrt{|C_X|}} \exp\left(-\frac{1}{2}H\right) = \frac{1}{(\sqrt{2\pi})^n \sqrt{|C_X|}} \exp\left(-\frac{1}{2}\beta^2\right) \tag{3-69}$$

将式（3-69）与式（3-22）进行对比，可以看出，在验算处相关正态随机变量的联合概率密度函数也为可靠指标 β 平方的指数函数。

式（3-58）、式（3-63）和式（3-67b）分别对应于正态随机变量不相关时可靠指标的式（3-27）、敏感性系数的式（3-28）和验算点坐标的式（3-29）。

3.3.2　一般情况

本节只介绍采用当量正态化原理计算可靠指标的方法。假定在式（3-3）表示的非线性功能函数中，随机变量 $X_1, X_2, \cdots, X_n$ 服从任意连续的概率分布。按式（3-48）和式（3-49）将 $X_1, X_2, \cdots, X_n$ 在验算点处当量正态化为当量正态随机变量 $X_1', X_2', \cdots, X_n'$。将非线性功能函数在验算点处做泰勒级数展开并保留至一次项：

$$Z_L = g_X(x_1^*, x_2^*, \cdots, x_n^*) + \sum_{i=1}^{n} \left.\frac{\partial g_X}{\partial X_i}\right|_P (X_i' - x_i^*) \tag{3-70}$$

式中，$\left.\dfrac{\partial g_X}{\partial X_i}\right|_P$ 表示 $g_X(x_1, x_2, \cdots, x_n)$ 的偏导数在验算点 $P(x_1^*, x_2^*, \cdots, x_n^*)$ 处的值。

取 $a_i = \left. \dfrac{\partial g_X}{\partial X_i} \right|_P$ $(i=1,2,\cdots,n)$，参照式（3-58）和式（3-63）得

$$\beta = \frac{g_X(x_1^*,x_2^*,\cdots,x_n^*) + \sum\limits_{i=1}^{n} \left. \dfrac{\partial g_X}{\partial X_i} \right|_P (\mu_{X_i} - x_i^*)}{\sqrt{\sum\limits_{i=1}^{n}\sum\limits_{j=1}^{n} \left. \dfrac{\partial g_X}{\partial X_i}\dfrac{\partial g_X}{\partial X_j} \right|_P \rho_{X_i'X_j'}\sigma_{X_i'}\sigma_{X_j'}}} \tag{3-71}$$

$$\alpha_{X_i'} = \cos\theta_{X_i'} = -\frac{\sum\limits_{j=1}^{n}\rho_{X_i'X_j'} \left. \dfrac{\partial g_X}{\partial X_j} \right|_P \sigma_{X_j'}}{\sqrt{\sum\limits_{i=1}^{n}\sum\limits_{j=1}^{n}\rho_{X_i'X_j'} \left. \dfrac{\partial g_X}{\partial X_i}\dfrac{\partial g_X}{\partial X_j} \right|_P \sigma_{X_i'}\sigma_{X_j'}}} \tag{3-72}$$

验算点坐标公式同式（3-67b），即

$$x_i^* = \mu_{X_i'} + \beta\alpha_{X_i'}\sigma_{X_i'}(i=1,2,\cdots,n) \tag{3-73}$$

附录 B 已经指出，对于单峰的随机变量，当量正态化后的相关系数 $\rho_{X_i'X_j'}$ 可近似取为当量正态化前的相关系数 $\rho_{X_iX_j}$。根据式（3-71）、式（3-72）、式（3-73）、式（3-48）和式（3-49），可迭代计算非正态随机变量相关时非线性功能函数结构的可靠指标，计算步骤与随机变量不相关时的情况相同。

【例 3-9】 在例 2-7 中，假定 R 与 S 是相关的，求可靠指标。

解 下面以 $\rho_{RS}=0.5$ 时的情况为例，说明计算过程。

由例 2-7，R 服从对数正态分布，$\mu_{\ln R}=5.648$，$\sigma_{\ln R}=0.082$。当量正态随机变量 R' 的平均值和标准差为

$$\mu_{R'} = r^*(5.648 - \ln r^*), \sigma_{R'} = 0.082r^*$$

S 服从极值 I 型分布，其概率分布函数的参数为

$\alpha=0.054$，$u=108.93$。令

$$t = \exp[-\alpha(s^*-u)] = \exp[-0.054(s^*-108.93)]$$

S 在验算点处的概率密度函数值和概率分布函数值为

$$f_S(s^*) = \alpha\exp[-\alpha(s^*-u)-t] = 0.054\exp[-0.054(s^*-108.93)-t]$$

$$F_S(s^*) = \exp(-t)$$

当量正态随机变量 R' 与 S' 的相关系数为

$$\rho_{R'S'} \approx \rho_{RS} = 0.5$$

可靠指标

$$\beta = \frac{\mu_{R'} - \mu_{S'}}{\sqrt{\sigma_{R'}^2 - 2\rho_{R'S'}\sigma_{R'}\sigma_{S'} + \sigma_{S'}^2}}$$

灵敏系数为

$$\alpha_{R'} = -\frac{\sigma_{R'} - \rho_{R'S'}\sigma_{S'}}{\sqrt{\sigma_{R'}^2 - 2\rho_{R'S'}\sigma_{R'}\sigma_{S'} + \sigma_{S'}^2}}, \alpha_{S'} = -\frac{\rho_{R'S'}\sigma_{R'} - \sigma_{S'}}{\sqrt{\sigma_{R'}^2 - 2\rho_{R'S'}\sigma_{R'}\sigma_{S'} + \sigma_{S'}^2}}$$

验算点坐标为

$$r^* = \mu_{R'} + \beta\sigma_{R'}\alpha_{R'}, s^* = \mu_{S'} + \beta\sigma_{S'}\alpha_{S'}$$

给定验算点初值 r^* 和 s^*，按上面的公式和式（3-48）、式（3-49）进行迭代计算，即可求得结构可靠指标和验算点坐标值，表3-6给出了迭代计算的过程。图3-8示出了可靠指标随相关系数 ρ_{RS} 的变化。由图3-8可以看出，本例中，可靠指标随着相关系数的增大而增大。

第6.3.3节给出了一个考虑风荷载和波浪力的相关性，分析海上风电机组基础局部稳定性可靠度的例子，以供参考。

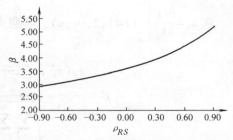

图 3-8　例 3-9 可靠指标随相关系数的变化

表 3-6　例 3-9 的迭代计算过程

参数	迭代初值	迭 代 次 数					
		1	2	3	4	5	6
r^*	284.5770	195.8577	282.4097	304.4237	304.9623	304.9882	304.9619
s^*	119.7000	195.8577	282.4097	304.4237	304.9623	304.9882	304.9619
β	7.2547	4.2824	4.2395	4.2412	4.2409	4.2411	4.2409
$\alpha_{R'}$	-0.5167	0.2035	0.2113	0.2080	0.2083	0.2080	0.2082
$\alpha_{S'}$	0.4831	0.9496	0.9521	0.9511	0.9512	0.9512	0.9512

3.4　蒙特卡洛模拟方法

由数理统计理论可知，如果从同一母体中得到一组数据，通过统计分析和对假定的概率分布进行拟合优度检验，可确定这组数据所反映随机变量的概率分布。同样，如果已知随机变量的概率分布，可通过对随机变量进行抽样，产生随机变量的样本，所得样本具有原随机变量的概率特性。附录 B.2.6.3 节介绍了随机变量的抽样方法。

在第 2 章已经讲到，计算结构可靠度，就是计算结构功能函数 $Z>0$ 的概率；计算结构失效概率，就是计算结构功能函数 $Z<0$ 的概率。如果对功能函数中的随机变量进行一次抽样（每个随机变量都产生一个样本值称为一次抽样），将得到的样本值代入结构功能函数计算得到 Z 的值，根据计算结果判定结构所处的状态。如果对功能函数中的随机变量进行多次抽样，则可计算得到结构所处的多个不同的状态，对 $Z<0$ 的状态进行统计分析，得到结构失效次数占总抽样次数的比率，这一比率就是结构失效概率的估计值，这一方法称为结构可靠度分析的蒙特卡洛模拟方法。而这种直接将随机变量的抽样样本值代入功能函数，进而判断结构所处状态的蒙特卡洛模拟方法，称为一般抽样法。

由于用蒙特卡洛方法模拟结构的失效概率时，模拟次数总是有限的，所以模拟结果是一个随机变量。评价蒙特卡洛方法模拟精度或模拟效率的指标，是失效概率估计值的变异系数。当变异系数较小时，说明失效概率的变异性小，模拟的精度较高；相反，当变异系数较大时，说明失效概率的变异性较大，模拟的精度不高。对于一般抽样法，为提供结构失效概率估计值的精度，就要增加模拟的次数，这样会使计算量大大增加。另一种提高结构失效概率估计精度的方法是降低失效概率估计值的变异系数，称为重要抽样法。重要抽样方法有多种，如一般重要抽样方法、更新重要抽样方法、渐近重要抽样方法、方向重要抽样方法等。

本书只介绍常用的一般抽样方法和一般重要抽样方法，其他几种方法可见参考文献［5］。

3.4.1 一般抽样方法

设 $X_1, X_2, \cdots, X_n$ 为结构设计中的 n 个相互独立的随机变量，其概率密度函数分别为 $f_{X_1}(x_1), f_{X_2}(x_2), \cdots, f_{X_n}(x_n)$，由这 n 个随机变量表示的结构功能函数为

$$Z = g_X(X_1, X_2, \cdots, X_n)$$

结构失效概率由下式计算：

$$
\begin{aligned}
p_f &= \int\limits_{g_X(x)<0} \int \cdots \int f_{X_1}(x_1) f_{X_2}(x_2) \cdots f_{X_n}(x_n) \, \mathrm{d}x_1 \mathrm{d}x_2 \cdots \mathrm{d}x_n \\
&= \int_{-\infty}^{+\infty} \int_{-\infty}^{+\infty} \cdots \int_{-\infty}^{+\infty} I[g_X(x_1, x_2, \cdots, x_n)] f_{X_1}(x_1) f_{X_2}(x_2) \cdots f_{X_n}(x_n) \, \mathrm{d}x_1 \mathrm{d}x_2 \cdots \mathrm{d}x_n \\
&= E\{I[g_X(X_1, X_2, \cdots, X_n)]\} = E\{I(Z)\}
\end{aligned}
\tag{3-74}
$$

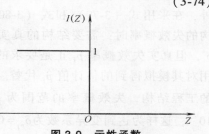

图 3-9 示性函数

式中，$I(Z)$ 为功能函数 Z 的示性函数，如图 3-9 所示。当 $Z<0$ 时 $I(Z)=1$，当 $Z \geqslant 0$ 时 $I(Z)=0$，即当样本点落入失效域时 $I(Z)$ 取 1，当样本点落入可靠域时 $I(Z)$ 取 0。式（3-74）表示结构失效频率的期望值。

对随机变量 $X_1, X_2, \cdots, X_n$ 进行抽样产生 N 个样本向量 $(x_1^{(1)}, x_2^{(1)}, \cdots, x_n^{(1)})$，$(x_1^{(2)}, x_2^{(2)}, \cdots, x_n^{(2)})$，$\cdots$，$(x_1^{(N)}, x_2^{(N)}, \cdots, x_n^{(N)})$，根据式（3-74），按下式计算结构失效概率的估计值为

$$\hat{p}_f = \frac{1}{N} \sum_{j=1}^{N} I[g_X(x_1^{(j)}, x_2^{(j)}, \cdots, x_n^{(j)})] = \frac{N_f}{N} \tag{3-75}$$

其中

$$N_f = \sum_{j=1}^{N} I[g_X(x_1^{(j)}, x_2^{(j)}, \cdots, x_n^{(j)})] \tag{3-76}$$

表示 N 次模拟中 $Z<0$ 的次数，即结构失效的次数。

由式（3-75）可以看出，用蒙特卡洛方法模拟结构的失效概率时，不需计算功能函数的导数，也不需考虑极限状态曲面的形状和复杂性，只需根据随机抽取的样本值计算功能函数的值，并判断该值是大于 0 还是小于 0 即可。

在有限的模拟次数下，由式（3-75）得到结构失效概率估计值是一个随机变量，其平均值为

$$
\begin{aligned}
\mu_{\hat{p}_f} = E(\hat{p}_f) &= \frac{1}{N} \sum_{j=1}^{N} E\{I[g_X(x_1^{(j)}, x_2^{(j)}, \cdots, x_n^{(j)})]\} \\
&= \frac{1}{N} \times N \times E\{I[g_X(x_1, x_2, \cdots, x_n)]\} = p_f
\end{aligned}
\tag{3-77}
$$

所以，失效概率估计值 $\hat{p}_f$ 是失效概率真实值 p_f 的无偏估计。

由式（3-75）估计的失效概率的方差为

$$\sigma_{\hat{p}_f}^2 = E[\hat{p}_f - E(\hat{p}_f)]^2 = \frac{1}{N}(p_f - p_f^2) \tag{3-78}$$

上式的推导见参考文献［2,5］。估计的失效概率的变异系数为

$$\delta_{\hat{p}_f} = \frac{\sigma_{\hat{p}_f}}{\mu_{\hat{p}_f}} = \sqrt{\frac{1-p_f}{Np_f}} \tag{3-79}$$

当规定了要求的模拟精度（即变异系数）后，按下式近似估计需要的模拟次数：

$$N = \frac{1-p_f}{\delta_{\hat{p}_f}^2 p_f} \tag{3-80}$$

式（3-79）和式（3-80）表示了结构失效概率的模拟精度 $\delta_{\hat{p}_f}$ 或模拟次数 N 与真实失效

概率 p_f 之间的关系，图 3-10 给出了 $\hat{p}_f$ 是 10^{-1}、10^{-2} 或 10^{-4} 时模拟次数 N 对应的 $\delta_{\hat{p}_f}$ 的估计结果。可以看出，$\delta_{\hat{p}_f}$ 与 N 的平方根成反比，即如果要求模拟的精度按线性规律提高，则模拟的次数应按平方的规律增加。另外，在采用式（3-79）和式（3-80）估计结构的失效概率时，需要结构的真实失效概率 p_f，但真实失效概率 p_f 正是要求的，这时可用对其模拟得到的估计值 $\hat{p}_f$ 代替。对于实际的工程结构，失效概率的范围为 $p_f = 10^{-3} \sim 10^{-5}$，这样为达到变异系数为 $\delta_{\hat{p}_f} = 0.1$ 的模拟

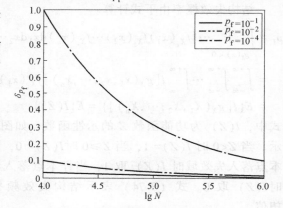

图 3-10　失效概率估计值变异系数与模拟次数的关系

精度，需要的模拟次数为 $N = 10^5 \sim 10^7$，由此可见，计算量相当大。所以，一般抽样法只用于对结构可靠度估计精度要求不高或可靠度本身不高的情况。

用一般抽样法估计结构失效概率的步骤如下：

1）根据结构失效概率的量级和要求的模拟精度，由式（3-80）预估需要的模拟次数 N。
2）利用附录 B 的方法产生随机变量的 N 组样本向量。
3）由式（3-76）计算 N 次模拟中结构失效的次数 N_f。
4）由式（3-75）估计结构的失效概率。

【例 3-10】 已知某结构的功能函数为 $g_X(X_1, X_2, \cdots, X_3) = X_3 - \sqrt{300X_1^2 + 19.2X_2^2}$，其中 X_1 服从对数正态分布，平均值和变异系数为 $\mu_{X_1} = 1.0$，$\delta_{X_1} = 0.16$；X_2 服从极值 I 型分布，平均值和标准差为 $\mu_{X_2} = 20$，$\sigma_{X_2} = 2$；X_3 服从韦布尔分布，平均值和标准差为 $\mu_{X_3} = 48$，$\sigma_{X_3} = 3$。用一般抽样方法估计结构的失效概率。

解　X_1 服从对数正态分布，其对数的平均值和标准差分别为

$$\mu_{\ln X_1} = \ln \frac{\mu_{X_1}}{\sqrt{1+\delta_{X_1}^2}} = \ln \frac{1.0}{\sqrt{1+0.16^2}} = -0.0126$$

$$\sigma_{\ln X_1} = \sqrt{\ln(1+\delta_{X_1}^2)} = \sqrt{\ln(1+0.16^2)} = 0.1589$$

产生随机数 r_1，利用反函数方法，由下式

$$F_{X_1}(x_1) = \Phi\left(\frac{\ln x_1 - \mu_{\ln X_1}}{\sigma_{\ln X_1}}\right) = r_1$$

得 X_1 的样本值，即

$$x_1 = \exp[\mu_{\ln X_1} + \sigma_{\ln X_1} \Phi^{-1}(r_1)] = \exp[-0.0126 + 0.1589\Phi^{-1}(r_1)]$$

X_2 服从极值 I 型分布，其概率分布函数的参数为

$$\alpha = \frac{\pi}{\sqrt{6}\,\sigma_{X_2}} = \frac{3.14}{\sqrt{6} \times 2} = 0.6413$$

$$u = \mu_{X_2} - \frac{0.5772}{\alpha} = 20.0 - \frac{0.5772}{0.6413} = 19.0999$$

产生随机数 r_2，利用反函数方法，由下式

$$F_{X_2}(x_2) = \exp\{-\exp[-\alpha(x_2 - u)]\} = r_2$$

得 X_2 的样本值，即

$$x_2 = u - \frac{\ln(-\ln r_2)}{\alpha} = 19.0999 - \frac{\ln(-\ln r_2)}{0.6413}$$

X_3 服从韦布尔分布，由下列公式

$$\mu_{X_3} = \Gamma\left(\frac{1}{\kappa} + 1\right)\lambda^{-\frac{1}{\kappa}}$$

$$\sigma_{X_3}^2 = \lambda^{-\frac{2}{\kappa}}\left\{\Gamma\left(\frac{2}{\kappa} + 1\right) - \left[\Gamma\left(\frac{1}{\kappa} + 1\right)\right]^2\right\}$$

得其概率分布函数的参数为 $\kappa = 19.8269$，$\lambda = 2.7104 \times 10^{-34}$。

产生随机数 r_3，利用反函数方法，由下式

$$F_{X_3}(x_3) = 1 - \exp(-\lambda x_x^{\kappa}) = r_3$$

得 X_3 的样本值，即

$$x_3 = \left[-\frac{\ln(1 - r_3)}{\lambda}\right]^{\frac{1}{\kappa}} = 49.3175[-\ln(1 - r_3)]^{0.0504}$$

第一次产生 3 个随机数 $r_1^{(1)} = 0.0135$，$r_2^{(1)} = 0.0573$，$r_3^{(1)} = 0.0508$，由上面的公式得 $x_1^{(1)} = 0.6947$，$x_2^{(1)} = 17.4615$，$x_3^{(1)} = 42.4891$。功能函数的值为

$$g_X(x_1^{(1)}, x_2^{(1)}, x_3^{(1)}) = x_3^{(1)} - \sqrt{300(x_1^{(1)})^2 + 1.92(x_2^{(1)})^2}$$

$$= 42.4891 - \sqrt{300 \times 0.6947^2 + 1.92 \times 17.4615^2} = 15.4667 > 0$$

从而

$$I[g_X(x_1^{(1)}, x_2^{(1)}, x_3^{(1)})] = 0$$

第 2 次产生 3 个随机数 $r_1^{(2)} = 0.9027$，$r_2^{(2)} = 0.9881$，$r_3^{(2)} = 0.0226$，得 $x_1^{(2)} = 1.2136$，$x_2^{(2)} = 26.0068$，$x_3^{(2)} = 40.7563$。功能函数的值为

$$g_X(x_1^{(2)}, x_2^{(2)}, x_3^{(2)}) = x_3^{(2)} - \sqrt{300(x_1^{(2)})^2 + 1.92(x_2^{(2)})^2}$$

$$= 40.7563 - \sqrt{300 \times 1.2136^2 + 1.92 \times 26.0068^2} = -0.9622 < 0$$

从而

$$I[g_X(x_1^{(2)}, x_2^{(2)}, x_3^{(2)})] = 1$$

重复上述过程 10000 次，结构失效的次数 $N_f = 18$。所以结构失效概率的估计值为

$$\hat{p}_f = \frac{N_f}{N} = \frac{18}{10000} = 1.8 \times 10^{-3}$$

以 $\hat{p}_f$ 代替 p_f，由式（3-73）估计的 $\hat{p}_f$ 的变异系数为

$$\delta_{\hat{p}_f} = \frac{\sigma_{\hat{p}_f}}{\mu_{\hat{p}_f}} = \sqrt{\frac{1-\hat{p}_f}{N\hat{p}_f}} = \sqrt{\frac{1-1.8\times10^{-3}}{10000\times1.8\times10^{-3}}} = 0.2355$$

【例 3-11】 某种类型薄壁压力容器稳定的功能函数为

$$g_X(E, e, L_s, h_w, e_w, w_f, e_f) = p_n - p_0$$

其中

$$p_n = \frac{Ee}{R\left[n^2-1+0.5\left(\frac{\pi R}{L_c}\right)^2\right]\left[n^2\left(\frac{L_c}{\pi R}\right)^2+1\right]^2} + \frac{n^2-1}{R^3 L_s}EI_c, p_0 = 7038675\text{Pa}$$

$$I_c = \frac{e^3 L_e}{3} + I_s + A_s\left(\frac{e}{2}+R-R_s\right)^2 - A_c X_c^2, L_e = R\frac{1.56\sqrt{\frac{e}{R}}}{\sqrt{\sqrt{1+\frac{n^4}{2}\left(\frac{e}{R}\right)^2+\frac{n^2}{\sqrt{3}}\left(\frac{e}{R}\right)}}}$$

$$I_s = \frac{e_w h_w^3}{12} + e_w h_w\left(R-\frac{e+h_w}{2}-R_s\right)^2 + \frac{w_f e_f^3}{12} + w_f e_f\left(R-h_w-\frac{e_f+e}{2}-R_s\right)^2$$

$$A_s = e_w h_w + w_f e_f, A_c = A_s + e L_e, X_c = \frac{1}{A_c}\left(\frac{e^2}{2}L_e + A_s\left[\frac{e}{2}+R-R_s\right]\right)$$

$$R_s = \frac{1}{A_s}\left[h_w e_w\left(R-\frac{e+h_w}{2}\right)+w_f e_f\left(R-h_w-\frac{e_f+e}{2}\right)\right]$$

$$n=2, L_c=15\text{m}, R=2.488\text{m}$$

式中，p_n 为压力容器可承受的稳定压力；p_0 为作用于压力容器的压力；E、e、L_s、h_w、e_w、w_f 和 e_f 为服从正态分布的随机变量，其平均值和标准差见表 3-7。计算压力容器的失效概率。

表 3-7 例 3-11 随机变量的统计参数

随机变量	概率分布	平均值	标准差	随机变量	概率分布	平均值	标准差
E	正态	2×10^{11} Pa	4×10^9 Pa	e_w	正态	10mm	0.3mm
e	正态	24mm	0.72mm	w_f	正态	119.7mm	3.59mm
L_s	正态	600mm	18mm	e_f	正态	24mm	0.72mm
h_w	正态	156mm	4.68mm	—	—	—	—

解 本例的功能函数非常复杂，公式多层嵌套，如果采用一次二阶矩法计算可靠指标，计算功能函数的一阶导数比较困难。因此，采用蒙特卡洛模拟的一般抽样法进行分析。模拟次数 $N=1000$，得失效概率的估计值 $\hat{p}_f = 1.5603\times10^{-1}$。

3.4.2 重要抽样方法

式（3-79）已经表明，对于小概率事件的结构失效问题，在模拟次数不多的情况下，一般抽样法的精度不高，如果增加模拟次数，则次数需要以二次方的比例增加，模拟效率不高。图 3-11 说明了造成这种情况的原因。图中的同心椭圆表示联合概率密度函数的等值线，圆心（黑点处）为联合概率密度函数的最大值点，即最大似然点，该点一般在随机变量的众值处或平均值附近。当按一般抽样方法对随机变量进行抽样时，样本点落在最大似然点处

的概率最大，所以抽取的样本点大部分落在该点附近。而按照结构安全设计的要求，结构失效为小概率事件，也就是说设计结构时要使最大似然点在可靠域内，且远离失效边界。在这种情况下，模拟中只有少数或极少数（取决于结构失效概率的大小）的样本点落入失效域内，落入失效域的样本点越少，失效概率估计值的不确定性越大，从而失效概率估计值的精度越低。例如，采用一般抽样法进行结构可靠度模拟时，经常遇到这样的情况，进行了一定次数的模拟，仍然没有一个点落入失效域内，此时的失效概率估计值为0，显然不能反映结构可靠度的真实结果。

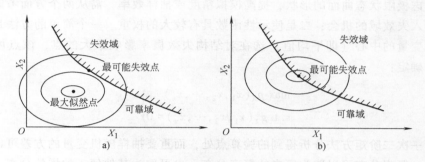

图 3-11 一般抽样和重要抽样的概念

a）一般抽样 b）重要抽样

提高蒙特卡洛模拟精度或抽样效率的一个途径是减小失效概率估计值的变异系数，在结构可靠度蒙特卡洛模拟中，常用的方法是重要抽样法，本节介绍的重要抽样法是其中最为简单的一种重要抽样法。

重要抽样法是通过改变抽样中心的位置或用新的概率分布对随机变量进行抽样，估计失效概率的值，从而达到减小变异系数的目的。假定用 $p_X(x_1, x_2, \cdots, x_n)$ 作为新的概率密度函数进行抽样，则根据式（3-74），结构失效概率的表达式可另写为

$$p_f = \int_{-\infty}^{+\infty} \int_{-\infty}^{+\infty} \cdots \int_{-\infty}^{+\infty} \frac{I[g_X(x_1, x_2, \cdots, x_n)] f_{X_1}(x_1) f_{X_2}(x_2) \cdots f_{X_n}(x_n)}{p_X(x_1, x_2, \cdots, x_n)} \times$$

$$p_X(x_1, x_2, \cdots, x_n) dx_1 dx_2 \cdots dx_n$$

$$= E\left\{ \frac{I[g_X(X_1, X_2, \cdots, X_n)] f_{X_1}(X_1) f_{X_2}(X_2) \cdots f_{X_n}(X_n)}{p_X(X_1, X_2, \cdots, X_n)} \right\} \tag{3-81}$$

用 $p_X(x_1, x_2, \cdots, x_n)$ 进行随机抽样、得到 N 个样本向量后，按下式估计结构的失效概率

$$\hat{p}_f = \frac{1}{N} \sum_{j=1}^{N} \frac{I[g_X(x_1^{(j)}, x_2^{(j)}, \cdots, x_n^{(j)})] f_{X_1}(x_1^{(j)}) f_{X_2}(x_2^{(j)}) \cdots f_{X_n}(x_n^{(j)})}{p_X(x_1^{(j)}, x_2^{(j)}, \cdots, x_n^{(j)})} \tag{3-82}$$

将式（3-82）与式（3-75）比较可见，在重要抽样法的失效概率估计值表达式中，结构示性函数多了一个修正项，或示性函数的权重不再为1。失效概率估计值 $\hat{p}_f$ 仍是一个随机变量，其平均值和方差的推导过程与式（3-77）和式（3-78）类似，得

$$\mu_{\hat{p}_f} = E\hat{p}_f = p_f \tag{3-83}$$

$$\sigma_{\hat{p}_f}^2 = E(\hat{p}_f - E\hat{p}_f)^2$$

$$= \frac{1}{N} \left\{ \int_{-\infty}^{+\infty} \frac{I[g_X(x_1, x_2, \cdots, x_n)][f_{X_1}(x_1)f_{X_2}(x_2)\cdots f_{X_n}(x_n)]^2}{p_X(x_1, x_2, \cdots, x_n)} dx_1 dx_2 \cdots dx_n - p_f^2 \right\} \tag{3-84}$$

在前面讨论一般抽样方法时已经指出，一般抽样法抽样效率不高的原因是抽样的中心偏离极限状态曲面较远，以致很少的样本点落入失效域内。结合对重要抽样法分析得出的结论，如不考虑极限状态曲面的形状，提高模拟精度或抽样效率，需从两个方面考虑：一是增大样本点落入失效域的机会；二是使示性函数具有较大的权重。一个简单的方法是直接将重要抽样随机变量的中心（即平均值）选在对结构失效概率影响最大的点，该点可通过如下的优化方法确定：

$$\begin{rcases} \max p_X(x_1, x_2, \cdots, x_n) \\ \text{s. t. } g_X(x_1, x_2, \cdots, x_n) = 0 \end{rcases} \tag{3-85}$$

也可选在由一次二阶矩方法分析得到的验算点处，而重要抽样随机变量的方差可以取原随机变量的方差，概率分布可以取为原来的概率分布，也可取为其他便于抽样的分布。实际分析中，多取正态分布，这是因为正态随机变量已有很多标准的抽样方法，且正态分布具有很多良好的性质，便于做更进一步的分析。

需要说明的是，如果将验算点作为重要抽样法的随机变量的抽样中心，首先需要确定验算点，而在用一次二阶矩方法求验算点的过程中也同时得到了可靠指标 β，进而得到一次失效概率 p_{f1}，但这并不意味着用蒙特卡洛方法估计结构失效概率就失去了意义。事实上，一次失效概率 p_{f1} 只是用线性极限状态面代替原非线性极限状态曲面进行分析得到的结果，其与精确结果的误差取决于原极限状态曲面的非线性程度，而在有些情况下，也正是需要用重要抽样法来分析这种误差，判断 p_{f1} 的准确性。

上面的重要抽样策略只是一种直观的想法，同一般抽样法一样，真正判断重要抽样效果好坏的指标是失效概率估计值的变异系数 $\delta_{\hat{p}_f}$，在相同的抽样次数下，变异系数 $\delta_{\hat{p}_f}$ 越小，模拟精度或抽样效率越高。做精确的分析是困难的。如果将抽样中心取为一次二阶矩方法分析得到的验算点，则由重要抽样法得到的失效概率估计值的方差近似为

$$\sigma_{\hat{p}_f}^2 \approx \frac{1}{N} \left\{ \exp(\beta^2) \Phi(-2\beta) - p_f^2 \right\} \tag{3-86}$$

其中 p_f 可用 $\hat{p}_f$ 代替。

对于线性功能函数且随机变量服从正态分布的情况，在相同的抽样次数 N 下，表3-8 给出了不同可靠指标 β 时，由式（3-84）计算的重要抽样法失效概率估计值的方差与根据式（3-78）计算的一般抽样法失效概率估计值方差的比值。从表中结果可以看出，与一般抽样法相比，重要抽样法抽样效率的提高与失效概率的大小有关，失效概率越小，重要抽样法的效率越高；当 $\beta = 0$ 时，重要抽样法与一般抽样法的抽样中心是相同的，因而其抽样效率是一致的。对于非线性极限状态方程及随机变量不服从正态分布的情形，分析得到的基本结论是一致的，但还与极限状态方程的非线性程度有关。

表 3-8 重要抽样法与一般抽样法失效概率估计值方差之比

可靠指标 β	0	1	2	3	4	5
重要抽样法与一般抽样法方差之比	1.0	5.2×10^{-1}	2.3×10^{-1}	6.7×10^{-2}	1.2×10^{-2}	1.3×10^{-3}

式（3-86）提供了重要抽样法失效概率估计值方差的近似估算方法。对于一个具体的可靠度模拟问题，失效概率估计值的方差也可由抽样得到的样本值估算：

$$\sigma_{\hat{p}_f}^2 = \frac{1}{N}\left\{\frac{1}{N}\sum_{j=1}^{N}I\big[g_X(x_1^{(j)},x_2^{(j)},\cdots x_n^{(j)})\big]\left[\frac{f_{X_1}(x_1^{(j)})f_{X_2}(x_2^{(j)})\cdots f_{X_n}(x_n^{(j)})}{p_X(x_1^{(j)},x_2^{(j)},\cdots,x_n^{(j)})}\right]^2 - \hat{p}_f^2\right\} \quad (3\text{-}87)$$

用重要抽样法估计结构失效概率的步骤如下：

1）由式（3-85）的分析或借助于一次二阶矩方法，确定重要抽样中心（可取一次二阶矩分析得到的验算点）。

2）选取用于重要抽样的概率分布，可选为原来的概率分布，也可选为正态分布。不管取何种分布，其平均值均取为重要抽样中心的值。

3）根据选取的重要抽样分布产生 N 个样本向量。

4）分别由式（3-82）和式（3-84）或式（3-87）估计结构的失效概率和失效概率估计值的方差。

【例 3-12】 用重要抽样法估计例 3-10 的结构失效概率。

解 由例 3-10 知，结构功能函数为

$$g_X(X_1,X_2,X_3)=X_3-\sqrt{300X_1^2+1.92X_2^2}$$

其中随机变量 X_1、X_2 和 X_3 的概率密度函数分别为

$$f_{X_1}(x_1)=\frac{1}{0.1589\sqrt{2\pi}x_1}\exp\left[-\frac{1}{2}\left(\frac{\ln x_1+0.0126}{0.1589}\right)^2\right]$$

$$f_{X_2}(x_2)=0.6413\exp\{-0.6413(x_2-19.09999)-\exp[-0.6413(x_2-19.0999)]\}$$

$$f_{X_3}(x_3)=5.3739\times10^{-33}x_3^{18.8269}\exp(-2.7104\times10^{-34}x_3^{19.8269})$$

验算点坐标值为 $x_1^*=1.0924$，$x_2^*=24.8159$，$x_3^*=39.2481$。

以 $\mu_{X_1}=x_1^*$、$\mu_{X_2}=x_2^*$、$\mu_{X_3}=x_3^*$ 为平均值，标准差不变（仍取 $\sigma_{X_1}=0.16$，$\sigma_{X_2}=2$，$\sigma_{X_3}=3$），构造 X_1、X_2 和 X_3 的重要抽样概率密度函数

$$p_{X_1}(x_1)=\frac{1}{0.16\sqrt{2\pi}}\exp\left[-\frac{1}{2}\left(\frac{x_1-1.0924}{0.16}\right)^2\right]$$

$$p_{X_2}(x_2)=\frac{1}{2\sqrt{2\pi}}\exp\left[-\frac{1}{2}\left(\frac{x_2-24.8159}{2}\right)^2\right]$$

$$p_{X_3}(x_3)=\frac{1}{3\sqrt{2\pi}}\exp\left[-\frac{1}{2}\left(\frac{x_3-39.2481}{3}\right)^2\right]$$

第一次产生 3 个随机数 $r_1^{(1)}=0.0135$，$r_2^{(1)}=0.0573$，$r_3^{(1)}=0.0508$，由反函数法得 $x_1^{(1)}=0.7386$，$x_2^{(1)}=21.6601$，$x_3^{(1)}=34.3353$。功能函数的值为

$$g_X(x_1^{(1)},x_2^{(1)},x_3^{(1)})=x_3^{(1)}-\sqrt{300x_1^{(1)2}+1.92x_2^{(1)2}}=1.7097>0$$

从而 $I[g_X(x_1^{(1)},x_2^{(1)},x_3^{(1)})]=0$，所以

$$I[g_X(x_1^{(1)},x_2^{(1)},x_3^{(1)})]\frac{f_{X_1}(x_1^{(1)})f_{X_2}(x_2^{(1)})f_{X_3}(x_3^{(1)})}{p_{X_1}(x_1^{(1)})p_{X_2}(x_2^{(1)})p_{X_3}(x_3^{(1)})}=0$$

第二次产生 3 个随机数 $r_1^{(2)}=0.9027$，$r_2^{(2)}=0.9881$，$r_3^{(2)}=0.0226$，由反函数法得 $x_1^{(2)}=$ 1.2999，$x_2^{(2)}=29.3396$，$x_3^{(2)}=33.2373$。功能函数的值为

$$g_X(x_1^{(2)},x_2^{(2)},x_3^{(2)})=x_3^{(2)}-\sqrt{300x_1^{(2)^2}+1.92x_2^{(2)^2}}=-13.2353<0$$

从而 $I[g_X(x_1^{(2)},x_2^{(2)},x_3^{(2)})]=1$，同时求得

$$f_{X_1}(x_1^{(2)})=4.3274\times10^{-1},f_{X_2}(x_2^{(2)})=9.0086\times10^{-4},f_{X_3}(x_3^{(2)})=2.3867\times10^{-4}$$
$$p_{X_1}(x_1^{(2)})=1.0752,p_{X_2}(x_2^{(2)})=1.5451\times10^{-2},p_{X_3}(x_3^{(2)})=1.7867\times10^{-2}$$

所以

$$I[g_X(x_1^{(1)},x_2^{(1)},x_3^{(1)})]\frac{f_{X_1}(x_1^{(2)})f_{X_2}(x_2^{(2)})f_{X_3}(x_3^{(2)})}{p_{X_1}(x_1^{(2)})p_{X_2}(x_2^{(2)})p_{X_3}(x_3^{(2)})}=3.1332\times10^{-4}$$

分别重复上述过程 10 次、100 次和 1000 次，由式（3-82）得结构失效概率的估计值分别为 $\hat{p}_f=1.5088\times10^{-3}$、$\hat{p}_f=1.3445\times10^{-3}$ 和 $\hat{p}_f=1.6872\times10^{-3}$。将本例重要抽样法的模拟结果与例 3-10 一般抽样法的模拟结果比较，可以看出，重要抽样法在模拟次数不多时就能获得比较好的估计结果，显示了其优越性，但要做较多的前期准备工作。

第4章

结构上的作用和作用效应

建筑物作为一个实体，在建造和使用过程中要承受其本身及外来的各种作用。建筑物本身的作用是其自重，如结构构件和装饰层的自重，很多建筑物的自重是其主要荷载，如大跨度桥梁、高层建筑等。外来的作用包括建筑结构楼面上的人群荷载和各种物品的重力、工业厂房楼层上设备的重力、公路桥梁上的汽车和人群荷载，作用于结构的风荷载、雪荷载及温度变化、基础不均匀沉降等。这些作用将使结构或结构构件产生了各种形式的内力和变形。另外，在国际标准《结构可靠性总原则》（ISO 2394：1998）和我国《工程结构可靠性设计统一标准》（GB 50153—2008）中，将环境影响也看作是作用的一种形式，因为环境会使结构材料的性能发生变化，降低结构的耐久性和工作寿命，影响结构的安全性和使用性能。环境影响可分为永久影响、可变影响和偶然影响。例如，处于海洋环境中的混凝土结构，氯离子对钢筋的锈蚀作用是永久影响，空气湿度对木材强度的影响是可变影响。本章首先介绍作用、作用分类和作用效应的基本概念，然后论述作用的统计分析方法和概率模型、作用组合及作用代表值。

4.1 作用的概念和分类

4.1.1 作用的概念

作用是指施加在结构上的集中力或分布荷载，以及引起结构外加变形或约束变形的原因。作用是一个总称，包括直接作用和间接作用。直接作用为结构上的集中力或分布荷载，如结构构件的自重、楼面上的人群荷载和物品的重力、桥梁上车辆的重力、风吹在建筑物上产生的压力、雪积聚在屋面产生的压力等，习惯上称为荷载。间接作用为引起结构外加变形或约束变形的原因，如基础不均匀沉降、温度变化、焊接变形等。

一般情况下，一个完整的作用模型应能够描述该作用的一些基本特征，如强度、位置、方向和持续时间等。多数情况下作用的强度可用一个量来描述，有些情况下则需要多个强度代表值描述，如在结构疲劳分析中，需要明确应力波动的完整历程，通常以统计的形式描述，给出应力幅和相应的循环次数。

在国际标准《结构可靠性总原则》（ISO 2394：1998）和我国《工程结构可靠性设计统一标准》（GB 50153—2008）中，用下面的数学模型描述荷载的量值

$$F = \varphi(F_0, \omega) \tag{4-1}$$

式中，F 为结构上的作用；$\varphi(\cdot)$ 为所采用的函数；F_0 为基本作用，通常具有随时间和空间的变异性（随机的或非随机的），但一般与结构的性质无关；w 为用以将 F_0 转化为 F 的随机或非随机变量，它与结构的性质有关。

例如，按照《建筑结构荷载规范》（GB 50009—2012），垂直作用于建筑物的风压可按下式计算：

$$w = \beta_z \mu_s \mu_z w_0 \tag{4-2}$$

式中，β_z 为高度 z 处的风振系数；μ_s 为风荷载体型系数；μ_z 为风压高度变化系数；w_0 为基本风压。

在式（4-2）中，w_0 为 F_0，与结构本身无关；β_z、μ_s 和 μ_z 为 ω，是与结构动力性能、结构体型和结构高度有关的量。

说明： 式（4-1）只是荷载模型的一种形式，有些情况下荷载可能并不能用该式表示。

某些结构上的作用，如楼面（桥面）上活荷载与风荷载，它们各自出现与否以及数值大小，在时间上和空间上彼此互不相关，故称为在时间上和空间上互相独立的作用。在计算这些作用的效应和对它们进行组合时，可按单独的作用处理。有些结构上的作用有一定的相关性，如海上结构的风荷载和波浪力，在计算这些作用的效应和对它们进行组合时，需考虑它们的相关性。

4.1.2　作用的分类

为便于对作用进行描述，工程中将结构上的作用分为不同类别。分类的方法包括按时间变异的分类、按空间位置变异的分类、按结构反应的分类和按有无限值的分类。

1. 按时间变异的分类

按时间变异的分类，是对作用最基本的分类，因为它直接关系到概率模型的选择，而且按概率极限状态设计时，所采用的作用代表值要考虑其出现的持续时间。

按时间变异的特点可分为：

（1）永久作用　永久作用是指在设计所考虑的时期内始终存在且其量值变化与平均值相比可以忽略不计的作用，或其变化是单调的并趋于某个限值的作用。这一定义从两个层面描述了永久作用，一是永久作用的量值在设计使用年限内基本保持不变，随机性只是表现在量值大小的变异上，如结构施工质量差别引起的自重的变异性；另一个是作用的量值可能变化，但是向一个方向单调变化的，并在一定时间内趋于稳定，如预应力混凝土结构或构件的预应力。对于预应力混凝土结构或构件，在完成预应力筋放张和锚固后，由于混凝土收缩、徐变和预应力筋自身的松弛，预应力随时间增长发生时变损失，当达到一定时间预应力损失不再明显时，将预应力筋作用于结构的力视为永久作用。永久作用一般用 G 表示。对于不同的工程结构，有不同的永久作用。

建筑工程中的永久作用包括结构构件自重、墙体自重、楼面找平层重力、屋面保温层和防水层重力、楼面上固定设备的重力、预应力等。

港口工程中的永久作用包括结构或结构构件的自重、码头面磨耗层重力、固定设备重力、土重力及产生的土压力、固定水位的静水压力及浮托力、预应力等。

公路桥梁中的永久作用包括结构重力、预加应力、土重力及其产生的土压力、混凝土收缩及徐变影响力、基础变位影响力、水的浮力等；公路隧道中的永久作用包括松散土压力、围岩变形压力、水压力、混凝土收缩和徐变等；公路路面中的永久作用主要是路面材料自重。

水利水电工程中的永久作用包括结构自重和永久设备自重、土重力及其产生的土压力、淤沙压力（有排沙设施时可列为可变作用）、地应力、围岩压力和预应力等。

铁路工程中的永久作用包括结构自重、非承重结构部件的全部材料重力、自重产生的最终土压力、结构施工方式引起最终变形的间接作用、混凝土收缩或钢材焊接变形产生的间接作用、水位不变的水压力、支座沉陷和地基沉降形成的间接作用、预应力等。

（2）可变作用　可变作用是指在设计使用年限内其量值随时间变化，且变化与平均值相比不可忽略不计的作用。可变作用的特点是其统计规律与时间有关。可变作用一般用 Q 表示。同样，不同工程结构上的可变作用也是不同的。

建筑工程中的可变作用包括楼面活荷载（持久性活荷载和临时性活荷载）、屋面活荷载、风荷载、雪荷载、积灰荷载、工业厂房的起重机荷载等。

港口工程中的可变作用包括堆货荷载（一般件杂货、集装箱荷载）、流动起重机荷载、运输机械荷载、汽车荷载、铁路荷载、缆车荷载、人群荷载、码头上的荷载产生的土压力、船舶荷载（系缆力、挤靠力和撞击力）、风荷载、水流力、波浪力、冰荷载和施工荷载等。

水利水电工程中的可变作用包括静水压力、扬压力（包括渗透压力和浮托力）、动水压力（包括水流离心力、水流冲击力、脉动压力等）、水锤压力、浪压力、外水压力、风荷载、雪荷载、冰压力（包括静冰压力和动冰压力）、冻胀力、楼面（平台）活荷载、桥式起重机和门式起重机荷载、温度作用、土壤孔隙水压力和灌浆压力等。

公路桥梁中的可变作用包括汽车重力及其引起的土压力、汽车冲击力、离心力、人群的重力、平板挂车或履带车的重力及其引起的土侧压力、风力、汽车制动力、流水压力、冰压力、温度作用力、支座摩阻力等；公路隧道中的可变作用包括变化频繁的水压力、温度作用、冲击力、灌浆压力、冻胀力等；公路路面中的可变作用包括车辆荷载、温度变化等。

铁路工程中的可变作用包括机车车辆荷载及其他可移动荷载、某些施工阶段结构某些部分的自重、安装荷载、风荷载、温度变化及温差产生的约束作用、小于地区基本烈度的多遇地震、水位变化的水压力和波浪力等。

（3）偶然作用　偶然作用是指在设计使用年限内不一定出现，而一旦出现其量值很大，且持续期很短的作用。偶然作用的出现带有偶然性，不容易进行统计分析，我国《港口工程结构可靠性设计统一标准》（GB 50158—2010）和日本的《建筑及公共设施结构设计基础》将偶然作用定义为很难通过概率和统计方法预测，但又不能忽略的作用。不同工程结构遭受的偶然作用是不同的。

建筑工程中的偶然作用包括车辆撞击、火灾、爆炸和罕遇烈度的地震作用等。

港口工程中的偶然作用包括船舶的非正常撞击、火灾和天然气爆炸等。

水利水电工程中的偶然作用主要是校核洪水水位时的静水压力。

公路桥梁中的偶然作用包括船舶或漂流物撞击力；公路隧道中的偶然作用包括岩爆冲击、落石冲击等；公路路面中的偶然作用主要是落石冲击力。

铁路工程中的偶然作用包括船舶撞击力、机车车辆脱轨力、长轨断裂力、滑坡和泥石流和罕遇烈度地震作用等。

在按随时间的变异性对作用进行的分类中，包括了地震作用。地震是由地壳构造板块的断裂、变形或相邻板块间的相互挤压、摩擦产生的，地震作用是地球内部这种构造变化积累的能量和应力在瞬间释放中以波的形式传递给结构的过程。强烈的地震会使大量建筑物和构筑物倒塌，造成人民生命、财产的巨大损失，因而地震学和工程结构的抗震设计，一直是世界上多地震国家研究的重要课题。

地震的强度有多种描述方法。震级是地震强度的物理度量，主要根据记录的数据通过计算分析得到，反映的是一次地震释放的总能量。图4-1所示为地震释放能量与其他现象释放能量的对比。地震震级的标度通常以地震仪记录的振幅为基础描述，包括里克特局部震级 M_L、面波震级 M_S、短周期体波震级 m_b、长周期体波震级 m_B 和日本气象厅震级 M_J。里克特局部震级 M_L 是媒体报道中常用的震级描述；矩震级 M_W 根据地震矩计算得到，是对产生沿断层断裂面诸因素的直接度量，在工程设计中经常用到。

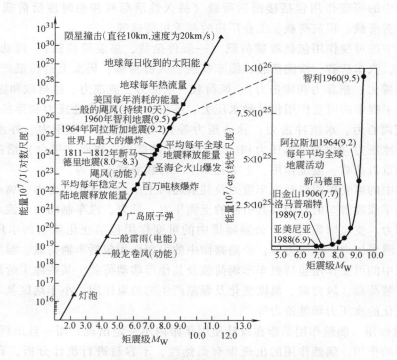

图4-1　地震释放能量与其他现象释放能量的对比

烈度是对地震破坏程度的量度，以人的反应和观察到的各种建筑物和地表破坏程度为依据。根据地震大小、震源距及局部场地条件的不同，其大小随场地位置而变。地震破坏及相应的烈度取决于地震的特性（加速度、持时和频率），以及被影响结构的固有频率和易损性。虽然烈度是定义特定场地地震破坏程度的最好的一个独立参数，但它不能用来作为动力分析的输入量。在许多情况下，特别是对历史性地震，它是表征地震唯一可用的参数。目前很多国家采用地面峰值加速度描述所考虑场地的地震强度。我国采用的是烈度和地面峰值加速度并行的方法。

地震作用与偶然作用有很多相似的特征，如大的地震作用也具有出现的可能性小，一旦出现则量值很大的特点，但与偶然作用不同的是，地震产生的作用还与结构本身的性质有关，结构的抗震设计方法与针对持久和短暂设计状况、偶然设计状况的设计方法是不同的。

因此，我国《工程结构可靠性设计统一标准》（GB 50153—2008）、欧洲规范《结构设计基础》（EN 1990：2002）和国际标准《结构可靠性总原则》（ISO 2394：2015）将地震作用单列出来，并提出了地震设计状况。第2章论述地震状况时已经对此进行了说明。

2. 按空间位置变异的分类

作用的空间位置不同，对作用效应的计算有明显的影响，设计中有时需要考虑作用的位置，因此有必要对作用按其空间位置的变异来分类。

（1）固定作用　固定作用是指在结构上具有固定空间分布的作用，当该作用在结构某一点上的大小和方向确定后，其在整个结构上的作用即得以明确。固定作用的特点是其在结构空间位置上具有固定分布，但其量值可能是随机的，如工业厂房楼面上位置固定的设备、屋面上的水箱等。

（2）自由作用　自由作用是指在结构上给定的范围内具有任意空间分布的作用。自由作用的特点是其出现的位置及量值都可能是随机的，如桥面上车辆荷载、工业厂房内的起重机荷载等。

说明：在结构设计中，作用是固定作用还是自由作用，并不是简单地根据其在结构上是否可以移动来判断，而是取决于在设计中作用是如何考虑的。例如，住宅建筑楼面上的活荷载包括常住人口的重力、常用的家具、生活用品、电器的自重等，虽然人在楼面上活动的位置是不固定的，家具的摆设也可能经常变化，但设计中并不考虑它们位置的变化，而是取用一个按楼面均匀化的均布荷载。所以，作用不从设计考虑而简单地考虑其具体位置是没有意义的。

3. 按结构反应的分类

作用按结构反应的分类，主要是因为进行结构分析时，对某些出现在结构上的作用需要考虑其动力效应（加速度反应）。

（1）静态作用　静态作用是指使产生的加速度反应可以忽略不计的作用。例如，结构自重、土重力及土压力、民用建筑楼面上的活荷载等。

（2）动态作用　动态作用指使产生的加速度反应不可忽略不计的作用。例如，工业厂房的起重机荷载、设备振动、作用在高层和高耸结构上风荷载的脉动部分、桥梁上车辆行驶产生的冲击作用及地震等。对于动态作用，可以通过动力分析来考虑其影响，如对于重要的结构进行地震作用下的弹塑性时程分析，也可以在结构设计时采用增大其量值（乘以动力系数）的方法后按静态作用处理，如对于一般的建筑结构按基于反应谱的底部剪力法或振型分解法进行抗震分析和设计，桥梁结构设计时用冲击系数考虑车辆荷载产生的冲击作用。

说明：将作用划分为静态作用或动态作用的原则，不单在于作用本身是否具有动力特性，而在于它是否使结构产生了不可忽略的加速度及加速度对结构产生的影响。例如，对于一些大型的公共建筑，人在楼面上活动可能会产生一定的动力效应，当进行承载能力极限状态设计时，动力效应对结构极限承载力的影响可以忽略不计，故仍应划为静态作用；当进行正常使用极限状态设计时，如果动力效应明显影响人的工作或使人产生心理不适，则应视为动态作用。

4. 按有无限值的分类

作用按有无限值的分类，包括有界作用和无界作用。

（1）有界作用　有界作用是指具有不能被超越的且可确切或近似掌握界限值的作用。

例如，水坝中的水对坝体的水平静压力属于有界作用，当水坝的水位达到坝顶时，水会溢出，其对水坝的作用达到最大值。

（2）无界作用 无界作用是指没有明确界限值的作用。设计中的大部分作用是无界作用，如车辆荷载、码头面堆货荷载等。

说明：有界作用与无界作用的划分并不在于能否预见到最大值，而在于预见到的最大值是否能够影响结构的设计。例如，住宅楼面活荷载的最大值是整个房间不留空隙地填满家具或生活用品时的最大荷载，但实际中不会出现这种情况，将这种状态作为作用的界限进行设计是不切实际的。所以，楼面活荷载是无界作用，设计中采用的荷载设计值会远远小于整个房间不留空隙地填满家具或生活用品时的最大荷载。当然，对于一些专门用作储藏室的房间或结构，应按实际情况考虑。

作用按有界和无界进行分类，主要是为避免设计考虑的作用及其量值出现不切实际的情况。例如，作用的设计值一般取作用的标准值乘以作用分项系数（见第6章），如果某些情况下按此计算的作用设计值超过了按实际情况确定的值，则应采用按实际情况确定的值。前面提到的大坝的静水压力和各种建筑物的地下水产生的浮托力可能就存在这种情况。

作用按随时间、空间位置、结构反应和有无限值进行分类反映了作用某一方面的特征，一个作用具有多方面的特征，按不同的特征进行划分将归入不同的类别。例如，结构或构件的自重按随时间的变异性划分属于永久作用，按空间位置的变异性划分属于固定作用，按结构反应划分属于静态作用，按有无界限划分属于无界作用。再如，桥梁上的车辆荷载按随时间的变异划分属于可变作用，按空间位置的变异性划分属于自由作用，按结构反应划分属于动态作用（需考虑冲击系数），按有无界限划分属于无界作用。

4.2 作用的概率模型及统计分析

作用是引起结构或结构构件失效的原因，是结构可靠性分析和设计的一个重要方面。作用是基本随机变量。如前所述，按作用不同的特征，作用有几种分类方法，由于作用随时间的变异性是作用最主要的特征，几乎在所有设计情况下都要考虑，所以，作用随时间的变化特征是设计中最为关心的，作用的统计分析和概率模型的研究也主要是针对随时间的变化进行的。采用随机变量或随机过程模型对作用进行描述，是本节论述的重点。如果作用的空间变异性比较明显，则需要采用随机场模型描述。

4.2.1 永久作用

1. 概率模型

永久作用不随时间发生变化或变化的幅度很小，可以视为一个随机变量，所以永久作用采用随机变量模型描述，如图4-2所示。永久作用的量值虽然不随时间发生变化或变化可以忽略不计，但并不是说永久作用是一个确定的量，而是说结构设计时采用的永久作用值是明确的，但结构竣工后的实际值与设计阶段采用的值不一致，这种差别导致的随机性不是表现在结构使用阶段，而是取决于结构建造过程。

永久作用有多种，其性质不同，概率分布也不同，所以不同的永久作用需要采用不同的随机变量模型进行描述。例如，对于结构或结构构件自重，可采用正态分布描述；对于主动土压力系数，可采用对数正态分布描述。

2. 统计分析

这里讨论的永久作用主要是结构或结构构件的自重。直接称取结构或结构的自重是困难的，甚至是不可行的，实际中是测量施工完成或使用中的结构或构件的尺寸，然后根据材料的重度进行计算。然而，简单地将计算得到的一批结构或

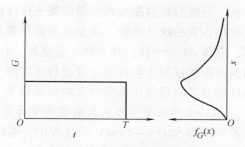

图 4-2　永久作用概率模型

构件的自重数据放在一起进行统计分析是不合理的，因为不同结构或构件设计中的尺寸就是不同的，其自重也是不同的，如此统计得到的变异性并不是施工、制作等过程产生结构或构件自重的变异性，而主要是结构或构件设计时自重的差别，这一结果对结构可靠性设计没有任何意义。可靠性设计关心的是结构或构件的实际自重与设计采用值的差别，因此应对这一差别进行统计分析。

假定结构或构件的自重为 G，其标准值为 G_k（按设计时图样上的尺寸和材料的重度计算得到），其比值为

$$K_G = \frac{G}{G_k} \tag{4-3}$$

式中，K_G 称为用结构或构件设计采用的标准化自重。可以看出，当 $G < G_k$ 时 $K_G < 1$，表示结构或构件的实际自重小于设计采用值；当 $G > G_k$ 时 $K_G > 1$，表示结构或构件的实际自重大于设计采用值；当 $G = G_k$ 时 $K_G = 1$，表示结构或构件的实际自重与设计采用值一致。因此，K_G 反映了结构或构件的实际自重偏离设计采用值的情况。将 G 标准化为 K_G，消除了因不同结构或构件设计采用值的不同而产生的差别，使所分析的数据构成一个总体，进而可以采用数理统计的方法进行统计分析。

按照概率论原理，式（4-3）的平均值和变异系数按下列公式计算

$$k_G = \frac{\mu_G}{G_k} \quad \delta_G = \delta_{K_G} \tag{4-4}$$

一般将 k_G 称为均值系数，该值可通过对计算得到的 K_G 的数据进行统计分析来估计。在 20 世纪八九十年代编制各行业结构可靠性设计统一标准的过程中，编制组对相关行业结构或构件的自重进行了大量的统计分析，给出 k_G 和 δ_G 的值。统计分析还表明，结构或构件的自重服从正态分布。

（1）建筑工程永久荷载的统计分析　1984 年，我国颁布了第一本可靠度标准《建筑结构设计统一标准》（GBJ 68—1984）。在编制该标准的过程中，编制组在荷载统计分析方面做了大量的工作，在全国六大区十七个省、自治区、市实测了大型屋面板、空心板、槽形板、F 形板和平板等钢筋混凝土预制构件共约 2667 块，以及找平层、垫层、保温层、防水层等 10000 多个测点的厚度和部分重度，总面积超过 20000m² 。对有代表性永久荷载实测数据的分析表明，G 服从正态分布，均值系数 $k_G = 1.06$，变异系数 $\delta_G = 0.074$。

（2）港口工程永久荷载的统计分析　在编制《港口工程结构可靠度设计统一标准》（GB 50158—1992）的过程中，标准编制组对港口混凝土结构构件的自重进行了实测和统计

分析。通过分析混凝土和钢筋混凝土构件的重度，结合构件尺寸的统计分析结果，计算确定了构件自重的统计参数。编制组在秦皇岛港、大连港和天津新港现场对混凝土重度进行了实测，获得 62 个子样；在天津、秦皇岛、石臼港、营口港、大连港、上海港和镇江港的多个码头对钢筋混凝土构件的重度进行了实测，获得 106 个子样。经分析，混凝土和钢筋混凝土构件的自重均服从正态分布，均值系数 $k_G = 1.02$，变异系数 $\delta_G = 0.04$。

（3）水利水电工程永久荷载的统计分析　在编制《水利水电工程结构可靠度设计统一标准》（GB 50199—1994）的过程中，编制组通过对水利水电工程结构永久荷载的实测和统计分析，表明永久荷载服从正态分布，均值系数 $k_G = 1.05$，变异系数 $\delta_G = 0.06$。

（4）公路工程永久荷载的统计分析　在编制《公路工程结构可靠度设计统一标准》（GB/T 50283—1999）的过程中，编制组对钢筋混凝土和预应力混凝土 T 形梁、箱梁和板的自重，桥面沥青混凝土和水泥混凝土的重度和厚度进行了调查实测。调查实测的范围遍及全国六大片区的十多个省、自治区、市，测量了 42 个桥梁工地和预制厂的构件重力，获得了 1488 个梁、板自重数据。从不同年代建成的 36 座桥梁上，测得了水泥混凝土和沥青混凝土桥面铺装层厚度数据 4140 个，重度数据 804 个，分布面积超过 2980m^2。对实测资料进行整理，剔除异常值，在此基础上做分布假设检验，表明永久荷载均不拒绝正态分布，均值系数 $k_G = 1.0148$，变异系数 $\delta_G = 0.0431$。

（5）铁路工程永久荷载的统计分析　铁路桥梁结构永久荷载包括梁自重和上部建筑及设备重（附加永久荷载）。在编制《铁路工程结构可靠度设计统一标准》（GB 50216—1994）的过程中，编制组对铁路系统内 5 家主要桥梁厂采样，按桥型和厂家分组进行测试和统计分析，表明永久荷载总体服从正态分布；对几条干线上混凝土简支梁道床断面采样统计，经检验也服从正态分布。铁路桥梁结构上永久荷载和附加永久荷载的统计参数见表 4-1。

表 4-1　铁路桥梁结构上永久荷载的均值系数和变异系数

名称	k_G	δ_G	名称	k_G	δ_G
混凝土桥实测梁自重/设计梁自重	1.020	0.022	钢桥实测梁自重/设计自重	1.019	0.010
人行道加线构自重/设计自重	1.321	0.051	明桥面自重/设计自重	1.000	0.044

4.2.2　可变作用

1. 概率模型

可变作用随时间不断变化，需采用随机过程模型描述。根据可变作用的特点，可以模拟为连续的随机过程，也可模拟为不连续的随机过程。连续的随机过程可用功率谱表述。当用不连续的随机过程描述时，应包括作用强度（量值）、作用变化时间及作用持续时间三部分。附录 B 介绍了随机过程的基本概念，本小节介绍可变作用概率分析中常用的连续随机过程、矩形波过程、滤过泊松过程和二项平稳过程。

为了便于统计分析，常将作用分析所考虑的时间段 $[0, T]$ 划分为若干个小时段，时段可以按照可变作用的自然变化情况划分，如矩形波过程，也可以是根据需要人为划分，如统计分析风荷载时将每年作为一个时段。另外划分的时段既不能太短，以避免相邻时段的作用极大值相关，造成统计分析的不方便；也不能太长，以避免可供统计分析的时段太少。某可变作用 $Q(t)$ 在时间段 $[0, T]$ 内的过程线（称为随机过程的一个实现）如图 4-3 所示，将

时间段 $[0, T]$ 划分为 m 个长度相等的时段，每个时段的长度为 $\tau = T/m$，一般要求 τ 是一个整数。在统计分析中，关注作用 $Q(t)$ 的三个量的统计分析：时点值（或截口值），时段 τ 内的极大值 Q_τ，时间段 $[0, T]$ 内的最大值 Q_T，即

$$Q_\tau = \max_{0 \leq t \leq \tau} Q(t), Q_T = \max_{0 \leq t \leq T} Q(t) \tag{4-5}$$

为了统计分析方便，常假定描述可变作用的随机过程为平稳过程，工程中的大部分可变作用近似满足这一假定。采用平稳随机过程假定，意味着可变作用任意时点的统计规律是一致的，这样可认为不同时段内作用的极大值 Q_τ 服从相同的概率分布，具有相同的统计参数。另外，假定作用平稳随机过程具有各态历经性（遍历性），这样极大值 Q_τ 的平均值和标准差可通过对不同时段 τ 内 Q_τ 的实测值进行统计分析得到。

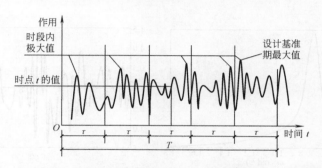

图 4-3 作用的时点值、时段 τ 内的极大值和时间段 $[0, T]$ 内的最大值

（1）连续随机过程 连续的可变作用是指作用的量值随时间是连续变化的，而且不同时刻作用的量值具有相关性。一般情况下，两个时刻的间隔越短，作用的量值相关性越强。当两个时刻的间隔足够长时，作用量值的相关性可能会减弱到如同不相关。作用于建筑结构、桥梁上的风荷载、地震及作用于海洋结构的波浪荷载都可用连续的随机过程模型描述。

连续随机过程的随机特性可用功率谱密度函数描述。例如，风浪可用 JONSWAP 风浪谱描述为

$$S(\omega) = \alpha g^2 \frac{1}{\omega^5} \exp\left[-\frac{5}{4} \left(\frac{\omega_m}{\omega} \right)^4 \right] \gamma^{\exp[-(\omega-\omega_m)^2/(2\sigma^2\omega_m^2)]} \tag{4-6}$$

式中，$S(\omega)$ 为风浪谱的功率谱密度函数；α 为能量尺度参量；g 为重力加速度；γ 为谱峰升高因子；ω_m 为谱峰圆频率；σ 为峰形参数，当 $\omega \leq \omega_m$ 时 $\sigma = \sigma_a$，当 $\omega > \omega_m$ 时 $\sigma = \sigma_b$，σ_a 和 σ_b 分别为 σ 的上限和下限。

对于 JONSWAP 风浪谱，取 $\gamma = 3.3$，$\sigma_a = 0.07$，$\sigma_b = 0.09$，$\alpha = 1.053 \times 10^{-2}$，$\omega_m = 0.737 \mathrm{rad/s^2}$，$g = 9.8 \mathrm{m/s^2}$，图 4-4a 示出了 JONSWAP 风浪谱的功率谱密度函数曲线。

根据功率谱密度函数 $S(\omega)$ 可按下式产生风浪波高的随机过程样本

$$x(t) = \sum_{i=1}^{N} \sqrt{2S(\omega_i) \frac{\Delta\omega}{\pi}} \cos(\omega_i t + \phi_i) \tag{4-7}$$

其中

$$\Delta\omega = \frac{\omega_u - \omega_l}{N}$$

$$\omega_i = \omega_l + \left(i - \frac{1}{2}\right)\Delta\omega$$

式中，N 为一个足够大的整数，也即叠加的个数；ϕ_i 为第 i 个在 $[0, 2\pi]$ 上服从均匀分布的随机变量；ω_u 为频率 ω 的上限；ω_l 为频率 ω 的下限。

图 4-4b 为利用式（4-4）由计算机产生的风浪谱的一个随机过程样本（整条曲线称为一个样本）。理论上可以产生无穷个这样的随机过程样本，虽然每个样本的过程线是不同的，但在时间上都具有相同的统计规律，这一统计规律是由图 4-4a 表示的功率谱密度曲线决定的。类似于第 3.4 节介绍结构可靠度蒙特卡洛方法模拟时的随机变量抽样，可以根据随机变量的概率分布产生随机变量的样本，虽然样本的值是不同的，但统计规律都符合用来产生它们的概率分布。

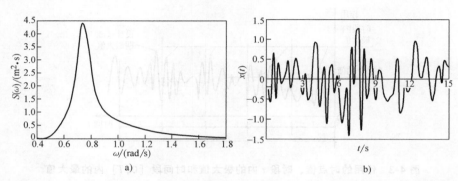

a）谱密度曲线 b）随机过程样本

图 4-4 JONSWAP 风浪谱密度曲线和一个随机过程样本

（2）矩形波过程 矩形波过程是一种不连续的随机过程，其样本如图 4-5 所示。图中 t_i 表示作用第 i 次变化的时间，τ_i 表示作用第 i 次持续的时间。矩形波过程的基本假定为：

1）在时间段 $[0, T]$ 内，作用变化的次数 k 和时间 t_i 是随机的，持续时间为 τ_i。

2）在每一时段 τ_i 上，作用不变化，其量值 Q_τ 是非负的随机变量，且在不同的时段上其概率分布函数 $F_{Q_\tau}(x)$ 相同，这种概率分布称为任意时段作用的概率分布。

由于这种随机过程的量值随时间呈矩形规律变化，所以称为矩形波过程。建筑结构楼面的持久性活荷载可用矩形波过程描述。

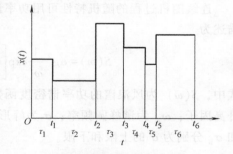

图 4-5 矩形波过程的样本

在矩形波过程中，时间段 $[0, T]$ 内作用变化的次数一般用泊松过程描述，即

$$P[N(T) = k] = \frac{(\lambda T)^k}{k!}\exp(-\lambda T) \tag{4-8}$$

式中，k 为在时间段 $[0, T]$ 内作用变化的次数，是一个随机变量；λ 为单位时间内作用变化的平均次数。

如前所述，在时间段 $[0, T]$ 内可变作用 Q_τ 的最大值 Q_T 是一个随机变量，则其在时间段 $[0, T]$ 内的概率分布函数为

$$F_{Q_T}(x) = F_{Q_\tau}(x) \exp\left\{-\lambda T\left[1 - F_{Q_\tau}(x)\right]\right\} \tag{4-9}$$

（3）滤过泊松过程 对于滤过泊松过程，在时间段 $[0,T]$ 内作用出现的次数也用泊松过程描述。与矩形波过程不同的是，滤过泊松过程的作用出现时，量值可能会呈现矩形变化，可表示为多个矩形的叠加，如图 4-6a 所示。如果与考虑的时间段 $[0,T]$ 相比，作用的持续时间非常短，则可将每一次出现的作用值视为一个脉冲，则时间段 $[0,T]$ 内作用 Q_T 的最大值 Q_T 是一个随机变量，概率分布函数为

$$F_{Q_T}(x) = \exp\left\{-\lambda T\left[1 - F_{Q_\tau}(x)\right]\right\} \tag{4-10}$$

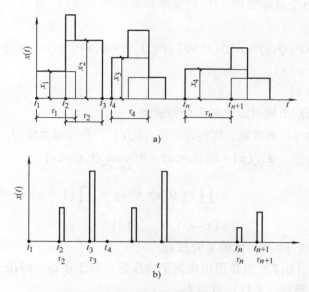

图 4-6 滤过泊松过程的样本

a）有相互重叠 b）无相互重叠（脉冲型）

建筑结构楼面的临时性活荷载可用滤过泊松过程描述。

（4）平稳二项随机过程 除矩形波过程外，目前国内外也常采用平稳二项随机过程描述可变作用。在平稳二项随机过程模型中，将可变作用的样本函数模型化为等时段的矩形波函数，如图 4-7 所示。平稳二项随机过程的基本假定为：

1）作用一次持续施加于结构上的时段长度为 τ，时间段 $[0,T]$ 可分为 r 个相等的时段，即 $r = T/\tau$。

2）在每一时段 τ 上，可变作用出现 $[Q(t)>0]$ 的概率为 q，不出现 $[Q(t)=0]$ 的概率为 $p = 1-q$。

3）在每一时段 τ 上，可变作用出现时，其幅值是非负的随机变量，且在不同的时段上其概率分布函数 $F_{Q_\tau}(x)$ 相同。

4）不同时段 τ 上的作用随机变量是相互独立的，并且作用在时段 τ 内是否出现，也是相互独立的。

针对不同的可变作用，参数 τ 和 q 可通

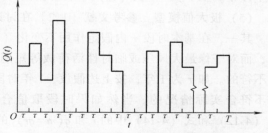

图 4-7 平稳二项随机过程的样本

过调查实测或经验判断得到。

将平稳二项随机过程与矩形波过程进行对比可以看出，在时间段 $[0,T]$ 内，平稳二项随机过程描述的作用出现的次数是确定的，且持续的时间是相等的；而矩形波过程描述的作用出现的次数是不确定的，用泊松过程描述，持续的时间也不相等。在每个时段，平稳二项随机过程描述的作用可出现，也可不出现；而矩形波过程描述的作用每个时段都会出现。

根据平稳二项随机过程的等时段矩形波模型，可利用概率论中的全概率定理和二项定理确定时间段 $[0,T]$ 内作用最大值 Q_T 的概率分布函数。

在任一时段 τ，由全概率定理，Q_τ 的概率分布函数 $F_{Q_\tau}(x)$ 为

$$
\begin{aligned}
F_{Q_\tau}(x) &= P[Q(t) \leq x] \\
&= P[Q(t)>0] \times P[Q(t) \leq x | Q(t)>0] + P[Q(t)=0] \times P[Q(t) \leq x | Q(t)=0] \\
&= q F_{Q_\tau}(x) + (1-q) \times 1 \\
&= 1 - q[1 - F_{Q_\tau}(x)]
\end{aligned} \tag{4-11}
$$

式中，$F_{Q_\tau}(x)$ 为 $Q(t)$ 出现时段的概率分布函数。

再根据上述 1) 和 4) 的假定，可得时间段 $[0,T]$ 内作用最大值 Q_T 的概率分布 $F_{Q_T}(x)$

$$
\begin{aligned}
F_{Q_T}(x) &= P\{Q_T \leq x\} = P\{\max_{0 \leq t \leq T} Q(t) \leq x\} \\
&= \prod_{j=1}^{r} P[Q(t) \leq x] = \prod_{j=1}^{r} \{1 - q[1 - F_{Q_\tau}(x)]\} \\
&= \{1 - q[1 - F_{Q_\tau}(x)]\}^r
\end{aligned} \tag{4-12}
$$

式中，$r = T/\tau$ 为时间段 $[0,T]$ 内的总时段数。

用 m 表示时间段 $[0,T]$ 内作用出现的平均次数。对于在每一时段上必然出现的可变作用，$q=1$，$m=qr=r$，则式 (4-12) 可写为

$$
F_{Q_T}(x) = [F_{Q_\tau}(x)]^m \tag{4-13}
$$

当 $q \neq 1$ 时，如果式 (4-12) 中的 $q[1 - F_{Q_\tau}(x)]$ 充分小，利用近似关系 $e^x \approx 1-x$，式 (4-12) 可近似表示为

$$
\begin{aligned}
F_{Q_T}(x) &= \{1 - q[1 - F_{Q_\tau}(x)]\}^r \approx \{e^{-q[1-F_{Q_\tau}(x)]}\}^r \\
&= \{e^{-[1-F_{Q_\tau}(x)]}\}^{qr} \approx \{1 - [1 - F_{Q_\tau}(x)]\}^{qr} \\
&= [F_{Q_\tau}(x)]^m
\end{aligned} \tag{4-14}
$$

式 (4-14) 表明，平稳二项随机过程描述的可变作用在时间段 $[0,T]$ 内最大值 Q_T 的概率分布函数 $F_{Q_T}(x)$ 为 $Q(t)$ 出现时段概率分布函数 $F_{Q_\tau}(x)$ 的 m 次方。

(5) 极大值模型　参考文献 [1,2] 在讨论荷载组合时指出，用上述概率模型是有缺点的。其一，在基本时段 τ 内假定作用不变化（即矩形波假设），这对于持久性活荷载比较适用，而对于像最大风压或临时性活荷载等短期瞬时荷载（见图 4-3），则此假设是与实际情况不符的。如 τ 为 1 年，按上述假设，1 年时段内的风压均视为恒定的年最大风压，这显然是不符合实际情况的。当然如果时段取值合理的短，则这个假设可能是可以的。其二，式 (4-12) 和式 (4-14) 中的 r 和 $q(m=qr)$ 的取值，一般从荷载统计资料中是不易得到的，而往往是人为确定的。为此，参考文献 [1,2] 提出了可变作用的极大值概率模型。

用极大值模型确定时间段 $[0,T]$ 内作用最大值 Q_T 概率分布的步骤如下：

1）将时间段 $[0,T]$ 分为 m 个时段，每个时段长度为 $\tau = \dfrac{T}{m}$，τ 不要太短，力求减少相邻时段间作用极大值之间的相关性。

2）调查统计时段 τ 内作用极大值 Q_τ 的值，计算统计参数估计值，画出样本的频数直方图，假定作用的概率分布函数 $F_{Q_\tau}(x)$（如正态分布，对数正态分布，极值 I 型、II 型分布等），对假定的概率分布函数 $F_{Q_\tau}(x)$ 进行拟合优度检验，确定不拒绝接受的概率分布。

3）从 2）的统计分析中，给出 $F_{Q_\tau}(x)$ 的统计参数 μ_{Q_τ} 和 σ_{Q_τ}。

4）由下式确定时间段 $[0,T]$ 内作用最大值 Q_T 的概率分布函数 $F_{Q_T}(x)$。

$$F_{Q_T}(x) = [F_{Q_\tau}(x)]^m \qquad (4-15)$$

5）由 Q_τ 的统计参数 μ_{Q_τ} 和 σ_{Q_τ} 及 $F_{Q_T}(x)$，确定时间段 $[0,T]$ 内作用最大值 Q_T 的统计参数 μ_{Q_T} 和 σ_{Q_T}。

如果时段 τ 内作用极大值 Q_τ 服从极值 I 型分布，概率分布函数为

$$F_{Q_\tau}(x) = \exp\{-\exp[-\alpha_\tau(x-u_\tau)]\} \qquad (4-16)$$

根据式（4-15），时间段 $[0,T]$ 内作用最大值 Q_T 的概率分布函数为

$$F_{Q_T}(x) = [F_{Q_\tau}(x)]^m = \exp\{-\exp[-\alpha_\tau(x-u_T)]\} \qquad (4-17)$$

其中

$$\alpha_T = \alpha_\tau, u_T = u_\tau + \frac{\ln m}{\alpha_\tau} \qquad (4\text{-}18a)$$

根据附录式（B-15）得到：

$$\mu_{Q_T} = \mu_{Q_\tau} + 0.45\sigma_{Q_\tau}\ln m, \sigma_{Q_T} = \sigma_{Q_\tau} \qquad (4\text{-}18b)$$

下面通过一个例子对根据极大值模型确定 $[0,T]$ 内作用最大值的概率分布函数式（4-17），与根据矩形波过程确定的 $[0,T]$ 内作用最大值的概率分布函数式（4-10）进行比较。

假定任意时段作用 Q_τ 的概率分布函数为

$$F_{Q_\tau}(x) = \exp\left\{-\exp\left[-\frac{(x-430.7)}{126.2}\right]\right\}$$

每年变化的平均次数 $\lambda = 0.1$，则 $m = \lambda T$。图 4-8 为按式（4-17）和式（4-10）计算的不同时间段 $[0,T]$ 内，作用最大值 Q_T 的概率分布曲线 $F_{Q_T}(x)$，其中 $m = 1$ 与 $T = 10$ 年、$m = 5$ 与 $T = 50$ 年、$m = 10$ 与 $T = 100$ 年是相对应的，标注 m 值的曲线是按式（4-17）计算的，标注 T 值的曲线是按式（4-10）计算的。由图 4-8 可以看出，随着 T 的增大，两个公式表示的 Q_T 的概率分布曲线都向右移，表明对于某一作用值 Q_T，T 越大，其出现的概率越大，这是显而易见的。在荷载的准永久值范围内，即出现概率为 0.5 左右的 Q_T 值，由两个公式得到的时间段 $[0,T]$ 内最大值 Q_T 的概率相差较大，如假定 $T = 50$ 年，当 $x = 700$ 时，由式（4-17）得 $F_{Q_T}(x) = 0.5533$，由式（4-10）得 $F_{Q_T}(x) = 0.4422$。但当 Q_T 的值较大时，两个公式的计算结果差异不大，如 $x = 1200$ 时，由式（4-17）得 $F_{Q_T}(x) = 0.9888$，由式（4-10）得 $F_{Q_T}(x) = 0.9838$。所以，尽管很多情况下工程中的可变作用理论上采用矩形波过程描述更为合理，但作用一般是结构安全的不利方面（抗力是有利方面），设计中应取高分位值，所以用式（4-17）作为 Q_T 的概率分布进行可靠度分析和设计不会产生太大误

差，而且当 Q_τ 服从极值 I 型分布时，用式（4-17）得到的 Q_T 的概率分布也是极值 I 型分布，分析中使用非常方便。

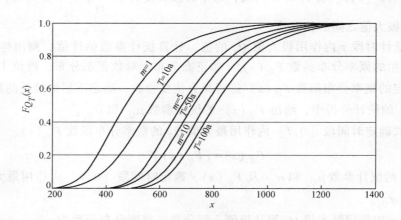

图 4-8 不同设计使用期时荷载最大值的概率分布

2. 统计分析

可变作用的统计分析与永久作用的自重的统计分析是不同的。自重是将同一材料、不同结构或构件的自重实测值按式（4-3）进行标准化，视为来自于同一个总体的随机变量进行统计分析的。在平稳随机过程各态历经性的假定下，需按式（4-19）考虑，

$$K_{Q_\tau} = \frac{Q_\tau}{Q_k} \tag{4-19}$$

对同一种可变作用、不同时段的实测值进行标准化，视为来自于同一个母体的随机变量进行统计分析，针对不同的作用，也可再把不同结构或构件的 K_{Q_τ} 值作为一个容量更大的母体进行统计分析。

按照概率论原理，式（4-19）的平均值（均值系数）和变异系数按下列公式计算

$$k_{Q_\tau} = \frac{\mu_{Q_\tau}}{G_k}, \delta_{Q_\tau} = \delta_{K_{Q_\tau}} \tag{4-20}$$

对于时间段 $[0, T]$ 内的荷载最大值 Q_T，其标准化的随机变量为

$$K_{Q_T} = \frac{Q_T}{Q_k} \tag{4-21}$$

利用 K_{Q_τ} 的概率分布和统计参数 k_{Q_τ}、δ_{Q_τ}，可求得 K_{Q_T} 概率分布和统计参数 k_{Q_T}、δ_{Q_T}。

20 世纪八九十年代，在编制我国各行业结构可靠性设计统一标准的过程中，编制组对相关行业结构的部分可变荷载进行了实测和统计分析，之后未再进行大规模的实测，目前有些荷载的统计参数可能已经发生了变化。本小节提供的大部分可变荷载统计参数为 20 世纪八九十年代的统计参数，只供参考。

（1）建筑工程 在编制《建筑结构设计统一标准》（GBJ 68—1984）时，编制组对建筑结构楼面活荷载、风荷载和雪荷载等进行了调查和实测，确定了其概率分布和统计参数，在之后的荷载规范修订过程中，对楼面活荷载和风荷载的标准值进行了调整，相应的统计参数（均值系数）也随之变化。

1）楼面活荷载。对办公楼，在全国六大区 25 个城市，共实测了 127 个使用单位、133 幢楼 2201 间办公室，总面积达 63700m²，同时调查了 317 幢办公楼用户的搬迁情况。对住宅，在全国六大区 10 个城市，共实测了 566 间用房，总面积为 7000m²，同时调查了 229 家住户的搬迁情况。对商店，在华北、华东、中南及西北地区 10 个城市，共实测了 20 幢百货大楼，214 个部、柜、台，总面积为 25200m²。

民用建筑楼面活荷载一般分为持久性活荷载 $L_i(t)$ 和临时性活荷载 $L_{rs}(t)$ 两类。前者是指在设计使用年限内经常出现的荷载，如办公楼、住宅中常见的人和物；后者是指短暂出现的活荷载，如办公室或住宅中流动的人物等。

持久性活荷载对现场实物实测得到，临时性活荷载一般通过口头询问调查，要求用户提供其使用期内的最大值。

① 办公楼楼面活荷载。办公楼持久性活荷载在使用中的任何时刻都存在，故出现的概率 $q=1$。对 317 幢不同类型办公楼使用情况的调查表明，用户每次搬迁的平均持续使用时间（即时段 τ）接近于 10 年，亦即在设计基准期 50 年内，总时段数 $r=5$，荷载平均出现次数 $m=qr=5$。这样，持久性活荷载用平稳二项随机过程描述的样本函数如图 4-9 所示。

对 2201 个数据经 χ^2 拟合优度检验，在显著性水平 $\alpha=0.05$ 下，持久性活荷载的任意时点 $L_i(t_0)$ 不拒绝服从极值 I 型分布，平均值 $\mu_{L_i}=386.2\text{Pa}$，标准差 $\sigma_{L_i}=178.1\text{Pa}$。

办公楼临时性活荷载在设计基准期内的平均出现次数很多，持续时间较短，临时性活荷载在时段内的出现概率 q 也很小，模型化后的样本函数如图 4-10 所示。

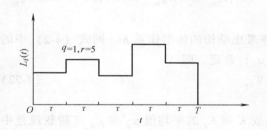

图 4-9　持久性活荷载用平稳二项
随机过程描述的样本函数

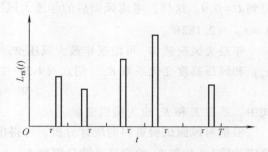

图 4-10　临时性活荷载用平稳二项
随机过程描述的样本函数

确定临时性活荷载的统计参数，包括荷载变化的幅度、平均出现次数 m、持续时段长度 τ 等，是困难的。当时取得的资料，都是以用户的记忆为根据的，认为基本上反映了用户在其实际使用期 10 年内的极值数据，可粗略、偏安全地取 $m=5$。对全部调查数据进行处理，经统计假设检验，可认为在 10 年内，办公楼临时性活荷载 L_{rs} 也服从极值 I 型分布，平均值 $\mu_{L_{rs}}=355.2\text{Pa}$，标准差 $\sigma_{L_{rs}}=243.7\text{Pa}$。

② 住宅楼面活荷载。住宅楼面活荷载的统计分析与办公楼相同，持久性活荷载任意时点值 L_i 服从极值 I 型分布，平均值 $\mu_{L_i}=503.5\text{Pa}$，标准差 $\sigma_{L_i}=161.8\text{Pa}$；临时性活荷载 10 年内极大值 L_{rs} 的概率分布服从极值 I 型分布，平均值 $\mu_{L_{rs}}=467.9\text{Pa}$，标准差 $\sigma_{L_{rs}}=252.4\text{Pa}$。

2）风荷载。在全国六大区 18 个省、自治区、市沿海和内陆的 29 个气象台站共收集了 656 年次的年标准风速和风向的记录，以及 27 个模型风洞试验的资料，以此作为统计分析的依据。风荷载根据风压确定，风压是按上述气象台站的风速资料换算得到的。根据荷载规

范的规定,风速取离地面 10m 高度处连续记录 10min 的平均最大风速。风压按下式确定

$$W_0 = \frac{\rho}{2g} v_0^2$$

式中,W_0 为风压;v_0 为标准风速;ρ 为空气重度;g 为重力加速度。

为使统计结果对全国各地区具有普遍适用性,以 $K_W = W'_{0y}/W_{0k}$ 作为基本风压的统计对象,其中 W'_{0y} 为实测的不按风向的年最大稳定风压值;W_{0k} 为当时荷载规范(TJ 9—1974)规定的基本风压值。

根据 29 个气象台站不考虑风向的年最大风压资料,经 K-S 法检验,在显著性水平 $\alpha = 0.05$ 下,认为年最大风压服从极值 I 型分布,平均值 $\mu_{W'_{0y}} = 0.455 W_{0k}$,标准差 $\sigma_{W'_{0y}} = 0.202 W_{0k}$。

风是有方向性的。由于历年的最大风压并不一定作用在结构的同一个方向上(对于大部分结构,只需考虑一个方向承受的最大风压),上述年最大风压分布未考虑风向,因此统计结果偏大。为了分析风向对风压的影响,首先确定历年的月最大风速,然后确定与其相对应的风向。分析表明,在主导风向上年最大风压 W_{0y} 也服从极值 I 型分布。

设风向对年最大风压平均值的影响系数为

$$C = \frac{\mu_{W_{0y}}}{\mu_{W'_{0y}}}$$

式中,$\mu_{W_{0y}}$ 为主导风向上年最大风压平均值。根据各气象台站统计分析求得 C_i,并偏于安全地取 C_i 的平均值加两倍标准差作为全国统一考虑的主导风向对风压平均值的影响系数 C,得到 $C = 0.9$。这样,考虑风向后的年最大风压平均值 $\mu_{W_{0y}} = 0.9\mu_{W'_{0y}} = 0.41 W_{0k}$,标准差 $\sigma_{W_{0y}} = 0.9\sigma_{W'_{0y}} = 0.182 W_{0k}$。

年最大风荷载 W_y 可根据年最大风压 W_{0y},并考虑结构的体型体系 K [同式(4-2)中的 μ_s] 和风压高度变化系数 K_z [同式(4-2)中的 μ_z] 确定,即

$$W_y = KK_z W_{0y} \tag{4-22}$$

式中,系数 K 和 K_z 也为随机变量。

根据对风洞试验资料的统计分析,可得出系数 K 和 K_z 的平均值 μ_K 和 μ_{K_z}(荷载规范中给定的值);K 和 K_z 的变异系数分别取 $\delta_K = 0.12$,$\delta_{K_z} = 0.10$。从而,不按风向时年最大风荷载的平均值为

$$\mu_{W'_y} = \mu_K \mu_{K_z} \mu_{W'_{0y}} = 0.455 \mu_K \mu_{K_z} W_{0k} = 0.455 W_k$$

按风向时年最大风荷载的平均值为

$$\mu_{W_y} = 0.9\mu_{W'_y} = 0.410 W_k$$

式中,W_k 为当时荷载规范(TJ 9—1974)规定的风荷载标准值。

年最大风荷载的变异系数为

$$\delta_{W'_y} = \delta_{W_y} = \sqrt{\delta_K^2 + \delta_{K_z}^2 + \delta_{0y}^2} = 0.471$$

在设计基准期 50 年内,年最大风荷载每年出现一次,故取 $m = 50$,其风压的随机过程样本函数如图 4-11 所示。根据式(4-18b),不按风向时,设计基准期内风荷载最大值的平均值、标准差和变异系数为 $\mu_{W_T} = 1.109 W_k$,$\sigma_{W_T} = 0.214 W_k$,$\delta_{W_T} = 0.193$;按风向时,风荷载最大值的平均值、标准差和变异系数为 $\mu_{W_T} = 0.999 W_k$,$\sigma_{W_T} = 0.214 W_k$,$\delta_{W_T} = 0.214$。

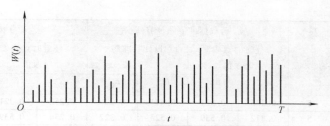

图 4-11 风压的随机过程样本

3）雪荷载。在东北、新疆北部、长江中下游和淮河流域地区及北京市共 16 个城市的气象台站共收集了 384 年次的年最大地面雪压的记录资料。以 $K_S = S_{0y}/S_{0k}$ 作为雪压的基本统计对象，其中 S_{0y} 为实测的年最大地面雪压，S_{0k} 为各地区统计所得的平均 30 年重现期的最大雪压。根据各气象台站雪压的统计参数，取算术平均值得代表全国有雪地区的统计参数。此处没有采用当时的荷载规范（TJ 9—1974）规定的基本雪压值，这是由于按当时荷载规范（TJ 9—1974）给出的标准值定义统计所得的 S_{0y} 值，与荷载规范规定的基本雪压值相差较大（多数情况下是基本雪压偏低）。

根据年最大地面雪压的资料，经 *K-S* 法检验，认为年最大地面雪压服从极值 I 型分布，平均值 $\mu_{S_{0y}} = 0.399 S_{0k}$，标准差 $\sigma_{S_{0y}} = 0.284 S_{0k}$。

屋面雪荷载与地面雪压有关，但又不完全相同，这是因为屋面雪荷载受到房屋和屋顶几何形状、朝向、房屋采暖情况、风速和风向、除雪等因素的影响。因此，将地面雪压转换为屋面雪荷载是复杂的。一般说来，屋面雪荷载要比地面的小，因而在未取得足够实测资料的情况下，屋面雪荷载 S_y 暂按 $0.9 S_{0y}$ 取用。这样，年最大屋面雪荷载的平均值 $\mu_{S_y} = 0.359 S_{0k}$，标准差 $\sigma_{S_y} = 0.256 S_{0k}$。

以上是编制我国《建筑结构设计统一标准》（GBJ 68—1984）时，标准编制组对我国建筑结构楼面活荷载、风荷载和雪荷载的实测和统计分析结果。20 世纪 90 年代末和 21 世纪初，在修订我国《建筑结构荷载规范》时对荷载标准值进行了调整，办公楼和住宅楼面荷载标准值从原来的 $1.5 kN/m^2$ 提高到 $2.0 kN/m^2$；对风荷载标准值，由原来按 30 年重现期确定的值改为按 50 年重现期确定的值。表 4-2 给出了按新标准值和旧标准值计算的统计参数，即均值系数 k_{Q_τ}、k_{Q_T} 和变异系数 δ_{Q_τ}、δ_{Q_T}。另外，在统计分析楼面活荷载时，对持久性活荷载和临时性活荷载分别进行了统计，设计中和可靠度分析中并不对两者进行区分，而是采用两者组合后的值，即表中的组合值。组合是按照第 4.4 节的组合方法进行的。

表 4-2 建筑结构的荷载统计参数

荷载种类		m	荷载标准值调整前				荷载标准值调整后			
			任意时点或时段值		设计基准期最大值		任意时点或时段值		设计基准期最大值	
			k_{Q_τ}	δ_{Q_τ}	k_{Q_T}	δ_{Q_T}	k_{Q_τ}	δ_{Q_τ}	k_{Q_T}	δ_{Q_T}
永久荷载		1	1.060	0.070	1.060	0.070	1.060	0.070	1.060	0.070
办公楼楼面活荷载	持久性	5	0.257	0.461	0.406	0.292	0.193	0.461	0.305	0.292
	临时性	5	0.237	0.686	0.441	0.369	0.178	0.686	0.331	0.369
	组合		0.494	0.407	0.698	0.288	0.371	0.407	0.524	0.288

（续）

荷 载 种 类		m	荷载标准值调整前				荷载标准值调整后			
			任意时点或时段值		设计基准期最大值		任意时点或时段值		设计基准期最大值	
			k_{Q_τ}	δ_{Q_τ}	k_{Q_T}	δ_{Q_T}	k_{Q_τ}	δ_{Q_τ}	k_{Q_T}	δ_{Q_T}
住宅楼面活荷载	持久性	5	0.336	0.321	0.471	0.229	0.252	0.321	0.353	0.229
	临时性	5	0.312	0.539	0.523	0.322	0.234	0.539	0.392	0.322
	组合	—	0.494	0.407	0.698	0.288	0.371	0.407	0.524	0.288
风荷载	不按风向	50	0.455	0.471	1.109	0.193	0.413	0.471	1.007	0.193
	按风向	50	0.410	0.471	0.999	0.193	0.372	0.471	0.907	0.193
屋面雪荷载		50	0.359	0.712	1.139	0.225	—	0.712	—	0.225

注：m 为可变荷载设计基准期内变化的平均次数，楼面活荷载对应的时段为 $\tau=10$ 年，风荷载和雪荷载对应的时段为 1 年。

（2）港口工程　在编制《港口工程结构可靠度设计统一标准》（GB 50158—1992）时，编制组对港口码头的堆货荷载、起重机荷载、船舶撞击力、集装箱箱角作用力等进行了实测和统计分析，得到其概率分布和统计参数。在 2013 年实施的一项交通运输部项目中，项目组通过实验室模拟，得到波浪力（波谷力）的概率分布和统计参数。

1）码头堆货荷载。统一标准编制组从 1986 年 4 月起至 1988 年 10 月，先后对上海等 11 个河、海港堆货荷载进行了实测，固定实测堆场 23 块近 30000m²，实测仓库面积超 2000m²，按货物平均堆存期每 5~7 天观测一次，共获子样 892 个，总观测数据约 44600 个。对观测的数据进行统计分析，并经 K-S 法检验，表明堆货荷载不拒绝服从极值 I 型分布。

2）码头门式起重机荷载。码头门式起重机荷载是指在工作情况下，门式起重机支腿对码头结构所施加的压力。统一标准编制组自 1986 年 11 月—1987 年 9 月，在南京港浦口、新生圩码头跟踪实际装卸作业，重点对 M_{0-30} 门式起重机支腿压力进行了现场测试。测试方法采用电测法，动态输出应变过程线。

由于在实际测试中，是以吊钩已挂上吊重，而尚未起吊作为初始状态的，因此，实际量测得到的门腿压力只是相对于初始状态的门腿压力的增量，包括由吊重、门式起重机起落旋转引起的改变量，以及各种动力因素和吊运过程中风力、风向变化等引起的门腿压力的增量。实际门腿压力应为实测门腿压力增量及初始状态门腿压力之和，门腿初始压力又包括自重与风压引起的支腿压力。

经过分析汇总，统一标准编制组给出港口结构堆货荷载、门式起重机荷载和船舶撞击力的统计参数和概率分布，见表 4-3。

表 4-3　港口结构堆货荷载、门式起重机荷载和船舶撞击力的统计参数和概率分布

荷 载 类 型		k_G, k_Q	δ_G, δ_Q	概率分布
永久荷载		1.02	0.04	正态分布
堆货荷载	50 年内最大值	0.78	0.14	极值 I 型分布
	年最大值	0.45	0.244	
门式起重机荷载	50 年内最大值	0.92	0.0332	极值 I 型分布
	年最大值	0.82	0.0372	
船舶撞击力	50 年内最大值	0.753	0.0814	极值 I 型分布
	年最大值	0.47	0.0944	

3）集装箱箱角作用力。统一标准编制组对集装箱箱角作用力的实测和统计分析工作是从 1986 年开始的。首先收集了 1982—1985 年天津港 30243 个过境集装箱货重的原始资料，分别对过境集装箱平均货重和天津对外的五条主要贸易航线的过境集装箱平均货重及单箱货重进行了统计分析；同时，对上海港和天津港进行了为期一年的实地调查和观测，收集了天津港 1986 年 8 月—1987 年 8 月共 80 个箱角荷载值，上海港 1987 年 1 月—1987 年 12 月共 5250 个箱角荷载值，并进行了统计分析。

2013—2014 年，交通运输部西部交通建设项目荷载研究课题组对大连港集装箱码头后方堆场的重箱区，广州南沙港集装箱码头一期工程后方堆场和广州南沙港集装箱码头二期工程后方堆场的集装箱荷载和集装箱箱角作用力进行了收集和统计分析，采用不平稳随机场模型，建立了集装箱堆场的局部荷载模型和整体荷载模型，确定了集装箱荷载的统计参数。其中，局部荷载指箱角荷载，用于集装箱堆场地面承载力的验算；整体荷载为堆场中单位面积的集装箱荷载，即按堆场中集装箱总重力与堆场面积的比值，可用于集装箱码头圆弧滑动稳定性的计算。表 4-4 示出了三个集装箱码头后方堆场 50 年内荷载的平均值、变异系数和概率分布。

表 4-4　三个集装箱码头后方堆场 50 年内最大荷载统计参数和概率分布

集装箱码头	局部荷载		整体荷载		概率分布
	μ_Q/kN	δ_Q	$\mu_Q/(kN/m^2)$	δ_Q	
大连港(重箱区)	891. 46	0. 2767	18. 20	0. 1190	极值Ⅰ型分布
广州南沙港码头一期工程	729. 63	0. 1465	17. 72	0. 1435	极值Ⅰ型分布
广州南沙港码头二期工程	612. 37	0. 1496	19. 06	0. 2149	极值Ⅰ型分布

4）波浪力（波谷力）。作用于港口工程和海岸工程的波浪力有波压力、波谷力和浮托力。对于岸壁式港口码头，波吸力起控制作用。交通运输部西部交通建设项目荷载研究课题组采用改进的不规则波 JONSWAP 波浪谱在实验室中的海洋环境水槽造波，实测了沉箱式直立墙上的波浪力和波浪力矩。根据《海港水文规范》（JTS 145-2—2013）中有关直墙式建筑物前的波浪形态判别的规定，对不同基床条件、有效波高和有效周期组合的工况进行判别，有 166 种工况属于立波，11 种工况属于远破波，150 种工况属于近破波。表 4-5 为统计分析得到的立波和远破波波浪力 1 年和 50 年内最大值的均值系数、变异系数和概率分布。由于规范未给出近破波在波谷情况下波浪力的计算公式，不能确定近破波波浪力的标准值，故未对近破波的统计特性进行分析。

表 4-5　波浪力（吸力）的统计参数和概率分布

波态	年最大值			50 年内最大值		
	k_{Q_T}	δ_{Q_T}	概率分布	k_{Q_T}	δ_{Q_T}	概率分布
立波	0. 481	0. 659	韦布尔分布	1. 398	0. 179	极值Ⅰ型分布
远破波	0. 600	0. 562		1. 512	0. 149	

（3）公路工程　在编制《公路工程结构可靠度设计统一标准》（GB/T 50283—1999）过程中，编制组对汽车荷载、汽车冲击力、人群荷载、风荷载等进行了实测和统计分析，确定了其概率分布和统计参数。2008—2011 年，对汽车荷载又进行了实测和统计分析。

1）汽车荷载。编制组对汽车荷载进行了调查，通过对不同桥型、不同跨径桥梁荷载效应的计算，求得具有控制作用的效应。

汽车车队荷载的实测是利用公路车辆动态测试仪进行的。根据全国交通量调查和长期观测的资料，选择207、328、305和101四条国道干线，在山西晋城、江苏扬州、辽宁大洼、河北承德设置了测点。晋城测点运煤车多，车重大；扬州测点车流多，密度大；大洼测点车型变化多，集装箱和拖挂车占较大比例；承德测点则是车重不大，行车密度也较稀。这些测点的车辆交通情况各具特点，在一定程度上反映了当时（20世纪80年代）我国各级公路的车流状况。通过对各个测点连续5天的测录，获得了6万多辆汽车的相关数据。此外，用人工方法测得了300多辆汽车的自然堵塞情况。

汽车的行驶密度对结构设计有着重要的影响。公路上实际行车密度随时间（1天内）和季节的变化差异是很大的，因此根据实测资料对汽车运行状态进行大致的分类，统计时将汽车荷载分为密集运行和一般运行两种状态。前者的两辆相随汽车的时间间隔在3s以下，也包括堵车状态，比拟于当时《公路桥涵设计通用规范》（JTJ 021—1989）的汽车—超20级；后者的两辆相随汽车的时间间隔在3s及3s以上，比拟于当时规范的汽车—20级。统计分析得到当时汽车荷载和汽车间距的时点概率分布和统计参数见表4-6，设计基准期（100年）内汽车荷载最大值概率分布和统计参数见表4-7。

表4-6 汽车荷载和汽车间距的时点概率分布和统计参数

车 辆 荷 载		概率分布	分 布 参 数			
车重/t		对数正态分布	μ	1.6667	σ	0.8163
轴重/t		对数正态分布	μ	0.6339	σ	0.9223
一般运行状态	车间距/m	对数正态分布	μ	4.8277	σ	1.1158
	时间间隔/s	伽马分布	α	0.9043	η	0.0395
密集运行状态	车间距/m	对数正态分布	μ	1.5612	σ	0.2797
	时间间隔/s	伽马分布	α	0.9043	η	7.2358

注：极值Ⅰ型分布的概率密度函数见附录式（B-13a），伽马分布的概率密度函数见附录式（B-21a）。

表4-7 设计基准期（100年）内汽车荷载最大值概率分布和统计参数

车辆运行状态	荷载类型	概率分布	分 布 参 数			
一般运行状态	车重/t	极值Ⅰ型分布	α	0.0079	u	28.9317
	轴重/t		α	0.0147	u	17.7242
密集运行状态	车重/t	韦布尔分布	η	343.1792	k	12.2263
	轴重/t		η	210.1801	k	10.8211

注：极值Ⅰ型分布的概率密度函数见附录式（B-13a）；韦布尔分布的概率密度函数见附录式（B-21a），且$\varepsilon=0$。

表4-6和表4-7是根据我国20世纪80年代的汽车荷载实测数据计算得到的汽车荷载统计结果。随着我国经济的飞速发展，交通运输模式和汽车荷载发生了很大变化，其特点是车辆的总重和轴重大，超载车辆频繁出现，为公路桥梁的运营提出了挑战。为了解我国公路桥梁汽车荷载的基本情况，交通运输部西部交通建设科技项目"桥梁设计荷载与安全鉴定荷载的研究"课题组于2008—2011年在全国23个省、自治区、市进行了汽车荷载数据调查，获得动态称重数据、计重收费数据、治超站数据、港区磅房数据和桥梁健康监测数据共计4277.6万组，在这些实测数据的基础上，开展了公路桥梁汽车荷载概率模型、桥梁荷载效

应和可靠度的研究。研究表明，不同类型车辆的混合造成汽车荷载呈现多峰分布。

下面为非治超地区 13 个测点实测车辆数据的统计分析结果。

① 不同类型车辆所占的比例。13 个测点不同类型车辆所占比例非常接近，其平均值见表 4-8。

表 4-8 非治超地区各测点不同类型车辆所占比例

车型	二轴小客车	二轴大客车	二轴货车	三轴货车	四轴货车	五轴货车	六轴货车
比例	0.6348	0.0484	0.2489	0.0293	0.0159	0.0114	0.0112

② 不同类型车辆总重的概率模型。对实测车流中不同类型车辆的总重进行统计，表明二轴车（货车，大客车，小客车）车辆的总重可采用对数正态分布描述，概率密度函数为

$$f_{Q_i}(x) = \frac{1}{\sqrt{2\pi}\,\sigma_{\ln Q_{1i}}x}\exp\left[-\frac{1}{2}\left(\frac{\ln x - \mu_{\ln Q_{1i}}}{\sigma_{\ln Q_{1i}}}\right)^2\right] \quad (i=1,2,3) \tag{4-23}$$

式中，$\mu_{\ln Q_{1i}}$、$\sigma_{\ln Q_{1i}}$ 为车重 Q_i 对数的平均值和标准差，见表 4-9；i 为车型编号，见表 4-9。

三轴、四轴、五轴、六轴车车辆的总重可采用两个正态分布的叠加描述，概率密度函数为

$$f_{Q_i}(x) = \frac{p_{2i}}{\sqrt{2\pi}\,\sigma_{Q_{2i}}}\exp\left[-\frac{1}{2}\left(\frac{x-\mu_{Q_{2i}}}{\sigma_{Q_{2i}}}\right)^2\right] + \frac{p_{3i}}{\sqrt{2\pi}\,\sigma_{Q_{3i}}}\exp\left[-\frac{1}{2}\left(\frac{x-\mu_{Q_{3i}}}{\sigma_{Q_{3i}}}\right)^2\right] \quad (i=4,5,6,7)$$

$$\tag{4-24}$$

式中，$\mu_{Q_{2i}}$、$\sigma_{Q_{2i}}$ 和 $\mu_{Q_{3i}}$、$\sigma_{Q_{3i}}$ 为车重 Q_{2i} 和 Q_{3i} 的平均值和标准差；p_{2i}、p_{3i} 为系数，$p_{2i} + p_{3i} = 1$；i 为车型编号。

表 4-9 车辆荷载统计参数

i	车型	$\mu_{\ln Q_{1i}}$	$\sigma_{\ln Q_{1i}}$	p_{2i}	$\mu_{Q_{2i}}/\mathrm{kN}$	$\sigma_{Q_{2i}}/\mathrm{kN}$	p_{3i}	$\mu_{Q_{3i}}/\mathrm{kN}$	$\sigma_{Q_{3i}}/\mathrm{kN}$
1	二轴货车	9.51	0.39	—	—	—	—	—	—
2	二轴大客车	8.84	0.67	—	—	—	—	—	—
3	二轴小客车	7.65	0.36	—	—	—	—	—	—
4	三轴货车	—	—	0.55	1623.6	493.49	0.45	3250.0	1350.0
5	四轴货车	—	—	0.43	2057.0	354.56	0.57	3685.7	1944.1
6	五轴货车	—	—	0.46	2367.1	493.12	0.54	6112.3	2095.0
7	六轴货车	—	—	0.54	3140.5	879.88	0.46	7891.3	2619.3

③ 车辆间距的概率模型。分析表明，车间距 S 可采用对数正态分布描述，概率密度函数为

$$f_S(s) = \frac{1}{\sqrt{2\pi}\,\sigma_{\ln S}s}\exp\left[-\frac{1}{2}\left(\frac{\ln s - \mu_{\ln S}}{\sigma_{\ln S}}\right)^2\right] \tag{4-25}$$

式中，$\mu_{\ln S}$、$\sigma_{\ln S}$ 为车辆间距 S 对数的平均值和标准差，分别为 4.83 和 1.12。

④ 不同类型车辆轴距及轴重比例。不同类型车辆前后轴轴重所占比例及不同类型车辆的轴间距见表 4-10。

表 4-10　不同类型车辆前后轴重比例及轴间距数字特征

车型	轴　距/m					轴重比例					
	轴1-2	轴2-3	轴3-4	轴4-5	轴5-6	轴1	轴2	轴3	轴4	轴5	轴6
二轴货车	5.0	—	—	—	—	0.28	0.72	—	—	—	—
二轴大客车	5.0	—	—	—	—	0.26	0.74	—	—	—	—
二轴小客车	3.0	—	—	—	—	0.39	0.61	—	—	—	—
三轴货车	5.0	1.3	—	—	—	0.15	0.44	0.41	—	—	—
四轴货车	2.5	6.0	1.3	—	—	0.10	0.19	0.36	0.35	—	—
五轴货车	3.4	7.4	1.3	1.3	—	0.06	0.27	0.24	0.22	0.22	—
六轴货车	3.2	1.5	7.0	1.3	1.3	0.04	0.19	0.17	0.21	0.19	0.21

2）汽车荷载冲击系数。汽车的冲击系数是汽车过桥时对桥梁结构产生的竖向动力效应的增大系数。现场实测表明，公路桥梁最大竖向动力效应总是发生在最大竖向静力效应处。因此，汽车荷载的冲击系数可表示为

$$\eta = \frac{Y_{dmax}}{Y_{jmax}}$$

式中，Y_{jmax} 为汽车过桥时在时间-历程曲线上最大静力效应处量取的最大静力效应值；Y_{dmax} 为在时间-历程曲线上最大静力效应处量取的最大动力效应值。

1994 年，统一标准编制组利用动态测试系统经 12h 连续观测，收集得到各种桥梁 6600 多个冲击系数数据。对这些数据进行统计分析，表明各种桥梁汽车荷载冲击系数均不拒绝服从极值Ⅰ型分布，统计参数见表 4-11。

表 4-11　公路桥梁汽车荷载冲击系数统计参数

桥梁名称	结构构件类型	标准跨径/m	μ_η	δ_η
马家桥	钢筋混凝土板	6	1.2439	0.0768
左家桥	钢筋混凝土板	8	1.2336	0.0851
木家洼子桥	钢筋混凝土 T 形梁	10	1.2221	0.0563
太阳沟桥	钢筋混凝土 T 形梁	13	1.2124	0.0547
新开河桥	钢筋混凝土 T 形梁	16	1.1901	0.0481
东辽河桥	钢筋混凝土 T 形梁	20	1.1776	0.0428
乌金屯桥	预应力混凝土箱梁	45	1.0899	0.0279

3）人群荷载。人群荷载调查以城市或城市郊区桥梁为对象。《公路工程结构可靠度设计统一标准》（GB/T 50283—1999）编制组在全国 6 大片区分别选择了沈阳、北京、天津、上海、武汉、广州、西安和昆明等 10 个城市共 30 座桥梁进行实测调查。每座桥梁选其行人高峰期观测 3 天。观测的方法是在人行道上任意划出 $2m^2$ 面积和 10m、20m 和 30m 观测段，分别连续记录瞬时出现其上的最多人数，据此计算人群荷载。人体标准重经大量称重统计分析，取 0.65kN。人群荷载的统计分析以 $K_L = L/L_{ki}$（$i = 1,2$）和 L 同时进行，两者互为校核，式中 L 为人群荷载实测值；L_{ki} 为规范规定的人群荷载标准值，即 $L_{k1} = 3.0kN/m^2$ 或 $L_{k2} = 3.5kN/m^2$。考虑 $2m^2$ 的调查面积很小，行人又是高峰期，且又取规定时间段内的最大值，

可以认为在设计基准期内的实测值变化不大，已趋最大值，可只进行随机变量分析。观测段 10m、20m 和 30m 划定的面积较大，随机性也大，尽管调查时选在行人高峰期，但这样的高峰期在设计基准期内有很大变化，短期实测值难以保证达到设计基准期内的最大值。因此，需要进行随机过程分析。荷载持续时段近似地取为 1 年。

用 K-S 检验法进行截口分布的拟合检验，结果表明人群荷载均不拒绝服从极值 I 型分布。

分析表明，观测段 10m、20m 和 30m 的结果相似。作为比较，将 $2m^2$ 和观测段 10m 的统计分析结果列于表 4-12。

表 4-12 公路桥梁人群荷载统计参数及概率分布

统计项目	时间段	$L_{ki}/(kN/m^2)$	概率分布类型	k_L	δ_L
$2m^2$	时点	3.0	极值 I 型分布	0.5786	0.3911
		3.5		0.4959	0.3911
	设计基准期（100 年）	3.0		0.5786	0.3911
		3.5		0.4959	0.3911
观测段 10m	时点	3.0	极值 I 型分布	0.1571	0.9356
		3.5		0.1346	0.9356
	设计基准期（100 年）	3.0		0.6847	0.2146
		3.5		0.5869	0.2146

4）风荷载。统一标准编制组选择了我国六大片区共 490 个气象台站的全部风速资料作为风荷载统计分析的依据。这些气象台站记录了 1951—1988 年我国沿海和内陆地区具有代表性的风气候。在《公路桥涵设计通用规范》（TJT 021—1989）中，桥涵设计风速是按平坦空旷地面，离地 20m 高，重现期为 100 年的 10min 平均最大风速确定的。考虑到我国气象台站的风速记录大多在离地面 10m 高度处，所以根据调查的原始资料，经观测次数、时距等的换算，整理成为离地面 10m，按重现期为 100 年的 10min 平均最大风速作为制定规范的依据。

将风速转换为风压，对转换的风压进行分析，以此为依据绘制全国基本风压分布图。另取 $K_W = W_{0y}/W_{0k}$ 进行分析，以确定其统计特征。其中，W_{0y} 为实测的年最大风压，W_{0k} 为规范规定的基本风压。将各气象台站风压的统计参数进行平均，作为代表全国的风压统计参数。经统计假设检验，认为年最大风压服从极值 I 型分布，平均值 $\mu_{W_{0y}} = 0.298W_{0k}$，标准差 $\sigma_{W_{0y}} = 0.106W_{0k}$。

年最大风荷载 W_y 根据年最大风压 W_{0y} 按下式计算

$$W_y = K_1' K_2' K_3' W_{0y}$$

式中，K_1' 为风载阻力系数，相当于规范中的风载体型系数 K_2，其平均值 $\mu_{K_1'}$ 可取 TJT 021—1989 规范值 K_2（视为平均值 μ_{K_2}），即 $\mu_{K_1'} = K_2$，变异系数 $\delta_{K_1'} = 0.12$；K_2' 为广义阵风系数，考虑了 TJT 021—1989 规范的风压高度变化系数 K_3 和瞬时脉动风压对桥梁的不利影响，其平均值约为 K_3（视为平均值 μ_{K_3}）的 1.64 倍，即 $\mu_{K_2'} = 1.64K_3$，变异系数取为 $\delta_{K_2'} = 0.1$；K_3' 为地形地理条件系数，即为 TJT 021—1989 规范的 K_4（视为平均值 μ_{K_4}），其平均值 $\mu_{K_3'} = K_4$，变异系数 $\delta_{K_3'} = 0.02$。

按上面的公式进行计算，得到年最大风荷载的平均值为 $\mu_{W_y} = 0.489W_k$，其中 W_k 为 TJT 021—1989 规范的风荷载标准值（规范中设计风速频率换算系数 k_1 另加考虑），变异系数为 $\delta_{W_y} = 0.389$。设计基准期 100 年内最大风荷载 W_T 的平均值为 $\mu_{W_T} = 1.171W_k$，变异系数为 $\delta_{W_T} = 0.162$。

5）温度作用。这里所说的温度作用，仅指环境平均气温变化对桥梁结构的影响，未包括日照引起的结构温差作用。

气温的调查选择了分布于我国六大片区具有代表性的哈尔滨、兰州、北京、成都、上海和广州的气象台站，收集了这些台站建台以来有记录的极值气温资料，分别代表东北、西北、华北、西南、华东和华南六大地区的气温特征。统计分析年最高日平均气温 T_{um} 和最低日平均气温 T_{dm}，通过 K-S 假设检验，结果表明六个地区极值气温都不拒绝服从极值 I 型分布。六个气象台极值气温的统计特征见表 4-13 和表 4-14。

表 4-13　年最高日平均气温统计参数

地　区		哈尔滨	兰州	北京	成都	上海	广州	概率分布
截口	平均值/℃	27.28	26.97	29.95	28.72	31.33	31.19	极值 I 型分布
	变异系数	0.039	0.039	0.033	0.025	0.024	0.021	
设计基准期	平均值/℃	31.18	30.67	33.55	31.32	34.03	33.59	极值 I 型分布
	变异系数	0.035	0.034	0.030	0.023	0.022	0.019	

表 4-14　年最低日平均气温统计参数

地区		哈尔滨	兰州	北京	成都	上海	广州	概率分布
截口	平均值/℃	−27.57	−11.46	−10.70	−1.28	3.14	5.76	极值 I 型分布
	变异系数	0.100	0.161	0.187	0.832	0.474	0.272	
设计基准期	平均值/℃	−37.24	−18.03	−17.90	−2.49	−8.47	0.20	极值 I 型分布
	变异系数	0.074	0.102	0.112	0.428	0.176	—	

（4）铁路工程　铁路列车活荷载是铁路桥梁结构承受的主要荷载，列车在桥梁上运行时还会产生对桥梁的冲击力、离心力（弯道）、摇摆力和疲劳作用等。在编制《铁路工程结构可靠度设计统一标准》（GB 50216—1994）时，编制组对上述荷载进行了实测和统计分析。

1）货车荷载。20 世纪 90 年代，在铁路工程结构可靠度研究中，铁路荷载专题组采用三种方案对铁路货车荷载进行了统计分析，当时我国采用的铁路列车荷载为中-活载图式。

① 方案 1 将设计基准期 100 年分为 36500 个时段，每个时段为 1 天。将铁路桥涵分为两类，以影响线加载长度 $L = 4m$ 为界，确定不同类型竖向静载的极大值分布，即以控制区间（控制区间指载重大且列车次数多的区间）内连续各天货车的静载进行统计分析。设列车轴重排列如图 4-12 所示，当第 m 天、第 n 列的列车第 i 个轴重位于影响线顶点时，该轴重产生的换算均布荷载为

$$Q_{mni} = \left[\sum (W_{ij}K_{wj} + G_{ij}K_{gj}) \cdot R(X_{ij}) \right] / A \tag{4-26}$$

式中，G_{ij} 为第 j 个车辆标准自重引起的轴重，按编组单上车辆型号确定；W_{ij} 为第 j 个车辆

实际货重引起的轴重，为编组单上的车辆载重；K_{gj} 为车辆自重修正系数，用蒙特卡洛法按 K_g 的分布产生的随机样本代替；K_{wj} 为车辆货重修正值，用蒙特卡洛法按 K_w 的分布产生的随机样本代替；$R(X_{ij})$ 为影响线竖标，轴距按编组单上车辆型号确定，按随机变量考虑；A 为影响线面积。

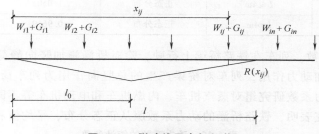

图 4-12　影响线及车辆加载

在加载长度为 l、顶点位置为 l_0 的影响线上，第 m 天的列车静载最大效应为

$$Q_m = \max(Q_{min}) \quad (n = 1, 2, \cdots, M; i = 1, 2, \cdots, N) \tag{4-27}$$

Q_m 与中-活载的换算均布活载 $Q_{中}$ 之比为

$$K_{mn} = \frac{Q_m}{Q_{中}} \tag{4-28}$$

对于每一个 l 和 l_0 均得到 321 个子样样本，参与加载分析的轴重约 28 万个。按照概率论原理，当统计对象的随机性受多个互不相关的因素影响且每一个随机因素都不起主导作用时，这些随机因素之和的随机变量服从正态分布。将用蒙特卡洛法产生的随机车列（每辆车的载重和自重的修正值为随机变量）加载于影响线，计算得到换算均布荷载 Q_m，由此得到的 K_{mn} 服从正态分布。

统计分析表明，列车竖向静载日最大效应值 K_{mn} 总体服从正态分布。考虑发展系数 K_v 后，设计基准期内列车竖向静载的最大值仍服从正态分布，即 $L \leqslant 4\text{m}$ 时 $K_{Q_T} \sim N(1.0693, 0.0626^2)$，$L > 4\text{m}$ 时 $K_{Q_T} \sim N(0.9653, 0.0405^2)$。

② 方案 2 是以两台前进牵引 C_{75m} 车辆为样本列车进行分析的。20 世纪 90 年代，我国已经生产 C_{75m} 型煤车，其设计轴重已达到 246kN，若稍有超载就会达到中-活荷载的 250kN 的轴重极限。所以采用两台前进牵引 C_{75m} 系列作为设计基准期内的列车静载进行分析是可行的，C_{75m} 系列煤车中隐含了从 C_{62m} 到 C_{75m} 系列列车的发展过程，不需乘列车活载发展系数 K_v，列车静载设计基准期内最大值服从正态分布，即 $L \leqslant 4\text{m}$ 时 $K_{Q_T} \sim N(1.0505, 0.0782^2)$，$L > 4\text{m}$ 时 $K_{Q_T} \sim N(0.9619, 0.0371^2)$。

③ 方案 3 是以"两台前进 $+ K_v \times$（控制区间内的车辆编组）"为样本列车进行分析的。与方案 1 和方案 2 相似，方案 3 设计基准期内列车静载最大值服从正态分布，即 $L \leqslant 4\text{m}$ 时 $K_{Q_T} \sim N(0.9901, 0.0634^2)$，$L > 4\text{m}$ 时 $K_{Q_T} \sim N(0.9629, 0.0457^2)$。

方案 1 中未包括机车效应，但由三种方案计算得到的设计基准期内列车静载最大值的统计参数相差不大，说明考虑发展系数后，列车竖向静载设计基准期内的最大值是由货车产生的。表 4-15 列出了基于中-活载确定的货车荷载统计参数。

表 4-15　货车荷载统计参数和概率分布（基于中-活载）

列车静荷载	跨度	概率分布类型	k_{Q_T}, k_{Q_T}	$\sigma_{Q_T}, \sigma_{Q_T}$
任意时点值	$L \leq 4\text{m}$	正态分布	0.8554	0.0732
	$L > 4\text{m}$	正态分布	0.7122	0.0553
设计基准期内 最大值（100 年）	$L \leq 4\text{m}$	正态分布	1.0505	0.0782
	$L > 4\text{m}$	正态分布	0.9619	0.0371

　　2）桥梁动力系数。列车在铁路桥梁上行驶，除对桥涵施加竖向静荷载作用外，还与桥涵一起振动产生附加动力作用，列车对桥梁产生的总竖向作用为列车荷载乘以系数 $1+\mu$ 后的值。铁路桥涵动力系数研究组对蒸汽机车、内燃机车和电动机车等不同机车的动力系数进行了统计分析。研究表明，铁路桥涵的动力系数服从正态分布，平均值和标准差见表 4-16。

表 4-16　动力系数的统计参数

桥梁	机车、车辆类别	$\mu_{(1+\mu)}$	$\sigma_{(1+\mu)}$
钢筋混凝土 桥梁	蒸汽机车	$0.92/L_e + 1.014$	0.038
	内燃电动机车、客车（$v = 120\text{km/h}$）	1.110	$0.234/L_e - 0.005$
	货车（$v = 100\text{km/h}$）	1.150	0.06
钢桥	蒸汽机车	$1.176/L_e + 1.0$	$0.22/L_e + 0.024$
	内燃电动机车、客车（$v = 120\text{km/h}$）	$0.6/L_e + 1.014$	$0.3/L_e$
	货车（$v = 100\text{km/h}$）	$0.6/L_e + 1.033$	$0.3/L_e$

　　注：$L_e = \sqrt{L} - 0.2\text{m}$，对于钢筋混凝土桥 L 为桥涵跨度（m），对于钢桥 L 为影响线长度（m）。

　　虽然我国铁路桥梁列车荷载动力系数多是采用蒸汽机车进行试验获得的，列车运行速度为 80km/h，但真实反映了当时我国铁路桥涵线路状态、轨道水平、车辆特性和桥涵性能。由于蒸汽机车偏心主动轮的作用，列车荷载动力系数大于当前的内燃机车、电动机车或动车组的动力系数。通过与国外铁路桥涵动力系数的对比，《铁路桥涵极限状态法设计暂行规范（条文说明）》（Q/CR 9300—2014）给出下面列车荷载动力系数标准值的计算公式。

　　钢筋混凝土梁

$$(1+\mu)_k = \begin{cases} 1.277 + \dfrac{0.146}{\sqrt{L} - 0.2} & L \leq 8\text{m} \\[3mm] 1.014 + \dfrac{0.92}{\sqrt{L} - 0.2} & L > 8\text{m} \end{cases}$$

式中，L 为桥涵的计算跨度（m）。

　　《铁路桥涵极限状态法设计暂行规范（条文说明）》（Q/CR 9300—2014）给出的混凝土桥梁的列车荷载动力系数平均值为标准值，标准差为 $\sigma_{1+\mu} = 0.038$。所以，混凝土梁列车荷载动力系数的均值系数和变异系数为 $k_{1+\mu} = 1.0$，$\delta_{1+\mu} = 0.038$。

　　钢板梁和钢桁梁

$$(1+\mu)_k = 1.0 + \frac{1.176}{\sqrt{L} - 0.2}$$

式中，L 为长度，对于钢桁梁的弦杆、斜杆和钢板梁为桥涵计算跨度（m），对于钢桁梁的吊杆、纵梁及桁梁为加载影响线长度（m）。

《铁路桥涵极限状态法设计暂行规范（条文说明）》（Q/CR 9300—2014）给出的钢板梁和钢桁梁桥梁列车荷载动力系数平均值为标准值，标准差为

$$\sigma_{1+\mu} = 0.024 + \frac{0.22}{\sqrt{L} - 0.2}$$

所以，钢板梁和钢桁梁桥梁列车荷载动力系数的均值系数和变异系数为

$$k_{1+\mu} = 1.0, \delta_{1+\mu} = 0.024 + \frac{0.22}{\sqrt{L} - 0.2} \tag{4-29}$$

3）列车离心力。列车离心力为列车在曲线线路上行驶，车身产生的通过车轮作用于车轨的水平力。列车离心力的大小与列车速度的平方成正比，其标准值 F_k 按下式计算

$$F_k = \frac{W}{127} \cdot \frac{v^2}{R} = Wc$$

式中，W 为列车重力（kN）；v 为列车行驶速度（km/h）；R 为桥梁曲率半径（m）；c 为离心力率。

统计分析表明，列车离心力服从正态分布，均值系数为 $k_F = F/F_k = 0.95$，变异系数为 $\delta_F = 0.11$。

4）列车横向摇摆力。我国 1959 年制定铁路桥梁规范时主要参考的是苏联铁路桥梁规范，当时建议我国规范中列车横向摇摆力为一个集中力，在最不利的位置上侧向水平作用于轨顶。《铁路桥涵设计规范》（TB 10002—2017）规定列车横向摇摆力作为一个集中力，以水平方向垂直线路中心线作用在轨道顶部。

通过对驶经桥跨结构的列车轴架产生的最大横向摇摆力的统计分析（5 种速度、12 座上下承式钢桁梁桥），认为列车横向摇摆力服从正态分布平均值 $\mu_{F_{ts}} = 16.70 \text{kN}$，标准差 $\sigma_{F_{ts}} = 5.40 \text{kN}$，其 95% 分位值为 $F_{tsk} = 25 \text{kN}$，以此作为桥涵列车横向摇摆力的标准值，横向摇摆力的均值系数和变异系数为 $k_{F_{ts}} = 0.668, \delta_{F_{ts}} = 0.323$。

5）货车疲劳荷载和等效应力幅。如第 2.4.2 小节所述，结构或结构构件、细节的疲劳破坏是由反复荷载作用引起的，直接与疲劳破坏有关的是应力幅，所以疲劳分析中需要对应力幅进行统计。应力幅统计最直接的方法是实测，即选择有代表性的桥梁，采用专门的仪器记录主要构件或细节的应力历程，然后采用雨流计数法或其他方法将应力历程转化为应力幅。对每一列通过桥梁的列车，由例 2-6 中的式（k）可得到一个等效应力幅值 $\Delta\sigma_e$，对通过桥梁的多个列车的 $\lg\Delta\sigma_e$ 进行统计分析，得到 $\lg\Delta\sigma_e$ 的平均值 $\mu_{\lg\Delta\sigma_e}$ 和标准差 $\sigma_{\lg\Delta\sigma_e}$。这里直接对 $\lg\Delta\sigma_e$ 而不是对 $\Delta\sigma_e$ 进行统计分析，是考虑将结构构件或细节的 S-N 曲线在对数坐标系中表示为直线进行分析更为方便。

铁道部科学研究院等单位自 1982 年以来，曾对 20 多座铁路桥梁运营列车作用下的应力谱进行了实测，其中包括京广、哈大、沪宁、成昆和兰新等 15 条主要铁路线。从桥型和跨径看，包括钢桥 4m、8m 和 16m 的纵横梁，20m、24m、32m、48m、64m 和 92.96m 的主梁，预应力混凝土梁的跨径为 16m、24m、32m 和 40m，普通钢筋混凝土梁的跨径为 4.4m、8m 和 16m。每次实测连续记录一昼夜、二至七昼夜。表 4-17 为两座钢筋混凝土桥梁钢筋等效应力幅 $\Delta\sigma_e$ 的统计分析结果。

表4-17　钢筋混凝土梁中钢筋等效应力幅 $\Delta\sigma_e$ 的统计参数

线路名称	跨径/m	实测天数/d	列车数/辆	$\overline{\Delta\sigma_e}$/(N/mm²)	$\sigma_{\Delta\sigma_e}$/(N/mm²)	$\mu_{\lg\Delta\sigma_e}$	$\sigma_{\lg\Delta\sigma_e}$	概率分布
嫩林线	16.0	3	102	41.5	4.73	1.618	0.050	对数正态分布
浙赣线	16.0	2	106	42.8	7.78	1.631	0.078	对数正态分布
哈长线	4.5	2	86	41.8	9.81	1.621	0.101	对数正态分布

虽然可以通过实测得到结构构件或细节的应力幅并进行统计分析，但需要大量的人力、物力和时间。不同结构形式、不同跨度的构件在同一运营状况下，应力历程曲线和应力谱是不同的；同一结构，在不同地区，因运营条件不同，测得的应力谱也不同。因此，虽然对几十座桥梁进行了实测，但仍不足以制定普遍适用的应力谱。为此采用了计算机模拟方法。下面以我国铁路桥梁为例，说明通过荷载谱得到应力谱的步骤和方法。

①资料调查。参考文献［84］采用的调查方法是以列车编组站为中心，在全国38个主要编组站中选择17个，按44个列车走行的辐射方向分别统计。统计内容为所有列车（包括客车、普通货物列车、煤车、油车及空车）的车辆类型和实际载重，列车的长度、节数、自重、载重和总重。统计时间为8天，在每季度中任取2天。共调查货物列车10500列，车辆约计40万辆，将有关参数分别列成表格，分析其组成情况。

②由于各线路的运量不同，可按年单向总运量 R 分为三级，即 $R \leqslant 1500$ 万 t/年，1500 万 t/年 $< R \leqslant 3000$ 万 t/年，$R > 3000$ 万 t/年。对各级运量的线路，同样按列车的组成、车长、节数、自重、载重等分别作统计分析。

③制定疲劳车辆模式与疲劳列车模式。根据统计结果，将各线路上的货车车辆分为六种，即60t和50t敞车、60t和50t棚车、50t罐车和60t平车，其他类型车辆所占比例不到10%；将机车分为三种，即前进型蒸汽货运机车、2种东风4型内燃机车、北京型内燃机客运机车；客车仅一种，用轴重最大的YZ23型车为代表。将车辆长度、轴距加以简化，得8种典型疲劳车辆模式。表4-18为年运量1500万~3000万 t 线路上各种疲劳列车的组成、次数和运量的统计结果。

表4-18　疲劳列车的组成、次数和运量（年运量1500万~3000万 t 线路）的统计结果

分类	普通列车		运油车		运煤车		客车
	载重/t	节数	载重/t	节数	载重/t	节数	
60t 敞车	0 35 60	2 5 13	—		62	23	20 节(5 次/天)
50t 敞车 50t 棚车	0 30 51	1 5 9	—		51	15	
60t 棚车	0 31 58	0 7 3	—		—		
60t 平车 50t 罐车	0 26 45	1 1 2	46	47	—		

（续）

分　　类	普通列车		运油车		运煤车		客　　车
	载重/t	节数	载重/t	节数	载重/t	节数	
总节数	—	49	—	47	—	38	
全长/m	689.6		559.3		518.2		
自重/t	1083.0		1034.0		821.0		
载重/t	2071.0		2162.0		2191.0		
总重/t	3154.0		3196.0		3012.0		15 节（17 次/天）
延米总重/（t/m）	4.6		5.7		5.8		
统计每天次数	26.9		4.0		0.8		
计划每天次数	34		5.0		1.0		
年运量/（万 t）	2413.0						

④ 模拟计算。按图 4-13 所示的步骤，用计算机进行结构分析和雨流法计数，得到 $\Delta\sigma_e$ 谱及其统计参数。例如，让疲劳列车的轴自一端开始逐步向另一端移动，通过某一跨径的简支钢筋混凝土梁桥，用影响线求得梁跨中弯矩 M 的时间历程，进而计算钢筋应力谱。

将疲劳荷载产生的应力幅谱 $\Delta\sigma_i$ 与某一标准荷载（如中-活载）产生的应力相比，得荷载效应比谱，即荷载效应比

$$P_i = \frac{\Delta\sigma_i}{\sigma_{max} - \sigma_{min}} \qquad (4-30)$$

式中，σ_{max}、σ_{min} 分别为中-活载产生的最大和最小拉应力（不计动力系数）。

表 4-19 所示为年运量 1500 万～3000 万 t 线路上几种不同跨径简支梁桥跨中杆件或

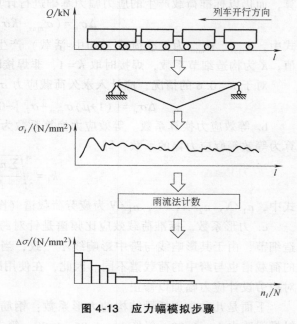

图 4-13　应力幅模拟步骤

部件的标准荷载效应比频谱。需要说明的是，标准荷载效应比谱为疲劳荷载应力幅谱与中-活载应力幅的比值，未考虑动力系数 $1+\mu$，且是针对简支梁跨中杆件的。

根据统计分析结果，对跨径为 4～160m 的桥梁，当不考虑动力系数 $1+\mu$ 时，等效应力幅对数 $\lg\Delta\sigma_e$ 的平均值为 0.014，标准差为 0.005。

表 4-19　简支梁跨中应力比频谱 $n_i/10^6$（年运量 1500 万～3000 万 t 的铁路桥梁）

跨径/m	P_i									
	0.0～0.1	0.1～0.2	0.2～0.3	0.3～0.4	0.4～0.5	0.5～0.6	0.6～0.7	0.7～0.8	0.8～0.9	0.9～1.0
4	11.2	21.8	26.2	59.2	13.7	27.5	24.0	1.5	0	0
8	16.2	18.5	4.1	42.6	6.2	34.4	0	0	1.5	0
15	5.0	17.3	55.9	3.7	2.0	2.5	0	0	1.5	0

（续）

跨径/m	P_i									
	0.0~0.1	0.1~0.2	0.2~0.3	0.3~0.4	0.4~0.5	0.5~0.6	0.6~0.7	0.7~0.8	0.8~0.9	0.9~1.0
20	26.8	21.4	17.7	1.2	2.5	0.8	0	0	1.5	0
32	15.3	1.2	1.2	1.2	1.2	0.8	0	0	1.5	0
40	6.6	1.2	2.5	0	2.0	0	0	1.2	0.2	0
52	0	2.5	1.2	2.0	0	0	1.2	0.2	0	0

在对铁路桥梁应力幅计算机模拟的基础上，进一步考虑其他因素，给出如下铁路桥梁构件或细节等效应力幅的计算公式

$$\Delta\sigma_e = k_1 k_2 k_3 \Delta\sigma_c \tag{4-31}$$

式中，$\Delta\sigma_c$ 为标准荷载产生的应力幅；k_1 为等效应力换算系数；k_2 为力形系数；k_3 为结构修正系数。

a. 标准荷载产生的应力幅。为设计应用方便，不必在设计计算中涉及应力幅频谱的计算，而仍以标准荷载产生的应力幅为基础进行计算，定义计算应力幅为

$$\Delta\sigma_c = (\sigma_{max} - K\sigma_{min})(1+\overline{\mu}) \tag{4-32}$$

式中，σ_{max}、σ_{min} 为标准荷载（如中-活载）产生的最大和最小应力；$1+\overline{\mu}$ 为动力系数平均值；K 为构造细节系数，焊接时取 $K=1$，非焊接时拉拉应力取 $K=1$、拉压应力取 $K=0.6$。

对于 $K=0.6$ 的情况，应计入永久荷载应力 σ_D，式（4-32）变为

$$\Delta\sigma_c = [(1+\overline{\mu})\sigma_{max} + \sigma_D] - 0.6[(1+\overline{\mu})\sigma_{min} + \sigma_D] \tag{4-33}$$

b. 等效应力换算系数。等效应力换算系数为根据 Miner 准则，将随机疲劳设计应力幅换算为等效等幅应力幅的系数，即

$$k_1 = \sqrt[m]{\frac{\sum n_i P_i^m}{N}} \tag{4-34}$$

式中，n_1/N，n_2/N，$\cdots$，n_k/N 为疲劳荷载谱（图4-13）；P_i 为荷载效应比谱。

c. 力形系数。标准荷载效应比频谱是针对跨中构件计算得到的，对于非跨中构件或构造细节，由于其影响线与跨中影响线不一致，当疲劳荷载（疲劳列车）通过桥梁时，产生的荷载谱也与跨中的荷载谱不同。因此，在使用跨中标准荷载效应频谱计算其应力谱时，应对疲劳设计应力幅加以修正。

下面是几种常用桥梁结构的力形系数：钢筋混凝土梁，$k_2 = 1.00$；简支钢桁梁的弦杆、纵横梁跨中 $k_2 = 1.00$，斜杆 $k_2 = 1.05 \sim 1.00$，简支钢板梁 $k_2 = 1.00$；等跨连续桁梁弦杆 $k_2 = 0.8 \sim 0.95$，斜杆 $k_2 = 0.85 \sim 1.00$。

d. 结构修正系数。如果结构计算是按简化后的平面结构进行的，则应考虑实际桥梁空间体系、节点刚性等对内力计算结果的影响，可用结构修正系数 k_3 进行修正。类似于计算模式的不确定性，可用精确的空间计算或通过试验方法（校验系数）确定 k_3。表4-20为简支钢桁梁的构造系数。

表4-20　简支钢桁梁构造系数 k_3

上弦	下弦	腹杆	纵梁（弯矩）		横梁（弯矩）		支点（剪力）	
		吊杆	跨中	支点	跨中	支点	纵梁	横梁
0.95	0.80	1.00	0.85(×M_0)	0.62(×M_0)	1.00(×M_0)	0.46(×M_0)	1.10	1.10

注：M_0 为简支梁跨中弯矩。

另外，对于按式（4-31）计算的等效应力幅，还需进一步考虑多车道（如铁路双线）、运输量的发展、使用年限（大于或小于设计基准期）等因素的影响，并制订相应的修正系数。

（5）水利水电工程　在编制《水利水电工程结构可靠度设计统一标准》（GB 50199—1994）的过程中，编制组对水电厂起重机轮压和发电机层楼板堆放荷载、大坝上下游水压力、扬压力等荷载进行了调查和统计分析，确定了其概率分布和统计参数。

1）起重机轮压和发电机层楼板堆放荷载。编制组对水电厂起重机轮压和发电机层楼板堆放荷载进行了调查和统计分析，先后调查了刘家峡、盐锅峡、八盘峡、青铜峡四个水电厂，采用极值荷载的成因分析和专家估计方法，得到相关荷载的均值系数 k 和变异系数 δ，见表4-21。

表4-21　水利水电工程荷载统计参数及概率分布

荷 载 类 型	k	δ	概率分布
起重机垂直轮压 D	0.817	0.167	对数正态分布
楼面堆放荷载 L_1	0.994	0.182	对数正态分布
静水荷载 W_a	1.000	0.050	对数正态分布

2）大坝上下游水压力。水压力是坝体的最主要作用，按坝前、坝后水位的水深计算。这些水位由水利规划设计人员根据工程所在河流的天然径流、洪水特性、工程所在地区水利水电用水计划、社会经济条件、水库调蓄能力、经济分析等综合分析后确定，而且严格由人为加以控制。设计的特征水位为正常蓄水位、设计洪水位和校核洪水位。

大坝上下游水压力确定分为汛期和非汛期两种情况。分别调查了丰满等15个多年或年调节水库和西津等12个季、周或日调节的水电站汛期水库水位资料。超过校核洪水位的有佛子岭、磨子潭水电站，各发生一次。超过设计洪水位的有丰满水电站，发生过一次。统计了上述27个水库和水电站非汛期的水位资料。在多年或年调节水库中，实测非汛期最高水位的水压力为与正常蓄水位水压力的1.02倍，季、周或日调节的水库为1.03倍，但27个水库和水电站最高水位的平均值低于正常蓄水位。

3）扬压力。按规范规定的图形计算扬压力，以扬压力系数作为基本随机变量。调查统计已建成多年的混凝土坝，坝基有帷幕、排水设施，在基础廊道内有扬压力全断面观测点的坝段，对同一坝或所调查的混凝土坝，按相近的地质条件和基础处理，分类统计分析了27个坝的河床坝段主排水孔处的扬压力系数，得平均值 $\mu_a = 0.185$，变异系数 $\delta_a = 0.30$，服从正态分布。

4.2.3　偶然作用

如前面对偶然作用的定义，偶然作用在设计使用年限内出现的概率很小，甚至不会出现，一般情况下持续时间很短，尽管如此，设计中也必须考虑，因为其量值很大，一旦出现将产生灾难性后果。第4.1.2节列举了不同行业工程结构设计中需要考虑的偶然作用。一般来讲，偶然作用的实测和统计比较困难，有的甚至是不可统计的，因为很多情况下偶然作用的产生与各种人为因素有关，加强管理、减小偶然事件的发生才是最有效的控制措施。

下面针对比较常见的室内爆炸和撞击两种偶然作用进行介绍。

1. 室内爆炸

爆炸定义为空气中灰尘、气体或蒸汽的快速化学反应。反应导致了高温与超高压，爆炸压力以压力波形式向外传播，遇到障碍时则产生作用力。室内爆炸产生的压力主要取决于灰尘、气体或蒸汽的类型，空气中灰尘、气体或蒸汽的百分比，灰尘、气体或蒸汽、空气混合物的均匀性，火源、室内是否有障碍物，室内空间的大小、形状和墙体、门窗承受压力的能力，以及所具有的排气量或压力释放量等。

爆炸的特点是：作用于结构局部区域的强度可为其他荷载的几个数量级；爆炸后压力快速减小（见图4-14），爆炸持续时间很短，在毫秒量级。

（1）室内粉尘爆炸 粉尘是固体物质的微小颗粒。粉尘爆炸是粉尘粒子表面与氧发生的反应。由于粉尘表面积与同量的块状物质相比要大得多，故容易着火。如果它悬浮在空气中，并达到一定的浓度，便形成爆炸性混合物。一旦遇到火星，就可能引起燃烧。燃烧时，气压和气压上升率越高，其爆炸率也就越大。爆炸放出的能量，其最大值可为气体爆炸的几倍。但是粉尘爆炸与气体爆炸和火药爆炸不同，要求的发火能量比较大。

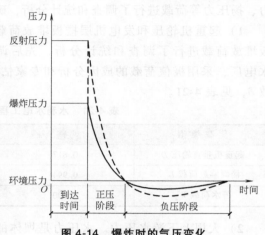

图4-14 爆炸时的气压变化

世界上第一次有记载的粉尘爆炸发生在1785年意大利的一个面粉厂，此后200多年中，粉尘爆炸事故不断发生。1966年，日本横滨饲料厂的玉米粉尘爆炸，引起累积性连锁燃烧，使整个工厂遭到蔓延性重大灾难。1921年美国芝加哥一台大型谷类提升机发生粉尘爆炸，其爆炸力将40座每座约装30万t粮食的仓室，从底座掀起，并移动了152.4mm，结果6死1伤，经济损失达400万美元。1942年我国本溪煤矿曾发生世界上最大的粉尘爆炸，死亡1549人，重伤246人。1987年3月15日凌晨，我国哈尔滨亚麻纺织厂联合厂3个车间，突然发生强大的粉尘爆炸并引起大火，使103万m^2厂房、189套设备遭到不同程度的毁坏，直接经济损失881.9万元，事故中死亡58人，重伤数人，轻伤112人。

粉尘爆炸具有如下特点：

1）粉尘爆炸燃烧速度或爆炸压力上升速度比气体爆炸要小，但燃烧时间长，产生的能量大，所以破坏力和烧毁程度大。

2）爆炸粒子一面燃烧，一面飞散，受其作用的可燃物产生局部碳化，特别是碰到人体时会造成严重烧伤。在粮食企业粉尘爆炸事故中，此类情况屡见不鲜。

3）静止的粉尘被风吹起悬浮在空气中，若条件满足就会发生第一次爆炸，爆炸产生的冲击波又使其他堆积的粉尘扬起，造成适合爆炸的粉尘雾溶胶，而飞散的火花和辐射热可提供点火源，又引起二次、三次或继发性多次爆炸，扩大爆炸危害。

4）即使参与爆炸的粉尘量很小，但由于伴随有不完全燃烧，导致在相对密闭的空间里，会残留大量的CO，将有引起CO中毒的危险。

（2）天然气爆炸 天然气的主要成分是甲烷，当天然气与空气混合占比达到5%～15%

时，遇明火达到着火点，就会燃烧产生剧烈的化学反应。虽然天然气比空气轻且容易发散，但是当天然气在房屋或帐篷等封闭环境里聚集的情况下，达到一定的比例时，就会触发威力巨大的爆炸。爆炸可能会夷平整座房屋，甚至殃及邻近建筑。

欧洲规范 EN 1991-1-7：2006 提供了室内粉尘和天然气爆炸压力的计算方法。

2. 撞击

运动物体遇到障碍物受阻，产生负加速度，在很短的时间内速度降低或变为 0，从而产生很大的撞击力，同时结构产生动力响应。图 4-15 示出了撞击力的时程曲线（b 线）和结构响应的时程曲线（c 线），a 线为分析和设计中采用的等效静力线。

结构受到撞击后的动力响应是结构与撞击体的相互作用。根据结构的特点，可将运动物体对结构的撞击分为硬撞击和软撞击两种形式。硬撞击的能量主要由撞击体吸收（见图 4-16），软撞击在撞击过程中能量主要由结构物吸收。

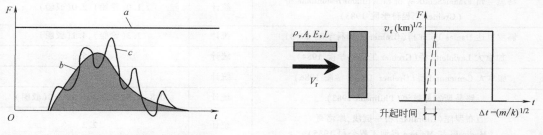

图 4-15　撞击力和结构响应的时程曲线　　　　图 4-16　硬撞击模型

下面介绍美国《公路桥梁船舶撞击设计规范》（2009）中船舶撞击桥梁和欧洲规范《结构上的作用　第 1-7 部分：一般作用-偶然作用》（EN 1991-1-7：2006）中汽车撞击结构物时撞击力的概率分析方法和建议。

（1）船舶撞击桥梁　在全世界很多国家，船舶对沿海及内陆航道区域的桥梁撞击对公路安全、港口业务、交通及环境保护造成越来越严重的威胁。在 1960—2002 年的 42 年间，已发生 31 起因船舶撞击导致桥梁坍塌的事故，造成 342 人死亡，因此而造成的间接损失和不良社会影响更是难以估量。

引起船舶撞击桥梁事故的原因很多，主要原因是随着经济的发展，建造的桥梁数量和船舶出行的次数越来越多，船舶穿过桥梁越来越频繁；其次是桥梁位置选择不是很合理，对桥梁与水运交通关系的重视不够，很多桥梁建在过于靠近航道弯道，或过于靠近机动船舶停泊的海洋码头。

船舶偏离航道发生的撞击事件与领航员失误、不利环境条件和机械故障有关。人为失误包括船员疏忽，反应慢（酒醉、疲劳），船长、领航员、舵手之间产生误解，船员未正确理解或注意海图，违反海上交通规则，对水流和风向条件等估计错误等。不利环境条件包括能见度差（雾，暴风雨）、船舶密度高、水流或波浪的强作用、暴风、导航设施差和航道走向不合理等。机械故障包括发动机故障、舵的机械及电子故障、其他设备故障等。人为失误和不利环境条件是发生船舶撞击事故的主要原因。调查表明，90%的船舶事故都与人为因素有关，其中 78%归咎于领航员的失误，12%归因于其他操作因素，5%是由于机械问题，剩下的 5%则原因不能确定。

表 4-22 为对收集的船舶撞击桥梁事故数据进行统计分析得到的船舶偏离航道的概率。

表 4-22　船舶偏离航道概率

地　点	数据类型	船舶偏离航道概率/10^{-4}
多佛海峡——碰撞（Macduff 1974）	统计	5~7
多佛海峡——搁浅（Macduff 1974）	统计	1.4~1.6
日本海峡——搁浅（Fujii 等 1974）	统计	0.7~6.7
日本海峡——碰撞（Fujii 等 1974）	统计	1.3
全世界（Maunsell 和 Partners 1979）	统计	0.5
澳大利亚 Tasman 桥（Leslie 1979）	估计	0.6~1.0
丹麦 GreatBelt 桥（Cowinconsult 1978）	估计	0.4
佛罗里达 SunshineSkyway 桥（Greiner 工程科学院 1985）	统计	1.3（轮船），2.0（驳船）
加拿大 Annacis 岛桥（CBA/Buckland 和 Taylor 1982）	估计	3.6
马里兰州 FrancisScottKey 桥和 WilliamPrestonLane 桥（Greiner 工程科学院 1983）	统计	1.0（轮船），2.0（驳船）
佛罗里达 Dames Point 桥（Greiner 工程科学院 1984）	统计	1.3（轮船），4.1（驳船）
加拿大 Laviolette 桥（Greiner 工程科学院 1984）	统计	0.5
加拿大 Centennial 桥（Greiner 工程科学院 1986）	统计	5.0
路易斯安那航道（Philipson 1983）	统计	0.8~1.9（轮船），1.5~3.0（驳船）
直布罗陀（Gibraltar）桥——搁浅，摩洛哥（Modjeski 和 Masters 咨询工程公司 1985）	统计	2.2
直布罗陀（Gibraltar）桥——碰撞，摩洛哥（Modjeski 和 Masters 咨询工程公司 1985）	统计	1.2

　　船舶在桥梁附近行驶，因失去控制而偏离航线中心线距离的概率称为几何概率。引起船舶发生偏离的原因很多，包括航道几何形状，航线水深，桥墩位置，桥跨净空，船舶通行路径，船舶机动性能，船舶位置、方向和速度，偏航时方向舵的偏转角，环境条件，船舶宽度、长度和形状，船舶吃水深度（装载或压载）等。如图 4-17 所示，采用正态分布描述偏离航线船舶的通行路径，船舶通行位置为航线中心线。船舶撞击桥墩的概率为正态概率密度曲线下桥墩宽度与其两侧船舶宽度所围的面积（图中阴影部分面积）。

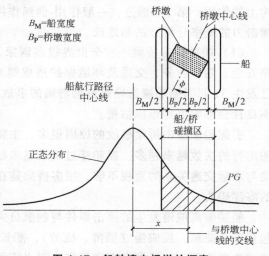

图 4-17　船舶撞击桥墩的概率

　　表 4-23 为美国船舶撞击桥梁事故的偏航数据。表中 x 为船舶航行中心线到桥墩中心的距离与船舶总长之比，μ_x 为 x 的平均值，取为 0.0。由表 4-23 中数据得到船舶与桥墩中心线相对距离的标准差

$$\sigma = \sqrt{\frac{1}{n-1}\sum(x_i-\mu_x)^2} = \sqrt{\frac{13.778}{15-1}} = 0.992$$

因此，美国《公路桥梁船舶撞击设计规范》（2009）将船舶通行路径的标准差取为船身全长。

表 4-23　美国船舶撞击桥梁事故中船舶偏离航行中心线的距离与船长之比

桥梁名称	x_i	桥梁名称	x_i
SidneyLanier	0.57	SunshineSkyway	1.31
Tasman	1.47	Newport	1.07
FraserRiver	0.31	Sorsund	0.82
Benjamin Harrison	0.69	Outerbridge(NY)	0.78
Tingstad	0.33	Outerbridge(NY)	0.52
SecondNarrow RR	0.43	Outerbridge(NY)	0.50
SecondNarrow RR	0.66	Richmond/SanRafael	2.13
Almo(Tjorn)	0.89	—	—

（2）汽车撞击桥梁　图 4-18 所示为汽车偏离行驶路线撞击结构物的情况。欧洲规范《结构上的作用　第 1-7 部分：一般作用-偶然作用》（EN 1991-1-7：2006）给出了这种异常条件下汽车撞击桥梁的有关统计参数和概率分布，见表 4-24。

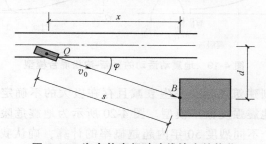

图 4-18　汽车偏离行驶路线撞击结构物

表 4-24　异常条件下汽车撞击桥梁的有关统计参数和概率分布

变量	变量说明		平均值	标准差	概 率 分 布
v_0	车辆速度	公路	80km/h	10km/h	对数正态分布
		市区	40km/h	8km/h	
		乡村	15km/h	5km/h	
		停车库	5km/h	5km/h	
a	加速度（减速）		4.0m/s^2	1.3m/s^2	对数正态分布
m	质量	货车	20000kg	12000kg	正态分布
		轿车	1500kg	—	
k	车辆刚度		确定值	300kN/m	—
φ	角度		10°	10°	瑞利分布

4.2.4　地震作用

地震是一种随机性非常强的自然现象，这主要表现在两个方面：一是某一震源在一段时间内是否会发生地震是高度不确定的；二是地震发生的强度或某一场地受地震动的影响也是不确定的。地震危险性分析主要研究某一场地地震发生的可能性和发生强度的概率。在地震危险性分析中，国内外应用最为广泛的随机过程模型是均匀泊松模型，但这种模型只能认为是大致符合客观现象。事实上，地震的发生具有周期性，有高潮期和平静期之分，图 4-19 所示为描述地震动活动的更新-泊松混合模型，其中 M_l^P 与 M_u^P 为小地震震级的下界和上界，M_l^C 与 M_u^C 为特征地震震级的下界和上界，假定 $M_u^P \leqslant M_l^C$。在这一模型中，小地震和中等地震发生的时间采用泊松过程描述，强度服从特征分布的指数部分；特征地震发生的时间采用广义更新过程描述，强度服从特征分布的非指数部分。假定地震发生的时间与震级是相互独立的。

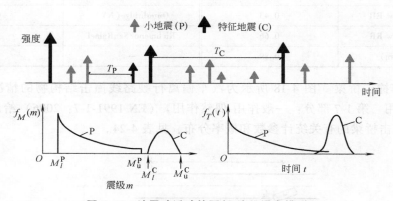

图 4-19　地震动活动的更新-泊松混合模型

地震波从震源传播到建筑场地会发生衰减且存在极大的不确定性。通过地震危险性分析，可建立建筑场地的地震强度概率模型。图 4-20 所示为地震危险性分析的主要步骤。根据对我国 45 个城镇 21 个不同烈度 50 年内超越概率的计算，确认我国地震烈度服从极值Ⅲ型分布，即

$$F_I(i) = \exp\left[-\left(\frac{\omega-i}{\omega-\varepsilon}\right)^k\right] \tag{4-35}$$

式中，ω 为地震烈度的上限值，取 12°；ε 为地震烈度的众值；k 为形状参数。

按照《建筑抗震设计规范》（2016 年版）（GB 50011—2010）的规定，对于高度不超过 40m、以剪切变形为主且质量和刚度沿高度分布比较均匀的建筑结构，可采用底部剪力法确定各楼层的地震作用。采用底部剪力法进行设计时，只考虑结构一阶振型。

将结构底部剪力视为随机变量，其表达式可表示为

$$F_E = \alpha_1 G_{eq} D \tag{4-36}$$

其中

$$\alpha_1 = \frac{A_m}{g}\beta(T_1, \zeta) \tag{4-37}$$

式中，α_1 为相应于结构基本周期的地震影响系数；A_m 为结构所在场地的最大地面加速度；g 为重力加速度；$\beta(T_1, \zeta)$ 为在最大地面加速度 A_m 的地震波的输入下结构的动力放大系数，与结构的基本自振周期 T_1 和阻尼比 ζ 有关；G_{eq} 为包括结构永久荷载和可变荷载在内的重力荷载组合值；D 为考虑地震作用模型化中随机不确定性的随机因子。

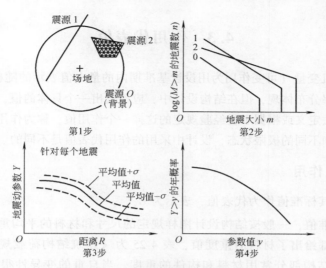

图4-20 地震危险性分析的主要步骤

地震产生的最大地面加速度 A_m 与结构所在地区的地震烈度 I 有如下近似关系

$$A_m = 10^{(I\log 2 - 0.01)} \tag{4-38}$$

将式（4-37）和式（4-38）代入式（4-36），得结构底部剪力与地震烈度的关系

$$F_E = \frac{A_m}{g}\beta(T_1,\zeta)G_{eq}D = \frac{10^{(I\log 2 - 0.01)}}{g}\beta(T_1,\zeta)G_{eq}D \tag{4-39}$$

由于地震烈度是对地震灾害的综合评定，因此地震烈度与地面峰值加速度、频谱特性和持续时间有关。显然在将由地面峰值加速度表示的结构底部剪力转化为用地震烈度表示时，会存在很大的不精确性。在对式（4-39）进行分析时，也将这一不精确性归并到随机因子 D 中。按照数理统计原理，由式（4-39）得到结构底部剪力的均值系数和变异系数，$k_{F_E} = \mu_{F_E}/F_{Ek} = 0.597$，$\delta_{F_E} = 1.267$，其中 F_{Ek} 为按规范计算的结构底部剪力的标准值。

分析表明，在50年的设计基准期内，随机地震产生的结构底部剪力服从极值Ⅱ型分布，概率分布函数为

$$F_{F_E}(f) = \exp\left[-\left(\frac{f}{f_\varepsilon}\right)^{-c}\right] \tag{4-40}$$

式中，f_ε 和 c 分别为结构底部剪力的众值和形状参数，$f_\varepsilon = 0.385F_{Ek}$，$c = 2.35$。

上面是随机烈度下结构底部剪力的统计分析结果，此时底部剪力的随机性主要来自于地震烈度的随机性和将地震烈度转化为地面峰值加速度时的不精确性。对于确定烈度下结构的底部剪力，上述变异性不再存在，底部剪力的均值系数和变异系数分别为 $k_{F_E} = \mu_{F_E}/F_{Ek} = 1.06$，$\delta_{F_E} = 0.30$。

同时分析表明，确定烈度下结构的底部剪力服从极值Ⅰ型分布，概率分布函数为

$$F_{F_E}(f|i) = \exp\{-\exp[-\alpha(f-u)]\} \tag{4-41}$$

其中

$$\alpha = \frac{\pi}{\sqrt{6}\,\sigma_{F_E}},\ u = \mu_{F_E} - \frac{0.5772}{\alpha}$$

式中，σ_{F_E} 为结构底部剪力的标准差。

4.3　作用代表值

作用是一个随机变量（可变作用为用设计基准期内的最大值表示的随机变量），在结构可靠度计算中以其概率分布体现，但在结构设计中，应该给出一个具体的值，否则无法描述作用的大小。按概率方法定义或根据工程经验规定的这样一个作用值，称为作用的代表值。针对不同的结构设计状况和不同的极限状态，设计中采用的作用代表值是不同的。

4.3.1　永久作用

永久作用采用其标准值作为代表值，表示为 G_k。

结构自重的标准值，一般按结构设计图样规定的尺寸和材料的平均重度进行计算。不同行业结构设计规范都给出了材料的重度值，表 4-25 为《建筑结构荷载规范》（GB 50009—2012）给出的建筑结构部分常用材料和构件的重度。当自重的变异性很小时，可取其平均值。对某些自重变异性较大的结构，当其增加对结构不利时，采用高分位值作为标准值；当其增加对结构有利时，采用低分位值作为标准值。当结构受其自重控制且变异性的影响非常敏感时，即使变异性很小也必须采用两个标准值。所谓变异系数很小是指不超过 0.05~0.1。

表 4-25　建筑结构部分常用材料和构件的重度

名　称		自重	备　注
木材/(kN/m³)	杉木	4.0	随含水量而不同
	刨花板	6.0	—
土、砂、砾砂、岩石/(kN/m³)	黏土	13.5~20.0	从干松到很湿
	砂土	12.2~17.0	—
	卵石	16.0~18.0	干
砖及砌块/(kN/m³)	普通砖	18.0	240mm×115mm×53mm
		19.0	机器制
	蒸压粉煤灰加气混凝土砌块	5.5	—
水泥、混凝土/(kN/m³)	水泥	12.5~16.0	轻质松散、散装、袋装
	素混凝土	22.0~24.0	振捣或不振捣
	钢筋混凝土	24.0~25.0	
隔墙与墙面/(kN/m²)	双面抹灰板条隔墙	0.9	每面灰厚 16~24mm,龙骨在内
	单面抹灰板条隔墙	0.5	灰厚 16~24mm,龙骨在内

例如，对于桥梁，在正常的施工条件下，桥面板自重的变异性一般不大，标准值可采用平均值。对于屋面的保温材料、防水材料、找平层、铁路道砟等，变异性可能比较大，这时自重需要用较大和较小的标准值表示。

一般情况下，自重服从正态分布，当需要使用两个标准值时，可分别采用 0.05 和 0.95 分位点的值（见图 4-21）。这样低分位值 $G_{k,inf}$ 和高分位值 $G_{k,sup}$ 可分别表示为

$$G_{k,inf} = \mu_G - 1.645\sigma_G = \mu_G(1 - 1.645\delta_G) \tag{4-42a}$$

$$G_{k,sup} = \mu_G + 1.645\sigma_G = \mu_G(1+1.645\delta_G) \tag{4-42b}$$

式中，μ_G 为自重 G 的平均值；δ_G 为自重 G 的变异系数。

假定变异系数 $\delta_G = 0.10$，则 $G_{k,inf}$ 和 $G_{k,sup}$ 比平均值 μ_G 偏小或者偏大 16.4%。

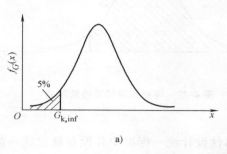
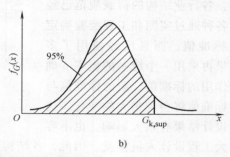

图 4-21　结构或构件自重的标准值

a）低分位值 $G_{k,inf}$　b）高分位值 $G_{k,sup}$

预应力的标准值应考虑时间因素的影响。对于承载能力极限状态，可采用平均值作为预应力的标准值。对于正常使用极限状态，可采用平均值作为标准值，也可采用高分位值和低分位值两个标准值，如欧洲规范 EN 1992-1-1：2004 规定，先张或无粘结预应力筋的高分位值和低分位值分别取平均值乘 1.05 和 0.95 系数的值，有粘结后张预应力筋的高分位值和低分位值分别取平均值乘 1.1 和 0.9 系数的值，当进行了适当的测量（如对先张筋的直接测量）时取平均值。

因施工方式、材料收缩或膨胀引起的外加变形可采用某个指定值作为标准值，因收缩或膨胀引起的变形宜考虑时间因素。

4.3.2　可变作用

可变作用的代表值包括标准值、组合值、频遇值和准永久值。在概念上，我国规范的标准值与欧洲规范的特征值、美国规范的名义值是相对应的。

1. 标准值

可变作用的标准值是按观测数据的统计、作用的自然界限或工程经验确定的值，一般用 Q_k 表示。可变作用标准值是可变作用的主要代表值，是确定作用其他代表值的基础，其他代表值是对标准值乘以相应的系数得到的，所以标准值的确定非常重要。

（1）确定标准值的统计方法　可采用两个时间参数确定可变作用的标准值：设计基准期和重现期。

1）按设计基准期确定标准值。设计基准期是为"确定可变作用等的取值而选定的时间参数"，第 2 章表 2-9 给出了各工程结构可靠性设计统一标准规定的设计基准期的值。可变作用的标准值可按可变作用在设计基准期 T 内最大值 Q_T 概率分布的统计特征值采用，最常用的统计特征值包括平均值、中值和众值，也可采用其他指定概率 p 的分位值，如图 4-22 所示，即

$$F_{Q_T}(Q_k) = p \tag{4-43}$$

此时 Q_T 超越标准值 Q_k 的超越概率为 $1-p$。

注意，将概率 p 取为一个统一的值更有利于计算分析，但事实上，在采用式（4-43）定义可变作用的标准值之前，各行业结构的荷载规范已经给出了各种通过实测和工程经验确定的作用标准值，而且已经使用了多年，如果再采用一个统一的概率 p 确定可变作用的标准值，新的标准值与原来的标准值将会有很大的变化，这样会对设计结果有很大影响，也不容

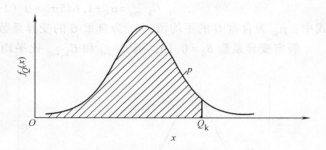

图 4-22　可变作用标准值的定义

易被广大工程设计人员接受。因此，各结构可靠性设计统一标准中并没有规定统一的概率 p，而是在继续沿用原来作用标准值的基础上，认为按作用最大概率分布计算得到的概率即为指定的 p。当然，之后根据需要经常对作用的标准值进行调整，但这些调整并不是为取得概率 p 的统一。

2）按重现期确定。在很多情况下，特别是对自然作用，用重现期 T_R 表达可变作用的标准值 Q_k 比较方便，如风、波浪、洪水等，工程中习惯于称"T_R 年一遇"。重现期是指连续两次超过作用值 Q_k 的平均时间间隔。

下面讨论标准值 Q_k 与重现期 T_R 的关系。

对于总体中独立的样本，一个事件首次出现的概率服从几何分布，即第 k 次试验时事件才首次出现的概率为

$$P(k) = p_1(1-p_1)^{k-1} \quad (k=1,2,\cdots) \tag{4-44}$$

式中，p_1 为事件出现时（如 $X>x$）的概率，$1-p_1$ 为事件不出现的概率。

将试验表示为时间间隔 T，在每个时间间隔中，记录 $X>x$ 的事件，则一个事件的首次出现变为概率为式（4-44）描述的"首次出现时间"。平均出现时间或"重现期"为 T 的期望值，表示为

$$T_R = E(T) = \sum_{t=1}^{\infty} tp_1(1-p_1)^{t-1} = p_1[1 + 2(1-p_1) + 3(1-p_1)^2 + \cdots]$$

$$= \frac{p_1}{[1-(1-p_1)]^2} = \frac{1}{p_1}$$

将时间间隔取为 1 年，X 为作用的年最大值随机变量 Q_τ，$p_1 = P(Q_\tau > Q_k) = 1 - F_{Q_\tau}(Q_k)$，则上式可表示为

$$T_R = \frac{1}{1 - F_{Q_\tau}(Q_k)}$$

即

$$F_{Q_\tau}(Q_k) = 1 - \frac{1}{T_R} \tag{4-45}$$

由重现期确定的作用标准值为

$$Q_k = F_{Q_\tau}^{-1}\left(1 - \frac{1}{T_R}\right) \tag{4-46}$$

式中，$F_{Q_\tau}^{-1}(\cdot)$ 为 $F_{Q_\tau}(\cdot)$ 的反函数。

【例 4-1】 统计分析得到某地区的基本风压 W_0（这里专门分析风荷载，符号不再用 Q 而用 W）的平均值 $\mu_{W_0} = 0.18\text{kN/m}^2$，$\delta_{W_0} = 0.450$。已知年基本最大风压服从极值 Ⅰ 型分布。确定重现期为 10 年、50 年和 100 年的基本风压标准值。

解 年最大风压服从极值 Ⅰ 型分布，根据式（B-13c）得重现期为 T_R 时的基本风压标准值

$$W_{0\text{k},T_R} = u - \frac{1}{\alpha}\ln\left[-\ln\left(1-\frac{1}{T_R}\right)\right] \tag{a}$$

其中的参数 α 和 u 按下面的公式确定

$$\alpha = \frac{\pi}{\sqrt{6}\,\sigma_{W_0}} = \frac{1}{0.780\mu_{W_0}\delta_{W_0}}$$

$$u = \mu_{W_\tau} - \frac{0.5772}{\alpha} = \mu_{W_\tau}(1-0.450\delta_{W_\tau})$$

将 α 和 u 代入式（a）得到

$$\begin{aligned}
W_{0\text{k},T_R} &= \mu_{W_0}\left\{(1-0.450\delta_{W_0})-0.780\delta_{W_0}\ln\left[-\ln\left(1-\frac{1}{T_R}\right)\right]\right\} \\
&= 0.144 - 0.063\ln\left[-\ln\left(1-\frac{1}{T_R}\right)\right]
\end{aligned}$$

将重现期 $T_R = 10$ 年、50 年和 100 年分别代入上式得到，基本风压标准值 $W_{0\text{k},10} = 0.286\text{kN/m}^2$，$W_{0\text{k},50} = 0.390\text{kN/m}^2$，$W_{0\text{k},100} = 0.434\text{kN/m}^2$。由此可以看出，按重现期描述基本风压标准时，虽然采用的是时间，但反映的是风压的大小。对于其他自然可变作用也是如此。

3）设计基准期与重现期的关系。前面分别介绍了根据设计基准期 T 和重现期 T_R 确定可变作用标准值的方法和公式，对应于同一自然可变作用的同一标准值，重现期与设计基准期存在确定的关系。注意，这里所谓两者存在确定关系，指的是同一标准值下的关系。

按式（4-11），作用设计基准期内的最大值概率分布与年最大值概率分布具有如下关系

$$F_{Q_T}(Q_\text{k}) = \left[F_{Q_\tau}(Q_\text{k})\right]^T = p \tag{4-47}$$

将式（4-47）代入式（4-45）得

$$p^{1/T} = 1 - \frac{1}{T_R} \tag{4-48a}$$

式中的概率 p 按式（4-43）计算。由此得到同一作用标准值下重现期 T_R 与设计基准期 T 的关系

$$T_R = \frac{1}{1-p^{1/T}}$$

对式（4-48a）两边取对数得

$$\frac{\ln p}{T} = \ln\left(1-\frac{1}{T_R}\right)$$

当 T_R 很大时，$\ln\left(1-\frac{1}{T_R}\right) \approx -\frac{1}{T_R}$，得到下面重现期 T_R 与设计基准期 T 的近似关系

$$T_R = \frac{T}{\ln(1/p)} \tag{4-48b}$$

由此可见，对于同一作用标准值，重现期 T_R 与设计基准期 T 是不相等的。在结构抗震设计中，地震的强度可按设计基准期定义，也可按重现期定义，可以用来说明上面的公式表示的重现期 T_R 与设计基准期 T 的关系，这种关系是以设计基准期内的超越概率为纽带的。

《建筑抗震设计规范》（2016 年版）（GB 50011—2010）中地震的强度等级，是按烈度以全国历史上的地震记录为基础进行划分得到的，按照 $T = 50$ 年的设计基准期，将超越概率 10% 的地震定义为基本烈度地震或"中震"，相应地，超越概率 63.2% 的地震定义为众值烈度地震或"小震"，超越概率 2%～3% 的地震定义为罕遇地震或"大震"，超越概率为 0.01% 的地震为极罕遇地震，如图 4-23 所示。将设计基准期 $T = 50$ 年和超越概率 $1-p =$ 63.2%、10% 和 2%～3% 代入式（4-48b），可得相应等级地震的重现期

$$T_R = \frac{T}{\ln(1/p)} = \frac{50}{\ln(1/0.368)} = 50 \text{ 年}$$

$$T_R = \frac{T}{\ln(1/p)} = \frac{50}{\ln(1/0.9)} = 475 \text{ 年}$$

$$T_R = \frac{T}{\ln(1/p)} = \frac{50}{\ln(1/0.97)} \sim \frac{50}{\ln(1/0.98)} = 1640 \sim 2475 \text{ 年}$$

对于众值烈度地震，这里设计基准期 $T = 50$ 年与重现期 $T_R = 50$ 年一致是一种巧合，不是可变作用的重现期与设计基准期的普遍关系。

（2）确定标准值的其他方法 按统计方法确定可变作用的标准值时，需要大量的观测数据，但实际中很多情况下获得足够的观测数据是困难的，不能采用统计方法确定作用的标准值；即使有一些数据，可能也不充分，没有代表性，按统计方法确定的标准值不能反映作用的特征。在这种情况下，可根

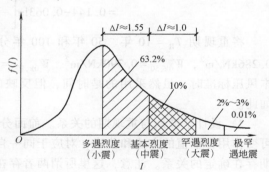

图 4-23 "小震""中震""大震"和
"极罕遇地震"的超越概率

据工程经验，通过分析判断确定作用的标准值。对于有明确界限值的有界作用，作用的标准值取其界限值。

（3）几种可变作用标准值示例 不同的工程结构承受的可变作用是不同的，同一结构也会承受不同的可变作用。下面给出几种结构设计中常用的可变作用的标准值，详细可见相应结构的荷载规范。

1）建筑楼面活荷载及主要城市的基本风压和雪压。《建筑结构荷载规范》（GB 50009—2012）给出了建筑结构设计的各种可变荷载标准值，表 4-26 为建筑结构的楼面活荷载标准值，表 4-27 为主要城市不同重现期基本风压和雪压的标准值。

2）公路桥梁汽车荷载。《公路桥涵设计通用规范》（JTG D60—2015）规定了公路桥梁设计采用的汽车荷载。汽车荷载分为公路—I 级和公路—II 级两个等级，由车道荷载和车辆荷载组成。车道荷载由均布荷载和集中荷载组成。图 4-24 为车道荷载的计算图式。

表 4-26 建筑结构楼面活荷载标准值

类 别	标准值/(kN/m²)
(1)住宅、宿舍、旅馆、办公楼、医院病房、托儿所、幼儿园	2.0
(2)教室、实验室、阅览室、会议室、医院门诊室	2.0
食堂、餐厅、一般资料档案室	2.5
(1)礼堂、剧场、影院、有固定座位的看台	3.0
(2)公共洗衣房	3.0
(1)商店、展览厅、车站、港口、机场大厅及其旅客等候室	3.5
(2)无固定座位的看台	3.5
(1)健身房、演出舞台	4.0
(2)运动场、舞厅	4.0
(1)书库、档案库、储藏室	5.0
(2)密集柜书库	12.0

表 4-27 主要城市的基本风压和雪压值

城市名	风压/(kN/m²)			雪压/(kN/m²)			雪荷载准永久系数分区
	$T_R = 10$ 年	$T_R = 50$ 年	$T_R = 100$ 年	$T_R = 10$ 年	$T_R = 50$ 年	$T_R = 100$ 年	
北京市	0.30	0.45	0.50	0.25	0.40	0.45	Ⅱ
天津市	0.30	0.50	0.60	0.25	0.40	0.45	Ⅱ
上海市	0.40	0.55	0.60	0.10	0.20	0.25	Ⅲ
重庆市	0.25	0.40	0.45	—	—	—	—
哈尔滨市	0.35	0.55	0.70	0.30	0.45	0.50	Ⅰ
南京市	0.25	0.40	0.45	0.40	0.65	0.75	Ⅱ
杭州市	0.30	0.45	0.50	0.30	0.45	0.50	Ⅲ
西安市	0.25	0.35	0.40	0.20	0.25	0.30	Ⅱ
武汉市	0.25	0.35	0.40	0.30	0.50	0.60	Ⅱ
广州市	0.30	0.50	0.60	—	—	—	—
台北市	0.40	0.70	0.85	—	—	—	—
香港	0.80	0.90	0.95	—	—	—	—
澳门	0.75	0.85	0.90	—	—	—	—

公路—Ⅰ级车道荷载的均布荷载标准值为 $q_k = 10.5$ kN/m；集中荷载标准值按以下规定选取：桥梁计算跨径小于或等于 5m 时，$P_k = 270$ kN；桥梁计算跨径等于或大于 50m 时，$P_k = 360$ kN；桥梁计算跨径

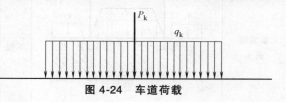

图 4-24 车道荷载

在 5~50m 时，P_k 值采用直线内插求得。计算剪力效应时，上述集中荷载标准值 P_k 乘以 1.2 的系数。公路—Ⅱ级车道荷载的均布荷载标准值 q_k 和集中荷载标准值 P_k 按公路—Ⅰ级车道荷载的 0.75 倍采用。

公路—Ⅰ级和公路—Ⅱ级汽车荷载采用相同的车辆荷载标准值。车辆荷载的立面、平面尺寸如图 4-25 所示，表 4-28 为主要的技术指标。

表 4-28 车辆荷载的主要技术指标

项 目	单位	技术指标	项 目	单位	技术指标
车辆重力标准值	kN	550	轮距	m	1.8
前轴重力标准值	kN	30	前轮着地宽度及长度	m	0.3×0.2
中轴重力标准值	kN	2×120	中、后轮着地宽度及长度	m	0.6×0.2
后轴重力标准值	kN	2×140	车辆外形尺寸	长/m×宽/m	15×2.5
轴距	m	3+1.4+7+1.4			

3）港口码头堆货荷载。《港口工程荷载规范》（JTS 144-1—2010）将码头划分为三个地带，即码头前沿地带、前方堆场和后方堆场。不同的地带采用不同的堆货荷载值。表 4-29 给出了规范规定的集装箱码头和货物滚装、客货滚装码头堆货荷载标准值和荷载图式。

4）列车竖向荷载。《铁路列车荷载图式》（TB/T 3466—2016）给出了铁路列车活荷载标准图，见表 4-30。同时规定，有通过长大车辆要求的桥梁，除按表 4-30 规定的铁路列车标准活荷载设计外，尚应采用图 4-26 所示的长大重列车检算图式进行检算。

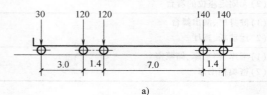

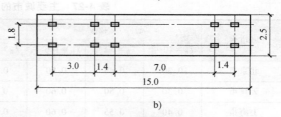

图 4-25 车辆荷载的立面、平面尺寸
（尺寸单位为 m，荷载单位为 kN）
a）立面布置　b）平面尺寸

表 4-29 集装箱码头和货物滚装、客货滚装码头堆货荷载标准值和荷载图式

码头类别	荷载图式	结构	堆货荷载标准值 /kPa			说 明
			前沿 q_1	前方堆场 q_2		
				构件计算	整体稳定	
集装箱码头		不限	20~30	30~50	30	1. L_1 布置为辅助通道时，q_1 取大值； 2. L_2 系装卸桥轨距，当轨距内堆3层时，构件计算 q_2 取大值； 3. L_4 系装卸桥陆侧轨中心线至堆场边缘距离，构件计算 $q_3 = 30$kPa，整体稳定计算 $q_3 = 20$kPa
货物滚装客货滚装码头		不限	30	30	20	滚装包括 40ft 集装箱拖挂车或 40t 平板挂车时，应根据实际情况对构件进行计算

表 4-30 铁路列车荷载图式

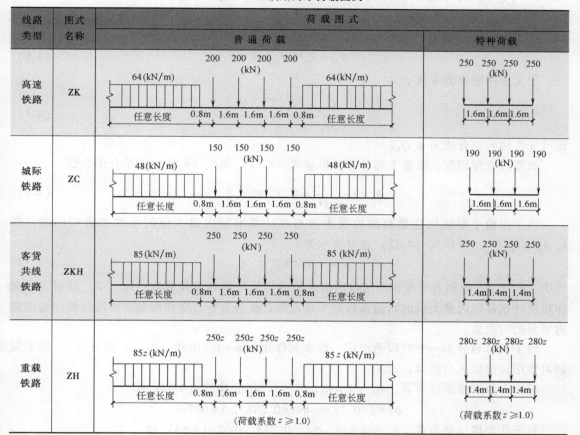

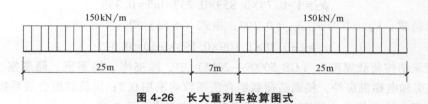

图 4-26 长大重列车检算图式

2. 组合值

在结构设计中，可变作用是按设计基准期内的最大值取值的，当结构上有两个或两个以上可变作用时，它们同时以设计基准期内最大值出现的概率较小，所以当一个可变作用取设计基准期内的最大值时，其余的可变作用应进行折减，这种折减后的值称为可变作用的组合值（详见第 4.5 节）。可变作用的组合值应使组合后的作用效应的超越概率与该作用单独出现时其标准值作用效应的超越概率趋于一致，或组合后应使结构具有规定的与作用单独出现时相同的可靠指标。

实现上述目的的方法有多种，下面按在时段内的极大值与其标准值 Q_k 在设计基准期内具有相同超越概率确定可变作用的组合值 $Q_{\tau k}$，此时有

$$F_{Q_\tau}(Q_{\tau k}) = F_{Q_T}(Q_k) \tag{4-49}$$

177

式中，$F_{Q_\tau}(\cdot)$ 为可变作用时段内极大值的概率分布函数；$F_{Q_T}(\cdot)$ 为可变作用设计基准期内最大值的概率分布函数。

由式（4-49）得到

$$Q_{\tau k}=F_{Q_\tau}^{-1}[F_{Q_T}(Q_k)] \tag{4-50}$$

定义作用组合值系数 ψ_c

$$\psi_c=\frac{Q_{\tau k}}{Q_k}=\frac{F_{Q_\tau}^{-1}[F_{Q_T}(Q_k)]}{Q_k} \tag{4-51}$$

则可变作用的组合值为 $\psi_c Q_k$。

如果可变作用服从极值 I 型分布，根据式（4-17）和式（4-51）得组合值系数

$$\psi_c=1-\frac{\ln m}{\alpha_\tau Q_k}=1-0.780k_{Q_\tau}\delta_{Q_\tau}\ln m \tag{4-52}$$

由于极值 I 型随机变量时段内极大值与设计基准期内最大值的标准差是相同的，即 $k_{Q_\tau}\delta_{Q_\tau}=k_{Q_T}\delta_{Q_T}$，所以式（4-52）也可表示为

$$\psi_c=1-0.78k_{Q_T}\delta_{Q_T}\ln m \tag{4-53}$$

式中，k_{Q_τ}、δ_{Q_τ} 分别为可变作用时段内极大值的均值系数和变异系数；k_{Q_T}、δ_{Q_T} 分别为可变作用设计基准期内最大值的均值系数和变异系数；m 为分析可变作用概率特性时设计基准期内划分的时段数。

对于只可划分为一个时段的作用，如永久作用，$m=1$，由式（4-52）得 $\psi_c=1$，即不需要对作用标准值进行折减。

对于办公楼楼面活荷载，$k_{Q_T}=0.698$，$\delta_{Q_T}=0.288$，由式（4-53）得

$$\psi_c=1-0.78\times0.698\times0.288\times\ln 5=0.748$$

对于住宅楼面活荷载，$k_{Q_T}=0.859$，$\delta_{Q_T}=0.233$，由式（4-53）得

$$\psi_c=1-0.78\times0.859\times0.233\times\ln 5=0.749$$

对于风荷载，$k_{W_T}=1.109$，$\delta_{Q_T}=0.193$，由式（4-53）得

$$\psi_c=1-0.78\times1.109\times0.193\times\ln 50=0.347$$

在《建筑结构荷载规范》（GB 50009—2012）中，除书库、档案室、储藏室、密集柜书库、通风机房和电梯机房外，楼面活荷载组合值系数均采用 0.7；风荷载组合值系数采用 0.6。

按设计值方法和优化方法确定组合值系数 ψ_c 的方法见第 7 章。

3. 频遇值

频遇值为结构在设计基准期内超越该值的总平均持续时间占设计基准期比例较小的作用值，或超过该值的平均超越频数限定为规定值的作用值。

（1）按超越作用值的总平均持续时间与设计基准期的比值确定 图 4-27a 表示可变作用随机过程 $Q(t)$ 的过程线，在设计基准期 T 内，作用超过某一值 Q_x 的总持续时间 $T_x=\sum\Delta t_i$ 为一个随机变量，用 T_x 的平均值 μ_{T_x} 与设计基准期 T 的比值 $\eta_x=\mu_{T_x}/T$ 表征频遇值作用的短暂程度，其值为 0~1。假定 $Q(t)$ 在非零时域内任意时点作用值 Q^* 的概率分布函数为 $F_{Q^*}(x)$，则超过 Q_x 值的概率 p^* 可按下式确定

$$p^*=P[Q^*>Q_x]=1-F_{Q^*}(Q_x) \tag{4-54}$$

对于各态历经的随机过程，存在下列关系式

$$\eta_x = p^* q \qquad (4\text{-}55)$$

式中，q 为作用 $Q(t)$ 的非零概率。

当 η_x 为规定值时，相应的作用水平 Q_x 可按下式确定

$$Q_x = F_{Q^*}^{-1}\left(1 - \frac{\eta_x}{q}\right) \qquad (4\text{-}56)$$

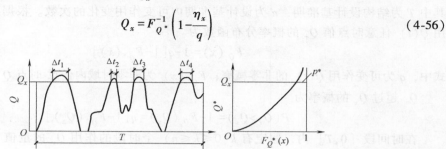

图 4-27　超越频遇值的时间和概率

a) 超越时间　b) Q^* 的分布

按这种方式确定的作用频遇值可用于结构与时间有关的正常使用极限状态设计，也用于偶然设计状况的承载能力极限状态设计。如果允许结构或构件超越某个极限状态，但超越的时间不是很长，就可采用较小的 η_x 值（建议不大于 0.1），按式（4-56）计算作用的频遇值。例如，对于结构或构件的变形，按 $\eta_x = 0.1$ 确定的频遇值进行设计，意味着允许结构在其设计基准期内有 10% 的时间超过规范规定的容许变形。

定义作用频遇值系数 ψ_f

$$\psi_f = \frac{Q_x}{Q_k} = \frac{1}{Q_k} F_{Q^*}^{-1}\left(1 - \frac{\eta_x}{q}\right) \qquad (4\text{-}57)$$

则可变作用的频遇值为 $\psi_f Q_k$。

如果可变作用服从极值 I 型分布，根据式（4-17）和式（4-57）得

$$\psi_f = k_{Q_\tau}\left(1 - 0.45\delta_{Q_\tau}\left\{1 - 0.78\ln\left[-\ln\left(1 - \frac{\eta_x}{q}\right)\right]\right\}\right) \qquad (4\text{-}58)$$

式中，k_{Q_τ}、δ_{Q_τ} 分别为可变作用时段内极大值的均值系数和变异系数。

对于办公楼楼面活荷载，$k_{Q_\tau} = 0.494$，$\delta_{Q_\tau} = 0.407$，假定活荷载总是出现的，则 $q = 1.0$，取 $\eta_x = 0.1$，由式（4-58）得

$$\psi_f = 0.494 \times (1 - 0.45 \times 0.407 \times \{1 - 0.78 \times \ln[-\ln(1 - 0.1)]\}) = 0.245$$

对于住宅楼面活荷载，$k_{Q_\tau} = 0.648$，$\delta_{Q_\tau} = 0.308$，由式（4-58）得

$$\psi_f = 0.648 \times (1 - 0.45 \times 0.308 \times \{1 - 0.78 \times \ln[-\ln(1 - 0.1)]\}) = 0.401$$

对于风荷载，$k_{W_\tau} = 0.455$，$\delta_{Q_\tau} = 0.471$，由式（4-58）得

$$\psi_f = 0.455 \times (1 - 0.45 \times 0.471 \times \{1 - 0.78\ln[-\ln(1 - 0.1)]\}) = 0.189$$

在《建筑结构荷载规范》（GB 50009—2012）中，书库、档案室、储藏室、密集柜书库、通风机房和电梯机房活荷载频遇值系数均采用 0.9，其余采用 0.5~0.7；风荷载频遇值系数采用 0.4。在欧洲规范 EN 1990：2002 中，公共建筑、办公区和居民区活荷载的频遇值系数均取 0.5，风荷载取 0.2。

【例 4-2】 对于符合图 4-7 所示的平稳二项随机过程模型的作用 Q_τ，求其超过 Q_x 水平的比率 η_x。

解 平稳二项随机过程模型中可变作用每个时段的持续时间是相等的，表示为 $\tau = T/n$，其中 T 为结构设计基准期，n 为设计基准期内可变作用变化的次数。根据式（4-9），可变作用 $Q(t)$ 任意时点值 Q_τ 的概率分布函数为

$$F_{Q_\tau}(x) = 1 - q[1 - F_{Q^*}(x)] \tag{a}$$

式中，q 为可变作用 $Q(t)$ 的非零概率；$F_{Q^*}(x)$ 为非零时域内任意时点 Q^* 的概率分布函数。

Q_τ 超过 Q_x 的概率为

$$P(Q_\tau > Q_x) = 1 - F_{Q_\tau}(Q_x) = q[1 - F_{Q^*}(Q_x)] \tag{b}$$

在时间段 $[0, T]$ 内，假定有 $k(0 \leq k \leq n)$ 个时段的作用 Q_τ 的量值 $Q_\tau > Q_x$，超越的总时间为 $\Delta t_k = k\tau = kT/n$，则 k 服从二项分布，分布律表示为

$$P_n(k) = \binom{n}{k}[1 - F_{Q_\tau}(Q_x)]^k [F_{Q_\tau}(Q_x)]^{n-k} \quad (k = 0, 1, \cdots, n) \tag{c}$$

其中

$$\binom{n}{k} = \frac{n!}{(n-k)! \, k!}$$

作用 Q_τ 超过 Q_x 的总平均时间为

$$T_x = \sum_{k=0}^{n} \Delta t_k P_n(k) = T \sum_{k=0}^{n} \frac{k}{n} \binom{n}{k}[1 - F_{Q_\tau}(Q_x)]^k [F_{Q_\tau}(Q_x)]^{n-k}$$

$$= T \sum_{k=0}^{n} \frac{k}{n} \frac{n!}{(n-k)! \, k!}[1 - F_{Q_\tau}(Q_x)]^k [F_{Q_\tau}(Q_x)]^{n-k}$$

$$= T \sum_{k=1}^{n} \frac{k}{n} \frac{n!}{(n-k)! \, k!}[1 - F_{Q_\tau}(Q_x)]^k [F_{Q_\tau}(Q_x)]^{n-k}$$

$$= T \sum_{k=1}^{n} \frac{(n-1)!}{(n-k)! \, (k-1)!}[1 - F_{Q_\tau}(Q_x)]^k [F_{Q_\tau}(Q_x)]^{n-k}$$

$$= T[1 - F_{Q_\tau}(Q_x)] \sum_{k=1}^{n} \frac{(n-1)!}{[(n-1)-(k-1)]! \, (k-1)!}[1 - F_{Q_\tau}(Q_x)]^{k-1} [F_{Q_\tau}(Q_x)]^{[(n-1)-(k-1)]}$$

$$= T[1 - F_{Q_\tau}(Q_x)] \sum_{k=1}^{n} \binom{n-1}{k-1}[1 - F_{Q_\tau}(Q_x)]^{k-1} [F_{Q_\tau}(Q_x)]^{[(n-1)-(k-1)]}$$

$$= T[1 - F_{Q_\tau}(Q_x)][1 - F_{Q_\tau}(Q_x) + F_{Q_\tau}(Q_x)]^{n-1}$$

$$= T[1 - F_{Q_\tau}(Q_x)] \tag{d}$$

将式（b）代入式（d）得

$$T_x = qT[1 - F_{Q^*}(x)] \tag{e}$$

由此得到作用 Q 超过 Q_x 值的比率 η_x，即

$$\eta_x = \frac{T_x}{T} = q[1 - F_{Q^*}(Q_x)]$$

该结果与式（4-56）是相同的。

【例 4-3】 假定可变作用 $Q(t)$ 可用图 4-6 所示的矩形泊松过程描述，平均变化次数 $\lambda =$

0.1 次/年；其每次变化后的量值服从极值 I 型分布，平均值 $\mu_Q = 0.5 \text{kN/m}^2$，标准差 $\sigma_Q = 0.15 \text{kN/m}^2$。取作用水平 $Q_x = 0.5 \text{kN/m}^2$，采用蒙特卡洛方法确定 $Q(t)$ 超过 Q_x 的比率 η_x。

解　设计基准期 $T = 50$ 年，对于符合矩形泊松过程的可变作用 $Q(t)$，在设计基准期 T 内其变化的次数 k 和时间 $t_i (i = 1, 2, \cdots, k)$ 都是随机的，设计基准期 T 内 $Q(t)$ 变化次数的概率分布可用式（4-5）表示，每一次变化时持续时间 τ 服从指数分布。τ 的概率分布函数为

$$F_\tau(\tau) = 1 - \exp(-\lambda\tau) \tag{a}$$

作用 $Q(t)$ 第 i 次出现时量值 Q_i 的概率分布函数为 $P(Q_i < x) = F_{Q_\tau}(x)$，$Q_i$ 超过 Q_x 的概率为 $P(Q_i > Q_x) = 1 - F_{Q_\tau}(Q_x)$。

采用蒙特卡洛方法模拟作用 $Q(t)$ 超过 Q_x 的比率 η_x 的步骤如下：

1）根据式（a）产生 Q_1，Q_2，$\cdots$，Q_k 持续时间的样本 τ_1，τ_2，$\cdots$，τ_k，其中 k 使下式成立

$$\sum_{i=1}^{k-1} \tau_i \leq T \leq \sum_{i=1}^{k} \tau_i \tag{b}$$

确定 k 后将 τ_k 改为 $\tau_k = T - \sum_{i=1}^{k-1} \tau_i$。

2）产生作用 Q 的 k 个样本值 Q_1，Q_2，$\cdots$，Q_k。

3）计算超越 Q_x 的样本值 Q_1，Q_2，$\cdots$，Q_k 的总持续时间

$$T_{xk} = \sum_{i=1}^{k} \tau_i I(Q_i) \tag{c}$$

其中

$$I(Q_i) = \begin{cases} 1 & Q_i \geq Q_x \\ 0 & Q_i < Q_x \end{cases} \tag{d}$$

4）计算 Q 超越 Q_x 的比率

$$\eta_{xk} = \frac{T_{xk}}{T} \tag{e}$$

5）重复步骤 1）~4）N 次，计算 η_{xk} 的平均值

$$\eta_x = \frac{1}{N} \sum_{j=1}^{N} \eta_{xk,j} \tag{f}$$

下面给出步骤 1）~4）的一次模拟过程。

1）产生 Q 每次出现持续时间的样本。

利用计算机采用蒙特卡洛方法按照概率分布函数 $F_\tau(\tau) = 1 - \exp(-0.1\tau)$ 对 τ 进行抽样，得到下列 Q 持续时间的样本：$\tau_1 = 16.4653$ 年，$\tau_2 = 2.0543$ 年，$\tau_3 = 12.0965$ 年，$\tau_4 = 1.7075$ 年，$\tau_5 = 0.8579$ 年，$\tau_6 = 5.3444$ 年，$\tau_7 = 8.8181$ 年，$\tau_8 = 14.3866$ 年，$\tau_9 = 13.2369$ 年。

由此得到 $\sum_{i=1}^{7} \tau_i = 47.3440$ 年，$\sum_{i=1}^{8} \tau_i = 67.7306$ 年，满足 $\sum_{i=1}^{8-1} \tau_i \leq T \leq \sum_{i=1}^{8} \tau_i$，所以 $k = 8$。

将 τ_8 改为 $\tau_8 = T - \sum_{i=1}^{k-1} \tau_i = (50 - 47.3440)$ 年 = 2.6560 年。

2）Q 服从极值 I 型分布，平均值 $\mu_Q = 0.5 \text{kN/m}^2$，标准差 $\sigma_Q = 0.15 \text{kN/m}^2$，采用蒙特卡洛方法进行抽样得到可变作用 Q 的 8 个样本值 $Q_1 = 0.5411 \text{kN/m}^2$，$Q_2 = 0.3389 \text{kN/m}^2$，$Q_3 =$

$0.6251 \mathrm{kN/m^2}$，$Q_4 = 0.7869 \mathrm{kN/m^2}$，$Q_5 = 0.3248 \mathrm{kN/m^2}$，$Q_6 = 0.8511 \mathrm{kN/m^2}$，$Q_7 = 0.5661 \mathrm{kN/m^2}$，$Q_8 = 0.4360 \mathrm{kN/m^2}$。

3）计算超过 Q_x 的样本值 Q_1，Q_2，…，Q_8 的总持续时间。

根据式（d），当 $Q_i \geqslant Q_x$ 时 $I(Q_i) = 1$；$Q_i < Q_x$ 时 $I(Q_i) = 0$，得到 $I(Q_i) = 1$，0，1，1，0，1，1，0 $(i = 1, 2, \cdots, 8)$。因此

$$T_{xk} = \sum_{i=1}^{8} \tau_i I(Q_i) = 44.4318 \text{ 年}$$

4）计算 Q 超过 Q_x 的比率

$$\eta_{xk} = \frac{T_{xk}}{T} = 0.8886$$

按照上述步骤模拟 $N = 10000$ 次，得到 $\eta_x = 0.4170$。

上面是 $Q_x = 0.5 \mathrm{kN/m^2}$ 时比率 η_x 的模拟结果，如果 Q_x 分别取不同的值，则得到不同的 η_x，见表 4-31。表中也给出了按式（4-58）计算得到的 η_x。由表 4-31 可以看出，蒙特卡洛模拟结果与式（4-58）计算的结果基本是一致的。

表 4-31 不同 Q_x 时的 η_x 值

$Q_x/(\mathrm{kN/m^2})$	0.50	0.55	0.60	0.65	0.70	0.75	0.80	0.85	0.90
蒙特卡洛模拟	0.4170	0.3058	0.2170	0.1422	0.0959	0.0608	0.0394	0.0282	0.0170
式（4-58）	0.4296	0.3066	0.2124	0.1442	0.0966	0.0641	0.0423	0.0278	0.0182

（2）按超越作用值的总频数或单位时间平均超越频数（跨阈率）确定　如图 4-28 所示，Q_x 为一规定的作用值，假定可变作用 $Q(t)$ 超过 Q_x 的次数为 n_x，则单位时间内的平均超越频数 $\nu_x = n_x/T$（跨阈率）表征了出现 Q_x 值的疏密程度。

跨阈率可通过直接观察确定，也可应用随机过程的某些特性（如其谱密度函数）间接确定。如果可变作用 $Q(t)$ 是高斯平稳各态历经随机过程，且其任意时点值的平均值 μ_{Q^*} 和平均跨阈率 ν_m 已知，则对应于跨阈率 ν_x 的作用值 Q_x 可按下式确定

$$Q_x = \mu_{Q^*} + \sigma_{Q^*} \sqrt{\ln\left(\frac{\nu_m}{\nu_x}\right)} \tag{4-59}$$

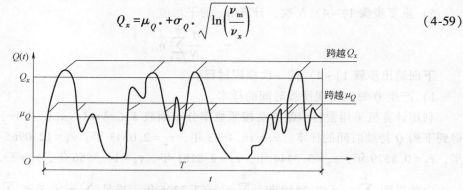

图 4-28　按单位时间平均超越频数确定频遇值

按这种方式确定的作用频遇值可用于与作用超越次数有关的正常使用极限状态设计。例如，结构振动时涉及人的舒适性、影响非结构构件性能和设备使用功能等的极限状态。

4. 准永久值

准永久值为作用在设计基准期内超越该值的总平均持续时间占设计基准期比例较大的作

用值。所谓"准"永久值，即表示在设计基准期内，大于该值和小于该值的作用值平均持续时间相当，类似于一个永久作用。当可变作用为各态历经的随机过程时，准永久值可直接按式（4-56）确定，比值 η_x 可取 0.5。对于不易判别的可变作用，该值也可以用在指定的时间段内的平均值表示。

准永久值主要用于结构长期效应的分析和评估，如连续预应力混凝土桥梁徐变效应的估算，也用于偶然作用组合和地震作用组合（承载能力极限状态）下可变作用的代表值，以及正常使用极限状态下频遇组合和准永久组合作用（长期效应）的验算。

同式（4-57）一样，定义作用准永久值系数 ψ_q（只是 η_x 与频遇值的情况取值不同），则可变作用的准永久值为 $\psi_q Q_k$。如果可变作用服从极值 I 型分布，准永久值系数 ψ_q 也可按式（4-58）计算。

5. 组合值系数、频遇值系数和准永久值系数的关系

从工程定义出发，作用组合值系数 ψ_c、频遇值系数 ψ_f 和准永久值系数 ψ_q 存在如下关系：$\psi_q \leqslant \psi_f \leqslant \psi_c$，如图 4-29 所示。在结构设计中，除上面的四个作用值外，还有作用设计值，但设计值不属于作用的代表值，因为它并不是完全按照作用本身的概率特性确定的，而是在标准值的基础上乘以作用分项系数得到的。作用分项系数与设计中采用的可靠指标有关，设计的可靠指标变化时，作用设计值也要变化。作用设计值的确定见第 6 章。

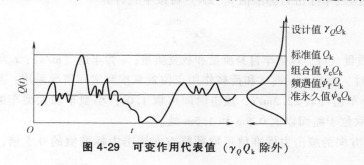

图 4-29　可变作用代表值（$\gamma_Q Q_k$ 除外）

4.3.3　偶然作用

前面已经给出了偶然作用的定义，指撞击、爆炸、极度腐蚀等非正常事件产生的作用。偶然作用属于偶然设计状况考虑的作用，首先应通过管理手段和必要的技术措施避免非正常事件的发生，在此基础上考虑对结构物进行合理的设计。针对不同的结构、暴露条件和使用条件，一些规范规定了针对偶然设计状况的偶然作用值。对于规范未作规定或业主有专门要求的情况，偶然作用的取值应根据具体情况与业主协商确定。

1. 建筑结构

（1）爆炸　炸药、燃气、粉尘等爆炸会对结构产生强烈的冲击作用。《建筑结构荷载规范》（GB 50009—2012）规定，由炸药、燃气、粉尘等引起的爆炸荷载宜按等效静力荷载采用。在常规炸药爆炸动荷载作用下，结构构件的等效均布静力荷载标准值可按下式计算

$$q_{ce} = K_{dc} p_c \tag{4-60}$$

式中，q_{ce} 为作用在结构构件上的等效均布静力荷载标准值；p_c 为作用在结构构件上的均布动荷载最大压力，可按现行《人民防空地下室设计规范》（GB 50038）的有关规定采用；K_{dc} 为动力系数，根据构件在均布动荷载作用下的动力分析结果，按最大内力等效的原则确定。其

他原因爆炸引起的等效均布静力荷载，可根据其等效 TNT 装药量，参考这种方法确定。

对于具有通口板的房屋结构，当通口板面积 A_v 与爆炸空间体积 V 之比在 $0.05 \sim 0.15$ 之间且体积 V 小于 $1000 m^2$ 时，燃气爆炸的等效均布静力荷载 p_k 可按下列公式计算并取其较大值

$$p_k = 3 + p_v \tag{4-61a}$$

$$p_k = 3 + 0.5 p_v + 0.04 \left(\frac{A_v}{V} \right) \tag{4-61b}$$

式中，p_v 为通口板（一般指窗口的平板玻璃）的额定破坏压力（kN/m^2）；A_v 为通口板面积（m^2）；V 为爆炸空间体积（m^3）。

式（4-61a）和式（4-61b）是参考欧洲规范《结构上的作用　第 1-7 部分：一般作用-偶然作用》（EN 1991-1-7：2006）的规定确定的。

（2）撞击

1）电梯撞击建筑物。《建筑结构荷载规范》（GB 50009—2012）规定，电梯竖向撞击荷载标准值可在电梯总重力荷载的 $4 \sim 6$ 倍范围内选取。

2）汽车撞击建筑物。《建筑结构荷载规范》（GB 50009—2012）规定，汽车对建筑结构的撞击荷载可按下列方法确定：

① 顺行方向的汽车撞击力标准值 $p_k (kN)$ 可按下式计算

$$p_k = \frac{mv}{t} \tag{4-62}$$

式中，m 为汽车质量（t），包括车自身质量和载货质量；v 为车速（m/s）；t 为撞击时间（s）。

计算撞击力时，参数 m、v、t 和荷载作用点位置宜按照实际情况采用；当无数据时，汽车质量可取 15t，车速可取 22.2m/s，撞击时间可取 1.0s，小型车和大型车的撞击力荷载作用点位置可分别取位于路面以上 0.5m 和 1.5m 处。

② 垂直行车方向的撞击力标准值可取顺行方向撞击力标准值的 0.5 倍，二者可不考虑同时作用。

3）直升机在建筑物上着陆。《建筑结构荷载规范》（GB 50009—2012）规定，直升机非正常着陆对建筑结构撞击的竖向等效静力撞击标准值 $p_k (kN)$ 可按下式计算

$$p_k = C \sqrt{m} \tag{4-63}$$

式中，C 为系数，取 $3 kN \cdot kg^{-0.5}$；m 为直升机的质量（kg）。

竖向撞击力的作用范围宜包括停机坪内任何区域及停机坪边缘线 7m 之内的屋顶结构，作用区域宜取 $2m \times 2m$。

2. 桥梁结构

（1）船舶撞击　影响船舶撞击力的因素很多，如航线类型、水流状况、船舶类型、吃水深度、撞击特性、结构特性和吸能特性等。《公路桥涵设计通用规范》（JTG D60—2015）规定了通航水域中船舶对桥梁墩台撞击作用的设计值。四至七级内河航道船舶撞击作用的设计值可按表 4-32 取用，撞击作用点为计算通航水位线以上 2m 的桥墩宽度或长度的中点；航道内的钢筋混凝土桩，顺桥向撞击作用可按表 4-32 所列数值的 50% 取。海轮撞击作用的设计值可取表 4-33 中的值，撞击作用点视实际情况而定。注意，表 4-32 和表 4-33 中的值是规范直接规定的值，设计中不需再乘以作用分项系数，因此视为设计值。

表 4-32 内河船舶撞击对桥梁作用的设计值

内河航道等级	船舶吨级 DWT/t	横桥向撞击作用/kN	顺桥向撞击作用/kN
四	500	550	450
五	300	400	350
六	100	250	200
七	50	150	125

表 4-33 海轮撞击对桥梁作用的设计值

船舶吨级 DWT/t	3000	5000	7500	10000	20000	30000	40000	50000
横桥向撞击作用/kN	19600	26400	31000	35800	50700	62100	71700	80200
顺桥向撞击作用/kN	9800	12700	15500	17900	25350	31050	35850	40100

在美国《公路桥梁船舶撞击设计规范》（2009）中，船舶对结构撞击的等效静撞击力与船舶的行驶速度有关，成品油船和油轮、散装货船、货轮和集装箱船的等效静撞击力可按下式计算

$$P_s = 220(DWT)^{1/2}\left(\frac{v}{27}\right) \tag{4-64}$$

式中，P_s 为船舶等效静撞击力（kips）；DWT 为船载重吨位（kips）；v 为船舶撞击速度（ft/s）。

（2）汽车撞击 对于汽车对桥梁的撞击作用，《公路桥涵设计通用规范》（JTG D60—2015）规定了撞击力的标准值。规定在车辆行驶方向取 1000kN，在车辆行驶垂直方向取 500kN，两个方向的撞击力不同时考虑，撞击力作用于行车道以上 1.2m 处，直接分布于撞击涉及的构件上。

在欧洲规范《结构上的作用 第 1-7 部分：一般作用-偶然作用》（EN 1991-1-7：2006）中，假定汽车撞击结构物时能量全部被汽车吸收，汽车的撞击力按下式计算

$$F = v_r \sqrt{km} \tag{4-65}$$

式中，v_r 为汽车撞击结构时的速度；k 为汽车的等效弹性刚度（力 F 与总变形之比）；m 为汽车的质量。

汽车撞击速度可按下式计算（见图 4-30）：

$$v_r = \sqrt{v_0^2 - 2as} = v_0\sqrt{1 - \frac{d}{d_b}} \quad (d < d_b) \tag{4-66}$$

其中

$$d_b = \frac{v_0^2}{2a}\sin\varphi$$

式中，v_0 为汽车偏离行驶路线时的速度；a 为汽车偏离行驶路线时平均加速度（减速）；s 为汽车偏离行驶路线位置到所撞击结构构件的距离；d 为汽车偏离行驶路线中心到所撞击结构构件的距离；d_b 为刹车距离；φ 为汽车偏离方向与道路中心线的夹角。

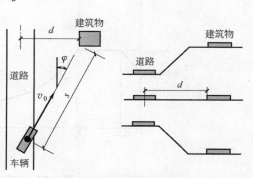

图 4-30 车辆撞击状况

4.3.4 地震作用

目前世界各国结构抗震设计的基本方法都是反应谱方法。下面以《建筑抗震设计规范》（2016 年版）（GB 50011—2010）为例，说明采用底部剪力法进行抗震设计时地震作用的标准值。

如第 4.2.4 节所述，对于高度不超过 40m、以剪切变形为主且质量和刚度沿高度分布比较均匀的结构，《建筑抗震设计规范》规定可采用底部剪力法确定各楼层的地震作用。在式（4-36）中，随机因子 D 取 1，则底部剪力的标准值为

$$F_{Ek} = \alpha_1 G_{eq} \tag{4-67}$$

式中，α_1 为水平地震影响系数；G_{eq} 为结构等效总重力荷载，单质点应取总重力荷载代表值，多质点可取总重力荷载代表值的 85%。总重力荷载代表值取结构和构件自重标准值和各可变荷载组合值之和，可变荷载的组合值系数见表 4-34。

表 4-34　地震组合中可变荷载的组合值系数

可变荷载种类		组合值系数
雪荷载		0.5
屋面积灰荷载		0.5
屋面活荷载		不计入
按实际情况计算的楼面活荷载		1.0
按等效均布荷载计算的楼面活荷载	藏书库、档案库	0.8
	其他民用建筑	0.5
起重机悬吊物重力	硬钩吊车	0.3
	软钩吊车	不计入

注：硬钩吊车的吊重较大时，组合值系数按实际情况采用。

水平地震影响系数 α_1 按图 4-31 确定（取 $\alpha_1 = \alpha$），对于周期大于 6.0s 的建筑物，地震影响系数应进行专门的研究。图 4-31 中，水平地震影响系数最大值 α_{max} 按表 4-35 确定；特征周期 T_g 根据场地类别和设计地震分组按表 4-36 确定，计算 8 度和 9 度罕遇地震作用时，特征周期应增加 0.05s。

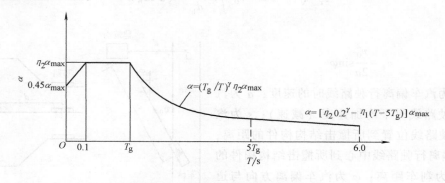

图 4-31　建筑结构抗震设计的反应谱

表 4-35　水平地震影响系数最大值 α_{max}

地震影响	6度	7度	8度	9度
多遇地震	0.04	0.08(0.12)	0.16(0.24)	0.32
罕遇地震	0.28	0.50(0.72)	0.90(1.20)	1.40

注：括号中的数值分别用于设计基本地震加速度为 $0.15g$ 和 $0.30g$ 的地区。

表 4-36　特征周期　　　　　　　　　　　　　（单位：s）

设计地震分组	场 地 类 别				
	I_0	I_1	II	III	IV
第一组	0.20	0.25	0.35	0.45	0.65
第二组	0.25	0.30	0.40	0.55	0.75
第三组	0.30	0.35	0.45	0.65	0.90

当结构的阻尼比不是 0.05 时，地震影响系数的阻尼调整系数和形状参数进行如下调整：曲线下降段的衰减指数取

$$\gamma = 0.9 + \frac{0.05 - \zeta}{0.3 + 6\zeta}$$

直线下降段的下降斜率调整系数为

$$\eta_1 = 0.02 + \frac{0.05 - \zeta}{4 + 32\zeta}$$

当 $\eta_1 \leq 0$ 时，取 0。

阻尼调整系数为

$$\eta_2 = 1 + \frac{0.05 - \zeta}{0.08 + 1.6\zeta}$$

当 $\eta_2 \leq 0.55$ 时，取 0.55。

4.4　作 用 效 应

4.4.1　作用效应的概念

作用施加在结构上使结构产生了内力（如轴力、弯矩、剪力、扭矩等）、变形、裂缝等，称为作用效应，一般用 S 表示。如对于第 2 章图 2-2 中的钢筋混凝土梁，g 和 q 为作用，所产生的弯矩、变形、裂缝为作用效应。如果仅是由荷载而产生的效应，就称为荷载效应。简单来讲，作用效应就是作用在结构上所产生的效果。作用是原因，效应是结果。作用效应是一个综合随机变量，一般可通过结构计算或试验得到。

4.4.2　结构分析

将结构上的作用转化为作用效应的过程称为结构分析。结构分析包括试验（如现场或实验室实测）和理论计算。进行结构分析之前，首先要确定采用的结构分析方法，根据采用的分析方法，制作或建立不同的结构模型。制作或建立结构模型是进行结构分析的前提。

1. 结构模型

如果采用试验方法进行结构分析，就要制作试验试件。试验可以是原型试验，也可以是模型试验。试件的材料、加载条件、边界条件、环境条件等应尽可能与实际结构或构件的条件及其所处的环境条件一致；对于模型试验，应考虑试件尺寸的影响和相似性。

通过计算进行结构分析时，应建立结构的力学模型或数学模型，这些模型应与所采用的分析方法相适应。根据不同的条件和精度要求，可建立一维、二维或三维模型，施加的作用、边界条件、分析采用的材料性能参数应与实际结构相符，分析结果应能够合理体现所考虑极限状态的结构反应。当结构的节点不能视为完全刚性时，应考虑节点柔性的影响。当采用数值方法进行分析时，如果关注一些局部区域的反应，宜再建立局部区域的模型进行详细分析。当地基与结构的相互作用对结构反应有明显的影响时，应将一定范围内的地基作为结构模型的一部分。

无论是采用试验方法还是采用计算方法进行结构分析，建立的模型包括静力模型、动力模型及劣化和损伤累积模型。

（1）静力模型　静力模型是针对作用为静态作用情况的，分析中应选择合理的应力、力或力矩与相应变形（或变形率）之间关系的模型。因计算目的不同可采用不同的模型，如线弹性模型、弹塑性模型，不管采用什么模型，应考虑下列几个方面：

1）在很多情况下，可认为最大应力处形成塑性区的弹塑性模型已足够。

2）高级模型可包括基于一般材料退化的软化性能、真实的或弥散裂缝及其他如徐变、松弛、固化等现象的模型。

3）弹性理论可看作是一般理论的简化，通常用于假定结构性能仍可看作处于弹性范围时力或弯矩的计算。弹性理论也可近似用于其他偏于保守的情况。

4）假定结构达到极限状态之前具有要求的保证塑性出现的变形性能，可采用假定结构的一些特定区域（梁的塑性铰、板的塑性铰线等）发生完全塑性的塑性理论。然而，如果这一承载力受脆性破坏、失稳或自由重复作用（振动机制）的限制，应慎重采用塑性理论确定结构承载力。

5）在很多情况下，结构变形会导致结构几何量较大程度偏离其标准值。如果这一偏差对结构性能有显著影响，则设计中应予以考虑。这种变形引起的效应通常称为几何非线性或二阶效应。在这种分析中，还应考虑结构初始缺陷。

二阶效应有两种，即 $P\text{-}\Delta$ 效应（图 4-32a）和 $P\text{-}\delta$ 效应（图 4-32b）。可通过修正结构的刚度矩阵，在结构计算中直接考虑结构或构件变形产生的附加内力，称为几何非线性分析；也可采用先不考虑二阶效应进行分析，再对得到的分析结果进行修正的方法。后者是结构设计规范中常采用的方法。

（2）动力模型　动力模型是针对作用为动态作用情况的，作用效应是由作用的大小、位置或方向相对快速波动引起的。当结构构件刚度或抗力突然变化时，也会引起结构动力反应。动态反应模型通常包括：刚度模型，包括几何、物理线性和非线性性能；阻尼模型，包括材料阻尼、几何阻尼、人工阻尼和主动阻尼；质量模型，包括结构质量、附加质量及可能的周围介质质量。

在建立动力分析模型时，应考虑结构与空气、水、土及邻接结构之间可能的相互作用。由于动力（峰值）荷载的持续时间很短，结构可在经受高于静态承载力的动荷载下不倒塌。如

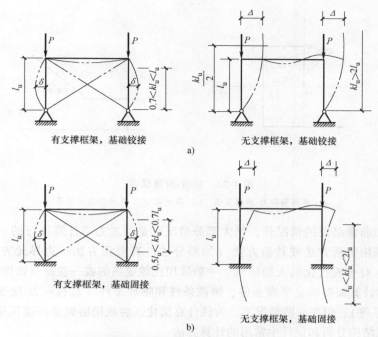

有支撑框架，基础铰接

a)

无支撑框架，基础铰接

有支撑框架，基础固接

b)

无支撑框架，基础固接

图 4-32　结构几何非线性（二阶效应）

a）P-δ 效应　b）P-Δ 效应

果是这种情况，应特别关注可能的变形限值。在抗震分析中，这是能力设计方法的一部分。

说明： 实际中，经常用拟静力计算代替动力计算，动力效应用对静力荷载所乘的动力放大系数体现。

（3）劣化和损伤累积模型　环境影响会导致结构或结构构件的损伤，影响结构或结构构件的刚度和强度。这些影响包括力学效应（波动作用、长期荷载、沉降、磨蚀和磨损）、物理效应（温度、湿度和紫外线）、化学作用（火灾、腐蚀和碱-硅反应）、生物作用（腐蚀、木材腐朽）。对于由荷载反复作用引起的疲劳破坏，分析可采用基于试验的 S-N 曲线模型和断裂力学模型。

上面是按结构反应对结构模型进行分类的，除此之外，还可以按线性和非线性模型进行分类。

（1）线弹性模型　线弹性模型采用线性的应力-应变关系和小变形理论，不包括结构屈曲和材料、构件间的界面力。

（2）材料非线性模型　这种模型采用非线性的材料应力-应变关系和小变形理论，不包括结构屈曲和材料、构件间的界面力。

（3）几何非线性模型　这种模型采用线性或非线性的材料应力-应变关系，考虑结构或构件变形对结构反应的影响，不包括结构材料、构件间的界面力。

（4）界面非线性　这种模型采用线性或非线性的材料应力-应变关系，考虑结构材料或构件间的界面力（见图 4-33 的黏结-滑移模型）。

2. 结构分析方法

如前所述，结构分析可采用试验的方法进行，也可采用力学计算的方法进行。除一些简

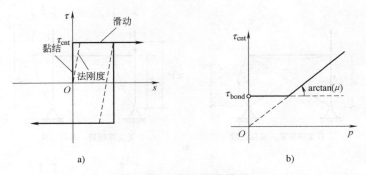

图 4-33 黏结-滑移模型

a）界面剪应力-滑移关系 b）界面剪应力-界面压应力关系

单的受力情况和非常必要的情况外，绝大部分情况都是通过力学计算进行的。结构计算就是基于力学原理采用解析方法或数值方法（如差分法、有限元方法、边界元方法等）计算结构的作用效应，对于现代化的大型结构，一般采用比较成熟的或一些商业软件进行数值计算。精确地进行力学计算需要满足平衡条件、协调条件和物理条件（材料应力-应变关系，构件截面弯矩-曲率关系等），但在有些情况下，为使计算简化，会放松协调条件或采用简化的物理条件。下面是工程结构分析和设计中常用的计算方法。

（1）线弹性静力分析方法 线弹性静力分析方法包括一阶线弹性分析方法和二阶线弹性分析方法。对结构进行一阶线弹性分析时，采用线性的材料应力-应变关系，不考虑几何非线性，一步可完成计算（不包括采用迭代方法解线性方程的过程）。一阶线弹性分析方法是结构分析和设计中应用最广泛的方法，目前已经有非常成熟的计算软件，适用于结构正常使用极限状态的计算和承载能力极限状态的计算。对于钢筋混凝土结构，如果在钢筋屈服之前混凝土已经开裂，采用弹性方法分析时应对构件的刚度进行适当的折减。对结构进行二阶线弹性分析时，采用线性的材料应力-应变关系，考虑几何非线性，则需进行迭代计算。

（2）非线性静力分析方法 非线性静力分析方法包括一阶非线性分析方法和二阶非线性分析方法，也称为弹塑性分析方法。对结构进行一阶非线性静力分析时，采用非线性的应力-应变关系，不考虑几何非线性；对结构进行二阶非线性静力分析时，采用非线性的应力-应变关系，考虑几何非线性。与弹性分析方法相比，非线性分析方法的分析结果更为合理地反映了结构的性能和结构临近破坏时的状态，一般需要进行迭代计算，比较复杂，计算量大，需要花费较多的计算时间。为合理反映结构的反应，结构材料性能应采用平均值。

（3）弹塑性内力重分布分析方法 弹塑性内力重分布分析方法也称为考虑结构塑性重分布的分析方法，常用于超静定的钢筋混凝土结构设计，目的是节省材料或避免钢筋用量较多的截面钢筋过于拥挤。采用弹塑性内力重分布分析方法进行设计时，一般是先采用弹性方法对结构进行内力分析，然后对局部内力进行调整，这时结构或构件的局部变形已不再满足弹性分析时的变形协调条件。内力的这种调整利用了构件截面的塑性变形能力，所以要将构件截面内力的调整限制在一定范围内，或对构件截面的变形能力进行验算。欧洲规范 EN 1992-1-1：2004 规定了钢筋混凝土构件按弹塑性内力重分布方法设计时，构件截面转角的计算方法和限值。对于一些有抗裂要求或承受动力、反复荷载作用的结构或构件，不能采用弹塑性内力重分布方法进行设计。

（4）塑性极限分析方法　进行塑性极限分析时，一般将材料看作是理想的弹塑性材料或刚-塑性材料，应力-应变关系如图 4-34 所示。如上所述，结构静力分析需要满足三个条件，即平衡条件、变形协调和物理条件（应力-应变关系），结构塑性极限分析也要满足三个条件，即平衡条件、机动条件和屈服条件。与弹塑性分析方法相比，塑性极限分析方法要简单，但也不一定能得到便于工程应用的解析解。为此，对塑性极限分析三个条件不同程度的满足，提出了塑性极限分析的三个定理，即上限定理、下限定理和唯一性定理。采用这些定理计算结构承载力的上限解或下限解，作为对精确解的近似，如果求得的上限解与下限解相等，则求得的解为精确解，这时塑性极限分析的三个条件同时得到满足。三个定理的关系如图 4-35 所示。按塑性极限分析得到的精确解是结构材料性能在图 4-35 所示假定下的精确解，与前面弹塑性分析方法得到的解不是一个概念。

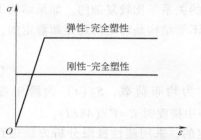

图 4-34　弹性-完全塑性和刚性-完全塑性关系

图 4-35　极限分析三个定理的关系

上限解为结构满足平衡条件和机动条件的解。上限解大于或等于精确解，所以分析中应尽可能求得最小的解。例 2-3 针对图 2-12 所示的刚架进行的分析，得到的就是上限解。对于钢筋混凝土结构的双向板，也可通过极限分析求得承载力的上限解，图 4-36 为假定的塑性铰线下和不同 x 时的板极限承载力的上限解。按上限定理求得的解之所以大于精确解，是因为当结构形成完整的几何可变体系时，潜在的塑性变形区全部达到极限强度，但实际上塑性变形区未全部达到极限强度时结构就已发生破坏，即结构破坏时并不会形成完整的几何可变体系，由此得到的承载力高估了结构实际的承载力。

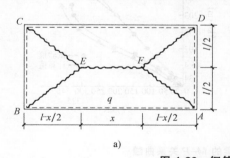
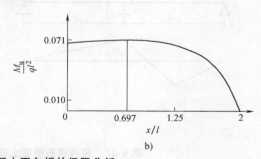

图 4-36　钢筋混凝土双向板的极限分析
a）塑性铰线　b）极限荷载

下限解是以下限定理为基础的，即结构满足平衡条件和屈服条件的解，小于或等于精确解，所以尽可能求得最大的解。塑性极限分析的条带法就是一个应用下限解的例子，混凝土结构设计采用的拉压杆方法也属于塑性分析的下限解。

（5）弹塑性动力分析方法　对结构进行弹塑性动力分析时，考虑结构的材料非线性、几何非线性、界面非线性及结构的惯性作用，一般采用动力时程法进行，如地震作用下的结构反应分析。

（6）拟静力非线性分析　对结构进行拟静力非线性分析，需考虑结构的材料非线性、几何非线性、界面非线性，而结构的惯性作用以静力的方式考虑，一般需进行迭代计算，如地震作用下的推覆（Pushover）分析。

4.4.3 作用效应的统计分析

对结构作用效应进行统计分析，最好是能够得到作用效应的实测数据。众所周知，测量结构或构件的变形是容易实现的，但测量结构内力是困难的。所以，对作用效应进行统计分析时，作用效应通常是利用结构上的作用通过结构分析得到的。

由前面的结构分析可以看出，作用效应与作用间的关系是比较复杂的。如果结构工作时完全处于弹性阶段或采用弹性分析方法进行计算，则不管结构是静定的还是超静定的，作用效应 $S(t)$ 与作用 $Q(t)$ 之间保持线性关系，即

$$S_Q(t) = CQ(t) \tag{4-68}$$

式中，C 为荷载效应系数，如对于简支梁，$Q(t)$ 为均布荷载，$S_Q(t)$ 为跨中弯矩时 $C = l^2/8$，当 $S_Q(t)$ 为支座剪力时 $C = l/2$，$S_Q(t)$ 为跨中挠度时 $C = l^4/(48EI)$。

如果结构工作进入非线性阶段，只要结构是静定的，采用塑性极限分析方法进行计算（如例 2-3 针对图 2-12 所示刚架进行的分析），则作用效应与作用间也是线性关系。但如果结构是超静定的，则作用效应与作用间的关系不再是线性关系。图 4-37 为两跨钢筋混凝土连续梁作用效应 M 与作用 P 不是线性关系的例子。所以，作用效应与作用之间的关系与结构本身有关（静定结构还是超静定结构），还与采用的结构分析方法有关。在结构设计中，目前常用的方法是弹性分析方法，因此认为作用效应与作用是线性关系。

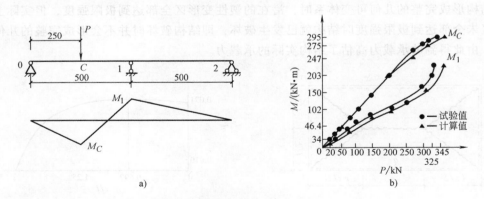

图 4-37　两跨钢筋混凝土连续梁的 M-P 关系曲线

a）两跨钢筋混凝土连续梁　b）M-P 关系曲线

在一般情况下，假定结构上有 j 个统计性质相同的作用 $Q_j[x_j(t)]$ 存在，而且其位置 $x_j(t)$ 是可变的，则结构的作用效应为

$$S_Q(t) = \sum_j C_j Q_j[x_j(t)] \tag{4-69}$$

按下式计算作用效应的不确定性系数

$$K_{S_{Q_i}} = \frac{S_Q(t_i)}{S_{Q_k}} \qquad (4\text{-}70)$$

式中，$S_Q(t_i)$ 为计算得到的 t_i 时刻的作用效应；S_{Q_k} 为按规范规定的作用标准值计算的作用效应标准值。

对 $K_{S_{Q_i}}$ 进行统计分析，确定结构作用效应时点值的均值系数 $k_{S_{Q_T}}$、变异系数 $\delta_{S_{Q_T}}$ 和概率分布，再确定作用效应设计基准期内最大值的均值系数 $k_{S_{Q_T}}$、变异系数 $\delta_{S_{Q_T}}$ 和概率分布。这种直接对计算的作用效应进行统计分析的方法，常用于结构上作用的数量、作用的量值和作用的位置都是随机的情况，公路桥梁汽车作用效应的统计参数就是这样得到的。

图 4-38 所示为通过公路桥梁的是一个汽车车队。《公路工程结构可靠度设计统一标准》（GB/T 50283—1999）编制组根据实测的汽车车队，按一般运行状态和密集运行状态，以一定的步长移动施加在桥梁影响线上，计算了不同桥型、不同连续跨数、不同跨径桥梁的汽车荷载效应，包括最大正弯矩、最大负弯矩、跨中弯矩、最大剪力等，以计算的汽车荷载效应与作用效应标准值之比的形式进行统计分析。分析中作用效应标准值 S_{Q_k} 是根据《公路桥涵设计通用规范》（JTJ 021—1989）规定的汽车荷载标准计算的，一般运行状态时汽车荷载标准采用汽车—20 级，密集运行状态时汽车荷载标准采用汽车—超 20 级。对计算数据的统计分析，采用了两种概率分布及相应的统计参数描述汽车荷载效应，见表 4-37。

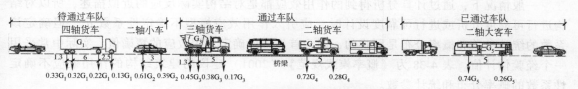

图 4-38 通过公路桥梁的汽车车队

表 4-37 公路桥梁汽车荷载效应统计参数及概率分布

统计变量	汽车运行状态	效应种类	分布类型	$k_{S_{Q_T}},k_{S_{Q_T}}$	$\delta_{S_{Q_T}},\delta_{S_{Q_T}}$
截口	一般运行状态	弯矩	韦布尔	0.2993	0.3598
		剪力		0.2629	0.3659
	密集运行状态	弯矩	正态	0.5522	0.1248
		剪力		0.5202	0.1063
设计基准期内最大值	一般运行状态	弯矩	正态	0.6684	0.1994
		剪力		0.5925	0.2008
		弯矩	极值Ⅰ型	0.6861	0.1569
		剪力		0.6083	0.1581
	密集运行状态	弯矩	正态	0.7882	0.1082
		剪力		0.7069	0.0964
		弯矩	极值Ⅰ型	0.7995	0.0862
		剪力		0.7187	0.0769

说明：《公路桥涵设计通用规范》（JTJ 021—1989）汽车荷载的计算图式是以一辆加重车和具有规定间距的若干辆标准车组成的车队表示的，设计中这种计算图式对人工和计算机加载计算都不方便，且计算的汽车荷载效应随桥梁跨径的变化是不连续的。因此，从《公路桥涵设计通用规范》（JTG D60—2004）起采用由均布荷载 q_k 和集中荷载 P_k 组成的虚拟荷载图式。对公路上行驶的单个汽车随机过程的统计分析表明，单车的前后轴重与JTJ 021—1989 汽车—超 20 级的加重车相近。

上面是针对结构上有多个相同性质的作用，且每个作用的位置都是变化情况的作用效应进行统计分析的方法。在实际工程中，很多情况可看作是结构上只有一个作用（或几个性质不同的作用可独立考虑）且位置固定不变，这时作用效应与作用的关系可简化为式（4-68）的形式。t_i 时刻的作用效应为

$$S(t_i) = CQ(t_i) \tag{4-71}$$

式（4-70）表示为

$$K_{S_{Q_i}} = \frac{Q(t_i)}{Q_k} = K_{Q_i} \tag{4-72}$$

在这种情况下，作用效应与作用的统计规律是相同的，分析中可采用作用的均值系数、变异系数和概率分布代替作用效应的均值系数、变异系数和概率分布。各种结构的自重、建筑结构的楼面可变荷载、港口结构的荷载、作用于各种结构上的风荷载等可采用这种方法确定作用效应的统计参数和概率分布，具体结果见第 4.2.2 小节。

一般情况下，通过计算分析得到的作用效应都是对结构实际反应的近似描述，所以对结构进行可靠度分析或进行可靠度设计时，应引入作用效应模型不确定性系数 θ_S，但确定该系数的统计参数和概率分布是困难的，因为首先难以确定作用效应的精确值。实际中常采用一个经验估计值。表 4-38 为《概率模式规范》（2001）建议的建筑结构的作用效应不确定性系数的概率分布和统计参数。

表 4-38　作用效应模型不确定性系数的概率分布和统计参数

模型类型	概率分布	平均值	标准差	变异系数
框架弯矩	对数正态	1.0	0.1	0.1
框架轴力	对数正态	1.0	0.05	0.05
框架剪力	对数正态	1.0	0.1	0.1
板弯矩	对数正态	1.0	0.2	0.2
板内力	对数正态	1.0	0.1	0.1
二维实体应力	正态	1.0	0.05	0.05
三维实体应力	正态	1.0	0.05	0.05

4.5　作用组合与作用效应组合

4.5.1　作用组合与作用效应组合的概念和基本原理

假定结构上有一个可变作用，其效应为 $S_Q(t)$（$0 \le t \le T$），如果结构的抗力为 R，则 t

时刻结构的功能函数为

$$Z(t) = R - S_Q(t) \quad (0 \leqslant t \leqslant T) \tag{4-73}$$

根据式（2-13b），结构失效的概率为

$$p_f = P\{Z(t) < 0, t \in [0, T]\} = P\{R - S_Q(t) < 0, t \in [0, T]\} \tag{4-74}$$

图 4-39 示出了结构上有一个可变作用时结构在时间段 $[0, T]$ 内的状态，由图可以看出，只要作用效应 $S_Q(t)$ 在时间段 $[0, T]$ 内的最大值

$$S_{Q_T} = \max_{0 \leqslant t \leqslant T} S_Q(t) \tag{4-75}$$

不超过抗力 R，则结构不会发生失效。所以，式（4-74）与式（4-76）是等效的。

$$p_f = P(R - S_{Q_T} < 0) \tag{4-76}$$

式（4-76）表示如果结构上有一个可变作用，计算结构的失效概率时，可将可变作用随机过程变量转化为时间段 $[0, T]$ 内的最大值随机变量。

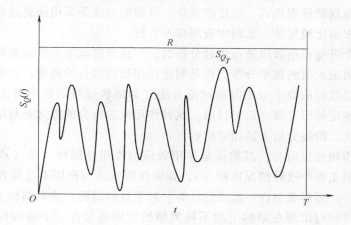

图 4-39 结构抗力与结构上的作用效应

假定结构上可变作用的效应分别为 $S_{Q_1}(t)$，$S_{Q_2}(t)$，$\cdots$，$S_{Q_n}(t)$（$0 \leqslant t \leqslant T$），它们与可变作用之间的关系是线性关系，则 t 时刻结构的功能函数为

$$Z(t) = R - \sum_{i=1}^{n} S_{Q_i}(t) = R - S_Q(t) \quad (0 \leqslant t \leqslant T) \tag{4-77}$$

其中

$$S_Q(t) = \sum_{i=1}^{n} S_{Q_i}(t) \quad (0 \leqslant t \leqslant T) \tag{4-78}$$

这样，结构失效概率的计算公式仍可表示为式（4-76）的形式，此时时间段 $[0, T]$ 内可变作用随机过程的最大值随机变量为

$$S_{Q_T} = \max_{0 \leqslant t \leqslant T} [S_{Q_1}(t) + S_{Q_2}(t) + \cdots + S_{Q_n}(t)] = \max_{0 \leqslant t \leqslant T} \sum_{i=1}^{n} S_{Q_i}(t) \tag{4-79}$$

注意，式（4-79）表示的是 n 个可变作用效应之和在时间段 $[0, T]$ 内的最大值，不同于下面 n 个可变作用效应在时间段 $[0, T]$ 内的最大值之和

$$S'_{Q_T} = \max_{0 \leqslant t \leqslant T} S_{Q_1}(t) + \max_{0 \leqslant t \leqslant T} S_{Q_2}(t) + \cdots + \max_{0 \leqslant t \leqslant T} S_{Q_n}(t) = \sum_{i=1}^{n} \max_{0 \leqslant t \leqslant T} S_{Q_i}(t) \tag{4-80}$$

按式 (4-80) 进行可靠度分析和工程设计是非常保守的, 也是不正确的, 因为每个可变作用效应在时间段 $[0, T]$ 内的最大值并不发生在同一个时刻。

如式 (4-79) 所示, 求解多个作用效应之和在时间段 $[0, T]$ 内最大值 S_{Q_T} 的概率分布, 就是作用效应组合要解决的问题。这要涉及两个方面的内容, 一方面是不同的作用在时间段 $[0, T]$ 内以多大的概率相遇, 另一方面是不同的作用相遇后叠加效应最大值 S_{Q_T} 的概率分布。对于第一个问题, 很显然, 如果不同的作用在时间段 $[0, T]$ 内不可能相遇, 则不需要进行组合; 如果有可能相遇, 则从第 4.2.2 小节给出的各种作用模型出发, 按一定相遇考虑, 因为这些作用模型假定可变作用从结构投入使用开始, 到结构设计使用年限总是出现的。对于第二个问题, 确定 S_{Q_T} 的概率分布理论上是困难的, 一般得不到解析的表达式, 即使个别情况能够得到解析表达式, 也比较复杂。目前的方法是采用随机过程的跨阈理论进行近似分析, 总体来讲比较复杂, 工程中应用很不方便。

工程中对多个可变作用效应进行组合分析时, 不是直接求多个作用效应随机过程变量叠加后设计基准期内最大值的概率分布, 而是制定作用效应组合的规则, 只要按照规定的组合规则确定的总作用效应的概率分布与按理论方法 (如随机过程的跨阈理论) 分析的概率分布接近, 则认为规定的组合规则是可行的。这种作用效应组合的方式是与结构可靠度分析和设计中采用的一次二阶矩分析方法相适应的。

上面讨论的作用效应组合, 其前提是作用效应与作用呈线性关系 (或为静定结构非线性关系的情况, 但工程中这种情况比较少), 如果作用效应与作用不呈线性关系, 则作用效应不能像式 (4-79) 那样叠加在一起进行计算。对于这种情况, 应对结构上会同时出现的作用进行组合, 即将同时出现在结构上的不同类型的作用施加在一个结构模型上一起进行分析。目前, 工程设计中基本上还是按作用效应组合进行分析和计算的, 这是与目前结构内力计算采用的弹性分析方法相适应的。对于作用效应与作用为非线性关系的情况, 尽管现行的可靠性设计统一标准、一些荷载规范中给出了按作用组合的设计表达式, 但具体操作起来还有很多困难, 属于研究中的问题。

4.5.2　FBC 组合规则

FBC 组合规则是由 Ferry Borges 和 Castanheta 提出的, 这种作用组合规则首次被国际结构安全度联合会 (JCSS) 在《结构统一标准规范的国际体系》第一卷中推荐采用, 也是我国《建筑结构设计统一标准》(GBJ 68—1984) 采用的作用效应组合规则, 国际标准《结构可靠性总原则》(ISO 2394: 1998) 和我国《工程结构可靠性设计统一标准》(GB 50153—2008) 也推荐了这一组合规则。

FBC 组合规则的基本假定是:

1) 可变作用 $Q(t)$ 是等时段的平稳随机过程。

2) 可变作用 $Q(t)$ 与作用效应 $S_Q(t)$ 之间满足线性关系, 即式 (4-68)。

3) 不考虑互相排斥可变作用的组合, 仅考虑在时间段 $[0, T]$ 内可能相遇的各种可变作用的组合。

4) 当一种可变作用取时间段 $[0, T]$ 内最大值或时段最大值时，其他参与组合的可变作用仅在该最大值的持续时段内取相对最大值，或取任意时点值。

设有几种可变作用参与组合，将模型化后的各种作用 $Q_i(t)$ 在时间段 $[0, T]$ 内的总时段数 r_i，按顺序由小到大排列，即 $r_1 \leqslant r_2 \leqslant \cdots \leqslant r_n$。取任意一种作用 $Q_i(t)$ 在时间段 $[0, T]$ 内的最大作用效应 $\max\limits_{t \in \tau_i} S_{Q_i}(t)$ 与其他作用效应进行组合，可得出几种组合的最大作用效应 $S_{Q_{T_j}}$ $(j=1, 2, \cdots, n)$，即

$$\begin{cases} S_{Q_{T_1}}(t) = \max\limits_{t \in [0,T]} S_{Q_1}(t) + \max\limits_{t \in \tau_1} S_{Q_2}(t) + \max\limits_{t \in \tau_2} S_{Q_3}(t) + \cdots + \max\limits_{t \in \tau_{n-1}} S_{Q_n}(t) \\ S_{Q_{T_2}}(t) = S_{Q_1}(t_0) + \max\limits_{t \in [0,T]} S_{Q_2}(t) + \max\limits_{t \in \tau_2} S_{Q_3}(t) + \cdots + \max\limits_{t \in \tau_{n-1}} S_{Q_n}(t) \\ \qquad\qquad\qquad\qquad \vdots \\ S_{Q_{T_j}}(t) = S_{Q_1}(t_0) + S_{Q_2}(t_0) + \cdots + S_{Q_{j-1}}(t_0) + \max\limits_{t \in [0,T]} S_{Q_j}(t) + \cdots + \max\limits_{t \in \tau_{n-1}} S_{Q_n}(t) \\ \qquad\qquad\qquad\qquad \vdots \\ S_{Q_{T_n}}(t) = S_{Q_1}(t_0) + S_{Q_2}(t_0) + S_{Q_3}(t_0) + \cdots + \max\limits_{t \in [0,T]} S_{Q_n}(t) \end{cases} \qquad (4\text{-}81)$$

式中，$S_{Q_i}(t_0)$ 为第 i 种可变作用效应 $S_{Q_i}(t)$ 的任意时点随机变量，其概率分布函数为 $F_{S_{Q_i}}(x)$；τ_i 为第 i 种可变作用效应的时段长度。

在上面的几个组合中，按所考虑的极限状态计算结构或构件的可靠指标 $\beta_j (j=1, 2, \cdots, n)$，其中可靠指标值最小的作用效应组合（对应的作用效应组合最大），即为控制结构构件设计的作用组合。

图 4-40 为采用 FBC 组合规则对三个可变作用效应进行组合的过程。

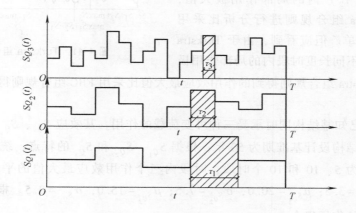

图 4-40 FBC 组合规则

4.5.3 Turkstra 组合规则

这种组合规则是加拿大学者特克斯特拉（Turkstra C. J.）于 1972 年结合工程经验提出的一种组合规则，虽然没有严格的理论基础，但利用随机过程理论对其组合结果进行分析表明，多数情况下都能给出合理的结果，而且比 FBC 组合规则简单，易于操作和使用，因而

被工程界广泛接受。美国国家标准局（ANSI）在修订《建筑规范——房屋和其他结构的最小设计荷载》（A58.1—1982）时采用了这一规则。在我国，《建筑结构可靠性设计统一标准》（GB 50068—2018）和各版本的港口工程、水利水电工程、铁路工程和公路工程可靠性设计统一标准均采用了 Turkstra 组合规则。

Turkstra 组合规则的基本要点是，可变作用效应中的一种采用时间段 $[0,T]$ 内的最大值，而其他可变作用效应采用时点值，由此得到的作用效应值为时间段 $[0,T]$ 内的最大值，即

$$S_{Q_{T1}}(t) = \max_{t \in [0,T]} S_{Q_1}(t) + S_{Q_2}(t_0) + \cdots + S_{Q_n}(t_0)$$

$$S_{Q_{T2}}(t) = S_{Q_1}(t_0) + \max_{t \in [0,T]} S_{Q_2}(t) + \cdots + S_{Q_n}(t_0)$$

$$\vdots \qquad \vdots \qquad \qquad \vdots$$

$$S_{Q_{Tn}}(t) = S_{Q_1}(t_0) + S_{Q_2}(t_0) + \cdots + \max_{t \in [0,T]} S_{Q_n}(t) \qquad (4\text{-}82)$$

式中，$\max\limits_{t \in [0,T]} S_{Q_i}(t)$ 为时间段 $[0,T]$ 内作用效应 $S_{Q_i}(t)$ 的最大值；$S_{Q_i}(t_0)$ 为 $S_{Q_i}(t)$ 的时点值。

图 4-41 所示为 Turkstra 组合规则的实施过程。将 Turkstra 组合规则与 FBC 组合规则进行对比可以看出，在 Turkstra 组合规则中，作用效应可采用连续随机过程模型描述；如果作用效应采用二项随机过程描述，组合分析中不需像 FBC 组合规则那样求不同长度时段（如图 4-40 中的 τ_1，τ_2）内的局部作用极大值，所以采用 Turkstra 组合规则进行分析比采用 FBC 组合规则简单。但应看到，由于 Turkstra 组合规则不包括不同长度时段内的局部作用极

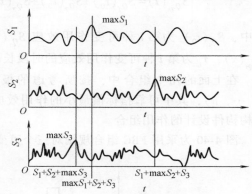

图 4-41　Turkstra 组合规则

大值，采用 Turkstra 组合规则得到的作用效应最大值比采用 FBC 组合规则得到的作用效应最大值要大。

【例 4-4】 已知某结构同时承受三种可变荷载的作用，其效应 S_{Q_1}、S_{Q_2} 和 S_{Q_3} 均服从极值 I 型分布。设结构设计基准期为 50 年，根据 S_{Q_1}、S_{Q_2} 和 S_{Q_3} 的特点，统计分析中将设计基准期分别划分为 5、10 和 10 个时段，时段内三个作用效应最大值的平均值和标准差为 $\mu_{S_{Q_1}} = 10.0$，$\sigma_{S_{Q_1}} = 3.3$；$\mu_{S_{Q_2}} = 20.0$，$\sigma_{S_{Q_2}} = 7.5$；$\mu_{S_{Q_3}} = 15.0$，$\sigma_{S_{Q_3}} = 3.5$。根据 Turkstra 组合规则确定起控制的作用组合。

解 已知 $m_1 = 5$，$m_2 = 10$，$m_3 = 10$。S_{Q_1}、S_{Q_2} 和 S_{Q_3} 设计基准期内最大值概率分布的参数为

$$\alpha_{S_{Q_1 T}} = \alpha_{S_{Q_1 T}} = \frac{\pi}{\sqrt{6}\,\sigma_{S_{Q_1 T}}} = \frac{3.1416}{\sqrt{6} \times 3.3} = 0.3885$$

$$\alpha_{S_{Q_2 T}} = \alpha_{S_{Q_2 T}} = \frac{\pi}{\sqrt{6}\,\sigma_{S_{Q_2 T}}} = \frac{3.1416}{\sqrt{6} \times 7.5} = 0.1710$$

$$\alpha_{S_{Q_{3T}}} = \alpha_{S_{Q_{3T}}} = \frac{\pi}{\sqrt{6}\,\sigma_{S_{Q_{3T}}}} = \frac{3.1416}{\sqrt{6}\times3.5} = 0.3664$$

S_{Q_1}、S_{Q_2} 和 S_{Q_3} 设计基准期内最大值的平均值为

$$\mu_{S_{Q_{1T}}} = \mu_{S_{Q_{1T}}} + \frac{\ln m_1}{\alpha_{S_{Q_{1T}}}} = 10.0 + \frac{\ln 5}{0.3885} = 14.1427$$

$$\mu_{S_{Q_{2T}}} = \mu_{S_{Q_{2T}}} + \frac{\ln m_2}{\alpha_{S_{Q_{2T}}}} = 20.0 + \frac{\ln 10}{0.1710} = 33.4654$$

$$\mu_{S_{Q_{3T}}} = \mu_{S_{Q_{3T}}} + \frac{\ln m_3}{\alpha_{S_{Q_{3T}}}} = 15.0 + \frac{\ln 10}{0.3664} = 21.2843$$

根据 Turkstra 组合规则,有三种组合方式,即

$$S_{Q_{T1}} = S_{Q_{1T}} + S_{Q_{2T}} + S_{Q_{3T}}$$

$$S_{Q_{T2}} = S_{Q_{1T}} + S_{Q_{2T}} + S_{Q_{3T}}$$

$$S_{Q_{T3}} = S_{Q_{1T}} + S_{Q_{2T}} + S_{Q_{3T}}$$

对于极值 I 型分布,$\sigma_{S_{Q_{1T}}} = \sigma_{S_{Q_{1T}}}$,$\sigma_{S_{Q_{2T}}} = \sigma_{S_{Q_{2T}}}$,$\sigma_{S_{Q_{3T}}} = \sigma_{S_{Q_{3T}}}$,则有 $\sigma_{S_{Q_{T1}}} = \sigma_{S_{Q_{T2}}} = \sigma_{S_{Q_{T3}}}$,这样确定上面三种组合中起控制的作用组合,只需比较三个组合的平均值:

$$\mu_{S_{Q_{T1}}} = \mu_{S_{Q_{1T}}} + \mu_{S_{Q_{2T}}} + \mu_{S_{Q_{3T}}} = 14.1427 + 20.0 + 15.0 = 49.1427$$

$$\mu_{S_{Q_{T2}}} = \mu_{S_{Q_{1T}}} + \mu_{S_{Q_{2T}}} + \mu_{S_{Q_{3T}}} = 10.0 + 33.4654 + 15.0 = 58.4654$$

$$\mu_{S_{Q_{T3}}} = \mu_{S_{Q_{1T}}} + \mu_{S_{Q_{2T}}} + \mu_{S_{Q_{3T}}} = 10.0 + 20.0 + 21.2843 = 51.2843$$

由于 $\mu_{S_{Q_{T2}}}$ 最大,所以起控制的作用组合为第二个组合 $S_{Q_{T2}}$。

4.5.4 作用效应组合的实用表达式

前面对作用效应组合的讨论是在概率框架内进行的,在按概率极限状态的分项系数表达式对结构进行设计时,计算的不是作用组合效应的概率分布,也不是作用组合效应的统计参数,而是根据所考虑各作用效应的标准值,确定作用组合效应的代表值。

假定可变作用效应 $S_{Q_1}(t)$,$S_{Q_2}(t)$,$\cdots$,$S_{Q_n}(t)$ 的标准值分别为 S_{Q_1k},S_{Q_2k},$\cdots$,S_{Q_nk},类似于式 (4-80),按下式将其叠加计算的值

$$S'_{Q_{T}k} = S_{Q_1k} + S_{Q_2k} + \cdots + S_{Q_nk} = \sum_{i=1}^{n} S_{Q_ik}(t) \tag{4-83}$$

作为作用组合效应的代表值是不合理的。因为按照可变作用标准值的定义,可变作用标准值是其设计基准期内最大值概率分布的高分位值。在结构设计基准期内,可变作用出现这一值的概率很小,这些可变作用同时以其标准值出现的概率更小,这与式 (4-80) 不合理的原因是相同的,所以不能按所有作用的效应标准值进行叠加计算。

在式 (4-82) 表示的 Turkstra 组合规则中,将可变作用效应中的一种取为设计基准期 $[0,T]$ 内的最大值,而其他可变作用效应则采用时点值。按照这一规则,在对结构进行设计时,计算作用组合效应的代表值,可将可变作用效应中的一种取为标准值,而其他可变作用效应采用时段内的极大值,即

$$
\left.
\begin{aligned}
S_{Q_{k1}} &= S_{Q_1Tk} + S_{Q_2\tau k} + \cdots + S_{Q_n\tau k} \\
S_{Q_{k2}} &= S_{Q_1\tau k} + S_{Q_2Tk} + \cdots + S_{Q_n\tau k} \\
&\vdots \\
S_{Q_{kn}} &= S_{Q_1\tau k} + S_{Q_2\tau k} + \cdots + S_{Q_nTk}
\end{aligned}
\right\}
\tag{4-84}
$$

说明：式（4-84）为可变作用效应组合后的代表值，相当于组合后的标准值。在按极限状态进行设计中，各作用效应采用的是设计值，这时式（4-84）还要考虑各作用的分项系数，具体见第6章。

4.5.5　荷载工况和内力组合

针对一种设计状况，结构的作用效应不仅与设计中所考虑组合的作用有关，还与这些作用的布置方式有关。因此，为得到可能出现的最不利结果，要考虑作用在结构上的布置方式，这种针对特定极限状态设计而考虑的荷载的布置、变形等，称为荷载工况。图4-42a为使建筑框架的梁 *CD* 获得最大跨中弯矩楼面活荷载的布置方式。对于楼面活荷载作用下的框架结构，梁的跨中弯矩与梁跨中的变形是同号的，使梁 *CD* 跨中弯矩最大，首先在梁 *CD* 跨布置楼面活荷载，然后在与梁 *CD* 跨中变形方向相同的跨上布置楼面活荷载，由此得到图4-42b所示的楼面活荷载布置方式。如果使其他跨跨中弯矩或支座弯矩取得最大，也按相同的原则布置楼面活荷载。虽然如此布置活荷载、取得构件最大内力时理论上是合理的，但分析工作量较大，特别是大型框架结构，考虑到一般情况下永久荷载起主导作用，《高层建筑混凝土结构技术规程》（JGJ 3—2010）规定，当楼面活荷载大于 $4kN/m^2$ 时，应考虑楼面活荷载不利布置引起的结构内力的增大；当整体计算中未考虑楼面活荷载不利布置时，应适当增大楼面梁的计算弯矩。

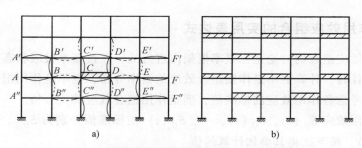

图4-42　建筑框架结构的两种楼面活荷载布置方式

a）梁 *CD* 跨中弯矩最大　b）楼面活荷载布置方式

图4-43为不同弯矩和轴力组合下钢筋混凝土偏心受压构件的弯矩-轴力（*M-N*）曲线，点 $P(M,N)$ 为由弯矩 *M* 和轴力 *N* 构成的一个内力组合点，该点落在曲线外时构件处于失效状态，落在曲线内时处于安全状态，落在曲线上则处于极限状态。对于实际工程中的钢筋混凝土结构，偏心受压构件可能存在多个弯矩和轴力的组合，为保证构件的安全，理论上应对所有可能弯矩和轴力组合下的承载力进行验算，以最不能满足承载力的组合作为起控制作用的组合；或按所有可能的弯矩和轴力组合进行配筋计算，以配筋最多的组合作为起控制作用的组合，如果构件弯矩和轴力的组合很多，计算量会很大，实际设计中一般选取一些主要或典型的组合进行承载力验算或配筋计算。下面按两种内力组合情况进行分析。

（1）相同弯矩不同轴力的情况　图 4-43a 示出了轴力相同、弯矩不同情况的内力组合。由图 4-43a 可以看出，在弯矩相同的情况下，只要轴力在图示 $N_{min} \sim N_{max}$ 的范围内变化，构件就不会发生破坏。所以，这种情况下只需对轴力最大 N_{max} 和轴力最小 N_{min} 的组合进行承载力验算可进行配筋计算。

（2）相同轴力不同弯矩的情况　图 4-43b 示出了轴力相同、弯矩不同情况的内力组合。由图 4-43b 可以看出，在轴力相同的情况下，只要弯矩不大于最大弯矩 M_{max}，构件就不会发生破坏。所以，这种情况下只需对弯矩最大的组合进行承载力验算或进行配筋计算。

上面是两种典型的内力组合方式，实际设计中不一定是相同弯矩或相同轴力的情况，在这种情况下，设计中一般按三种组合方式对轴力和弯矩进行组合：①最小轴力及对应的弯矩（N_{min}-M）；②最大轴力及对应的弯矩（N_{max}-M）；③最大弯矩及对应的轴力（N-M_{max}）。但需要说明的是，这三种形式的弯矩、轴力组合只是典型的组合，按这三种方式进行组合可能会遗漏真正起控制作用的内力组合。图 4-43c 示出了四种弯矩、轴力组合的情况，即 P_1（N_{min}，M）、P_2（N_{max}，M）、P_3（N，M_{max}）和 P_4（N，M），可以看出点 P_4（N，M）落在了弯矩-轴力曲线的外面，构件发生破坏，显然该点表示的弯矩、轴力组合被遗漏了。

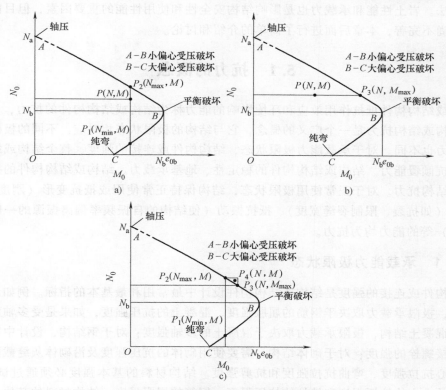

图 4-43　钢筋混凝土偏心受压构件的弯矩-轴力曲线

a）相同弯矩不同轴力的情况　b）相同轴力不同弯矩的情况　c）遗漏最危险组合的情况

第5章

结构抗力和岩土性能

建造结构的目的是满足人们的各种使用和功能要求，如第 2 章的论述，这种要求包括结构安全性、适用性、耐久性和整体稳固性。第 4 章介绍的作用和环境方面是其在结构上产生的效应和影响及统计分析方法，而结构要在设计使用年限内完成对其所要求的各种功能，就必须具有抵抗这种作用效应和环境影响的能力。为此，需要研究结构或结构构件的抗力及统计分析方法。岩土性能和承载力也是影响结构安全性和使用性能的重要因素，但目前的统计分析研究尚不完善，本章后面进行了简单的介绍和讨论。

5.1 抗力的概念

结构或结构构件抵抗作用效应和环境影响的能力称为结构或结构构件的抗力，一般用 R 表示。结构或结构抗力是一个广义的概念，它与结构的极限状态相对应，不同的极限状态所考虑的抗力也不同。对于承载能力极限状态，结构构件或连接的强度、整个结构或结构的某一部分的抗倾覆能力、结构或结构构件的稳定性、地基承载力、结构或结构构件的抗疲劳能力等均为结构抗力。对于正常使用极限状态，结构保持正常使用或抵抗变形（刚度）、抵抗局部损坏（如抗裂、限制裂缝宽度）、抵抗振动（使结构的自振频率偏离振源的一阶频率和二阶频率）等的能力均为抗力。

5.1.1 承载能力极限状态

结构构件或连接的强度是结构或结构构件设计中最常用和最基本的指标。例如，对于混凝土结构，极限承载力取决于钢筋的屈服强度、混凝土的抗压强度，如果是受多轴应力作用的大体积混凝土结构，极限承载力取决于混凝土的多轴强度；对于钢结构，设计中需要验算焊缝或连接螺栓的强度；对于砌体结构，需要使用砌体的抗压强度及沿砌体灰缝截面破坏时砌体的轴心抗拉强度、弯曲抗拉强度和抗剪强度。结构材料的基本强度必须通过试验得到，如混凝土的立方体抗压强度和棱柱体抗压强度、钢筋的屈服强度；结构材料的其他强度可根据基本强度推算，如混凝土抗拉强度可通过经验公式利用立方体抗压强度计算。由于土木工程结构的形式多样，材料性能一般是非线性的，结构构件由两种或两种以上的材料（如钢筋混凝土结构）制成，在按承载能力极限状态计算时，结构或构件的整个截面已处于临近破坏的状态，有时很难完全从理论上根据材料强度计算结构或构件的承载力，在这种情况下，需要结合对结构构件承载力的试验结果建立经验或半理论半经验公式。在结构可靠性分析中，应考虑计算公式的不准确性所产生的误差。

结构整体或结构某一部分的稳定性一般不涉及结构或结构构件的强度，其抗力为抗倾覆能力和抗滑移能力。抗倾覆能力与结构的重心位置有关，选取合理的结构形式、正确设置重心位置和提供必要的抗倾覆力是保持结构具有规定抗倾覆性能的关键。抗滑移能力与作用于结构接触面的正应力、剪应力及摩擦系数有关，增大接触面的摩擦力可提高结构的抗滑移能力。

地基承载力由两个条件控制，一是地基变形条件，包括地基的沉降量、沉降差、倾斜与局部倾斜；二是荷载作用下地基的稳定性，即地基不发生剪切或滑动破坏。土的强度指标有多个，土的破坏主要是剪切或滑动破坏，工程中常用的土强度指标是土的黏聚力和内摩擦角。由于土是地球上的岩石自然风化形成的产物，其分布和特性极为复杂，空间变异性很大，所以设计前对地基或基础进行详细的勘察或进行荷载试验是重要的，下面是一个因勘察不准确引起结构倒塌事故的例子。

南美洲巴西的一幢 11 层大厦长度为 29m，宽度为 12m。地基软弱，选用桩基础。桩长 21m，共计 99 根桩。此大厦于 1955 年动工，至 1958 年 1 月竣工时，发现大厦背面产生明显沉降。1 月 30 日，大厦沉降速率高达 40mm/h。晚间 8 时沉降加剧，在 20s 内整幢大厦倒塌。造成这起重大事故的原因是，大厦的建设场地为沼泽土，软弱土层很厚，邻近建筑物采用的桩长为 26m，穿透软弱土层，到达坚实土层，而此大厦的桩长仅 21m，桩尖悬浮在软弱黏土和泥炭层中，导致地基产生整体滑动而破坏。

抗屈曲稳定性是长细结构或构件及薄壁结构设计中需考虑的问题，多是钢结构，如钢桁架桥上弦杆（压杆）、厂房钢柱的截面等。失稳破坏不是结构构件达到了材料的强度，而是在荷载作用下构件产生了不可控制的变形。其原因在于：①实际的压杆在制造时其轴线不可避免地会存在着初曲率；②作用在压杆上的外力，其合力作用线也不可能毫无偏差地与杆的轴线相重合；③即使在实验室条件下尽可能避免了上述缺陷，压杆材料本身的不均匀性也无法避免。这些因素都使压杆在外加压力作用下除了发生轴向压缩变形外，还发生附加的弯曲变形。这些变形使构件不能再保持平衡状态，最终发生失稳破坏。

疲劳是结构构件在反复荷载作用下，内部损伤不断累积的过程，有初始缺陷或应力集中的构件或连接对荷载的反复作用比较敏感，如焊缝、螺栓连接等。由于疲劳破坏属于脆性破坏，破坏前没有任何预兆，所以做好抗疲劳设计非常关键。

5.1.2　正常使用极限状态

我国各结构设计规范对结构构件的容许变形都有明确的规定，增大结构构件的刚度可以减小构件的变形。影响结构构件刚度的因素有构件材料的弹性模量和截面尺寸（特别是截面高度）。在混凝土结构中，使用预应力混凝土构件可有效地减小构件的变形，特别是大跨度结构，如桥梁结构。

混凝土结构或结构构件的裂缝是比较常见的局部破坏形式。混凝土结构或结构构件的裂缝有两种，一种是结构裂缝，是由作用于结构上的荷载引起的；另一种是非结构裂缝，是由非荷载因素引起的，如温度变化、干缩、自收缩、塑性沉陷、钢筋锈蚀膨胀等。结构设计中由荷载产生的裂缝是通过计算进行控制的，非荷载裂缝则主要是通过材料选择、设计、施工和养护来避免或减小的。

外界环境、结构使用及人活动引起的结构振动与结构的振动特性和引起结构振动的条件有关，如当结构或构件的自振频率与外界振源的频率比较接近时，引起的振动会非常明显。但一般情况下，外界振源含有多种频率成分，设计中应避免结构或构件的自振频率与外界振源的前几阶频率接近。

总而言之，结构的抗力包括多方面的内容。但与结构上的一些作用（如风）不同，一般情况下，由于结构是人造产物，除地基承载力外，其抗力是可以控制的，可以通过试验研究和理论分析确定。这里所指的控制并不是说根据材料的性能可以精确确定结构或构件的抗力。由于结构或构件制作过程中存在着诸多不确定性，其抗力同样是不确定的，但这种不确定性可控制在一定范围内，是指概率意义上的控制，也可以通过技术和管理手段减小这种不确定性。如通过严格的质量管理，可以减小钢材性能的波动，保证钢材的质量；通过严格的施工监理制度，可以保证混凝土制作、浇筑的质量，加强混凝土后期养护，保证混凝土强度的增长，使混凝土满足甚至高于设计要求。因为结构或结构构件抗力不确定性的存在，设计中应考虑这种不确定性，即需要研究抗力的统计特性和概率分布。

抗力包括结构整体和结构构件的抗力。结构抵抗整体破坏或保持整体稳定的能力为结构抗力；结构构件、构件的一部分或一个截面抵抗破坏的能力为结构构件的抗力，如细长构件的稳定强度（与构件的长度、截面刚度有关）、构件的截面强度（只与构件的截面和材料性能有关）。

5.2　结构构件抗力的统计分析方法

严格说来，结构构件的抗力是与时间有关的随机过程。例如，考察一根钢筋混凝土柱的强度，由于在正常情况下混凝土强度将随时间增长而缓慢提高，则抗力也将随之提高，不过，其随时间的变化并不显著。为简单起见，通常将抗力视作是与时间无关的随机变量。但对于由于结构耐久性不足使结构抗力随时间降低的情况，在第9章考虑，本章不包括这方面的内容。

如前所述，结构构件的抗力存在不确定性，设计中为保证结构具有规定的可靠性，就要分析和了解抗力不确定性的统计特征。所以，抗力的不确定性是结构可靠性研究的一项重要内容。

要获得抗力的统计资料，确定抗力的统计参数和概率分布类型，理应对直接从相同条件下（即同一母体）得到的结构构件抗力实测数据进行统计分析。如能取得这样一批同一母体下的实测数据，将是很有意义的，但需要耗费大量的人力和物力，是非常不现实的，实际上也是不必要的。实际中采用的是间接分析的方法，即首先分析影响抗力的各种主要因素，然后对这些主要因素分别进行统计分析，确定其统计参数，最后通过抗力与各有关因素的函数关系，推求（或经验判断）抗力的统计参数和概率分布类型。

5.2.1　解析分析方法

设结构构件抗力随机变量 R 为基本随机变量 $X_i (i=1, 2, \cdots, n)$ 的函数，即

$$R = R(X_1, X_2, \cdots, X_n) \tag{5-1}$$

当 X_i 相互独立并已知其统计参数时，根据附录式（B-35）和式（B-36a），R 的平均值、标准差和变异系数分别近似按下列公式计算

$$\mu_R = R(\mu_{X_1}, \mu_{X_2}, \cdots, \mu_{X_n}) \tag{5-2}$$

$$\sigma_R = \sqrt{\sum_{i=1}^{n}\left(\frac{\partial R}{\partial X_i}\Big|_\mu \sigma_{X_i}\right)^2} \tag{5-3}$$

$$\delta_R = \frac{\sigma_R}{\mu_R} \tag{5-4}$$

下面是比较常用的两种特殊情况。

对于 $R = X_1 \pm X_2 \pm \cdots \pm X_n$，其标准差和变异系数分别为

$$\mu_R = \mu_{X_1} \pm \mu_{X_2} \pm \cdots \pm \mu_{X_n}$$

$$\sigma_R = \sqrt{\sigma_{X_1}^2 + \sigma_{X_2}^2 + \cdots + \sigma_{X_n}^2}$$

对于 $R = X_1 X_2 \cdots X_n$，其标准差和变异系数分别为

$$\mu_R = \mu_{X_1} \mu_{X_2} \cdots \mu_{X_n}$$

$$\delta_R = \sqrt{\delta_{X_1}^2 + \delta_{X_2}^2 + \cdots + \delta_{X_n}^2}$$

【例 5-1】 根据《混凝土结构设计规范》（GB 50010—2010），钢筋混凝土单筋梁的受弯承载力可按式（2-6）计算。假定基本随机变量 b、h_0、f_c、f_y 和 A_s 的平均值和标准差分别为 $\mu_b = 200$mm，$\sigma_b = 4.0$mm；$\mu_{h_0} = 465$mm，$\sigma_{h_0} = 13.95$mm；$\mu_{f_c} = 24.675$MPa，$\sigma_{f_c} = 4.688$MPa；$\mu_{f_y} = 386$MPa，$\sigma_{f_y} = 28.68$MPa；$\mu_{A_s} = 1884$mm^2，$\sigma_{A_s} = 56.52$mm^2；系数 K_p 服从对数正态分布，平均值和标准差分别为 $\mu_{K_p} = 1.0$，$\sigma_{K_p} = 0.04$。计算梁受弯承载力 R 的平均值和标准差。

解 在式（2-6）中，取 $\alpha_1 = 1.0$。根据式（5-2）和式（5-3），R 的平均值为

$$\mu_R = \mu_{K_p}\mu_{A_s}\mu_{f_y}\left(\mu_{h_0} - \frac{\mu_{A_s}\mu_{f_y}}{2\alpha_1\mu_b\mu_{f_c}}\right)$$

$$= 1.0 \times 1884 \times 386 \times \left(465 - \frac{1884 \times 386}{2 \times 1.0 \times 200 \times 24.675}\right)\text{N} \cdot \text{m} = 284577\text{N} \cdot \text{m}$$

$$\frac{\partial R}{\partial K_p}\Big|_\mu = \mu_{A_s}\mu_{f_y}\left(\mu_{h_0} - \frac{\mu_{A_s}\mu_{f_y}}{2\alpha_1\mu_b\mu_{f_c}}\right) = 1884 \times 386 \times \left(465 - \frac{1884 \times 386}{2 \times 1.0 \times 200}\right) \times 24.675 = 284577\text{N} \cdot \text{mm}$$

$$\frac{\partial R}{\partial b}\Big|_\mu = \frac{\mu_{K_p}\mu_{A_s}^2\mu_{f_y}^2}{2\alpha_1\mu_{f_c}\mu_b^2} = \frac{1.0 \times 1884^2 \times 386^2}{2 \times 1 \times 24.675 \times 200^2}\text{N} \cdot \text{mm/mm} = 267910.2\text{N} \cdot \text{mm/mm}$$

$$\frac{\partial R}{\partial h_0}\Big|_\mu = \mu_{K_p}\mu_{A_s}\mu_{f_y} = 1.0 \times 1884 \times 386\text{N} \cdot \text{mm/mm} = 727224.0\text{N} \cdot \text{mm/mm}$$

$$\frac{\partial R}{\partial A_s}\bigg|_{\mu} = \mu_{K_p}\left(\mu_{f_y}\mu_{h_0} - \frac{\mu_{A_s}\mu_{f_y}^2}{\alpha_1\mu_{f_c}\mu_b}\right) = 1.0 \times \left(386 \times 465 - \frac{1884 \times 386^2}{1 \times 200 \times 24.675}\right)N \cdot mm/mm^2$$

$$= 122608.9N \cdot mm/mm^2$$

$$\frac{\partial R}{\partial f_y}\bigg|_{\mu} = \mu_{K_p}\left(\mu_{A_s}\mu_{h_0} - \frac{\mu_{A_s}^2\mu_{f_y}}{\alpha_1\mu_{f_c}\mu_b}\right) = 1.0 \times \left(1884 \times 465 - \frac{1884^2 \times 386}{1 \times 200 \times 24.675}\right)N \cdot mm/MPa$$

$$= 598432.8kN \cdot mm/MPa$$

$$\frac{\partial R}{\partial f_c}\bigg|_{\mu} = \frac{\mu_{K_p}\mu_{A_s}^2\mu_{f_y}^2}{2\alpha_1\mu_{f_c}^2\mu_b} = \frac{1.0 \times 1884^2 \times 386^2}{2 \times 1.0 \times 200 \times 24.675^2}N \cdot mm/MPa$$

$$= 2171512.1N \cdot mm/MPa$$

R 的标准差为

$$\sigma_R = \sqrt{\left(\frac{\partial R}{\partial K_p}\bigg|_{\mu}\sigma_{K_p}\right)^2 + \left(\frac{\partial R}{\partial b}\bigg|_{\mu}\sigma_b\right)^2 + \left(\frac{\partial R}{\partial h_0}\bigg|_{\mu}\sigma_{h_0}\right)^2 + \left(\frac{\partial R}{\partial A_s}\bigg|_{\mu}\sigma_{A_s}\right)^2 + \left(\frac{\partial R}{\partial f_y}\bigg|_{\mu}\sigma_{f_y}\right)^2 + \left(\frac{\partial R}{\partial f_c}\bigg|_{\mu}\sigma_{f_c}\right)^2}$$

$$= \left[(284577 \times 0.04)^2 + (267910.2 \times 4)^2 + (727224 \times 13.95)^2 + (122608.9 \times 56.52)^2 + (598432.8 \times 28.68)^2 + (2171512.1 \times 4.688)^2\right]^{\frac{1}{2}}N \cdot mm$$

$$= 23.458kN \cdot m$$

R 的变异系数

$$\delta_R = \frac{\sigma_R}{\mu_R} = \frac{23.458}{284.577} = 0.0824$$

需要说明的是，如果抗力 R 为不能用显式函数表示的随机变量，如抗力是通过数值方法计算得到的，将基本随机变量 $X_i(i=1,2,\cdots,n)$ 用其平均值代替，数值计算得到的值即为 R 的平均值，用式（5-3）求抗力 R 的标准差时，公式中的一阶偏导数值可通过数值求导得到。

5.2.2 蒙特卡洛模拟方法

第 3 章介绍了结构可靠度分析的蒙特卡洛方法，蒙特卡洛方法也可用于确定结构构件抗力的统计参数和概率分布。

对于式（5-1）表示的结构构件抗力 R，可通过随机抽样产生基本随机变量 $X_i(i=1,2,\cdots,n)$ 的样本 $x_i^{(1)}$，$x_i^{(2)}$，$\cdots$，$x_i^{(N)}$（$i=1,2,\cdots,n$），将这些随机变量的样本代入式（5-1）表示的结构构件抗力表达式，得到抗力 R 的样本 $r^{(1)}$，$r^{(2)}$，$\cdots$，$r^{(N)}$，对 R 的样本进行统计分析和拟合优度检验，即可确定抗力 R 的统计参数和概率分布。

【例 5-2】 采用蒙特卡洛方法计算例 5-1 钢筋混凝土梁受弯承载力 R 的平均值和标准差。

解 在例 5-1 中，有 6 个随机变量 K_p、b、h_0、f_c、f_y 和 A_s，其平均值和标准差已知。采用蒙特卡洛方法产生这些随机变量的样本，代入式（2-6）计算梁极限承载力的值。模拟

10000 次，前 10 次的分析结果见表 5-1。模拟 10000 次得出梁承载力的平均值 $\mu_R = 281.97\text{kN} \cdot$ m，标准差 $\sigma_R = 26.871\text{kN} \cdot \text{m}$，变异系数 $\delta_R = 0.0953$。模拟结果的统计直方图如图 5-1 所示，图中也给出了拟合的正态密度曲线和对数正态密度曲线，两种曲线都与统计直方图拟合得很好。

表 5-1　钢筋混凝土梁受弯承载力的蒙特卡洛方法模拟分析

j	$K_P^{(j)}$	$b^{(j)}/\text{mm}$	$h_0^{(j)}/\text{mm}$	$f_c^{(j)}/\text{MPa}$	$f_y^{(j)}/\text{MPa}$	$A_s^{(j)}/\text{mm}^2$	$r^{(j)}/\text{N} \cdot \text{mm}$
1	0.9859	196.7555	457.1652	13.2986	442.0903	1895.3	2.4540×10^8
2	0.9895	198.2521	470.1364	23.6681	342.9816	1955.0	2.6452×10^8
3	0.9954	199.4962	471.0494	29.9409	390.3527	1889.7	3.0054×10^8
4	0.9189	195.0775	465.5580	19.0367	374.0959	1910.9	2.4261×10^8
5	0.9762	195.7573	460.8131	27.4066	384.1553	1767.2	2.6349×10^8
6	0.9536	204.0387	442.4123	21.5518	385.8340	1839.8	2.4484×10^8
7	1.0111	202.5086	470.1695	25.9020	396.2766	1754.3	2.8390×10^8
8	1.0256	203.9618	474.6097	27.1670	390.9079	1908.8	3.1168×10^8
9	0.9911	199.2681	477.9782	25.6827	373.8053	1874.1	2.8435×10^8
10	0.9996	206.0620	484.6351	25.8472	348.5117	1848.9	2.7320×10^8

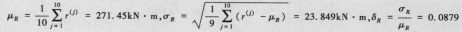

$$\mu_R = \frac{1}{10}\sum_{j=1}^{10} r^{(j)} = 271.45\text{kN} \cdot \text{m}, \sigma_R = \sqrt{\frac{1}{9}\sum_{j=1}^{10}(r^{(j)} - \mu_R)} = 23.849\text{kN} \cdot \text{m}, \delta_R = \frac{\sigma_R}{\mu_R} = 0.0879$$

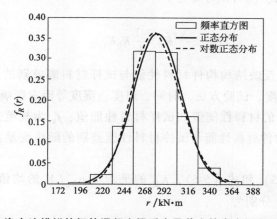

图 5-1　采用蒙特卡洛方法模拟的钢筋混凝土梁受弯承载力的直方图和拟合的概率密度曲线

　　将本例采用蒙特卡洛方法模拟得到的梁受弯承载力的平均值、标准差和变异系数与例 5-1 的分析结果进行对比，可以看出，两种方法得到的结果接近。

5.3　影响结构构件抗力的不确定性因素

　　影响结构构件抗力的不确定性主要因素为结构构件材料性能 M（如强度、弹性模量）、截面几何参数 A（如截面尺寸、惯性矩）和计算模式的不确定性 P，它们一般是相互独立的随机变量。所以影响结构构件抗力不确定性的因素一般包括材料性能的不确定性、几何参数的不确定性和计算模式的不确定性。

5.3.1 材料性能的不确定性

1. 材料性能的统计分析

材料性能包括材料的强度、弹性模量、破坏应变等物理力学特性。结构构件材料性能的不确定性，主要是指材料质量因素及制造工艺、试验加载、环境、尺寸等因素引起的结构构件中材料性能的变异性。例如，钢筋强度的变异性主要来自于：①钢筋本身强度的变异（材料质量及轧制工艺的影响）；②加荷速度对钢筋强度的影响（加荷速度快，钢筋屈服强度会提高）；③轧制钢筋时截面面积的变异；④设计中选用钢筋规格时引起的截面面积变异等。材料性能一般是采用标准试件、按照标准试验方法通过试验得到的，并以一个时期内，对全国有代表性的生产单位（或地区环境）所生产材料的性能进行统计分析确定的，并将此作为全国的总体生产水平。对于一些需要在现场制作的材料，如现场制作的混凝土，由于现场条件与实验室标准条件的差别，还需考虑实际结构中的材料性能与标准试件材料性能的差别。

结构构件材料性能的不确定性用随机变量 K_M 表示

$$K_M = \frac{f_m}{k_0 f_k} = \frac{1}{k_0} \cdot \frac{f_m}{f_s} \cdot \frac{f_s}{f_k} \tag{5-5}$$

令 $K_0 = \dfrac{f_m}{f_s}$，$K_f = \dfrac{f_s}{f_k}$，则式（5-5）可写为

$$K_M = \frac{1}{k_0} K_0 K_f \tag{5-6}$$

式中，k_0 为规范规定的反映结构构件材料性能与试样材料能差别的系数，如考虑缺陷、尺寸、施工质量、加荷速度、试验方法、时间、温度、湿度等因素影响的各种系数或函数；f_m 和 f_s 为结构构件中实际的材料性能值和试样材料性能值；f_k 为规范规定的试件材料性能标准值；K_0 为反映结构构件材料性能与试件材料性能差别的随机变量；K_f 为反映试件材料性能不确定性的随机变量。

这样，按照式（5-5）和式（5-6），K_M 的平均值 μ_{K_M}（M 的均值系数 k_M）和变异系数 δ_{K_M}（M 的变系数 δ_M）分别为

$$k_M = \mu_{K_M} = \frac{\mu_{K_0} \mu_{K_f}}{k_0} = \frac{\mu_{K_0} \mu_{f_s}}{k_0 f_k} \tag{5-7}$$

$$\delta_M = \delta_{K_M} = \sqrt{\delta_{K_0}^2 + \delta_{K_f}^2} \tag{5-8}$$

式中，μ_{f_s}、μ_{K_0} 和 μ_{K_f} 为试件材料性能 f_s 的平均值、随机变量 K_0 和 K_f 的平均值；δ_{K_f} 和 δ_{K_0} 为 f_s 和 K_0 的变异系数。

【例 5-3】 20 世纪 80 年代，国内钢筋混凝土结构使用的主要纵向受力钢筋为 Ⅱ 级钢筋，为确定这种钢筋屈服强度的统计参数，对国内几个钢厂抽取的万余根试样的试验数据进行统计分析。分析表明，各厂 Ⅱ 级钢筋屈服强度的平均值在 367.5～404.2MPa 之间，全部试样的

平均值为 $\mu_{f_s}=389.5\text{MPa}$，变异系数为 $\delta_{f_s}=0.053$。构件中钢筋屈服强度与试件中钢筋屈服强度比值的平均值为 $\mu_{K_0}=0.953$，变异系数为 $\delta_{K_0}=0.0247$。

构件中钢筋屈服强度标准值 $k_0f_k=340\text{MPa}$，由式（5-7）和式（5-8）得到Ⅱ级钢筋屈服强度的统计参数为

$$k_M=\mu_{K_M}=\frac{\mu_{K_0}\mu_{f_s}}{k_0f_k}=\frac{0.953\times389.5}{340}=1.092$$

$$\delta_M\delta_{K_M}=\sqrt{0.0247^2+0.053^2}=0.058$$

我国 20 世纪 80 年代对多种建筑材料的强度进行了实测、数据收集和统计分析，表 5-2 为《建筑结构设计统一标准》（GBJ 68—1984）提供的各种结构材料强度的统计分析结果。

表 5-2 各种结构材料强度的统计参数

结构材料种类	材料品种及受力状况		k_M	δ_M
型钢	受拉	A_3F	1.08	0.08
		16Mn	1.09	0.07
薄壁型钢	受拉	A_3F	1.12	0.10
		A_3	1.27	0.08
		16Mn	1.05	0.08
钢筋	受拉	A_3	1.02	0.08
		20MnSi	1.14	0.07
		25MnSi	1.09	0.06
混凝土	轴心受压	C20	1.66	0.23
		C30	1.45	0.19
		C40	1.35	0.16
砖砌体	轴心受压		1.15	0.20
	小偏心受压		1.10	0.20
	齿缝受剪		1.00	0.22
	受剪		1.00	0.24
木材	轴心受拉		1.48	0.32
	轴心受压		1.28	0.22
	受弯		1.47	0.25
	顺纹受剪		1.32	0.22

2. 材料性能的标准值

如上所述，由于材料性能是一个随机变量，在分析和设计中需要一个确定的值来代表所使用材料的性能，这样一个值一般取为材料性能的标准值。我国《工程结构可靠性设计统一标准》（GB 50153—2008）和国际标准《结构可靠性总原则》（ISO 2394：1998）将材料和岩土性能的标准值定义为其概率分布的某一分位值。对于材料强度，一般按 0.05 的分位值确定（有时也取其他分位值），对于材料弹性模量、泊松比等物理性能，按其 0.5 的分位

值确定，如图 5-2 所示。当试验数据不足时，材料性能的标准值可采用有关标准的规定值，也可结合工程经验，经分析判断确定。

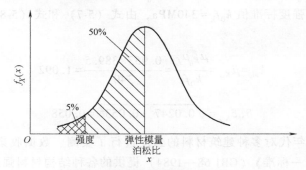

图 5-2　材料性能标准值的定义

根据对已有材料性能的统计分析，材料性能可采用正态分布或对数正态分布描述。对于材料强度，当采用正态分布时，其标准值可按下式确定：

$$f_{mk} = \mu_{f_m} - 1.645\sigma_{f_m} = \mu_{f_m}(1 - 1.645\delta_{f_m}) \tag{5-9}$$

式中，μ_{f_m}、σ_{f_m} 和 δ_{f_m} 分别为材料强度 f_m 的平均值、标准差和变异系数；1.645 为对应于 $p = 95\%$ 保证率的系数。

例如，《混凝土物理力学性能试验方法标准》（GB/T 50081—2019）规定以边长为 150mm ×150mm×150mm 的立方体为标准混凝土试件，在温度为 （20±2）℃、相对湿度为 95%以上的标准养护室中养护 28 天，按标准试验方法（以每秒 0.2～0.3N/mm² 的加荷速度）试验测得的具有 95%保证率的抗压强度作为混凝土的强度等级，也称为立方体抗压强度标准值，用 $f_{cu,k}$ 表示。混凝土立方体抗压强度标准值按下式确定

$$f_{cu,k} = \mu_{f_{cu}}(1 - 1.645\delta_{f_{cu}}) \tag{5-10}$$

式中，$\mu_{f_{cu}}$ 为对规定强度等级的标准混凝土立方体试件进行试验得到的抗压强度平均值；$\delta_{f_{cu}}$ 为试件抗压强度的变异系数。

表 5-3 为《混凝土结构设计规范》（GB 50010—2010）中不同强度等级混凝土的变异系数。

表 5-3　不同强度等级混凝土的变异系数

$f_{cu,k}$	C15	C20	C25	C30	C35	C40	C45	C50	C55	C60～C80
$\delta_{f_{cu}}$	0.21	0.18	0.16	0.14	0.13	0.12	0.12	0.11	0.11	0.10

采用立方体混凝土试件进行抗压强度试验比较方便，试验结果稳定，但这种试件尺寸与实际结构中的构件有一定差别。为此，《混凝土物理力学性能试验方法标准》（GB/T 50081—2019）规定用 150mm×150mm×300mm 棱柱体试件测得的具有 95%保证率的混凝土抗压强度值作为混凝土抗压强度标准值，称为棱柱体抗压强度标准值或轴心抗压强度标准值，用 f_{ck} 表示。对混凝土棱柱体试件与立方体试件试验结果的分析表明，其轴心抗压强度平均值 μ_{f_c} 与立方体抗压强度平均值 $\mu_{f_{cu}}$ 具有如下关系

$$\mu_{f_c} = 0.88\alpha_{c1}\alpha_{c2}\mu_{f_{cu}} \tag{5-11}$$

式中，α_{c1} 为混凝土轴心抗压强度与立方体抗压强度之比，C50 及以下取 0.76，C80 取 0.82，中间线性内插；α_{c2} 为混凝土脆性折减系数，C40 及 C40 以下取 1.0，C80 取 0.87，中间线性内插；0.88 为强度修正系数，考虑结构中的混凝土强度与试件混凝土强度之间的差异。

假定混凝土轴心抗压强度与立方体抗压强度具有相同的变异系数，则 f_{ck} 与 $f_{cu,k}$ 具有下式表示的关系

$$f_{ck} = 0.88\alpha_{c1}\alpha_{c2}f_{cu,k} \tag{5-12}$$

由式（5-12）即可根据混凝土的强度等级得到混凝土轴心抗压强度的标准值。

试验表明，混凝土轴心抗拉强度平均值 μ_{f_t} 与立方体抗压强度平均值 $\mu_{f_{cu}}$ 具有下列关系

$$\mu_{f_t} = 0.88 \times 0.395\mu_{f_{cu}}^{0.55} \tag{5-13}$$

假定混凝土轴心抗拉强度的变异系数与立方体抗压强度的变异系数相同，则根据式（5-13），得混凝土轴心抗拉强度标准值 f_{tk} 与立方体抗压强度标准值 $f_{cu,k}$ 之间的关系

$$f_{tk} = 0.88 \times 0.395 f_{cu,k}^{0.55} (1 - 1.645\delta_{f_{cu}})^{0.45} \times \alpha_{c2} \tag{5-14}$$

表 5-4 为《混凝土结构设计规范》（GB 50010—2010）根据上面的公式确定的混凝土轴心抗压强度标准值和轴心抗拉强度标准值。

表 5-4　混凝土轴心抗压强度和抗拉强度标准值　　　　（单位：N/mm²）

强度标准值	混凝土强度等级													
	C15	C20	C25	C30	C35	C40	C45	C50	C55	C60	C65	C70	C75	C80
f_{ck}	10.0	13.4	16.7	20.1	23.4	26.8	29.6	32.4	35.5	38.5	41.5	44.5	47.4	50.2
f_{tk}	1.27	1.54	1.78	2.01	2.20	2.39	2.51	2.64	2.74	2.85	2.93	2.99	3.05	3.11

式（5-14）是针对混凝土的，标准值的保证率为 95%。对于筑坝等采用的岩、土天然材料，《碾压式土石坝施工规范》（DL/T 5129—2013）规定，对堆石料、砂砾料及对防渗土料在现场取样所测定干密度应按合格率不小于 90% 控制。由于碾压岩、土体的强度很大程度上取决于其干密度，因此岩、土材料强度的标准值采用 0.1 的分位值是可行的。此时，当材料强度按正态分布时，其标准值为

$$f_{mk} = \mu_{mf} - 1.28\sigma_{mf} \tag{5-15}$$

当按对数正态分布时，其强度标准值近似为

$$f_{mk} = \mu_{mf}\exp(-1.28\delta_{mf}) \tag{5-16}$$

式中，δ_{mf} 为 f_m 的变异系数。

水工大体积混凝土结构的尺寸有时不由应力条件控制，而由结构布置或重力稳定条件决定。若其强度标准值采用与水工钢筋混凝土结构的混凝土强度标准值相同的分位值，将会导致增大水泥用量，造成浪费。因此，《水工混凝土施工规范》（DL/T 5144—2015）规定，混凝土生产质量水平的评判，当强度不低于标准值的 80% 时作为合格，达到 90% 以上则为优良。故而规定大体积混凝土强度标准值可采用 0.2 分位值。此时，当材料强度按正态分布

时，其标准值为

$$f_{ck} = \mu_{cf} - 0.842\sigma_{cf} \tag{5-17}$$

当按对数正态分布时，其强度标准值近似为

$$f_{mk} = \mu_{mf}\exp(-0.842\delta_{cf}) \tag{5-18}$$

另外，式（5-9）是以大样本数据为基础的，当用于统计分析的数据不足时为小样本，此时，不能再采用式（5-9）确定材料强度的标准值，要考虑统计不确定性的影响。按照数理统计原理，由小样本估计的材料性能的平均值和标准差也为随机变量，当材料强度服从正态分布时，可构造服从 t 分布的统计量（具体见附录 B），这时要采用两个概率指标定义材料强度的标准值，一个是保证率 α，一个是置信水平 γ。按照这一方法，《民用建筑可靠性鉴定标准》（GB 50292—2015）规定，当受检构件数量 n 不少于 5 个，且检测结果用于鉴定一种构件时，应按下式确定其强度标准值 f_{mk}

$$f_{mk} = m_{f_m} - k_\alpha s_{f_m} \tag{5-19}$$

其中

$$m_{f_m} = \frac{1}{n}\sum_{i=1}^{n}f_{mi}, \quad s_{f_m} = \sqrt{\frac{1}{n-1}\sum_{i=1}^{n}(f_{mi} - m_{f_m})^2} \tag{5-20}$$

式中，m_{f_m} 为按 n 个构件计算的材料强度平均值；s_{f_m} 为按 n 个构件计算的材料强度标准差；k_α 为与 α、γ 和 n 有关的系数，当 $\alpha = 0.05$ 而 $\gamma = 0.90$、$\gamma = 0.75$ 和 $\gamma = 0.60$ 时，按表 5-5 确定。

表 5-5　计算系数 k_α 的值

n	k_α			n	k_α		
	$\gamma = 0.90$	$\gamma = 0.75$	$\gamma = 0.60$		$\gamma = 0.90$	$\gamma = 0.75$	$\gamma = 0.60$
5	3.400	2.463	2.005	18	2.249	1.951	1.773
6	3.092	2.336	1.947	20	2.208	1.933	1.764
7	2.894	2.250	1.908	25	2.132	1.895	1.748
8	2.754	2.190	1.880	30	2.080	1.869	1.736
9	2.650	2.141	1.858	35	2.041	1.849	1.728
10	2.568	2.103	1.841	40	2.010	1.834	1.721
12	2.448	2.048	1.816	45	1.986	1.821	1.716
15	2.329	1.991	1.790	50	1.965	1.811	1.712

如果根据实测数据计算的变异系数也较大，则按式（5-19）确定的标准值可能为负值，这显然是不符合实际的。在这种情况下，可将材料性能按服从对数正态分布考虑，这时的材料性能标准值按式（5-21）确定，

$$f_{mk} = \exp(m_{\ln f_m} - k_\alpha s_{\ln f_m}) \tag{5-21}$$

其中

$$m_{\ln f_m} = \frac{1}{n}\sum_{i=1}^{n}\ln(f_{mi}), \quad s_{\ln f_m} = \sqrt{\frac{1}{n-1}\sum_{i=1}^{n}(\ln f_{mi} - m_{\ln f_m})^2} \tag{5-22}$$

【例 5-4】 对某混凝土结构的安全性进行评估，钻取了 6 个混凝土芯样，经试验并换算为立方体抗压强度为 35.2MPa、47.3MPa、41.4MPa、53.7MPa、46.3MPa 和 51.9MPa。试估计混凝土的抗压强度。

解 由于只有 6 个实测数据，属于小样本，应按式（5-19）或式（5-21）计算。

（1）按正态分布考虑抗压强度的平均值为

$$m_{f_c} = \frac{35.2+47.3+41.4+53.7+46.3+51.9}{6} \text{MPa} = 45.967\text{MPa}$$

抗压强度的标准差

$$s_{f_c} = \left\{ \frac{1}{5} \times \left[(35.2-45.967)^2 + (47.3-45.967)^2 + (41.4-45.967)^2 + (53.7-45.967)^2 + \right. \right.$$
$$\left. \left. (46.3-45.967)^2 + (51.9-45.967)^2 \right] \right\}^{1/2} \text{MPa}$$

$$= 6.836\text{MPa}$$

抗压强度的变异系数为

$$\delta_{f_c} = \frac{s_{f_c}}{m_{f_c}} = \frac{6.836}{45.967} = 0.149$$

$n=6$，置信度取为 0.75，由表 5-2 查得 $k_\alpha = 2.336$，抗压强度的标准值

$$f_{ck} = m_{f_c}(1-k_\alpha \delta_{f_c}) = 45.967 \times (1-2.336 \times 0.149)\text{MPa} = 29.967\text{MPa}$$

如果置信度取为 0.90，由表 5-5 查得 $k_\alpha = 3.092$，抗压强度的标准值

$$f_{ck} = m_{f_c}(1-k_\alpha \delta_{f_c}) = 45.967 \times (1-3.092 \times 0.149)\text{MPa} = 24.790\text{MPa}$$

（2）按对数正态分布考虑抗压强度对数的平均值

$$m_{\ln f_c} = \frac{\ln 35.2+\ln 47.3+\ln 41.4+\ln 53.7+\ln 46.3+\ln 51.9}{6} = 3.818$$

抗压强度对数的标准差

$$s_{\ln f_c} = \left\{ \frac{1}{5} \times \left[(\ln 35.2-3.818)^2 + (\ln 47.3-3.818)^2 + (\ln 41.4-3.818)^2 + (\ln 53.7-3.818)^2 + \right. \right.$$
$$\left. \left. (\ln 46.3-3.818)^2 + (\ln 51.9-3.818)^2 \right] \right\}^{1/2}$$

$$= 0.156$$

置信度取为 0.75 时，抗压强度的标准值

$$f_{ck} = \exp(m_{\ln f_c} - k_\alpha s_{\ln f_c}) = \exp(3.818-2.336 \times 0.156)\text{MPa} = 30.215\text{MPa}$$

置信度取为 0.90 时，抗压强度的标准值

$$f_{ck} = \exp(m_{\ln f_c} - k_\alpha s_{\ln f_c}) = \exp(3.818-3.092 \times 0.156)\text{MPa} = 28.697\text{MPa}$$

由此可见，就本例而言，当采用 0.75 的置信度确定混凝土抗压强度的标准值时，按正态分布和对数正态分布估计的混凝土抗压强度标准值相差不大；当采用 0.90 的置信度确定混凝土抗压强度的标准值时，按正态分布和对数正态分布估计的混凝土抗压强度标准值有一定差别。所以，当数据较少时，统计不确定性的影响可能很显著。

5.3.2　几何参数的不确定性

结构构件几何参数，一般是指构件的截面几何特征，如高度、宽度、面积和混凝土保护

层厚度等，以及构件的长度、跨度和偏心距等，还包括由这些几何参数构成的函数，如面积矩、惯性矩和抵抗矩等。结构构件几何尺寸的不确定性主要是由两个方面的原因引起的。一是初始偏差，包括放线、制作、生产、安装偏差等，与时间无关，只与构件制作或施工工序有关。例如，钢筋混凝土构件的尺寸偏差与混凝土模板的定位、工人的熟练程度和技术水平、浇筑混凝土过程中混凝土侧压力使模板产生的变形等多种因素有关。另一种与时间有关，如受荷载作用、各种物理、化学原因引起的偏差。前者一般也称为误差，后者也称为固有误差。

构件几何尺寸的偏差是指构件的实际尺寸偏离设计图上所标注尺寸的程度，反映了制作安装后的实际结构构件与所设计的标准构件之间几何上的差异。由于结构构件的几何参数受多种不确定因素影响，所以几何参数是一个随机变量，其不确定性用 K_A 表示：

$$K_A = \frac{a}{a_k} \tag{5-23}$$

式中，a、a_k 分别为构件几何参数实际值和标准值。

K_A 的平均值 μ_{K_A}（a 的均值系数 k_A）和变异系数 δ_{K_A}（a 的变异系数 δ_a）按下式确定

$$k_A = \mu_{K_A} = \frac{\mu_a}{a_k}, \quad \delta_A = \delta_{K_A} = \delta_a \tag{5-24}$$

式中，μ_a 和 δ_a 分别为构件几何参数的平均值和变异系数。

结构构件几何参数值应以正常生产情况下的实测数据为基础，经统计分析得到。当实测数据不足时，可按有关标准中规定的几何尺寸公差，经分析判断确定。几何参数的标准值 a_k 一般可采用设计图上的标注值。

一般情况下，几何尺寸越大，其变异性越小，所以，钢筋混凝土和砖石结构截面几何尺寸的变异性通常要小于钢结构和薄壁型钢结构的变异性。截面几何特征的变异对结构构件可靠度的影响较大，不可忽视；结构构件长度、跨度等变异的影响则相对较小，有时可按确定量考虑。

我国建筑、港口、水利水电、公路和铁路工程结构可靠性设计统一标准的编制组在编制相应的可靠性设计标准时，都对结构或结构构件的几何尺寸进行了统计分析，总的结论是几何尺寸大的变异性较小。表5-6为《建筑结构设计统一标准》（GBJ 68—1984）编制组的统计分析结果。

表5-6　各种结构构件几何特征的统计参数

结构构件种类	项目	k_A	δ_A
型钢构件	截面面积	1.00	0.05
薄壁型钢构件	截面面积	1.00	0.05
钢筋混凝土构件	截面高度、宽度	1.00	0.02
	截面有效高度	1.00	0.03
	纵筋截面面积	1.00	0.03
	纵筋重心到截面近边距离	0.85	0.03
	箍筋平均间距	0.99	0.07
	纵筋锚固长度	1.02	0.09

（续）

结构构件种类	项目	k_A	δ_{K_A}
砖砌体	单向尺寸（370cm）	1.00	0.02
	截面面积（370mm×370mm）	1.01	0.02
木构件	单向尺寸	0.98	0.03
	截面面积	0.96	0.06
	截面模量	0.94	0.08

【例 5-5】 已知钢筋混凝土预制梁截面宽度为 200mm，高度为 500mm。求统计参数。

解 根据《混凝土结构工程施工质量验收规范》（GB 50204—2015），预制梁截面宽度允许偏差 $\Delta b = {}^{+2}_{-5}$mm，截面高度允许偏差 $\Delta h = {}^{+2}_{-5}$mm，截面尺寸标准值为 $b_k = 200$mm，$h_k = 500$mm，假定截面尺寸服从正态分布，合格率应达到 95%。

根据所规定的允许偏差，可估计截面尺寸应有的平均值为

$$\mu_b = b_k + \left(\frac{\Delta b^+ - \Delta b^-}{2}\right) = 200\text{mm} + \left(\frac{2-5}{2}\right)\text{mm} = 198.5\text{mm}$$

$$\mu_h = h_k + \left(\frac{\Delta h^+ - \Delta h^-}{2}\right) = 500\text{mm} + \left(\frac{2-5}{2}\right)\text{mm} = 498.5\text{mm}$$

由正态分布函数可知，当合格率为 95% 时，$b_{\min} = \mu_b - 1.645\sigma_b$，而

$$\mu_b - b_{\min} = \frac{\Delta b^+ + \Delta b^-}{2} = \frac{2+5}{2}\text{mm} = 3.5\text{mm}$$

则有

$$\sigma_b = \frac{\mu_b - b_{\min}}{1.645} = \frac{3.5}{1.645}\text{mm} = 2.128\text{mm}$$

同理

$$\sigma_h = \frac{\mu_h - h_{\min}}{1.645} = \frac{3.5}{1.645}\text{mm} = 2.128\text{mm}$$

根据式（5-24）可得

$$k_b \mu_{K_b} = \frac{\mu_b}{b_k} = \frac{198.5}{200} = 0.993, \quad \mu_{k_h} \mu_{K_h} = \frac{\mu_h}{h_k} = \frac{498.5}{500} = 0.997$$

$$\delta_b = \delta_{K_b} = \frac{\sigma_b}{\mu_b} = \frac{2.128}{198.5} = 0.011, \quad \delta_h = \delta_{K_h} = \frac{\sigma_h}{\mu_h} = \frac{2.128}{498.5} = 0.004$$

5.3.3 计算模式的不确定性

结构构件计算模式的不确定性，主要是指抗力计算中采用的某些基本假定的近似性和计算公式的不精确性等引起的不确定性。例如，在建立结构构件承载力计算公式的过程中，往

往采用理想弹性（或塑性）、匀质性、各向同性、平面变形等假定，也常采用矩形、三角形等简单的截面应力图形来替代实际的曲线分布的应力图形，还常用简支、固定支座等典型的边界条件来替代实际的边界条件，也还常采用线性方法来简化计算表达式等。所有这些近似处理，都会导致给定公式计算的抗力与实际结构构件的抗力之间的差异。例如，对于钢长柱的弹性弯曲屈曲，其临界压力可用欧拉公式计算，但该公式基于理想化的假设，即柱是完全直的，材料是完全弹性的，压力（荷载）是通过柱轴心的（即完全无偏心），柱端的支承条件是理想铰支或固定的，但实际工程中的钢柱，总有一条或多条，甚或全部与上述假定不相符或不完全相符。因此，可以预料，用欧拉公式来计算实际柱的临界压力，并不是准确的（即使差异不大）。很多情况下，尚不能根据合理的力学模型建立考虑各种影响因素的计算公式，或能够建立相对精确的力学公式但过于复杂或计算结果与试验结果偏离较大，从工程应用方便考虑，往往采用简化公式或经验公式。图 5-3 为集中荷载作用下钢筋混凝土受弯构件的受剪承载力试验结果，图 5-4 为轴心压杆的稳定性试验结果。试验结果是一定范围内分布的点，而计算公式只能是一条曲线，不能代表所有的试验结果，即计算公式与试验结果有偏差。如果设计中不考虑这些偏差，可能会使设计达不到规定的可靠度要求，导致构件发生破坏的可能性增大。

结构构件计算模式的不确定性用随机变量 K_p 表示为

$$K_p = \frac{R}{R_p} \tag{5-25}$$

式中，R 为结构构件的实际抗力值，一般情况下可取其试验值或精确计算值；R_p 为按规范公式计算的结构构件抗力计算值，计算时应采用材料性能和几何尺寸的实际值，以排除 K_M 和 K_A 的影响。

计算模式不确定性的均值系数和变异系数为

$$k_p = \mu_{K_p} = \frac{\mu_R}{R_p}, \quad \delta_p = \delta_{K_p} = \delta_R$$

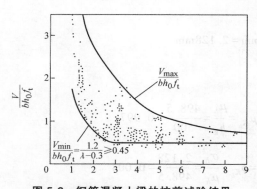

图 5-3 钢筋混凝土梁的抗剪试验结果

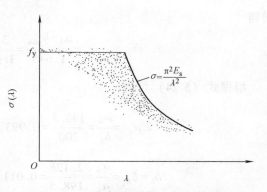

图 5-4 轴心受压杆的稳定试验结果

《建筑结构设计统一标准》（GBJ 68—84）编制组对建筑结构各种构件的 K_p 进行了统计分析，见表 5-7。需要说明的是，表 5-7 中计算模式不确定性系数的统计参数是以当时的规范为基础的，目前这些规范已经过了几次修订，构件承载力计算公式可能进行了调整，在这种情况下，应根据现行规范公式与当时规范公式的关系，对表中的数值进行调整。

表 5-7　结构构件计算模式不确定性的统计分析结果

结构构件种类	受力状态	k_P	δ_P
钢结构构件	轴心受拉	1.05	0.07
	轴心受压（A_3F）	1.03	0.07
	偏心受压（A_3F）	1.12	0.10
薄壁型钢结构构件	轴心受压	1.08	0.10
	偏心受压	1.14	0.11
钢筋混凝土结构构件	轴心受拉	1.00	0.04
	轴心受压	1.00	0.05
	偏心受压	1.00	0.05
	受弯	1.00	0.04
	受剪	1.00	0.15
砖结构砌体	轴心受压	1.05	0.15
	小偏心受压	1.14	0.23
	齿缝受剪	1.06	0.10
	受剪	1.02	0.13
木结构构件	轴心受拉	1.00	0.05
	轴心受压	1.00	0.05
	受弯	1.00	0.05
	受剪	0.97	0.08

5.4　结构构件抗力的统计参数和概率分布

5.4.1　单一材料组成的结构构件

由钢、木、砖、石、素混凝土等一种材料制作的构件，称为单一材料组成的构件；由两种或两种以上材料组成的结构构件（如由钢筋和混凝土组成的钢筋混凝土构件），称为复合材料组成的结构构件。下面以钢梁的正截面受弯承载力为例，说明单一材料组成构件抗力的统计分析方法。

对钢梁正截面受弯承载力（抗力 R）进行统计分析，理应从一批相同条件（如构件截面尺寸及钢种等均相同）的实际构件取得实测数据，作为同一总体的样本，进行统计分析。前面已经指出，这是很困难的。为了把不同条件下的钢梁受弯承载力的试验值近似地转换为相同条件下的统计样本值，可取比值 $K_R = R/R_k$ 组成样本进行统计。此处，R_k 为按设计规范公式计算得到的抗力标准值。

可将 K_R 分解为

$$K_R = \frac{R}{R_k} = \frac{R}{R_p} \cdot \frac{f_s}{f_{sk}} \cdot \frac{W_s}{W_{sk}} = K_p K_M K_A \tag{5-26}$$

式中，K_p 为试验值 R_p 与计算值 $R_p = f_s W_s$（f_s、W_s 取对与梁相同的钢材制作的试件进行试验测得的值）之比，反映了计算模式的不确定性；K_M 为钢材实际屈服强度 f_s（随机变量）与标准值 f_{sk}（确定量）之比，反映了材料性能的不确定性；K_A 为构件实际截面尺寸的塑性抵抗矩 W_s（随机变量）与按截面尺寸标准值的塑性抵抗矩 W_{sk}（确定量）之比，反映了几何参数的不确定性。

利用式（5-2）和式（5-4）可得抗力 R 的统计参数为

$$k_R = \frac{\mu_R}{R_k} = \mu_{K_p} \mu_{K_M} \mu_{K_A} = k_p k_M k_A \tag{5-27}$$

$$\delta_R = \sqrt{\delta_{K_p}^2 + \delta_{K_M}^2 + \delta_{K_A}^2} = \sqrt{\delta_p^2 + \delta_M^2 + \delta_A^2} \tag{5-28}$$

其中

$$R_k = f_{sk} W_{sk} \tag{5-29}$$

【例 5-6】　试求 A_3F 钢轴心受拉构件抗力的统计参数 k_R 和 δ_R。

解　由表 5-1、表 5-5 和表 5-6 可得，$k_M = 1.08$，$\delta_M = 0.08$；$k_A = 1.0$，$\delta_A = 0.05$；$k_p = 1.05$，$\delta_p = 0.07$。将这些数值代入式（5-27）和式（5-28），可得

$$k_R = 1.05 \times 1.08 \times 1.0 = 1.134$$

$$\delta_R = \sqrt{0.07^2 + 0.08^2 + 0.05^2} = 0.117$$

如果该拉杆的截面面积为 $A_{sk} = 81600 \text{mm}^2$，钢材标准强度为 $f_{sk} = 240 \text{MPa}$，则拉杆抗力平均值为

$$\mu_R = k_R R_k = k_R f_{sk} A_{sk} = 1.134 \times 240 \times 81600 \text{N} = 222.08 \text{kN}$$

5.4.2　复合材料组成的结构构件

复合材料组成的结构构件抗力的统计分析方法基本与单一材料的构件相同，只是抗力的计算值 R_p 由两种或两种以上材料性能和几何参数组成，即

$$R = K_p R_p = K_p R(f_{mi}, a_i) \quad (i = 1, 2, 3, \cdots) \tag{5-30}$$

式中，R_p 为由计算公式确定的构件抗力，$R_p = R(f_{mi}, a_i)$；f_{mi} 为结构构件中第 i 种材料的性能；a_i 为与第 i 种材料相应的构件几何参数。

将式（5-5）、式（5-23）的关系代入式（5-30），有

$$R = K_p R[(K_{M_i} k_{0i} f_{k_i}), (K_{A_i} a_{k_i})] \quad (i = 1, 2, 3, \cdots) \tag{5-31}$$

式中，K_{M_i} 和 f_{k_i} 为结构构件中第 i 种材料的材料性能值及其标准值；K_{A_i} 和 a_{k_i} 为与第 i 种材料相应的结构构件几何参数随机变量及其标准值。

定义

$$K_R = \frac{R}{R_k} = K_p \frac{R[(K_{M_i} k_{0i} f_{k_i}),(K_{A_i} a_{k_i})]}{R_k} \quad (i=1,2,3\cdots) \tag{5-32}$$

这样，结构构件抗力 R 的统计参数 k_R 和 δ_R 分别为

$$k_R = \frac{\mu_R}{R_k} = \frac{\mu_{K_p} \mu_{R_p}}{R_k} = k_p \frac{\mu_{R_p}}{R_k} \tag{5-33}$$

$$\delta_R = \sqrt{\delta_{K_p}^2 + \delta_{R_p}^2} = \sqrt{\delta_p^2 + \delta_{R_p}^2} \tag{5-34}$$

式中，μ_{R_p} 和 δ_{R_p} 可利用式（5-2）和式（5-4）计算。

【例 5-7】 某钢筋混凝土轴心受压柱采用 C30 混凝土，$f_{ck}=20.1\text{MPa}$，$k_{f_c}=1.45$，$\delta_{f_c}=0.19$；采用 HRB335 钢筋，$f_{yk}=335\text{MPa}$，$k_{f_y}=1.14$，$\delta_{f_y}=0.07$；$k_{A_s}=1.0$，$\delta_{A_s}=0.03$；$b_k=300\text{mm}$，$h_k=500\text{mm}$，$k_h=k_b=1.0$，$\delta_h=\delta_b=0.03$；$k_p=1.0$，$\delta_P=0.05$。试求钢筋混凝土轴心受压短柱抗力的统计参数 k_R 和 δ_R。

解 按《混凝土结构设计规范》（GB 50010—2010）的计算公式，轴心受压短柱抗力计算值为

$$R_p = f_c bh + f'_y A_s$$

需要说明的是，上式中没有规范中的系数 0.9，这是因为 0.9 是为保证轴心受压构件设计中要求的可靠度而人为添加的，不是力学分析要求的。

利用式（5-2），有

$$\mu_{R_p} = \mu_{f_c} \mu_b \mu_h + \mu_{f_y} \mu_{A_s} = k_{f_c} f_{ck} k_b b_k k_h h_k + k_{f_y} f'_{yk} k_{A_s} A_{sk}$$

由式（5-33）得

$$k_R = \frac{\mu_R}{R_k} = \frac{\mu_{K_p} \mu_{R_p}}{f_{ck} b_k h_k + f_{yk} A_{sk}} = \frac{k_p(k_{f_c} f_{ck} k_b b_k k_h h_k + k_{f_y} f'_{yk} k_{A_s} A_{sk})}{f_{ck} b_k h_k + f_{yk} \rho b_k h_k}$$

$$= \frac{k_p(k_{f_c} k_b k_h + k_{f_y} k_{A_s} \rho f'_{yk}/f_{ck})}{1+\rho f'_{yk}/f_{ck}} = \frac{1.45 + 1.14 \times \dfrac{335}{20.1}\rho}{1 + \dfrac{335}{20.1}\rho} = \frac{1.45 + 19\rho}{1 + 16.6667\rho}$$

其中 $\rho = \dfrac{A_{sk}}{b_k h_k}$，为轴心受压短柱的配筋率。

利用式（5-3）得

$$\sigma_{R_p}^2 = \left(\frac{\partial R_p}{\partial f_c}\bigg|_\mu\right)^2 \sigma_{f_c}^2 + \left(\frac{\partial R_p}{\partial b}\bigg|_\mu\right)^2 \sigma_b^2 + \left(\frac{\partial R_p}{\partial h}\bigg|_\mu\right)^2 \sigma_h^2 + \left(\frac{\partial R_p}{\partial f'_y}\bigg|_\mu\right)^2 \sigma_{f_y}^2 + \left(\frac{\partial R_p}{\partial A_s}\bigg|_\mu\right)^2 \sigma_{A_s}^2$$

$$= \mu_b^2 \mu_h^2 \sigma_{f_c}^2 + \mu_{f_c}^2 \mu_h^2 \sigma_b^2 + \mu_{f_c}^2 \mu_b^2 \sigma_h^2 + \mu_{A_s}^2 \sigma_{f_y}^2 + \mu_{f_y}^2 \sigma_{A_s}^2$$

$$\delta_{R_p}^2 = \frac{\sigma_{R_p}^2}{\mu_{R_p}^2} = \frac{\delta_{f_c}^2 + \delta_b^2 + \delta_h^2 + C^2(\delta_{f_y}^2 + \delta_{A_s}^2)}{(1+C)^2} = \frac{0.19^2 + 0.03^2 + 0.03^2 + C^2(0.07^2 + 0.03^2)}{(1+C)^2}$$

$$= \frac{0.0379 + 0.0058C^2}{(1+C)^2}$$

其中

$$C = \frac{\mu_{A_s}\mu_{f_y'}}{\mu_b\mu_h\mu_{f_c}} = \frac{k_{A_s}A_{sk}}{k_bk_hb_kh_k} \frac{k_{f_y'}f_{yk}'}{k_{f_c}f_{ck}} = \rho\frac{k_{A_s}k_{f_y'}f_{yk}'}{k_bk_hk_{f_c}f_{ck}} = \frac{1.14\times335}{1.45\times20.1}\rho = 13.1034\rho$$

由式（5-34）得

$$\delta_R = \sqrt{\delta_P^2 + \delta_{R_P}^2} = \sqrt{0.0025 + \frac{0.0379 + 0.0058C^2}{(1+C)^2}}$$

由此可以看出，抗力 R 的均值系数 k_R 和变异系数 δ_R 与配筋率 ρ 有关。分别取 $\rho = 1\%\sim$ 4%，代入上面的公式计算得到 k_R 和 δ_R 的值，见表5-8。对于其他的混凝土强度等级和钢筋屈服强度，同样可计算抗力的均值系数 k_R 和变异系数 δ_R。对各种情况进行综合分析即可得到钢筋混凝土轴心受压构件的 k_R 和 δ_R。

表 5-8 不同配筋率时轴心受压构件 k_R 和 δ_R 的值

ρ	1%	1.5%	2.0%	2.5%	3.0%	3.5%	4.0%	平均
k_R	1.4057	1.3880	1.3725	1.3588	1.3467	1.3358	1.3260	1.3619
δ_R	0.2054	0.1978	0.1912	0.1854	0.1803	0.1757	0.1718	0.1868

《建筑结构设计统一标准》（GBJ 68—1984）编制组在对建筑结构各种构件进行分析的基础上，给出各种材料结构构件抗力的统计参数 k_R 和 δ_R，见表5-9。注意，表中的值是用当时的统计参数和规范计算的结果。

表 5-9 各种材料结构构件抗力的统计参数

结构构件种类	受力状态			k_R	δ_R
钢结构构件	轴心受拉（A_3F）			1.13	0.12
	轴心受压（A_3F）			1.11	0.12
	偏心受压（A_3F）			1.21	0.15
冷弯薄壁型钢结构构件	轴心受压	弯曲失稳	Q235	1.21	0.150
			Q345	1.14	0.138
		弯扭失稳	Q235	1.36	0.135
			Q345	1.28	0.121
	偏心受压	弯矩作用平面内失稳	Q235	1.34	0.137
			Q345	1.26	0.124
		弯矩作用平面外失稳	Q235	1.28	0.157
			Q345	1.20	0.145
	受弯	整体失稳	Q235	1.17	0.140
			Q345	1.10	0.127

（续）

结构构件种类	受力状态	k_R	δ_R
钢筋混凝土 结构构件	轴心受拉	1.10	0.10
	轴心受压（短柱）	1.48	0.17
	小偏心受压（短柱）	1.30	0.15
	大偏心受压（短柱）	1.16	0.13
	受弯	1.13	0.10
	受剪	1.24	0.19
砖结构砌体	轴心受压	1.21	0.25
	小偏心受压	1.26	0.30
	齿缝受弯	1.06	0.24
	受剪	1.02	0.27
木结构构件	轴心受拉	1.42	0.33
	轴心受压	1.23	0.23
	受弯	1.38	0.27
	顺纹受剪	1.23	0.25

5.4.3 结构构件抗力的概率分布

如式（5-30）和式（5-31）所示，结构构件抗力是多个随机变量的函数。如果已知各随机变量的概率分布，理论上可通过多维积分求得抗力的概率分布，但具体做起来比较复杂，而且一般得不到简单的形式。实际中，一般是根据抗力表达式的特点进行分析。

概率论中的中心极限定理指出，如果 X_1，X_2，…，X_n 是一个相互独立的随机变量序列，其中任何一个也不占优势，无论各随机变量 $X_i(i=1，2，…，n)$ 具有怎样的分布，只要满足定理要求，即当 n 很大时，那么它们的和 $Y = \sum X_i$ 服从或渐近服从正态分布。按照这一原理，如果随机变量之积为 $Y = X_1 X_2 \cdots X_n$，则 $\ln Y = \ln X_1 + \ln X_2 + \cdots + \ln X_n$，当 n 充分大时，$\ln Y$ 也近似于服从正态分布，而 Y 的分布则近似于服从对数正态分布。

实际上，结构构件抗力的计算模式大多为 $Y = X_1 X_2 X_3 \cdots$ 或 $Y = X_1 X_2 X_3 + X_4 X_5 X_6 \cdots$ 之类的形式，所以在实用上，不论 $X_i(i=1，2，…，n)$ 具有怎样的分布，均可近似认为抗力服从对数正态分布。这样处理比较简便，且可满足采用一次二阶矩方法分析结构可靠度的精度要求。

【例 5-8】 采用蒙特卡洛方法分析例 5-7 钢筋混凝土轴心受压短柱抗力的概率分布和统计参数。

解 假定 K_p 服从对数正态分布，K_{f_c}、K_b、K_h、K_{f_y} 和 K_{A_s} 服从正态分布。

轴心受压短柱抗力的表达式为

$$R = K_p R_p = K_p (f_c bh + f'_y A_s) = K_p (K_{f_c} K_b K_h f_{ck} b_k h_k + K_{f_y} K_{A_s} f'_{yk} A_{sk})$$

抗力标准值为

$$R_k = f_{ck} b_k h_k + f'_{yk} A_{sk}$$

取桩的配筋率 $\rho = 2\%$，从而

$$K_R = \frac{R}{R_k} = \frac{K_p(K_{f_c}K_b K_h f_{ck} + K_{f'_y}K_{A_s}f'_{yk}\rho)}{f_{ck} + f'_{yk}\rho} = K_p(0.75K_{f_c}K_b K_h + 0.25K_{f'_y}K_{A_s})$$

采用蒙特卡洛方法模拟 10000 次，图 5-5 所示为 K_R 统计直方图和用对数正态分布拟合的概率密度曲线，均值系数和变异系数为 $k_R = 1.39$，$\delta_R = 0.20$。将该值与表 5-8 中 $\rho = 1.5\%$ 的结果相比可以看出，两者非常接近。

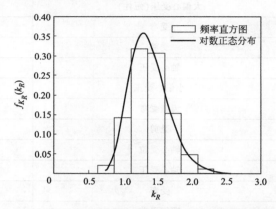

图 5-5 k_R 的统计直方图和拟合的概率密度曲线

5.5　钢构件、细节或连接件和钢筋的疲劳性能

第 2 章第 2.4.2 节简单介绍了钢构件、细节或连接件和钢筋疲劳破坏的特点和原因，例 2-6 说明了描述钢构件疲劳破坏的 *S-N* 曲线。如同结构材料强度一样，*S-N* 曲线反映了钢构件、细节或连接件和钢筋的疲劳特性，是描述疲劳破坏的基本方程，需要通过试验得到。

钢构件、细节或连接件和钢筋的 *S-N* 曲线可通过对大量不同应力幅 $\Delta\sigma$ 的试件进行疲劳试验得到，即选定应力幅 $\Delta\sigma_1$，$\Delta\sigma_2$，$\cdots$，$\Delta\sigma_n$，每一应力幅 $\Delta\sigma_i$（$i = 1, 2, \cdots, n$）的试件有 k 个，试验得到 nk 个疲劳破坏的循环次数 N_{ij}（$i = 1, 2, \cdots, n$；$j = 1, 2, \cdots, k$）。由于 $\Delta\sigma_i$（$i = 1, 2, \cdots, n$）是确定值，通过回归分析可以得到疲劳破坏循环次数 $\lg N$ 的平均值 $\mu_{\lg N}$ 和标准差 $\sigma_{\lg N}$，$\lg\Delta\sigma - \mu_{\lg N}$ 关系即为图 2-23 所示的曲线。

$\lg N$ 的平均值 $\mu_{\lg N}$ 和标准差 $\sigma_{\lg N}$ 与 N 的平均值 μ_N 和变异系数 δ_N 具有如下关系

$$\mu_{\lg N} = \lg(e) \cdot \mu_{\ln N} = \lg(e) \cdot \ln\left(\frac{\mu_N}{\sqrt{1+\delta_N^2}}\right) \tag{5-35}$$

$$\sigma_{\lg N} = \lg(e) \cdot \sigma_{\ln N} = \lg(e) \cdot \sqrt{\ln(1+\delta_N^2)} \tag{5-36}$$

在工程设计中，通常要求构件可承受规定的荷载循环次数 N_e，这时需要确定构件的应力幅 $\Delta\sigma$，从而对钢构件、细节或连接件进行设计。显然无法直接根据规定的荷载循环次数 N_e 通过试验确定构件、细节或连接件的应力幅 $\Delta\sigma$，而只能根据已经得到 $\Delta\sigma - N$ 曲线推断 $\Delta\sigma$。同样，由于随机性的存在，规定循环次数 N_e 下疲劳破坏的应力幅 $\Delta\sigma$ 也是不确定的，根据式（2-8），其对数的平均值和标准差可按下式计算

$$\mu_{\lg\Delta\sigma} = \frac{1}{m}(A - \mu_{\lg N}) = \frac{1}{m}(A - \lg N_e) \tag{5-37}$$

$$\sigma_{\lg\Delta\sigma} = \frac{1}{m}\sigma_{\lg N} \tag{5-38}$$

一般情况下，N_e 取 2×10^6 或 10^7 次。$\lg\Delta\sigma$ 的平均值 $\mu_{\lg\Delta\sigma}$ 和标准差 $\sigma_{\lg\Delta\sigma}$ 与 $\Delta\sigma$ 的平均值 $\mu_{\Delta\sigma}$ 和变异系数 $\delta_{\Delta\sigma}$ 具有如下关系

$$\mu_{\lg\Delta\sigma} = \lg(e) \cdot \mu_{\ln\Delta\sigma} = \lg(e) \cdot \ln\frac{\mu_{\Delta\sigma}}{\sqrt{1+\delta_{\Delta\sigma}^2}} \tag{5-39}$$

$$\sigma_{\lg\Delta\sigma} = \lg(e) \cdot \sigma_{\ln\Delta\sigma} = \lg(e) \cdot \sqrt{\ln(1+\delta_{\Delta\sigma}^2)} \tag{5-40}$$

根据国内近年来对 20MnSi 等钢筋的焊接件、母材及焊接钢结构构造细节、普通螺栓、高强度螺栓连接件等进行的试验，结合对已有试验资料的分析，并参考国外的试验结果，得到了这些构件或连接件的 S-N 方程，见表 5-10，这些方程具有 97.73% 的保证率，即

$$\lg N = A - m\lg\Delta\sigma - 2\sigma_{\lg N} = A - m(\lg\Delta\sigma + 2\sigma_{\lg\Delta\sigma}) \tag{5-41}$$

同时，表 5-10 也给出了荷载循环次数 $N = 10^7$ 时对应的应力幅 $\Delta\sigma$（记为 $\Delta\sigma_0$）和标准差 $\sigma_{\lg\Delta\sigma}$。

表 5-10 钢构件、细节或连接件和钢筋疲劳 S-N 方程和疲劳强度

序号	构造细节	S-N 方程	$\Delta\sigma_0/\text{MPa}(N=10^7)$	$\sigma_{\lg\Delta\sigma}$
1	钢筋对接焊	$\lg N = 12.6 - 3\lg\Delta\sigma$	52	0.075
2	钢筋母材	$\lg N = 17.478 - 5\lg\Delta\sigma$	103	0.042
3	钢丝	$\lg N = 18.40 - 3.645\lg\Delta\sigma$	1011	0.061
4	钢绞线	$\lg N = 15.82 - 2.941\lg\Delta\sigma$	704	0.076
5	纵向自动焊角焊缝	$\lg N = 13.64 - 3.5\lg\Delta\sigma$	79	0.080
6	自动焊原状对接	$\lg N = 12.182 - 3\lg\Delta\sigma$	53	0.070
7	十字形熔透传力焊缝	$\lg N = 11.204 - 3\lg\Delta\sigma$	25	0.061
8	手工搭接焊缝	$\lg N = 11.62 - 3\lg\Delta\sigma$	35	0.076
9	翼缘盖板端部	$\lg N = 12.182 - 3\lg\Delta\sigma$	53	0.010
10	角焊缝与对接焊缝交叉处	$\lg N = 13.64 - 3.5\lg\Delta\sigma$	79	0.080
11	留有空孔杆件	$\lg N = 12.153 - 3\lg\Delta\sigma$	52	0.042
12	高强度螺栓	$\lg N = 12.59 - 3\lg\Delta\sigma$	73	0.091

5.6 岩土性能和抗力

岩土或土工结构极限状态和概率设计方法的发展要滞后于结构，这是由土物理和力学特性统计上的复杂性决定的。土与上部结构所使用的人造材料相比是具有明显的空间变异性，即使是施工现场两个相邻很近的位置，土的物理和力学特性也可能完全不同。所以，地质勘

探是土工设计不可或缺的组成部分。岩土的性能可用其工程特性指标表示，包括强度指标、压缩性指标及静力触探探头阻力、动力触探锤击数、标准贯入试验锤击数、载荷试验承载力等特性指标。

5.6.1 岩土工程的特点

岩土工程的特点如下：

1）因为岩土材料是天然存在的，岩土工程设计参数的变异系数可能很大，并且现场的变异性无法降低（相比之下，大多数结构材料的制作需进行质量控制）。

2）取决于参数的推定方法，岩土工程设计参数的变异系数不是唯一的，可在较大范围内变化。

3）因为不同场地岩土的设计参数特性不同，通常要对每一场地进行勘察，所以统计不确定性的处理要倍加小心。

4）在场地调查中，一般既要进行实验室测试，又要进行现场勘察。岩土工程设计参数通常与多个实验室或现场试验指标有关。设计参数的变异系数会随相容信息的增加而降低，因此尽可能考虑这种多元相关性是非常重要的。

5）不能不考虑岩土工程设计参数的空间变异性，因为与结构具有相互作用的岩土材料的体积与结构的特征长度成倍数关系，而这一特征长度（如边坡高度、隧道直径、开挖深度）通常大于设计参数的波动范围，特别是在竖直方向。

6）对于相同的设计问题，通常有多个不同的岩土计算模型。因此，根据当地的现场测试和当地的经验对模型进行校准是很重要的。由于模型数量和标定数据库较多，模型系数会剧增，特别是与具体场地有关的系数。

7）岩土工程系统，如群桩和斜坡，是一个包含多个相关失效模式的体系可靠性问题。这些问题因失效面与土介质空间变异性的耦合而进一步复杂化。

5.6.2 岩土性能的不确定性

岩土性能的变异系数不是一种固有的统计特性，而取决于场地条件、测量方法和转换（相关）模型。因此，变异系数是一个一定范围内的值而非唯一值。岩土性能的不确定性主要有三种：固有的不确定性、测量不确定性和转换不确定性，如图5-6所示。

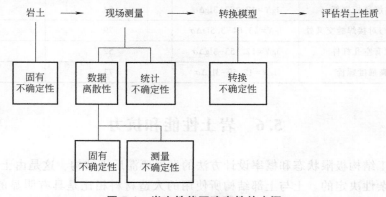

图5-6 岩土性能不确定性的来源

1. 固有不确定性

岩土性能固有的不确定性主要是由现场土体和不断变化的自然地质演变过程所决定的，是土的物理属性。岩土性能固有的不确定性具有明显的空间变异特征，沿深度方向的性能可用一个平滑变化的确定性趋势函数 $t(z)$ 和一个波动分量 $w(z)$ 描述，即

$$\xi(z) = t(z) + w(z) \tag{5-42}$$

波动分量 $w(z)$ 可用一个均匀随机函数进行模拟（图 5-7），一般情况下，认为 $w(z)$ 是一个平稳随机过程函数，即其平均值 $\mu_w(z)$ 为常数，这里为 0，沿深度方向深度差为 τ 的两个点性能的相关函数只与 τ 有关，而与两个点具体的深度无关。相关系数有多种形式，常用的形式为

$$\rho(\tau) = \exp\left(-\frac{2|\tau|}{d}\right) \tag{5-43}$$

式中，d 称为相关距离，在该距离范围内岩土性能值有较强的相关性。图 5-7 中右侧的小图给出了确定波动范围的简单近似方法。

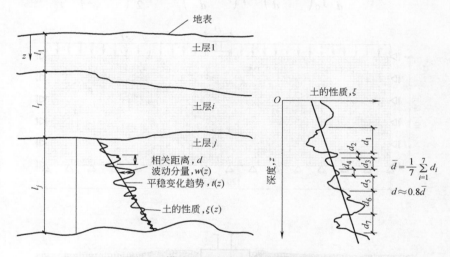

图 5-7 描述土固有变异性的随机场模型

如果地基的受力面积较大，除考虑竖向土性指标的变异性外，还需考虑水平方向的变异性，则可将一维随机场模型扩展为二维随机场模型，两个点之间土性指标的相关函数可以采用下面的形式

$$\rho(\tau_x, \tau_y) = \exp\left[-\sqrt{\left(\frac{2\tau_x}{d_x}\right)^2 + \left(\frac{2\tau_y}{d_y}\right)^2}\right] \tag{5-44}$$

式中，τ_x 为竖向两个点之间的距离；τ_y 为水平向两个点之间的距离；d_x、d_y 分别为竖向和水平向的相关距离，通常水平向的相关距离比竖向的大。

采用随机有限元方法对条形基础下地基的承载力进行了分析，图 5-8a 为划分的有限元网格，网格尺寸为 0.1m×0.1m，土的内摩擦角 φ' 的平均值 $\mu_{\varphi'} = 12.41°$，标准差 $\sigma_{\varphi'} = 1.15°$；有效黏聚力的平均值 $\mu_{c'} = 29\text{kPa}$，标准差 $\sigma_{c'} = 7\text{kPa}$；竖向相关距离 $d_x = 1.0\text{m}$，水平向相关

距离 $d_y = 10.0\text{m}$；土的重度、弹性模量和泊松比按确定值考虑，分别为 $\gamma = 19.9\text{kN/m}^3$、$E = 40\text{MPa}$ 和 $\nu = 0.3$。图 5-8b 为按上述参数采用蒙特卡洛方法对图 5-8a 网格的土强度进行一次模拟的结果（随机场的一个实现），颜色越重的土单元的强度越大。由图 5-8b 可以看出，由于土存在很大的空间变异性，各单元土的强度都是不同的。如果对图 5-8a 网格的土强度再进行一次模拟，则会得到另外一个结果。

由于岩土性能的空间变异性，在分析所考虑范围内，土每一个点的性能都是不同的。由式（5-43）可以得出，对于一维所考虑范围内土性能的平均值和方差为

$$\mu_\xi(z) = t(z), \ \sigma_\xi^2 = \frac{2\sigma_w^2}{d}\int_0^d \left(1 - \frac{\tau}{d}\right)\rho(\tau)\,\mathrm{d}\tau \tag{5-45}$$

式中，$t(z)$ 为沿 z 方向的确定性趋势函数；σ_w^2 为所考虑范围内各测点土性能 $w(z)$ 的方差，可通过实测得到；d 为相关距离。

将式（5-43）代入式（5-45）得到

$$\sigma_\xi^2 = \frac{2\sigma_w^2}{d}\int_0^d \left(1 - \frac{\tau}{d}\right)\exp\left(-\frac{2|\tau|}{d}\right)\mathrm{d}\tau = \frac{\sigma_w^2}{2}\left(1 + \frac{1}{\mathrm{e}^2}\right) \tag{5-46}$$

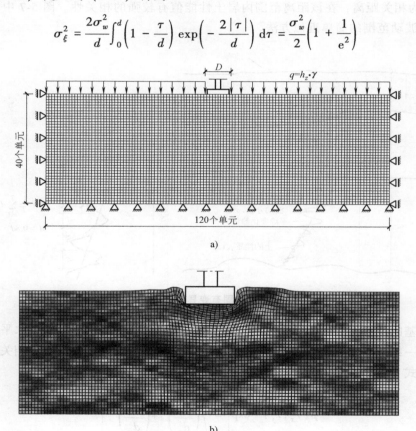

图 5-8 条形基础下地基承载力的有限元模拟

a) 有限元网格　b) 随机场土强度的一个实现和网格变形

一般情况下，如果假定岩土各单元的性能是独立的，将导致由空间平均得到的岩土性能变异性降低，偏于危险；而假定岩土各单元的性能是完全相关的，将导致空间平均得到的岩土性能变异性增大，可能过于保守。

2. 测量不确定性

测量不确定性是由对土取样所使用的方法、设备、操作和随机测试影响所引起的。设备的影响包括测试仪器的不准确和设备、测试方法的不同。方法和操作的影响是由现有试验标准及遵守标准情况所限定的。因此，试验对操作的依赖性很高。随机试验误差是由试验结果的离散性产生的。

3. 转换不确定性

转换不确定性是当依靠经验或其他相关模型来将现场或实验室测量结果转换为岩土设计参数时产生的（如用标准贯入试验结果确定土的抗剪强度）。由于岩土工程中的大多数转换模型是通过经验或半经验数据拟合得到的模型，因此存在不确定性。转换模型通常采用回归分析方法建立，数据在回归曲线附近的分布可用一个零均值随机变量 ε 模拟。ε 的标准差是描述转换不确定性大小的指标。

大多数转换模型是针对具体岩土类型和具体地点建立的。针对具体场地的模型一般较用多个场地数据校准的"整体"模型更为精确。然而，将具体场地模型用于其他场地时会有较大偏差。这种"具体场地"的局限性是岩土工程实践中特有而且普遍的特征。进行岩土工程可靠度设计应认识到这一局限性，以避免过于简化了"真实的地基"。

4. 总体不确定性

总体不确定性由上述岩土性能的固有不确定性、测量不确定性和转换不确定性组成。采用概率分析方法，可将这些不确定性组合在一起。确定总体变异系数时，需标定控制具体极限状态设计参数的特征值或标准值。

对于承载能力极限状态，设计参数特征值或标准值通常是最关键失效路径上的空间平均强度。存在空间变异性时，空间平均强度的变异系数小于一个点强度的变异系数。如前所述，变异系数的降低程度与波动的范围有关。理论上讲，将一点强度的变异系数用于变异系数变化比较大的情况是不恰当的，这是因为相对于失效路径长度的某些特征长度尺度（如边坡高度、隧道直径、开挖深度）其波动范围很小。

总而言之，在岩土工程实践中，抗力不确定性主要表现在设计方法、场地特征、岩土特性和施工质量方面。不确定性与物理问题的公式表达、场地条件的解释、对岩土特性的理解（如描述其性能值的指标）和施工影响有关。与土压力、水荷载、岩土强度和变形性能不确定性相比，外部荷载不确定性要小一些。

5.6.3　一些岩土性能指标的统计特性和标准值

如前所述，虽然岩土性能具有明显的空间变异特征，其随机特性采用随机场理论描述更为合理，但在工程设计中应用非常不方便，特别是确定岩土性能的标准值时。因此，工程中采用的是所考虑区域的总体统计特性，即岩土性能的统计参数，它是将对所考虑区域进行现场试验或从现场取的试样进行室内试验得到的数据作为一个总体，进行统计分析得到的。

1. 岩土性能统计特性

在编制《水利水电工程结构可靠度设计统一标准》（GB 50199—1994）的过程中，编制组针对混凝土重力坝岩基和岩体软弱结面的抗剪断指标，统计了国内从 20 世纪 50 年代中期至 80 年代中期共 30 多年间在现场所做的大型抗剪试验数据，包括三大类 52 种岩石（火成岩 19 种、沉积岩 23 种、变质岩 10 种）的 229 组试验资料，分布在全国 40 个大、中型水利水电工程。大部分工程抗剪试验仅 2~4 组，少数工程超过 10 组。对坝基岩体按岩性特征、物理力学指标大致相同的条件，参考当时规范的坝基岩体分类表，将坝基岩体分为 I 、II 、III 、IV 、V 五级，对其抗剪断摩擦系数 f' 和抗剪断黏聚力 c' 分别进行了统计分析，得出不同岩基和岩体软弱结构面的 f' 、c' 的平均值、变异系数和概率分布，见表 5-11。由于 IV 、V 级岩体统计子样较少，有待进一步收集资料进行补充。考虑到现场大型抗剪试验试件与实际情况有一定差别，对试验得到岩石性能平均值进行折减，得到岩石性能的抗力统计参数。

表 5-11 重力坝岩石性能和抗力统计特性

名称	级别	岩石性能统计特性			抗力统计特性		
		μ	δ	概率分布	μ	δ	概率分布
f'	I	1.35	0.20	正态	1.25	0.20	正态
	II	1.20	0.21		1.20	0.21	
	III	1.00	0.22		1.00	0.22	
c'/MPa	I	1.40	0.36	对数正态	1.40	0.36	对数正态
	II	1.20	0.36		1.20	0.36	
	III	0.90	0.40		0.90	0.40	

在编制《港口工程结构可靠度设计统一标准》（GB 50158—1992）时，编制组对重力式码头墙后回填砂、砂料情况及主要砂场的砂性能参数进行了实测和统计分析。北方片调查了天津新港、大连、秦皇岛、龙口、烟台、青岛、石臼港等地 50 余座重力式码头；南方片调查了深圳、湛江和广州地区共 29 座重力式码头。主要测试工作包括：

1）进行室内模拟水下回填砂的重度测试 120 次。

2）用同位素 γ 射线现场实测重力式码头墙后回填砂密度共 255 次。

3）回填砂室内筛分试验 160 次，相对密度试验 184 次，天然坡角试验 320 次，内摩擦剪切试验共 1664 次。

4）原样饱和粗砂与过 2mm 筛饱和粗砂内摩擦剪切对比试验 80 次。

5）室内含水量测量 160 次。

6）南北方（10~100kg）块石休止角现场实测 136 次。

7）抛石（10~100kg）试验 20 次。

对这些土性参数进行整理，《重力式码头设计与施工规范》（JTS 167-2—2009）在附录 D 给出了土性参数及有关系数的统计参数，见表 5-12，其中包括混凝土与抛石基床间摩擦系数、主动土压力计算模型不确定性系数和抗倾力矩计算模型不确定性系数。

表 5-12 一些土性参数及有关系数的统计参数

类型	标准值	统计参数		
		μ	σ	δ
块石重度(水上)/(kN/m³)	17.0	17.0	0	0
块石重度(水下)/(kN/m³)	10.0	10.0	0	0
中砂重度(水上)/(kN/m³)	18.0	19.2	0.62	0.03
中砂重度(水下)/(kN/m³)	9.5	9.6	0.3	0.03

（续）

类型	标准值	统计参数		
		μ	σ	δ
中砂内摩擦角/(°)	32	33.3	1.8	0.05
块石休止角/(°)	45	44.4	2.66	0.06
主动土压力计算模型不确定性系数	1.0	1.0	0.02	0.02
抗倾力矩计算模型不确定性系数	1.0	0.897	0.064	0.07
混凝土与抛石基床间摩擦系数	0.6	0.6	0.026	0.44

注：主动土压力属于作用，但其性能由土的内摩擦角决定，所以列于此。

日本松尾的实测和统计分析表明，土重度 γ 的变异系数变化很小，在 $0.02 \sim 0.08$ 的范围变化；填土黏聚力 c 和内摩擦角 φ 均服从正态分布，表 5-13 列出三种回填土的 c 和 φ 的平均值及其变异系数。对于砂土，三种状态 [松散（$\mu_\varphi = 30°$）、中密（$\mu_\varphi = 35°$）、密实（$\mu_\varphi = 40°$）] 的变异系数 δ_φ 为 0.05 和 0.10；粉砂土的 μ_φ 在 $10° \sim 30°$ 范围变化，其黏聚力 $\mu_c = 10\text{kN/m}^2$、15kN/m^2、20kN/m^2，变异系数为 0.2 和 0.3；黏土作为回填土时 $\mu_\varphi = 5°$，$\mu_c = 13\text{kN/m}^2$ 和 20kN/m^2。

表 5-13 日本松尾的实测回填土的统计特性

土类型	$\mu_\varphi / (°)$	δ_φ	$\mu_c / (\text{kN/m}^2)$	δ_c
砂土	30	0.05	—	—
	30	0.10		
	35	0.05		
	35	0.10		
	40	0.05		
	40	0.10		
粉砂土	10	0.05	20	0.2
	10	0.10	20	0.3
	20	0.05	15	0.2
	20	0.10	15	0.3
	30	0.05	10	0.2
	30	0.10	10	0.3
	30	0.05	15	0.2
	30	0.10	15	0.3
黏土	5	0.05	15	0.2
	5	0.10	15	0.3
	5	0.05	20	0.2
	5	0.10	20	0.3

将表 5-12 中与表 5-13 中土重度和内摩擦角的统计特性进行比较可以看出，表 5-12 中土重度和内摩擦角的变异系数比表 5-13 小很多，这是因为表 5-12 中统计参数是针对码头后墙

人工回填砂的，其均匀性比天然土的好。在对岩土性能进行随机分析或可靠性分析时应该注意，由于岩土性能的多变性，所以分析中采用的岩土性能统计参数应该是针对所分析问题所涉及的土的范围的。所涉及的范围不同，岩土性能的统计参数可能不同；范围相同但所在的地区或区域不同，岩土性能的统计参数也会不同。因此，根据勘察结果进行分析是重要的，文献中的统计参数只是一个供参考的数值。

另外，许多统计分析表明，黏聚力 c 与内摩擦角 φ 是相关的，相关系数 $\rho_{c\varphi}$ 约为 -0.6。

大部分岩土性能的统计参数服从正态分布、对数正态分布或截尾正态分布。假定土的内摩擦角 φ 在一定范围内变化，是有界值，可将其概率密度函数表示为下面的形式

$$f_\varphi(\varphi) = \frac{\sqrt{\pi}(b-a)}{\sqrt{2}s(\varphi-a)(b-\varphi)}\exp\left\{-\frac{1}{2s^2}\left[\pi\ln\left(\frac{\varphi-a}{b-\varphi}\right)-m\right]^2\right\} \quad (a<\varphi<b) \tag{5-47}$$

式中，a、b 为 φ 的下限值和上限值；m 为位置参数，一般可取为 0；s 为尺度参数。

φ 的平均值 μ_φ 和标准差 σ_φ 与其下、上限值 a、b 和尺度参数 s 具有如下关系

$$\mu_\varphi = \frac{a+b}{2}, \quad \sigma_\varphi \approx \frac{0.46(b-a)s}{\sqrt{4\pi^2+s^2}} \tag{5-48}$$

2. 岩土性能标准值

人工制作的结构材料有良好的制作工艺、控制标准和检验标准，性能稳定，所以有固定的标准值。岩土是天然形成的，其性能不是人可以控制的，而且存在明显的空间变异性，所以《工程结构可靠性设计统一标准》（GB 50153—2008）规定，岩土性能的标准值宜根据原位测试或室内试验结果确定，但没有给出具体的确定方法。

《建筑地基基础设计规范》（GB 50007—2011）规定，压缩性指标取平均值，抗剪强度指标取标准值。土的抗剪强度指标可采用原状土室内剪切试验、无侧限抗压强度试验、现场剪切试验、十字板剪切试验等方法测定。当采用室内剪切试验确定时，宜选择三轴压缩试验的自重压力下预固结的不固结不排水试验。经过预压固结的，可采用固结不排水试验。每层土的试验数量不少于 6 组。进行室内三轴试验时，按下列公式确定土内摩擦角的标准值 φ_k 和黏聚力的标准值 c_k

$$\varphi_k = \psi_\varphi \varphi_m, \quad c_k = \psi_c c_m \tag{5-49}$$

其中

$$\psi_\varphi = 1 - \left(\frac{1.704}{\sqrt{n}} + \frac{4.678}{n^2}\right)\delta_\varphi, \quad \psi_c = 1 - \left(\frac{1.704}{\sqrt{n}} + \frac{4.678}{n^2}\right)\delta_c \tag{5-50}$$

式中，n 为三轴试验的组数；φ_m、c_m 为土内摩擦角和黏聚力的平均值；δ_φ、δ_c 为土内摩擦角和黏聚力的变异系数。

欧洲规范《土工设计 第一部分：一般规定》（EN 1997-1：2004）规定，岩土性能特征值（标准值）的选取应基于室内和现场试验的试验结果及推定值，根据经验选取。特征值（标准值）通常为一较小值，比最大值或最可能值小很多。当采用统计方法时，特征值应使主导极限状态出现最不利值的概率不超过 5%。

5.6.4 打入桩单桩竖向承载力的统计特性

打入桩是建造各种建筑物常用的一种桩型。一般要通过试桩或采用经验系数法计算确定

单桩的竖向承载力。虽然试桩资料很多，但可供可靠度分析使用的资料并不多，因为一般进行工程试桩时，只要达到设计要求的竖向承载力就不再继续进行试验，这时桩并没有达到地基实际能够提供的最大竖向承载力。在修订《港口工程桩基规范》时，曾收集了 49 根达到最大竖向承载力的打入桩的试桩资料，以这些试桩资料为基础，对下面的参数进行统计分析

$$K_R = \frac{R}{R_k}$$

式中，R 为打入桩单桩竖向承载力实测值；R_k 为按规范打入桩公式计算的单桩竖向承载力。

《码头结构设计规范》（JTS 167—2018）的单桩承载力计算公式见例 2-5 的式（a），《建筑桩基技术规范》（JGJ 94—2008）的单桩竖向承载力公式如下

$$R_k = Q_{uk} = u \sum q_{sik} l_i + q_{pk} A_p \tag{5-51}$$

式中，q_{sik} 为桩侧第 i 层土的极限侧阻力标准值，如无当地经验时，按规范表 5.3.5-1 取值；q_{pk} 为极限端阻力标准值，按规范表 5.3.6-1 取值；u 为桩身周长；l_i 为桩周第 i 层土的厚度；A_p 为桩端面积。

《公路桥涵地基与基础设计规范》（JTG 3363—2019）规定可按下式计算支承在土中的沉桩单桩竖向受压承载力：

$$R_k = R_a = \frac{1}{2}\left(u \sum_{i=1}^{n} a_i l_i q_{ik} + \alpha_r \lambda_p A_p q_{rk}\right) \tag{5-52}$$

式中，q_{ik} 为与 l_i 对应的各层土与桩侧的摩阻力标准值，按规范表 6.3.5-1 取值；q_{rk} 为桩端处土的承载力标准值，按规范表 6.3.5-2 取值；α_i、α_r 分别为振动沉桩对各土层侧摩阻力和桩端承载力的影响系数，按规范表 6.3.5-3 取值，对于锤击、静压沉桩其值均取 1.0；λ_p 为桩端土塞效应系数，闭口桩取 1.0，对于开口桩，当桩径 d 大于 1.2m 且小于等于 1.5m 时，λ_p 取 0.3~0.4，当 $d>1.5$m 时，λ_p 取 0.2~0.3。

分别按三本规范计算 K_R 的值。统计分析表明，打入桩单桩竖向承载力服从对数正态分布，均值系数和变异系数见表 5-14。表中，R_k 取 "下限值" "上限值" 和 "中值" 分别表示计算 R_k 时，公式中的经验系数分别取规范规定的 "下限值" "上限值" 和两者的平均值。由表 5-14 可以看出，按三本规范的计算公式确定单桩承载力时，尽管不确定性系数 K_R 的平均值不同，但变异系数非常接近。

表 5-14 打入桩单桩竖向承载力统计参数

规范	统计参数	R_k 取下限值	R_k 取中值	R_k 取上限值
《码头结构设计规范》（JTS 167—2018）	均值系数 k_R	1.702	1.605	1.526
	变异系数 δ_R	0.308	0.302	0.305
《建筑桩基技术规范》（JGJ 94—2008）	均值系数 k_R	1.578	1.287	1.088
	变异系数 δ_R	0.295	0.284	0.278
《公路桥涵地基与基础设计规范》（JTG 3363—2019）	均值系数 k_R	1.919	1.561	1.322
	变异系数 δ_R	0.303	0.293	0.290

图 5-9 为 R_k 按《码头结构设计规范》（JTS 167—2018）的公式计算时 K_R 的统计直方图和拟合的对数正态概率密度曲线。

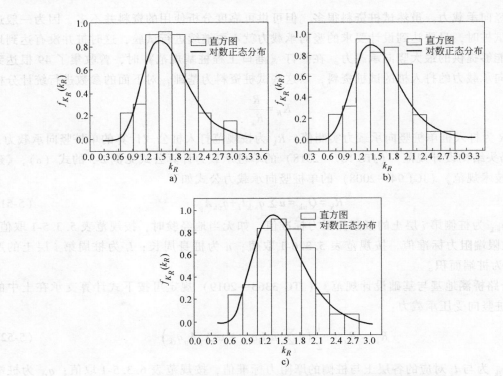

图 5-9　打入桩 K_R 的统计直方图和拟合的对数正态概率密度曲线

a）R_k 取下限值　b）R_k 取中值　c）R_k 取上限值

第6章

结构可靠度分析和校准

本书第3章介绍了结构可靠指标的计算方法，第4章讨论了结构上作用和作用效应的统计特性和概率分布，第5章讨论了结构构件和岩土性能的统计特征和概率分布，本章将在此基础上，讨论在作用标准值、材料性能标准值和结构构件尺寸已知的情况下，一个具体结构可靠指标的计算，以及按规范规定和规范中的设计表达式设计的结构可靠指标的计算。需要说明的是，本章的结构可靠度分析分为两种情况，一种是针对结构构件的，如建筑、桥梁、高桩码头等由结构构件组成的结构，目前的设计方法是通过结构分析，首先得到各构件的内力，然后根据构件的内力对构件进行承载力计算或验算，本章的可靠度分析也是在这个层次。实际上结构作为一个整体，其体系的可靠度取决于组成结构的全部构件的可靠度，但目前结构体系可靠度的研究尚不完善，本章的可靠度分析与规范的设计方法一样，属于构件或构件截面层次的可靠度。另一种情况是对于像重力式码头、板桩码头之类的结构，稳定性是设计需要考虑的一个重要方面。稳定性针对的是一种失效模式，其可靠度分析方法与结构构件类似。

6.1 结构构件可靠度分析

对结构构件进行可靠度分析需要三个步骤：①建立结构构件功能函数；②确定作用效应和抗力的统计参数、概率分布；③进行可靠度计算。完成这三个步骤的过程，称为结构构件的可靠度分析。

6.1.1 结构构件功能函数

一般情况下，作用于结构上的作用包括永久作用和可变作用，通过结构分析，可以得到其在各结构构件上产生的效应。目前大部分结构的设计采用线性分析方法，结构构件的功能函数可表示为下面的形式

$$Z = R - \sum_{i=1}^{m} S_{G_i} - S_{Q_T} \tag{6-1}$$

式中，R 为结构构件的抗力；S_{G_i} 为第 i 个永久作用效应；S_{Q_T} 为可变作用效应设计使用年限内的最大值。

当有两个及两个以上的可变作用参与组合时，可根据 Turkstra 组合规则，S_{Q_T} 可表示为下面的形式

$$S_{Q_T} = \begin{cases} S_{Q_{1T}} + S_{Q_{2\tau}} + \cdots + S_{Q_{n\tau}} \\ S_{Q_{1\tau}} + S_{Q_{2T}} + \cdots + S_{Q_{n\tau}} \\ \qquad\qquad \vdots \\ S_{Q_{1\tau}} + S_{Q_{2\tau}} + \cdots + S_{Q_{nT}} \end{cases} \tag{6-2}$$

式中，$S_{Q_{jT}}$ 为第 j 个作用效应 S_{Q_j} 设计使用年限内的最大值随机变量；$S_{Q_{1\tau}}$，$S_{Q_{2\tau}}$，$\cdots$，$S_{Q_{n\tau}}$ 为 S_{Q_1}，S_{Q_2}，$\cdots$，S_{Q_n} 中除 S_{Q_j} 之外的作用效应时段的随机变量。

用式（6-2）取代式（6-1）中的 S_{Q_T}，分别计算相应组合的可靠指标，将可靠指标最大的组合的可靠指标作为构件的可靠指标。当 $S_{Q_{1\tau}}$，$S_{Q_{2\tau}}$，$\cdots$，$S_{Q_{n\tau}}$ 均服从极值 I 型分布时，式（6-2）中平均值最大的组合为起控制作用的组合，因为式（6-2）中各组合的标准差是相同的。

6.1.2 作用效应、抗力统计参数和概率分布

目前大部分结构的设计采用的都是线性分析方法，所以第 4 章给出假定，作用效应与作用呈线性关系，这样作用效应与作用的统计参数（均值系数和变异系数）和概率分布是相同的。

如果通过结构分析得到结构上永久作用标准值 G_k 和可变作用标准值 Q_k 的效应 S_{G_k} 和 S_{Q_k}，则永久作用效应 S_G 和可变作用效应 S_Q 的平均值和标准差按下列公式确定

$$\mu_{S_G} = k_G S_{G_k}, \quad \sigma_{S_G} = \mu_{S_G} \delta_G \tag{6-3}$$

$$\mu_{S_Q} = k_Q S_{Q_k}, \quad \sigma_{S_Q} = \mu_{S_Q} \delta_Q \tag{6-4}$$

式中，k_G、δ_G 为永久作用效应 S_G 的均值系数和变异系数；k_Q、δ_Q 为可变作用效应 S_Q 的均值系数和变异系数。这些统计参数可见第 4 章和第 5 章，也可采用其他方法统计分析得到的结果。

结构抗力 R 的平均值和标准差按下列公式确定

$$\mu_R = k_R R_k, \quad \sigma_R = \mu_R \delta_R \tag{6-5}$$

式中，k_R、δ_R 为抗力的均值系数和变异系数，见第 5 章，也可采用其他统计分析得到的结果；R_k 为抗力的标准值。

抗力的标准值 R_k 可用下式确定

$$R_k = R(f_{mk}, a_k) \tag{6-6}$$

式中，$R(\cdot)$ 为抗力函数；f_{mk} 为构件材料的标准值；a_k 为构件几何参数标准值。

需要说明的是，在按式（6-5）确定抗力的统计参数时，一定要保证按第 5 章的方法计算抗力均值系数采用的抗力函数与式（6-6）是相同的。

6.1.3 可靠指标计算

一般情况下可采用第 3 章介绍的一次二阶矩法计算结构构件的可靠指标，也可采用其他方法。

【**例 6-1**】 某建筑结构单跨简支钢筋混凝土板，厚度 $h = 100\text{mm}$，计算跨度为 $l_0 =$

3.54m，承受均布可变荷载 $q_k = 4.0\text{kN/m}^2$（不包括板的自重），混凝土等级为 C30，$f_{ck} = 20.1\text{N/mm}^2$，钢筋采用 HPB300，屈服强度 $f_{yk} = 300\text{N/mm}^2$。板钢筋按 $\phi10@100$ 配置，单位宽度的钢筋面积为 $A_{sk} = 785\text{mm}^2$。假定板自重、可变荷载和板的受弯承载力分别服从正态分布、极值 I 型分布和对数正态分布，计算板抗弯的可靠指标。

解　取 1m 宽板进行计算，即 $b_k = 1\text{m}$。设单位宽度板的受弯承载力、板自重和板上可变荷载产生的弯矩分别为 R、S_G 和 S_Q。

（1）随机变量统计参数计算

1）永久荷载产生的弯矩。

板自重（设重度 $\gamma = 24\text{kN/m}^3$）　$g_k = \gamma b_k h = 24 \times 1 \times 0.1\text{kN/m} = 2.4\text{kN/m}$

板自重产生的跨中弯矩 $S_{G_k} = \dfrac{1}{8} g_k l_0^2 = \dfrac{1}{8} \times 2.4 \times 3.54^2 \text{kN} \cdot \text{m} = 3.759\text{kN} \cdot \text{m}$

根据表 4-2，板自重的均值系数 $k_G = 1.06$，变异系数 $\delta_G = 0.07$，则板自重产生的弯矩的平均值和标准差为

$$\mu_{S_G} = k_G S_{G_k} = 1.06 \times 3.759\text{kN} \cdot \text{m} = 3.985\text{kN} \cdot \text{m}$$

$$\sigma_{S_G} = \delta_G \mu_{S_G} = 0.07 \times 3.985\text{kN} \cdot \text{m} = 0.279\text{kN} \cdot \text{m}$$

2）可变荷载产生的弯矩。

板上可变荷载产生的跨中弯矩 $S_{Q_k} = \dfrac{1}{8} q_k b_k l_0^2 = \dfrac{1}{8} \times 4.0 \times 1 \times 3.54^2 \text{kN} \cdot \text{m} = 6.266\text{kN} \cdot \text{m}$

根据表 4-2，板上可变荷载的均值系数 $k_Q = 0.698$，变异系数 $\delta_Q = 0.2882$，则板上可变荷载产生的弯矩的平均值和标准差为

$$\mu_{S_Q} = k_Q S_{Q_k} = 0.698 \times 6.266\text{kN} \cdot \text{m} = 4.374\text{kN} \cdot \text{m}$$

$$\sigma_{S_Q} = \delta_Q \mu_{S_Q} = 0.2882 \times 4.374\text{kN} \cdot \text{m} = 1.261\text{kN} \cdot \text{m}$$

3）板的受弯承载力。

板的受弯承载力标准值

$$R_k = A_{sk} f_{yk}\left(h_0 - \frac{A_{sk} f_{yk}}{2\alpha_1 b_k f_{ck}}\right) = 785 \times 300 \times \left(85 - \frac{785 \times 300}{2 \times 1.0 \times 1000 \times 20.1}\right)\text{N} \cdot \text{mm} = 18.638\text{kN} \cdot \text{m}$$

根据表 5-7，板受弯承载力 R 的均值系数 $k_R = 1.13$，变异系数 $\delta_R = 0.10$，则板受弯承载力的平均值和标准差为

$$\mu_R = k_R R_k = 1.13 \times 18.638\text{kN} \cdot \text{m} = 21.061\text{kN} \cdot \text{m}$$

$$\sigma_R = \delta_R \mu_R = 0.10 \times 21.061\text{kN} \cdot \text{m} = 2.106\text{kN} \cdot \text{m}$$

R 的对数的平均值和标准差为

$$\mu_{\ln R} = \ln\frac{\mu_R}{\sqrt{1 + \delta_R^2}} = \ln\frac{21.061}{\sqrt{1 + 0.1^2}} = 3.047, \quad \sigma_{\ln R} = \sqrt{\ln(1 + \delta_R^2)} = \sqrt{\ln(1 + 0.1^2)} = 0.1$$

（2）可靠指标计算

板的功能函数可表示为

$$Z = R - S_G - S_Q$$

S_G 服从正态分布、S_Q 服从极值 I 型分布，R 服从对数正态分布，则由一次二阶矩的验算点方法计算得到可靠指标 $\beta = 4.2742$，相应的验算点坐标为 $s_G^* = 4.0593 \text{kN} \cdot \text{m}$，$s_Q^* = 13.6348 \text{kN} \cdot \text{m}$，$r^* = 17.6941 \text{kN} \cdot \text{m}$。

由上面的计算结果可以看出，永久作用效应和可变作用效应的验算点值 s_G^*、s_Q^* 比其平均值大，抗力的验算点值 r^* 比其平均值小，这说明达到 $\beta = 4.2742$ 的可靠指标时，作用效应 S_G、S_Q 和抗力 R 分别在大于平均值 μ_{S_G}、μ_{S_Q} 和小于平均值 μ_R 处平衡，即 $s_G^* + s_Q^* = r^*$。

说明： 在前面介绍的结构构件可靠度分析中，功能函数式（6-1）中的抗力、永久作用效应和可变作用效应是以综合随机变量的形式表示的，也可以采用基本变量的形式进行表达，采用基本变量的统计参数和概率分布计算构件的可靠指标，但比较复杂。如在例 6-1 中，将板的受弯承载力 R 用式（2-1）代替，则功能函数表示为

$$Z = K_p A_s f_y \left(h_0 - \frac{A_s f_y}{2\alpha_1 b f_c} \right) - S_G - S_Q \tag{6-7}$$

假定混凝土强度 f_c、钢筋屈服强度 f_y、板的截面有效高度 h_0 和钢筋面积 A_s 均服从正态分布，根据表 5-2 和表 5-6，其平均值和标准差为

$$\mu_{f_c} = k_{f_c} f_{ck} = 1.45 \times 20.1 \text{MPa} = 29.145 \text{MPa}$$

$$\sigma_{f_c} = \mu_{f_c} \delta_{f_c} = 29.145 \times 0.19 \text{MPa} = 5.538 \text{MPa}$$

$$\mu_{f_y} = k_{f_y} f_{yk} = 1.14 \times 300 \text{N/mm}^2 = 342 \text{N/mm}^2$$

$$\sigma_{f_y} = \mu_{f_y} \delta_{f_y} = 342 \times 0.07 \text{N/mm}^2 = 23.94 \text{N/mm}^2$$

$$\mu_{h_0} = k_{h_0} h_0 = 1 \times 85 \text{mm} = 85 \text{mm}$$

$$\sigma_{h_0} = \mu_{h_0} \delta_{h_0} = 85 \times 0.03 \text{mm} = 2.55 \text{mm}$$

$$\mu_{A_s} = k_{A_s} A_{sk} = 1.0 \times 785 \text{mm}^2 = 785 \text{mm}^2$$

$$\sigma_{A_s} = \mu_{A_s} \delta_{A_s} = 785 \times 0.03 \text{mm}^2 = 23.55 \text{mm}^2$$

板受弯承载力计算模式不确定性系数 K_p 服从对数正态分布，平均值和变异系数为 $\mu_{K_p} = k_p = 1.0$，$\delta_{K_p} = \delta_p = 0.05$。

以式（6-7）为功能函数，采用一次二阶矩法进行计算，求得可靠指标 $\beta = 4.4123$。可以看出，该值与例 6-1 求得的可靠指标并不相同，但相差不大。之所以不同，是因为例 6-1 中的综合随机变量 R 的平均值和标准差是通过第 5 章的式（5-1）和式（5-2）近似计算得到的，而且 R 服从对数正态分布也是基于概率论中的大数定律近似确定的。

【例 6-2】 某 5 层钢筋混凝土框架办公楼主体结构为一字形，总高度 17.1m，总建筑面积 4200m²。采用普通的梁板体系，基础采用柱下独立基础。1 层柱截面尺寸 500mm×500mm，2~5 层柱截面尺寸 400mm×400mm；横向框架边跨梁截面尺寸 250mm×600mm，中跨梁 250mm×400mm；板厚 120mm。柱混凝土采用 C40，梁、板、楼梯混凝土采用 C30；纵向钢筋采用 HRB400。结构设计使用年限为 50 年。采用《建筑结构荷载规范》（GB 50009—

2012）的规定计算得到的结构各层的永久荷载、楼面和屋面活荷载及风荷载如图 6-1 所示。取一榀横向框架进行计算，得到永久荷载、楼面活荷载和风荷载下框架弯矩图，其中第 3 层边跨梁的弯矩如图 6-2 所示，梁左端和右端上部配筋为 4ϕ14，梁跨中配筋为 4ϕ12。假定梁的受弯承载力服从对数正态分布，永久荷载产生的弯矩服从正态分布，楼面活荷载产生的弯矩和风荷载产生的弯矩均服从极值 I 型分布，计算第 3 层边跨梁的可靠指标。

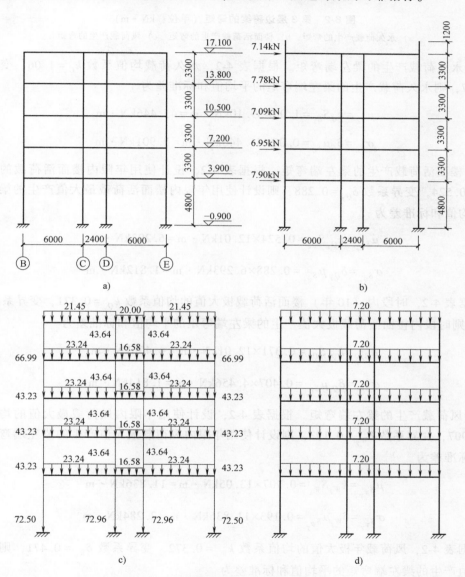

图 6-1 框架结构计算简图及作用于其上的荷载

a）结构计算简图　b）风荷载（单位：kN）　c）永久荷载（单位：kN，kN/m）　d）楼面和屋面活荷载（单位：kN/m）

解 本例需考虑楼面活荷载和风荷载的组合。

1. 梁左端受弯承载力可靠指标

（1）随机变量统计参数计算

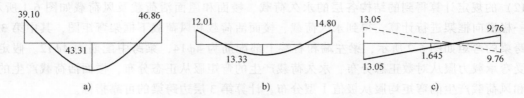

图 6-2 第 3 层边跨梁的弯矩（单位：kN·m）

a）永久荷载产生的弯矩 b）楼面活荷载产生的弯矩 c）风荷载产生的弯矩

1）永久荷载产生的梁左端弯矩。根据表 4-2，永久荷载均值系数 $k_G = 1.06$，变异系数 $\delta_G = 0.07$，则永久荷载产生的梁左端弯矩的平均值和标准差为

$$\mu_{S_G} = k_G S_{G_k} = 1.06 \times 39.10 \mathrm{kN \cdot m} = 41.446 \mathrm{kN \cdot m}$$

$$\sigma_{S_G} = \delta_G \mu_{S_G} = 0.07 \times 41.446 \mathrm{kN \cdot m} = 2.901 \mathrm{kN \cdot m}$$

2）楼面活荷载产生的梁左端弯矩。根据表 4-2，设计使用年限内楼面活荷载的均值系数 $k_{Q_T} = 0.524$，变异系数 $\delta_{Q_T} = 0.288$，则设计使用年限内楼面活荷载最大值产生的梁左端弯矩的平均值和标准差为

$$\mu_{S_{Q_T}} = k_{Q_T} S_{Q_k} = 0.524 \times 12.01 \mathrm{kN \cdot m} = 6.293 \mathrm{kN \cdot m}$$

$$\sigma_{S_{Q_T}} = \delta_{Q_T} \mu_{S_{Q_T}} = 0.288 \times 6.293 \mathrm{kN \cdot m} = 1.812 \mathrm{kN \cdot m}$$

根据表 4-2，时段内（10 年）楼面活荷载极大值的均值系数 $k_{Q_\tau} = 0.371$，变异系数 $\delta_{Q_\tau} = 0.407$，则时段内楼面活荷载极大值产生的梁左端弯矩的平均值和标准差为

$$\mu_{S_{Q_\tau}} = k_{Q_\tau} S_{Q_k} = 0.371 \times 12.01 \mathrm{kN \cdot m} = 4.456 \mathrm{kN \cdot m}$$

$$\sigma_{S_{Q_\tau}} = \delta_{Q_\tau} \mu_{S_{Q_\tau}} = 0.407 \times 4.456 \mathrm{kN \cdot m} = 1.814 \mathrm{kN \cdot m}$$

3）风荷载产生的梁左端弯矩。根据表 4-2，设计使用年限内风荷载最大值的均值系数 $k_{W_T} = 0.907$，变异系数 $\delta_{W_T} = 0.193$，则设计使用年限内风荷载最大值产生的梁左端弯矩的平均值和标准差为

$$\mu_{S_{W_T}} = k_{W_T} S_{W_k} = 0.907 \times 13.05 \mathrm{kN \cdot m} = 11.836 \mathrm{kN \cdot m}$$

$$\sigma_{S_{W_T}} = \delta_{W_T} \mu_{S_{W_T}} = 0.193 \times 11.836 \mathrm{kN \cdot m} = 2.284 \mathrm{kN \cdot m}$$

根据表 4-2，风荷载年极大值的均值系数 $k_{W_\tau} = 0.372$，变异系数 $\delta_{W_\tau} = 0.471$，则风荷载年极大值产生的梁左端弯矩的平均值和标准差为

$$\mu_{S_{W_\tau}} = k_{W_\tau} S_{W_k} = 0.372 \times 13.05 \mathrm{kN \cdot m} = 4.855 \mathrm{kN \cdot m}$$

$$\sigma_{S_{W_\tau}} = \delta_{W_\tau} \mu_{S_{W_\tau}} = 0.471 \times 4.855 \mathrm{kN \cdot m} = 2.287 \mathrm{kN \cdot m}$$

4）梁左端的受弯承载力。梁截面宽度 $b_k = 250 \mathrm{mm}$，梁截面有效高度 $h_{0k} = (600 - 35)\mathrm{mm} = 565 \mathrm{mm}$，钢筋截面面积视为定值，为

$$A_{sk} = 4 \times \left(\frac{14}{2}\right)^2 \times 3.14 = 615.44 \text{mm}^2$$

C30 混凝土的抗压强度标准值 $f_{ck} = 20.1 \text{N/mm}^2$，HRB400 钢筋的屈服强度标准值 $f_{yk} = 400 \text{N/mm}^2$。所以，梁左端受弯承载力的标准值为

$$R_k = A_{sk} f_{yk}\left(h_{0k} - \frac{A_{sk} f_{yk}}{2\alpha_1 b_k f_{ck}}\right) = 615.44 \times 400 \times \left(565 - \frac{615.44 \times 400}{2 \times 1.0 \times 250 \times 20.1}\right) \text{N} \cdot \text{mm} = 133.059 \text{kN} \cdot \text{m}$$

根据表 5-7，梁受弯承载力 R 的均值系数 $k_R = 1.13$，变异系数 $\delta_R = 0.10$，则梁左端受弯承载力的平均值为

$$\mu_R = k_R R_k = 1.13 \times 133.059 \text{kN} \cdot \text{m} = 150.357 \text{kN} \cdot \text{m}$$

R 的对数的平均值和标准差为

$$\mu_{\ln R} = \ln \frac{\mu_R}{\sqrt{1+\delta_R^2}} = \ln \frac{150.357}{\sqrt{1+0.1^2}} = 5.008, \quad \sigma_{\ln R} = \sqrt{\ln(1+\delta_R^2)} = \sqrt{\ln(1+0.1^2)} = 0.1$$

（2）梁左端受弯承载力可靠指标计算　由于存在楼面活荷载和风荷载两种可变荷载，需要对两种可变荷载进行组合。采用式（6-2）表示的组合形式，存在两个组合

$$S_{Q_{T1}} = S_{Q_T} + S_{W_T} \tag{a}$$

$$S_{Q_{T2}} = S_{Q_T} + S_{W_T} \tag{b}$$

因为楼面活荷载产生的弯矩和风荷载产生的弯矩均服从极值 I 型分布，其设计使用年限内最大值与时段内极大值的标准差不变（上面结果小数点后第 3 位的差别是由其后数值的舍入引起的），两个组合中平均值大的组合为起控制作用的组合。所以，可以通过比较式（a）和式（b）的平均值判断哪个组合起控制作用。

对于式（a）表示的组合

$$\mu_{S_{Q_{T1}}} = \mu_{S_{Q_T}} + \mu_{S_{W_T}} = (6.293 + 4.855) \text{kN} \cdot \text{m} = 11.148 \text{kN} \cdot \text{m}$$

对于式（b）表示的组合

$$\mu_{S_{Q_{T2}}} = \mu_{S_{Q_T}} + \mu_{S_{W_T}} = (4.456 + 11.836) \text{kN} \cdot \text{m} = 16.292 \text{kN} \cdot \text{m}$$

$\mu_{S_{Q_{T2}}} > \mu_{S_{Q_{T1}}}$，式（b）表示的组合起控制作用。因此，梁左端受弯的功能函数可写为

$$Z = R - S_G - S_{Q_T} - S_{W_T} \tag{c}$$

根据式（c）表示的功能函数，采用一次二阶矩的验算点法进行计算，得到可靠指标 $\beta = 7.382$。

2. 梁跨中受弯承载力可靠指标

（1）随机变量统计参数计算

1）永久荷载产生的梁跨中弯矩。永久荷载产生的梁跨中弯矩的平均值和标准差为

$$\mu_{S_G} = k_G S_{G_k} = 1.06 \times 43.31 \text{kN} \cdot \text{m} = 45.909 \text{kN} \cdot \text{m}$$

$$\sigma_{S_G} = \delta_G \mu_{S_G} = 0.07 \times 45.909 \text{kN} \cdot \text{m} = 3.214 \text{kN} \cdot \text{m}$$

2）楼面活荷载产生的梁跨中弯矩。设计使用年限内楼面活荷载最大值产生的梁跨中弯矩的平均值和标准差为

$$\mu_{S_{Q_T}} = k_{Q_T} S_{Q_k} = 0.524 \times 13.33 \text{kN} \cdot \text{m} = 6.985 \text{kN} \cdot \text{m}$$

$$\sigma_{S_{Q_T}} = \delta_{Q_T} \mu_{S_{Q_T}} = 0.288 \times 6.985 \text{kN} \cdot \text{m} = 2.012 \text{kN} \cdot \text{m}$$

时段内楼面活荷载极大值产生的梁跨中弯矩的平均值和标准差为

$$\mu_{S_{Q_\tau}} = k_{Q_\tau} S_{Q_k} = 0.371 \times 13.33 \text{kN} \cdot \text{m} = 4.945 \text{kN} \cdot \text{m}$$

$$\sigma_{S_{Q_\tau}} = \delta_{Q_\tau} \mu_{S_{Q_\tau}} = 0.407 \times 4.945 \text{kN} \cdot \text{m} = 2.013 \text{kN} \cdot \text{m}$$

3）风荷载产生的梁跨中弯矩。设计使用年限内风荷载最大值产生的梁跨中弯矩的平均值和标准差为

$$\mu_{S_{W_T}} = k_{W_T} S_{W_k} = 0.907 \times 1.645 \text{kN} \cdot \text{m} = 1.492 \text{kN} \cdot \text{m}$$

$$\sigma_{S_{W_T}} = \delta_{W_T} \mu_{S_{W_T}} = 0.193 \times 1.492 \text{kN} \cdot \text{m} = 0.288 \text{kN} \cdot \text{m}$$

风荷载年极大值产生的梁跨中弯矩的平均值和标准差为

$$\mu_{S_{W_\tau}} = k_{W_\tau} S_{W_k} = 0.372 \times 1.645 \text{kN} \cdot \text{m} = 0.612 \text{kN} \cdot \text{m}$$

$$\sigma_{S_{W_\tau}} = \delta_{W_\tau} \mu_{S_{W_\tau}} = 0.471 \times 0.612 \text{kN} \cdot \text{m} = 0.288 \text{kN} \cdot \text{m}$$

4）梁跨中的受弯承载力。钢筋截面面积视为定值，为

$$A_{sk} = 4 \times \left(\frac{12}{2}\right)^2 \times 3.14 = 452.16 \text{mm}^2$$

梁跨中受弯承载力标准值为

$$R_k = A_{sk} f_{yk}\left(h_{0k} - \frac{A_{sk} f_{yk}}{2\alpha_1 b_k f_{ck}}\right) = 452.16 \times 400 \times \left(565 - \frac{452.16 \times 400}{2 \times 1.0 \times 250 \times 20.1}\right) \text{N} \cdot \text{mm}$$

$$= 98.933 \text{kN} \cdot \text{m}$$

梁受弯承载力 R 的平均值为

$$\mu_R = k_R R_k = 1.13 \times 98.933 \text{kN} \cdot \text{m} = 111.794 \text{kN} \cdot \text{m}$$

R 的对数的平均值和标准差为

$$\mu_{\ln R} = \ln\frac{\mu_R}{\sqrt{1+\delta_R^2}} = \ln\frac{111.794}{\sqrt{1+0.1^2}} = 4.712, \quad \sigma_{\ln R} = \sqrt{\ln(1+\delta_R^2)} = \sqrt{\ln(1+0.1^2)} = 0.1$$

（2）梁跨中受弯承载力可靠指标计算

对于式（a）表示的组合

$$\mu_{S_{Q_{T1}}} = \mu_{S_{Q_T}} + \mu_{S_{W_\tau}} = (6.985 + 0.612) \text{kN} \cdot \text{m} = 7.597 \text{kN} \cdot \text{m}$$

对于式（b）表示的组合

$$\mu_{S_{Q_{T2}}} = \mu_{S_{Q_T}} + \mu_{S_{W_T}} = (4.945 + 1.492)\,\mathrm{kN \cdot m} = 6.437\,\mathrm{kN \cdot m}$$

$\mu_{S_{Q_{T1}}} > \mu_{S_{Q_{T2}}}$，式（a）表示的组合起控制作用。因此，梁跨中受弯的功能函数可写为

$$Z = R - S_G - S_{Q_T} - S_{W_T} \tag{c}$$

根据式（c）表示的功能函数，采用一次二阶矩的验算点法进行计算，得到梁跨中受弯承载力的可靠指标 $\beta = 5.925$。

3. 梁右端受弯承载力可靠指标

（1）随机变量统计参数计算

1）永久荷载产生的梁右端弯矩。永久荷载产生的梁右端弯矩的平均值和标准差为

$$\mu_{S_G} = k_G S_{G_k} = 1.06 \times 46.86\,\mathrm{kN \cdot m} = 49.672\,\mathrm{kN \cdot m}$$

$$\sigma_{S_G} = \delta_G \mu_{S_G} = 0.07 \times 49.672\,\mathrm{kN \cdot m} = 3.477\,\mathrm{kN \cdot m}$$

2）楼面活荷载产生的梁右端弯矩。设计使用年限内楼面活荷载最大值产生的梁右端弯矩的平均值和标准差为

$$\mu_{S_{Q_T}} = k_{Q_T} S_{Q_k} = 0.524 \times 14.80\,\mathrm{kN \cdot m} = 7.755\,\mathrm{kN \cdot m}$$

$$\sigma_{S_{Q_T}} = \delta_{Q_T} \mu_{S_{Q_T}} = 0.288 \times 7.755\,\mathrm{kN \cdot m} = 2.233\,\mathrm{kN \cdot m}$$

时段内楼面活荷载极大值产生的梁右端弯矩的平均值和标准差为

$$\mu_{S_{Q_\tau}} = k_{Q_\tau} S_{Q_k} = 0.371 \times 14.80\,\mathrm{kN \cdot m} = 5.491\,\mathrm{kN \cdot m}$$

$$\sigma_{S_{Q_\tau}} = \delta_{Q_\tau} \mu_{S_{Q_\tau}} = 0.407 \times 5.491\,\mathrm{kN \cdot m} = 2.235\,\mathrm{kN \cdot m}$$

3）风荷载产生的梁右端弯矩。设计使用年限内风荷载最大值产生的梁右端弯矩的平均值和标准差为

$$\mu_{S_{W_T}} = k_{W_T} S_{W_k} = 0.907 \times 9.76\,\mathrm{kN \cdot m} = 8.852\,\mathrm{kN \cdot m}$$

$$\sigma_{S_{W_T}} = \delta_{W_T} \mu_{S_{W_T}} = 0.193 \times 8.852\,\mathrm{kN \cdot m} = 1.708\,\mathrm{kN \cdot m}$$

风荷载年极大值产生的梁右端弯矩的平均值和标准差为

$$\mu_{S_{W_\tau}} = k_{W_\tau} S_{W_k} = 0.372 \times 9.76\,\mathrm{kN \cdot m} = 3.631\,\mathrm{kN \cdot m}$$

$$\sigma_{S_{W_\tau}} = \delta_{W_\tau} \mu_{S_{W_\tau}} = 0.471 \times 3.631\,\mathrm{kN \cdot m} = 1.710\,\mathrm{kN \cdot m}$$

4）梁右端的受弯承载力。钢筋截面面积、梁右端受弯矩承载力标准值、平均值和标准差同梁左端的情况，因此 $\mu_R = 150.357\,\mathrm{kN \cdot m}$，$\mu_{\ln R} = 5.008$，$\sigma_{\ln R} = 0.1$。

（2）梁右端受弯承载力可靠指标计算

对于式（a）表示的组合

$$\mu_{S_{Q_{T1}}} = \mu_{S_{Q_T}} + \mu_{S_{W_\tau}} = (7.755 + 3.631)\,\mathrm{kN \cdot m} = 11.386\,\mathrm{kN \cdot m}$$

对于式（b）表示的组合

$$\mu_{S_{Q_{T2}}} = \mu_{S_{Q_\tau}} + \mu_{S_{W_T}} = (5.491 + 8.852)\,\mathrm{kN \cdot m} = 14.343\,\mathrm{kN \cdot m}$$

$\mu_{S_{Q_{T2}}} > \mu_{S_{Q_{T1}}}$，式（b）表示的组合起控制作用。因此，梁右端受弯的功能函数可写为

$$Z = R - S_G - S_{Q_\tau} - S_{W_T} \tag{c}$$

根据式（c）表示的功能函数，采用一次二阶矩的验算点法进行计算，得到梁右端受弯承载力的可靠指标 $\beta = 6.877$。

【例 6-3】 某大跨度桥梁为主跨 1088m 的双塔双索面斜拉桥，边跨设置 3 个桥墩，设计使用年限为 100 年。主梁采用扁平流线型钢箱梁，设 6 个行车道和 2 个紧急停车带，行车道净宽为 34m。斜拉索的设计使用年限为 50 年，采用 1770MPa 平行钢丝斜拉索共 34×4 = 272 根，其在钢箱梁上锚固点的标准间距为 16m，边跨尾索区为 12m，在塔上锚固点间距为 2.3 ~ 2.7m。索塔采用倒 Y 形结构，索塔总高 300.4m，桥面以上高度为 230.41m。大跨度桥梁的材料力学性能见表 6-1，计算车辆荷载下桥梁各斜拉索的可靠指标。

表 6-1 大跨度桥梁的材料力学性能

材料性能	主梁	鱼刺横梁	主塔	斜拉索
	钢材	钢材	混凝土	钢丝束
弹性模量/（N/m²）	$2.1×10^{11}$	$3.5×10^{13}$	$3.25×10^{10}$	$1.95×10^{11}$
剪切模量/（N/m²）	$8.1×10^{10}$	$8.1×10^{12}$	$1.42×10^{10}$	—
密度/（kg/m³）	7900	7900	2600	7900
泊松比	0.3	0.3	0.2	0.25

注：表中鱼刺横梁主要起承受横向分布荷载的作用，横向刚度很大，因此采用提高其弹性模量的方法考虑其较大的横向刚度。

解 斜拉桥的计算模型如图 6-3 所示。采用 APDL 程序设计语言将 ANSYS 命令组织起来，编写成参数化空间杆系有限元程序对桥梁进行结构分析。主梁与主塔均采用 BEAM44 梁单元进行模拟，利用 ANSYS 确定主梁与主塔截面，计算其截面的面积、惯性矩等参数。斜拉索采用 LINK10 杆单元进行模拟，以合理成桥状态为基础，确定斜拉索的初应变为 0.0004。全桥模型的边界条件为：主塔、过渡墩及辅助墩，根据设计资料中的约束关系在纵桥方向为滑动约束，横桥方向为主从约束，垂直方向全部约束，主塔根部 6 个自由度全部约束。

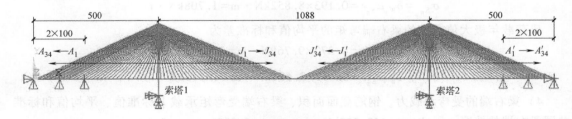

图 6-3 斜拉桥的计算模型（单位：m）

斜拉桥的拉索在不同拉力作用下处于不同的弯曲下垂状态，属于大变形构件。斜拉桥的几何非线性不可忽略，即理论上不能按线性分析方法采用叠加原理计算桥梁的内力，这产生了可靠度分析中如何将荷载转化为荷载效应的困难。传统的基于线弹性分析的可靠度计算中，常采用荷载效应与荷载成线性关系的假定，对于需要进行几何非线性分析的斜拉桥，这一假定不再成立。为近似根据荷载计算桥梁的荷载效应，做如下假定：

1）由于桥梁自重的变异性很小（自重产生的斜拉索索力平均值为 123.52MPa，变异系数为 0.0431，参见文献 [11]），即桥梁自重在其平均值附近上下波动幅度很小，因此认为在此比较小的波动范围内，荷载效应与荷载近似成线性关系。这样，可通过几何非线性分析根据桥梁自重的平均值，求得桥梁斜拉索索力的平均值，变异系数保持不变。

2）对于大跨度斜拉桥，由于车辆荷载在桥梁竖向荷载中所占比例很小，认为在桥梁自重平均值的基础上，车辆荷载没有显著改变桥梁的几何非线性。这样，可在自重产生的索力的基础上，通过叠加车辆荷载产生的索力计算斜拉索的总索力。

1. 斜拉索功能函数

根据上面的假定，设第 i 根斜拉索的抗拉强度、桥梁自重和桥上车辆荷载产生的斜拉索应力分别为 R_i、S_{G_i} 和 S_{Q_i}，则第 i 根斜拉索的功能函数可表示为

$$Z_i = R_i - S_{G_i} - S_{Q_i} \tag{a}$$

2. 随机变量统计参数

（1）桥梁自重产生的拉索拉应力　斜拉桥的自重可由 ANSYS 软件自动计算。桥梁永久荷载的均值系数（平均值与标准值的比值）取为 1.0148，变异系数取为 0.0431，服从正态分布。对桥梁自重乘以均值系数 1.0148，考虑桥梁的几何非线性求得自重产生的拉索应力见表 6-2。根据前面的假定 1），桥梁自重产生的各拉索应力的变异系数仍取为 $\delta_{S_G} = 0.0431$。

表 6-2　桥梁自重产生的拉索应力的平均值

索号	索力/MPa	索号	索力/MPa	索号	索力/MPa	索号	索力/MPa	索号	索力/MPa	索号	索力/MPa
A_1	97.52	A_{13}	119.84	A_{25}	128.18	J_1	107.32	J_{13}	118.51	J_{25}	135.22
A_2	97.47	A_{14}	120.62	A_{26}	129.88	J_2	111.84	J_{14}	119.38	J_{26}	136.84
A_3	102.42	A_{15}	120.93	A_{27}	134.31	J_3	112.41	J_{15}	120.38	J_{27}	138.44
A_4	107.59	A_{16}	120.89	A_{28}	131.89	J_4	112.31	J_{16}	121.50	J_{28}	140.00
A_5	111.14	A_{17}	120.70	A_{29}	136.67	J_5	112.59	J_{17}	122.81	J_{29}	141.48
A_6	112.82	A_{18}	120.77	A_{30}	138.70	J_6	112.69	J_{18}	124.27	J_{30}	142.84
A_7	114.63	A_{19}	121.69	A_{31}	140.29	J_7	113.33	J_{19}	125.80	J_{31}	143.95
A_8	113.84	A_{20}	123.81	A_{32}	141.43	J_8	114.21	J_{20}	127.35	J_{32}	144.68
A_9	115.33	A_{21}	125.95	A_{33}	142.21	J_9	115.02	J_{21}	128.88	J_{33}	144.90
A_{10}	116.26	A_{22}	127.31	A_{34}	142.75	J_{10}	115.88	J_{22}	130.46	J_{34}	144.56
A_{11}	118.76	A_{23}	127.78	—	—	J_{11}	116.80	J_{23}	132.02	—	—
A_{12}	117.51	A_{24}	128.73	—	—	J_{12}	117.67	J_{24}	133.60	—	—

（2）车辆荷载产生的拉索拉力　根据前面的假定 2），在自重产生的索力基础上（考虑几何非线性计算），车辆荷载产生的索力可近似通过叠加计算（因与桥梁自重相比车辆荷载占的比例很小）。因此，采用 ANSYS 软件在考虑桥梁自重平均值的条件下，计算主横梁上施加 100kN 的移动荷载产生的各斜拉索索力，得到车辆在斜拉桥上运行时各斜拉索索力的"影响线"（以 100kN 作为单位荷载）。图 6-4 为 100kN 的荷载在主横梁上移动时部分斜拉索的索力变化。图中索力为负值不代表索力是压力，而表示在桥梁自重平均值的基础上索力的减小值（移动荷载在桥梁上某个位置时可能会使索放松）。

假定桥梁上运行的车辆类型比例、车辆荷载和车间距的统计规律符合第 4 章表 4-8～表 4-10 的分析结果，采用 Monte-Carlo 方法产生随机车队，按一定的速度在桥梁上运行，根据随机车辆在桥梁上的位置，使用"影响线"计算不同时刻 6 个车道上的车辆产生的各拉

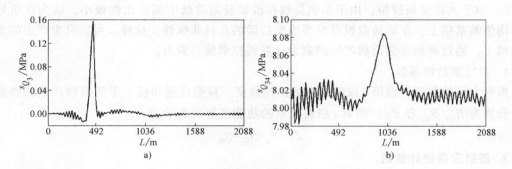

图 6-4　移动荷载作用下斜拉索索力变化

a) A_3 号斜拉索　　b) A_{34} 号斜拉索

索应力，采用随机过程的跨阈率理论，对各拉索的拉力进行统计分析，确定了设计使用年限 T 内斜拉索应力最大值的概率分布函数和概率密度函数为

$$F_{S_{Q_iT}}(x) = \exp\left[-T\nu_i \exp\left(-\frac{(x_i - \mu_i)^2}{2\sigma_i^2} \right) \right] \tag{b}$$

$$f_{S_{Q_iT}}(x) = \frac{T\nu_i(x_i - \mu_i)}{\sigma_i^2} \exp\left[-(T\nu_i + 1)\exp\left(-\frac{(x_i - \mu_i)^2}{2\sigma_i^2} \right) \right] \tag{c}$$

式中，ν_i、μ_i、σ_i 为第 i 根斜拉索应力的统计参数，编号为 $A_1 \sim A_{34}$ 斜拉索的值见表 6-3。

表 6-3　随机车辆荷载产生的斜拉索 $A_1 \sim A_{34}$ 应力统计参数

编号	ν_i/(次/年)	μ_i/MPa	σ_i/MPa	编号	ν_i/(次/年)	μ_i/MPa	σ_i/MPa	编号	ν_i/(次/年)	μ_i/MPa	σ_i/MPa
A_1	2751.74	14.09	5.05	A_{13}	2751.74	14.09	5.05	A_{25}	1945.59	15.83	5.23
A_2	1945.59	18.78	6.35	A_{14}	1945.59	18.78	6.35	A_{26}	1921.01	14.09	5.05
A_3	1921.01	18.80	6.54	A_{15}	1921.01	18.80	6.54	A_{27}	2332.90	18.78	6.35
A_4	2332.90	15.83	5.23	A_{16}	2332.90	15.83	5.23	A_{28}	2040.81	18.80	6.54
A_5	2040.81	14.09	5.05	A_{17}	2040.81	15.83	5.23	A_{29}	2916.39	15.83	5.23
A_6	2916.39	18.78	6.35	A_{18}	2751.74	14.09	5.05	A_{30}	2751.74	14.09	5.05
A_7	2751.74	18.80	6.54	A_{19}	1945.59	18.78	6.35	A_{31}	1945.59	18.78	6.35
A_8	1945.59	15.83	5.23	A_{20}	1921.01	18.80	6.54	A_{32}	1921.01	18.80	6.54
A_9	1921.01	14.09	5.05	A_{21}	2332.90	15.83	5.23	A_{33}	2332.90	15.83	5.23
A_{10}	2332.90	18.78	6.35	A_{22}	2040.81	14.09	5.05	A_{34}	2040.81	15.83	5.23
A_{11}	2040.81	18.80	6.54	A_{23}	2916.39	18.78	6.35	—	—	—	—
A_{12}	2916.39	15.83	5.23	A_{24}	2751.74	18.80	6.54	—	—	—	—

图 6-5 示出了式（c）中的 T 为 20 年、50 年和 100 年时，斜拉索 A_4、A_{18} 和 A_{34} 拉应力最大值的概率密度曲线。

（3）斜拉索抗拉强度　参考文献［103］的斜拉索强度统计分析结果，斜拉索强度服从对数正态分布，统计参数为 $k_f = 1.30$，$\delta_f = 0.16$，得到斜拉索强度的平均值和变异系数为 μ_{R_i}

$=1556.176\text{MPa}$, $\delta_{R_i}=0.16$。

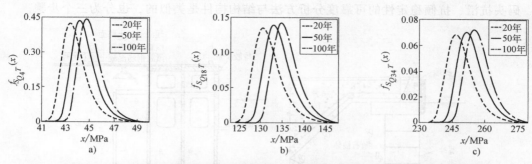

图 6-5　随机车辆荷载作用下不同使用期内斜拉索拉应力最大值的概率密度曲线

a) A_4 号斜拉索　b) A_{18} 号斜拉索　c) A_{34} 号斜拉索

3. 可靠指标计算

整个斜拉桥的设计使用年限为 100 年，斜拉索的设计使用年限 $T=50$ 年，采用一次二阶矩法计算得到斜拉索的可靠指标如图 6-6 所示。由图 6-6 可以看出，所分析斜拉桥拉索的可靠指标比较高，大于 8，这是因为这些可靠指标只是按桥梁自重和车辆荷载组合分析得到的结果。实际上，斜拉桥的设计一般不是由车辆荷载控制的，而是由风荷载和地震作用控制的。所以，按桥梁自重和车辆荷载组合分析得到的可靠指标较高是合理的。

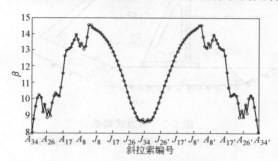

图 6-6　斜拉桥拉索可靠指标

6.2　重力式码头抗滑、抗倾稳定性可靠度分析

重力式码头是传统的三大码头形式之一，包括方块式码头、沉箱式码头和扶壁式码头，如图 6-7 所示。作为岸壁式结构，这种码头向海侧受到波浪力（波吸力）、系缆力等的作用，向陆侧受到墙后主动土压力和荷载土压力（码头面上的堆货荷载等通过墙后的土产生的作用于码头墙后的土压力）等的作用，在这些力的作用下，码头会发生向海侧的滑动或倾覆，因此，抗滑和抗倾稳定性是这种码头设计考虑的重要方面。从抗力方面考虑，这种码头的稳定性与码头本身材料的性能无关，而是取决于码头基床和墙后回填土的性能，所以，码头抗滑、抗倾稳定性的可靠度属于岩土方面的可靠度问题。如第 5 章所表明的，土的性能比较复杂，理论上讲地基采用随机场模拟描述更合适，但从工程角度考虑比较复杂，由于码头墙后的回填土都是人工筛选的，基床也是经过人工处理的，性能相对稳定，所以本章码头抗滑、

抗倾可靠度分析中土的性能指标按随机变量考虑。

码头抗滑、抗倾稳定性的可靠度分析方法与结构构件是类似的，也分为三个步骤。

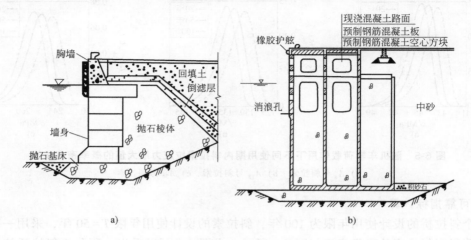

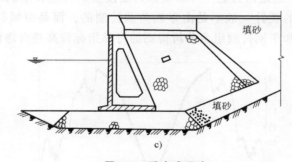

图 6-7 重力式码头

a）方块式码头 b）沉箱式码头 c）扶壁式码头

6.2.1 抗滑、抗倾稳定性的功能函数

重力式码头抗滑、抗倾稳定性的功能函数可统一表示为

$$Z = R - S \tag{6-8}$$

式中，R 为抗力，表示重力式码头的抗滑力或抗倾覆力矩；S 为荷载效应，表示重力式码头的滑动力或倾覆力矩。

对于抗滑稳定性，抗滑力和滑动力按下列公式计算

$$R = (G + K_{p1}E_V + E_{qV})f \tag{6-9}$$

$$S = K_{p1}E_H + P_W + E_{qH} + P_{RH} \tag{6-10}$$

对于抗倾覆稳定性，抗倾覆力矩和倾覆力矩按下列公式计算

$$R = K_{p2}(M_G + K_{p1}M_{E_V} + M_{E_{qV}}) \tag{6-11}$$

$$S = K_{p1}M_{E_H} + M_{P_W} + M_{E_{qH}} + M_{P_R} \tag{6-12}$$

式中，G 为结构自重力；E_H、E_V 分别为填料产生的主动土压力的水平分力和竖向分力；

E_{qH}、E_{qV} 分别为码头面均布荷载产生的主动土压力的水平分力和竖向分力；P_{RH} 为系缆力水平分力；P_W 为剩余水压力；M_C 为自重引起的抗倾力矩；M_{E_H}、M_{E_V} 分别为填料产生的主动土压力引起的倾覆力矩和抗倾力矩；$M_{E_{qH}}$、$M_{E_{qV}}$ 分别为码头面均布荷载产生的主动土压力引起的倾覆力矩和抗倾力矩；M_{P_R} 为系缆力引起的倾覆力矩；M_{P_W} 为剩余水压力引起的倾覆力矩；K_{p1} 为主动土压力计算模型不确定系数。

6.2.2　随机变量统计参数和概率分布

各表达式中的随机变量是码头墙体重度 γ_c、墙后回填料重度 γ、填料内摩擦角 φ、堆货荷载 q、摩擦系数 f 的函数，各随机变量的统计参数和概率分布见表5-12。

6.2.3　可靠指标计算

一般情况下可采用第3章介绍的一次二阶矩法计算码头抗滑、抗倾稳定性的可靠指标，由于功能函数比较冗长，求功能函数的导数比较麻烦。参考文献［104］的可靠指标计算方法不需求功能函数的导数，应用起来比较方便。

【例6-4】　图6-8所示为一有掩护的沉箱重力式码头断面图，码头后回填块石，堆货荷载 $q=30\text{kPa}$。计算码头抗滑、抗倾稳定性的可靠指标。

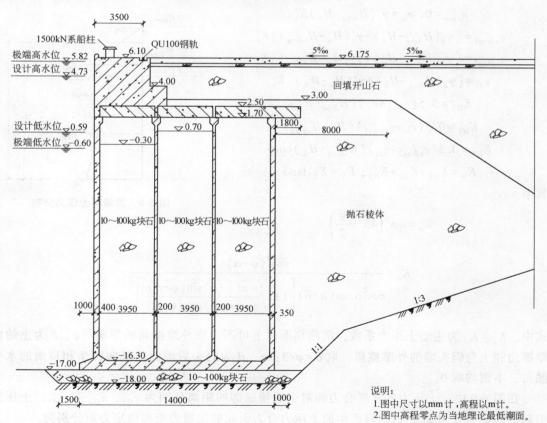

图6-8　沉箱重力式码头断面图

解　码头各部分的尺寸可根据图 6-8 确定。码头为有掩护码头，不考虑波浪力的作用。

1. 抗滑、抗倾稳定性功能函数

码头抗滑、抗倾稳定性功能函数如下：

$$Z_1 = (G + E_V K_{p1} + E_{qV}) \times f - (E_H K_{p1} + E_{qH} + P_{RH}) \tag{a}$$

$$Z_2 = (M_G + M_{E_V} K_{p1} + M_{E_{qV}}) \times K_{p2} - (M_{E_H} K_{p1} + M_{E_{qH}} + M_{P_R}) \tag{b}$$

公式中各变量的含义同前，各力和力矩的具体计算过程如下。

（1）码头自重及其引起的稳定力矩

$$G = G_{xq} + G_{ts} + G_{cx} + G_{xs}, \quad M_G = G l_G$$

式中，G_{xq} 为胸墙自重；G_{cx} 为沉箱自重；G_{ts} 为填石自重；G_{xs} 为箱石自重；l_G 为码头重心到前趾的距离。这些自重根据各部分体积和重度 γ_c 确定。

（2）土压力及其引起的倾覆力矩和稳定力矩　由于只需计算码头底面沿基床的抗滑、抗倾稳定性，所以首先确定码头顶面、沉箱顶面、码头底面及水位处等土压力强度发生改变处的土压力强度，然后确定土压力的水平分力和竖向分力，最后根据土压力的分布情况，得到各分力相对于计算面前趾的距离，确定土压力引起的稳定力矩和倾覆力矩。记码头墙后填料的干重度为 γ_d，水位以下的填料重度为 γ_d'，如图 6-9 所示，土压力强度和合力按下列公式计算

$$e_{ding} = 0, \quad e_w = \gamma_d (H_{ding} - H_w) K_a'$$

$$e_{xding1} = [\gamma_d (H_{ding} - H_w) + \gamma_d'(H_w - H_{xding})] K_a'$$

$$e_{xding2} = [\gamma_d (H_{ding} - H_w) + \gamma_d'(H_w - H_{xding})] K_a$$

$$e_{di} = [\gamma_d (H_{ding} - H_w) + \gamma_d'(H_w - H_{di})] K_a$$

$$E_{H1} = 0.5(e_{ding} + e_w)(H_{ding} - H_w)$$

$$E_{H2} = 0.5(e_w + e_{xding1})(H_w - H_{xding})$$

$$E_{H3} = 0.5(e_{xding2} + e_{di})(H_{xding} - H_{di})\cos\delta$$

$$E_H = E_{H1} + E_{H2} + E_{H3}, \quad E_V = E_{H3}\tan\delta$$

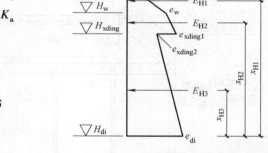

图 6-9　回填料土压力分布

其中

$$K_a' = \tan^2\left(45° - \frac{\varphi}{2}\right)$$

$$K_a = \cfrac{\cos^2(\varphi - \alpha)}{\cos^2\alpha\cos(\alpha + \delta)\left[1 + \sqrt{\cfrac{\sin(\varphi + \delta)\sin(\varphi - \beta)}{\cos(\alpha + \delta)\cos(\alpha - \beta)}}\,\right]^2}$$

式中，K_a'、K_a 为主动土压力系数，沉箱顶面以上可不考虑外摩擦角的影响；φ、δ 为土的内摩擦角和土与码头墙的外摩擦角，取 $\delta = \varphi/3$；α、β 为码头后墙面的竖向倾角和顶面的水平倾角，本例均取 0。

在图 6-9 中，土压力各水平合力相对于沉箱底部的距离分别为 x_{H1}、x_{H2} 和 x_{H3}。土压力引起的稳定力臂为 x_V，则填料产生的土压力合力引起的倾覆力矩和稳定力矩分别为

$$M_{E_{H1}} = E_{H1} x_{H1}, \quad M_{E_{H2}} = E_{H2} x_{H2}, \quad M_{E_{H3}} = E_{H3} x_{H3}$$

$$M_{E_H} = M_{E_{H1}} + M_{E_{H2}} + M_{E_{H3}}, \quad M_{E_V} = E_V x_V$$

码头面均布荷载产生的土压力如图 6-10 所示，土压力强度和合力按下列公式计算

$$q_{\text{ding}} = q_{\text{xding1}} = q K_q K_a', \quad q_{\text{xding2}} = q_{\text{di}} = q K_q K_a$$

$$E_{q_{H1}} = 0.5 (q_{\text{ding}} + q_{\text{xding1}}) (H_{\text{ding}} - H_{\text{xding}})$$

$$E_{q_{H2}} = 0.5 (q_{\text{xding1}} + q_{\text{di}}) (H_{\text{xding}} - H_{\text{di}}) \cos\delta$$

$$E_{qH} = E_{qH1} + E_{qH2}, \quad E_{qV} = E_{qH2} \tan\delta$$

其中

$$K_q = \frac{\cos\alpha}{\cos(\alpha - \beta)}$$

式中，K_q 为码头面均布荷载土压力系数。

图 6-10 中，均布荷载土压力各水平合力相对于沉箱底部的距离分别为 x_{qH1} 和 x_{qH2}，土压力引起稳定力臂为 x_{qV}，则均布荷载土压力合力引起的倾覆力矩和稳定力矩分别为

$$M_{EqH} = M_{EqH1} + M_{EqH2} = E_{qH1} x_{qH1} + E_{qH2} x_{qH2}, \quad M_{E_{qV}} = E_{qV} x_{qV}$$

（3）系缆力及其引起的倾覆力矩　系缆力按定值考虑，水平分力记为 P_{RH}，竖向分力记为 P_{RV}。按照《港口工程荷载规范》（JTS 144-1—2010）中的有关规定

$$N_x = N\sin30°\cos15° = 0.4830N, \quad N_z = N\sin15° = 0.2588N$$

式中，N 为单个系船柱系缆力；N_x 为单个系船柱系缆力水平分力；N_z 为单个系船柱系缆力竖向分力。

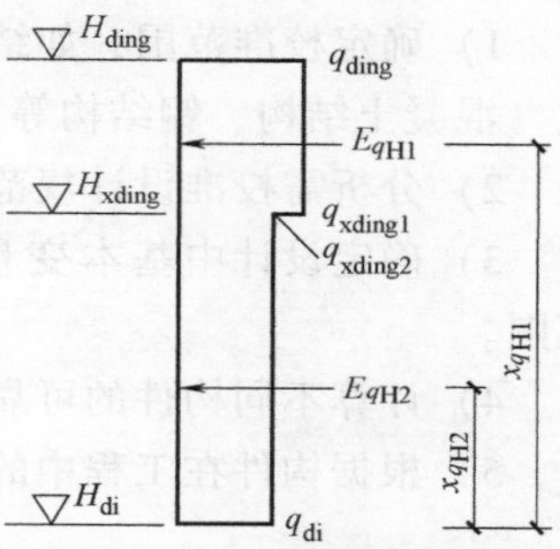

图 6-10　码头面均布荷载土压力分布

单个系船柱的作用长度为 l_x，则每延米上的系缆力为

$$P_{RH} = N_x / l_x, \quad P_{RV} = N_z / l_x$$

系缆力水平分力与码头前趾的距离为码头总高与系缆柱高度之和，记为 d_{RH}；系缆力的竖向分力与码头前趾的距离为系缆柱到码头前趾的水平距离，记为 d_{RV}，则系缆力引起的倾覆力矩可表示为

$$M_{PR} = P_{RH} d_{RH} + P_{RV} d_{RV}$$

2. 变量统计参数和概率分布

上述公式中的随机变量为 γ_c，γ_d，q，φ，f，K_{p1}，K_{p2}，其统计参数和概率分布见表 5-12。

3. 可靠指标计算

采用参考文献 [104] 的方法计算可靠指标，结果见表 6-4。由表 6-4 可以看出，码头抗滑、抗倾稳定性的可靠指标均较高，这是因为码头的尺寸是由多方面决定的，码头的稳定性不控制码头断面的设计。

表 6-4　沉箱码头可靠指标计算结果

抗滑稳定性		抗倾稳定性	
设计高水位	设计低水位	设计高水位	设计低水位
8.231	8.087	8.488	8.350

6.3　结构构件可靠度校准

如前面两节所讨论的，结构可靠度分析是计算所给定结构或结构构件的可靠指标。如果结构或结构构件是按照设计规范规定的表达式和要求设计的，则计算的可靠指标是一类结构构件或一种失效模式的可靠指标，反映了设计规范的可靠度水平，这一可靠度分析过程称为结构可靠度校准。更通俗地讲，结构可靠度校准，就是利用可靠度这杆"秤"，称一称按规范设计的结构的可靠水平。

6.3.1　结构构件可靠度校准方法

结构构件可靠度校准的步骤如下：

1）确定校准范围，如结构物类型（建筑结构、桥梁结构、港工结构等）、结构材料形式（混凝土结构、钢结构等），选取代表性的结构构件（包括构件的破坏形式）。

2）分析需校准设计规范的设计表达式，如抗弯、抗剪等。

3）确定设计中基本变量的取值范围，如可变作用标准值与永久作用标准值比值的范围。

4）计算不同构件的可靠指标 β_i。

5）根据构件在工程中的应用数量和重要性，确定一组权重系数 ω_i，并满足

$$\sum_{i=1}^{n} \omega_i = 1 \tag{6-13}$$

6）按下式确定所校准结构可靠指标的加权平均

$$\beta_a = \sum_{i=1}^{n} \omega_i \beta_i \tag{6-14}$$

下面通过一个简单的例子说明结构构件可靠度校准的过程。

【例 6-5】　假定结构承受一个永久作用 G 和一个可变作用 Q，按规范进行设计时，已经根据 G 的标准值 G_k 和 Q 的标准值 Q_k，通过力学计算求得相应的效应值 S_{G_k} 和 S_{Q_k}。已知设计表达式为

$$K_1 S_{G_k} + K_2 S_{Q_k} \leqslant \frac{R_k}{\gamma_R} \tag{a}$$

对按式（6-1）设计的结构构件的可靠度进行讨论。

解　按照上述步骤进行校准。

（1）校准范围　作为一个例子，本例只对建筑钢筋混凝土结构的受弯构件进行讨论。

（2）规范设计表达式　永久作用效应和可变作用效应的标准值为 S_{G_k} 和 S_{Q_k}，按照设计表达式（a）进行设计时，结构构件抗力标准值的最小值为

$$R_k = \gamma_R (K_1 S_{G_k} + K_2 S_{Q_k})$$

（3）设计变量的取值范围　根据以往的设计经验，可变作用标准值与永久作用标准值

之比 $\rho = S_{Q_k}/S_{G_k}$ 的变化范围为 $0.1 \sim 2.0$。

（4）计算可靠指标　结构构件的功能函数为

$$Z = R - S_G - S_Q$$

R、S_G 和 S_Q 的平均值和标准差分别为式（6-5）、式（6-3）和式（6-4），即

$$\mu_R = k_R \gamma_R (K_1 S_{G_k} + K_2 S_{Q_k}), \quad \sigma_R = k_R \delta_R \gamma_R (K_1 S_{G_k} + K_2 S_{Q_k}) \tag{b}$$

$$\mu_{S_G} = k_G S_{G_k}, \quad \sigma_{S_G} = k_G S_{G_k} \delta_G \tag{c}$$

$$\mu_{S_Q} = k_Q S_{Q_k}, \quad \sigma_{S_Q} = k_Q S_{Q_k} \delta_Q \tag{d}$$

式中，k_G、δ_G 为永久作用效应的均值系数和变异系数；k_Q、δ_Q 为可变作用效应的均值系数和变异系数。

将式（b）与式（6-4）进行比较可以看出，本例对结构构件进行可靠度校准，抗力 R 的平均值和标准差是根据式（a）得到的标准值 R_k 确定的，而式（6-4）中的抗力标准值 R_k 是一个具体构件的抗力。

为能简单地说明问题，假定 S_G、S_Q 和 R 均服从正态分布，则按式（a）设计的结构构件的可靠指标为

$$\beta = \frac{\mu_R - \mu_{S_G} - \mu_{S_Q}}{\sqrt{\sigma_R^2 + \sigma_{S_G}^2 + \sigma_{S_Q}^2}} \tag{e}$$

将式（b）、式（c）和式（d）代入式（e）得

$$\beta = \frac{k_R \gamma_R (K_1 + K_2 \rho) - k_G - k_Q \rho}{\sqrt{[k_R \gamma_R (K_1 + K_2 \rho)]^2 + (k_G \delta_G)^2 + (k_Q \delta_Q \rho)^2}} \tag{f}$$

由式（f）可以看出，按式（a）设计的结构构件的可靠指标 β 只与式（a）中的系数 K_1、K_2 和 γ_R 及比值 ρ 有关，而与 S_{Q_k} 和 S_{G_k} 本身的大小无关。所以，当 K_1、K_2 和 γ_R 确定后，按式（a）设计的结构的可靠指标只决定于 ρ。给定了 ρ 的范围，也就确定了可靠指标的范围。

假定 $K_1 = 1.2$，$K_2 = 1.4$，$\gamma_R = 1.15$，取 $k_G = 1.06$，$\delta_G = 0.07$，$k_Q = 0.6980$，$\delta_Q = 0.2882$，$k_R = 1.13$，$\delta_R = 0.10$，$\rho = 0.1 \sim 2.0$，代入式（f）计算得到 S_G、S_Q 和 R 均服从正态分布时按式（a）设计的钢筋混凝土受弯构件的可靠指标（相当于中心点法的可靠指标），如图 6-11 的实线所示。

上面是假定 S_G、S_Q 和 R 均服从正态分布时钢筋混凝土构件受弯承载力按可靠指标的校准结果，一般情况下 S_G 服从正态分布，S_Q 服从极值 I 型分布，R 服从对数正态分布，这时不能再像式（f）一样用解析表达式直接得到可靠指标，而需要采用第 3 章的考虑变量分布类型的一次二阶矩方法的验算点法进行计算。在 $\rho = 0.1 \sim 2.0$ 的范围内，以 0.1 的增量取 ρ 的值，可靠指标计算结果如图 6-11 中的虚线所示。由于虚线表示的结果是按更符合实际的作用和抗力概率分布计算的，所以应该更合理一些。由图 6-11 中的虚线可以看出，在 $\rho = 0.1 \sim 2.0$ 的范围内，按表达式（a）设计的钢筋混凝土构件受弯承载力的可靠指标为 $\beta = 3.4 \sim 4.0$。

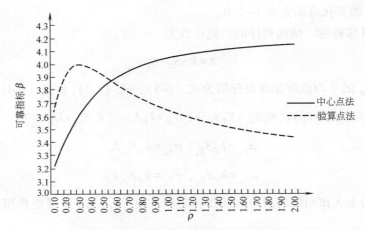

图 6-11　例 6-5 的可靠指标校准结果

（5）确定权重系数 ω_i　权重 ω_i 反映了所考虑构件类型、重要性和比例。本例中只考虑建筑结构中的受弯构件，这时 ω_i 用来描述比值 $\rho = S_{Q_k}/S_{G_k}$ 出现各值的频率。在没有实际统计资料的情况下，一般取相同的值，即 $\omega_i = \omega = 1/n$。

（6）计算可靠指标的加权平均　对 0.1~2.0 的范围内的 ρ 值，采用相同的权重系数 ω_i，得到平均可靠指标 $\beta_a = 3.6578$，即本例中按式（a）设计的钢筋混凝土受弯构件的总体可靠指标为 3.6578。

例 6-5 说明了按规范设计表达式设计的结构可靠指标的计算方法，所计算的只是一个构件、一个构件的截面或一种破坏方式的可靠指标。一个结构有多种构件，如梁、柱；一个构件可能有多种破坏方式，如梁的弯曲破坏和剪切破坏、钢筋混凝土柱的大偏心受压破坏和小偏心受压破坏。对于不同的构件或破坏方式，抗力的统计特征不同。为反映按规范设计的结构的可靠度的总体水平，应分别计算不同构件及破坏方式的可靠指标，然后进行综合分析。

6.3.2　结构设计规范可靠度校准结果

我国在编制建筑、港工、水利水电、公路和铁路工程结构可靠性设计统一标准时，均对按当时的一些结构设计规范设计的结构进行了可靠度校准，后来在规范修订过程中，有些规范又重新进行了校准，下面简要介绍各行业结构设计规范可靠度的校准结果。

1. 建筑工程

我国 20 世纪 80 年代以前的建筑结构设计规范采用的是安全系数设计法，编制《建筑结构设计统一标准》（GBJ 68—1984）时，对按当时规范设计的结构的可靠度进行了校准。为适应我国近年经济发展带来的社会需求的变化，20 世纪 90 年代末至 21 世纪初，在修订各结构设计规范时，又对荷载标准值和抗力项的有关系数进行了调整，调整前和调整后的可靠指标见表 6-5~表 6-7。表中的可靠指标平均值代表了按不同时期规范设计的结构构件的可靠度水平。表 6-5 为永久荷载+楼面活荷载的组合，区分办公楼和住宅两种情况，是因为办公楼和住宅楼面活荷载的统计参数是不同的。

表 6-5　建筑结构可靠度的校准结果（永久荷载+楼面活荷载）

结构构件			办公楼	住宅	办公楼	住宅	办公楼	住宅
			TJ 10—1974		GBJ 10—1989		GB 50010—2001	
钢筋混凝土结构		轴心受拉	3.34	3.10	3.67	3.44	4.72	4.54
		轴心受压	3.84	3.65	4.30	4.12	5.36	5.22
		大偏心受压	3.84	3.63	—	—	—	—
		受弯	3.51	3.28	3.49	3.28	4.45	4.28
		受剪	3.24	3.04	—	—	—	—
		平均值	3.45		3.72		4.76	
砌体结构			GBJ 3—1973		GBJ 3—1988		GB 50003—2001	
		轴心受拉	3.98	3.84	3.83	3.69	4.29	4.20
		偏心受压	3.45	3.32	3.81	3.69	4.35	4.26
		受剪	3.34	3.21	3.82	3.69	4.36	4.27
		平均值	3.53		3.76		4.29	
钢结构			TJ 17—1974		GBJ 17—1988		GB 50017—2003	
		轴心受拉	—	—	3.18	2.93	3.85	3.64
		轴心受压	3.16	2.89	3.09	2.83	3.75	3.53
		压弯构件	3.19	3.04	3.17	2.93	3.76	3.51
		平均值	3.08		3.02		3.67	
薄壁型钢结构			—		GBJ 17—1987		GB 50018—2002	
	轴心受压	弯曲失稳	—	—	3.41	3.15	4.11	3.90
		弯扭失稳			4.05	3.83	4.82	4.65
	偏心受压	弯矩作用平面内失稳			3.96	3.74	4.72	4.54
		弯矩作用平面外失稳			3.56	3.32	4.25	4.06
	受弯	整体失稳			3.36	3.10	4.08	3.87
		平均值	—		3.55		4.30	
木结构			GBJ 5—1973		GBJ 5—1988		GB 50005—2003	
		轴心受拉	3.96		4.07		4.72	
		轴心受压	3.42		3.52		4.29	
		受弯	3.54		3.54		4.26	
		受剪	3.60		3.61		4.36	
		平均值	3.63		3.69		4.41	

表 6-6　建筑结构可靠度的校准结果（永久荷载+风荷载）

结构构件		规范名称		
		TJ 10—1974	GBJ 10—1989	GB 50010—2001
钢筋混凝土结构	轴心受拉	2.91	3.265	3.507
	轴心受压	3.50	3.978	4.158
	大偏心受压	3.47	—	—
	受弯	3.09	3.100	3.311

（续）

结构构件		规范名称		
		TJ 10—1974	GBJ 10—1989	GB 50010—2001
钢筋混凝土结构	受剪	2.88	—	—
	平均值	3.17	3.45	3.66
		TJ 17—1974	GBJ 17—1988	GB 50017—2003
钢结构	轴心受拉	—	2.69	2.95
	轴心受压	2.66	2.59	2.84
	压弯构件	2.83	2.71	2.93
	平均值	2.75	2.66	2.91
		—	GBJ 7—1987	GB 50018—2002
薄壁型钢结构	轴心受压　弯曲失稳		2.920	3.191
	轴心受压　弯扭失稳		3.641	3.929
	偏心受压　弯矩作用平面内失稳		3.542	3.826
	偏心受压　弯矩作用平面外失稳		3.098	3.363
	受弯　整体失稳		2.859	3.139
	平均值	—	3.21	3.49

表 6-7　建筑结构可靠度的校准结果（永久荷载+雪荷载）

结构构件		GBJ 5—1973	GBJ 5—1988	GB 50005—2003
木结构	轴心受拉	3.52	3.68	3.93
	轴心受压	2.85	3.08	3.40
	受弯	3.02	3.08	3.37
	受剪	3.05	3.17	3.47
	平均值	3.11	3.25	3.54

下面以钢筋混凝土结构的情况为例，说明不同版本规范的设计表达式和每次修订时与可靠度有关方面的变化。

（1）《钢筋混凝土结构设计规范》（TJ 10—1974）　该规范采用单一安全系数设计法，设计表达式为

$$KS \leqslant R \tag{6-15}$$

式中，S 为荷载效应；R 为承载力；K 为安全系数，按表 6-8 取值。

表 6-8　规范 TJ 10—1974 的安全系数

结构构件	轴心受拉	轴心受压	大偏心受压	受弯	受剪
K	1.4	1.55	1.55	1.4	1.55

在进行可靠度校准时，考虑了下面三种最常遇的荷载效应组合的情况：

1）永久荷载+办公楼楼面活荷载，即 $S = K(S_{G_k} + S_{Q_k})$。

2）永久荷载+住宅楼面活荷载，即 $S = K(S_{G_k} + S_{Q_k})$。

3）永久荷载+风荷载，即 $S=K(G_k+S_{W_k})$。

钢筋混凝土构件受剪破坏属于脆性破坏，没有破坏预兆；钢筋混凝土构件受弯破坏属于延性破坏，有明显的破坏预兆，因此设计中应使受剪破坏的可靠度高于受弯破坏的可靠度。从规范 TJ 10—1974 来看，构件受剪破坏的安全系数采用 $K=1.55$、受弯破坏的安全系数采用 $K=1.4$ 是合理的，但从表 6-5 可以看出，构件受剪破坏的可靠指标比受弯破坏的小，显然这是不合理的。同样，对大偏心受压构件（延性破坏）和受剪构件进行比较，两者的安全系数 K 值相同（均为 1.55），但后者的可靠指标比前者小。由此可见，安全系数并不能确切反映结构的可靠度，而采用可靠指标作为可靠度的统一定量指标，就可避免概念上的混乱。

（2）《混凝土结构设计规范》（GBJ 10—1989）　该规范是混凝土结构第一次以概率为基础、以分项系数表达的极限状态设计规范，按照《建筑结构设计统一标准》（GBJ 68—1984），承载能力极限状态采用了下面的分项系数设计表达式：

$$\gamma_0\left(\gamma_G S_{G_k} + \gamma_{Q_1} S_{Q_{1k}} + \sum_{i=2}^{n} \gamma_{Q_i}\psi_{ci}S_{Q_{ik}}\right) \leqslant R \qquad (6\text{-}16)$$

式中，γ_0 为结构重要性系数，一级结构取 1.1，二级结构取 1.0，三级结构取 0.9；γ_G 为永久荷载分项系数，一般取 1.2；γ_{Q_i} 为第 i 个可变荷载分项系数，一般取 1.4，其中 γ_{Q_1} 为主导可变荷载 Q_1 的分项系数；S_{G_k} 为按永久荷载标准值 G_k 计算的荷载效应值；$S_{Q_{ik}}$ 为按可变荷载标准值 Q_{ik} 计算的荷载效应值，其中 $S_{Q_{1k}}$ 为诸可变荷载效应中起控制作用者；ψ_{ci} 为可变荷载 Q_i 的组合值系数，与风荷载组合时取 0.6；n 为参与组合的可变荷载数。

可靠度校准时考虑了以下两种荷载效应组合：

1）永久荷载+楼面活荷载，即 $S=\gamma_G S_{G_k}+\gamma_Q S_{Q_k}$；

2）永久荷载+风荷载，即 $S=\gamma_G S_{G_k}+\gamma_W S_{W_k}$。

（3）《混凝土结构设计规范》（GB 50010—2002）　研究表明，对于永久荷载起主导作用的情况，按《建筑结构设计统一标准》（GBJ 68—1984）规定的设计表达式进行设计时可靠度偏低，因此《建筑结构可靠度设计统一标准》（GB 50068—2001）在承载能力极限状态的设计表达式中补充了永久荷载效应起控制作用的组合，即对在基本设计状况，采用以下两种情况的最不利值设计：

对于可变荷载效应控制的组合

$$\gamma_0\left(\gamma_G S_{G_k} + \gamma_{Q_1} S_{Q_{1k}} + \sum_{i=2}^{n} \gamma_{Q_i}\psi_{ci}S_{Q_{ik}}\right) \leqslant R \qquad (6\text{-}17)$$

对于永久荷载效应控制的组合

$$\gamma_0\left(\gamma_G S_{G_k} + \sum_{i=1}^{n} \gamma_{Q_i}\psi_{ci}S_{Q_{ik}}\right) \leqslant R \qquad (6\text{-}18)$$

上式中的符号意义同式（4-5），各分项系数和组合值系数的取值见表 6-9。

与《建筑结构可靠度设计统一标准》（GB 50068—2001）同步修订的《建筑结构荷载规范》（GB 50009—2001）也相应给出提高可靠度的规定，如将风、雪荷载的标准值由"三十年一遇"值改为"五十年一遇"值，风、雪荷载的标准值平均提高了 10%；对量大面广的办公楼和住宅的楼面活荷载标准值由原来的 1.5kN/m^2 改为 2.0kN/m^2，提高幅度达 33%；除了提高可靠度的措施外，《建筑结构荷载规范》在某些方面也有一些调低安全度的措施，

表 6-9　统一标准 GB 50068—2001 采用的荷载分项系数和组合值系数

系数	情况		取值
γ_G	当永久荷载效应对结构不利时	由可变荷载效应控制的组合	1.2
		由永久荷载效应控制的组合	1.35
	当永久荷载效应对结构有利时	一般情况(结构的倾覆、滑移或漂移验算除外)	1.0
γ_Q	一般情况(标准值大于 $4kN/m^2$ 的工业房屋楼面结构的活荷载除外)		1.4
ψ_{ci}	楼面活荷载		0.7
	风荷载		0.6
	雪荷载		0.7

如将地面粗糙度由原来的三类调整为四类,使梯度风压有所降低;在荷载组合中取消了原来"遇风组合"的规定等。

除了《建筑结构可靠度设计统一标准》(GB 50068—2001)和《建筑结构荷载规范》(GB 50009—2001)对我国建筑结构可靠度总体上的调整外,《混凝土结构设计规范》(GB 50010—2002)中的混凝土材料分项系数 γ_c 由 1.35 提高到 1.4,Ⅱ级钢筋强度设计值由 $310N/mm^2$ 改为 $300N/mm^2$;对于抗剪,承载力公式中箍筋项的系数由 1.5 降为 1.25,相比于 1989 版的规范箍筋用量提高 20%。

从总体上来讲,20 世纪 90 年代末和 21 世纪初,统一标准、荷载规范和《混凝土结构设计规范》的调整使我国建筑钢筋混凝土结构的可靠度水平有所提高。

(4)《混凝土结构设计规范》(GB 50010—2010)　2010 版的混凝土规范中,箍筋项的系数又由 1.25 降为 1.0,相比于 2002 版规范的箍筋用量提高 25%。

2018 年,《建筑结构可靠性设计统一标准》(GB 50068—2018)颁布,永久荷载和可变荷载的分项系数分别调整为 1.3 和 1.5,同时取消了永久荷载起控制作用的组合,钢筋混凝土结构的可靠度进一步提高。

2. 港口工程

在编制《港口工程结构可靠度设计统一标准》(GB 50158—1992)时,对 1978 版的港口工程设计规范进行了可靠度校准,表 6-10 为港口工程钢筋混凝土结构和桩基可靠度的校准结果。表 6-11 为修订 GB 50158—1992 时参考文献 [113] 对《港口工程混凝土结构设计规范》(JTJ 267—1998)的可靠度校准结果。

表 6-10　港口工程钢筋混凝土结构和桩基可靠度的校准结果

结构或结构构件		可变荷载效应标准值与永久荷载效应标准值之比							
		1.0	1.5	2.5	4.0	5.0	6.0	7.5	10.0
钢筋混凝土	轴心受拉	4.253	—	4.047	—	3.924	—	3.875	3.849
	轴心受压	4.930	—	4.708	—	4.708	—	4.517	4.488
	受弯	3.963	—	3.804	—	3.700	—	3.658	3.636
	受剪	3.364	—	3.452	—	3.461	—	3.458	3.455
	大偏心受拉	5.306	—	4.966	—	4.788	—	4.720	4.684
	小偏心受拉	3.956	—	3.830	—	3.737	—	3.698	3.677

（续）

结构或结构构件		可变荷载效应标准值与永久荷载效应标准值之比							
		1.0	1.5	2.5	4.0	5.0	6.0	7.5	10.0
钢筋混凝土	大偏心受压	4.926	—	4.642	—	4.486	—	4.425	4.339
	小偏心受压	4.878	—	4.681	—	4.553	—	4.502	4.474
	受扭	2.098	—	2.254	—	2.324	—	2.348	2.361
桩基	按试桩（$K=1.7$）	—	3.763	3.726	3.684	—	3.653	—	—
	按公式（$K=2.0$）	—	3.836	3.855	3.855	—	3.847	—	—

注：K 为1978版规范中的安全系数。

表 6-11　港口工程混凝土结构可靠度的校准结果（JTJ 267—1998）

结构构件及破坏类型		安全等级		
		一级	二级	三级
有预兆破坏	轴心受拉	5.033	4.586	4.085
	受弯	4.683	4.240	3.740
	大偏心受拉	4.790	4.349	3.852
	小偏心受拉	4.783	4.340	3.841
	大偏心受压	4.404	3.953	3.440
无预兆破坏	轴心受压	5.069	4.666	4.215
	受剪	3.769	3.446	3.086
	小偏心受压	5.061	4.661	4.213

3. 水利水电工程

在编制《水利水电工程结构可靠度设计统一标准》（GB 50199—1994）的过程中，对《水工钢筋混凝土结构设计规范》（SDJ 20—1978）进行了可靠度校准，考虑了5种材料组合与5种荷载组合。

5种材料组合为：①R150+Q235；②R200+Q235；③R200+Q345；④R250+Q345；⑤R300+Q345。其中，R为规范SDJ 20—1978中的混凝土强度等级，Q245、Q345表示钢材类型。

5种荷载组合为：①恒载+起重机垂直轮压，$G+D$；②恒载+楼面堆放荷载，$G+L_1$；③恒载+静水荷载，$G+W_a$；④恒载+办公楼楼面荷载，$G+L_2$；⑤恒载+风载，$G+W_w$。

表 6-12 为可靠度校准的结果，其中序号1为按太平湾电站混凝土统计资料的分析结果；序号2为按全国水工混凝土覆盖80%批点数据的分析结果；序号3为按全国合格水平水工混凝土统计资料的分析结果。

表 6-12　水工钢筋混凝土结构可靠度的校准结果

类别	结构安全等级								
	Ⅰ级（1级）			Ⅱ级（2、3级）			Ⅲ级（4、5级）		
	延性破坏	脆性破坏	总体平均	延性破坏	脆性破坏	总体平均	延性破坏	脆性破坏	总体平均
1	4.00	3.98	3.99	3.34	3.67	3.53	2.85	3.39	3.16
2	4.00	4.01	4.00	3.33	3.71	3.55	2.85	3.41	3.17
3	3.99	4.07	4.03	3.33	3.76	3.57	2.85	3.45	3.19

注：表中第二行括号中的级别表示水工建筑物的级别，见表2-6。

在修订《水利水电工程钢闸门设计规范》（SDJ 13—1978）的过程中，对规范进行了可靠度校准，同样考虑了五种荷载组合：①恒载+起重机（吊车）荷载，$G+D$；②恒载+楼面堆放荷载，$G+L_i$；③恒载+静水荷载，$G+W_a$；④恒载+楼面（办公）荷载，$G+L_j$；⑤恒载+风荷载，$G+W_i$。可靠度校准结果见表6-13。

表6-13　水利水电工程钢闸门可靠度的校准结果

荷载组合	$G+D$	$G+L_i$	$G+W_a$	$G+L_j$	$G+W_i$	平均值
轴拉	3.770	3.034	4.018	4.560	3.287	3.734
轴压	3.680	2.932	3.880	4.546	3.177	3.643
偏压	3.710	3.053	3.704	4.425	3.204	3.619
受弯	3.765	3.038	3.949	4.610	3.273	3.728
平均值	3.73	3.02	3.89	4.54	3.24	3.680

对《混凝土重力坝设计规范》（SDJ 21—1978）进行可靠度校准，分析了代表性水工结构承载能力极限状态的总体可靠度水平，见表6-14。

表6-14　混凝土重力坝坝基抗滑稳定和抗压可靠度的校准结果

混凝土等级	抗　滑	抗　压
C10	$\beta>4.0$	$\beta>3.9$
>C15	$\beta>4.1$	$\beta>4.1$

在《碾压式土石坝设计规范》（DL/T 5395—2007）修订过程中，对坝坡抗滑稳定可靠度进行了校准，分析结果见表6-15。

表6-15　碾压式土石坝坝坡抗滑稳定可靠度的校准结果

水工建筑物级别		1	2、3	4、5
结构安全级别		I	II	III
总体可靠指标 β 的平均值	瑞典圆弧法	3.93	3.60	2.90
	简化毕肖普法	4.62	3.71	3.05
	摩根斯坦-普瑞斯法	4.65	3.74	3.07
	滑楔法　$\beta_i=0$	3.90	3.57	2.86
	滑楔法　$\beta_i\neq0$	4.65	3.70	3.02

注：$\beta_i=0$ 为假定滑楔之间的作用力为水平，$\beta_i\neq0$ 为假定滑楔之间的作用力平行于坡面或坡面与滑楔斜面的平均坡度。

在对《水电站压力钢管设计规范》（DL/T 5141—2001）的修订过程中，对I级结构进行了可靠度校准，分析结果见表6-16。

表6-16　压力钢管结构可靠度的校准结果

管型	明管	地下埋管	坝内埋管	坝后背管
β	4.24~4.52	3.77~3.85	3.71~3.73	4.30~5.83

4. 公路工程

在编制《公路工程结构可靠度设计统一标准》（GB/T 50283—1999）的过程中，对《公路钢筋混凝土及预应力混凝土桥涵设计规范》（JTJ 023—1985）进行了可靠度校准，车辆荷载采用了极值I型和正态两种概率分布。公路桥涵钢筋混凝土结构的可靠指标见表6-17。

表 6-17 公路桥涵钢筋混凝土结构的可靠指标

车辆荷载概率分布	作用效应组合	车辆运行状态	延性破坏	脆性破坏	总平均
极值Ⅰ型	主要组合	一般运行状态	4.7043	5.2780	5.0073
		密集运行状态	4.7872	5.3213	5.0789
		平　均	4.7457	5.2996	5.0431
	附加组合	一般运行状态	4.0813	4.7934	4.4451
		密集运行状态	4.0777	4.7903	4.4478
		平　均	4.0795	4.7918	4.4464
正态	主要组合	一般运行状态	4.9200	5.4332	5.2028
		密集运行状态	4.8420	5.3553	5.1268
		平　均	4.8810	5.3942	5.1648
	附加组合	一般运行状态	4.2031	8.8969	4.5644
		密集运行状态	4.0882	4.8014	4.4603
		平　均	4.1456	4.8491	4.5123

5. 铁路工程

参考文献［102］给出了铁路桥涵混凝土构件可靠指标的计算结果，见表 6-18。

表 6-18 铁路桥涵混凝土构件可靠指标

构件	全截面受压	部分截面受压（混凝土控制）	钢筋控制	小偏心受压	大偏心受压	受压区高度小于2倍混凝土保护层厚度
钢筋混凝土（容许应力法）	4.557	5.217	5.215	—	—	—
预应力混凝土（安全系数法）	—	—	—	5.61	5.72	5.32

6.3.3 海上风电机组单钢管桩基础局部稳定性可靠度校准

第 6.3.1 节论述了结构构件可靠度校准的一般方法，这种方法主要是针对一些受力比较简单的结构构件。对于一些受力比较复杂的结构构件，如构件复合受力（承受弯矩、剪力、轴力等多个内力或多个方向受力）的情况，需要根据所分析问题的特点，对第 6.3.1 节的方法进行调整。下面以对我国《海上风电场工程风电机组基础设计规范》（NB/T 10105—2018）中单钢管桩基础局部稳定性的可靠度校准为例进行说明。

【例 6-6】　校准《海上风电场工程风电机组基础设计规范》中单钢管桩基础局部稳定性的可靠度。

解　海上风电机组基础受力复杂，设计中需考虑多个荷载工况。我国标准《海上风力发电机组 设计要求》（GB/T 31517—2015）规定了海上风力发电机组及其基础结构设计时考虑的各种工况。单钢管桩基础的局部稳定性一般由极端工况控制。在极端工况下，为减小极端风对风电机组及支撑结构的作用，设计中要使风力发电机处于顺桨变桨距控制状态（叶片平面与风的方向平行，见图 6-12）或正对风向的失速控制状态。本例针对顺桨变桨距控制状态，对按《海上风电场工程风电机组基础设计规范》设计的单钢管桩基础结构的局部稳定性进行可靠度校准。

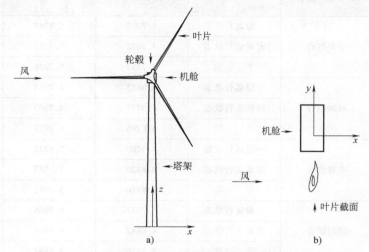

图 6-12　顺桨状态下受横风时变桨距控制风机的姿势

a）正面图　b）平面图

（1）规范设计表达式　我国《海上风电场工程风电机组基础设计规范》（NB/T 10105—2018）规定，承载能力极限状态下作用效应基本组合的设计值按式（a）确定，

$$S_d = \sum_{i=1}^{n} \gamma_{G_i} S_{G_{ik}} + \gamma_P S_P + \gamma_{Q_1} S_{Q_{1k}} + \psi_0 \left(\sum_{j=2}^{n} \gamma_{Q_j} S_{Q_{jk}} \right) \tag{a}$$

式中，$S_{G_{ik}}$ 为第 i 个永久荷载效应的标准值；$S_{Q_{1k}}$、$S_{Q_{jk}}$ 为主导可变荷载效应和第 j 个可变荷载效应的标准值；S_P 为预应力效应的标准值；γ_{G_i} 为第 i 个永久荷载的分项系数；γ_P 为预应力的分项系数；γ_{Q_1}、γ_{Q_j} 分别为第 1 个和第 j 个可变荷载的分项系数；ψ_0 为可变荷载的组合系数。

表 6-19 为极端工况下风电机组基础结构的荷载分项系数与组合系数，其中风电机组荷载是指基础以上作用于塔架、机舱和叶片上的风荷载，风荷载特指作用于基础的风荷载。由于基础暴露于海面以上的长度很短，由于风产生的作用力主要作用于塔架、机舱和叶片上，为简化计算，本例略偏保守地将海面以上基础的风荷载归并于风电机组荷载进行计算，分项系数取 1.5。

表 6-19　极端工况下风电机组基础结构的荷载分项系数与组合系数

荷载分项系数						组合系数
风电机组荷载	风荷载	波浪荷载	海流荷载	冰荷载	自重	
1.50	1.35	1.35	1.35	—	0.9/1.1	0.70
		—		1.35		

注：自重起不利作用时分项系数取 1.1，起有利作用时分项系数取 0.9。

根据规范 NB/T 10105—2018，轴向压缩和弯曲荷载联合作用下的圆柱形构件，局部稳定性应满足式（b）要求，

$$U_R = 1 - \cos\left(\frac{\pi}{2}\frac{\gamma_0 f_{cd}}{\varphi_c F_{xc}}\right) + \frac{\left[(f_{byd})^2 + (f_{bzd})^2\right]^{0.5}}{\varphi_b F_{bn}} \leq 1.0 \qquad (b)$$

其中

$$F_{bn} = \begin{cases} \dfrac{Z}{S}F_y & \dfrac{D}{t} \leq \dfrac{10340}{F_y} \\[2mm] \left(1.13 - 2.58\dfrac{F_y D}{Et}\right)\dfrac{Z}{S}F_y & \dfrac{10340}{F_y} < \dfrac{D}{t} \leq \dfrac{20680}{F_y} \\[2mm] \left(0.94 - 0.76\dfrac{F_y D}{Et}\right)\dfrac{Z}{S}F_y & \dfrac{20680}{F_y} \leq \dfrac{D}{t} \leq 300 \end{cases}$$

$$F_{xc} = \begin{cases} F_{xc} = F_y & \dfrac{D}{t} \leq 60 \\[2mm] \left[1.64 - 0.23\left(\dfrac{D}{t}\right)^{1/4}\right]F_y & \dfrac{D}{t} > 60 \end{cases}$$

式中，f_{cd} 为组合荷载引起的轴向压应力设计值；f_{byd}、f_{bzd} 为圆柱形构件 y 方向和 z 方向的弯曲应力设计值；F_{xc} 为构件非弹性名义局部屈曲强度；F_{bn} 为弯曲荷载下圆柱形构件的抗压强度；D 为圆柱形构件外径；S 为构件弹性截面模量；Z 为构件塑性截面模量；t 为圆柱形构件的壁厚；φ_c 为构件轴向抗压强度的抗力系数，取 0.85；φ_b 为构件抗弯强度的抗力系数，取 0.95。

（2）随机变量概率分布和统计参数 如上所述，本例分析考虑的作用于风电机组基础的荷载包括永久荷载（自重）、风电机组荷载、风荷载和波浪荷载。

1）永久荷载。永久荷载包括风电机组、支撑结构（塔架、钢管桩及其连接构件）等构件的自重，参考以往各种结构自重的统计资料，认为永久荷载服从正态分布，取其均值系数为 $k_G = 1.05$，变异系数为 $\delta_G = 0.05$。

2）风电机组荷载。风以压力的形式作用在风电机组和支撑结构上。作用在风电机组和支撑结构上的静风荷载为

$$F_W = \frac{1}{2}\rho C A V^2 \qquad (c)$$

式中，ρ 为空气密度；C 为风荷载形状系数（阻力系数）；A 为垂直于风向的轮廓投影面积（包括风电机组、塔架和海面上的基础部分）；V 为海面上风的速度。

风电机组基础结构设计中的基准风速为海面上 10m 处测得的时距为 10min、重现期为 50 年的平均风速 V_{10min}。计算风电机组荷载时要考虑从海面到风力发电机轮毂高度的变化而产生速度的变化，即风轮廓。另外，除考虑静风电机组荷载的作用外，还需考虑脉动风的影响，为此《海上风电场工程风电机组基础设计规范》规定采用时距为 3s、重现期为 50 年的风速。根据我国《海上风力发电机组 设计要求》（GB/T 31517—2015）的规定，极端工况下风电机组及基础设计的风速可按下式确定

$$V_{3s} = 1.4 V_{10min}$$

在式（c）中，将风速 V 取为标准值 V_k，则可得到风荷载标准值 F_k。将风电机组荷载表示为无量纲的形式，即风电机组荷载效应与风电机组荷载效应标准值的比值为

$$K_{F_W} = \frac{F_W}{F_{W_k}} = \left(\frac{V}{V_{ck}}\right)^2 = K_V^2 \tag{d}$$

式中，K_V 为风速与风速标准值（时距为 3s、重现期为 50 年的风速）的比值。

按广东沿海的风速考虑。根据文献 [147]，广东沿海年最大风速服从对数正态分布，均值系数为 $k_V = 0.713$，变异系数为 $\delta_V = 0.252$。

除静风电机组荷载的不确定性外，风电机组基础结构可靠度分析中还需考虑其他各种不确定性因素的影响，包括风电机组和支撑结构动力响应计算的不准确性（用系数 K_{dyn} 表示，包括阻尼比、频率的不确定性等），场地评估的不准确性（用系数 K_{exp} 表示，包括地面粗糙度、地形条件等），阻力系数的不精确性（用系数 K_{aero} 表示），将风电机组荷载转化为风电机组荷载效应时的不精确性（用系数 K_{str} 表示）。参照文献 [149]，各随机变量的概率分布和统计参数取值见表 6-20。

表 6-20　风荷载计算模型不确定性参数的概率分布和统计参数

变量	概率分布	均值系数	变异系数
K_{dyn}	对数正态分布	1.00	0.05
K_{exp}	对数正态分布	1.00	0.15
K_{aero}	极值 I 型分布	1.00	0.10
K_{str}	对数正态分布	1.00	0.03

3）波浪荷载。《海上风电场工程风电机组基础设计规范》规定了作用于海上风电机组基础结构波浪力和波浪力矩的计算方法，其中设计波高采用重现期为 50 年的 1% 累积频率波高。根据文献 [147] 的统计分析，广东沿海海上风电单钢管桩基础年最大波浪力和最大波浪力矩服从极值 I 型分布，均值系数为 $k_B = 0.3639$，变异系数为 $\delta_B = 0.7186$。

波浪荷载与风电机组荷载是相关的，波浪荷载与风电机组荷载的相关系数取为 $\rho_{WB} = 0.85$。

对于波浪荷载，也需考虑水动力计算中的模型不确定性，水动力不确定性系数 K_{hydr} 服从对数正态分布，均值系数 $k_{hydr} = 1.0$，变异系数 $\delta_{hydr} = 0.15$。

4）材料性能和抗力计算模式不确定性系数。钢管桩钢材屈服强度服从正态分布，均值系数 $k_{F_y} = 1.152$，变异系数 $\delta_{F_y} = 0.08$。根据文献 [147] 分析，钢管桩局部屈曲承载力计算模式不确定性系数的概率密度函数可采用"对数正态+对数正态"的形式表示为

$$f_{K_{U_R}}(x) = \frac{p}{\sqrt{2\pi}\,\sigma_{\ln X_1} x} \exp\left[-\frac{1}{2}\left(\frac{\ln x - \mu_{\ln X_1}}{\sigma_{\ln X_1}}\right)^2\right] + \frac{1-p}{\sqrt{2\pi}\,\sigma_{\ln X_2} x} \exp\left[-\frac{1}{2}\left(\frac{\ln x - \mu_{\ln X_2}}{\sigma_{\ln X_2}}\right)^2\right]$$

式中，$\mu_{\ln X_1}$、$\sigma_{\ln X_1}$ 为变量 X_1 对数的平均值和标准差，分别为 0.173 和 0.060；$\mu_{\ln X_2}$、$\sigma_{\ln X_2}$ 为变量 X_2 对数的平均值和标准差，分别为 0.303 和 0.025；p 为权重系数，为 0.623。

（3）可靠度校准　假定 y 方向的弯矩很小，可以忽略，风荷载和波浪力作用于 x 方向（见图 6-12），钢管桩局部稳定的承载力公式 (b) 简化为

$$u_R 1 - \cos\left(\frac{\pi}{2}\frac{\gamma_0 f_{cd}}{\varphi_c F_{xc}}\right) + \frac{\gamma_0 f_{bd}}{\varphi_b F_{bk}} \leqslant 1.0 \tag{e}$$

以某风力发电工程有限公司的 WD70/1500kW 机型作为参考，桩径与桩厚度之比 $D/t =$

$4000/24 = 166.7$，则圆柱形构件非弹性名义局部屈曲强度和弯曲荷载下的抗压强度可取为

$$F_{xc} = \left[1.64 - 0.23\left(\frac{D}{t}\right)^{1/4} \right] F_{yk} = \alpha F_{yk}$$

其中

$$\alpha = 1.64 - 0.23\left(\frac{D}{t}\right)^{1/4}$$

代入式（b），则钢管桩刚好满足规范设计要求时有

$$1 - \cos\left(\frac{\pi}{2} \frac{\gamma_0 f_{cd}}{\varphi_c \alpha F_{yk}}\right) + \frac{\gamma_0 f_{bd}}{\varphi_b \left[0.94 - 0.76\left(\frac{F_{yk}D}{Et}\right)\right] \frac{Z}{S} F_{yk}} = 1.0 \tag{f}$$

由式（a）知

$$f_{cd} = \gamma_G f_{Gk}$$
$$f_{bd} = \max(\gamma_W f_{bW_k} + \gamma_B \psi_0 f_{bB_k}, \gamma_W \psi_0 f_{bW_k} + \gamma_B f_{bB_k})$$

式中，f_{cd} 为桩轴向压应力设计值；f_{bd} 为桩弯曲压应力设计值；γ_0 为结构重要性系数，取 1.1；γ_G 为永久荷载分项系数，取 1.1；γ_W 为风电机组荷载分项系数，取 1.5；γ_B 为波浪荷载分项系数，取 1.35；ψ_0 为可变荷载组合系数，取 0.7；f_{Gk} 为风电机组、塔架和桩自重产生的桩轴向压应力标准值；f_{bW_k} 为风电机组荷载产生的桩弯曲应力标准值；f_{bB_k} 为波浪荷载产生的桩弯曲应力标准值；φ_c 为桩轴向抗压强度的抗力系数，0.85；φ_b 为桩抗弯强度的抗力系数，0.95；F_{yk} 为桩钢材屈服强度标准值；Z 为桩塑性截面模量；S 为桩弹性截面静模量。

令 $\rho_1 = \dfrac{f_{bW_k}}{f_{Gk}}$，$\rho_2 = \dfrac{f_{bB_k}}{f_{Gk}}$，$\rho_3 = \dfrac{S f_{Gk}}{Z F_{yk}}$，$\rho_4 = \dfrac{F_{yk}D}{Et}$，代入式（f）得

$$1 - \cos\left(\frac{\pi}{2} \frac{\gamma_0 \gamma_G f_{Gk}}{\varphi_c \alpha F_{yk}}\right) + \frac{\gamma_0 s_{bd} \rho_3}{\varphi_b (0.94 - 0.76\rho_4)} = 1.0 \tag{g}$$

其中

$$s_{bd} = \max(\gamma_W \rho_1 + \gamma_B \psi_0 \rho_2, \gamma_W \psi_0 \rho_1 + \gamma_B \rho_2)$$

在自重产生的轴力及风电机组荷载和波浪荷载产生的弯矩联合作用下，钢管桩的功能函数可写为

$$Z = K_{U_R} - \left[1 - \cos\left(\frac{\pi}{2} \frac{K_{f_G} f_{Gk}}{\alpha K_{F_y} F_{yk}}\right) + \frac{(\rho_1 K_{dyn} K_{exp} K_{aero} K_{str} K_V^2 + \rho_2 K_{hydr} K_{f_{bB}})\rho_3}{(0.94 - 0.76\rho_4 K_{F_y}) K_{F_y}} \right] \tag{h}$$

其中

$$K_{f_G} = \frac{f_G}{f_{Gk}}, K_{F_y} = \frac{F_y}{F_{yk}}, K_{f_{bW}} = \frac{f_{bW}}{f_{bW_k}}, K_{f_{bB}} = \frac{f_{bB}}{f_{bB_k}}$$

对风电机组自重、塔架和桩自重及风电机组荷载和波浪荷载的变化范围进行分析，取 $\rho_1 = 0.5$、1.0、2.0，$\rho_2 = 0.5$、1.0、2.0，$\rho_3 = 0.05$、0.1、0.15，$\rho_4 = 0.2$、0.3、0.4。根据 ρ_1、ρ_2、ρ_3 和 ρ_4 的值由式（g）解出 f_{Gk}/f_{ck} 的值，代入式（h）表示的功能函数，采用考虑随机变量相关性的一次二阶矩法进行计算，得到按《海上风电场工程风电机组基础设计规范》设计的海上风电机组钢管桩基础局部稳定性的可靠指标，见表 6-21。钢管桩局部稳定性的平均可靠指标为 3.8。

表 6-21　海上风电机组单钢管桩桩身局部稳定性可靠指标

ρ_1	ρ_2	ρ_3	ρ_4			平均
			0.2	0.3	0.4	
0.5	0.5	0.05	3.9949	4.0319	4.0785	4.0351
		0.1	4.2753	4.3362	4.4063	4.3393
		0.15	4.3676	4.3190	4.2206	4.3024
	1.0	0.05	4.1697	4.2249	4.2939	4.2295
		0.1	4.4477	4.4300	4.3571	4.4116
		0.15	4.1654	4.0555	3.9103	4.0438
	2.0	0.05	4.4642	4.5187	4.5449	4.5093
		0.1	4.1303	4.0118	3.8578	4.0000
		0.15	3.6889	3.5505	3.3823	3.5406
1.0	0.5	0.05	4.1878	4.2451	4.3164	4.2498
		0.1	4.3284	4.2455	4.1265	4.2335
		0.15	3.9472	3.8292	3.6838	3.8201
	1.0	0.05	4.2753	4.3362	4.4063	4.3393
		0.1	4.1475	4.0427	3.9049	4.0317
		0.15	3.7295	3.6013	3.4449	3.5919
	2.0	0.05	4.4477	4.4300	4.3571	4.4116
		0.1	3.8634	3.7336	3.5727	3.7233
		0.15	3.4237	3.2853	0.0000	2.2364
2.0	0.5	0.05	4.3995	4.3348	4.2278	4.3207
		0.1	3.7601	3.6390	3.4929	3.6307
		0.15	3.3593	3.2345	3.0862	3.2266
	1.0	0.05	4.3284	4.2455	4.1265	4.2335
		0.1	3.6522	3.5264	3.3749	3.5179
		0.15	3.2464	3.1180	0.0000	2.1215
	2.0	0.05	4.1475	4.0427	3.9049	4.0317
		0.1	3.4250	3.2917	3.1320	3.2829
		0.15	2.7025	2.5407	2.3591	2.5341
平均			3.9658	3.8963	3.5766	3.8129

6.4　重力式码头抗滑、抗倾稳定性可靠度校准

从本章第 6.1 节和第 6.3 节可以看出，结构构件的可靠度分析和校准相对比较简单，可以脱离结构本身而直接对构件进行分析；而对于重力式码头抗滑、抗倾稳定性的可靠度分析，由第 6.2 节可以看出，相对比较复杂，必须对整个结构进行分析，对码头稳定性的可靠性校准也是如此。在编制《港口工程结构可靠度设计统一标准》（GB 50158—1992）时，曾

对按 1978 版规范设计的重力式码头抗滑、抗倾稳定性的可靠度进行了校准，在对《重力式码头设计与施工规范》（TJT 290—1998）修订的过程中及结合交通运输部西部项目，又收集了更多的重力式码头设计资料和案例，对码头抗滑、抗倾稳定性可靠度进行了分析和校准。

重力式码头抗滑、抗倾稳定性可靠度校准的步骤如下：

1）确定重力式码头的结构形式（方块码头、扶壁码头、沉箱码头，包括码头后回填材料）和稳定性类型（抗滑、抗倾）。

2）分析重力式码头设计规范的设计表达式。

3）调整码头结构的水平尺寸，使码头的稳定性刚好满足规范设计表达式的要求。

4）计算同类码头水平尺寸调整后、相同稳定性的可靠指标 β_i。

5）计算所校准结构类型的码头、所考虑稳定性的平均可靠指标

$$\beta_a = \sum_{i=1}^{n} \omega_i \beta_i \qquad (6\text{-}19)$$

在上述步骤3）中，调整码头结构的水平尺寸，是为了满足规范的最低要求，只有这样才能反映按规范设计的码头结构稳定性的可靠度水平，也可简称为规范的可靠度水平。一般对码头的各组成部分按相同的比例调整。

下面通过一个例子，说明重力式码头抗滑、抗倾稳定性的可靠度校准过程。

【例 6-6】 以例 6-3 的沉箱码头为分析对象，进行抗滑、抗倾稳定性的可靠度校准。

解 按照本节的校准步骤进行计算。

（1）码头结构形式和稳定性类型 码头为沉箱式码头，码头后回填块石，对抗滑和抗倾稳定性进行可靠度校准。

（2）规范设计表达式 不考虑波浪力（有掩护），可变作用产生的土压力为主导作用，沉箱重力式码头抗滑、抗倾稳定性验算的公式见第 7 章式（7-87）~式（7-94）。

（3）调整码头结构的水平尺寸 码头的实际尺寸见表 6-22。表 6-22 给出了不同水位时码头抗滑、抗倾稳定性刚好满足规范要求时码头水平尺寸的调整比例。调整比例均大于 1，说明从稳定性考虑，码头的水平尺寸有富余。

表 6-22　符合规范要求时沉箱码头水平尺寸的调整比例

抗滑稳定性		抗倾稳定性	
设计高水位	设计低水位	设计高水位	设计低水位
2.280	2.220	1.579	1.555

（4）计算码头尺寸调整后的可靠指标 例 6-3 给出了码头沿基床底面的稳定力和滑动力及对码头前趾稳定力矩和倾覆力矩的计算过程，计算中随机变量 γ_c，γ_d，q，φ，f，K_{p1}，K_{p2} 的统计参数和概率分布按表 5-12 确定。采用参考文献 [104] 的方法进行计算，得到的可靠指标的计算结果见表 6-23。

表 6-23　码头水平尺寸调整后的可靠指标

抗滑稳定性		抗倾稳定性	
设计高水位	设计低水位	设计高水位	设计低水位
2.239	2.189	2.863	2.814
2.214（平均）		2.839（平均）	

采用上述方法，以收集的 23 个方块码头、9 个扶壁码头和 79 个沉箱码头为分析对象，当抗滑、抗倾刚好满足规范要求时，分析得到的可靠指标见表 6-24。

表 6-24　重力式码头抗滑、抗倾稳定性可靠度校准结果

码头形式	码头后填料	可靠指标					
		抗滑			抗倾		
		最小值	最大值	平均值	最小值	最大值	平均值
方块码头	填石	2.403	2.628	2.507	3.030	3.649	3.143
扶壁码头	填砂	4.009	4.326	4.237	3.993	4.368	4.237
沉箱码头	填石	2.087	2.533	2.221	2.746	3.043	2.852
	填砂	3.694	4.169	3.905	3.882	4.324	4.071

第 7 章

结构概率极限状态设计

如第 2 章所述，结构设计首先要保证结构的安全性，其次是保证结构适用性、耐久性和偶然作用下的整体稳定性。为实现上述目的，就要对结构进行合理的设计。结构设计方法的好坏关系到结构能否很好地完成上述功能。自人类开始建造结构物以来，结构由最初的完全经验设计法，逐步向以科学试验和理论计算为基础的方向发展。从力学计算理论的发展过程看，经历了容许应力设计法、破损阶段设计法和极限状态设计法；从概率理论的应用过程看，经历了定值设计法、半概率设计法及近似概率设计法。今天，国际上结构设计理论的发展趋势是概率极限状态设计法。虽然理论上讲直接采用可靠度方法对结构进行设计是可行的，《工程结构可靠性设计统一标准》（GB 50153—2008）也给出了直接采用可靠度方法进行结构设计的基本原则，但实际中还存在很多问题，工程中实际采用的是基于可靠度的分项系数设计方法。本章首先讨论了结构设计采用的安全水平和最小可靠指标，然后介绍将可靠指标转化为设计表达式中分项系数的方法，最后介绍国内外设计标准、规范中的分项系数设计方法和设计表达式。

7.1 结构风险和安全水平

由于结构设计、施工和使用中不确定性的存在，结构在其使用期内存在各种风险，为将这些风险控制在可接受的范围内，就要对结构承载力机理和各种不确定性进行研究，使结构保持在合理的安全水平。结构合理安全水平的确定是一个非常复杂的问题，涉及技术、经济、文化、历史等多个方面，需要通过综合分析进行决策。

7.1.1 经济发展对结构安全水平的影响

从经济上讲，确定结构合理的安全水平涉及两个方面的问题，一方面是资源的合理分配，资源包括原材料、能源、财力等。对世界上任何一个国家来讲，资源都是有限的，因而用于建造各种工程结构和设施的投资也是有限的，结构的安全度水平不能任意提高，因为结构安全度的提高意味着结构造价的增大。另一方面，结构安全度不足会使结构发生倒塌事故的概率增大，而结构倒塌将直接威胁人民生命的安全，造成巨大的经济损失和社会影响。所以确定结构的目标可靠指标实际上是一个建造费用、日常维护费用和倒塌损失（包括结构本身的损失和由此引起的其他损失，如工厂停工、公路干线交通中断）的平衡问题，如图 7-1 所示，采用公式表示为

$$C_{tot} = C_b + C_m + \sum p_f C_f \tag{7-1}$$

式中，C_b 为结构建造费用；C_m 为维护和拆除的预期费用；C_f 为结构倒塌损失；p_f 为结构设计使用年限内的失效概率。$p_f C_f$ 称为结构倒塌的风险。式（7-1）不是一个新概念，早在 1924 年参考文献 [125] 就提出了这一思想，但是当时尚没有计算结构失效概率的方法可供使用。风险估计也是促进结构可靠度计算方法的研究的动力之一。

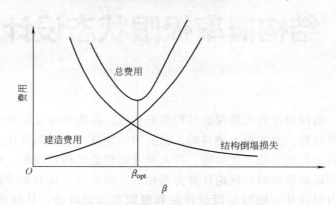

图 7-1　结构设计的最优安全水平

式（7-1）将结构安全水平的决策问题转化为经济优化问题，无论是初期的建造费用、维护和拆除的预期费用还是倒塌造成的经济损失，最终都由个人、国家和社会承担。从个人来讲，涉及两个方面的含义：直接风险和间接风险。改革开放以来，我国经济有了很大发展，各方面发生了巨大变化，房屋建筑由计划经济体制的国家分配供给制转化为市场经济自由买卖的商品。这样，在房地产业充满活力、人民居住条件得到改善的同时，作为商品的属性，建筑结构的安全性和质量也成业主关心的问题。业主要求花钱购买的房屋要物有所值，居住安心。从国家来讲，建筑结构应经久耐用，具有足够的抗自然灾害能力，不能因安全和使用问题影响国家稳定和人民生活，保证工农业生产的正常进行。

描述一个国家经济的发展状况，首先需要考虑采用什么指标。目前国际上普遍采用的指标是国内生产总值，简称为 GDP。GDP 是指在一定时期内（一个季度或一年），一个国家或地区经济中所生产全部最终产品和劳务的价值。它不但可反映一个国家的经济表现，更可以反映一个国家的国力与财富。一般来说，国内生产总值有三种形态，即价值形态、收入形态和产品形态。从价值形态看，它是所有常驻单位在一定时期内生产的全部货物和服务价值与同期投入的全部非固定资产货物和服务价值的差额，即所有常驻单位的增加值之和；从收入形态看，它是所有常驻单位在一定时期内直接创造的收入之和；从产品形态看，它是最终使用的货物和服务减去货物和进口服务价值的差额。

根据中国国家统计局的年度报表，我国 1956—2009 年的 GDP 数据如图 7-2 所示。从图 7-2 的 GDP 发展曲线来看，中国经济发展可以分为两个阶段。20 世纪 60—90 年代中期为第一个阶段，GDP 曲线比较平缓，上升速度缓慢。这是由于当时整个社会的生产力水平较低，全社会创造的总财富也相对较低，国民经济的发展状况较为落后。从 20 世纪 90 年代中期到现在是我国自改革开放以来经济的高速发展时期，GDP 曲线呈高速上升之势，2003 年后，平均增长速率高达 10%，居世界首位。

尽管 GDP 反映了一个国家的经济发展状况，但并不能用作一个国家建筑发展的指标。

从国家整体发展的角度讲，一个国家能花费多少资金用于建筑和基础设施建设，还要取决于国民经济的宏观平衡。但一个国家建筑的投资是与一个国家的 GDP 密切相关的。建筑和基础设施建设作为一个国家国民经济的支柱产业，产值过低会导致国民经济的萎缩；相反，产值过高，又会导致各种资源的紧张，使建筑效益大幅下降。所以，合适的比值是客观规律的要求，不以人的意志为转移。英国伦敦大学建筑经济研究所在 20 世纪 70 年代对这一问题做过全球性的分析。通过对 87 个国家的统计数据进行分析发现，一个国家的"建筑附加值"为本国国内生产总值（GDP）的 4%～8%，这一比值增加最快的时期是国家人均 GDP 由 400 美元增至 1000 美元的阶段。图 7-3 为我国 1995—2000 年的建筑总投资。由图 7-3 可以看出，我国的建筑投资变化曲线与 GDP 相似，以 2000 年为分界线，大致分为两个阶段。第一阶段从 1995—2000 年，建筑投资增长缓慢；第二阶段为 2000 年之后到目前的阶段，建筑产业投资增长迅速，投资额增长的速率超过 25%。

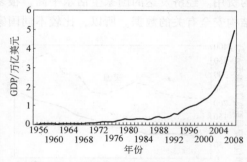

图 7-2 我国 1956—2009 年的 GDP

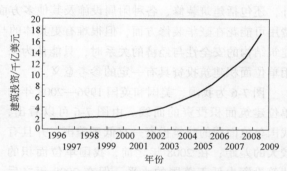

图 7-3 我国 1995—2009 年的建筑总投资

再看我国与国外情况的比较。从我国统计数据及《美国统计年鉴》《英国统计年鉴》的统计数据得到我国、美国和英国 1970—2009 年 GDP 的情况，如图 7-4 所示。由图 7-4 可以看出，从 20 世纪 70 年代至 2005 年，我国的 GDP 比英国低；从 2006 年开始，我国的 GDP 开始高于英国，2009 年已超过英国的 2 倍。虽然在 2005 年我国 GDP 总量超过了英国，但如果考虑我国人口总数，按人均 GDP 考虑，我国同英国还有很大差距。与美国相比，我国的 GDP 一直低于美国，但差距一直在缩小。目前我国 GDP 已经超过日本，成为国际上除美国外的第二大经济体。说明改革开放以来，我国经济高速发展，成为国际经济发展的重要力量。

如前所述，GDP 只是反映了一个国家或地区经济发展的总体情况，并不说明该国家或地区在建筑方面的投资。1996—2009 年中国、美国和英国的建筑投资情况如图 7-5 所示。从

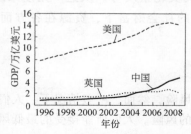

图 7-4 中国、美国和英国 1970—2009 年
GDP 的情况

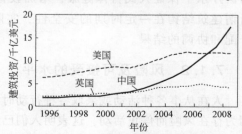

图 7-5 中国、美国和英国 1996—2009 年
建筑投资

图 7-5 可以看出：①2000 年以来，中国的建筑投资以较大的速率上升，说明中国建筑业处于成长期。相对而言，美国和英国的建筑投资曲线比较平缓，这反映出在英国和美国建筑业已经处于一种比较稳定、成熟的状态，每年以相对固定的资金投入建筑业。②尽管我国近年来的建筑投资大比例增长，但投资额在 2002 年前小于英国，2007 年之前小于美国，即只是在 2007 年才赶上美国和英国的水平。

建筑投资只是反映了一个国家或地区当年用于建筑的总投资，投资多并不意味建筑结构的安全度高，还与当年的总建筑面积有关。所以，相对来讲，采用单位面积建筑投资会更好些。单位面积建筑投资是一个平均指标，是将当年的建筑投资分摊到单位面积上，排除了建设规模的影响，更便于说明经济发展对建筑安全的影响，因为保持较高的安全度总是需要较多的投资。但单位面积建筑投资也并不是一个与建筑结构安全度一一对应的指标。因为单位面积建筑投资并不表示花费的费用全部用于保持或提高安全度上，除用于保持必要的安全度外，还包括建筑装修、各种附属设施及其他多方面的费用。经济发达的国家生活水平高，很多费用可能花在豪华装修方面，但很难有更具体的与结构安全有关的数据。所以，比较不同国家建筑结构的安全性与经济的关系时，只能认为采用单位面积建筑投资具有一定的参考意义。

图 7-6 为我国、美国和英国 1996—2008 年的单位建筑面积投资的曲线。由图 7-6 可以看出，我国单位面积的建筑投资一直低于美国，并且有较大的差距；在 2008 年之前，我国单位面积的建筑投资也低于英国的水平，但在 2008 年之后超过了英国。尽管我国的单位面积建筑投资相对较低，但一直处于稳定上升的趋势。

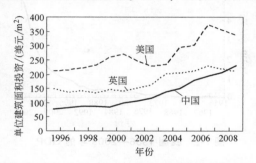

图 7-6　中国、美国、英国单位建筑面积投资比较

到 20 世纪末，尽管我国建筑结构设计规范进行了几次修订，设计方法也发生了重大变化，但建筑结构的安全水平没有大的调整。随着我国经济的发展，我国建筑结构的安全水平也经历了几次调整，每次调整都有不同程度的提高，这在第 6.3.2 小节已经提到，也可从表 6-5 看出。应该说建筑结构安全水平的提高与我国经济的发展是相适应的。当然，建筑结构的安全水平也不会是随着经济发展无限增长的。事实上，当一个国家的经济水平达到一定高度时，过多提高建筑结构的安全性已不再具有实际意义。从一个国家的总体发展来看，在一定的社会财富下，资源在各方面的分配要保持平衡。例如，在增加材料用量提高结构安全性的同时，社会的发展也需要加强国防投资保证国家安全，提高医疗水平保证人民身体健康，增加教育投资提高人民文化素质等。从这一角度来理解，所谓建筑结构在一定时期的安全性，实际上是在一定的社会财富下，资源在各方面平衡分配和协调的结果。

7.1.2　风险及可接受的水平

人在从事各种活动或采取各种行动时都存在一定的风险，然而，一般情况下，人们不会因为存在风险而停止活动，这表明人们已经接受了这样的风险。人们所能接受的最低风险水平称为风险的可接受水平。

风险的可接受水平是一个综合指标，与一个国家的经济水平、文化传统等多种因素有关，其中起决定作用的因素仍是经济因素。表 7-1 示出了美国不同原因和活动中发生死亡事件的概率。需要说明的是，概率值为所有记录事故的平均值，由特定原因或特定活动期间导致的死亡概率往往取决于个人的行为。根据美国国家统计报告（2003），美国只有约 4% 的记录死亡是事故引起的，而心脏病发作、癌症和中风约占总死亡率的 58%。

表 7-1　美国不同原因和活动中发生死亡事件的概率［美国国家安全局（2004）］

死亡原因	年概率	寿命期（77 年）概率
交通事故	1.66×10^{-4}	1.28×10^{-2}
步行	2.13×10^{-5}	1.64×10^{-3}
骑自行车	2.78×10^{-6}	2.14×10^{-4}
乘摩托车	1.07×10^{-5}	8.24×10^{-4}
乘坐轿车	5.24×10^{-5}	4.05×10^{-3}
乘坐大型运输车辆	1.31×10^{-6}	1.01×10^{-4}
乘公交车	1.30×10^{-7}	1.00×10^{-5}
骑马或马车	4.07×10^{-7}	3.14×10^{-5}
乘火车	9.12×10^{-8}	7.04×10^{-6}
乘飞机	3.22×10^{-6}	2.49×10^{-4}
非交通事故	1.90×10^{-4}	1.47×10^{-2}
摔倒	5.27×10^{-5}	4.07×10^{-3}
被其他人撞倒	1.58×10^{-7}	1.22×10^{-5}
淹死	1.15×10^{-5}	8.88×10^{-4}
暴露于电流、辐射、高温和高压环境	1.51×10^{-6}	1.17×10^{-4}
暴露于烟雾、火灾中	1.16×10^{-5}	8.96×10^{-4}
建筑或结构中不能控制的火灾	9.38×10^{-6}	7.24×10^{-4}
与有毒的动物或植物接触	2.14×10^{-7}	1.65×10^{-5}
地震或其他地质活动	9.82×10^{-8}	7.58×10^{-6}
风暴	1.89×10^{-7}	1.46×10^{-5}
洪水	1.23×10^{-7}	9.48×10^{-6}
雷击	1.54×10^{-7}	1.19×10^{-5}
酗酒	1.06×10^{-6}	8.20×10^{-5}
毒品和致幻剂	2.28×10^{-5}	1.76×10^{-3}
自残	1.07×10^{-4}	8.26×10^{-3}
被攻击	7.12×10^{-5}	5.49×10^{-3}
合法干预	1.39×10^{-6}	1.07×10^{-4}
战争	5.96×10^{-8}	4.60×10^{-6}
医疗和手术并发症	1.06×10^{-5}	8.18×10^{-4}

表 7-2 给出了美国不同行业工作人数的比例和每 10 万人中伤亡的人数。由表 7-2 可以看出，农业、林业和渔业，采矿，石油和天然气勘探，建筑业，制造业，运输和交通设施建造是较为危险的职业。

表 7-3 为英国不同活动的年残疾人数比率。

表 7-2 美国不同行业从业人数的比例和每 10 万人中伤亡的人数 [美国劳动局统计（2004）]

从事的行业	从事人数百分比	每 10 万人中伤亡的人数
私人企业	90	4.2
农业、林业和渔业	14	22.7
采矿	2	23.5
石油和天然气勘探	1	23.1
建筑业	20	12.2
制造业	10	3.1
运输和交通设施建造	16	11.3
批发业	4	4.0
零售业	9	2.1
商业、保险业和房地产	2	1.0
服务业	12	1.7
政府部门	10	2.7
联邦政府(包括民间武装力量)	2	3.0
总计	100	4.0

表 7-3   英国不同活动的年残疾人数比率

从事的活动	每年残疾人数的比率	从事的活动	每年残疾人数的比率
攀岩、登山	$1.5\times10^{-3} \sim 2.0\times10^{-3}$	乘火车旅行	1.5×10^{-5}
划船	1.2×10^{-4}	采矿	3.0×10^{-4}
游泳	1.7×10^{-4}	建筑施工	$1.5\times10^{-4} \sim 4.4\times10^{-4}$
吸烟	1.0×10^{-3}	加工制造	4.0×10^{-5}
乘飞机旅行	2.4×10^{-5}	建筑物火灾	$8.0\times10^{-6} \sim 2.4\times10^{-5}$
乘汽车旅行	2.0×10^{-4}	结构倒塌	1.0×10^{-7}

由表 7-1~表 7-3 的统计数字可以看出，不同职业、不同活动所导致的人身伤亡事件的比率是不同的，而且相差很大。相比之下，因建筑物结构倒塌而导致伤亡的比率最小。

人对不同大小风险的反应是不同的，表 7-4 所示为西方人对不同程度危险的反应。

表 7-4   西方人对不同程度危险的反应

每人每年发生的概率	人的反应
10^{-3}	属比较大的危险,必须立即采取措施予以降低
10^{-4}	需花费一定的资金,特别是公用资金予以控制,如设置交通信号,制定法律
10^{-5}	父母警告自己孩子的危险性,如失火、毒药
10^{-6}	一般人有意识,但不太关心,认为不是人所能控制的

目前，关于可接受生命安全风险的监管准则主要是根据最低、合理、可行的（ALARP）原则制定的。按照这一原则，将风险的大小划分为可忽略的、可忍受的或不可接受的，如图 7-7 所示。表 7-5 给出了部分欧洲国家的 ALARP 风险标准。可以看出，不同国家的风险标准有一定差别。

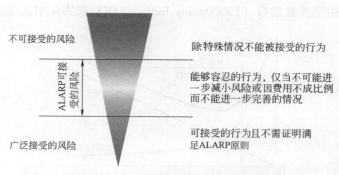

图 7-7 生命安全风险管理中典型 ALARP 原则图示

表 7-5 欧洲国家 ALARP 风险标准

年死亡率	英国	荷兰	匈牙利	捷克共和国
10^{-4}	公众无法忍受的极限	—	—	
10^{-5}	ALARP 所在范围	既有结构的极限（ALARP）	上限	既有结构的极限,应采取降低风险的措施
3×10^{-6}	土地使用计划（LUP）标准	—	下限	新建结构的极限
10^{-6}	广泛接受	新建结构的极限和 2010 年后的一般极限（ALARP）		

表 7-6 为国外有关部门和机构对不同行业规定的允许人身伤亡事件的最低控制标准。

表 7-6 国外有关部门和机构对不同行业规定的允许人身伤亡事件的最低控制标准

国别及部门	年最大概率
美国核管理委员会（USNRC）对核电站风险的控制标准	核心部位严重损坏的概率：$10^{-4} \sim 10^{-3}$
美国环境保护局（EPA）和食品、药物管理委员会（FDA）对致癌风险的控制标准	EPA 寿命期内的最大概率：10^{-6} FDA 寿命期内的最大概率：10^{-5}
挪威石油董事会（NPD）对海洋采油和天然气工业风险的控制标准	海洋平台失效导致的严重事故的最大年概率为 10^{-4},事发情况下新平台上每个工人伤亡的年最大概率为 10^{-3}
英国政府对海洋采油平台灾难性事故的控制标准	事发后每个工人死亡的年最大概率为 10^{-3}
荷兰政府的控制标准	新设施失效导致每人伤亡的年最大概率为 10^{-6},当事发地点人数多于 10 个时,年最大概率小于 10^{-5}

7.1.3 基于风险和生命价值优化的安全准则

国际标准《结构可靠性总原则》（ISO 2394：2015）扩大了结构可靠性的概念，将结构可靠性纳入风险和风险决策的范围。目标失效概率的确定要考虑失效带来的后果和性质、经济损失、社会不便、环境影响、自然资源的可持续利用、降低失效概率所要付出的费用和努力。如果不存在与结构失效相关的人身伤亡风险，则目标失效概率可仅通过经济优化的方法确定；如果结构失效会带来人身伤亡的风险，建议采用边际救生成本原则，如图 7-8 所示。边际救生成本原则指出，如果挽救一个额外生命可能采取的措施所发生的费用与统计意义上挽救个体生命费用的社会意愿是平衡的，那么具有生命安全效应的决策是可接受的。边际救生成本原则可通过生活质量指数（Life Quality Index，LQI）在实际中实施。

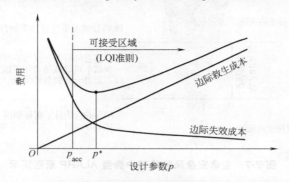

图 7-8 以生活质量指数可接受准则做约束条件的资金优化

生活质量指数是与国民生产总值、人出生时的期望寿命和闲暇时间与工作时间之比有关的，表示对生命安全投资的社会偏好和能力的指标。生活质量指数最初是基于社会经济理论提出的，其正确性后来得到经验证实。生活质量指数便于用来对与生命安全投资的社会偏好一致性的评估。根据生活质量指数，可得到救生成本极限值，即为挽救一个额外生命必要的和支付得起的费用。

生活质量指数可表达为下面的基本形式

$$L(g,e) = g^q e \tag{7-2}$$

式中，g 为人均 GDP；e 为人的预期寿命；q 为在已有可消耗资源与健康生活时间价值之间进行权衡的度量参数。

参数 q 依赖于用于经济活动的生命时间 w（工作时间与闲暇时间之比，通常为 $0.18 \sim 0.2$），同时还需考虑这样一个事实：GDP 一部分得之于劳动，另一部分产生于投资回报。e 和 w 应在国家层面上确定。常数 q 按下式确定

$$q = \frac{w}{(1-w)\beta} \tag{7-3}$$

式中，β 为柯布-道格拉斯（Cobb-Douglas）弹性常量，这里取为 0.7。

社会意愿支付费用（Societal Willingness To Pay，SWTP）和统计上生命的社会价值（Social Value of Statistical Life，SVSL）可表示为

$$\text{SWTP} = \frac{g}{q}\frac{\mathrm{d}e_\mathrm{d}}{e_\mathrm{d}} \approx \frac{g}{q}C_x \mathrm{d}m = G_x \mathrm{d}m \tag{7-4}$$

$$\text{SVSL} = \frac{g}{q}e_\mathrm{d} \tag{7-5}$$

式中，e_d 为按年龄折算的平均期望寿命；C_x 为比死亡率（Specific mortality）为 x 时的人口统计学常数；G_x 为死亡率 m 变化一个单位时的社会意愿支付费用。

确定 e_d 时，对年龄进行平均是考虑到提高生命安全的不同策略可能对不同年龄段人群的影响不同，进行折算是考虑到救生是未来实施的。

社会意愿支付费用是对于给定的降低生命风险的行动，为挽救一个额外生命应付出的资金。统计上生命的社会价值应是为每位亡者支付的赔偿金。这里可认为统计上生命的社会价值为一参考值。实际上，在不同国家的不同法律体系下，赔偿是不同的。

计算社会意愿支付费用和统计上生命的社会价值时，可采用两种不同的降低死亡率的方法。第一种为 π 方法，适用于降低生命风险的设计策略与死亡率随年龄分布成比例变化的情况；第二种为 Δ 方法，适用于与降低生命风险的设计策略有关的死亡率变化在各年龄段均匀分布的情况。大部分情况下可采用 Δ 方法，因为风险降低措施的效果通常对所有人是相同的，与年龄无关。根据已有信息计算 G_π 和 G_Δ 的详细方法见文献［127］。

表 7-7 给出一些国家按 2008 年的人均 GDP 计算的年折现率分别为 2%、3% 和 4% 时的边际救生成本，同时给出了相应的统计上生命的社会价值（SVSL）。计算中，假定用于降低生命风险的总 GDP 是已知的。结构设计决策是否符合要求，可根据表 7-7 中的数据，按照对生命安全投资的社会偏好进行评估。为此，有必要按照《工程风险评估—原则、系统描述和风险准则》（JCSS 2008）进行全风险评估。

表 7-7 不同国家、不同降低生命风险方法、不同年折现率时的边际
救生成本［按购买力评价（千美元）］

国家	2008 年人均 GDP	SWTP—G_π			SWTP—G_Δ			SVSL		
		2%	3%	4%	2%	3%	4%	2%	3%	4%
澳大利亚	35624	3061	2614	2279	4840	4298	3843	6551	5261	4356
巴西	9517	548	470	399	804	712	634	1074	864	724
加拿大	36102	2821	2369	2038	4062	3636	3236	5494	4412	3679
哥伦比亚	8125	390	330	285	475	424	380	443	362	304
刚果	290	11	9	8	16	14	12	20	17	14
丹麦	34005	2334	2007	1704	3842	3431	3064	3127	2549	2113
法国	30595	1969	1677	1459	2935	2601	2307	2233	1820	1523
德国	33668	2090	1785	1544	3219	2849	2527	2625	2158	1824
印度	2721	128	110	96	175	156	139	172	140	118
日本	31464	1435	1227	1045	2286	2036	1812	1702	1404	1178
马里	1043	40	34	29	54	48	43	70	56	47
莫桑比克	774	33	28	25	40	36	32	51	42	35
荷兰	38048	2329	1989	1700	3812	3385	3016	2967	2406	2016
挪威	49416	2794	2380	2038	3937	3500	3129	3531	2839	2348
波兰	16418	1006	846	729	1369	1218	1080	1221	989	819
新加坡	45553	2114	1799	1554	2735	2448	2191	2771	2267	1893
瑞典	33769	2249	1891	1630	2710	2406	2137	2561	2113	1743
瑞士	37788	2943	2517	2134	4206	3727	3332	3464	2792	2332
英国	34204	2600	2178	1873	4105	3665	3270	3127	2505	2117
美国	42809	2488	2100	1822	3187	2833	2542	4293	3508	2953

7.2 规范和标准中的目标可靠指标

采用概率方法或可靠度方法对结构或结构构件进行设计，需要有一个明确的可靠指标，这一可靠指标称为目标可靠指标，用 β_T 表示。目标可靠指标是设计标准或规范规定的结构或结构构件的最低可靠指标，代表了一个国家或地区结构设计的安全水平。

确定结构设计的目标可靠指标是一个非常复杂的问题。如第 7.1 节所述，一个国家和地区的结构安全水平与其经济发展水平和风险可接受水平等因素有关，而这些因素都是随着时间变化的，完全从理论上确定结构设计的目标可靠指标是困难的，目前国内外实际采用的确定结构目标可靠指标的方法基本都是校准法。校准法就是采用第 6 章的可靠度校准方法，对按以往规范设计的结构或结构构件的可靠度进行校准，以校准的可靠指标为基础，考虑国家经济发展、风险可接受水平等多种因素，确定未来结构或结构构件设计的可靠指标。采用校准法的优点在于：①继承了原规范的安全水平，保持了规范安全水平的连续性，因为一个在不长的时期内结构安全水平差异过大不容易被工程人员接受；②避免了结构失效概率运算值与真正失效概率概念的混淆。

7.2.1 我国各结构可靠性设计统一标准

第 6.3.2 节给出了 20 世纪八九十年代，我国建筑工程、港口工程、公路工程、水利水电工程和铁路工程结构可靠度校准得到的可靠指标，以此可靠指标为基础，各结构可靠性设计统一标准规定了我国各种工程结构承载能力极限状态设计的目标可靠指标，见表 7-8。确定目标可靠指标时考虑了结构的破坏类型和安全等级，脆性破坏没有任何预兆，脆性破坏构件的可靠指标要比延性破坏构件的高 0.5，相邻安全等级构件的可靠指标也相差 0.5。安全等级的划分见表 2-6。大致来讲，可靠指标相差 0.5，失效概率相差一个数量级。表 7-9 为我国各种工程结构正常使用极限状态设计的目标可靠指标。由于正常使用极限状态失效只是影响结构的使用，而不影响结构的安全，所以正常使用极限状态的目标可靠指标低于承载能力极限状态的目标可靠指标。铁路工程结构正常使用极限状态的目标可靠指标比建筑结构的高，这是因为列车行驶要求有较高的舒适性，特别是高铁；另外，由于列车行驶速度较快，变形过大容易引起安全事故。

表 7-8 我国各种工程结构承载能力极限状态设计的目标可靠指标

工程结构标准		设计基准期/年	破坏类型	安全等级				
				一级	二级	三级		
《建筑结构可靠性设计统一标准》（GB 50068—2018）		50	延性破坏	3.7	3.2	2.7		
			脆性破坏	4.2	3.7	3.2		
《公路工程结构可靠性设计统一标准》（JTG 2120—2020）	桥梁和隧道	100	延性破坏	4.7	4.2	3.7		
			脆性破坏	5.2	4.7	4.2		
	公路路面	50	公路等级	高速	一级	二级	三级	四级
				1.64	1.28	1.04	0.84	0.52
《港口工程结构可靠性设计统一标准》（GB 50158—2010）		50	—	4.0	3.5	3.0		
《水利水电工程结构可靠性设计统一标准》（GB 50199—2013）		50	第一类破坏①	3.7	3.2	2.7		
			第二类破坏②	4.2	3.7	3.2		

（续）

工程结构标准		设计基准期 /年	破坏类型	安全等级		
				一级	二级	三级
《铁路工程结构可靠性设计统一标准》（GB 50216—2019）③	桥梁结构	—	延性破坏	5.2	4.7	4.2
			脆性破坏	5.7	5.2	4.7
	隧道二次衬砌、明洞		延性破坏	4.2	3.7	3.2
			脆性破坏	4.7	4.2	3.7
	路基（稳定、地基应力）	—	—	3.7	3.2	2.7
	轨道		延性破坏	4.2	3.7	3.2
			脆性破坏	4.7	4.2	3.7

① 非突发性破坏，破坏前可见到明显征兆，破坏过程缓慢。
② 突发性破坏，破坏前无明显征兆，或结构一旦发生破坏难于补救或修复。
③ 见《铁路工程结构可靠性设计统一标准》（GB 50216—2019）条文说明。

表 7-9　我国各种工程结构正常使用极限状态设计的目标可靠指标

工程结构标准		目标可靠指标	说明
《建筑结构可靠性设计统一标准》（GB 50068—2018）		0～1.5	可逆的情况可取低值，不可逆的情况可取高值
《公路工程结构可靠性设计统一标准》（JTG 2120—2020）		—	—
《港口工程结构可靠性设计统一标准》（GB 50158—2010）		—	—
《水利水电工程结构可靠性设计统一标准》（GB 50199—2013）		—	—
《铁路工程结构可靠性设计统一标准》（GB 50216—2019）①	桥梁结构	1.5～3.0	
	隧道二次衬砌、明洞	1.0～2.5	
	路基	1.0～2.5	
	轨道	1.0～2.5	

① 见《铁路工程结构可靠性设计统一标准》（GB 50216—2019）条文说明。

说明：第 6 章已经提到，在建筑结构各设计规范修订的过程中，通过对楼面活荷载标准值、风荷载标准值、材料性能分项系数、荷载分项系数等的调整，建筑结构可靠度有了很大程度的提高，虽然在统一标准 GBJ 68—1984、GB 50068—2001 和 GB 50068—2018 中，建筑结构设计的目标可靠指标值一直没有变化，但其含义有所不同了。在《建筑结构设计统一标准》（GBJ 68—1984）中，目标可靠指标相当于 20 世纪 70 年代建筑结构可靠指标的平均水平，而 GB 50068—2001 和 GB 50068—2018 中规定的可靠指标值为最小可靠指标。

7.2.2　国际标准《结构可靠性总原则》（ISO 2394：1998）

国际标准《结构可靠性总原则》（ISO 2394：1998）给出了结构设计的目标可靠指标，见表 7-10。目标可靠指标的确定考虑了结构失效的后果及采取安全措施需要的费用大小。表中的数值是根据抗力服从对数正态分布或韦布尔分布、永久作用服从正态分布和可变作用服从极值 I 型分布确定的。

表7-10　国际标准《结构可靠性总原则》（ISO 2394：1998）建议的目标可靠指标

采取安全措施的费用	失效后果			
	小	较小	中	大
高	0.0	A　1.5	2.3	B　3.1
中	1.3	2.3	3.1	C　3.8
低	2.3	3.1	3.8	4.3

如表7-10所示，国际标准《结构可靠性总原则》（ISO 2394：1998）的建议是：

1）A 使用极限状态：采用 $\beta_T = 0.0$；对于不可逆的使用极限状态，采用 $\beta_T = 1.5$。

2）B 疲劳极限状态：取决于检验的可能性，采用 $\beta_T = 2.3 \sim 3.1$。

3）C 承载能力极限状态：采用 $\beta_T = 3.1$、3.8 和 4.3。

国际标准《结构可靠性总原则》（ISO 2394：2015）中明确了确定结构目标可靠指标的方法和原则，未再给出具体的目标可靠指标建议值。

7.2.3　国际安全度联合委员会《概率模式规范》（2001）

国际安全度联合委员会（JCSS）《概率模式规范》（2001）根据结构失效的后果等级和采取措施的相对成本，给出结构承载能力极限状态目标可靠指标的建议值。可靠指标为 1 年使用期的可靠指标，见表7-11。结构失效后果等级是按总成本（建造费用与直接破坏成本之和）与建造费用之间的比值 ρ 划分的，见表7-12。如果 $\rho > 10$ 且总费用很大，可以认为是极端严重后果，应当进行充分的成本效益分析，可能会得出根本就不应该建造这种结构的结论。

表7-11　《概率模式规范》（2001）建议的 1 年使用期承载能力极限状态的目标可靠指标

采取安全措施的相对成本	I	II	III
	轻微失效后果	中等失效后果	严重失效后果
高（A）	$\beta = 3.1(p_f = 10^{-3})$	$\beta = 3.3(p_f = 5 \times 10^{-4})$	$\beta = 3.7(p_f = 10^{-4})$
中（B）	$\beta = 3.7(p_f = 10^{-4})$	$\beta = 4.2(p_f = 10^{-5})$①	$\beta = 4.4(p_f = 5 \times 10^{-6})$
低（C）	$\beta = 4.2(p_f = 10^{-5})$	$\beta = 4.4(p_f = 5 \times 10^{-6})$	$\beta = 4.7(p_f = 10^{-7})$

① 应视为最常见的设计状况。

表7-12　《概率模式规范》（2001）中划分的结构失效后果等级

失效后果等级	ρ	失效后果
I	<2	轻微失效后果:对于给定的破坏形式,生命风险可忽略不计,经济损失很小或可忽略不计(如农用建筑物、地下室、桅杆)
II	2~5	中等失效后果:对于给定的破坏形式,生命风险属中等,经济损失较大(如办公楼、工业建筑、公寓)
III	5~10	严重失效后果:对于给定的破坏形式,生命风险大,经济损失严重(如主要桥梁、剧院、医院、高层建筑)

可根据破坏方式确定结构破坏的后果，脆性破坏的构件应采用较高的可靠度。破坏方式可分为：

1）由于应变硬化而能够保持承载力的延性破坏。

2）不能保持承载力的延性破坏。

3）脆性破坏。

中等安全措施（B）的相对成本与下列因素有关：

1）全部荷载和抗力的变异性不小也不大（$0.1<\delta<0.3$）。

2）安全措施的相对成本。

3）合理的设计使用年限和正常折旧率为结构成本的3%。

表7-11所给出的可靠指标值是对设计的结构和结构构件而言的。表中不包括由人为失误或疏忽引起的破坏及非结构原因引起的破坏。

《概率模式规范》（2001）给出1年使用期不可逆使用极限状态的目标可靠指标建议值，见表7-13，未给出可逆使用极限状态的目标可靠指标。

表7-13 《概率模式规范》（2001）中1年使用期不可逆使用极限状态的目标可靠指标建议值

采用可靠措施的相对成本	高	中	低
目标可靠指标和失效概率	$\beta=1.3(p_f=10^{-1})$	$\beta=1.7(p_f=5\times10^{-2})$	$\beta=2.3(p_f=10^{-2})$

7.2.4 欧洲规范《结构设计基础》（EN 1990：2002）

表7-14为欧洲规范《结构设计基础》（EN 1990：2002）中承载能力极限状态目标可靠指标的最小建议值。可靠度等级RC1、RC2和RC3对应于CC1、CC2和CC3三个失效后果等级（见表2-7）。图7-9为欧洲规范中的可靠指标和失效概率。

表7-14 欧洲规范《结构设计基础》（EN 1990：2002）中承载能力极限状态目标可靠指标的最小建议值

极限状态	可靠度等级	1年使用期	50年使用期
承载能力 极限状态	RC3	5.2	4.3
	RC2	4.7	3.8
	RC1	4.2	3.3
疲劳极限状态		—	1.5～3.8[①]
使用极限状态(不可逆)		2.9	1.5

① 取决于可检查的程度、可修复性和损伤容限。

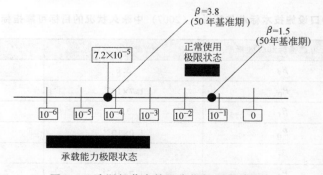

图7-9 欧洲规范中的可靠指标和失效概率

7.2.5 美国标准《建筑及其他结构最小设计荷载》（ASCE 7—10）

表 7-15 为美国《建筑及其他结构最小设计荷载》（ASCE 7—10）规定的不包括地震时结构的年失效概率和 50 年使用期内的可靠指标，结构风险类型见表 2-8。

表 7-15　美国《建筑及其他结构最小设计荷载》（ASCE 7—10）中不包括
地震时结构的可靠指标和年最大失效概率

破坏情况	风险类型			
	I	II	III	IV
非突然失效且不会造成大面积破坏	$p_f = 1.25 \times 10^{-4}/$年 $\beta = 2.5$	$p_f = 3 \times 10^{-5}/$年 $\beta = 3.0$	$p_f = 1.25 \times 10^{-5}/$年 $\beta = 3.25$	$p_f = 5 \times 10^{-6}/$年 $\beta = 3.5$
突然失效或造成大面积破坏	$p_f = 3 \times 10^{-5}/$年 $\beta = 3.0$	$p_f = 5 \times 10^{-6}/$年 $\beta = 3.5$	$p_f = 2 \times 10^{-6}/$年 $\beta = 3.75$	$p_f = 7 \times 10^{-7}/$年 $\beta = 4.0$
突然失效且造成大面积破坏	$p_f = 5 \times 10^{-6}/$年 $\beta = 3.5$	$p_f = 7 \times 10^{-7}/$年 $\beta = 4.0$	$p_f = 2.5 \times 10^{-7}/$年 $\beta = 4.25$	$p_f = 1.0 \times 10^{-7}/$年 $\beta = 4.5$

7.2.6 美国标准《荷载与抗力系数桥梁设计规范》（AASHTO LRFD：2012）

美国州公路及运输官员协会《荷载与抗力系数桥梁设计规范》（AASHTO LRFD：2012）规定，桥梁强度组合 I 75 年使用期的可靠指标为 3.5。强度组合 I 为无风荷载的情况下，正常车辆在桥梁上运行时的荷载组合。

7.2.7 日本《港口设施技术标准与解说》（2007）

日本《港口设施技术标准与解说》（2007）采用了基于可靠度的设计方法，其前一版（1999 版）采用的是容许应力法和安全系数法。表 7-16 为《港口设施技术标准与解说》（2007）中永久状况的目标可靠指标和对应的失效概率，其中永久状况是指考虑一个作用或两个以上的作用组合，主导作用是永久作用。表中抗震强化设施包括两种，一种是专用抗震强化设施（干线货物输送），另一种是一般抗震强化设施（紧急物资输送）。专用抗震强化设施要求在水准 2 地震的偶然状况下，能够保证结构的可修复性，即在水准 2 地震作用下结构虽然遭受损坏，但通过应急修复，在一定时间内可恢复到能够运送紧急物资的程度。一定时间是地震发生后约一周时间内。一般抗震强化设施与专用抗震强化设施的不同主要是水准 2 地震后，用于码头恢复的紧急物资运输允许的时间不同。

表 7-16　日本《港口设施技术标准与解说》（2007）中永久状况的目标可靠指标和对应的失效概率

码头形式	目标可靠指标和失效概率	抗震强化设施	非抗震强化设施
高桩码头	β_T	3.6	2.7
	P_{fT}	1.7×10^{-4}	4.0×10^{-3}
重力式码头	β_T	3.1	2.7
	P_{fT}	1.0×10^{-3}	4.0×10^{-3}
板桩码头	β_T	3.6	2.7
	P_{fT}	1.7×10^{-4}	4.0×10^{-3}

自 20 世纪 70 年代结构可靠性理论逐步成熟以来，世界上很多国家尝试将可靠度理论用于结构设计规范。为此，在对荷载和结构材料性能、构件尺寸等进行统计分析的基础上，对当时的规范进行可靠度校准，得到了当时规范的可靠度水平，确定了结构设计的目标可靠指标。表 7-17 为国际桥梁与结构工程师协会（IABSE）工作委员会调查得到的一些国家结构设计的目标可靠指标范围。

表 7-17 世界上一些国家结构设计的目标可靠指标范围

国家	3.1	3.5	4.0	4.5	5.0
阿根廷	♠♠♠	♠♠♠♠♠	♠♠♠♠♠	♠♠♠♠♠	♠♠♠♠♠
加拿大	♠♠♠	♠♠♠♠			
丹麦		♠♠♠	♠♠♠♠	♠	
爱沙尼亚			♠		
德国			♠		
荷兰		♠♠	♠♠♠♠		
南非		♠♠	♠♠♠♠	♠♠♠	
西班牙			♠		
瑞典		♠	♠♠♠		
英国					♠
美国			♠		
中国	♠♠♠	♠♠♠	♠♠		

7.3 结构可靠度设计方法

由前面结构可靠度分析过程可知，如果建立了结构或结构构件的功能函数，并且已知荷载效应及抗力的概率分布及统计参数，可计算结构或结构构件的可靠指标 β。同样，如果已知荷载效应及抗力的概率分布、统计参数及目标可靠指标 β_T，可对结构或结构构件进行设计，使设计的结构或结构构件的可靠指标为 β_T。《工程结构可靠性设计统一标准》（GB 50153—2008）和《港口工程结构可靠性设计统一标准》（GB 50158—2010）、《建筑结构可靠性设计统一标准》（GB 50068—2018）以及国际标准《结构可靠性总原则》（ISO 2394：2015）都给出了直接进行可靠度设计的方法。

同结构或结构构件可靠度分析一样，对结构或构件进行可靠度设计也需要三个步骤：①建立结构或结构构件的功能函数；②确定作用效应和抗力的统计参数及概率分布；③验算可靠度是否满足要求，即

$$p_f \leqslant p_{fT} \text{ 或 } \beta \geqslant \beta_T \tag{7-6}$$

式中，p_f、β 为所设计结构和结构构件的失效概率和可靠指标；p_{fT}、β_T 为结构和结构构件的允许失效概率、最小可靠指标或目标可靠指标。结构或结构可靠度设计采用的计算公式同第 6 章的式（6-1）~式（6-6）。

由上面的步骤可以看出，结构或结构构件的设计实际上是失效概率或可靠指标的验算过程。对于结构构件设计且构件抗力服从对数正态分布的情况，可直接根据目标可靠指标 β_T

确定构件截面尺寸或构件截面配筋面积，这在第 3.2.3 节已经有所涉及。具体计算步骤如下：

1）建立结构构件的功能函数。公式同式（6-1）。

2）确定作用效应和抗力的统计参数及概率分布。公式同式（6-3）和式（6-4）。

3）确定抗力标准值。采用一次二阶矩法进行迭代计算，由式（3-55）得到抗力的平均值 μ_R，按下式计算抗力标准值

$$R_k = \frac{\mu_R}{k_R} \tag{7-7}$$

式中，k_R 为抗力的均值系数，见表 5-9。

4）确定结构构件的截面尺寸或钢筋面积。根据结构构件的抗力标准值，采用规范中的构件承载力计算公式确定构件尺寸或钢筋面积。

【例 7-1】 某建筑结构单跨简支钢筋混凝土板，厚度 $h = 100\mathrm{mm}$，计算跨度为 $l_0 = 3.54\mathrm{m}$，承受均布可变荷载 $q_k = 4.0\mathrm{kN/m^2}$（不包括板的自重），混凝土强度等级为 C30，$f_{ck} = 20.1\mathrm{N/mm^2}$，钢筋采用 HPB300，屈服强度 $f_{yk} = 300\mathrm{N/mm^2}$。板设计的目标可靠指标为 $\beta_T = 3.2$，确定需要的钢筋面积 A_{sk}。

解 同例 6-1，取 1m 宽板进行计算，即 $b_k = 1\mathrm{m}$。设单位宽度板的受弯承载力、板自重和板上可变荷载产生的弯矩分别为 R、S_G 和 S_Q。

（1）板抗弯的功能函数

$$Z = R - S_G - S_Q$$

（2）作用统计参数 根据例 6-1，板自重产生的跨中弯矩的平均值和标准差为 $\mu_{S_G} = 3.985\mathrm{kN \cdot m}$，$\sigma_{S_G} = 0.279\mathrm{kN \cdot m}$；板上可变荷载产生的跨中弯矩的平均值和标准差为 $\mu_{S_Q} = 4.374\mathrm{kN \cdot m}$，$\sigma_{S_Q} = 1.260\mathrm{kN \cdot m}$；板受弯承载力的均值系数和变异系数为 $k_R = 1.13$，$\delta_R = 0.10$。

（3）确定受弯承载力标准值 为了便于说明问题，先假定 S_G、S_Q 和 R 均服从正态分布，则可靠指标计算表述式为

$$\beta_T = \frac{\mu_R - \mu_{S_G} - \mu_{S_Q}}{\sqrt{\sigma_R^2 + \sigma_{S_G}^2 + \sigma_{S_Q}^2}} = \frac{\mu_R - \mu_{S_G} - \mu_{S_Q}}{\sqrt{(\delta_R \mu_R)^2 + \sigma_{S_G}^2 + \sigma_{S_Q}^2}}$$

解得

$$\mu_R = \frac{\mu_{S_G} + \mu_{S_Q} + \sqrt{(\mu_{S_G} + \mu_{S_Q})^2 - (1 - \beta_T^2 \delta_R^2)\left[(\mu_{S_G} + \mu_{S_Q})^2 - \beta_T^2(\sigma_{S_G}^2 + \sigma_{S_Q}^2)\right]}}{1 - \beta_T^2 \delta_R^2}$$

将 S_G、S_Q 和 R 的统计参数和 $\beta_T = 3.2$ 代入上式得 $\mu_R = 14.593\mathrm{kN \cdot m}$，板单位宽度的受弯承载力 R 标准值为

$$R_k = \frac{\mu_R}{k_R} = \frac{14.593}{1.13}\mathrm{kN \cdot m} = 12.914\mathrm{kN \cdot m}$$

根据《混凝土结构设计规范》（GB 50010—2010），板的受弯承载力标准值按下式计算

$$R_k = A_{sk} f_{yk}\left(h_{0k} - \frac{A_{sk} f_{yk}}{2\alpha_1 b_k f_{ck}}\right)$$

对于 C30 混凝土，$\alpha_1 = 1.0$。取板有效高度 $h_{0k} = 85\text{mm}$，将 $b_k = 1000\text{mm}$，$f_{ck} = 20.1\text{N/mm}^2$，$f_{yk} = 300\text{N/mm}^2$，代入上式解得 $A_{sk} = 531.21\text{mm}^2$。按 $\phi 10@100$ 配置钢筋，板单位宽度的钢筋面积为 $A_{sk} = 785\text{mm}^2$。

上面是假定 S_G、S_Q 和 R 均服从正态分布时得到的板单位宽度的配筋面积，实际上 S_Q 和 R 一般并不服从正态分布。假定永久荷载效应 S_G 服从正态分布，可变荷载效应 S_Q 服从极值 I 型分布，抗力 R 服从对数正态分布。采用第 3.2.3 小节的方法迭代计算求得 $r^* = 11.451$，$\alpha_{R'} = -0.6628$，由第 3 章式 (3-55) 得板受弯承载力的平均值

$$\begin{aligned}\mu_R &= r^*\sqrt{1+\delta_R^2}\exp\left[-\beta_T\alpha_{R'}\sqrt{\ln(1+\delta_R^2)}\right]\\ &= 11.451\times\sqrt{1+0.1^2}\times\exp\left[-3.2\times(-0.6628)\sqrt{\ln(1+0.1^2)}\right]\text{kN}\cdot\text{m}\\ &= 14.220\text{kN}\cdot\text{m}\end{aligned}$$

从而

$$R_k = \frac{\mu_R}{k_R} = \frac{14.220}{1.13}\text{kN}\cdot\text{m} = 12.584\text{kN}\cdot\text{m}$$

计算得 $A_{sk} = 516.95\text{mm}^2$。同样按 $\phi 10@100$ 布置钢筋，板单位宽度的钢筋面积为 $A_{sk} = 785\text{mm}^2$。

由上面的例子可以看出，结构构件的可靠度设计实际上是结构可靠度分析的逆过程，可靠度分析是已知荷载和抗力的概率分布和统计参数求可靠指标，而可靠度设计是已知荷载和目标可靠指标求抗力。

【例 7-2】　某万吨级的商品汽车滚装方块式重力码头，码头面顶高程为 5.50m，码头前沿水深为 -9.00m。码头结构断面如图 7-10 所示。

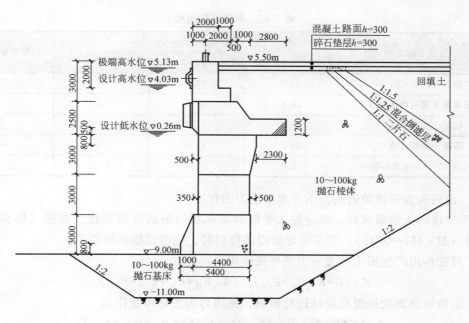

图 7-10　码头结构断面

设计船型的船舶资料见表 7-18。结构安全等级为二级。自然条件如下：

1）设计水位。设计高水位为 4.03m，设计低水位为 0.26m，极端高水位为 5.13m，极端低水位为 −1.34m，施工水位为 2.0m。

2）波浪要素。重现期 50 年，$H_{1\%}$ 为波高值。设计高水位时，$H_{1\%} = 1.665\text{m}$，$\overline{T} = 6.3\text{s}$；设计低水位时，$H_{1\%} = 1.365\text{m}$，$\overline{T} = 6.3\text{s}$；极端高水位时，$H_{1\%} = 1.715\text{m}$，$\overline{T} = 6.3\text{s}$。

3）地质资料。土层分布及物理力学指标见表 7-19。

表 7-18　船舶资料

船长/m	船宽/m	船深/m	船舶质量/t
178	28	21	10000.0

表 7-19　地质资料

土层名称	土层标高/m	重度标准值/(kN/m³)	固结快剪参数	
			$\varphi_k/(°)$	c_k/kPa
淤泥质黏土	−2.6~−4.8	18.0	14	4
中粗砂	−4.8~−9.0	18.0	33	0
黏土	−9.0~−14.6	18.9	26	45
粉质黏土 1	−14.6~−18.2	19.03	16	36
粉质黏土 2	−18.2 以下	18.8	21	38

码头面荷载为 30kPa，系缆力按确定值考虑，材料性能指标见表 7-20。设计中各变量的概率分布和统计参数见表 5-12。取目标可靠指标为 $\beta_T = 3.5$，验算码头在各水平缝处的抗滑可靠指标是否满足要求。

表 7-20　材料性能指标

材料名称	重度/(kN/m³)			内摩擦角 $\varphi/(°)$
	$\gamma_{水上}$	$\gamma_{水下}$	$\gamma_{饱}$	
路面混凝土 C30	23.0	13.0	—	—
钢筋混凝土卸荷块体 C30	24.5	14.5	—	—
混凝土方块 C25	23.0	13.0	—	—
混凝土胸墙 C30	23.0	13.0	—	—
墙后回填 10~100kg 块石棱体	18.0	11.0	21.0	45.0

解　设码头为有掩护码头，不考虑波浪力的作用。

对于方块码头沿墙底面、墙身各水平缝和基床底面的抗滑稳定性，根据《码头结构设计规范》（JTS 167—2018），当不考虑波浪的作用时，抗滑功能函数如下：

1）可变作用产生的土压力为主导可变作用

$$Z = (G + K_{P_1}E_V + E_{qV})f - (K_{P_1}E_H + P_W + E_{qH} + P_{RH})$$

2）沿胸墙底面的抗滑稳定性进行验算，系缆力为主导可变作用

$$Z = (G + K_{P_1}E_V - P_{RV} + E_{qV})f - (K_{P_1}E_H + P_W + P_{RH} + E_{qH})$$

式中，G 为作用在计算面上的结构自重力（kN）；f 为沿计算面的摩擦系数；E_H 和 E_V 为计算面以上永久作用总主动土压力的水平分力和竖向分力（kN）；P_W 为作用在计算面以上的剩余水压力（kN）；P_{RH} 为系缆力水平分力（kN）；E_{qH} 和 E_{qV} 为计算面以上可变作用总主动土压力的水平分力和竖向分力（kN）；P_{RV} 为系缆力竖向分力（kN）；K_{P_1} 为主动土压力计算模式不确定性系数。

表 7-21 和表 7-22 为高水位时可靠指标的计算结果。由表可以看出，对于图 7-10 中的码头断面，荷载土压力为主导可变作用时，设计水位为 5.13m 的可靠指标不能满足规定的目标可靠指标要求；系缆力为主导可变作用时，设计水位为 5.13m、4.03m 的可靠指标不能满足规定的目标可靠指标要求。因此，应对码头设计进行修改或采用相应的措施。

表 7-21 高水位荷载土压力为主导可变作用时的可靠指标

水位/m	层数				
	1	2	3	4	5
5.13	2.773	9.389	10.646	10.086	9.442
4.03	4.259	9.788	10.939	10.334	9.676
0.26	5.891	11.296	12.151	11.391	10.621
-1.34	5.891	11.467	12.545	11.741	10.935

表 7-22 高水位系缆力为主导可变作用时的可靠指标

水位/m	层数				
	1	2	3	4	5
5.13	0.964	14.890	11.291	9.235	9.900
4.03	3.029	15.132	11.510	9.338	9.963
0.26	5.519	15.983	12.869	10.454	10.859
-1.34	5.521	16.018	13.182	10.707	11.080

7.4 分项系数设计方法

如上所述，尽管可靠度设计方法是科学的，但直接用于工程实践比较复杂。目前实际中应用的是经过可靠度分析并考虑以往工程经验的分项系数设计方法。与安全系数设计方法相比，分项系数设计法中不同的设计变量采用不同的分项系数，考虑了不同设计变量随机性的影响；与多安全系数设计法相比，分项系数设计法中各设计变量的分项系数具有明确的概率含义，即与设计采用的目标可靠指标有明确的联系。因此，分项系数设计方法称为基于可靠度的设计方法或概率极限状态设计法。

7.4.1 分项系数设计方法的概念

假定结构或结构构件的抗力为 R，作用效应为 S，由第 2 章可知，结构或结构构件的可靠状态表示为 $R \geq S$，但由于 R 和 S 都是不确定的，所以 $R \geq S$ 是在统计意义上成立的，采用可靠度方法进行设计，就是使设计的结构或结构构件以规定的可靠度或目标可靠指标 β_T 满

足 $R \geqslant S$，即

$$p_s = P(R \geqslant S) \text{ 或 } p_f = P(R \leqslant S) \tag{7-8}$$

如果用确定的值 R_f 和 S_f 代替 R 和 S 进行设计，使结构或结构构件满足 $R_f \geqslant S_f$，则可称 $R_f \geqslant S_f$ 为实用设计表达式。实际上，在采用结构可靠度设计方法或基于可靠度的设计方法之前，已经采用 $R_f \geqslant S_f$ 形式的表达式了，这在第 1 章介绍结构设计方法的发展过程时已经提到，本节将在这种形式设计表达式的基础上说明分项系数设计方法的概念及与传统设计表达式概念上的区别。

为以最简单的方式说明问题，假定 R 和 S 均服从正态分布，下面分三种情况进行讨论。

（1）R_f 和 S_f 均取 R 和 S 的平均值   当 R_f 和 S_f 均取 R 和 S 的平均值时，结构或结构构件设计时需满足 $\mu_R \geqslant \mu_S$，按满足最低安全要求考虑，$\mu_R = \mu_S$，如图 7-11a 所示。在这种情况下，结构或结构构件的可靠指标为

$$\beta = \frac{\mu_R - \mu_S}{\sqrt{\sigma_R^2 + \sigma_S^2}} = 0 \tag{7-9}$$

失效概率为 0.5。显然，对于承载能力极限状态，这一失效概率值是不可接受的。

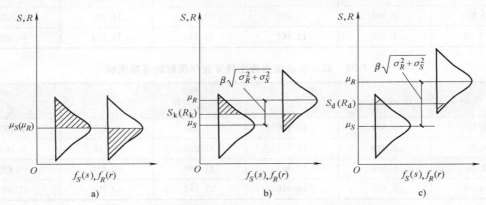

图 7-11   按分项系数法设计时抗力与作用效应的关系

a）$\mu_R = \mu_S$ b）$R_k = S_k$ c）$R_d = S_d$

（2）R_f 和 S_f 均取 R 和 S 的标准值   当 R_f 和 S_f 均取 R 和 S 的标准值（$R_k < \mu_R$，$S_k > \mu_S$）时，结构或结构构件设计时需满足 $R_k \geqslant S_k$，按满足最低安全要求考虑，$R_k = S_k$，如图 7-11b 所示。按照第 6.2 节的可靠度校准方法，这种情况下，结构或结构构件的可靠指标为

$$\beta = \frac{\mu_R - \mu_S}{\sqrt{\sigma_R^2 + \sigma_S^2}} = \frac{k_R - k_S}{\sqrt{(k_R \delta_R)^2 + (k_S \delta_S)^2}} \tag{7-10}$$

式中，k_R、δ_R 为抗力 R 的均值系数和变异系数；k_S、δ_S 为作用效应 S 的均值系数和变异系数。

按照建筑结构钢筋混凝土受弯构件考虑，由表 4-2 和表 5-9 得：$k_R = 1.13$，$\delta_R = 0.10$；$k_S = 0.698$，$\delta_S = 0.288$，代入式（7-10）得 $\beta = 1.873$，失效概率为 0.031。这一结果相当于正常使用极限状态的可靠度水平，不能满足建筑结构钢筋混凝土受弯构件承载能力极限状态可靠指标最小为 3.2 的要求。

（3）R_f 和 S_f 均取 R 和 S 的设计值　由上面的分析可以看出，如果提高采用表达式 $R_f \geqslant S_f$ 对结构或结构构件进行设计的可靠度水平，需要进一步提高 R_f 的值，降低 S_f 的值，将 R_d 和 S_d 定义为这样的值，称为抗力 R 和作用效应 S 的设计值，此时应有 $R_d < R_k$，$S_d > S_k$，如图 7-11c 所示。$R_d \geqslant S_d$ 为按抗力和作用效应设计值进行设计的表达式。

令 $R_d = R_k / \gamma_R$（$\gamma_R \geqslant 1.0$），$S_d = \gamma_S S_k$（$\gamma_S \geqslant 1.0$），按满足最低安全要求考虑，$R_d = S_d$，得 $R_d = \gamma_R \gamma_S S_k$，结构或结构构件的可靠指标为

$$\beta = \frac{\mu_R - \mu_S}{\sqrt{\sigma_R^2 + \sigma_S^2}} = \frac{\gamma_R \gamma_S k_R - k_S}{\sqrt{(\gamma_R \gamma_S k_R \delta_R)^2 + (k_S \delta_S)^2}} \tag{7-11}$$

取与（2）中相同的统计参数，并取 $\gamma_R = 1.1$，$\gamma_S = 1.27$，结构或结构构件可靠指标为 $\beta = 3.445$，失效概率为 2.8×10^{-4}，满足建筑结构钢筋混凝土受弯构件承载能力极限状态可靠指标最小为 3.2 的要求。

由此可见，在结构或结构构件承载能力极限状态设计中，按满足抗力标准值 R_k 大于荷载效应标准值 S_k 的条件不能达到要求的安全水平，需要满足抗力设计值 R_d 大于荷载效应设计值 S_d 的条件。虽然这一结论是以建筑结构的统计参数为基础得到的，但对于其他结构也是如此。图 7-12 示出了分项系数设计的基本原理。

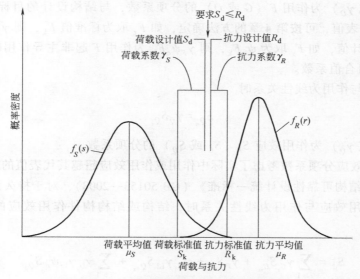

图 7-12　概率极限状态设计方法的基本原理

7.4.2　设计表达式和变量设计值

1. 设计表达式

考虑一般的情况，假定 X_1，X_2，$\cdots$，X_n 为结构中的 n 个设计变量，其概率分布和统计参数是已知的，结构功能函数为

$$Z = g_X(X_1, X_2, \cdots, X_n) \tag{7-12}$$

结构或结构构件的实用设计表达式可表示为下面的形式：

$$g_X(x_{1d}, x_{2d}, \cdots, x_{nd}) \geqslant 0 \tag{7-13}$$

式中，x_{1d}，x_{2d}，$\cdots$，x_{nd} 为设计变量 X_1，X_2，$\cdots$，X_n 的设计值。

当可明确设计变量 X_1，X_2，$\cdots$，X_n 的具体含义（作用、材料性能、尺寸或其他）时，式（7-13）可表示为

$$g_X(\gamma_0, F_d, f_d, a_d, C, \gamma_d) \geqslant 0 \tag{7-14}$$

式中，$g_X(\cdot)$ 为结构功能函数；γ_0 为结构或结构构件重要性系数；F_d 为作用 F 的设计值；f_d 为材料性能 f 的设计值；a_d 为几何参数 a 的设计值；C 为结构的极限约束值；γ_d 为结构系数。

如果用 R 和 S 表示结构或结构构件的抗力和作用效应，则分项系数设计表达式为

$$\gamma_0 S_d \leqslant R_d \tag{7-15}$$

式中，S_d 为作用效应设计值，可表示为 $S_d = S(F_d)$；R_d 为抗力设计值。

2. 变量设计值和分项系数

（1）作用设计值　作用设计值可按下式确定

$$F_d = \gamma_F F_r \tag{7-16}$$

式中，γ_F（γ_G 或 γ_Q）为作用 F（G 或 Q）的分项系数，与结构设计的目标可靠指标有关；F_r 为作用 F 的代表值，可按第 4 章的方法确定，如 F_r 取为标准值 F_k，则 $\gamma_F F_k$ 为作用 F 起主导作用时的设计值，如 F_r 取为 $\psi_c F_k$，则 $\gamma_F \psi_c F_k$ 为作用 F 起非主导作用时的设计值，其中 ψ_c 为作用的组合值系数。

当作用效应与作用为线性关系时

$$S_{Q_d} = \gamma_Q S_{Q_r} \tag{7-17}$$

式中，γ_F（γ_G 或 γ_Q）为作用效应 S_F（S_G 或 S_Q）的分项系数。

作用或作用效应分项系数考虑了实际中作用或作用效应超越其代表值的可能性。

根据《工程结构可靠性设计统一标准》（GB 50153—2008），对于持久设计状况和短暂设计状况，当作用效应与作用为线性关系时，结构或结构构件作用效应的设计值按下式计算：

$$S_d = \sum_{i \geqslant 1} \gamma_{G_i} S_{G_{ik}} + \gamma_P S_P + \gamma_{Q_1} \gamma_{L1} S_{Q_{1k}} + \sum_{j > 1} \gamma_{Q_j} \gamma_{Li} \psi_{cj} S_{Q_{jk}} \tag{7-18}$$

式中，$S_{G_{ik}}$ 为第 i 个永久作用效应的标准值；S_P 为预应力作用的有关代表值；$S_{Q_{1k}}$ 为第 1 个可变作用（主导可变作用）效应的标准值；$S_{Q_{jk}}$ 为其他第 j 个可变作用效应的标准值；γ_{G_i} 为第 i 个永久作用的分项系数；γ_P 为预应力作用的分项系数；γ_{Q_1} 和 γ_{Q_j} 为第 1 个和第 j 个可变作用的分项系数；γ_L 为结构设计使用年限调整系数；ψ_{cj} 为第 j 个非主导可变作用的组合值系数。如第 5 章论述的，可变荷载标准值是以结构设计基准期为基础确定的，当结构设计使用年限与设计基准期不一致时，应采用设计使用年限调整系数 γ_L 对可变荷载标准值进行调整。本节只讨论结构设计使用年限与结构设计基准期相同的情况，此时结构设计使用年限调整系数 $\gamma_L = 1.0$，结构设计使用年限与结构设计基准期不同的情况或 γ_L 的确定方法见第

7.4.5 节。材料性能分项系数和结构系数的确定方法见第 7.4.6 节。

（2）抗力设计值　抗力设计值可按下列公式之一确定

$$R_{\mathrm{d}} = \frac{1}{\gamma_R} R(f_{\mathrm{k}}, a_{\mathrm{k}}) \tag{7-19}$$

$$R_{\mathrm{d}} = \frac{1}{\gamma_{\mathrm{d}}} R(f_{\mathrm{d}}, a_{\mathrm{d}}) \tag{7-20}$$

式中，$R(\cdot)$ 为抗力函数表达式；f_{k}、f_{d} 为材料性能标准值和设计值；a_{k}、a_{d} 为几何参数标准值和设计值；γ_R 为抗力分项系数，与结构设计的目标可靠指标有关；γ_{d} 为结构系数。

抗力分项系数考虑了实际中结构抗力低于其标准值的可能性；结构系数用来调整将抗力分项系数转化为材料性能分项系数后计算的结构或结构构件的承载力设计值，与直接按抗力分项系数计算的结构或结构构件承载力设计值的差别。

（3）材料性能设计值　材料性能设计值 f_{d} 可按下式确定

$$f_{\mathrm{d}} = \frac{f_{\mathrm{k}}}{\gamma_{\mathrm{m}}} \tag{7-21}$$

式中，γ_{m} 为材料性能 f 的分项系数，与结构设计的目标可靠指标有关；f_{k} 为材料性能 f 的标准值，可按第 5 章的方法确定。对于由不同材料组成的结构，需要确定不同的材料性能分项系数值。

材料性能分项系数考虑了实际中材料性能低于其标准值的可能性。

（4）几何参数设计值　一般情况下，几何参数设计值 a_{d} 可采用其标准值 a_{k}。如果几何参数的变异性对结构性能有明显影响，几何参数的设计值可按下式确定

$$a_{\mathrm{d}} = a_{\mathrm{k}} \pm \Delta a \tag{7-22}$$

式中，Δa 为几何参数的附加量。

7.4.3　确定分项系数的设计值方法

针对式（7-13）和式（7-14）进行分析。根据第 3.2.1 节的讨论，结构极限状态曲面上的验算点是结构失效概率最大的点，结构破坏最可能发生在该点；本来结构设计变量为随机变量，其出现各值的可能性都存在，如果只采用变量的一个值作为设计值进行设计，则变量的设计值取为验算点坐标值是最合理的，因为控制结构不在该点失效，则最大限度地保证了结构安全，这已在 3.2.1 节进行了讨论。这样，式（7-13）中的 $x_{1\mathrm{d}}$，$x_{2\mathrm{d}}$，$\cdots$，$x_{n\mathrm{d}}$ 应取为设计变量 X_1，X_2，$\cdots$，X_n 的验算点值 x_1^{*}，x_2^{*}，$\cdots$，x_n^{*}。按照一般情况考虑，假定 X_1，X_2，$\cdots$，X_n 为服从非正态分布的随机变量，其当量正态随机变量为 X_1'，X_2'，$\cdots$，X_n'，进行可靠度计算得到的验算点坐标为第 3 章的式（3-44），将式（3-44）代入式（3-48）得

$$x_{id} = x_i^{*} = F_{X_i}^{-1} \left[\varPhi(\alpha_{X_i'} \beta_{\mathrm{T}}) \right] \quad (i = 1, 2, \cdots, n) \tag{7-23}$$

式中，$F_{X_i}^{-1}(\cdot)$ 为 X_i（$i = 1, 2, \cdots, n$）概率分布函数的反函数；$\varPhi(\cdot)$ 为标准正态概率分布函数；β_{T} 为目标可靠指标；$\alpha_{X_i'}$ 为设计变量 X_i（$i = 1, 2, \cdots, n$）的敏感性系数。

如果设计变量 X_i 表示作用，则按下式确定其分项系数

$$\gamma_{X_i} = \frac{x_{id}}{x_{ir}} = \frac{F_{X_i}^{-1}[\Phi(\alpha_{X_i'}\beta_T)]}{x_{ir}} \tag{7-24}$$

式中，x_{ir} 为 X_i 的代表值。

如果设计变量 X_j 表示抗力或材料性能，则按下式确定其分项系数

$$\gamma_{X_j} = \frac{x_{jk}}{x_{jd}} = \frac{x_{jk}}{F_{X_j}^{-1}[\Phi(\alpha_{X_j'}\beta_T)]} \tag{7-25}$$

式中，x_{jk} 为 X_j 的标准值。

由式（7-24）或式（7-25）可以看出，变量的设计值或分项系数与目标可靠指标 β_T 有关。计算表明，对于作用，$\alpha_{X_i'}$ 为正值，对于抗力，$\alpha_{X_j'}$ 为负值，这样 β_T 越大，作用效应的设计值或分项系数越大，而抗力或材料性能的设计值越小，分项系数越大（其倒数越小），结构的材料用量越多。

如果结构或结构构件上有一个永久作用和 n 个可变作用，且作用效应与作用之间呈线性关系，则结构功能函数为线性函数，即

$$Z = R - C_G G - \sum_{i=1}^{n} C_{Q_i} Q_i \tag{7-26}$$

按 Turkstra 组合规则进行作用组合时，设计基准期内对应于目标可靠指标 β_T 的设计表达式为（不考虑预应力作用）

$$C_G G_d + C_{Q_1} Q_{1d} + \sum_{i=2}^{n} C_{Q_i} Q_{id} \le R_d \tag{7-27}$$

式中，C_G 和 C_{Q_i} 分别为永久作用和可变作用的效应系数；G_d 为永久作用设计值；Q_{1d} 为主导可变作用设计值，对应按设计基准期确定的最大值（标准值）；Q_{id}（$i = 2, 3, \cdots, n$）为非主导可变作用设计值，对应结构设计基准期内的时点或时段值；R_d 为抗力设计值。

同式（7-23）一样，各变量的设计值可表示为下面的形式：

$$G_d = F_G^{-1}[\Phi(\alpha_G \beta_T)] \tag{7-28}$$

$$Q_{1Td} = F_{Q_{1T}}^{-1}[\Phi(\alpha_{Q_{1T}} \beta_T)] \tag{7-29a}$$

$$Q_{i\tau d} = F_{Q_{i\tau}}^{-1}[\Phi(\alpha_{Q_{i\tau}} \beta_T)] = F_{Q_{i T}}^{-1}\{[\Phi(\alpha_{Q_{i\tau}} \beta_T)]^{m_i}\} \quad (i = 2,3,\cdots,n) \tag{7-29b}$$

$$R_d = F_R^{-1}[\Phi(\alpha_R \beta_T)] \tag{7-30}$$

式中，α_G、$\alpha_{Q_{1T}}$、$\alpha_{Q_{i\tau}}$、α_R 分别为可靠度分析中永久作用 G、主导可变作用 Q_{1T}、非主导可变作用 $Q_{i\tau}$（$i = 2, 3, \cdots, n$）和抗力 R 的敏感性系数；m_i 为设计基准期内非主导可变作用 $Q_{i\tau}$ 变化的平均次数；$F_G^{-1}(\cdot)$、$F_{Q_{1T}}^{-1}(\cdot)$、$F_{Q_{i\tau}}^{-1}(\cdot)$、$F_R^{-1}(\cdot)$ 分别为 G、G_{1T}、$Q_{i\tau}$ 和 R 概率分布函数的反函数。

如果 G、Q_{1T}、$Q_{i\tau}$（$i = 2, 3, \cdots, n$）和 R 分别服从正态分布、极值 I 型分布、极值 I 型分布和对数正态分布，则式（7-28）~式（7-30）可表示为

$$G_d = \mu_G(1 + \alpha_G \delta_G \beta_T) \tag{7-31}$$

$$Q_{1Td} = u_{Q_{1T}} - \frac{1}{\alpha_{Q_{1T}}} \ln\left[-\ln\Phi(\alpha_{Q_{1T}}\beta_T)\right] \qquad (7\text{-}32a)$$

$$Q_{iTd} = u_{Q_{iT}} - \frac{1}{\alpha_{Q_{iT}}} \ln\left\{-\ln\left[\Phi(\alpha_{Q_{iT}}\beta_T)\right] + \ln m_i\right\} \qquad (i=2,3,\cdots,n) \qquad (7\text{-}32b)$$

$$R_d = \mu_R \exp(\alpha_R\delta_R\beta_T) \qquad (\delta_R < 0.2) \qquad (7\text{-}33)$$

其中

$$u_{Q_{1T}} = \mu_{Q_{1T}} - \frac{0.5772}{\alpha_{Q_{1T}}}, \ \alpha_{Q_{1T}} = \frac{\pi}{\sigma_{Q_{1T}}\sqrt{6}}$$

$$u_{Q_{iT}} = \mu_{Q_{iT}} - \frac{0.5772}{\alpha_{Q_{iT}}}, \ \alpha_{Q_{iT}} = \frac{\pi}{\sigma_{Q_{iT}}\sqrt{6}} = \frac{\pi}{\sigma_{Q_{iT}}\sqrt{6}}$$

式中，μ_G、δ_G 为永久作用 G 的平均值和变异系数；$\mu_{Q_{1T}}$、$\sigma_{Q_{1T}}$ 为主导可变作用 Q_{1T} 的平均值和标准差；$\mu_{Q_{iT}}$、$\sigma_{Q_{iT}}$ 为非主导可变作用 Q_{iT}（$i=2$，3，$\cdots$，n）的平均值和标准差；μ_R、δ_R 为抗力 R 的平均值和变异系数。

将式（7-27）用分项系数表示为下面的形式

$$\gamma_G C_G G_k + \gamma_{Q_1} C_{Q_1} Q_{1k} + \sum_{i=2}^{n} \gamma_{Q_i} C_{Q_i} \psi_{ci} Q_{ik} \leq \frac{R_k}{\gamma_R} \qquad (7\text{-}34a)$$

或

$$\gamma_G S_{G_k} + \gamma_{Q_1} S_{Q_{1k}} + \sum_{i=2}^{n} \gamma_{Q_i} \psi_{ci} S_{Q_{ik}} \leq \frac{R_k}{\gamma_R} \qquad (7\text{-}34b)$$

式中，G_k、S_{G_k} 为永久作用的标准值及其效应；Q_{1k}、$S_{Q_{1k}}$ 为主导可变作用的标准值及其效应；Q_{ik}、$S_{Q_{ik}}$（$i=2$，3，$\cdots$，n）为非主导可变作用标准值及其效应；R_k 为抗力标准值；γ_G 为永久作用的分项系数；γ_{Q_1} 为主导可变作用的分项系数；γ_{Q_i}（$i=2$，3，$\cdots$，n）为非主导可变作用的分项系数；ψ_{ci} 为非主导可变作用的组合值系数；γ_R 为抗力分项系数。

在式（7-31）~式（7-33）中，系数 α_G、$\alpha_{Q_{1T}}$、$\alpha_{Q_{iT}}$（$i=2$，3，$\cdots$，n）和 α_R 是随结构设计中的各种不同情况（如可变作用效应标准值与永久作用效应标准值的比值）而变化的，以钢筋混凝土受弯构件的情况为例说明。

假定构件承受一个永久作用 G 和一个可变作用 Q，G 服从正态分布，Q 服从极值 I 型分布，抗力 R 服从对数正态分布，其统计参数采用表 4-2 和表 5-9 中的值，目标可靠指标 $\beta_T = 3.2$，可变作用效应标准值与永久作用效应标准值之比在 $\rho = S_{Q_k}/S_{G_k} = 0.25 \sim 10$ 的范围内变化，采用第 3.2.3 节的方法，可计算得到 α_G、α_{Q_T} 和 α_R 随 ρ 的变化，如图 7-13 所示。

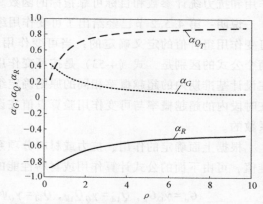

图 7-13 敏感系数 α_G、α_{Q_T} 和 α_R 随 ρ 的变化

经过对大量结构设计情况的分析，国际标准《结构可靠性总原则》（ISO 2394：2005）和欧洲规范《结构设计基础》（EN 1990：2002）将 α_G、$\alpha_{Q_{1T}}$ 和 $\alpha_{Q_{iT}}$（$i = 2,3,\cdots,n$）取为一组常数，即主导作用 $\alpha_{Q_{1T}} = 0.7$，非主导作用 $\alpha_{Q_{iT}} = 0.4 \times 0.7 = 0.28$（$i = 2,3,\cdots,n$），抗力 $\alpha_R = -0.8$。这样，式（7-31）~式（7-33）表示的变量设计值只是目标可靠指标 β_T 的函数。

当 G、Q_1、Q_i（$i = 2,3,\cdots,n$）和 R 分别服从正态分布、极值 I 型分布、极值 I 型分布和对数正态分布时，式（7-16）中的分项系数和组合值系数可按下面的公式确定

$$\gamma_G = \frac{G_d}{G_k} = \frac{\mu_G(1 + \alpha_G \delta_G \beta_T)}{\mu_G / k_G} = k_G(1 + \alpha_G \delta_G \beta_T) \tag{7-35}$$

$$\gamma_{Q_1} = \frac{Q_{1Td}}{Q_{1k}} = \frac{\mu_{Q_{1T}} - \dfrac{1}{\alpha_{Q_{1T}}}\ln\left[-\ln\varPhi(\alpha_{Q_{1T}}\beta_T)\right]}{\mu_{Q_{T1}}/k_{Q_{T1}}}$$
$$= k_{Q_{1T}}\left(1 - 0.7797\delta_{Q_{1T}}\left\{0.5772 + \ln\left[-\ln\varPhi(\alpha_{Q_{1T}}\beta_T)\right]\right\}\right) \tag{7-36}$$

$$\gamma_{Q_i} = \frac{Q_{iTd}}{Q_{ki}} = k_{Q_{iT}}\left(1 - 0.7797\delta_{Q_{iT}}\left\{0.5772 + \ln\left[-\ln(\varPhi\alpha_{Q_{iT}}\beta_T)\right] + \ln m_i\right\}\right) \quad (i = 2,3,\cdots,n)$$
$$\tag{7-37}$$

$$\gamma_R = \frac{R_k}{R_d} = \frac{\mu_R / k_R}{\mu_R \exp(\alpha_R \delta_R \beta_T)} = \frac{1}{k_R \exp(\alpha_R \delta_R \beta_T)} \tag{7-38}$$

$$\psi_{ci} = \frac{Q_{iTd}}{Q_{iTd}} = \frac{1 - 0.7797\delta_{Q_{iT}}\left\{0.5772 + \ln\left[-\ln\varPhi(\alpha_{Q_{iT}}\beta_T) + \ln m_i\right]\right\}}{1 - 0.7797\delta_{Q_{iT}}\left\{0.5772 + \ln\left[-\ln\varPhi(\alpha_{Q_{iT}}\beta_T)\right]\right\}} \quad (i = 2,3,\cdots,n) \tag{7-39}$$

式中，k_G 和 δ_G 为永久作用的均值系数和变异系数；$k_{Q_{Ti}}$ 和 $\delta_{Q_{Ti}}$ 为第 i 个可变作用设计基准期内最大值随机变量的均值系数和变异系数。由式（7-35）~式（7-39）可见，分项系数只是作用和抗力统计参数和目标可靠指标的函数。ψ_{ci} 为可变作用的组合值系数。

说明：第4.5.2节已经给出了可变作用组合值系数和确定方法，此处组合值系数是根据可变作用组合值的定义确定的；当可变作用服从极值 I 型分布时，计算公式为式（4-53）。两个公式的区别是，式（4-53）是按可变作用组合值在时段内的超越概率与可变作用标准值在设计基准期内的超越概率相同的原则确定组合值系数的，式（7-39）是按可变作用组合值在时段内的超越概率与可变作用验算点值在设计基准期内的超越概率相同的原则确定组合值系数的。

根据上面确定的作用、抗力或材料分项系数，如果设计中给定作用、抗力或材料性能标准值，可由下面的公式计算作用或材料性能的设计值

$$G_d = \gamma_G G_k, \quad Q_{1d} = \gamma_Q Q_{1k}, \quad Q_{id} = \gamma_Q \psi_{ci} Q_{ik} \quad (i = 1,2,3,\cdots,n), R_d = R_k / \gamma_R \tag{7-40}$$

【例7-3】 已知结构设计基准期 $T = 50$ 年，永久荷载 G、可变荷载 Q 和抗力 R 分别服

从正态分布、极值 I 型分布和对数正态分布，统计参数为 $k_G = 1.06$，$\delta_G = 0.07$，$k_Q = 0.698$，$\delta_Q = 0.2882$，$k_R = 1.13$，$\delta_R = 0.10$，求目标可靠指标 $\beta_T = 2.7$、3.2 和 3.7 时的永久荷载、可变荷载、抗力的分项系数和荷载组合值系数。（区分主导可变荷载和非主导可变荷载）

解 以 $\beta_T = 3.2$ 和 $m = 10$ 的情形为例说明计算过程。取 $\alpha_{Q_1} = 0.7$，$\alpha_G = 0.4 \times 0.7 = 0.28$，$\alpha_R = -0.8$，由式（7-35）~式（7-39）得：

$$\gamma_G = k_G(1 + \alpha_G \delta_G \beta_T) = 1.06 \times (1 + 0.28 \times 0.07 \times 3.2) = 1.126$$

$$\gamma_Q = k_{Q_T}(1 - 0.7797 \delta_{Q_T} \{0.5772 + \ln[-\ln\Phi(\alpha_{Q_T}\beta_T)]\})$$

$$= 0.698 \times (1 - 0.7797 \times 0.2882 \times \{0.5772 + \ln[-\ln\Phi(0.7 \times 3.2)]\})$$

$$= 1.293$$

$$\gamma_R = \frac{1}{k_R \exp(\alpha_R \delta_R \beta_T)} = \frac{1}{1.13 \times \exp(-0.8 \times 0.10 \times 3.2)} = 1.143$$

$$\psi_{ci} = \frac{1 - 0.7797 \delta_{Q_{iT}} \{0.5772 + \ln[-\ln\Phi(\alpha_{Q_{ir}}\beta_T) + \ln m]\}}{1 - 0.7797 \delta_{Q_{iT}} \{0.5772 + \ln[-\ln\Phi(\alpha_{Q_{ir}}\beta_T)]\}}$$

$$= \frac{1 - 0.7797 \times 0.2882 \times \{0.5772 + \ln[-\ln\Phi(0.28 \times 3.2) + \ln 10]\}}{1 - 0.7797 \times 0.2882 \times \{0.5772 + \ln[-\ln\Phi(0.7 \times 3.2)]\}}$$

$$= 0.358$$

$\beta_T = 2.7$、3.2 和 3.7 时的分项系数全部计算结果见表 7-23。由表 7-23 可以看出，随着 β_T 的增大，分项系数 γ_G、γ_Q 和 γ_R 均增大；对于组合值系数 ψ_{ci}，其随目标可靠指标的变化不大，但随设计基准期内可变作用的时段数 m 变化较大。另外，表 7-23 也给出了按式（4-53）计算的可变荷载组合值系数 ψ_{ci}，可以看出，与按式（7-39）计算的可变荷载组合值系数相比，按式（4-53）计算的值随时段数 m 变化的幅度要小。

表 7-23 荷载、抗力分项系数和荷载组合值系数

β_T	γ_G	γ_Q	γ_R	ψ_{ci}		
				$m = 5$	$m = 10$	$m = 50$
2.7	1.116	1.158	1.099	0.440	0.397	0.331
3.2	1.126	1.293	1.143	0.397	0.358	0.298
3.7	1.137	1.445	1.190	0.358	0.323	0.268

【例 7-4】 已知目标可靠指标 $\beta_T = 3.2$，用例 7-3 确定的分项系数对例 7-1 的钢筋混凝土板进行设计。

解 由例 7-1 知，板自重产生的跨中弯矩 $S_{G_k} = 3.759 \text{kN} \cdot \text{m}$，板上可变荷载产生的跨中弯矩 $S_{Q_k} = 6.266 \text{kN} \cdot \text{m}$。由表 7-23 知，当 $\beta_T = 3.2$ 时，$\gamma_G = 1.126$，$\gamma_Q = 1.293$，$\gamma_R = 1.143$，因此，板的荷载设计值为

$$S_d = \gamma_G S_{G_k} + \gamma_Q S_{Q_k} = (1.126 \times 3.759 + 1.293 \times 6.266) \text{ kN} \cdot \text{m} = 12.335 \text{kN} \cdot \text{m}$$

$$A_{sk}f_{yk}\left(h_{0k}-\frac{A_{sk}f_{yk}}{2\alpha_1 b_k f_{ck}}\right)=\gamma_R R_d=\gamma_R S_d$$

对于 C30 混凝土，$\alpha_1=1.0$。取板有效高度 $h_{0k}=85mm$，将 $b_k=1000mm$，$f_{ck}=20.1N/mm^2$，$f_{yk}=300N/mm^2$ 代入上式解得钢筋面积 $A_{sk}=573.56mm^2$，该值大于按例 7-1 确定的钢筋面积 $A_{sk}=516.95mm^2$。这说明，按国际标准和欧洲规范建议的敏感性系数确定的分项系数进行结构设计得到结果偏于保守。事实上，对于图 7-13 中分析的永久荷载、可变荷载和抗力三个随机变量的情况，根据《结构可靠性总原则》（ISO 2394：2015）和欧洲规范《结构设计基础》（EN 1990：2015）取 $\alpha_G=0.28$，$\alpha_Q=0.7$，$\alpha_R=-0.8$，α_G、α_Q 和 α_R 的平方和为

$$\alpha_G^2+\alpha_Q^2+\alpha_R^2=0.28^2+0.7^2+(-0.8)^2=1.2084$$

按照结构可靠度理论，α_G、α_Q 和 α_R 的平方和应为 1，显然《结构可靠性总原则》（ISO 2394：1998）和欧洲规范《结构设计基础》（EN 1990：2002）建议的变量敏感系数是偏大的，当设计变量较多时更是如此。

例 7-4 是按目标可靠指标 $\beta_T=3.2$ 计算的板单位宽度的钢筋面积。如果目标可靠指标取为 $\beta_T=3.7$，由表 7-23 知，$\gamma_G=1.137$，$\gamma_Q=1.445$，$\gamma_R=1.190$，按照与例 7-4 同样的计算过程得到钢筋面积 $A_{sk}=660.26mm^2$，该值比例 7-4 的值大，这是因为可靠指标提高了。

7.4.4 确定分项系数的优化方法

考虑结构重要性系数 γ_0 和结构设计使用年限调整系数 γ_L，将结构或结构构件的设计表达式（7-34a）表示为下面的形式：

$$\gamma_0\left(\gamma_G S_{G_k}+\gamma_{Q_1}\gamma_{L_1}S_{Q_{1k}}+\sum_{i=2}^{n}\gamma_{Q_i}\gamma_{L_i}\psi_{ci}S_{Q_{ik}}\right)\leq\frac{R_k}{\gamma_R} \tag{7-41}$$

在设计值方法中，分项系数直接根据目标可靠指标确定，对于不同的结构安全等级，作用分项系数 γ_G、γ_Q 和抗力分项系数 γ_R 是不同的。对于本节讨论的优化方法，作用分项系数和抗力分项系数是固定值，不同安全等级的结构或结构构件的可靠度差别，采用重要性系数 γ_0 调整。同样，本节只讨论结构设计使用年限与结构设计基准期相同的情况，此时 $\gamma_L=1.0$，结构设计使用年限与结构设计基准期不同的情况下 γ_L 的确定方法见第 7.4.5 节。

1. 作用和抗力分项系数

第 7.2 节介绍了结构设计规范的校准方法，如果给定了结构或结构构件的设计表达式且已知变量的概率分布和统计参数，即可求得按设计表达式设计的结构或结构构件的可靠指标，可靠指标只与作用效应标准值的比值有关，而与作用效应标准值本身的大小无关。这样可以通过先设定公式（7-41）中结构重要性系数 γ_0，作用分项系数 γ_G、γ_Q，抗力分项系数 γ_R 和作用组合值系数 ψ_c，然后计算相应的可靠指标，并与目标可靠指标 β_T 比较，从而确定一组使计算的可靠指标与目标可靠指标 β_T 最接近的系数值，即确定的 γ_0、γ_G、γ_Q、γ_R 和 ψ_c 使下式最小

$$H=\sum\omega_i(\beta_i-\beta_T)^2 \tag{7-42}$$

式中，ω_i 为权重；β_i 为对按分项系数表达式设计的结构或构件计算的可靠指标。

为了满足工程应用要求，符合工程实际情况，应按照一定的规则确定作用、抗力分项系数和作用组合系数。分项系数的确定应符合下列原则：

1）各种构件上相同的作用取用相同的作用分项系数，不同的作用有各自的分项系数。

2）不同种类的构件有各自的抗力分项系数，同一种构件在任何可变作用下，抗力分项系数不变。

3）对各种构件在不同的作用效应比和安全等级下，按所选定的结构重要性系数、作用分项系数、抗力系数和作用组合值系数进行设计，使所得可靠指标与目标可靠指标 β_T 具有最佳的一致性。

由于可靠指标 β_i 为 γ_0、γ_G、γ_Q、γ_R 和 ψ 的隐性函数，同时确定这些系数比较复杂，因此采用分层次的方法，分批确定这些系数。首先确定作用和抗力分项系数，再确定其他系数，具体可采用下列步骤：

1）选定代表性结构或结构构件（或破坏方式）、由一个永久作用 G 和一个可变作用 Q 组成的简单组合（如对于建筑结构永久荷载+楼面活荷载、永久荷载+风荷载，此时取 $\psi = 0$）和常用的作用效应比（可变作用标准值与永久作用标准值的比值）。

2）对于安全等级为二级的结构或结构构件，重要性系数取为 $\gamma_0 = 1.0$。

3）对于选定的结构构件，确定分项系数 γ_G 和 γ_Q 简单组合下的作用效应设计值。

4）对于选定的结构构件，确定抗力设计值和抗力系数 γ_R 下的抗力标准值。

5）计算选定结构构件简单组合下的可靠指标 β。

6）对于选定的所有代表性结构或结构构件、所有 γ_G 和 γ_Q 的范围（以 0.1 或 0.05 的级差），优化确定 γ_R；选定一组使按分项系数表达式设计的结构或结构构件的可靠指标 β 与目标可靠指标 β_T 最接近的分项系数 γ_G、γ_Q 和 γ_R。

7）根据以往的工程经验，对优化选定的分项系数 γ_G、γ_Q 和 γ_R 进行判断，必要时进行调整。

8）当永久作用起有利作用时，分项系数表达式中的永久作用取负号，根据已经选定的分项系数 γ_Q 和 γ_R，通过优化确定分项系数 γ_G（以 0.1 或 0.05 的级差）。

下面用一个简单的例子说明用优化方法确定设计表达式中分项系数的过程。

【例 7-5】 针对二级建筑结构，考虑一个永久作用和一个可变作用组合的情况，已知永久作用 G、可变作用 Q 和抗力 R 分别服从正态分布、极值 I 型分布和对数正态分布，统计参数为 $k_G = 1.06$，$\delta_G = 0.07$，$k_{Q_T} = 0.698$，$\delta_{Q_T} = 0.288$，$k_R = 1.13$，$\delta_R = 0.10$，目标可靠指标为 $\beta_\mathrm{T} = 3.5$。以钢筋混凝土受弯构件为例说明确定作用和抗力分项系数的过程。

解 按二级结构考虑，取 $\gamma_0 = 1.0$，同时取 $\gamma_\mathrm{L} = 1.0$。则式（7-41）简化为

$$\gamma_G S_{G_k} + \gamma_Q S_{Q_k} \leqslant \frac{R_k}{\gamma_R} \tag{a}$$

按最不利情况考虑，构件抗力标准值为

$$R_k = \gamma_R (\gamma_G S_{G_k} + \gamma_Q S_{Q_k}) \tag{b}$$

构件的功能函数为

$$Z = R - S_G - S_{Q_T} \tag{c}$$

按式（7-42）优化确定分项系数 γ_G、γ_Q 和 γ_R，权重系数 ω_i 取相同的值。由例 7-1 可知，如果已知 γ_G、γ_Q 和 γ_R 的值，可用验算点法计算构件不同 $\rho = S_{Q_k}/S_{G_k}$ 下的可靠指标 β，β 与 ρ 的关系类似于图 6-11 中的虚线。因此确定 ρ 的变化范围后，取定了 γ_G 和 γ_Q 的值，则可优化确定在 ρ 的变化范围内使 H 最小的 γ_R；由式（a）可以看出，在实数范围内，只要 γ_G、γ_Q 和 $1/\gamma_R$ 保持相同的比例，则存在无数组使 H 最小的 γ_R，但当 γ_G 和 γ_Q 不是任意取时，则只存在一组使 H 最小的 γ_G、γ_Q 和 $1/\gamma_R$ 组合。因此，取 $\rho = 0.1$、0.25、0.5、0.75、1.0、1.5、2.0，按照 0.1 的级差变化 γ_G 和 γ_Q 的值，$\gamma_G = 1.0$、1.1、1.2、1.3，$\gamma_Q = 1.2$、1.3、1.4、1.5、1.6，表 7-24 给出了不同 γ_G 和 γ_Q 组合下的最优 γ_R 和 H 的值，图 7-14 示出了不同 γ_G 时使 H 最小的 H-γ_Q 曲线。

由表 7-24 可以看出，当 γ_G 和 γ_Q 按 0.1 的级差取值时，对应于不同的 γ_G，总是存在一组使 H 最小的 γ_Q 和 γ_R（见表 7-24 中的带"*"的数），但各组最小的 H 差别很小。因此，γ_G 和 γ_Q 可取比较符合设计习惯的一组，如取 $\gamma_G = 1.2$、$\gamma_Q = 1.4$ 和 $\gamma_R = 1.109$。

表 7-24　例 7-5 中不同 γ_G 和 γ_Q 组合时的最优 γ_R 和 H 的值

γ_G	γ_Q	γ_R	H
1.0	1.2	1.319	0.167*
	1.3	1.285	0.238
	1.4	1.252	0.422
	1.5	1.222	0.670
	1.6	1.193	1.055
1.1	1.2	1.236	0.247
	1.3	1.205	0.168*
	1.4	1.176	0.207
	1.5	1.149	0.344
	1.6	1.123	0.563
1.2	1.2	1.163	0.466
	1.3	1.135	0.259
	1.4	1.109	0.173*
	1.5	1.085	0.187
	1.6	1.061	0.288
1.3	1.2	1.099	0.782
	1.3	1.074	0.466
	1.4	1.050	0.271
	1.5	1.027	0.179
	1.6	1.006	0.176*

上面的例子是针对一个构件的一个截面进行分析的，如果有多个构件或一个构件的多个破坏方式（如受弯、受剪、轴心受压、大偏心受压、小偏心受压等），则需要优化 γ_G、γ_Q

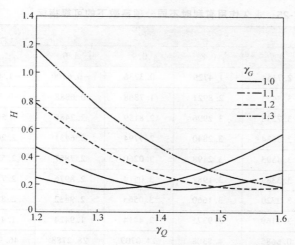

图 7-14 例 7-5 中 $\gamma_G = 1.0$、1.1、1.2 和 1.3 时的 H-γ_Q 曲线

和 γ_{R_i}（$i=1$，2，$\cdots$，n）使在 ρ 变化范围内的可靠指标与目标可靠指标最接近，其中 γ_{R_i} 表示第 i 个构件或破坏方式的抗力分项系数，式（7-42）应为二重和；如果将不同的结构放在一起优化（如钢结构、钢筋混凝土结构、砌体结构、木结构等），它们的作用分项系数是相同的，抗力分项系数不同，则式（7-42）应为三重和。

【例 7-6】 在例 7-5 中，假定永久作用是有利的，确定其分项系数。

解 本例中，永久作用是有利的，因此例 7-5 中的设计表达式（a）改写为

$$\gamma_Q S_{Q_k} - \gamma_G S_{G_k} \leqslant \frac{R_k}{\gamma_R} \tag{a}$$

例 7-5 中的构件抗力标准值公式（b）改写为

$$R_k = \gamma_R (\gamma_Q S_{Q_k} - \gamma_G S_{G_k}) \tag{b}$$

例 7-5 中的构件功能函数改写为

$$Z = R + S_G - S_Q \tag{c}$$

在例 7-5 中，永久作用是不利的，选定 $\gamma_G = 1.2$、$\gamma_Q = 1.4$ 和 $\gamma_R = 1.109$。本例中，永久作用是有利的，保持可变作用和抗力分项系数不变，即 $\gamma_Q = 1.4$ 和 $\gamma_R = 1.109$，取 $\gamma_G = 0.6 \sim 1.2$，$\rho = S_{Q_k}/S_{G_k} = 0.1$、$0.25$、$0.5$、$0.75$、$1.0$、$1.5$、$2.0$，采用本例式（c）表示的功能函数进行可靠度分析，计算式（7-42）H 的值，计算结果见表 7-25。由表 7-25 可以看出，如果永久作用是有利的，永久作用分项系数取 $\gamma_G = 0.7$ 时 H 的值最小，即按本例式（a）设计的结构构件的可靠指标与目标可靠指标 $\beta_T = 3.5$ 最为接近。同时可以看到，如果 γ_G 仍取永久作用不利时的值 1.2，可靠指标很低，达不到要求的目标可靠指标。所以，永久作用有利时，标准、规范中规定分项系数小于或等于 1.0。

对于可变作用是有利的情况，可靠度分析结果与例 7-6 类似。考虑到可变作用可能出现，也可能不出现，所以按不出现考虑，此时可变作用分项系数取 1.0。

按照 20 世纪 80 年代的荷载和抗力统计参数，二级结构延性破坏构件的目标可靠指标取 3.2，脆性破坏构件的目标可靠指标取 3.7，《建筑结构设计统一标准》（GBJ 68—1984）编制组分析得到的我国建筑结构构件的作用分项系数和抗力分项系数见表 7-26。

表 7-25　永久作用有利时不同分项系数下的可靠指标

ρ_i	γ_G						
	0.6	0.7	0.8	0.9	1.0	1.1	1.2
0.1	4.1345	2.7154	1.4729	0.3736	−0.6100	−1.4991	−2.3100
0.25	4.6238	3.8453	2.8921	1.7868	0.6888	−0.3282	−1.2577
0.5	4.1039	3.7238	3.2996	2.8159	2.2485	1.5637	0.7461
0.75	3.8224	3.5634	3.2840	2.9794	2.6431	2.2653	1.8319
1.0	3.6574	3.4595	3.2498	3.0260	2.7857	2.5251	2.2396
1.5	3.4739	3.3389	3.1982	3.0514	2.8976	2.7360	2.5653
2.0	3.3747	3.2720	3.1660	3.0565	2.9432	2.8258	2.7037
平均值	3.8844	3.4169	2.9375	2.4414	1.9424	1.4412	0.9313
H	2.1753	0.8685	4.8308	14.0709	28.2788	46.9088	69.8543

表 7-26　建筑结构的永久作用、可变作用和抗力分项系数

γ_G	1.2（永久作用有利时取 1.0）		
γ_Q	1.4		
γ_R	钢结构	轴心受压	1.169
		偏心受压	1.136
	砌体结构	轴心受压	1.764
		偏心受压	2.055
		受　剪	2.288
	木结构	受　弯	1.404
		轴心受压	1.423
	钢筋混凝土结构	轴心受拉	1.130
		轴心受压	1.236
		大偏心受压	1.136
		受　弯	1.100
		受　剪	1.415

　　如图 6-11 所示，结构或结构构件的可靠指标随可变荷载效应与永久荷载效应标准值之比 ρ 的变化很大。分析表明，对于建筑结构，当 ρ 较小时，若永久作用的分项系数仍采用 $\gamma_G = 1.2$，则结构的可靠度较低。图 7-15 示出了永久作用分项系数取 1.35（永久荷载起控制作用）和 1.2（可变作用起控制作用）时钢筋混凝土受剪构件的可靠指标。由图 7-15 可以看出，当永久作用起控制作用时，永久作用分项系数采用 1.35 比采用 1.2 可靠指标有所提高。因此，《建筑结构荷载规范》（GB 50009—2012）中给出了当永久作用起控制作用的设计表达式，并规定永久作用分项系数取 1.35。《建筑结构可靠性设计统一标准》（GB 50068—2018）调整了分项系数的值，将永久作用分项系数和可变作用分项系数调整为 1.3 和 1.5 后，取消了永久作用起控制作用的组合。

2. 结构重要性系数

　　上面针对安全等级为二级的结构构件，说明了确定作用分项系数和抗力分项系数的方

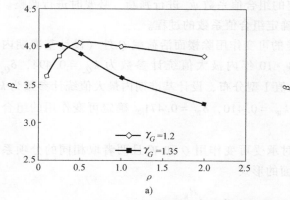
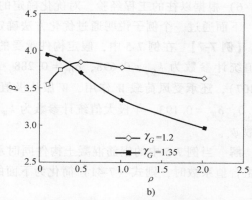

图 7-15 永久作用分项系数取 1.35 和 1.2 时钢筋混凝土受剪构件的可靠指标

a）办公楼 b）住宅

法，此时 $\gamma_0 = 1.0$。对于安全等级为一级和三级结构的构件，目标可靠指标是不同的，这种不同用结构重要性系数 γ_0 来反映。以确定的安全等级为二级结构构件的分项系数为基础，同样以按分项系数表达式设计的结构构件的可靠指标 β 与目标可靠指标 β_T 最接近为条件，优化确定结构重要性系数 γ_0。

仍在例 7-5 的基础上进行分析。对于一级和三级结构，目标可靠指标分别为 $\beta_T = 3.0$ 和 4.0，分项系数仍取 $\gamma_G = 1.2$、$\gamma_Q = 1.4$ 和 $\gamma_R = 1.109$，仍按使式（7-42）最小确定结构重要性系数，分别得到 $\gamma_0 = 1.085$ 和 0.923。为设计使用方便，对于一级结构，取 $\gamma_0 = 1.1$；对于三级结构，取 $\gamma_0 = 0.9$。

3. 组合值系数

对于两个及两个以上可变作用组合的情况，还需确定作用组合值系数 ψ_c。与第 4.5.2 节和第 7.4.3 节不同的是，此处采用优化方法确定组合值系数。基本原则是，在永久作用、可变作用分项系数 γ_G、γ_Q 和抗力分项系数 γ_R 已经确定的前提下，对两种或两种以上可变作用参与组合的情况进行分析，确定的组合值系数应使按分项系数表达式设计的结构构件的可靠指标 β 与目标可靠指标 β_T 具有最佳的一致性。

按照这一原则，确定可变作用的组合值系数的步骤如下：

1）以安全等级为二级结构的构件为基础，选定代表性的结构构件（或破坏方式）、由一个永久作用和两个或两个以上可变作用组成的组合和常用的作用效应比（主导可变作用标准值与永久作用标准值的比值、非主导可变作用标准值与主导可变作用标准值的比值）。

2）根据已经确定的分项系数 γ_G 和 γ_Q，计算不同结构构件、不同作用组合和常用的作用效应比下的抗力设计值。

3）根据已经确定的抗力分项系数 γ_R，计算不同结构构件、不同作用组合和常用的作用效应比下的抗力标准值。

4）计算不同结构构件、不同作用组合和常用的作用效应比下的可靠指标。

5）对于选定的所有代表性结构构件、作用组合和常用的作用效应比，优化确定组合系数 ψ_c，使按分项系数表达式设计的结构或结构构件的可靠指标 β 与目标可靠指标 β_T 具有最佳的一致性。

6）根据以往的工程经验，对优化确定的组合值系数 ψ_c 进行判断，必要时进行调整。

下面通过一个例子说明通过优化方法确定组合值系数的过程。

【例 7-7】 在例 7-5 中，假定构件承受的可变作用除楼面活荷载 Q 外（设计基准期内最大值统计参数为 $k_{Q_T} = 0.698$，$\delta_{Q_T} = 0.288$，10 年内极大值统计参数为 $k_{Q_\tau} = 0.494$，$\delta_{Q_\tau} = 0.407$），还承受风荷载 W 作用，W 服从极值 I 型分布，设计基准期内最大值统计参数为 $k_{W_T} = 1.0$，$\delta_{W_T} = 0.193$，年极大值统计参数为 $k_{W_\tau} = 0.410$，$\delta_{W_\tau} = 0.471$。确定可变作用的组合值系数 ψ_c。

解 当例 7-5 中的钢筋混凝土构件同时承受可变作用 Q 和 W 且两者取相同的分项系数和组合值系数时，则式（7-41）简化为下面的形式

$$\gamma_G S_{G_k} + \gamma_Q S_{Q_k} + \gamma_W \psi_c S_{W_k} \leqslant \frac{R_k}{\gamma_R} \tag{a}$$

或

$$\gamma_G S_{G_k} + \gamma_W S_{W_k} + \gamma_Q \psi_c S_{Q_k} \leqslant \frac{R_k}{\gamma_R} \tag{b}$$

按最不利情况考虑，构件抗力标准值为

$$R_{k1} = \gamma_R (\gamma_G S_{G_k} + \gamma_Q S_{Q_k} + \gamma_Q \psi_c S_{W_k}) \tag{c}$$

$$R_{k2} = \gamma_R (\gamma_G S_{G_k} + \gamma_W S_{W_k} + \gamma_Q \psi_c S_{Q_k}) \tag{d}$$

永久作用、可变作用和抗力的分项系数分别取为 $\gamma_G = 1.2$、$\gamma_Q = \gamma_W = 1.4$ 和 $\gamma_R = 1.109$。取 $\rho_{Qi} = S_{Q_k}/S_{G_k} = 0.1$、0.25、0.5、0.75、1.0、1.5、2.0，$\rho_{Wj} = S_{W_k}/S_{G_k} = 0.1$、0.25、0.5、0.75、1.0、1.5、2.0，目标可靠指标为 $\beta_T = 3.5$。

功能函数为

$$Z_1 = R_{k1} - S_G - S_{Q_T} - S_{W_\tau} \tag{e}$$

$$Z_2 = R_{k2} - S_G - S_{W_T} - S_{Q_\tau} \tag{f}$$

按照式（e）和式（f）表示的功能函数，计算得到两种组合的可靠指标 $\beta_{1,ij}$ 和 $\beta_{2,ij}$，以使下式最小确定 ψ_c 的值：

$$H = \sum_i \sum_j \omega_{ij} (\beta_{ij} - \beta_T)^2 \tag{g}$$

其中

$$\beta_{ij} = \min(\beta_{1,ij}, \beta_{2,ij})$$

式中，ω_{ij} 为权重，取 1.0。

图 7-16 示出了由式（g）计算的 H 值随 ψ_c 的变化曲线。当 $\psi_c = 0.75$ 时，H 最小。

注意：第 4.3.2 节、第 7.4.3 节和本节分别从不同的角度给出了组合值系数的确定方法。第 4.3.2 节的方法只考虑非主导可变作用本身，作用组合值系数按照作用时段内的极大值超越其组合值的概率与作用设计基准期内的最大值超越其标准值的概率相等的原则确定，与结构的目标可

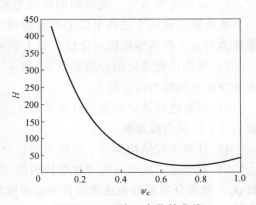

图 7-16 H 随 ψ_c 变化的曲线

靠指标没有关系。第 7.4.3 节的方法同样只考虑非主导可变作用本身，作用组合值系数是根据设计值法按照作用起非主导作用时的设计值与起主导作用时的设计值的比值确定的，与目标可靠指标有关系但关系不大（即组合值系数随可靠指标的变化不显著）。本节的方法是按照一个主导可变作用和多个非主导作用的组合与只有一个主导作用的简化组合具有一致的可靠指标的原则确定的，非主导可变作用的组合值系数的确定与主导可变作用有关。根据算例，按第 4.3.2 节和本节方法确定的组合值系数接近，按第 7.4.3 节方法确定的组合值系数较小。

本节介绍了理论上采用可靠度方法确定分项系数设计表达式中各分项系数和组合值系数的方法，但需要强调的是，按照本节的方法和步骤得到分项系数和组合值系数的值后，还需根据以往的工程经验对确定的结果进行判断，这是非常重要的。因为：

1）尽管理论上用可靠度方法确定荷载、抗力分项系数和组合值系数是科学的，但如第 2 章所述，影响结构可靠性的因素不只是随机性，还包括其他不确定性因素，这些因素目前尚不能通过数学方法加以分析，还需通过工程经验进行决策。

2）尽管我国编制各统一标准时对各种结构的作用进行了大量的统计分析，但由于客观条件的限制，数据收集的持续时间很短，数据有限，特别是有些变量的统计规律可能会随时间发生变化，这些统计数据尚不能完全反映所分析变量的统计规律。而且很多情况下可能得不到设计变量的统计数据。

3）为使可靠度计算简化，一些假定不一定完全符合实际情况，如第 4 章论述的作用效应与作用的线性关系只是在一定条件下成立的，一些条件下是近似成立的，近似的程度目前尚难以判定。

尽管如此，但可靠度方法仍是一种很好的方法，它建立了结构失效概率的概念（尽管计算的失效概率只是一个运算值，但可用于相同条件下的比较），扩大了概率理论在结构设计中应用的范围和程度，使结构设计由经验方法向科学方法过渡又迈出了一步。总的来讲，可靠性设计方法的优点不在于如何去计算结构可靠指标，而是在整个结构设计中根据变量的随机特性合理应用概率的原理。随着对事物本质认识的加深，概率理论在工程结构中的应用将会进一步加强。

另外，上面的结构设计表达式只是用分项系数和组合值系数进行表达的一种基本形式，不同的结构，其考虑的条件不同，设计表达式可能有所不同，但应该都使可靠度尽可能保持一致。

7.4.5 确定设计使用年限调整系数的方法

可变作用 Q 的标准值 Q_k 是根据式（4-43）的定义，按设计基准期内可变作用最大值概率分布的某一分位值（接受的概率为 p）确定的，所以在结构或结构构件承载能力极限状态分项系数设计表达式中，可变作用针对的时间段是结构设计基准期 T。对于实际中的工程结构，根据其使用功能和重要性的不同，设计中采用的使用年限 T_L 可能与设计基准期 T 是不同的，在这种情况下，Q 在 T_L 内超越 Q_k 的概率与 T 内超越 Q_k 的概率也是不同的，从而导致结构或结构构件在 T_L 与在 T 内的可靠度不同。为保证结构或结构构件在 T_L 具有与在 T 内相同的可靠度，当 T_L 与 T 不同时，需要对标准值 Q_k 进行调整，为此引进了可变作用设计使用年限调整系数 γ_L，这在式（7-16）中已说明，下面介绍确定 γ_L 的方法。

结构设计使用年限 T_L 内可变作用 Q 最大值的概率分布函数可表示为

$$F_{Q_{T_L}}(x) = \left[F_{Q_\tau}(x) \right]^{m_L} = \left\{ \left[F_{Q_T}(x) \right]^{\frac{1}{m}} \right\}^{m_L} = \left[F_{Q_T}(x) \right]^{\frac{m_L}{m}} = \left[F_{Q_T}(x) \right]^{\frac{T_L}{T}} \tag{7-43}$$

式中，$F_{Q_\tau}(x)$ 为可变作用时段 τ 内极大值的概率分布函数；$F_{Q_T}(x)$ 为结构设计基准期 T 内作用最大值的概率分布函数；m 为结构设计基准期 T 内的时段数；m_L 为结构设计使用年限 T_L 内的时段数。

按照结构在设计使用年限为 T_L 时的标准值 $\gamma_L Q_k$ 与在设计基准期为 T 时的标准值 Q_k 具有相同超越概率的原则有

$$F_{Q_T}(Q_k) = F_{Q_{T_L}}(\gamma_L Q_k) = \left[F_{Q_T}(\gamma_L Q_k) \right]^{\frac{T_L}{T}} = p \tag{7-44}$$

得到

$$\gamma_L = \frac{F_{Q_T}^{-1}\left\{ \left[F_{Q_T}(Q_k) \right]^{\frac{T}{T_L}} \right\}}{Q_k} \tag{7-45}$$

式（7-45）是确定可变作用设计使用年限调整系数 γ_L 的基本公式。下面给出几种可变作用服从不同概率分布时的设计使用年限调整系数的公式。

（1）可变作用服从极值Ⅰ型分布　极值Ⅰ型随机变量 Q 的概率分布函数为

$$F_{Q_T}(x) = \exp\left\{ -\exp\left[-\alpha_T(x - u_T) \right] \right\} \tag{7-46}$$

由式（7-44）

$$\exp\left\{ -\exp\left[-\alpha_{T_L}(\gamma_L Q_k - u_{T_L}) \right] \right\} = \exp\left\{ -\exp\left[-\alpha_T(Q_k - u_T) \right] \right\} \tag{7-47}$$

参考式（4-18a）有

$$\alpha_{T_L} = \alpha_T, \quad u_{T_L} = u_T + \frac{1}{\alpha_T}\ln\left(\frac{T_L}{T}\right) = u_T + \frac{\sqrt{6}\,\sigma_{Q_T}}{\pi}\ln\left(\frac{T_L}{T}\right)$$

将上述参数代入式（7-47）得

$$\gamma_L Q_k = Q_k + \frac{\sqrt{6}\,\sigma_{Q_T}}{\pi}\ln\left(\frac{T_L}{T}\right) \tag{7-48}$$

所以可变作用设计使用年限调整系数为

$$\gamma_L = 1 + \frac{\sqrt{6}}{\pi} \times \frac{\sigma_{Q_T}}{Q_k}\ln\left(\frac{T_L}{T}\right) = 1 + 0.7797 k_{Q_T}\delta_{Q_T}\ln\left(\frac{T_L}{T}\right) \tag{7-49}$$

式中，k_{Q_T} 为可变作用 Q 设计基准期内最大值的均值系数，见第4章；δ_{Q_T} 为可变作用 Q 设计基准期内最大值的变异系数。

（2）可变作用服从正态分布分布　当可变作用服从正态分布分布时，由式 7-44 得

$$\Phi\left(\frac{Q_k - \mu_{Q_T}}{\sigma_{Q_T}}\right) = \left[\Phi\left(\frac{\gamma_L Q_k - \mu_{Q_T}}{\sigma_{Q_T}}\right) \right]^{\frac{T_L}{T}} \tag{7-50}$$

由此得到

$$\gamma_L = k_{Q_T}\left(1 + \delta_{Q_T}\Phi^{-1}\left\{ \left[\Phi\left(\frac{1 - k_{Q_T}}{k_{Q_T}\delta_{Q_T}}\right) \right]^{\frac{T}{T_L}} \right\} \right) \tag{7-51}$$

（3）可变作用服从对数正态分布 当可变作用服从正态分布分布时，由式（7-44）得

$$\Phi\left(\frac{\ln Q_k - \mu_{\ln Q_T}}{\sigma_{\ln Q_T}}\right) = \left[\Phi\left(\frac{\ln(\gamma_L Q_k) - \mu_{\ln Q_T}}{\sigma_{\ln Q_T}}\right)\right]^{\frac{T_L}{T}} \tag{7-52}$$

假定 $\delta_{Q_T} \leq 0.3$，由此得到

$$\gamma_L = k_{Q_T}\exp\left(\delta_{Q_T}\Phi^{-1}\left\{\left[\Phi\left(\frac{-\ln k_{Q_T}}{\delta_{Q_T}}\right)\right]^{\frac{T_L}{T}}\right\}\right) \tag{7-53}$$

【例 7-8】 假定结构可变作用 Q 设计基准期 $T = 50$ 年内最大值的统计参数为 $k_{Q_T} = 0.698$，$\delta_{Q_T} = 0.288$。当 Q 分别按极值 I 型分布、正态分布和对数正态分布考虑时，确定设计使用年限 $T_L = 5$ 年、10 年、20 年、50 年、75 年和 100 年的可变作用设计使用年限调整系数 γ_L。

解 以 $T_L = 100$ 年的情况为例说明计算过程。

当 Q 服从极值 I 型分布时，根据式（7-49）得

$$\gamma_L = 1 + 0.7797 k_{Q_T}\delta_{Q_T}\ln\left(\frac{T_L}{T}\right) = 1 + 0.7797 \times 0.698 \times 0.288 \times \ln\left(\frac{100}{50}\right) = 1.1086$$

当 Q 服从正态分布时，根据式（7-51）得

$$\begin{aligned}\gamma_L &= k_{Q_T}\left(1 + \delta_{Q_T}\Phi^{-1}\left\{\left[\Phi\left(\frac{1 - k_{Q_T}}{k_{Q_T}\delta_{Q_T}}\right)\right]^{\frac{T}{T_L}}\right\}\right) \\ &= 0.698 \times \left(1 + 0.288 \times \Phi^{-1}\left\{\left[\Phi\left(\frac{1 - 0.698}{0.698 \times 0.288}\right)\right]^{\frac{50}{100}}\right\}\right) = 1.0653\end{aligned}$$

当 Q 服从对数正态分布时，根据式（7-53）得

$$\begin{aligned}\gamma_L &= k_{Q_T}\exp\left(\delta_{Q_T}\Phi^{-1}\left\{\left[\Phi\left(\frac{-\ln k_{Q_T}}{\delta_{Q_T}}\right)\right]^{\frac{T}{T_L}}\right\}\right) \\ &= 0.698 \times \exp\left(0.288 \times \Phi^{-1}\left\{\left[\Phi\left(\frac{-\ln 0.698}{0.288}\right)\right]^{\frac{50}{100}}\right\}\right) = 1.1076\end{aligned}$$

表 7-27 为可变作用分别按服从极值 I 型分布、正态分布和对数正态分布考虑，不同设计年限 T_L 时的可变作用设计使用年限调整系数 γ_L。由表 7-27 可以看出，因为极值 I 型分布和对数正态分布都属于向左的偏态分布，按这两种分布计算的可变作用设计使用年限调整系数比较接近；相比之下，正态分布属于对称分布，按服从正态分布计算的可变作用设计使用年限调整系数与按服从按极值 I 型分布和对数正态分布计算的值略有差别。

表 7-27 不同设计年限时的可变作用使用年限系数调整系数 γ_L

T_L/年	5	10	20	50	75	100
极值 I 型分布	0.6391	0.7477	0.8564	1.0000	1.0636	1.1086
正态分布	0.6992	0.8086	0.8995	1.0000	1.0391	1.0653
对数正态分布	0.6131	0.7350	0.8522	1.0000	1.0633	1.1076

7.4.6 确定材料性能分项系数和结构系数的方法

1. 材料性能分项系数

式（7-21）为结构使用一种材料时材料强度设计值的表达式，这时材料性能分项系数可取为根据目标可靠指标按前述方法确定的抗力分项系数，即 $\gamma_m = \gamma_R$。

对于钢筋混凝土结构，有钢筋和混凝土两种材料，钢筋屈服强度设计值 f_y 和混凝土强度设计值 f_c 按下列公式确定

$$f_y = \frac{f_{yk}}{\gamma_s}, \quad f_c = \frac{f_{ck}}{\gamma_c} \tag{7-54}$$

式中，f_{yk} 和 f_{ck} 分别为钢筋屈服强度标准值和混凝土轴心抗压强度标准值；γ_s 和 γ_c 分别为钢筋材料性能分项系数和混凝土材料性能分项系数。

可分 3 个步骤确定钢筋和混凝土的材料性能分项系数。

（1）确定钢筋材料性能分项系数 用抗力分项系数表达的钢筋混凝土轴心受拉构件的承载力设计值为

$$R_{td} = \frac{R_k}{\gamma_R} = \frac{A_{sk} f_{yk}}{\gamma_R} \tag{7-55}$$

式中，A_{sk} 为构件受拉钢筋面积标准值。

用钢筋材料性能分项系数表达的钢筋混凝土轴心受拉构件的承载力设计值为

$$R_{td} = A_{sk} f_y = A_{sk} \frac{f_{yk}}{\gamma_s} \tag{7-56}$$

使式（7-55）与式（7-56）相等，得 $\gamma_s = \gamma_R$。

对于建筑结构的钢筋混凝土轴心受拉构件，由表 7-26 得 $\gamma_R = 1.130$，在《混凝土结构设计规范》（GBJ 10—1989）中，热轧 I 级钢筋取 $\gamma_s = 1.15$，热轧 II、III 和 IV 级钢筋取 $\gamma_s = 1.1$。对于热轧 I 级钢筋（HPB235），强度设计值 $f_y = 235\text{N/mm}^2/1.15 = 204.35\text{N/mm}^2$，取整调整为 210N/mm^2；对于热轧 II 级钢筋（HRB335），强度设计值 $f_y = 335\text{N/mm}^2/1.1 = 304.55\text{N/mm}^2$，取整调整为 310N/mm^2（$d \leqslant 25\text{mm}$）。在《混凝土结构设计规范》（GB 50010—2002）中，热轧钢筋的材料性能分项系数均取为 $\gamma_s = 1.1$，HPB235 和 HRB335 钢筋的强度设计值分别取为 210N/mm^2 和 300N/mm^2。在《混凝土结构设计规范》（GB 50010—2010）中，取消了 HPB235 钢筋，HPB300、HRB335、HRBF335、HRB400、HRBF400 和 RRB400 钢筋的材料性能分项系数均取为 $\gamma_s = 1.1$，相应的强度设计值取为 270N/mm^2、300N/mm^2、300N/mm^2、360N/mm^2、360N/mm^2 和 300N/mm^2；对于 HRB500 和 HRBF500 钢筋，由于使用经验不多，材料性能分项系数取为 $\gamma_s = 1.15$，相应的强度设计值为 435N/mm^2（抗拉）。

（2）确定混凝土材料性能分项系数 用抗力分项系数表达的钢筋混凝土轴心受压构件的承载力设计值为

$$R_{cd} = \frac{R_k}{\gamma_R} = \frac{A_{ck} f_{ck} + A_{sk} f_{yk}}{\gamma_R} \tag{7-57}$$

式中，A_{ck} 为构件混凝土面积的标准值；A_{sk} 为构件钢筋面积的标准值。

用材料性能分项系数表达的钢筋混凝土轴心受压构件的承载力设计值为

$$R_{cd}=A_{ck}f_c+A_{sk}f_y=A_{ck}\frac{f_{ck}}{\gamma_c}+A_{sk}\frac{f_{yk}}{\gamma_s} \tag{7-58}$$

使式（7-57）与式（7-58）相等，得

$$\gamma_c=\frac{1}{\dfrac{1}{\gamma_R}+\dfrac{A_{sk}f_{yk}}{A_{ck}f_{ck}}\left(\dfrac{1}{\gamma_R}-\dfrac{1}{\gamma_s}\right)} \tag{7-59}$$

对于建筑结构的钢筋混凝土轴心受压构件，由表 7-26 得 $\gamma_R=1.236$，前面得到钢筋的材料性能分项系数 $\gamma_s=1.1$。在钢筋混凝土构件中，钢筋承担的轴向压力按整个构件截面受压承载力的 10%、20% 和 30% 考虑，即 $A_{sk}f_{yk}/(A_{ck}f_{ck})=0.111$、$0.25$ 和 0.429，代入式（7-59）得到 $\gamma_c=1.25$、1.26 和 1.31，《混凝土结构设计规范》（GBJ 10—1989）取 $\gamma_c=1.35$，得不同强度等级混凝土的轴心抗压强度设计值，如对于 C40 混凝土，轴心抗压强度标准值 $f_{ck}=26.8\text{N/mm}^2$，设计值 $f_c=26.8\text{N/mm}^2/1.35=19.85\text{N/mm}^2$，取 19.5N/mm^2。为提高混凝土结构的安全性，在《混凝土结构设计规范》（GB 50010—2002）中，混凝土材料性能分项系数取为 $\gamma_c=1.4$，对于 C40 混凝土，$f_c=26.8\text{N/mm}^2/1.4=19.14\text{N/mm}^2$，取 19.1N/mm^2。在《混凝土结构设计规范》（GB 50010—2010）中，仍取 $\gamma_c=1.4$。

2. 结构系数

上面按钢筋混凝土轴心受拉和轴心受压构件确定了钢筋的材料性能分项系数 γ_s 和混凝土的材料性能分项系数 γ_c，除轴心受拉和轴心受压构件外，钢筋混凝土构件还包括受弯构件、受剪构件、大偏心受压构件、小偏心受压构件等。因此，还需分析将 γ_s 和 γ_c 用于这些构件时，其承载力设计值 $R(f_y, f_c, a_d)$ 与这些构件直接按抗力分项系数 γ_R 计算的承载力设计值 $R(f_{yk}, f_{ck}, a_k)/\gamma_R$ 的差别，γ_R 的值见表 7-26。如果差别较大，需要引入结构系数，结构系数按下式确定

$$\gamma_d=\frac{R(f_y, f_c, a_d)}{R(f_{yk}, f_{ck}, a_k)}\gamma_R \tag{7-60}$$

如果差别不大，取 $\gamma_d=1$ 或分项系数设计表达式中不出现 γ_d。

7.4.7 《水利水电工程结构可靠性设计统一标准》确定分项系数的方法

第 7.4.2~7.4.6 节分别介绍了承载能力极限状态分项系数设计表达式中，结构重要性系数、作用分项系数、组合值系数、抗力分项系数、材料性能分项系数和结构系数的确定方法，这些分项系数之间是相互联系的，这种确定各系数的方法是国际标准《结构可靠性总原则》（ISO 2394：1998）、欧洲规范《结构设计基础》（EN 1990：2002）和我国建筑工程、港口工程、公路工程、铁路工程可靠性设计统一标准采用的方法。《水利水电工程结构可靠性设计统一标准》（GB 50199—2013）根据水工结构的特点，采用了与上述标准略有不同的分项系数设计表达式（具体见第 7.5.4 节），分项系数设计表达式中采用了设计状况系数 ψ，但不采用作用组合值系数，而且确定分项系数的方法与前面的方法也不同：先确定作用分项

系数和材料性能分项系数，在此基础上通过不同设计状况下按分项系数表达式设计的结构或结构构件的可靠指标与目标可靠指标最接近的原则确定结构系数。

1. 作用分项系数

当作用服从正态分布时，作用分项系数按下式确定

$$\gamma_f = \frac{1 + K_{f1}\delta_f}{1 + K_{f2}\delta_f} \tag{7-61}$$

其中

$$K_{f1} = \Phi^{-1}(p_{f1}), \quad K_{f2} = \Phi^{-1}(p_{f2})$$

式中，γ_f 为作用分项系数；δ_f 为作用的变异系数；p_{f1}、p_{f2} 为相应作用的设计值、标准值在标准正态分布上的概率，p_{f1} 宜在其设计验算点附近选用；K_{f1}、K_{f2} 为 p_{f1}、p_{f2} 的反函数值。

当作用服从对数正态分布时，作用分项系数按下式确定

$$\gamma_f = \exp\left[(K_{f1} - K_{f2})\sqrt{\ln(1+\delta_f^2)}\right] \tag{7-62}$$

当作用服从极值 I 型分布时，作用分项系数按下式确定

$$\gamma_f = \frac{1 - 0.45005\delta_f - 0.77970\delta_f\ln\left[-\ln\Phi(K_{f1})\right]}{1 - 0.45005\delta_f - 0.77970\delta_f\ln\left[-\ln\Phi(K_{f2})\right]} \tag{7-63}$$

2. 材料（包括地基、围岩）性能分项系数

当材料（包括地基、围岩）性能服从正态分布时，材料性能分项系数按下式确定

$$\gamma_m = \frac{1 - K_{m2}\delta_m}{1 - K_{m1}\delta_m} \tag{7-64}$$

$$K_{m1} = \left|\Phi^{-1}(p_{m1})\right|, \quad K_{m2} = \left|\Phi^{-1}(p_{m2})\right|$$

式中，δ_m 为材料性能的变异系数；p_{m1}、p_{m2} 为相应材料性能的设计值、标准值在标准正态分布上的概率，p_{m1} 宜在其设计验算点附近选用；K_{m1}、K_{m2} 为 p_{m1}、p_{m2} 反函数的绝对值。

当材料（包括地基、围岩）性能服从对数正态分布时，材料性能分项系数按下式确定

$$\gamma_m = \frac{1}{\exp\left[(K_{m2} - K_{m1})\sqrt{\ln(1+\delta_m^2)}\right]} \tag{7-65}$$

3. 结构系数

根据承载能力极限状态设计表达式和前面的作用分项系数、材料性能分项系数确定结构系数 γ_d，使按设计表达式设计的结构或构件的可靠指标与规定的目标可靠指标相等或最为接近。

7.5 标准、规范中的设计表达式

如第 2 章所述，一般情况下结构设计分为承载力极限状态设计和正常使用极限状态设计，第 7.4 节论述了确定结构或结构构件承载能力极限状态设计表达式中各系数的方法，不同设计标准和规范中分项系数设计表达式的形式可能有所不同。另外，第 7.4 节的分析主要

是针对持久设计状况的，不同标准和规范还规定了短暂设计状况、偶然设计状况和地震设计状况的分项系数设计表达式。下面简单介绍国内外相关标准中分项系数设计表达式的形式和各种系数。

说明： 虽然标准、规范中同时包括了作用效应与作用为非线性关系和线性关系的情况，但作用效应与作用为非线性关系的情况比较复杂，属于尚在研究中的问题，除个别情况外，本章只给出作用效应与作用为线性关系情况的设计表达式。

7.5.1　《工程结构可靠性设计统一标准》（GB 50153—2008）

1. 承载能力极限状态

（1）设计表达式　《工程结构可靠性设计统一标准》（GB 50153—2008）规定，当结构按承载能力极限状态设计时，应考虑下列状态和设计表达式。

1）结构构件（包括基础等）的破坏或过度变形，此时结构的材料（静力）强度起控制作用

$$\gamma_0 S_d \leqslant R_d \tag{7-66}$$

式中，γ_0 为结构重要性系数，安全等级为一级、二级和三级的结构或结构构件分别取 1.1、1.0 和 0.9；S_d 为作用组合的效应（如轴力、弯矩或表示几个轴力、弯矩的向量）设计值；R_d 为结构构件的抗力设计值。

2）整个结构或其一部分作为刚体失去静力平衡，此时结构材料或地基的强度一般不起控制作用

$$\gamma_0 S_{d,dst} \leqslant S_{d,stb} \tag{7-67}$$

式中，$S_{d,dst}$ 为不平衡作用的效应设计值；$S_{d,stb}$ 为平衡作用的效应设计值。

3）地基的破坏或过度变形的承载能力极限状态设计，可采用分项系数法进行，但其分项系数的取值与式（7-66）中所包含的分项系数的取值有区别；也可采用容许应力法进行，此时作用分项系数均取 1.0。

4）结构构件疲劳破坏的承载能力极限状态设计。

（2）作用组合效应设计值　工程结构按承载能力极限状态设计时可采用作用的基本组合、偶然组合或地震组合。

1）基本组合。对持久设计状况和短暂设计状况，采用作用的基本组合。当作用效应与作用为线性关系时，作用基本组合的效应设计值按下式计算

$$S_d = \sum_{i \geqslant 1} \gamma_{G_i} S_{G_{ik}} + \gamma_P S_P + \gamma_{Q_1} \gamma_{L1} S_{Q_{1k}} + \sum_{j>1} \gamma_{Q_j} \gamma_{Lj} \psi_{cj} S_{Q_{jk}} \tag{7-68}$$

式中，$S_{G_{ik}}$ 为第 i 个永久作用的标准值；S_P 为预应力作用的有关代表值；$S_{Q_{1k}}$ 为第 1 个可变作用（主导可变作用）的标准值；$S_{Q_{jk}}$ 为其他第 j 个可变作用的标准值；γ_{G_i} 为第 i 个永久作用的分项系数；γ_P 为预应力作用的分项系数；γ_{Q_1} 和 γ_{Q_j} 为第 1 个和第 j 个可变作用的分项系数；γ_{L1}、γ_{Lj} 为第 1 个可变作用和第 j 个可变作用的设计使用年限调整系数；ψ_{cj} 为第 j 个可变作用的组合值系数，其值应按有关的荷载规范的规定采用。

2）偶然组合。对偶然设计状况，采用作用的偶然组合。当作用效应与作用为线性关系时，作用偶然组合的效应设计值按下式计算

$$S_d = \sum_{i \geqslant 1} S_{G_{ik}} + S_P + S_{A_d} + (\psi_{f1} \text{ 或 } \psi_{q1}) S_{Q_{1k}} + \sum_{j > 1} \psi_{qj} S_{Q_{jk}} \tag{7-69}$$

式中，S_{A_d} 为偶然作用设计值的效应；ψ_{f1} 为第 1 个可变作用的频遇值系数；ψ_{q1} 和 ψ_{qj} 为第 1 个和第 j 个可变作用的准永久值系数。

因为一般情况下偶然作用是一个协议或规定的值，没有概率含义，所以式（7-69）中直接采用偶然作用效应的设计值 S_{A_d}。

将式（7-69）与式（7-68）进行对比可以看出，虽然都是承载能力极限状态，偶然组合表达式中作用的系数与基本组合是不同的。偶然组合中作用不乘作用分项系数，这是因为在结构设计使用年限内，偶然事件发生的概率很小而量值很大，在这种情况下要求结构能够保持整体稳固性即可，结构发生局部破坏后经过修复可继续使用，而不要求达到基本组合承载能力极限状态的安全水平。偶然组合中主导可变作用乘频遇值系数或准永久值系数而基本组合中的不乘这些系数，这是因为如第 4 章所定义的，可变作用标准值为结构设计基准期内最大值概率分布的高分位值，结构设计基准期内的可变作用值超过标准值的概率很低，而偶然事件发生时持续的时间很短，可变作用达到标准值的概率更低，所以采用频遇值系数或准永久值系数来降低偶然事件发生时主导可变作用的标准值。同样，偶然组合中非主导可变作用乘准永久值系数，而基本组合中非主导可变作用乘组合值系数。

3）地震组合。对地震设计状况，采用作用的地震组合。地震组合的效应设计值 S_d，宜采用重现期为 475 年的地震作用（基本烈度）。当作用效应与作用为线性关系时，可按下式计算

$$S_d = \sum_{i \geqslant 1} S_{G_{ik}} + S_P + \gamma_I S_{A_{Ek}} + \sum_{j \geqslant 1} \psi_{qj} S_{Q_{jk}} \tag{7-70}$$

式中，γ_I 为地震作用重要性系数，其值应按有关的抗震设计规范的规定采用；$S_{A_{Ek}}$ 为按重现期为 475 年的地震作用（基本烈度）确定的地震作用标准值的效应。

地震组合的效应设计值也可根据重现期大于或小于 475 年的地震作用（基本烈度）确定，具体按相关抗震设计规范的规定采用。

（3）抗力设计值　《工程结构可靠性设计统一标准》（GB 50153—2008）规定的抗力设计值表达式如下

$$R_d = R(f_d, a_d) \tag{7-71}$$

式中，f_d 为结构或结构构件材料性能设计值，按式（7-21）确定；a_d 为结构或结构构件几何尺寸设计值，按式（7-22）确定。

2. 正常使用极限状态

《工程结构可靠性设计统一标准》（GB 50153—2008）规定，结构构件按正常使用极限状态设计时，应符合下式要求

$$S_d \leqslant C \tag{7-72}$$

式中，S_d 为作用组合的效应（如变形、裂缝等）设计值；C 为设计对变形、裂缝等规定的相应限值，其值按有关结构设计规范的规定采用。

按正常使用极限状态设计时，可根据不同情况采用作用的标准组合、频遇组合或准永久组合。标准组合宜用于不可逆的正常使用极限状态，频遇组合宜用于可逆的正常使用极限状态，准永久组合宜用于长期效应是决定性因素时的正常使用极限状态。

（1）标准组合 当作用效应与作用为线性关系时，作用标准组合的效应设计值可按下式计算

$$S_d = \sum_{i \geq 1} S_{G_{ik}} + S_P + S_{Q_{1k}} + \sum_{j > 1} \psi_{cj} S_{Q_{jk}} \quad (7\text{-}73)$$

（2）频遇组合 当作用效应与作用为线性关系时，作用频遇组合的效应设计值可按下式计算

$$S_d = \sum_{i \geq 1} S_{G_{ik}} + S_P + \psi_{f1} S_{Q_{1k}} + \sum_{j > 1} \psi_{qj} S_{Q_{jk}} \quad (7\text{-}74)$$

（3）准永久组合 当作用效应与作用为线性关系时，作用准永久组合的效应设计值可按下式计算

$$S_d = \sum_{i \geq 1} S_{G_{ik}} + S_P + \sum_{j \geq 1} \psi_{qj} S_{Q_{jk}} \quad (7\text{-}75)$$

7.5.2 《建筑结构可靠性设计统一标准》（GB 50068—2018）和《建筑结构荷载规范》（GB 50009—2012）

《建筑结构可靠性设计统一标准》（GB 50068—2018）对建筑结构或结构构件承载能力极限状态和正常使用极限状态设计表达式和作用效应表达式的规定与《工程结构可靠性设计统一标准》（GB 50009—2012）基本是一致的。建筑结构的作用分项系数按表7-28确定。

表 7-28　建筑结构的作用分项系数

作用分项系数	当作用效应对承载力不利时	当作用效应对承载力有利时
γ_G	1.3	≤1.0
γ_P	1.3	≤1.0
γ_Q	1.5	0

对于结构可变作用设计使用年限调整系数 γ_L，《建筑结构可靠性设计统一标准》（GB 50068—2018）规定，设计使用年限为5年、50年和100年时，应分别取0.9、1.0和1.1。

《建筑结构荷载规范》（GB 50009—2012）规定的部分楼面、屋面活荷载组合值系数 ψ_c、频遇值系数 ψ_q 和准永久值系数 ψ_f 见表7-29，其他荷载的值见荷载规范。

表 7-29　部分楼面、屋面活荷载组合值系数 ψ_c、频遇值系数 ψ_q 和准永久值系数 ψ_f

编号	类别	ψ_c	ψ_f	ψ_q
1	（1）住宅、宿舍、旅馆、办公楼、医院病房、托儿所、幼儿园	0.7	0.5	0.4
	（2）教室、实验室、阅览室、会议室、医院门诊室	0.7	0.6	0.5
2	食堂、餐厅、一般资料档案室	0.7	0.6	0.5
3	（1）礼堂、剧场、影院、有固定座位的看台	0.7	0.5	0.3
	（2）公共洗衣房	0.7	0.5	0.5
4	（1）商店、展览厅、车站、港口、机场大厅及其旅客等候室	0.7	0.6	0.5
	（2）无固定座位的看台	0.7	0.5	0.3
5	（1）健身房、演出舞台	0.7	0.6	0.5
	（2）运动场、舞厅	0.7	0.6	0.3
6	（1）书库、档案库、储藏室	0.9	0.9	0.8
	（2）密集柜书库	0.9	0.9	0.8

《建筑结构荷载规范》（GB 50009—2012）对偶然组合的规定比《建筑结构可靠性设计统一标准》（GB 50068—2018）详细，要求进行偶然荷载下承载能力极限状态计算和偶然事件发生后受损结构的整体稳固性验算。

（1）承载能力极限状态计算　当作用与作用效应按线性关系考虑时，承载能力极限状态作用效应设计值按下式计算

$$S_d = \sum_{i=1}^m S_{G_{ik}} + S_{A_d} + \psi_{f1} S_{Q_{1k}} + \sum_{j=2}^n \psi_{qj} S_{Q_{jk}} \tag{7-76}$$

式中，S_{A_d} 为偶然作用效应设计值；ψ_{f1} 为第 1 个可变作用的频遇值系数；ψ_{qj} 为第 j 个可变荷载的准永久值系数。

（2）偶然事件发生后受损结构整体稳固性验算　当作用与作用效应按线性关系考虑时，偶然事件发生后受损结构作用效应设计值按下式计算

$$S_d = \sum_{i=1}^m S_{G_{ik}} + \psi_{f1} S_{Q_{1k}} + \sum_{j=2}^n \psi_{qj} S_{Q_{jk}} \tag{7-77}$$

7.5.3　《港口工程结构可靠性设计统一标准》（GB 50158—2010）及相关规范

1. 承载能力极限状态

（1）设计表达式　《港口工程结构可靠性设计统一标准》（GB 50158—2010）规定，港口工程结构承载能力极限状态的一般设计表达式为

$$\gamma_0 S_d \leqslant R_d \tag{7-78}$$

式中，γ_0 为结构重要性系数，安全等级为一、二和三级的结构分别为 1.1、1.0 和 0.9；S_d 为作用效应设计值，根据不同的组合确定；R_d 为抗力设计值。

（2）作用组合效应设计值　港口工程结构按承载能力极限状态设计时，可采用作用持久组合、短暂组合、偶然组合和地震组合。

1）持久组合。当作用与作用效应为线性关系或假设为线性关系时，持久组合的效应设计值可按下式确定

$$S_d = \sum_{i \geqslant 1} \gamma_{G_i} S_{G_{ik}} + \gamma_P S_P + \gamma_{Q_1} S_{Q_{1k}} + \sum_{j > 1} \gamma_{Q_j} \psi_{cj} S_{Q_{jk}} \tag{7-79}$$

当作用与作用效应为非线性关系时，持久组合的效应设计值可按下式确定

$$S_d = \gamma_F S\left(\sum_{i \geqslant 1} G_{ik} \text{``} + \text{''} \sum_{j \geqslant 1} Q_{jk} \right) \tag{7-80}$$

式中，$S_{G_{ik}}$ 为第 i 个永久作用标准值的效应；γ_{G_i} 为第 i 个永久作用的分项系数，按表 7-30 采用；$S_{Q_{1k}}$ 和 $S_{Q_{jk}}$ 为第 1 个（主导）可变作用和第 j 个可变作用标准值的效应；γ_{Q_1} 和 γ_{Q_j} 分别为第 1 个和第 j 个可变作用的分项系数，按表 7-30 采用；S_P 为预应力作用有关代表值的效应；γ_P 为预应力的分项系数；ψ_{cj} 为可变作用的组合值系数，可取 0.7，对经常以界值出现的有界作用可取 1.0；γ_F 为作用综合分项系数；G_{ik} 为第 i 个永久作用的标准值；Q_{jk} 为第 j 个可变作用的标准值；$S(\cdot)$ 为作用组合效应函数；"+" 为组合。

表7-30 港口结构永久作用和可变作用分项系数

荷载名称	分项系数	荷载名称	分项系数
永久作用(不包括土压力、静水压力)	1.2	铁路荷载	1.4
五金钢铁荷载	1.5	汽车荷载	1.4
散货荷载	1.5	缆车荷载	1.4
起重机械荷载	1.5	船舶系缆力	1.4
船舶撞击力	1.5	船舶挤靠力	1.4
水流力	1.5	运输机械荷载	1.4
冰荷载	1.5	风荷载	1.4
波浪力(构件计算)	1.5	人群荷载	1.4
一般件杂货、集装箱荷载	1.4	土压力	1.35
液体管道(含推力)荷载	1.4	剩余水压力	1.05

注：1. 当永久作用效应对结构承载能力起有利作用时，永久作用分项系数 γ_G 取值不应大于 1.0。

2. 同一来源的作用，当总的作用效应对结构承载力不利时，分作用均乘以不利作用的分项系数。

3. 永久荷载为主时，其分项系数应不小于 1.3。

4. 当两个可变作用完全相关，其中一个为主导可变作用时，其非主导可变作用的分项系数应取主导可变作用的分项系数。

5. 海港结构在极端高水位和极端低水位情况下，承载能力极限状态持久组合的可变作用分项系数减小 0.1。

6. 除构件外的波浪力分项系数应按国家现行有关标准选取。

2) 短暂组合。当作用与作用效应为线性关系或假设为线性关系时，短暂组合的效应设计值可按下式确定

$$S_d = \sum_{i \geq 1} \gamma_{G_i} S_{G_{ik}} + \gamma_P S_P + \sum_{j \geq 1} \gamma_{Q_j} S_{Q_{jk}} \tag{7-81}$$

式中，γ_{Q_j} 为第 j 个可变作用的分项系数，可按表 7-30 中的值减小 0.1 采用；其余变量的含义同式（7-79）。

当作用与作用效应为非线性关系时，短暂组合的效应设计值可按下式确定

$$S_d = \gamma_F S\Big(\sum_{i \geq 1} G_{ik} \text{"+"} \sum_{j \geq 1} Q_{jk} \Big) \tag{7-82}$$

在上述作用组合的效应设计表达式中，式（7-79）和式（7-81）用于一般结构构件内力计算，也用于重力式结构抗倾、抗滑、锚碇墙稳定等的计算；式（7-80）和式（7-82）用于作用与作用组合的效应不能按线性叠加计算的情况，如板桩内力、沉箱底板内力、地基承载力和土坡及地基稳定等的计算。

3) 偶然组合。可按下列原则确定：①偶然作用的代表值分项系数为 1.0；②与偶然作用同时出现的可变作用取标准值。

4) 地震组合。可按下列原则确定：①地震作用的代表值分项系数为 1.0；②具体的设计表达式及各种系数应符合国家现行有关标准的规定。

(3) 抗力设计值

1) 当结构抗力设计值按材料性能确定时，结构抗力的设计值为

$$R_d = R(f_d, a_d, F_d, C, \gamma_d) \tag{7-83}$$

2）当结构抗力设计值按岩土性能或静力平衡确定时，结构抗力的设计值为

$$R_{d} = \frac{R(f_{k}, a_{k}, F_{r}, C, \gamma_{d})}{\gamma_{R}} \tag{7-84}$$

式中，$R(\cdot)$ 为与材料、岩土性能或两介质间摩擦系数、几何量、作用代表值、结构规定限值和结构调整系数有关的抗力函数；有些情况可以用 R_{k} 代替 $R(f_{k}, a_{k}, F_{r}, C, \gamma_{d})$，$R_{k}$ 为抗力标准值；γ_{R} 为抗力分项系数。

2. 正常使用极限状态

港口工程结构正常使用极限状态的设计表达式同式（7-72）。对于持久状况，作用效应的设计值可分别采用作用效应的标准组合、频遇组合和准永久组合，表达式同式（7-73）~式（7-75），其中组合值系数 ψ_{c}、频遇值系数 ψ_{f} 和准永久值系数 ψ_{q} 可分别取 0.7、0.7 和 0.6；对经常以界限值出现的有界作用，组合值系数和准永久值系数可取 1.0。

对于短暂状况，当需要考虑正常使用极限状态时，如果作用与作用组合为线性关系或假设为线性关系时，作用效应的设计值可按下式计算

$$S_{d} = \sum_{i \geq 1} S_{G_{ik}} + S_{P} + \sum_{j \geq 1} S_{Q_{jk}} \tag{7-85}$$

高桩码头、重力式码头和板桩码头是传统的三种码头结构形式，三种码头的结构设计表达式均采用了《港口工程结构可靠性设计统一标准》（GB 50158—2010）的规定。

（1）高桩码头　高桩码头承载能力极限状态和正常使用极限状态设计区别主要体现在上部结构构件设计和桩基设计方面。《码头结构设计规范》（JTS 167—2018）规定作用组合的效应设计值 S_{d} 采用式（7-79）计算，作用分项系数取表 7-30 中的值，抗力设计值采用式（7-83）计算。混凝土材料性能分项系数 γ_{c} 取 1.4；延性较好的热轧钢筋 HPB300、HRB335、HRB400 和 RRB400 材料性能分项系数 γ_{s} 取 1.10，500MPa 级钢筋应用经验不足，因此适当提高安全储备，γ_{s} 取 1.15，延性较差的预应力钢筋 γ_{s} 取 1.2。

对高桩码头的打入桩，竖向承载力设计表达式为

$$\gamma_{0} S_{d} \leq Q_{d} = \frac{Q_{k}}{\gamma_{R}} \tag{7-86}$$

式中，S_{d} 为桩竖向作用效应，按式（7-79）确定；Q_{k} 为桩竖向承载力标准值，按例 2-5 中的式（a）计算；γ_{R} 为桩竖向承载力分项系数，取 1.45~1.55。

（2）重力式码头　对重力式岸壁码头沿墙底面、墙身各水平缝和基床底面的抗滑稳定性，《码头结构设计规范》（JTS 167—2018）规定可按下列公式验算：

1）不考虑波浪作用，且由可变作用产生的土压力为主导可变作用时

$$\gamma_{0}(\gamma_{E} E_{H} + \gamma_{P_{w}} P_{W} + \gamma_{E} E_{qH} + \psi \gamma_{P_{R}} P_{RH}) \leq \frac{1}{\gamma_{d}}(\gamma_{G} G + \gamma_{E} E_{V} + \gamma_{E} E_{qV}) f \tag{7-87}$$

2）不考虑波浪作用，沿胸墙底面的抗滑稳定性验算，系缆力为主导可变作用时

$$\gamma_{0}(\gamma_{E} E_{H} + \gamma_{P_{w}} P_{W} + \gamma_{P_{R}} P_{RH} + \psi \gamma_{E} E_{qH}) \leq \frac{1}{\gamma_{d}}(\gamma_{G} G + \gamma_{E} E_{V} - \gamma_{P_{R}} P_{RV} + \psi \gamma_{E} E_{qV}) f \tag{7-88}$$

3）应考虑波浪作用，波浪力为主导可变作用时

$$\gamma_0(\gamma_E E_H+\gamma_{P_W}P_W+\gamma_P P_B+\psi\gamma_E E_{qH})\leqslant\frac{1}{\gamma_d}(\gamma_G G+\gamma_E E_V+\gamma_U P_{BU}+\psi\gamma_E E_{qV})f \quad (7\text{-}89)$$

4）应考虑波浪作用，堆载土压力为主导可变作用时

$$\gamma_0(\gamma_E E_H+\gamma_{P_W}P_W+\gamma_E E_{qH}+\psi\gamma_P P_B)\leqslant\frac{1}{\gamma_d}(\gamma_G G+\gamma_E E_V+\gamma_E E_{qV}+\psi\gamma_U P_{BU})f \quad (7\text{-}90)$$

式中，γ_0 为结构重要性系数，安全等级为一、二和三级的结构分别为 1.1、1.0 和 0.9；γ_d 为结构系数，无波浪作用取 1.0，有波浪作用取 1.1；γ_G 为自重力分项系数，取 1.0；G 为作用在计算面上的结构自重力的标准值；f 为沿计算面的摩擦系数设计值；γ_E 为土压力分项系数；E_H、E_V 分别为计算面以上永久作用总主动土压力的水平分力标准值和竖向分力的标准值；γ_{P_W} 为剩余水压力分项系数；P_W 为作用在计算面以上的剩余水压力的标准值；γ_{P_R} 为系缆力分项系数；P_{RH} 为系缆力水平分力的标准值；E_{qH}、E_{qV} 分别为计算面以上可变作用总主动土压力的水平分力标准值和竖向分力的标准值；ψ 为作用效应组合系数，持久组合取 0.7，短暂组合取 1.0；P_{RV} 为系缆力竖向分力标准值；γ_P 为波浪水平力分项系数；P_B 为波谷作用时计算面以上波浪水平力的标准值；γ_U 为波浪浮托力分项系数；P_{BU} 为波谷作用时作用在计算底面上的波浪浮托力的标准值。上述各分项系数的值见表 7-31。

表 7-31　重力式码头稳定验算时作用分项系数

组合情况	永久作用		可 变 作 用				
	γ_E	γ_{P_W}	γ_E	γ_{P_R}	γ_P	γ_U	γ_{P_Z}
持久组合	1.35	1.05	1.35(1.25)	1.40(1.30)	1.30(1.20)	1.30(1.20)	1.50(1.40)
短暂组合	1.35	1.05	1.25	1.30	1.20	1.20	—

注：1. 采用持久组合设计高低水位时取表中大值；采用持久组合极端水位时取表中括弧内小值。
　　2. γ_{P_Z} 为墩式码头船舶撞击力分项系数。

对重力式岸壁码头沿墙底面、墙身各水平缝及齿缝计算面前趾抗倾稳定性，《码头结构设计规范》（JTS 167—2018）规定可按下列公式验算：

1）不考虑波浪作用，且由可变作用产生的土压力为主导可变作用时

$$\gamma_0(\gamma_E M_{E_H}+\gamma_{P_W}M_{P_W}+\gamma_E M_{E_{qH}}+\psi\gamma_{P_R}M_{P_R})\leqslant\frac{1}{\gamma_d}(\gamma_G M_G+\gamma_E M_{E_V}+\gamma_E M_{E_{qV}}) \quad (7\text{-}91)$$

2）不考虑波浪作用，对胸墙底面前趾的抗倾稳定性验算，系缆力产生的倾覆力矩为主导可变作用时

$$\gamma_0(\gamma_E M_{E_H}+\gamma_{P_W}M_{P_W}+\gamma_{P_R}M_{P_R}+\psi\gamma_E M_{E_{qH}})\leqslant\frac{1}{\gamma_d}(\gamma_G M_G+\gamma_E M_{E_V}+\psi\gamma_E M_{E_{qV}}) \quad (7\text{-}92)$$

3）应考虑波浪作用，且波浪力是主导可变作用时

$$\gamma_0(\gamma_E M_{E_H}+\gamma_{P_W}M_{P_W}+\gamma_P M_{P_B}+\psi\gamma_E M_{E_{qH}})\leqslant\frac{1}{\gamma_d}(\gamma_G M_G+\gamma_E M_{E_V}+\gamma_U M_{P_{BU}}+\psi\gamma_E M_{E_{qV}}) \quad (7\text{-}93)$$

4）应考虑波浪作用，堆载压力是主导可变作用时

$$\gamma_0 (\gamma_E M_{E_H} + \gamma_{P_W} M_{P_W} + \gamma_E M_{E_{qH}} + \psi \gamma_P M_{P_B}) \leqslant \frac{1}{\gamma_d} (\gamma_G M_G + \gamma_E M_{E_V} + \gamma_E M_{E_{qV}} + \psi \gamma_U M_{P_{BU}}) \quad (7\text{-}94)$$

式中，M_G 为结构自重力标准值对计算面前趾的稳定力矩；M_{E_H}、M_{E_V} 分别为永久作用总土压力的水平分力标准值与竖向分力标准值对计算面前趾的倾覆力矩和稳定力矩；M_{P_W} 为剩余水压力标准值对计算面前趾的倾覆力矩；γ_d 为结构系数，无波浪作用取1.25，有波浪作用取1.35；$M_{E_{qH}}$、$M_{E_{qV}}$ 分别为可变作用总土压力的水平分力标准值与竖向分力标准值对计算面前趾的倾覆力矩和稳定力矩；M_{P_R} 为系缆力标准值对计算面前趾的倾覆力矩；M_{P_B} 为波谷作用时水平波压力标准值对计算面前趾的倾覆力矩；$M_{P_{BU}}$ 为波谷作用时作用在计算底面上的波浪浮托力标准值对计算面前趾的稳定力矩。

（3）板桩码头　《码头结构设计规范》（JTS 167—2018）要求板桩码头设计应确定前墙的入土深度、前墙强度、导梁强度、拉杆直径和锚碇墙或锚碇板的稳定性。

1）前墙入土深度。前墙的入土深度由前墙"踢脚"稳定控制，应满足下式要求

$$\gamma_0 \left[\sum \gamma_G M_G + \gamma_{Q_1} M_{Q_1} + \psi (\gamma_{Q_2} M_{Q_2} + \gamma_{Q_3} M_{Q_3} + \cdots) \right] \leqslant \frac{M_R}{\gamma_R} \quad (7\text{-}95)$$

式中，γ_0 为结构重要性系数，安全等级为一、二、三级的结构分别为1.1、1.0、0.9；γ_G 为永久作用分项系数，按表7-32选用；M_G 为永久作用标准值产生的作用效应，包括前墙后土本身产生的主动土压力的标准值和剩余水压力的标准值对拉杆锚碇点的"踢脚"力矩；γ_{Q_1}、γ_{Q_2}、γ_{Q_3} 等为可变作用分项系数，按表7-32选用；M_{Q_1} 为主导可变作用效应，通常是码头地面可变作用产生的主动土压力的标准值和墙前波吸力的标准值对拉杆锚碇点的"踢脚"力矩；ψ 为作用组合系数，取0.7；M_{Q_2}、M_{Q_3} 等为非主导可变作用标准值产生的"踢脚"力矩；M_R 为板桩墙前被动土压力的标准值对拉杆锚碇点的稳定力矩；γ_R 为抗力分项系数，取1.25。

表 7-32　板桩码头"踢脚"稳定设计的作用分项系数

组合情况	永久作用		可变作用	
	土压力	剩余水压力	土压力	波吸力
持久组合	1.35	1.05	1.35（1.25）	1.30（1.20）
短暂组合	1.35	1.05	1.25	1.20

注：当计算水位采用极端低水位时取括号内数值。

2）前墙强度。钢筋混凝土或预应力混凝土的承载力可按钢筋混凝土偏心受压构件计算。钢板桩的单宽强度应满足下式要求

$$\frac{\gamma_{GQ}}{1000} \left(\frac{N}{A} + \frac{M_{max}}{W_Z} \right) \leqslant f_t \quad (7\text{-}96)$$

式中，γ_{GQ} 为综合分项系数，取1.35；N 为作用标准值产生的每米轴向力；M_{max} 为作用标准值产生的每米板桩墙最大弯矩；A 为钢板桩的截面面积（m^2/m）；W_Z 为钢板桩的弹性抵

抗矩（m^3/m）；f_t 为钢材的强度设计值，按《水运工程钢结构设计规范》（JTS 152—2012）和《钢结构设计规范》（GB 50017—2017）的规定采用。

3）钢拉杆直径。钢拉杆杆体段直径可按下式计算

$$d = 2\sqrt{\frac{1000 R_A \gamma_{R_A}}{\pi f_t}} + \Delta d \tag{7-97}$$

式中，d 为拉杆直径（mm）；R_A 为拉杆拉力标准值（kN）；γ_{R_A} 为拉杆拉力分项系数，取 1.35；f_t 为钢材抗拉强度设计值（N/mm^2）；Δd 为预留腐蚀量（mm），取 2～3mm。

4）钢导梁强度。钢导梁的强度应满足下式要求

$$\frac{\gamma_{GQ} M_{max}}{1000 W} \leqslant f_t \tag{7-98}$$

式中，γ_{GQ} 为综合分项系数，取 1.35；M_{max} 为作用标准值产生的导梁最大弯矩（kN·m）；W 为导梁的弹性抵抗矩（m^3）；f_t 为钢材的强度设计值（N/mm^2）。

5）锚碇墙和锚碇板稳定性。锚碇墙和锚碇板的稳定性应满足下式要求

$$\gamma_0 (\gamma_E E_{ax} + \gamma_{R_A} R_{Ax} + \psi \gamma_E E_{qx}) \leqslant \frac{E_{px}}{\gamma_R} \tag{7-99}$$

式中，γ_0 为结构重要性系数，安全等级为一、二和三级的结构分别为 1.1、1.0 和 0.9；γ_E 为主动土压力分项系数，取 1.35；E_{ax} 为锚碇墙、锚碇板后土体产生的主动土压力水平分力的标准值；γ_{R_A} 为拉杆拉力的分项系数，取 1.35；R_{Ax} 为拉杆拉力水平分力的标准值；ψ 为作用组合系数，取 0.7；E_{qx} 为锚碇墙、锚碇板后地面可变作用产生的主动土压力水平分力的标准值；E_{px} 为锚碇墙、锚碇板前被动土压力水平分力的标准值；γ_R 为抗力分项系数，取 1.25。

将港口工程结构与建筑工程结构的分项系数设计表达式和分项系数取值进行对比可以看出，港口工程结构的分项系数设计表达式要复杂一些，分项系数取值也有其特点。

7.5.4　《水利水电工程结构可靠性设计统一标准》（GB 50199—2013）及相关规范

1. 承载能力极限状态

（1）设计表达式　《水利水电工程结构可靠性设计统一标准》（GB 50199—2013）规定，当结构按承载能力极限状态设计时，对应于持久设计状况和短暂设计状况应采用基本组合；偶然设计状况应采用偶然组合；偶然组合中只考虑一种偶然作用。

1）结构或结构构件（包括基础等）的破坏或过度变形的承载能力极限状态设计，应按下式计算

$$\gamma_0 \psi S_d(\cdot) \leqslant \frac{1}{\gamma_{dn}} R_d(\cdot) \tag{7-100}$$

式中，$S_d(\cdot)$ 为作用组合的效应（如轴力、弯矩、剪力或应力等）设计值函数；$R_d(\cdot)$ 为结构抗力设计值函数；γ_0 结构重要性系数；ψ 为设计状况系数，对于混凝土结构，持久

状况、短暂状况和偶然状况分别取 1.0、0.95 和 0.85；γ_{dn} 为相应第 n 种作用组合的结构系数，对于混凝土结构按表 7-33 取值。

表 7-33 水利水电工程混凝土结构承载能力极限状态的结构系数

素混凝土结构		钢筋混凝土及预应力混凝土结构
受拉破坏	受压破坏	
2.00	1.30	1.20

注：1. 承受永久作用为主的构件，结构系数按表中数值增加 0.05，但承受土重产生的土压力为主的构件可不增加。

　　2. 对新型结构，结构系数可适当提高。

2）整个结构或其中的一部分作为刚体失去静力平衡的承载能力极限状态设计，应按下式计算

$$\gamma_0 \psi S_{d,dst}(\cdot) \leqslant \frac{1}{\gamma_{dn}} S_{d,stb}(\cdot) \qquad (7\text{-}101)$$

式中，$S_{d,dst}(\cdot)$ 为不平衡作用组合效应设计值函数；$S_{d,stb}(\cdot)$ 为平衡作用组合效应设计值函数。

3）地基破坏或过度变形的承载能力极限状态设计，可采用以概率理论为基础以分项系数表达的概率极限状态法进行，也可采用容许应力法等进行。采用概率极限状态法进行时，其分项系数的取值与式（7-100）中所包含的分项系数的取值可有区别。

（2）作用组合效应设计值　水利水电工程结构按承载能力极限状态设计时可采用作用的基本组合和偶然组合（地震包含在偶然组合中）。

1）基本组合。当作用与作用效应按线性关系考虑时，基本组合的效应设计值可按下式计算

$$S_d(\cdot) = \sum_{i \geqslant 1} \gamma_{Gi} S(G_{ik}, a_k) + \gamma_P S(P, a_k) + \sum_{j \geqslant 1} \gamma_{Qj} S(Q_{jk}, a_k) \qquad (7\text{-}102)$$

式中，γ_{Gi}、G_{ik}、$S(G_{ik}, a_k)$ 为第 i 个永久作用的分项系数、标准值和标准值的效应；γ_P、P、$S(P, a_k)$ 为预应力作用的分项系数、有关代表值和代表值的效应；γ_{Qj}、Q_{jk}、$S(Q_{jk}, a_k)$ 为第 j 个可变作用的分项系数、标准值和标准值的效应；a_k 为几何参数标准值。根据《水工建筑物荷载设计规范》（DL 5077—1997）永久作用和可变作用分项系数按表 7-34 取值。

表 7-34 水利水电工程结构作用分项系数

作用		作用分项系数
永久作用	建筑物结构自重	大体积水工混凝土结构、土石坝	1.0
		普通水工混凝土结构、金属结构	1.05(0.95)
		地下工程混凝土衬砌	1.1(0.9)
	永久设备自重		不利时 1.05，有利时 0.95
	地应力及围岩压力		1.0
	土压力和淤沙压力	挡土建筑物的主动土压力和静止土压力	1.2
		上埋式埋管的垂直土压力和侧向土压力	不利时 1.1，有利时 0.9
		淤泥压力	1.2

（续）

作用				作用分项系数
静水压力（包括外水压力）				1.0
可变作用	扬压力	混凝土坝的扬压力	浮托力	1.0
			实体重力坝的渗透压力	1.2
			宽缝重力坝、大头支墩坝、空腹重力坝及拱坝	1.1
			坝基下游设置抽排系统时	主排水孔之前扬应力	1.1
				主排水孔之后残余扬应力	1.2
		水闸的扬压力	浮托力	1.0
			渗透压力	1.2
		水电站厂房和泵站厂房的扬压力	浮托力	1.0
			渗透压力	1.2
	动水压力	渐变流时均压力		1.05
		反弧段水流离心力		1.1
		水流冲击力		1.1
		脉动压力		1.3
		水锤压力		1.1
	风荷载和雪荷载			1.3
	冰压力和冻胀力	静冰压力		1.1
		动冰压力		1.1
		切向冻胀力、水平冻胀力和竖向冻胀力		1.1
	浪压力			1.2
	楼面及平台活荷载			一般取 1.2
	桥式起重机和门式起重机荷载	桥式起重机竖向荷载和水平荷载		1.1
		门式起重机竖向荷载和水平荷载		1.1
	温度作用			1.1
	灌浆压力			1.3

2）偶然组合。当作用与作用效应按线性关系考虑时，偶然组合的作用组合效应设计值可按下式计算

$$S_{\mathrm{d}}(\cdot) = \sum_{i \geq 1} \gamma_{G_i} S(G_{ik}, a_k) + \gamma_p S(P, a_k) + S(A_k, a_k) + \sum_{j \geq 1} \gamma_{Q_j} S(Q_{jk}, a_k) \quad (7\text{-}103)$$

式中，A_k、$S(A_k, a_k)$ 为偶然作用的代表值和代表值的效应。

在承载能力极限状态偶然组合的设计表达式中，与偶然作用同时出现的某些可变作用的标准值可根据观测资料和工程经验适当折减，宜分析偶然作用对结构抗力的影响。

（3）抗力设计值　当结构的承载能力由材料的强度控制时，抗力设计值按下式确定

$$R_{\mathrm{d}}(\cdot) = R\left(\frac{f_k}{\gamma_m}, a_k\right) \quad (7\text{-}104)$$

2. 正常使用极限状态

结构或结构构件正常使用极限状态设计应按作用的标准组合并考虑长期作用的影响按下

式计算

$$\gamma_0 S(G_k, P, Q_k, f_k, a_k) \leqslant C \tag{7-105}$$

式中，C 为结构或结构构件正常使用的功能限值。

当作用与作用效应按线性关系考虑时，标准组合的效应设计值可按下式确定

$$S(\cdot) = \sum_{i \geqslant 1} S(G_{ik}, f_k, a_k) + S(P, f_k, a_k) + \sum_{j \geqslant 1} S(Q_{jk}, f_k, a_k) \tag{7-106}$$

式中，$S(\cdot)$ 为标准组合的效应设计值函数。

7.5.5　《公路工程结构可靠性设计统一标准》（JTG 2120—2020）和《公路桥涵设计通用规范》（JTG D60—2015）

1. 承载能力极限状态

（1）公路桥梁和隧道设计表达式　《公路工程结构可靠性设计统一标准》（JTG 2120—2020）规定，公路工程结构或构件按承载能力极限状态设计时，应考虑下列极限状态：

1）结构或构件（包括基础等）破坏或过度变形，此时结构的材料强度起控制作用，按下式进行设计

$$\gamma_0 S_d \leqslant R_d \tag{7-107}$$

式中，γ_0 为结构重要性系数，安全等级为一、二和三级的结构分别为 1.1、1.0 和 0.9；S_d 为作用组合的效应设计值；R_d 为结构或构件的抗力设计值。

2）整个结构或其一部分作为刚体失去静力平衡，此时结构材料或地基的强度一般不起控制作用，按下式进行设计

$$\gamma_0 S_{d,dst} \leqslant S_{d,stb} \tag{7-108}$$

式中，$S_{d,dst}$ 为不平衡作用效应的设计值；$S_{d,stb}$ 为平衡作用效应的设计值。

3）地基破坏或过度变形，此时岩土的强度起控制作用。设计时，可采用分项系数法进行，但其分项系数的取值与式（7-107）中所包含的分项系数的取值可有所区别；地基的破坏或过度变形的承载力设计，也可采用容许应力法等进行。

4）结构或结构构件的疲劳破坏，此时结构的材料疲劳强度起控制作用。

（2）公路桥梁作用组合效应设计值　公路桥梁和隧道结构按承载能力极限状态设计时可采用作用的基本组合、偶然组合和地震组合。

1）基本组合。持久设计状况和短暂设计状况应采用作用的基本组合。当作用与作用效应符合线性关系时，作用基本组合的效应设计值可按下式确定

$$S_d = \sum_{i \geqslant 1} \gamma_{G_i} S_{G_{ik}} + \gamma_P S_P + \gamma_{Q_1} \gamma_L S_{Q_{1k}} + \sum_{j > 1} \gamma_{Q_j} \gamma_L \psi_{cj} S_{Q_{jk}} \tag{7-109}$$

式中，γ_{G_i} 为第 i 个永久作用的分项系数，按表 7-35 取值；$S_{G_{ik}}$ 为第 i 个永久作用标准值的效应；γ_P 为预应力作用的分项系数；S_P 为预应力作用有关代表值的效应；γ_{Q_1} 为第 1 个可变作用（主导可变作用）的分项系数，采用车道荷载计算时取 $\gamma_{Q_1} = 1.4$，采用车辆荷载计算时，其分项系数取 $\gamma_{Q_1} = 1.8$。当某个可变作用在组合中其效应值超过汽车荷载效应时，则该作用取代汽车荷载，其分项系数取 $\gamma_{Q_1} = 1.4$；对专为承受某作用而设置的结构或装置，设计时该作用的分项系数取 $\gamma_{Q_1} = 1.4$；计算人行道板和人行道栏杆的局部荷载，其分项系数也取

$\gamma_{Q_1} = 1.4$；$S_{Q_{1k}}$ 为第 1 个可变作用（主导可变作用）标准值的效应；γ_{Q_j} 为第 j 个可变作用的分项系数；$S_{Q_{jk}}$ 为第 j 个可变作用标准值的效应，在作用组合中除汽车荷载（含汽车冲击力、离心力），风荷载外的其他第 j 个可变作用的分项系数，取 $\gamma_{Qj} = 1.4$，但风荷载的分项系数取 $\gamma_{Qj} = 1.1$；γ_L 为结构设计使用年限荷载调整系数；ψ_{cj} 为可变作用的组合值系数，在作用组合中除汽车荷载（含汽车冲击力、离心力）外的其他可变作用的组合系数，取 $\psi_c = 0.75$。

表 7-35 公路桥梁结构设计永久作用的分项系数

序号	作用类别		永久作用分项系数	
			对结构的承载力不利时	对结构的承载力有利时
1	混凝土和圬工结构重力（包括结构附加重力）		1.2	1.0
	钢结构重力（包括结构附加重力）		1.1 或 1.2	1.0
2	预加力		1.2	1.0
3	土的重力		1.2	1.0
4	混凝土的收缩和徐变作用		1.0	1.0
5	土侧压力		1.4	1.0
6	水的浮力		1.0	1.0
7	基础变位作用	混凝土和圬工结构	0.5	0.5
		钢结构	1.0	1.0

注：本表序号 1 中，当钢桥采用钢桥面板时，永久作用分项系数取 1.1；当采用混凝土桥面板时，取 1.2。

2）偶然组合。偶然设计状况应采用作用的偶然组合。当作用与作用效应符合线性关系考虑时，作用偶然组合的效应设计值可按下式计算

$$S_d = \sum_{i \geqslant 1} S_{G_{ik}} + S_P + S_{A_d} + (\psi_{f1} \text{ 或 } \psi_{q1}) S_{Q_{1k}} + \sum_{j > 1} \psi_{qj} S_{Q_{jk}} \tag{7-110}$$

式中，S_{A_d} 为偶然作用设计值的效应；ψ_{f1} 为第 1 个可变作用的频遇值系数，按有关的公路工程结构设计规范的规定采用；ψ_{q1}、ψ_{qj} 为第 1 个和第 j 个可变作用的准永久值系数，按有关的公路工程结构设计规范的规定采用。

3）地震组合。地震设计状况应采用作用的地震组合，作用地震组合的效应设计值应按有关的抗震设计规范计算。

（3）公路桥梁和隧道抗力设计值 结构或结构构件抗力的设计值可按下式确定

$$R_d = R\left(\frac{f_k}{\gamma_m}, a_d\right) \tag{7-111}$$

式中，γ_m 为材料性能分项系数。

（4）公路路面结构极限状态设计 公路路面结构可采用下式进行承载能力极限状态设计

$$\gamma_r \sum_{i=1}^n S_{Q_{ik}} \leqslant R(f_k, a_k) \tag{7-112}$$

式中，γ_r 为路面结构的可靠度系数；$S_{Q_{ik}}$ 为路面结构第 i 个可变作用标准值的效应。

2. 正常使用极限状态

公路工程结构或结构构件正常使用极限状态的设计表达式同式（7-72）。对于持久状况，

作用效应的设计值可分别采用作用效应的标准组合、频遇组合和准永久组合，表达式同式（7-73）～式（7-75）。

7.5.6 《铁路工程结构可靠性设计统一标准》（GB 50216—2019）

1. 承载能力极限状态

（1）设计表达式

1）《铁路工程结构可靠性设计统一标准》（GB 50216—2019）规定，铁路工程结构或构件（包括基础等）破坏或过度变形的承载能力极限状态应按下式进行设计

$$\gamma_0 S_d \leqslant R_d \tag{7-113}$$

式中，γ_0 为结构重要性系数，一级结构不小于 1.1，二级结构为 1.0，三级结构为 0.9；S_d 为作用效应设计值，根据不同的组合确定；R_d 为抗力设计值。

2）整个结构或其一部分作为刚体失去静力平衡的承载能力极限状态应按下式进行设计

$$\gamma_0 S_{d,dst} \leqslant R_{d,stb} \tag{7-114}$$

式中，γ_0 为结构重要性系数；$S_{d,dst}$ 为不平衡作用效应的设计值；$R_{d,stb}$ 为平衡作用效应的设计值。

（2）作用组合效应设计值　铁路工程结构按承载能力极限状态设计时可采用作用的基本组合、偶然组合和地震组合。

1）基本组合。持久设计状况和短暂设计状况可采用作用的基本组合，当作用与作用效应可用线性关系表达时，作用效应设计值按下式确定

$$S_d = \gamma_{S_d} \left(\sum_{i=1}^{n} \gamma_{G_i} S_{G_{ki}} + \gamma_{Q_1} \gamma_{L1} S_{Q_{1k}} + \sum_{j=2}^{m} \gamma_{Q_j} \gamma_{Lj} \psi_{cj} S_{Q_{kj}} \right) \tag{7-115}$$

式中，γ_{S_d} 为计算模型不确定性系数，一般取 1.0；γ_{G_i} 为第 i 个永久作用的分项系数，应针对永久作用的有利和不利影响采用不同的值；$S_{G_{ki}}$ 为第 i 个永久作用标准值的效应；γ_{Q_1} 为主导可变作用的分项系数；$S_{Q_{1k}}$ 为主导可变作用标准值的效应；γ_{Q_j} 为第 j 个其他可变作用的分项系数；$S_{Q_{kj}}$ 为第 j 个其他可变作用标准值的效应；ψ_{cj} 为第 j 个可变作用的组合值系数；γ_{L1} 和 γ_{Lj} 为第 1 个和第 j 个可变作用设计使用年限调整系数。

2）偶然组合。偶然设计状况可采用作用的偶然组合，当作用与作用效应可用线性关系表达时，作用效应设计值按下式确定

$$S_d = \sum_{i=1}^{n} S_{G_{ki}} + S_{A_d} + (\psi_{f1} \text{ 或 } \psi_{q1}) S_{Q_{1k}} + \sum_{j=2}^{m} \psi_{qj} S_{Q_{kj}} \tag{7-116}$$

式中，S_{A_d} 为偶然作用设计值的效应；ψ_{f1} 为主导可变作用的频遇值系数；ψ_{q1}、ψ_{qj} 为主导可变作用和其他可变作用的准永久值系数。

3）地震组合。地震设计状况应采用作用的地震组合，当作用与作用效应可用线性关系表达时，作用效应设计值按下式确定

$$S_d = \sum_{i=1}^{n} S_{G_{ki}} + \gamma_I S_{A_{Ek}} + \sum_{j=2}^{m} \psi_{qj} S_{Q_{kj}} \tag{7-117}$$

式中，γ_I 为地震作用重要性系数，按有关抗震设计规范的规定采用；$S_{A_{Ek}}$ 为地震作用标准值的效应，按有关抗震设计规范的规定采用；其他变量的含义同前面各式。

（3）抗力设计值

1）结构抗力设计值按材料性能确定时

$$R_{\rm d} = R\left(\frac{f_{\rm k}}{\gamma_{\rm m}}, a_{\rm d}\right) \tag{7-118}$$

式中，$f_{\rm k}$ 为材料性能标准值；$\gamma_{\rm m}$ 为材料性能分项系数；$a_{\rm d}$ 为几何参数设计值。

2）结构抗力设计值按岩土性能或静力平衡确定时

$$R_{\rm d} = \frac{1}{\gamma_R} R(f_{\rm k}, a_{\rm d}) \tag{7-119}$$

式中，γ_R 为抗力分项系数。

2. 正常使用极限状态

铁路工程结构的正常使用极限状态按下式进行设计

$$S_{\rm d} \leqslant C_{\rm d} \tag{7-120}$$

式中，$S_{\rm d}$ 为正常使用极限状态作用效应设计值；$C_{\rm d}$ 为正常使用极限状态的结构限值。

结构正常使用极限状态的作用组合可采用标准组合、频遇组合和准永久值组合。当作用与作用组合为线性关系或假设为线性关系时，按下面的公式进行计算

1）标准组合

$$S_{\rm d} = \gamma_{S_{\rm d}}\left(\sum_{i=1}^{n} S_{G_{\rm ki}} + S_{Q_{\rm k1}} + \sum_{j=2}^{m} \psi_{\rm cj} S_{Q_{\rm kj}}\right) \tag{7-121}$$

2）频遇组合

$$S_{\rm d} = \gamma_{S_{\rm d}}\left(\sum_{i=1}^{n} S_{G_{\rm ki}} + \psi_{\rm f1} S_{Q_{\rm k1}} + \sum_{j=2}^{m} \psi_{\rm qj} S_{Q_{\rm kj}}\right) \tag{7-122}$$

3）准永久组合

$$S_{\rm d} = \gamma_{S_{\rm d}}\left(\sum_{i=1}^{n} S_{G_{\rm ki}} + \sum_{j=2}^{m} \psi_{\rm qj} S_{Q_{\rm kj}}\right) \tag{7-123}$$

3. 疲劳极限状态

由于火车重量大，经过铁路工程结构时产生的应力变程也大，容易引起铁路工程结构的疲劳破坏。所以《铁路工程结构可靠性设计统一标准》（GB 50216—2019）将疲劳作为一个独立的极限状态考虑，并规定，对于承受反复荷载作用铁路工程结构，应根据设计使用年限内变幅反复荷载或荷载效应的统计特征，制定相应的疲劳荷载谱和标准荷载效应比谱，作为确定疲劳作用分项系数的依据，对疲劳极限状态进行验算。

（1）钢结构构件或钢构件　铁路工程钢结构构件或钢构件，应按下列方法之一进行疲劳极限状态验算

1）采用等效等幅重复应力法

$$\gamma_{S_{\rm d}} \gamma_{\rm fat} \Delta\sigma_{\rm e} \leqslant \Delta\sigma_0 \tag{7-124}$$

其中

$$\Delta\sigma_0 = \frac{\Delta f_{\rm aek}}{\gamma_{\rm af}}$$

式中，$\gamma_{S_{\rm d}}$ 为计算模型不确定系数；$\gamma_{\rm fat}$ 为钢结构疲劳荷载分项系数，可取 1.0；$\Delta\sigma_{\rm e}$ 为钢结构疲劳验算部位等效等幅反复应力幅标准值（计入运营动力系数、离心力）；$\Delta\sigma_0$ 为钢结构验算部位疲劳设计强度；$\Delta f_{\rm aek}$ 为钢结构验算部位（或结构细节）的等幅疲劳强度标准值；

γ_{af} 为钢结构验算部位（或结构细节）的疲劳抗力分项系数。

2）采用极限损伤度法

$$\sum \frac{n_i}{N_i} \le 1 \qquad (7\text{-}125)$$

式中，n_i 为应力幅 $\Delta\sigma_i$ 的循环次数；N_i 为按应力幅 $\Delta\sigma_i$ 确定的致伤循环次数。

（2）混凝土结构　铁路工程混凝土结构，应按下列方法之一进行疲劳极限状态验算：

1）采用等效等幅重复应力法

$$\gamma_{S_d}\gamma_{cek}\sigma_{cek} \le \frac{f_{cek}}{\gamma_{cf}} \qquad (7\text{-}126a)$$

$$\gamma_{S_d}\gamma_{pek}\Delta\sigma_{pek} \le \frac{\Delta f_{pek}}{\gamma_{pf}} \qquad (7\text{-}126b)$$

$$\gamma_{S_d}\gamma_{sek}\Delta\sigma_{sek} \le \frac{\Delta f_{sek}}{\gamma_{sf}} \qquad (7\text{-}126c)$$

式中，γ_{cek}、γ_{pek}、γ_{sek} 分别为混凝土、预应力钢筋和普通钢筋的疲劳荷载分项系数；σ_{cek}、$\Delta\sigma_{pek}$、$\Delta\sigma_{sek}$ 分别为混凝土结构验算部位混凝土等效疲劳应力幅标准值、预应力钢筋等效疲劳应力幅标准值和普通钢筋等效疲劳应力幅标准值（计入运营动力系数、离心力）；γ_{cf}、γ_{pf}、γ_{sf} 分别为混凝土、预应力钢筋和普通钢筋的疲劳抗力分项系数；f_{cek}、Δf_{pek}、Δf_{sek} 分别为混凝土、预应力钢筋和普通钢筋的等幅疲劳强度标准值。

2）采用极限损伤度法。采用极限损伤度法进行疲劳极限状态验算时，应满足式（7-125）的要求，其中验算部位的材料为混凝土、预应力钢筋和普通钢筋。

7.5.7　欧洲规范《结构设计基础》（EN 1990：2002）

1. 承载能力极限状态

（1）设计表达式　对于承载能力极限状态设计，欧洲规范《结构设计基础》（EN 1990：2002）规定计算包括下面4个方面的内容

1）结构静力平衡（EQU）。在这种情况下，同一来源作用的大小或空间分布的微小变化产生的影响起主要作用；结构材料或地基的强度通常不起控制作用。验算表达式为

$$E_{d,dst} \le E_{d,stb} \qquad (7\text{-}127)$$

式中，$E_{d,dst}$ 为不稳定作用效应的设计值；$E_{d,stb}$ 为稳定作用效应的设计值。

当需要时，可在式（7-127）中增添附加项，如验算抗滑稳定性时刚体间的摩擦系数。

2）结构构件（包括基础、桩和基础墙等）承载力失效或过度变形（STR）。在这种情况下，结构材料的强度起控制作用。验算表达式为

$$E_d \le R_d \qquad (7\text{-}128)$$

式中，E_d 为作用效应设计值；R_d 为相应的抗力设计值。

3）地基失效或过度变形（GEO）。在这种情况下，土或岩石的强度对提供抗力起主要作用。

4）结构或结构构件的疲劳破坏（FAT）。

（2）作用组合　进行承载能力极限状态设计可采用作用效应的基本组合、偶然组合和

地震组合。

1）基本组合。持久设计状况或短暂设计状况设计采用作用的基本组合。作用基本作用组合的表达式为

$$\sum_{j \geqslant 1} \gamma_{G,j} G_{k,j} " + " \gamma_P P " + " \gamma_{Q,1} Q_{k,1} " + " \sum_{i > 1} \gamma_{Q,i} \psi_{0,i} Q_{k,i} \qquad (7\text{-}129)$$

式中，$\gamma_{G,j}$ 为第 j 个永久作用的分项系数；γ_P 为预应力的分项系数；$\gamma_{Q,i}$ 为第 i 个非主导可变作用的分项系数；$\gamma_{Q,1}$ 为主导可变作用的分项系数；$\psi_{0,i}$ 为第 i 个可变作用的组合值系数；$G_{k,j}$ 为第 j 个永久作用的标准值；P 为预应力作用的代表值；$Q_{k,1}$ 为主导可变作用的标准值；$Q_{k,i}$ 为第 i 个非主导可变作用的标准值；"+" 表示组合；Σ 表示组合效应。

另外，EN 1990：2002 还给出了下面可选的组合，E_d 为这两个公式计算结果的不利者。

$$\sum_{j \geqslant 1} \gamma_{G,j} G_{k,j} " + " \gamma_P P " + " \gamma_{Q,1} \psi_{0,1} Q_{k,1} " + " \sum_{i > 1} \gamma_{Q,i} \psi_{0,i} Q_{k,i} \qquad (7\text{-}130a)$$

$$\sum_{j \geqslant 1} \xi_j \gamma_{G,j} G_{k,j} " + " \gamma_P P " + " \gamma_{Q,1} Q_{k,1} " + " \sum_{i > 1} \gamma_{Q,i} \psi_{0,i} Q_{k,i} \qquad (7\text{-}130b)$$

式中，ξ 为不利永久作用 G 的折减系数。

对于建筑结构，针对静力平衡（EQU）、结构承载力（STR）和地基承载力（GEO）计算，欧洲规范 EN 1990：2002 给出的上述组合的设计值见表 7-36～表 7-38，包括 A 组、B 组和 C 组。表 7-39 给出了作用的组合值系数 ψ_0、频遇值系数 ψ_1 和准永久值系数 ψ_2 的建议值。对于桥梁结构，可见欧洲规范的附录 A2，本书不再列出。

表 7-36 欧洲规范作用（EQU）设计值（A 组）

持久和短暂设计状况	永久作用		主导可变作用	伴随可变作用	
	不利情况	有利情况		主要（若有）	其他
式（7-129）	$\gamma_{Gj,\text{sup}} G_{kj,\text{sup}}$	$\gamma_{Gj,\text{inf}} G_{kj,\text{inf}}$	$\gamma_{Q,1} Q_{k,1}$	—	$\gamma_{Q,i} \psi_{0,i} Q_{k,i}$

注：1. γ 值可由国家附录设定。γ 的建议值为：$\gamma_{Gj,\text{sup}} = 1.10$，$\gamma_{Gj,\text{inf}} = 0.90$，不利时 $\gamma_{Q,1} = 1.50$（有利时为 0），不利时 $\gamma_{Q,i} = 1.50$（有利时为 0）。

2. 对于静力平衡校核同时涉及构件承载力校核的情形，如果国家附录允许的话，作为对表 7-36 和表 7-37 分别进行校核的替代，可采用表 7-36 和下面建议的 γ 值，一起进行校核。国家建议的值附录可做如下修改：$\gamma_{Gj,\text{sup}} = 1.35$，$\gamma_{Gj,\text{inf}} = 1.15$，不利时 $\gamma_{Q,1} = 1.50$（有利时为 0），不利时 $\gamma_{Q,i} = 1.50$（有利时为 0）。假定对永久作用的不利部分和有利部分都使用 $\gamma_{Gj,\text{inf}} = 1.00$，不能给出很不利的结果。

EN 1990：2002 建议，对于建筑结构的静力平衡（EQU），采用表 7-36 中的作用设计值进行校核，不涉及土工作用构件的设计采用表 7-37 中的作用设计值进行校核，涉及土工作用和地基承载力（GEO）的结构构件（基础、桩、基础墙等）的设计（STR）采用下面三个补充方法之一进行校核，而对于土工作用和承载力（GEO），则按 EN 1997：2007 考虑。

方法 1：在土工作用及其他结构上作用的计算中，分别取表 7-38 和表 7-37 中的设计值。一般情况下，基础尺寸由表 7-38 控制，结构承载力由表 7-37 控制。

方法 2：对土工作用及其他结构上的作用取表 7-37 中的设计值。

方法 3：对土工作用取表 7-38 中的设计值，对结构上的其他作用取表 7-37 中的分项系数。

具体使用方法 1、2 或 3 中的哪一种，由执行欧洲规范国家的国家附录规定。

表 7-37 欧洲规范中的作用 （STR/GEO） 设计值 （B 组）

持久和短暂设计状况	永久作用		主导可变作用	伴随可变作用	
	不利情况	有利情况		主要（若有）	其他
式（7-129）	$\gamma_{Gj,\sup} G_{kj,\sup}$	$\gamma_{Gj,\inf} G_{kj,\inf}$	$\gamma_{Q,1} Q_{k,1}$	—	$\gamma_{Q,i} \psi_{0,i} Q_{k,i}$
式（7-130a）	$\gamma_{Gj,\sup} G_{kj,\sup}$	$\gamma_{Gj,\inf} G_{kj,\inf}$	—	$\gamma_{Q,1} \psi_{0,1} Q_{k,1}$	$\gamma_{Q,i} \psi_{0,i} Q_{k,i}$
式（7-130b）	$\xi\gamma_{Gj,\sup} G_{kj,\sup}$	$\gamma_{Gj,\inf} G_{kj,\inf}$	$\gamma_{Q,1} Q_{k,1}$	—	$\gamma_{Q,i} \psi_{0,i} Q_{k,i}$

注：1. 在国家附录中选择式（7-129）、式（7-130a）和式（7-130b）。对于式（7-130a）和式（7-130b）的情形，国家附录可对式（7-130a）进行修改，以只包括永久作用。

2. γ 和 ξ 的值可由国家附录设定。当使用式（7-129）或式（7-130a）和式（7-130b）时，γ 和 ξ 的建议值为：$\gamma_{Gj,\sup} = 1.35$，$\gamma_{Gj,\inf} = 1.00$，不利时 $\gamma_{Q,1} = 1.5$（有利时为 0），不利时 $\gamma_{Q,i} = 1.5$（有利时为 0），$\xi = 0.85$（这样 $\xi\gamma_{Gj,\sup} = 0.85 \times 1.35 = 1.15$）。对强加变形 γ 的值见 EN 1991~EN 1999。

3. 如果总作用效应是不利的，同一来源的所有永久作用的特征值均乘 $\gamma_{G,\sup}$，如果是有利的，乘 $\gamma_{G,\inf}$。例如，由结构自重产生的所有作用均可视为同一来源。

4. 对于特殊的校核，γ_G 和 γ_Q 可分解为 γ_g、γ_q 和模型不定性系数 γ_{sd}。大多数情况下，γ_{sd} 值的范围为 1.05~1.15，在国家附录中可以修改。

表 7-38 欧洲规范中的作用 （STR/GEO） 设计值 （C 组）

持久和短暂设计状况	永久作用		主导可变作用	伴随可变作用	
	不利情况	有利情况		主要（若有）	其他
式（7-129）	$\gamma_{Gj,\sup} G_{kj,\sup}$	$\gamma_{Gj,\inf} G_{kj,\inf}$	$\gamma_{Q,1} Q_{k,1}$	—	$\gamma_{Q,i} \psi_{0,i} Q_{k,i}$

注：γ 值可由国家附录设定。γ 的建议值为：$\gamma_{Gj,\sup} = 1.00$，$\gamma_{Gj,\inf} = 1.00$，不利时 $\gamma_{Q,1} = 1.30$（有利时为 0），不利时 $\gamma_{Q,i} = 1.30$（有利时为 0）。

表 7-39 ψ 系数的建议值

作 用	ψ_0	ψ_1	ψ_2
类别：建筑结构的荷载			
A：公共建筑和居民区	0.7	0.5	0.3
B：办公区	0.7	0.5	0.3
C：集会场所	0.7	0.7	0.6
D：商业区	0.7	0.7	0.6
E：仓库	1.0	0.9	0.8
F：交通区域，车重≤30kN	0.7	0.7	0.6
G：交通区域，30kN<车重≤160kN	0.7	0.5	0.3
H：屋面	0	0	0
建筑物上的雪载（见 EN 1991-1-3：2003）			
芬兰，爱尔兰，挪威，瑞典	0.7	0.5	0.2
海拔 $H>1000$m 的欧盟的其他成员	0.7	0.5	0.2
海拔 $H\leqslant1000$m 的欧盟的其他成员	0.5	0.2	0
建筑物的风载	0.6	0.2	0
建筑物的温度作用（非火灾）（见 EN 1991-1-5：2003）	0.6	0.5	0

注：1. ψ 值可由国家附录设定。

2. 表中未提及的国家，根据当地具体条件确定。

上面承载能力极限状态组合表达式是针对可靠度等级（见表 2-7）为 RC2 的结构的，对于其他等级的结构，可乘表 7-40 中的作用系数 K_{FI}（类似于我国标准中的结构重要性系数 γ_0）。

表 7-40 作用的 K_{FI} 系数

用于作用的系数	可靠度等级		
	RC3	RC2	RC1
K_{FI}	1.1	1.0	0.9

2）偶然组合。偶然设计状况采用作用的偶然组合。偶然组合的作用设计值表达式为

$$\sum_{j\geq 1}G_{k,j}"+"P"+"A_d"+"(\psi_{1,1} \text{ 或 } \psi_{2,1})Q_{k,1}+\sum_{i>1}\psi_{2,i}Q_{k,i} \tag{7-131}$$

在上式中，选取 $\psi_{1,1}Q_{k,1}$ 还是选取 $\psi_{2,1}Q_{k,1}$ 取决于偶然设计状况的类型（一次偶然撞击事件、火灾或生还者情况），EN 1991~EN 1999 的相关部分有具体的规定。

偶然设计状况的作用组合应针对明确的偶然作用 A（火灾或撞击）或偶然事件发生后的状况（$A=0$）。对于火灾情况，除温度对材料性能的影响外，A_d 表示由火引起的间接温度作用的设计值。偶然设计状况作用组合的设计值如表 7-41 所示。

3）地震组合。地震设计状况采用作用的地震组合。地震组合的作用效应设计值表达式为

$$\sum_{j\geq 1}G_{k,j}"+"P"+"A_{Ed}"+"\sum_{i\geq 1}\psi_{2,i}Q_{k,i} \tag{7-132}$$

式中，A_{Ed} 为地震地面运动产生的地震作用。

对于建筑结构，EN 1990:2002 给出了偶然设计状况和地震设计状况组合的作用设计值，见表 7-41，其中作用分项系数取 1.0。

表 7-41 偶然和地震设计状况组合的作用设计值

设计状况	永久作用		主导偶然作用或地震作用	伴随可变作用	
	不利情况	有利情况		主要（若有）	其他
偶然设计状况[式(7-131)]	$G_{kj,sup}$	$G_{kj,inf}$	A_d	$(\psi_{11} \text{ 或 } \psi_{21})Q_{k1}$	$\psi_{2,i}Q_{k,i}$
地震设计状况[式(7-132)]	$G_{kj,sup}$	$G_{kj,inf}$	$\gamma_1 A_{Ek} \text{ 或 } A_{Ed}$	$\psi_{2,i}Q_{k,i}$	

注：对于偶然设计状况，主要可变作用可取其频遇值，或如同地震作用组合的情形，取其准永久值。组合的作用设计值选择取决于所考虑的偶然作用，可根据国家附录进行选择，也见 EN 1991-1-2:2002。

（3）抗力设计表达式 设计抗力 R_d 可表示为下式

$$R_d=\frac{1}{\gamma_{R_d}}R(X_{d,i};a_d)=\frac{1}{\gamma_{R_d}}R\left(\eta_i\frac{X_{k,i}}{\gamma_{m,i}};a_d\right) \quad (i\geq 1) \tag{7-133a}$$

式中，γ_{R_d} 为包含抗力模型不确定性的分项系数，如果不能确切地确定，则还应包括几何偏差；$X_{d,i}$ 为第 i 种材料性能的设计值；η_i 为第 i 种材料或制品转换系数的平均值，考虑了尺寸效应、湿度和温度效应及其他相关参数；$\gamma_{m,i}$ 为第 i 种材料或制品的材料性能分项系数。

式（7-133a）可简化为下式

$$R_d=R\left\{\eta_i\frac{X_{k,i}}{\gamma_{M,i}};a_d\right\} \quad (i\geq 1) \tag{7-133b}$$

其中

$$\gamma_{M,i}=\gamma_{R_d}\gamma_{m,i}$$

在式（7-133b）中，可将 η_i 并入 $\gamma_{M,i}$。

也可直接根据材料或制品抗力标准值按下式确定抗力设计值

$$R_d = \frac{R_k}{\gamma_M} \tag{7-134}$$

对于采用非线性方法进行分析、多种材料共同承受荷载或承载力设计中涉及地基特性的结构或结构构件，抗力设计值可采用下式

$$R_d = \frac{1}{\gamma_{M,1}} R\left(\eta_1 X_{k,1}; \eta_i X_{k,i(i>1)} \frac{\gamma_{m,1}}{\gamma_{m,i}}; a_d\right) \tag{7-135}$$

在某些情况下，根据材料的特性，抗力设计值可直接表示为单个抗力除分项系数 γ_M 的形式。

2. 正常使用极限状态

用于正常使用极限状态校核的作用组合取决于作用效应的特性。EN 1990：2002 将荷载效应分为三个不同的类型：不可逆效应、可逆效应和长期效应，相应的荷载组合可表示为：特征组合、频遇组合和准永久组合。

1）特征组合

$$\sum_{j\geqslant 1} G_{k,j} \text{"}+\text{"} P \text{"}+\text{"} Q_{k,1} \text{"}+\text{"} \sum_{i>1} \psi_{0,i} Q_{k,i} \tag{7-136}$$

特征组合通常用于与一次达到所考虑效应固定值有关的短期极限状态（如裂缝形成），超越其效应的概率接近于超越特征值 $Q_{k,1}$ 的概率。

2）频遇组合

$$\sum_{j\geqslant 1} G_{k,j} \text{"}+\text{"} P \text{"}+\text{"} \psi_{1,1} Q_{k,1} \text{"}+\text{"} \sum_{i>1} \psi_{2,i} Q_{k,i} \tag{7-137}$$

频遇组合用于在基准期中一个小的时间段内与达到所考虑效应固定值或达到固定次数有关的长期极限状态，即可逆极限状态的校核，超越其效应的概率或时间与超越主导可变作用 $\psi_{1,1} Q_{k,1}$ 的值相当。

3）准永久组合

$$\sum_{j\geqslant 1} G_{k,j} \text{"}+\text{"} P \text{"}+\text{"} \sum_{i\geqslant 1} \psi_{2,i} Q_{k,i} \tag{7-138}$$

准永久组合用于基准期内长时间段内所考虑效应达到一固定值的长期极限状态校核和外观分析。

根据 EN 1990：2002，正常使用极限状态的所有分项系数均取 1。对于建筑结构，表 7-42 给出了正常使用极限状态不同组合的作用设计值。

表 7-42 正常使用极限状态不同组合的作用设计值

组　合	永久作用 G_d		可变作用 Q_d	
	不利情况	有利情况	主导	其他
特征组合	$G_{kj,\text{sup}}$	$G_{kj,\text{inf}}$	$Q_{k,1}$	$\psi_{0,i} Q_{k,i}$
频遇组合	$G_{kj,\text{sup}}$	$G_{kj,\text{inf}}$	$\psi_{1,1} Q_{k,1}$	$\psi_{2,i} Q_{k,i}$
准永久组合	$G_{kj,\text{sup}}$	$G_{kj,\text{inf}}$	$\psi_{2,1} Q_{k,1}$	$\psi_{2,i} Q_{k,i}$

7.5.8 美国标准《建筑及其他结构最小设计荷载》（ASCE 7—10）

在《建筑及其他结构最小设计荷载》中，承载能力极限状态设计称为强度设计。

（1）强度设计 当对结构或结构构件进行强度设计时，《建筑及其他结构最小设计荷载》的荷载组合包括：基本组合、包括洪水的组合、包括环境冰荷载的组合、包括自约束的组合和非规定的组合。其中基本组合表达式如下：

1）$1.4D$。

2）$1.2D+1.6L+0.5$（L_r 或 S 或 R）。

3）$1.2D+1.6$（L_r 或 S 或 R）$+$（L 或 $0.5W$）。

4）$1.2D+1.0W+L+0.5$（L_r 或 S 或 R）。

5）$1.2D+1.0E+L+0.2S$。

6）$0.9D+1.0W$。

7）$0.9D+1.0E$。

式中，D 为永久荷载；L 为活荷载；W 为风荷载；E 为地震作用；L_r 为屋面活荷载；R 为雨荷载；S 为雪荷载。

（2）采用容许应力设计法的名义荷载组合 当按容许应力方法进行设计时，荷载组合包括：基本组合、包括洪水的组合、包括环境冰荷载的组合和包括自约束的组合。其中基本组合表达式如下：

1）D。

2）$D+L$。

3）$D+$（L_r 或 S 或 R）。

4）$D+0.75L+0.75$（L_r 或 S 或 R）。

5）$D+$（$0.6W$ 或 $0.7E$）。

6a）$D+0.75L+0.75$（$0.6W$）$+0.75$（L_r 或 S 或 R）。

6b）$D+0.75L+0.75$（$0.7E$）$+0.75S$。

7）$0.6D+0.6W$。

8）$0.6D+0.7E$。

（3）偶然事件时的荷载组合 偶然事件下的验算包括承载力验算、剩余承载力验算和整体稳定性验算。

1）承载力。采用下式表示的重力荷载组合计算结构或构件承受极端事件作用的能力

$$（0.9 \text{ 或 } 1.2）D+A_k+0.5L+0.2S \tag{7-139}$$

式中，A_k 为由极端事件引起的荷载或荷载效应。

2）剩余承载力。去除承担荷载的构件，采用下面的重力荷载组合计算极端事件发生后结构或结构构件的剩余承载力

$$（0.9 \text{ 或 } 1.2）D+0.5L+0.2（L_r \text{ 或 } S \text{ 或 } R） \tag{7-140}$$

3）整体稳定性。结构遭遇极端事件作用时，应分析结构整体和结构构件的稳定性，考虑二阶效应的影响。

（4）地震作用组合 具体见《建筑及其他结构最小设计荷载》的规定。

7.5.9　美国标准《建筑规范对结构混凝土的要求》（ACI 318—19）

美国标准《建筑规范对结构混凝土的要求》（ACI 318—19）的设计表达式为

$$U \leqslant \phi S_n \tag{7-141}$$

式中，U 为要求的强度；ϕ 为强度折减系数；S_n 为结构或结构构件的名义强度。

对于基本组合，《建筑规范对结构混凝土的要求》采用了《建筑及其他结构最小设计荷载》（ASCE/SEI 7—10）荷载组合的表达式，同时说明了表达式中的主导荷载：

1）$1.4D$（D 为主导荷载）。

2）$1.2D+1.6L+0.5$（L_r 或 S 或 R）（L 为主导荷载）。

3）$1.2D+1.6$（L_r 或 S 或 R）$+$（L 或 $0.5W$）（L_r 或 S 或 R 为主导荷载）。

4）$1.2D+1.0W+L+0.5$（L_r 或 S 或 R）（W 为主导荷载）。

5）$1.2D+1.0E+L+0.2S$（E 为主导荷载）。

6）$0.9D+1.0W$（W 为主导荷载）。

7）$0.9D+1.0E$（E 为主导荷载）。

表 7-43 为《建筑规范对结构混凝土的要求》（ACI 318—19）中的强度折减系数 ϕ。

表 7-43　《建筑规范对结构混凝土的要求》（ACI 318—19）中的强度折减系数 ϕ

作用或结构构件	ϕ	备注
弯矩、轴力或弯矩和轴力组合作用	0.65~0.9	预应力筋端部锚固未充分发挥的后张预应力构件的 ϕ 见规范第 21.2.3 节的规定
剪力	0.75	抗震设计的其他要求见规范第 21.2.4 节的规定
扭矩	0.75	—
承压	0.65	—
后张预应力构件锚固区	0.85	—
托架与牛腿	0.75	—
压杆，拉杆，节点区和按拉压杆方法设计的承压区	0.75	—
由受拉钢材屈服控制的预制混凝土连接	0.90	—
素混凝土构件	0.60	—
混凝土中的锚固件	0.45~0.75	—

7.5.10　美国《荷载与抗力系数桥梁设计规范》（AASHTO LRFD：2012）

美国《荷载与抗力系数桥梁设计规范》（AASHTO LRFD：2012）规定，所有极限状态应满足下式要求

$$\sum \eta_i \gamma_i Q_i \leqslant \phi R_n = R_r \tag{7-142}$$

式中，η_i 为第 i 个荷载效应的修正系数，与延性、冗余度和使用等级有关；γ_i 为第 i 个荷载基于统计的荷载系数；Q_i 为第 i 个荷载效应；ϕ 为基于统计的抗力系数；R_n 为抗力名义值；R_r 为乘系数的抗力，即 ϕR_n。

对于荷载，当 γ_i 应取最大值时

$$\eta_i = \eta_D \eta_R \eta_I \geqslant 0.95$$

当 γ_i 应取最小值时

$$\eta_i = \frac{1}{\eta_D \eta_R \eta_I} \leqslant 1.0$$

式中，η_D 为与延性有关的系数，对强度极限状态，无延性构件取不小于 1.05，一般设计和细部符合规范要求的情况取 1.00，有超过规范要求的附加延性增强措施的构件和连接取不小于 0.95，对其他极限状态取 1.00；η_R 为与冗余度有关的系数，对强度极限状态，无冗余度的构件取不小于 1.05，一般情况及系数 ϕ 已经考虑了冗余度的构件取 1.00，冗余度超过梁体连续性和闭口扭转要求的情况取不小于 0.95，对其他极限状态为 1.00；η_I 为与使用重要性有关的系数，对强度极限状态，关键和重要桥梁取不小于 1.05，一般桥梁取 1.00，重要性相对较低的桥梁取不小于 0.95，对其他极限状态取 1.00。

《荷载与抗力系数桥梁设计规范》指出，当 η_i 取 0.95、1.0、1.05 和 1.10 时，对于不同跨度、间距和结构类型桥梁 95 个组合的可靠度分析结果表明，可靠指标分别为 3.0、3.5、3.8 和 4.0。

钢筋混凝土构件抗力系数 ϕ 按表 7-44 确定。其他情况见该规范的规定。

表 7-44　《荷载与抗力系数桥梁设计规范》中钢筋混凝土构件截面的抗力系数 ϕ

构件截面		ϕ	备注
受拉控制的钢筋混凝土截面		0.90	
受拉控制的预应力混凝土截面		1.00	
受剪和受扭	普通混凝土	0.90	
	轻质混凝土	0.80	
采用螺旋筋和普通箍筋的受压控制截面		0.75	不适用于抗震和极端事件的情况
混凝土承压		0.70	
拉压杆模型中受压的情况		0.70	

7.6　基于试验的设计

当今的结构设计理论是在试验、理论和分析的基础上建立起来的。尽管试验在结构设计中有着重要的地位，但一般并不直接根据试验结果对单个项目进行设计，而是就设计中遇到的问题进行试验，对试验结果进行分析、归纳和整理，编成标准、规范条文，以标准、规范的形式供设计人员使用。设计规范是适用于一般情况的文件，不能包罗万象，设计中会遇到各种问题，有时需要在满足规范基本原则的前提下，通过试验解决设计中的具体问题，这种设计称为基于试验的设计。欧洲规范《结构设计基础》（EN 1990：2002），我国《工程结构可靠性设计统一标准》（GB 50153—2008）、《建筑结构可靠性设计统一标准》（GB 50068—2018）和《港口工程结构可靠性设计统一标准》（GB 50158—2010）都有基于试验设计的规定。

与概率极限状态设计的概念相一致，基于试验的设计同样以试验数据的统计评估为依据，所设计的结构具有与同类结构构件相同的可靠度水平。

7.6.1　基于试验设计的范围和类型

基于试验的设计主要用于下列情况：①规范没有规定或超出规范适用范围的情况；②计算参数不能确切反映工程实际的特定情况；③现有设计方法可能导致不安全或设计结果过于保守的情况；④新型结构（或构件）、新材料的应用或建立新的设计公式；⑤规范规定的特定情况。

基于试验的设计的类型包括：①确定作用或作用效应的试验，如风洞实验、波或流作用的实验；②在给定的荷载条件下，直接确定结构构件极限承载力或使用性能的试验，如试桩、冲击试验；③用规定的实验方法获得材料、岩土性能的试验，如地基的现场试验或岩土的实验室试验、新材料试验；④结构或模型整体试验，如离心模型试验。

7.6.2　试验要求和过程

试验前应制定一个符合相关技术标准的试验方案。根据试验的类型，试验方案包括：①试验依据和遵守的技术标准；②项目概况、试验目的、内容和要求；③试验依据的基本资料、试验方法和实施方案；④试验试件、物理模型的选取和制作；⑤试验设备和测量仪器；⑥试验进度计划、预期目标、试验结果和评估的必要说明。

试验应考虑与真实条件的符合性。对于原型试验，应使试件的尺寸、材料、加载方式、受力状态、边界条件与结构的实际状况相符；对于物理模型试验，模型的相似性和边界条件，应能较确切地反映所考虑的极限状况和符合相关规范的规定。

选择的试验环境和加载顺序应能代表在正常和极端的条件下，对结构所期望的工作状况。实验设备应适合试验的类型及所期望的测量范围。应特别注意保证加载、支承刚架具有足够强度和刚度，并采取减少变形偏差的措施，必要时应考虑加载设备与结构反应间的相互作用。试验需规定的加载和环境条件应包括加载点、加载历史、约束条件、温度，相对湿度、加载方式等。

试验过程中应按试验的内容和规定的环境条件做相应的记录，当试验过程中有不同于预测或不正常的情况出现时，应做出详细的解释。

7.6.3　试验报告与结果处理

试验完成后应按试验所依据的标准编写试验报告。报告应按试验方案的内容编写。当试验过程中试验方案有调整时，应说明原因。试验报告应给出明确的试验过程、结果和结论。当试验结果与预分析的结果相差过大时，应分析原因，必要时做补充试验。

将试验结果用于实际设计时，应考虑可能存在的各种差别，如试件与实际构件质量控制水平的差别、构件的尺寸效应等，而且试验结果只能用于与试验相同的受力状况和环境条件。当外延于其他情况时，应做必要的理论分析或补充试验。

对于承载能力极限状态，同设计中的一般情况一样，作用设计值应根据试验确定的作用标准值乘以作用分项系数得到；材料性能或抗力的设计值可根据试验确定的标准值除以材料性能分项系数或抗力分项系数得到，必要时要乘以一个转换系数，也可根据试验结果直接确定。

转换系数应通过试验并结合理论分析确定，考虑的影响因素包括尺寸效应、时间效应、边界条件、影响材料性能的环境条件、工艺条件等。

根据试验确定标准值时，应考虑试验结果的统计不确定性。当试验确定的参数服从正态分布或对数正态分布时，标准值按式（5-19）或（5-21）确定。对于设计参数的设计值，需除以一个分项系数，必要时要考虑换算系数的影响。《工程结构可靠性设计统一标准》（GB 50153—2008）建议采用下面的公式

$$X_d = \eta_d \frac{X_k}{\gamma_m} \tag{7-143}$$

式中，X_k 为试验确定的参数的标准值；η_d 为换算系数的设计值，换算系数的评估主要取决于试验类型和材料；γ_m 为分项系数，与设计采用的可靠指标有关，具体数值应根据试验结果的应用领域来选定。

当抗力服从正态分布时，国际标准《结构可靠性总原则》（ISO 2394：2015）给出了下面根据试验结果确定抗力设计值的公式

$$R_d = \eta_d \left(m_R - t_{vd} s_R \sqrt{1 + \frac{1}{n}} \right) \tag{7-144}$$

式中，m_R 为样本平均值；s_R 为样本标准差；t_{vd} 为 t 分布的系数；n 为样本容量；η_d 为转换系数设计值。

t_{vd} 按表 7-45 取值，其中 $v = n-1$，$\beta_R = \alpha_d \beta_T$，$\beta_T$ 为目标可靠指标，α_d 为一次可靠度方法（FORM）敏感系数的设计值。如没有专门说明，当 R 为其控制作用的不确定性因素时，应取 $\alpha_d = 0.8$，否则 $\alpha_d = 0.3$。由于 t_{vd} 的确定考虑了可靠指标，所以式（7-144）不需再考虑分项系数。

表 7-45　t_{vd} 的值

β_R	$\Phi(-\beta_R)$	自由度 v								
		1	2	3	5	7	10	20	30	∞
1.28	0.10	3.08	1.89	1.64	1.48	1.42	1.37	1.33	1.31	1.28
1.65	0.05	6.31	2.92	2.35	2.02	1.89	1.81	1.72	1.70	1.64
2.33	0.01	31.8	6.97	4.54	3.37	3.00	2.76	2.53	2.46	2.33
2.58	0.005	63.7	9.93	5.84	4.03	3.50	3.17	2.84	2.75	2.58
3.08	0.001	318	22.33	10.21	5.89	4.78	4.14	3.55	3.38	3.09

注：如果 σ_R 已知，应取 $v = \infty$。

对于抗力 R 服从对数正态分布的情况，式（7-144）改为下面的公式

$$R_d = \eta_d \exp \left(m_{\ln R} - t_{vd} s_{\ln R} \sqrt{1 + \frac{1}{n}} \right) \tag{7-145}$$

式中，$m_{\ln R}$、$s_{\ln R}$ 分别为 R 的样本值对数的平均值和标准差。

【例 7-9】　例 5-4 根据 6 个混凝土试样的强度推定了所检测混凝土的强度标准值，假定评定结构采用的可靠指标 $\beta_T = 3.5$，确定混凝土强度的设计值。

解　由例 5-4 知，混凝土强度按服从正态分布考虑，$m_{f_c} = \overline{f_m} = 45.967\text{MPa}$，$s_{f_c} = 6.836\text{MPa}$，$n = 6$，$v = 5$，$\beta_R = \alpha_d \beta_T = 0.8 \times 3.5 = 2.8$。由于 β_R 介于表 7-45 中的 2.58 和 3.08

之间，所以采用内插法确定混凝土的设计强度。按照混凝土轴心抗压强度与立方体强度的关系，转换系数 η_d 取 0.76。

$\beta_{R_1} = 2.58$ 时，根据表 7-45，$t_{vd1} = 4.03$，由式（7-144）

$$R_{d1} = \eta_d\left(m_{f_c} - t_{vd1}s_{f_c}\sqrt{1+\frac{1}{n}}\right) = 0.76 \times \left(45.967 - 4.03 \times 6.863 \times \sqrt{1+\frac{1}{6}}\right)\text{MPa} = 12.233\text{MPa}$$

$\beta_{R_2} = 3.08$ 时，根据表 7-45，$t_{vd2} = 5.89$，由式（7-144）

$$R_{d2} = \eta_d\left(m_{f_c} - t_{vd2}s_{f_c}\sqrt{1+\frac{1}{n}}\right) = 0.76 \times \left(45.967 - 5.89 \times 6.863 \times \sqrt{1+\frac{1}{6}}\right)\text{MPa} = 1.756\text{MPa}$$

混凝土轴心抗压强度的设计值为

$$R_d = R_{d1} + (R_{d2} - R_{d1})\frac{\beta_R - \beta_{R_1}}{\beta_{R_2} - \beta_{R_1}} = 12.233\text{MPa} + (1.756 - 12.233) \times \frac{2.80 - 2.58}{3.08 - 2.58}\text{MPa} = 7.679\text{MPa}$$

第8章

结构整体稳固性与抗连续倒塌设计

1968 年，英国伦敦的罗兰点（Ronan Point）公寓因局部破坏导致的链式反应倒塌，引起了人们对高层建筑潜在连续倒塌破坏的广泛关注。罗兰点公寓是 22 层的预制混凝土结构，倒塌是由第 18 层一个单元的煤气爆炸引起的，爆炸炸穿了单元的外部承重墙，从而导致上层楼板跌落到下层楼板上，引起该建筑角部连续倒塌至地面（见图 8-1）。

如同罗兰点公寓倒塌事件，建筑物的连续倒塌是指灾难性的部分破坏或整体破坏，这种部分或整体破坏最初是由局部破坏引发的，而这一局部破坏不能为结构连续体和结构体系的延性所吸收；随着局部破坏的扩大，出现竖向或水平链式破坏反应，导致结构大部分或整体倒塌，最终的破坏与初始事件导致的局部破坏是不成比例的。

连续倒塌还可能由多种原因引起，包括设计、施工错误，超过设计所考虑的事件，或者是设计中没有明确考虑的事件。这些未明确的事件包括设计中通常未考虑的非正常荷载（如煤气爆炸、车辆碰撞、人为破坏等）、严重的火灾，在这种情况下，建筑物的内力可能会远远超出一般设计荷载下达到的最大

图 8-1　罗兰点公寓局部倒塌

内力。连续的高次超静定框架结构能够很好地吸收局部损坏，而其他的结构体系（如大型预制板和剪力墙体系或预应力混凝土板），由于很难提供结构连续性和延性，所以在这类事件中的表现就比框架结构更脆弱。然而，所有建筑物对连续倒塌都有不同程度的敏感性。国外资料表明，约有 15%~20% 的建筑物是以这种方式倒塌的。

一般的结构设计通常都能使结构具有一定的强度和延性，这一强度和延性足以承受一般的荷载和抵抗连续倒塌。然而，随着高性能材料的应用，建筑体系变得轻柔，承担超出设计范围荷载的能力可能变得非常脆弱，而且吸能能力变得很小，或者抵抗连续倒塌的保护措施更少了。施工技术发展的目标之一是尽量减少施工费用，这也会导致结构抗连续倒塌能力不足。社会和政治因素也使得破坏引起的事故率增加。2001 年美国纽约帝国大厦遭受恐怖袭击的"9·11"事件就是一个典型的例子。

近年来，我国房屋结构因爆炸受损的情况增多，其中大部分是居民楼液化气泄露引起的爆炸。如 2006 年 11 月 17 日凌晨 2 时 50 分，大连市甘井子区山日街 60 号居民楼一户住宅内发生液化气泄漏爆炸事故。经现场勘查判断，这是一起由居民个人过失引发灾害殃及邻居

的事故。3单元2层3号居民在装修房屋时，违规私自改动液化气管线，违规使用PPR塑料管代替无缝钢管，在装修后使用不足7天，就发生燃气泄漏爆炸事故。发生燃气爆炸楼房的二层和三层楼板严重坍塌，楼外墙体裂开一道长约8m、宽约0.5m的口子。这起事故造成9死1重伤的严重后果。

没有哪个建筑物能够设计成为在施工和使用中绝对没有风险的，因为整个系统中存在着各种不确定因素。一方面，仅为应对这种非正常事件进行设计是不经济的；另一方面，尽管连续倒塌是罕见的，但其可能性确实存在，一旦发生会不可避免地引起强烈的社会影响，连续倒塌的突发性和灾难性也会导致生命和财产的巨大损失。所以对建筑物进行抗连续倒塌设计是一个策略性问题。第2章第2.3节提到，当发生爆炸、撞击、人为错误等偶然事件时，结构仍可保持必需的整体稳固性，不会出现与起因不相称的后果。本章将阐述如何使结构具有抗连续倒塌的能力和遭受偶然作用后保持整体稳固性的能力。国际标准《结构可靠性总原则》（ISO 2394：2015）、我国《建筑结构可靠性设计统一标准》（GB 50068—2018）、欧洲规范《结构上的作用　第1-7部分：一般作用-偶然作用》（EN 1997-1-7：2006）及美国的一些相关规范给出了建筑结构整体稳固性和抗连续倒塌设计的基本原则和方法。

8.1　偶然事件及造成的可能后果

8.1.1　偶然事件的类型

如前所述，本章讨论的结构整体稳固性和抗连续倒塌是针对偶然事件或非正常事件的。结构因其类型和工作的环境不同，其使用中可能遭受的偶然作用不同。如建筑结构煤气爆炸、粉尘爆炸是国内外发生了多次的事件，船舶撞击桥梁事件国内外也发生了多起。本章重点讨论建筑结构的稳固性和抗连续倒塌问题。

国际标准《结构可靠性总原则》（ISO 2394：2015）和我国《建筑结构可靠性设计统一标准》（GB 50068—2018）将偶然作用的类型大致分为下面4种：

1）由自然或一般人类活动引起的危险。这里由自然引起的危险指的是具有一定客观性质的作用，其发生或出现决定于自然环境，与人的关系不大；人类活动引起的危险，如煤气爆炸、粉尘爆炸、直升机坠落等产生的作用，这些与人的操作有关，是主观上不希望发生而客观上不一定能控制其发生或控制其发生的强度，在一定程度上也具有客观的属性。

2）故意的（人造）危险，如蓄意破坏和恐怖袭击。在某种程度上，这种事件导致的偶然作用很难通过设计保证结构具有足够的稳固性，因为在结构遭受偶然作用的局部位置产生的作用效应（反应）往往超过了结构的承受能力，避免事件发生更为重要。自2001年"9·11"事件之后，这种危险受到高度重视。

3）错误和疏忽。这种偶然作用是人在活动过程中的一种表现，与第2类偶然作用不同，非故意所为，与人的知识结构、工作能力、责任心甚至生理和心理等因素有关，其不利影响可以通过加强学习、明确责任分工、细心检查等措施降低。

4）其他。

表8-1为上述偶然事件的部分例子。表中是对单一偶然事件类型的划分，在某些情况下，一种危险可能会引起另一种危险，导致更严重的后果。例如，地震后发生煤气爆炸或引

发火灾，地震后发生海啸，气体或炸弹爆炸后引发火灾，龙卷风或其他风暴后发生火灾，偶然作用引起结构构件损坏后结构构件性能劣化等。

表 8-1　建筑结构偶然作用的类型和部分例子

偶然作用类型	例子	偶然作用类型	例子
自然或一般人类活动引起的危险	内部气体爆炸、内部粉尘爆炸	故意的(人造)危险	蓄意破坏
	内部火灾、外部火灾		公共秩序混乱
	车辆、飞机、轮船撞击	错误和疏忽	沟通错误
	滑坡、岩石滑落、地基下沉		设计或评估错误
	龙卷风、台风、飓风、旋风		使用材料错误
	雪崩、洪水、风暴潮、海啸		施工错误
	火山爆发		使用错误
	环境侵蚀		缺乏维护(劣化)
故意的(人造)危险	内部炸弹爆炸、外部炸弹爆炸	—	—

8.1.2　偶然事件造成的可能后果

偶然事件引发的后果一般比较严重，分为直接后果和间接后果。本章讨论的主要是直接后果，即结构丧失整体稳固性，发生连续倒塌，造成人员伤亡和财产等经济损失；但更严重的后果可能是间接损失，如表 8-2 中对人的身心健康、商业、环境和社会等方面的影响。一般情况下，直接影响的定量估计比较容易，但对间接损失进行定量估计则比较困难，因为没有统一的标准和计量方法，同时也与一个国家和地区当时的社会和经济状况也有密切的关系。

表 8-2　偶然事件造成的后果

后果类型	后果	后果类型	后果
经济/财产	对建筑/结构的损坏	商业经营	客源减少
	对周围财产的损坏		丧失提供关键设备或活动的能力
	对建筑物内物品的损坏		误工成本
健康	死亡		地方经济成本
	受伤	环境	可逆的环境破坏
	关键设施损坏(如医院)而使灾害扩大		不可逆的环境破坏
	灾害后的长期健康影响	社会/政治	声誉损失
	心理影响		公众恐慌增加
商业经营	收入损失		政府公信度的损失

图 8-2 为针对一高层建筑上部某层遭受爆炸作用，导致结构倒塌所产生一系列后果的例子。直接后果用（直接）暴露构件（图中第 2 步）的性能或损伤的变化描述。根据这种反应的大小，结构其他部分的性能会导致后续或间接后果（图中第 3 步）。

在结构抗连续倒塌设计中，应考虑结构倒塌造成的后果。表 8-2 中的后果是一种宏观的、偏向于定性的描述，实际中更需要便于设计操作的后果等级描述，根据后果等级，采用不同的设计方法和措施予以避免或减轻，具体结合各规范的规定，见第 8.3 节的介绍。

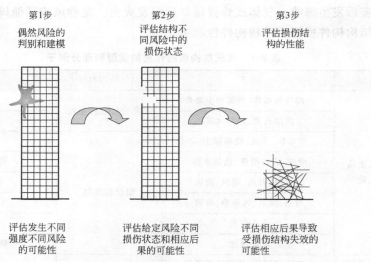

第1步
偶然风险的
判别和建模

第2步
评估结构不
同风险中的
损伤状态

第3步
评估损伤结
构的性能

评估发生不同
强度不同风险
的可能性

评估给定风险不同
损伤状态和相应后
果的可能性

评估相应后果导致
受损伤结构失效的
可能性

图 8-2　高层建筑连续倒塌后果的分析步骤

8.2　结构整体稳固性概率分析和抗连续倒塌设计原则

在建筑风险管理中，对竞争风险的考虑是最大限度地获得技术、提高和改进建筑规范投资的回报。设计中考虑所有可能影响建筑物性能的灾害在技术和经济上是不切实际的。而且，有些灾害对建筑风险的影响是很小的。竞争灾害模型可使决策者滤掉影响较小的灾害，将注意力集中在对建筑物影响较大和发生概率较大的灾害事件上。

8.2.1　竞争风险模型

在生存分析理论中，竞争风险模型是用来处理具有多种潜在后果数据的事件（包含竞争风险事件）的分析方法，数据包括导致失效的终点事件和对应的时间（失效时间），终点事件可能存在多个，这些潜在的终点事件称为竞争风险事件。

建筑物的倒塌事故可能是由多种灾害引起的，如极端的环境作用、火灾及其他的非正常荷载。如果不同的灾害可用一个事件 H_i 表示，那么结构的总倒塌概率可表示为

$$P(F) = \sum_k \sum_i \sum_j P(F_k \mid D_j H_i) P(D_j \mid H_i) P(H_i) \tag{8-1}$$

式中，F 为结构倒塌事件；$P(H_i)$ 为偶然作用 H_i 发生的概率；$P(D_j \mid H_i)$ 为 H_i 出现或发生时引起局部破坏的概率；$P(F_k \mid D_j H_i)$ 为偶然作用和局部破坏同时出现时结构倒塌的概率。

因此，在很多设计规范中，允许偶然事件发生时结构出现局部破坏，即 $P(D_j \mid H_i)$ 与1.0十分接近，这意味着结构整体倒塌概率可以近似表示为

$$P(F_k) = P(F_k \mid D_j H_i) P(H_i) \tag{8-2}$$

一般假定偶然事件 H_i 的发生可以用泊松过程模型模拟，年平均发生率为 λ_i。在建筑物的设计使用年限 T_L 内，非正常事件发生的概率为 $P(H_i) = 1 - e^{-\lambda_i T_L}$，当 λ_i 非常小时，近似为 $P(H_i) = \lambda_i T_L$。

如同第 3 章，为了确定 $P(F_k \mid D_j H_i)$，必须建立一个结构发生局部破坏后的结构功能函数，根据函数中基本变量的概率特性，求解可靠指标 β。β 与条件破坏概率 $P(F_k \mid D_j H_i)$ 的关系为

$$\beta = \Phi^{-1}[P(F_k \mid D_j H_i)] \tag{8-3}$$

式中，$\Phi^{-1}(\cdot)$ 为标准正态分布函数的反函数。

确定结构或结构构件局部破坏后的极限状态函数是一个非常关键的问题，需要考虑结构局部破坏后承载机制的改变，如弯曲方向改变、受弯转变为受拉、平面荷载转变为空间荷载（单向板转变为双向板）等。对常规设计中通常不考虑承受荷载的部分，在建立极限状态函数时应考虑，包括楼板系统的膜作用和悬链作用，结构构件和连接实际存在的非弹性行为，以及其他伴随着很大非弹性变形的承载机制。结构分析应考虑几何非线性和材料非线性，应准确模拟极端条件下连接的性能。

根据式（8-2）和 $P(H_i) = \lambda_i T_L$，式（8-3）变为

$$\beta = \Phi^{-1}[P(F_k)/\lambda_i T_L] \tag{8-4}$$

对局部破坏后的结构进行分析，式（8-4）给出了按条件极限状态进行设计时 β 的可接受值。对于按现行规范设计的结构，破坏的概率约为 10^{-5}/年。结构整体破坏的概率很小，这依赖于结构体系的超静定次数和构件间的连续性程度。如果取 $\lambda_i = 10^{-6} \sim 10^{-5}$，结构设计使用年限按 100 年考虑，则条件破坏概率应为 $10^{-2} \sim 10^{-1}$，β 的目标值应为 1.5 左右。

结构丧失整体稳固性或发生连续倒塌的风险可用下式表述

$$R_{\text{isk}} = \sum_i \sum_j C_{\text{dir},ij} P(D_j \mid H_i) P(H_i) + \sum_k \sum_i \sum_j C_{\text{ind},ijk} P(F_k \mid D_j H_i) P(D_j \mid H_i) P(H_i) \tag{8-5}$$

式中，$C_{\text{dir},ij}$ 为偶然作用 H_i 发生导致的结构局部破坏 D_j 的后果（成本）；$C_{\text{ind},ijk}$ 为结构局部破坏 D_j 引起结构整体破坏 F_k 的后果（成本）。

后果 C 的度量可为资金单位（通常为单位时间），当仅考虑生命安全时可为预期的伤亡人数。后者通常用来评估社会风险或个人风险。

可采用图 8-3 所示的描述对给定的体系进行风险评估。危险环境用对所考虑的体系有影响的暴露事件描述。

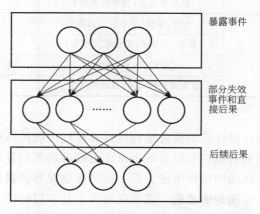

图 8-3　风险评估中的体系描述（后续后果即为"间接"后果）

8.2.2 保持结构整体稳固性的策略和抗连续倒塌设计原则

式（8-1）表示结构丧失整体稳固性的总概率为三个条件概率乘积的和，每一项反映了建筑环境风险管理中的一个要素。降低公式中的三个概率或者任何一个概率均可降低结构的总倒塌概率及所产生的风险，对于大多数建筑物来说，最合理的方法是同时降低三个概率的值。由此可确定保持结构整体稳固性的基本策略：①通过社会或管理手段控制和预防偶然事件的发生；②预防可能引起连续倒塌的局部结构破坏的发生；③通过结构设计、结构分割、提供替代的荷载路径、提供多个逃生出口及其他的主动与被动措施，预防结构整体倒塌和生命的损失。

1. 控制和预防偶然事件的发生

结构连续倒塌是由量值巨大的偶然作用引起的，如果将偶然作用发生的概率$P(H_i)$控制为0或将其降低到一个非常小的值，则结构的整体稳固性可以得到保证，这种方法称为控制事件法。控制事件法属于从源头上降低结构连续倒塌风险的方法，是保持结构整体稳固性最简单、最经济和最有效的方法，这种方法独立于为增加安全性而采取的结构设计措施，这如同结构抗震设计中结构选址要避开不利地段一样。例如，对于有泥石流或可能会发生滑坡的地区，结构要避开不稳定山坡或堆积物一定距离；对存放危险品的地方，要根据相关规定将结构建造在安全距离之外。如果不能完全避开危险源或避开距离不符合要求，要采取避免偶然荷载直接作用于结构及减轻结构连续倒塌的措施，如对可能发生泥石流或滑坡的山坡进行加固处理，对可能遭受撞击的结构采取防护措施等。再如，对于住宅，通过安装天然气泄露报警器使泄露的天然气浓度达到临界浓度之前即得到控制，配备灭火装置，避免爆炸事件的发生，在抗火设计方面使用耐火、阻燃材料、设置隔火系统等；对于有粉尘的工业厂房，通过设计良好的通风系统降低粉尘浓度，避免燃爆事件的发生。

表8-3为国外一些偶然事件发生的统计数据，这些事件发生率都可以通过管理和防护措施进一步降低。

表8-3 国外偶然事件的年平均发生率

偶然事件		年平均发生率
爆炸	煤气爆炸（每一住户）	2×10^{-5}
	炸弹爆炸（每一住户）	2×10^{-6}
撞击	机动车撞击（每栋建筑物）	6×10^{-4}
火灾	住宅、学校（单位楼层面积）	$0.5 \times 10^{-6} \sim 4 \times 10^{-6}$
	商店、办公楼（单位楼层面积）	$1 \times 10^{-6} \sim 2 \times 10^{-6}$
	工业建筑（单位面积）	$2 \times 10^{-6} \sim 10 \times 10^{-6}$
	全面发展的火灾（每栋建筑物）	5×10^{-8}

2. 抵抗特定荷载

抵抗特定荷载法是通过设计使结构或结构构件具有抵抗偶然作用的能力，这里的特定荷载就是偶然作用产生的局部荷载，即尽量减小由此引起的局部破坏的可能性$P(D_j \mid H_i)$。但由于偶然作用量值巨大，从结构设计考虑，除一些特殊情况外，采用这一策略将$P(D_j \mid H_i)$降到很低的水平在技术上可能是困难的，或者在经济上是不可行的。考虑到偶然事件发生的概率毕竟很小，绝大部分结构在其设计使用年限内不会遇到偶然事件，因此，只需适当提高

结构局部抵抗偶然作用的能力将 $P(D_j | H_i)$ 降低到一定程度，允许遭受偶然作用的结构的局部区域发生破坏，局部破坏的区域仍有一定承载力及将部分荷载转移到剩余结构的能力，不会引起剩余结构的链式倒塌，不影响结构的整体稳定性。偶然事件发生后虽然结构局部受到损坏，但只要在其自重和准永久可变荷载下局部损坏范围不继续扩大不引起连续倒塌，即可避免重大的经济损失和人员伤亡，后期可通过修复使结构复原，继续使用，即通过牺牲局部利益保全整体利益。

3. 设置拉杆和替代路径

由式（8-2）可以看出，在允许偶然事件发生时结构出现局部破坏的情况下，降低结构整体倒塌概率的重任落在 $P(F_k | D_j H_i)$ 身上，即通过结构设计控制结构因发生局部破坏而引起整体倒塌的概率。实现这一目的的方法和措施很多，如设置拉杆、采用替代路径法进行设计等。

拉杆为将结构破坏区域的力传递到未破坏区域的构件。拉杆力可由既有结构或新设计结构中用于承担一般荷载的构件提供，如果既有结构或新设计结构的构件不能提供满足要求的拉杆力，需要设置专门的拉杆。图 8-4 为美国《建筑抗连续倒塌设计》（UFC 4-023-03：2013）中框架结构设置拉杆的例子。

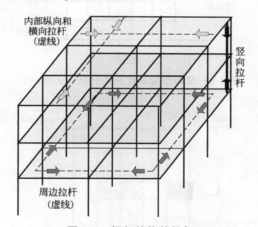

图 8-4　框架结构的拉杆

替代路径法是通过设计使结构在发生局部破坏后，能够将局部破坏区域的荷载转移到其他完好区域的方法，如对于建筑结构，当因爆炸或撞击底层失去一根柱后，其支撑的梁发生大变形，所承担的重力荷载会部分转移到邻近的柱和梁。不同类型和材料的结构局部损坏后保持整体稳固性的能力是不同的，延性结构和局部损坏后性能受延性构件控制的结构，整体稳固性决定于结构的变形能力；而脆性结构和局部损坏后性能受脆性构件控制的结构，整体稳固性决定于结构的承载力。设计中需要根据结构局部损坏后的性能进行承载力和变形验算。由于不同类型材料结构的性能不同，变形限值由各材料结构设计规范规定。进行替代路径分析通常是去除结构中的一些关键构件，图 8-5 和图 8-6 为美国《建筑抗连续倒塌设计》（UFC 4-023-03：2013）中去除结构的柱和墙的计算图式及所受影响的区域。

4. 减轻破坏后果

减轻后果法是通过合理的设计使结构在偶然作用下虽然不能避免发生局部破坏，但局部破坏的范围得到控制，从而避免结构整体发生连续倒塌的方法。如对于住宅，天然气是影响

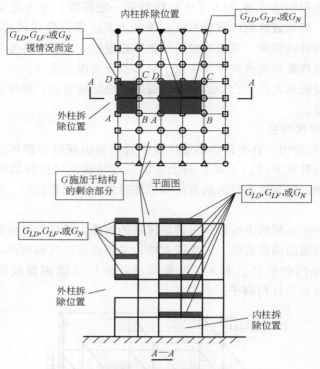

图 8-5　框架结构替代路径分析（去除柱）

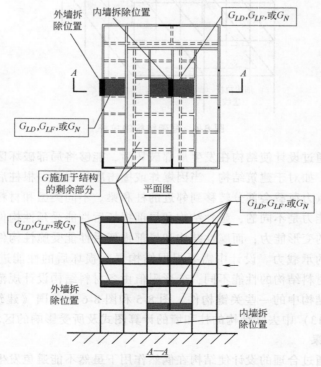

图 8-6　承重墙结构替代路径分析（去除墙）

结构整体稳固性的危险源，如果设计时将厨房布置在靠近外墙的位置，则发生天然气爆炸事件后，高压气体通过窗口或推开外墙迅速得到释放，主体结构受影响较小；反之，如果厨房布置在靠近房屋中心的位置，当爆炸事件发生后高压气体要从里向外宣泄，内墙、外墙可能会发生破坏，还可能影响主体结构承载。另外，从降低天然气爆炸后果的角度考虑，大窗口的墙比小窗口的墙更有利于高压气体的释放，从而使墙体得到保护。

8.3 标准、规范中关于结构抗连续倒塌的规定

在罗兰点公寓倒塌事件之后，英国建筑规范（HMSO，1976）进行了修改，要求 5 层及 5 层以上的建筑物能够承受由意外的偶然荷载引起的局部破坏（如气体爆炸引起的局部破坏）而不发生连续倒塌。这一要求可通过使建筑物保持整体来实现，如不可行，应将建筑物设计为破坏仅限于局部。假如这两种方法均不可行，则所有主要的结构构件都应设计为能够抵抗非正常荷载，如图 8-7 所示。

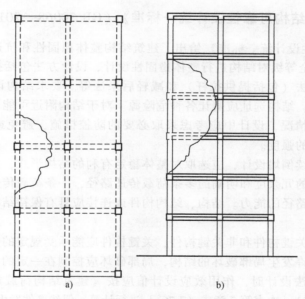

图 8-7 局部倒塌

a）平面图 b）立面图

在美国，20 世纪 70 年代初期，住房和城市发展部（HUD）在住宅建筑产业规划中实施了相似的要求，1973 年也做出了有关抗连续倒塌的规定，并且纳入纽约城市建筑规范（NYC，1973），纽约城市建筑规范与欧洲的方法非常相似。

然而，美国住房和城市发展部预防建筑连续倒塌的要求和纽约城市建筑规范的规定并没有很快被设计人员接受，主要有以下几个原因：首先，自罗兰点公寓倒塌事件以来，发表的可供参考的民用建筑物连续倒塌的相关文献很少；其次，设计人员认为美国的规范比英国的规范保守；再次，在考虑结构连续倒塌时关于费用方面的实际资料不多。从而，美国的设计人员并不严格遵守住房和城市发展部规范中对预防结构连续倒塌的要求，认为那只是简单照搬了欧洲的方法。

20 世纪 80 年代，人们对结构连续倒塌的关注度降低，因为除施工期间发生的倒塌外，很少有因非正常荷载引起的高层建筑倒塌。自 1993 年世界贸易中心大厦炸弹爆炸事件起，许多美国国有和民用建筑成为恐怖分子攻击的目标。这包括：1995 年，俄克拉荷马市的曼哈顿联邦大楼；1996 年，沙特阿拉伯的阿尔库巴塔；1998 年，肯尼亚和坦桑尼亚的美国大使馆。这些袭击引起了对美国建筑规范和标准能否足以保护建筑物免受连续倒塌影响的广泛关注。2001 年 9 月 11 日，美国世界贸易中心大楼受到大型飞机撞击后全部倒塌，彰显了美国建筑在恐怖袭击面前的脆弱。

　　目前，在全世界的许多建筑规范和标准中，减轻连续倒塌的规定是以详尽、明确的设计要求或总的结构整体要求为基础的。大部分欧洲国家建筑规范的方法采用前者，美国规范和标准则采用后者。美国的一些政府机构制定了减轻结构连续倒塌的设计指南。我国在各结构设计统一标准中也有一些偶然作用下结构保持整体稳固性的要求，但设计规范中相应的计算方法和构造措施不够详尽。下面对国内外标准和规范中建筑结构保持整体稳固性和抗连续倒塌设计的基本原则、概念和方法做简单介绍。

8.3.1　《建筑结构可靠性设计统一标准》（GB 50068—2018）

　　《建筑结构可靠性设计统一标准》给出了建筑结构整体稳固性和抗连续倒塌设计的基本原则，按表 2-6 的安全等级对结构进行整体稳固性设计，设计方法包括控制事件法、抵抗特定荷载法、替代路径法（包括提供拉杆）和减轻后果法等。要求结构设计前应首先分析结构各种潜在的危险源。结构选址应避让各种危险源。对于结构附近可能会出现危险源或结构使用中存在危险源的情况，设计中应考虑采取必要的防控措施，避免或控制偶然事件的发生，或减轻偶然作用的强度。

　　对结构进行抗连续倒塌设计，应选取对整体稳定有利的结构形式，并采取有效的构造措施。结构应具有较高的冗余度和明确的多条荷载传递路径，一条荷载传递路径失效后，应具有将荷载传递到其他路径的能力。结构、结构构件或连接应具有保持结构整体稳定需要的变形能力和延性性能。

　　结构设计应明确关键构件和非关键构件，关键构件应能承受规定的偶然荷载或采取适当的保护措施。对于允许发生局部破坏的结构，局部破坏应控制在一定的程度和范围内。

　　按抵抗特定荷载法设计时，作用效应设计值应按《建筑结构荷载规范》（GB 50009—2012）的式（8.2.5-3）［本书第 7 章式（7-76）］进行计算；偶然事件发生后受损结构整体稳固性验算包括结构承载力和变形的验算，效应设计值应按《建筑结构荷载规范》的式（8.2.5-2）或式（8.2.5-4）［本书第 7 章式（7-77）］进行计算。考虑材料性能的线性和非线性、结构几何性能的线性和非线性，计算方法包括线性静力方法、非线性静力方法和非线性动力方法。对于安全等级为三级的结构，可只进行概念设计和构造处理；安全等级为二级的结构，除进行概念设计和构造处理外，可采用线性静力方法进行计算；安全等级为一级的结构，除进行概念设计和构造处理外，可采用线性静力方法进行计算，必要时进行非线性静力方法或非线性动力计算。采用线性静力方法和非线性静力方法进行计算时，应考虑动力效应的影响。结构材料性能可按动态性能考虑，针对不同的情况材料性能可采用设计值、标准值或平均值。

　　《建筑结构可靠性设计统一标准》给出的只是建筑结构整体稳固性和抗连续倒塌设计原则，具体的方法和细节应由各材料结构设计规范规定。

8.3.2 国际标准《结构可靠性总原则》（ISO 2394：2015）

针对结构的整体稳固性设计，《结构可靠性总原则》（ISO 2394：2015）将结构连续倒塌的后果分为 5 个等级，见表 8-4。设计方法同样也是包括控制事件法、抵抗特定荷载法、替代路径法（包括提供拉杆）和减轻后果法等。

表 8-4 《结构可靠性总原则》（ISO 2394：2015）的后果等级

后果等级	预期后果描述	结构实例
1 级	无关紧要的材料破坏	居住人数较少的低层建筑，小型风力发电站，牛棚等
2 级	材料破坏，业主和用户要求的使用功能丧失，但社会影响很小或没有社会影响 对环境质量造成一定危害，但在数周内可完全恢复。预期死亡人数小于 5 人	小型建筑和工业设施，小型桥梁，大型风力发电站，较小的或无人值守的海岸设施等
3 级	材料破坏和使用功能丧失导致的社会影响明显，造成区域性干扰和重要的社会服务中断数周 对环境质量的危害局限于失效事件周围，数周内能够恢复。预期死亡人数小于 50 人	大部分住宅，典型的桥梁、隧道，典型的海岸设施，大型或有危险品的工业设施
4 级	灾难性事件，造成严重的社会服务功能丧失，全国范围受到干扰和社会服务中断数月 在全国范围内对环境质量的危害非常大，扩散明显超过失效事件周边范围，数月后只能部分恢复。预期死亡人数小于 500 人	高层建筑，观众看台，重要的桥梁、隧道，堤坝，水坝，较小的海岸设施，输油管道，精炼厂，化工厂等
5 级	大规模灾难性事件，造成严重的社会服务功能丧失，全国范围受到干扰，社会服务中断数年 对环境质量的危害超出国土，数年甚至数十年后只能部分恢复。预期死亡人数多于 500 人	具有国家象征性意义的建筑，储存剧毒物质的大型容器和仓库，重要的海岸设施，大型水坝和堤坝等

对于表 8-4 中 5 个后果等级的结构，整体稳固性设计采用的措施和分析方法如下。

1 级：无需对整体稳固性进行专门考虑。

2 级：取决于结构所处具体环境。基于理想化的荷载和结构性能模型的简化分析、按规范中的设计要求和构造规定进行设计。

3 级：对导致结构倒塌场景的进行系统化识别。提出处理识别情景的方法，结构性能分析可基于有充分依据的简化、理想模型。可采用规定的设计要求和构造措施但应特别针对所识别的情况进行设计。应采用简化和理想化模型对直接后果和间接后果进行可靠度和风险分析。

4 级：采用所有相关领域专家参加的风险过滤会议的方式，对导致结构倒塌场景进行认真研究和分析。应采用动力和非线性结构分析方法及严格针对直接和间接后果的风险分析方法进行详细评估。

5 级：同后果等级 4 的方法，但由外部专家或评审组进行质量控制。

需要说明的是，表 8-4 中的后果是按预期的影响和损失描述的，与起主导作用的暴露条件、结构性能和损失减轻措施有关。核设施的预期影响和损失未明的列于表 8-4，可参照后果等级 5 处理。

8.3.3 欧洲规范《结构上的作用 第 1-7 部分：一般作用-偶然作用》（EN 1997-1-7：2006）

欧洲规范《结构上的作用 第 1-7 部分：一般作用-偶然作用》（EN 1997-1-7：2006）

中保持结构整体稳固性的策略是在设计过程中应用下面一个或几个准则：①消除或减少在非正常荷载环境的暴露；②对结构提供连续性和冗余性；③按非正常荷载设计主要构件。

第一个准则是通过消除潜在的危险来实现的，如禁止在建筑物中使用气体和储存易爆材料，设置隔离车辆的护栏，加大与地面炸弹威胁的有效避开距离。

第二个准则是通过将结构体系中的结构构件连在一起，增强结构系统的整体能力来实现的。在周边梁和内梁设置有效的水平拉杆、柱与墙设置有效的竖向拉杆使结构成为高度超静定的结构，从而为被非正常事件破坏的部分提供了可替代的荷载传递路径。

当不能使用拉杆时，结构的设计应通过悬链作用来跨越某个丧失承载力的支撑构件（如柱或墙），这样破坏只局限于丧失承载力的区域。通过移除一个结构构件进行分析，验算结构连续倒塌的潜在危险性。规范规定，如果破坏面积小于楼层面积的15%或70m^2，则认为连续倒塌的潜在危险性是有限的。

如果不能提供悬链作用或跨越丧失承载力的构件，则采用第三个准则。因此，必须将构件设计为除重力荷载外能承受非正常事件产生的荷载的主要构件。这一附加荷载通常取34kN/m^2，该值是对罗兰点单元气体爆炸致使外部墙面破坏进行估计得到的压力。

欧洲规范《结构上的作用　第1-7部分：一般作用-偶然作用》（EN 1997-1-7：2006）根据建筑结构的类型和居住情况，将房屋建筑的破坏划分4个后果等级，见表8-5。根据指定的后果等级，按建议的方法对建筑物进行非正常荷载的设计。这些内容表述如下：后果等级1定义为"低的"，对偶然作用不需进行专门的考虑；后果等级2定义为"中等的"，且除确保遵守欧洲规范EN 1991~EN 1999中的稳健性和稳定性规定（如适用的话）外，对偶然作用不需进行专门的考虑；后果等级3定义为"高的"，且取决于结构的具体环境，采用等效的简化静力作用模型或按规定的要求进行设计和细部设计；后果等级4定义为"严重的"，建议使用动力分析、非线性模型，可能的话，考虑荷载-结构的相互作用进行更深入的分析。

表8-5　《结构上的作用　第1-7部分：一般作用-偶然作用》（EN 1997-1-7：2006）中的后果等级

等级	建筑类型和使用情况
1	不超过3层的住宅 地面面积少于的200m^{2}单层贮藏库或仓库，一般使用中很少进行各种操作
2	超过3层但低于6层的住宅 不超过3层的公寓、单元住宅和其他住宅建筑 不超过4层的办公楼 不超过3层的工业建筑 不超过3层、每层面积少于200m^{2}的商用楼 单层教学楼
3	不超过10层的住宅楼 不超过10层的教学楼 不超过10层的商用楼 不超过3层的医院大楼 允许大量公共人员进入且永久围墙内的建筑面积不超过200m^{2}的所有建筑物 不超过6层的非机动车库 不超过10层的机动车库
4	楼层面积和楼层数超过3级建筑物规定限度的办公楼、商用楼、医院大楼和停车建筑物 允许大量公共人员进入且永久围墙内的建筑面积超过200m^{2}的所有建筑物 露天大型运动场

第 7 章式（7-131）和式（7-132）给出了欧洲规范《结构设计基础》（EN 1990：2002）针对偶然设计状况进行设计的偶然组合表达式。

8.3.4 美国标准《建筑及其他结构最小设计荷载》（ASCE 7—10）

《建筑及其他结构最小设计荷载》标准是美国土木工程师协会 ASCE 管理的标准。在由 ASCE 接管之前，这一标准为美国国家标准 ANSI A58.1。

1972 年，在罗兰点公寓倒塌之后不久，该标准在第 1 章增加了第 1.3.1 节"抗连续倒塌"强调连续倒塌问题，"建筑和结构系统将提供这样的结构整体性，使与连续倒塌相关的危险性（如由严重超载或本标准没有具体规定的非正常荷载引起的局部破坏）减小到同良好工程实践一致的水平"，但没有具体要求，条文说明中也没有相关讨论。

1982 年，ANSI A58.1 的正文和条文说明做了实质的修订。标准正文给出了结构整体性的定义：建筑和结构系统应具有一般的结构整体性，能够承受局部破坏而结构作为一个整体保持稳定性，并且破坏不应发展到与初始的局部破坏不相称的程度。同时，正文提供了使结构保持结构整体性的方法：结构构件和连接应有足够连续性和吸能能力（延性），通过结构单元的布置为整个结构系统提供稳定性，以将局部破坏区域的荷载转移到邻近可抵抗这些荷载的区域而不倒塌。

自 ASCE 接管《建筑及其他结构最小设计荷载》标准以来，标准要求结构的整体性应通过为结构构件提供足够的连续性、冗余度和延性来实现。在条文说明中讨论了三种可供选择的设计方案：间接设计、替代路径的直接设计和局部抵抗直接设计。间接设计通过为主要结构构件提供强度、连续性和延性来抵抗连续破坏。替代路径的直接设计建议借助于替代的路径要求结构承受主要构件丧失的承载力。局部抵抗直接设计要求考虑结构主要构件能够承受假定的非正常荷载。

《建筑及其他结构最小设计荷载》除要求按本书第 7.5.8 节介绍的偶然事件下结构抗连续倒塌设计的荷载组合表达式进行计算外，条文说明中包括以下避免或减轻结构连续倒塌危险的措施：

1）平面布置合理。墙（柱）平面布置合理是保证结构整体性的一个重要因素。在承重墙结构中，应布置内纵墙来支撑和减少交叉墙长截面的跨度，这样提高了墙的稳定性，进而也提高了结构整体的稳定性。当发生局部破坏时，也减少了墙受影响的长度。

2）在结构系统的主要单元中提供相互连接的拉杆系统。这种拉杆可专门设计为次要承载系统的构件，在发生灾难事件时这些构件可承受非常大的变形。

3）墙的回折。内墙和外墙的回折将使墙更加稳定。

4）改变楼板的受力方向。如果承重墙被移除，在跨度方向加强的楼板能够以一个较低的安全度跨越另一个方向受力，避免板的塌陷，同时使结构其他部分所受残渣荷载的影响最小。通常的抗温度收缩钢筋足以使板跨越一个新的方向受力。

5）承重内隔墙。内墙必须能够承担足够的荷载来完成楼板受力方向的改变。

6）楼板的悬链线作用。当楼板不能改变受力方向时，如果移除中间支撑，板跨度将增大。在这种情况下，如果整个板中有足够的钢筋保持板的连续性和起约束作用，则楼板可通过悬链线作用承担荷载，尽管会产生很大的变形。

7）墙的梁作用。如果墙上部和下部足够多的连接钢筋可使墙起梁的腹板作用，而上下板起翼缘作用，则可认为墙具有跨越一个开间承受荷载的能力。

8）超静定结构体系。提供另外的荷载传递路径（如在紧急情况下，能够使多层建筑的下层楼板悬挂在上层楼板的桁架或转换大梁上），使结构主要支撑构件移除后构架得以保留。

9）细部延性好。在发生局部破坏的过程中，避免在可能承受动力荷载或非常大的扭转作用的构件中采用延性差的细部构造（如考虑上层落下时建筑物产生的重力作用，梁或支撑板剪切破坏的可能性）。

10）当设计中考虑爆炸荷载时，提供抵抗爆炸和反向荷载的附加钢筋。

11）当考虑抗爆时，设计中考虑采用分离式及特殊抗弯框架结构。

第7章给出了美国《建筑及其他结构最小设计荷载》的介绍。

8.3.5　美国统一设施准则《建筑抗连续倒塌设计》（UFC 4-023-03：2013）

美国统一设施准则是美国陆海空三军编制的一套工程规划、设计、施工、改造的标准，也可用于民用建筑。《建筑抗连续倒塌设计》是这套标准中专门针对新建筑和既有结构抗连续倒塌设计和改造的标准，适用于层高不低于三层的建筑结构，当居住面积大于等于净可使用空间的 25% 时，整个结构都需进行抗连续倒塌设计。

根据发生连续倒塌破坏的后果、建筑的居住率和建筑的功能，该标准将建筑划分为表 8-6 中的 4 种类型。

表 8-6　房屋居住类型

房屋特点	建筑类型
(1) 破坏时对人生命危险小的建筑和其他结构 (2) 居住率较低的建筑	Ⅰ
(1) 除风险为Ⅰ、Ⅲ、Ⅳ和Ⅳ类的建筑或其他结构 (2) 居住少于 50 人的建筑，用于集会、跳芭蕾舞的建筑和居住人口较多的住宅	Ⅱ
破坏时对人生命有较大危险或经济损失有显著影响的建筑和其他结构	Ⅲ
(1) 用作专门设施的建筑和其他结构 (2) 国家战略的军事设施	Ⅳ

注：该表为建筑和其他结构类型划分的简化表，详细划分见 UFC 4-023-03：2013 和 UFC 3-301-01：2018。

在 UFC 4-023-03：2013 中，针对表 8-6 中的 4 种类型的建筑，采用设置拉杆（TF）、替代路径（AP）和提高局部承载力（ELR）三种方法实现新建筑和既有建筑的抗连续倒塌设计，具体如下：

（1）Ⅰ类建筑　不需进行抗连续倒塌设计。

（2）Ⅱ类建筑　可采用下面两种方案之一进行抗连续倒塌设计。

1）方案一：设置拉杆和提高局部承载力。当选定这一方案时，设置拉杆和提高局部承载力应满足下面两个要求。

① 设置拉杆。如果竖向构件不能提供要求的竖向拉力，需要重新对构件进行设计或证明存在能够转移已破坏构件荷载的替代路径。对于水平方向承载力不足的构件，应重新进行设计或对既有结构的构件进行加固，不应将替代路径方法用于水平承载力不足的情况。

② 提高局部承载力。只要求提高首层角柱和墙及邻近柱和墙的承载力。对于方案一的

这一要求，不需提高柱和墙的受弯承载力，但应提高柱或墙及与板、楼面系统或承受水平荷载构件连接的受剪承载力，使受剪承载力高于相对应的受弯承载力。

2）方案二：替代路径。如果选用替代路径方案，当从规定的结构平面和立面位置移除竖向承载构件后，结构应能保持整体。如果其中一种情况不满足结构保持整体性的要求，应重新对结构进行设计或对既有结构进行加固，提高整体承载力。如果结构多个位置的冗余性分析结果相似，并在设计文件中进行了说明，则不必对每个位置进行分析。需要注意，对于承重墙结构，替代路径方法通常是非常实用的选择。

（3）Ⅲ类建筑 对于Ⅲ类建筑，应满足两个要求：替代路径和提高局部承载力。

1）替代路径。当从规定的结构平面和立面位置移除竖向承载构件后，结构能够保持整体。如果移除承重构件后结构不能保持整体，应重新对结构进行设计或对既有结构进行加固。注意，结构再设计或加固不只是针对不满足要求的构件，如果移除长边的中柱后结构不能保持整体性，同样应对这些或其他类似的柱进行再设计。

2）提高局部承载力。提高局部承载力方法适用于所有的首层边柱和墙。对于Ⅲ类建筑的这一要求，不需提高柱或墙的受弯承载力，但应提高柱或墙及与板、楼面系统或承受水平荷载构件连接的受剪承载力，使受剪承载力高于相对应的受弯承载力。

（4）Ⅳ类建筑 Ⅳ类建筑的设计要求包括替代路径、设置拉杆和提高局部承载力。

1）设置拉杆。对于Ⅳ类建筑，应设置适当的内拉杆、周边拉杆和竖向拉杆。如果结构构件不能提供要求的竖向拉力，应重新对结构进行设计或采用替代路径方法证明当构件移除后结构能够保持整体性。对于不能提供水平拉力的构件，不能采用替代路径方法，在这种情况下，应重新对新建筑的构件进行设计或对既有建筑的构件进行加固。

2）替代路径。对于Ⅳ类建筑，采用与Ⅲ类建筑相同的要求。

3）提高局部承载力。提高局部承载力适用于所有的首层周边柱和墙。设计满足替代路径要求、仅承担重力荷载的柱和墙的弯矩应分别提高 2 倍和 1.5 倍，同时与设计满足替代路径要求和所有其他建筑规范要求的弯矩进行比较，采用其中的较大者作为要求的剪力。柱或墙及与板、楼面系统或承受水平荷载构件连接的受剪承载力应大于这一弯矩对应的剪力。

8.3.6 钢筋混凝土框架结构抗连续倒塌设计算例

下面通过一个7层钢筋混凝土框架结构的算例，说明采用美国标准《建筑抗连续倒塌设计》（UFC 4-023-03：2013）进行房屋建筑抗连续倒塌设计的方法。该建筑内的人数不超过50人，按照表8-6进行判别，属于Ⅱ类建筑，可以采用两种方案进行抗连续倒塌设计，本例采用方案一，即设置拉杆和提高局部承载力的方案。本例是根据《建筑抗连续倒塌设计》的附录 D 修改而来，计算采用英制单位，国际单位附注在括号内。

该建筑长（E-W）227′0″(69.1m)，宽（N-S）97′0″(29.57m)，采用浅埋扩展基础，首层高 16′0″（4.88m），标准层高 13′0″（3.96m），顶层高 14′0″（4.27m）。楼盖采用平板成型梁，楼板厚 5″（125mm）（按防火等级确定），梁高 20″（508mm），板+梁总厚度 25″（635mm），板肋宽 6″（152.4mm），肋间距 6′0″（1.83m）。基础、柱和楼板均采用强度为 $f_c' = 5000\text{psi}$（34.5MPa）的普通混凝土。采用 A615 钢筋，屈服强度 $f_y = 60\text{ksi}$（413.7MPa）。结构立面图和结构平面图如图 8-8 和图 8-9 所示。

1. 初步设计

先按不考虑抗连续倒塌对于框架结构进行设计。

（1）荷载

1）恒荷载 D（等效均布荷载）。

板和平板成型梁：89psf（4.26 kN/m²）

梁：35psf（1.68kN/m²）

柱：10psf（0.48kN/m²）

2）附加恒荷载 SDL：

天花板，机电设备管道：10psf（0.48kN/m²）

屋面：20psf（0.958kN/m²）

3）外墙挂板 CL：60psf（2.87kN/m²）（墙面）

（2）活荷载

办公区 LL：50psf(2.40kN/m²)+20psf(0.96kN/m²)（隔断）

储藏室/机房 LL：125psf（6.00kN/m²）

走廊 LL：80psf（3.83kN/m²）

屋面 Lf：20psf（0.96kN/m²）

（3）风荷载 W 风速为110mile/h（49.17m/s），暴露环境为 B，重要性系数取 1.0。

（4）地震荷载 E 由于该建筑位于非地震区，地震荷载不起控制作用。

（5）其他荷载 雪荷载 S、雨荷载 R 均不起控制作用。按照《国际建筑规范》（IBC 2006）进行设计，首柱和板配筋如下。

角柱：8-#8（8 根直径 25.4mm 的钢筋），每侧 3 根。

长边柱：14-#11（14 根直径 35.8mm 的钢筋），4X-5Y。

短边柱：8-#8（8 根直径 25.4mm 的钢筋），每侧 3 根。

内柱：12-#10（12 根直径 32.3mm 的钢筋），每侧 4 根。

首层楼板：每个方向#3 间距 12″（直径 9.5mm 的钢筋，间距 304.8mm）。

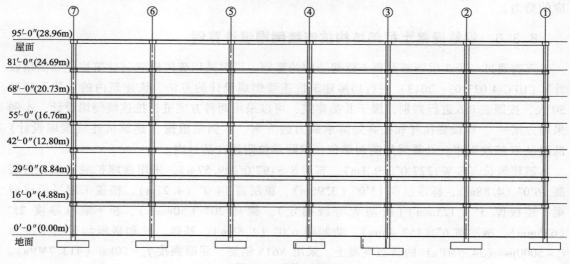

图 8-8　结构立面图

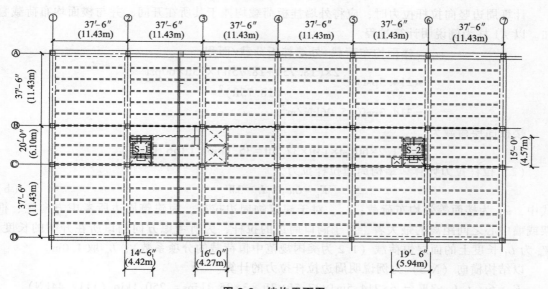

图 8-9　结构平面图

2. 设置拉杆

为保证框架结构的连续性和整体性，设置纵向拉杆、横向拉杆和周边拉杆。

（1）楼面等效均布荷载计算　根据规范 UFC 4-023-03：2013，按式（a）确定拉杆拉力计算需要的楼面等效均布荷载

$$w_F = 1.2D + 0.5L \tag{a}$$

式中，D 为恒荷载；L 为活荷载。

在结构长度方向，走廊荷载占 B-C 区荷载的 25% 以上，储藏室/机房荷载占 B-C 区荷载的 75% 以上，办公室活荷载作用于楼层的其余部分，计算过程见表 8-7。由于开间楼面最小荷载与最大荷载之差不大于楼面最小荷载的 25%，同时与楼面最大荷载相关的面积不大于楼层总平面面积的 25%，根据规范 UFC 4-023-03：2013 规定，应按整个楼层计算等效均布荷载，得 $w_F = 214.5\text{psf}$（10.27kN/m^2）。

表 8-7　等效均布荷载计算

$D/\text{psf}(\text{kN/m}^2)$	$L/\text{psf}(\text{kN/m}^2)$			$w_F(1.2D+0.5L)/\text{psf}(\text{kN/m}^2)$		
板和平板成型梁、梁、柱、天花板、机电管道	办公室	储藏室/机房	走廊	办公室	储藏室/机房	走廊
144 (6.90)	70 (3.35)	125 (6.00)	80 (3.83)	207.8 (9.95)	235.3 (11.27)	212.8 (10.19)
				差值 =（235.3 − 207.8）psf = 27.5psf （1.32kN/m²），小于最小 w_F 的 25%		
面积/sf(m²)	办公室	储藏室/机房	走廊	总面积	—	—
—	16875 (1567.69)	3375 (313.54)	1125 (104.51)	21375 (1985.74)	—	—
				储藏室/机房面积小于总面积的 25%		
由于 w_F 的最大差值小于最小 w_F 的 25%，最大荷载面积小于总面积的 25%，因此整个楼层采用 w_F 的平均值						
w_F，总荷载除以总面积/psf（kN/m²）	（16875×207.8 + 3375×235.3 + 1125×212.8）/21375psf = 214.5psf（10.27kN/m²）					

计算周边竖向拉杆拉力时，应将外墙挂板荷载均摊于其所在开间，并与楼面均布荷载叠加。以 A1 柱为例说明计算过程。

$$w_F = 楼面均布荷载 + 外墙挂板荷载/面积$$

$$= 214.5\text{psf} + \frac{1.2 \times (18.75\text{ft} + 18.75\text{ft}) \times 13\text{ft} \times 60\text{psf}}{(18.75\text{ft})^2}$$

$$= 314.3\text{psf}\,(15.06\text{kN/m}^2)$$

楼板面层荷载为

$$W_C = 1.2 \times 60\text{psf} \times 13\text{ft} \times 37.5\text{ft} = 35.1\text{kips}\ (156.12\text{kN})$$

（2）拉杆拉力计算　结构周边拉杆拉力为

$$F_p = 6w_F L_1 L_p + 3W_c \tag{b}$$

式中，w_F 为楼面等效均布荷载；L_1，对于建筑物周边拉杆，为建筑周边所考虑方向柱、框架或墙中心之间距离的最大者，对于洞口周边的拉杆，为所考虑方向洞口所在开间的长度；W_c 为 L_1 长度上的面层恒荷载（1.2 为美国规范中恒荷载的分项系数）；L_p 取 1.0m。

以结构横向（N-S）为例说明周边拉杆拉力的计算。

$$F_p = 6w_F L_1 L_p + 3W_c = 6 \times 214.5\text{psf} \times 37.5\text{ft} \times 3\text{ft} + 3 \times 35.1\text{kips} = 250.1\text{kip}\ (1112.44\text{kN})$$

拉杆钢筋面积按式（c）确定，

$$\phi R_n \geqslant \sum \gamma_i Q_i \tag{c}$$

式中，R_n 为拉杆名义强度；ϕ 为强度折减系数；γ_i 为荷载分项系数；Q_i 为荷载效应。

将计算结果代入式（c）得

$$A_s = \frac{250.1\text{kip}}{0.75 \times (1.25 \times 60\text{ksi})} = 4.45\text{in}^2 (2871.14\text{mm}^2)$$

其中 0.75 为强度折减系数，1.25 为钢筋超强系数。

表 8-8 汇总了各拉杆拉力和钢筋面积的计算结果。

表 8-8　各拉杆拉力和钢筋面积计算结果

拉杆类型	位置	长度/ft(m)	w_F/psf(kN/m²)	W_c/kip(kN)	F_p/kip(kN)	A_s/sq in①(mm²)	配筋
周边	横向	37.5 (11.43)	214.5 (10.27)	35.1 (111.6448)	250.1 (1112.44)	4.45 (2871.14)	8 - #7
周边	纵向	37.5 (11.43)	214.5 (10.27)	35.1 (111.6448)	250.1 (1112.44)	4.45 (2871.14)	8 - #7
周边	楼梯 1 (S1)横向	15 (4.572)	214.5 (10.27)	0	57.9 (257.5392)	1.03 (664.56)	6 - #4
周边	楼梯 1 (S1)纵向	14.5 (4.420)	214.5 (10.27)	0	56.0 (249.09)	1.00 (645.20)	5 - #4
周边	楼梯 2 (S2)横向	15 (4.572)	214.5 (10.27)	0	57.9 (257.54)	1.03 (664.56)	6 - #4
周边	楼梯 2 (S2)纵向	19.5 (5.944)	214.5 (10.27)	0	74.3 (330.49)	1.32 (851.66)	7 - #4
周边	电梯横向	21 (6.401)	214.5 (10.27)	0	81.08 (360.64)	1.44 (929.09)	8 - #4
周边	电梯纵向	16 (4.877)	214.5 (10.27)	0	61.8 (274.89)	1.10 (709.72)	6 - #4

（续）

拉杆类型	位置	长度/ft(m)	w_F/psf(kN/m²)	W_e/kip(kN)	F_p/kip(kN)	A_s/sq in/ft (mm²/m)	配筋
横向	分布	37.5 (11.43)	214.5 (10.27)	—	24.13 (352.06)	0.429 (898.62)	#5@8″ O.C.②
纵向	分布	37.5 (11.43)	214.5 (10.27)	—	24.13 (352.06)	0.429 (898.62)	#5@8″ O.C.②
竖向	A1	351.6 (32.66)	314.3 (15.06)	—	110.5 (491.50)	1.96 (1264.59)	不另配
竖向	A2	703.2 (65.33)	264.4 (12.66)	—	185.9 (826.88)	3.31 (2135.61)	不另配
竖向	B1	539.1 (50.08)	264.4 (12.66)	—	142.5 (633.84)	2.53 (1632.36)	不另配
竖向	B4	1078.2 (100.16)	214.5 (10.27)	—	231.3 (1028.82)	4.11 (2651.77)	不另配

① 钢筋超强系数为1.25，强度折减系数φ为0.75。

② 用#5@8″（203.2mm）钢筋代替#3@12″（304.8mm）钢筋。

拉杆钢筋不应布置在受弯构件的内部和上部。如果初步设计（即不考虑抗连续倒塌）的钢筋未布置在受弯构件内部或构件上部，则可用初步设计的钢筋抵抗表8-8中的拉力。钢筋连接、锚固长度和加强筋的连接必须满足 UFC 4-023-03：2013 第3-1.6节的要求。注意，表8-8中两个楼梯需要的拉杆拉力是不同的，这是因为考虑楼梯2旁边还有机电管道洞口。楼梯2和旁边的机电管道洞口用一个受弯构件隔开。由于拉杆钢筋不能直接布置于受弯构件的正上方，除非能够满足 UFC 4-023-03：2013 第3-1节对构件转动能力的要求，计算拉杆拉力和布置洞口周边拉杆时，可将这些洞口组合在一起考虑。

此外，表8-8中所示的内部纵向拉杆和横向拉杆钢筋取代了初步设计的间距为12in（304.8mm）的3号钢筋（直径9.5mm）。图8-11所示为一个端部房间内拉杆钢筋的布置。内拉杆钢筋可与周边拉杆钢筋连接，如图8-12所示。注意，只是初步设计需要的钢筋，即

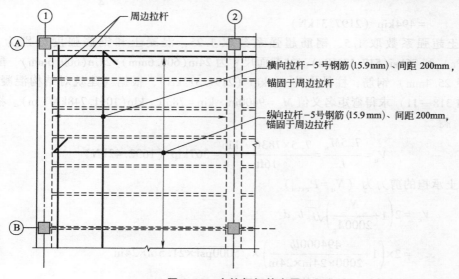

图8-11　内拉杆钢筋布置

间距 12in（304.8mm）的 3 号钢筋，必须延伸到梁顶部钢筋位置，其余内拉杆钢筋直接与周边拉杆连接（对于直接连接到周边拉杆钢筋的内拉杆钢筋，不需要做弯钩）。

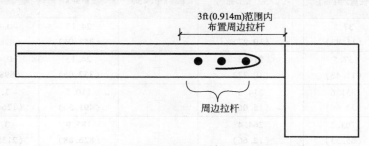

图 8-12　内拉杆钢筋锚固于周边拉杆钢筋

3. 提高局部承载力

根据 UFC 4-023-03：2013 的规定，对于 II 类建筑，提高局部承载力应使首层角柱和倒数第二根柱的设计受剪承载力大于受弯承载力，此时的抗弯强度是为满足拉杆拉力要求确定的。分析建筑局部承载力时，认为首层柱与首层楼板是固接的，与基础是铰接的，柱形成 3 个塑性铰，一个塑性铰出现在柱下端部，一个塑性铰出现在柱上端部，一个塑性铰出现在柱中部。因此，柱的水平剪力为

$$V_u = \frac{5}{8} L \times \frac{12 M_n}{L^2} = \frac{7.5 M_n}{L}$$（d）

式中，M_n 为柱的名义受弯承载力，其中包含竖向拉杆拉力；L 为柱的高度。

本例中，开间尺寸为 37.5ft（11.43m）×37.5ft（11.43m），共 7 层。所以角柱的轴力按下式简化计算

$$P_{axial} = 7 \times (1.2D + 0.5L) \times \frac{37.5ft \times 37.5ft}{4}$$

$$= 7 \times [1.2 \times (89 + 35 + 10) + 0.5 \times (50 + 10 + 20)] psf \times \frac{37.5ft \times 37.5ft}{4}$$

$$= 494kip（2197.31kN）$$

混凝土超强系数取 1.5，钢筋超强系数取 1.25，混凝土和钢筋强度分别为 5000psi（51.75MPa）和 75ksi（517.13MPa）。柱截面尺寸为 24in（609.6mm）×24in（609.6mm），配置 8#8（8 根直径 25.4mm）钢筋，柱轴力为 494kip（2197.312kN），根据《建筑对结构混凝土的要求》（ACI 318—11）求得弯矩名义值 $M_n = 9400in \cdot kip = 783ft \cdot kip(1061.748kN \cdot m)$。将 M_n 代入式（d）得

$$V_u = \frac{7.5 M_n}{L} = \frac{7.5 \times 783ft \cdot kip}{16ft} = 367kip（1632.42kN）$$

混凝土承担的剪力为（$N_u = P_{axial}$）

$$V_c = 2 \left(1 + \frac{N_u}{2000 A_g} \right) \sqrt{f_c'} b_w d$$

$$= 2 \times \left(1 + \frac{494000lb}{2000 \times 24in \times 24in} \right) \times \sqrt{5000psi} \times 21.5in \times 24in$$

$$= 128kip（569.34kN）$$

钢筋承担的剪力为

$$V_s = \frac{V_u}{\phi} - V_c = \frac{367\text{kip}}{1.0} - 128\text{kip} = 239\text{kip} \quad (1063.072\text{kN})$$

根据 ACI 318—11 的规定，V_s 不应大于 $8(f_c')^{1/2} b_w d$，即

$$V_s < 8\sqrt{f_c'} b_w d = 8 \times \sqrt{5000\text{psi}} \times 21.5\text{in} \times 24\text{in} = 291.8\text{kip} \quad (1297.93\text{kN})$$

满足要求。

箍筋间距取 $s = 4\text{in}$（100mm），箍筋屈服强度 $f_y = 75\text{ksi}$（517.13MPa），柱截面有效高度 $d = 21.5\text{in}$（545mm），提高柱受剪承载力需要的箍筋面积为

$$A_v = \frac{V_s s}{f_y d} = 0.59\text{in}^2 \quad (380.668\text{mm}^2)$$

选用 3 肢#4（3 根直径 12.7mm）钢筋，面积 $= 0.2\text{in}^2 \times 3 = 0.6\text{in}^2$（387.12mm^2）。

第 9 章

既有结构可靠性评估

第 5~8 章介绍了结构的作用和作用效应、抗力及概率极限状态设计方法和结构整体稳固性的分析方法，所指的结构是拟建结构，即正在设计中的结构或已经设计完成尚未建造的结构，在这种条件下，结构的材料性能、承受的作用、结构或构件尺寸等都是不确定的，可视为随机变量。结构一旦建成，结构就成为一个客观存在的实体，成为既有结构，这时结构的材料性能、结构或构件的尺寸不再是随机的，客观上都转变为具有确定值的量（尽管主观上未进行实测其值可能未知，也存在因取样有限而产生的统计不确定性），其可靠度与拟建结构是不同的。如果结构已使用多年，则结构的材料性能和几何尺寸会发生变化，可靠度也发生变化，需要进行评估。另外，结构的设计、施工和使用应符合规范的要求，但实际中，由于多种原因，结构可能会出现不符合规范规定的情况。作为结构的用户，会提出对结构的可靠性或能够继续使用的年限进行评估的要求。所以，既有结构的可靠性评估是一个非常现实的问题。本章首先从可靠性理论角度介绍既有结构可靠性评估的基本原理，然后介绍各结构规范的实用评估方法。

9.1 既有结构可靠性评估的原因

对于符合设计、施工和使用要求且未达到设计使用年限的结构，除了常规的检测和维护外，一般并不需要进行可靠性评估。只有在下列情况下才需对既有结构的可靠性进行评定。

（1）结构的使用时间超过设计使用年限 结构到规定的设计使用年限后，并不意味着结构不能再继续使用，而是结构的可靠性已不在设计保证的范围内。由于经过长时间的使用，结构材料发生老化，物理和力学性能可能发生了改变，如果希望继续使用，则需进行可靠性评估。

（2）结构的用途或使用要求改变 结构可靠性定义中规定的条件包括使用条件，结构应按设计要求使用。如果结构的用途和使用要求发生了改变，就意味着不再符合结构设计规定的条件，需进行评估。结构用途和使用要求改变有多种形式，有的荷载增大，有的荷载减小但荷载布置改变，有时对结构的使用性能有更高的要求，如减振。下面是一个因改变结构使用要求但未进行评估而导致结构倒塌的例子。

安徽某卷烟厂原为一座二层现浇钢筋混凝土结构，1958 年 1 月竣工投产，1976 年决定增加一层。加层工程由该市基建局设计小组负责设计，该市建筑公司负责施工。加层工程于 1976 年 12 月开始施工，于 1977 年 3 月 28 日下午 5 时 35 分，加层部分连同相应的二层突然倒塌。当时工人正在上班生产，有 92 人被砸在里面，造成死亡 31 人、重伤 4 人的特大事故。倒塌的主要原因是加层设计错误，只考虑到原设计的基础比较坚固，而未对原结构进行实查和核算。事故发生后经复核，加层以后原二层柱的安全系数只有 1.06，只达到当时混凝土规范要求 1.55 的 68%；梁的安全系数为 0.7，已小于 1.0。

（3）结构使用环境恶劣　恶劣的环境会影响材料的性能，降低结构的安全性和使用性能，使结构耐久性变差。结构耐久性问题包括如下方面：

1）钢筋锈蚀。钢筋锈蚀是混凝土结构最为常见的耐久性病害之一，其发生的条件是钢筋的钝化膜遭到破坏，环境中有氧和水存在。钢筋钝化膜的破坏与环境条件密切相关，主要是混凝土发生碳化或遭受氯离子侵蚀。混凝土碳化是空气、土壤或地下水中的二氧化碳渗入到混凝土内部，与水泥石中的碱性物质发生化学反应，这一过程降低了混凝土的碱性。当混凝土的 pH 值降到 10 以下时，即失去了对钢筋钝化膜的保护。在有氯化物的环境中，氯离子通过混凝土的毛细孔隙进入混凝土内部，也会破坏钢筋的钝化膜，使钢筋失去保护而发生锈蚀，而且氯离子侵蚀对钢筋锈蚀的影响要较混凝土碳化严重得多。氯离子进入混凝土的途径有多种，如海岸和近海的混凝土结构与海水接触，混凝土使用了含有氯盐的外加剂，使用了处理不合格的海砂，冬天混凝土桥面撒除雪盐等。除外界环境外，钢筋锈蚀还与混凝土的质量有关，质量好，渗透性低，氯离子不易侵入；质量差，渗透性高，氯离子易于侵入。

2）化学侵蚀。混凝土化学侵蚀是指与混凝土接触的介质对混凝土的化学腐蚀作用，主要包括硫酸盐侵蚀和酸蚀，以硫酸盐对混凝土的侵蚀作用最为常见。硫酸盐侵蚀包括外界硫酸盐侵蚀和自然盐分的侵蚀。

外界硫酸盐对混凝土的侵蚀最常见的是钙矾石（$CaO \cdot Al_2O_3 \cdot 3CaSO_4 \cdot 32H_2O$）和石膏（$CaSO_4 \cdot 2H_2O$）的形成。钙矾石会导致固体体积增大，引起混凝土膨胀和开裂。石膏能导致混凝土软化，造成混凝土强度损失。当侵蚀的硫酸盐溶液包含硫酸镁时，除了生成钙矾石或石膏之外，还生成氢氧镁石 [$Mg(OH)_2$]。与硫酸盐有关的某些作用也可能导致混凝土损坏而不膨胀，如遭受硫酸盐溶液侵蚀的混凝土能使基体砂浆软化或总孔隙率增加，降低混凝土的耐久性。

地下水中含有硫酸钠、碳酸钠和氯化钠。在硫酸盐暴露环境下，与含有氯化钠、氯化镁等盐分的土壤相接触的潮湿混凝土会发生典型的损坏。一旦盐分溶解，氯离子就会渗透到混凝土中，随后在混凝土暴露面浓缩和沉淀，造成混凝土表面剥落，类似于冻融破坏。随着暴露时间增加，温湿度反复循环作用将导致混凝土整体开裂和劣化。

遭受酸蚀的混凝土劣化主要是这些化学物质与水泥水化产生的氢氧化钙的化学反应（当使用石灰石和白云石骨料时，也容易受到酸蚀）。大多数情况下，化学反应的结果是形成可溶解的钙的化合物，然后被水溶液溶解。

3）混凝土冻融破坏。常温下的硬化混凝土是由未水化水泥、水泥水化产物、骨料、水、空气共同组成的气-液-固三相平衡体系，当混凝土处于一定负温度下时，其内部孔隙中的水分就会发生从液相到固相的转变。含水或与水接触的混凝土在长期正负温度交替作用下会出现由表及里的剥蚀破坏，称为冻融破坏。混凝土的冻融破坏可以用膨胀压和渗透压理论解释，即吸水饱和的混凝土在冻融过程中遭受的破坏应力主要由两部分组成，一是混凝土中的毛细孔在一定负温下发生物相变化，由水转变成冰，体积膨胀约 9%，因受到毛细孔壁的约束而形成膨胀压力，从而在孔周围的微观结构中产生拉应力；二是当毛细孔水结成冰时，凝胶孔中的过冷水在混凝土微观结构中迁移和重分布引起孔隙压。由于表面张力的作用，混凝土毛细孔中水的冰点随着孔径的减小而降低。凝胶孔水形成冰核的温度在 $-78℃$ 以下，因而冰与过冷水的饱和蒸汽压差和过冷水之间的盐分浓度差引起的水分迁移形成渗透压。另外，随着凝胶不断增大，将形成更大膨胀压力，当混凝土受冻时，这两种压力会损伤混凝土内部微观结构，经过反复多次的冻融循环以后，损伤逐步积累并不断扩大，发展成互相连通的裂缝而使混凝土层层剥蚀，强度逐步降低，最后完全破坏。

（4）结构存在较严重的质量缺陷　结构存在较严重的质量缺陷是指结构的质量不符合设计要求，严重影响了结构的安全性、适用性和耐久性，如对于混凝土结构，钢筋配置不足，构造不符合规范要求，混凝土存在蜂窝、露筋、空洞，钢结构焊缝不实等。结构存在质量缺陷的原因有多种，如设计、施工和养护等方面产生的各种缺陷。

（5）出现影响结构安全性、适用性或耐久性的材料性能劣化、构件损伤或其他不利状态　上面的（3）中已经介绍了由劣化环境引起的结构或结构构件性能的降低，除此之外，结构材料本身也可能会随时间发生变化，其中混凝土的碱-骨料反应就是比较常见的一种。

碱-骨料反应是在混凝土孔隙溶液中，氢氧根离子与骨料的某种硅酸成分之间发生的一种缓慢的化学反应并形成碱硅凝胶。这种凝胶易吸水，吸水后膨胀，产生很大的压力，使混凝土内部产生裂缝，严重时导致混凝土瓦解。一般情况下，由混凝土碱-骨料反应引起的劣化难以处理。碱-骨料反应包括碱-硅酸反应、碱-碳酸盐反应和碱-硅酸盐反应三种形式。

对于水工混凝土结构，其耐久性病害还有冲刷磨损、气蚀、渗漏和溶蚀等，本书不做详细介绍。

（6）对结构的可靠性有怀疑或有异议　除上述原因外，如果用户对结构的可靠性有怀疑或有不同的观点，当用户提出要求时，也需对结构进行可靠性评估。

9.2　既有结构的抗力

9.2.1　抗力随时间的变化

在外界环境和材料内部因素的作用下，既有结构的抗力是随时间变化的。对于混凝土结构，混凝土的强度随时间先是增长，依赖于结构所处的环境，约在 20~30 年时达到最高，之后随时间又降低。美国做过放置 50 年混凝土抗压强度的试验，日本做过放置 100 年混凝土抗压强度的试验。对于混凝土结构中的钢筋，其截面面积会因腐蚀而减小，钢筋与混凝土间的粘结力也会降低，特别是处于氯离子环境中的钢筋混凝土结构。对于钢结构，其抗力主要取决于连接处的焊接质量或铆接质量及构件稳定性，这些也会受环境影响。

同现行的标准一样，既有结构抗力的不确定性可分为材料性能的不确定性、几何参数的不确定性和计算模式的不确定性。结构构件抗力随机过程可表示为

$$R(t) = K_p R_p(t) \tag{9-1}$$

$$R_p(t) = R[f_{mi}(t), a_i(t)] \tag{9-2}$$

式中，K_p 为描述计算模式不确定性的随机变量；$R_p(t)$ 为结构的计算抗力；$f_{mi}(t)$ 和 $a_i(t)$ 为第 i 种材料的材料性能和相应的几何参数，是时间 t 的函数。

假定既有结构的抗力计算模式不确定性与设计时相同，则可将式（9-1）简化为

$$R(t) = R_0 \varphi(t)$$

(9-3)

式中，R_0 为结构或结构构件 $t=0$ 时刻的抗力；$\varphi(t)$ 为一确定性函数。

式（9-3）是一个高度简化的随机过程模型。在这种模型下，t 时刻结构抗力的随机性依赖于 $t=0$ 时刻抗力的随机性，抗力的概率分布不变，t 时刻的平均值和变异系数分别为

$$\mu_{R(t)} = \mu_{R_0} \varphi(t), \quad \delta_{R(t)} = \delta_{R_0}$$

(9-4)

在式（9-3）中，将函数 $\varphi(t)$ 视为确定性函数只是一种近似的处理方法。事实上，函数 $\varphi(t)$ 不仅与结构组成材料有关，如钢筋锈蚀速度受混凝土保护层厚度、混凝土抗压强度等因素的影响，而且与环境因素及环境因素的变化有关。结构材料因素是一个随机变量，环境的变化是一个随机过程。因此，函数 $\varphi(t)$ 也应是一个随机过程，但目前尚不能给出 $\varphi(t)$ 或 $R(t)$ 的表达式。

图 9-1 所示为针对式（9-3）的情况，结构或结构构件使用中抗力的变化，其中 R_k 表示结构设计时抗力的标准值，即结构或构件的材料强度取其标准值、尺寸取图样标注尺寸，按照规范公式计算的值，设计中不考虑抗力随时间的变化，因此是一条直线。$R(t)$ 表示结构建成后的实际抗力（没有维护），随时间而降低，所以是一条单调下降的曲线。如果使用过程中对结构不断进行维护，则抗力衰减的速率降低，如图中的虚线所示；如果使用过程中对结构进行维护的同时，还进行几次加固，则加固后抗力有一定提升。

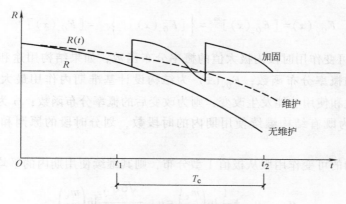

图 9-1　结构使用过程中的抗力

9.2.2　结构或结构构件承载力下限值

如果在结构使用过程中，已知结构或结构构件承受过所产生的内力为 r_t 的最大作用未发生破坏，或对结构或结构构件进行荷载试验荷载效应为 r_t 时未发生破坏，则表明结构或结构的抗力大于或等于 r_t，这时可对结构或结构构件的抗力进行修正，用截尾分布描述抗力 R 的随机特性，其概率密度函数（图 9-2）和概率分布函数为

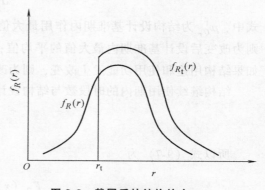

图 9-2　截尾后的结构抗力

$$f_{R_t}(r) = \frac{f_R(r)}{1 - F_R(r_t)} \quad (r \geqslant r_t) \tag{9-5}$$

$$F_{R_t}(r) = \frac{F_R(r) - F_R(r_t)}{1 - F_R(r_t)} \quad (r \geqslant r_t) \tag{9-6}$$

式中，$f_R(r)$，$F_R(r)$ 为设计时结构或结构构件抗力的概率密度函数和概率分布函数。

9.3　既有结构上的作用

既有结构上的作用包括永久作用、可变作用、偶然作用和地震作用。永久作用可通过对结构或结构构件的尺寸进行实测，经计算得到。对于无法进行实测的隐蔽性构件，可采用设计时的统计参数。偶然作用和地震作用取与设计时相同。

既有结构的继续使用期 T_c 与设计时的设计使用年限 T 往往是不同的，可以比设计使用年限长，也可以比设计使用年限短，需要由用户决定。由于结构的安全性与使用期内作用的最大值有关，所以，既有结构可靠性评估采用的作用最大值随机变量与拟建结构的作用最大值随机变量的概率分布是不同的。如果结构用途和使用功能发生改变，则荷载的标准值与设计时不同，显然可靠性评估时应采用结构改变用途后的荷载标准值。

既有结构继续使用期内可变作用最大值的概率分布函数可表示为

$$F_{Q_{T_c}}(x) = \left[F_{Q_T}(x) \right]^{m_c} = \left\{ \left[F_{Q_T}(x) \right]^{\frac{1}{m}} \right\}^{m_c} = \left[F_{Q_T}(x) \right]^{\frac{m_c}{m}} \tag{9-7}$$

式中，$F_{Q_T}(x)$ 为可变作用时段内极大值的概率分布函数，如果结构用途和使用功能发生改变，则为改变后的概率分布函数；$F_{Q_T}(x)$ 为结构设计基准期内作用最大值的概率分布函数，如果结构用途和使用功能发生改变，则为改变后的概率分布函数；m 为结构设计基准期内的时段数；m_c 为既有结构继续使用期内的时段数，划分时段的原则和方法与拟建结构相同。

如果既有结构的可变作用服从极值Ⅰ型分布，则其继续使用期内的平均值和标准差为

$$\mu_{Q_{T_c}} = \mu_{Q_T} + \frac{1}{\alpha_T} \ln\left(\frac{m_c}{m}\right) = \mu_{Q_T} + \frac{\sqrt{6}\,\sigma_{Q_T}}{\pi} \ln\left(\frac{m_c}{m}\right) \tag{9-8}$$

$$\sigma_{Q_{T_c}} = \sigma_{Q_T} \tag{9-9}$$

式中，μ_{Q_T} 为结构设计基准期内作用最大值的平均值，如果结构用途和使用功能发生改变，则为改变后设计基准期内最大值的平均值；σ_{Q_T} 为结构设计基准期内作用最大值的标准差，如果结构用途和使用功能发生改变，则为改变后设计基准期内最大值的标准差。

结构继续使用期内的时段数与结构设计基准期内的时段数具有如下关系

$$\frac{T_c}{T} = \frac{m_c}{m} \tag{9-10}$$

所以式（9-7）为

$$F_{Q_{T_c}}(x) = \left[F_{Q_T}(x) \right]^{\frac{T_c}{T}} \tag{9-11}$$

式（9-8）变为

$$\mu_{Q_{T_c}} = \mu_{Q_T} + \frac{\sqrt{6}\sigma_{Q_T}}{\pi} \ln\left(\frac{T_c}{T}\right) \tag{9-12}$$

当既有结构的继续使用年限 T_c 与结构设计基准期 T 不同时，评估中可变作用标准值应采用与 T_c 相对应的标准值 $k_t Q_k$，其中 k_t 为既有结构继续使用年限可变作用标准值调整系数，Q_k 为按设计基准期确定的作用标准值。一般情况下，参照式（7-45）有

$$k_t = \frac{F_{Q_{T_c}}^{-1}\left[F_{Q_T}(Q_k)\right]}{Q_k} \tag{9-13}$$

如果既有结构的可变作用服从极值Ⅰ型分布，则参照式（7-49），k_t 为

$$k_t = 1 + 0.7797 k_{Q_T} \delta_{Q_T} \ln\left(\frac{T_c}{T}\right) \tag{9-14}$$

9.4 既有结构的可靠度分析和评估

9.4.1 已知抗力随时间的变化规律

首先讨论结构自建成（$t_0 = 0$）投入使用起，到 t_1 时刻时间段（即 $[0, t_1]$）内可靠度的计算。

如第 2.6.2 节所表明的，如果结构或结构构件的抗力随机过程为 $R(t)$，作用效应随机过程为 $S(t)$，如图 9-3 所示，结构 t 时刻某一功能的截口功能函数为

$$Z(t) = g[R(t), S(t)] = R(t) - S(t) \tag{9-15}$$

它描述了结构 t 时刻某一功能的状态。

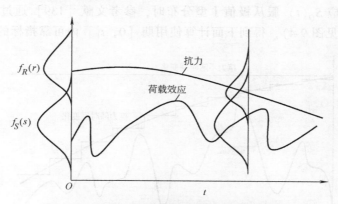

图 9-3 结构的抗力和荷载效应随时间的变化过程

如果 $R(t)$ 和 $S(t)$ 均为高斯过程，则可求得可靠指标

$$\beta(t) = \frac{\mu_{R(t)} - \mu_{S(t)}}{\sqrt{\sigma_{R(t)}^2 + \sigma_{S(t)}^2}} \tag{9-16}$$

它表示结构 t 时刻某一功能的可靠指标，称为截口可靠指标或时变可靠指标。如果 $R(t)$ 和

$S(t)$ 均为平稳高斯随机过程，则 $\beta(t)$ 是一条水平线。如果 $R(t)$ 为一单调下降非平稳过程，$S(t)$ 为一平稳过程，则 $\beta(t)$ 为一条下降曲线。如果 $R(t)$ 和 $S(t)$ 中有一个或均不是高斯过程，则不能再按式（9-16）计算可靠指标，可由一次二阶矩方法计算任意时刻的可靠指标 $\beta(t)$。

关于结构的可靠度，第 2 章的定义是，结构在规定时间内完成预定功能的概率，第 7 章的最小可靠指标也是规定时间内的可靠指标的，所以当 $R(t)$ 和 $S(t)$ 均随时间变化时，分析的也应是规定时间内的可靠指标，计算规定时间内的可靠指标 $\beta(0,t_1)$ 比计算截口可靠指标 $\beta(t)$ 更为重要，它指的是一个时间段内的可靠指标，而不是一个时间点的可靠指标。下面讨论相应的计算方法。

结构在使用期 $[0,t_1]$ 内可靠的概率为

$$p_s(0,t_1)=P\{Z(t)>0,\ t\in[0,t_1]\}=P\{R(t)>S(t),\ t\in[0,t_1]\}\qquad(9\text{-}17)$$

该式表示在设计使用期 $[0,t_1]$ 内结构每一时刻 t 的抗力都大于其作用效应时，才能保证结构处于可靠状态。结构在设计使用期 $[0,t_1]$ 内的失效事件为结构可靠事件的补事件，因而结构失效的概率为

$$p_f(0,t_1)=1-p_s(0,t_1)=P\{R(t_i)\leqslant S(t_i),t_i\in[0,t_1]\}\qquad(9\text{-}18)$$

该式表示在设计使用期 $[0,t_1]$ 内，结构只要有一个时刻 t_i 抗力小于作用效应，结构就会失效。

考虑结构上永久作用效应为 S_G、可变作用效应为 $S_Q(t)$ 的情况，结构某一功能的功能函数为

$$Z(t)=R(t)-S_G-S_Q(t)\qquad(9\text{-}19)$$

在设计使用期 $[0,t_1]$ 内，结构失效的概率为

$$p_f(0,t_1)=P\{R(t_i)-S_G-S_Q(t_i)<0,\ t_i\in[0,t_1]\}$$
$$=P\{\min[R(t)-S_G-S_Q(t)]<0,\ t\in[0,t_1]\}\qquad(9\text{-}20)$$

当可变作用效应 $S_Q(t)$ 服从极值 I 型分布时，参考文献 [139] 通过将 $[0,t_1]$ 离散化为多个时间段（见图 9-4），得到下面计算使用期 $[0,t_1]$ 内可靠指标的功能函数

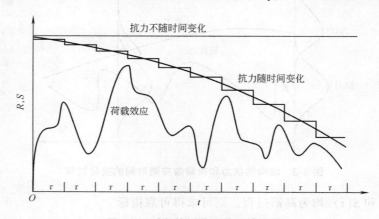

图 9-4　时段的划分和抗力的变化

$$Z(0,t_1)=R-S_G-S_{Q_{t_1}}\qquad(9\text{-}21)$$

其中

$$R = -\frac{1}{\alpha_{t_1}} \ln\left[\frac{1}{m}\sum_{i=1}^{m}\exp(-\alpha_{t_1}R_i)\right] \tag{9-22}$$

式中，$S_{Q_{t_1}}$ 为 $[0, t_1]$ 时间段内可变作用效应的最大值随机变量；R 为 $[0, t_1]$ 时间段内抗力随机过程 $R(t)$ 的等效抗力随机变量，称为等效抗力，它综合反映了使用期内结构抗力在时间段 $[0, t_1]$ 内的变化历程；α_{t_1} 为 $S_{Q_{t_1}}$ 概率分布函数的参数；m 为将时间段 $[0, t_1]$ 等分的时段数；R_i 为随机过程 $R(t)$ 第 $(i-0.5)\tau$ 时刻的抗力值；τ 为时段的长度。

注意在式 (9-22) 中，R_1，R_2，$\cdots$，R_m 是彼此相关的，对于式 (9-3) 表示的抗力随机过程模型 $R(t) = R_0\varphi(t)$，离散后的随机变量 R_1，R_2，$\cdots$，R_m 完全相关，这时抗力项中只有一个随机变量 R_0，这样式 (9-22) 可得到简化。如果进一步简化，可将 R 视为概率分布与 R_0 相同、平均值和标准差可用下列公式计算的随机变量

$$\mu_R = -\frac{1}{\alpha_{t_1}}\ln\left\{\frac{1}{m}\sum_{i=1}^{m}\exp[-\alpha_{t_1}\varphi(t_i)\mu_{R_0}]\right\} \tag{9-23}$$

$$\sigma_R = \frac{\sum_{i=1}^{m}\varphi(t_i)\exp[-\alpha_{t_1}\varphi(t_i)\mu_{R_0}]}{\sum_{i=1}^{m}\exp[-\alpha_{t_1}\varphi(t_i)\mu_{R_0}]}\sigma_{R_0} \tag{9-24}$$

如果分析中对结构使用期 $[0, t_1]$ 划分的时段数 m 很多，则可将式 (9-22) 近似表示为

$$R = -\lim_{m\to\infty}\frac{1}{\alpha_{t_1}}\left\{\frac{1}{m}\sum_{i=1}^{m}\exp[-\alpha_{t_1}R(t_i)]\right\} = -\frac{1}{\alpha_{t_1}}\left\{\frac{1}{t_1}\int_0^{t_1}\exp[-\alpha_{t_1}R(t)]dt\right\} \tag{9-25}$$

【例 9-1】 已知某钢筋混凝土建筑结构短柱的截面尺寸为 $b = 300\text{mm}$，$h = 350\text{mm}$，混凝土强度等级为 C30，柱内钢筋面积 $A_s = 1811.28\text{mm}^2$，钢筋为 HRB335。永久作用效应 S_G 服从正态分布，$\mu_{S_G} = 530\text{kN}$，$\sigma_{S_G} = 37.1\text{kN}$；$t_1 = 50$ 年使用期内的楼面最大可变作用效应 $S_{Q_{t_1}}$ 服从极值 I 型分布，$\mu_{S_{Q_{t_1}}} = 700\text{kN}$，$\sigma_{S_{Q_{t_1}}} = 203\text{kN}$。柱抗力随机过程为 $R(t)$，混凝土初始抗压强度 f_{c0} 服从正态分布，$\mu_{f_{c0}} = 26.1\text{N/mm}^2$，$\delta_{f_{c0}} = 0.17$；钢筋初始屈服强度 f_{y0} 服从正态分布，$\mu_{f_{y0}} = 383.8\text{N/mm}^2$，$\delta_{f_{y0}} = 0.0743$。假定混凝土和钢筋强度的衰减系数为 $\varphi_c(t) = 1.0 - 8.0\times10^{-7}t^3$，$\varphi_y(t) = 1.0 - 2.2\times10^{-6}t^3$。计算该柱的可靠指标。为分析上的方便，柱的截面尺寸和计算模式不确定性系数均视为确定的值。

解 钢筋混凝土短柱的抗力表达式为

$$R(t) = bhf_c(t) + A_s f_y(t) = bhf_{c0}\varphi_c(t) + A_s f_{y0}\varphi_y(t) \tag{a}$$

(1) 柱的时变可靠指标　建立下面柱的时变功能函数

$$g[R(t), S_G, S_Q(t)] = R(t) - S_G - S_Q(t) = bhf_{c0}\varphi_c(t) + A_s f_{y0}\varphi_s(t) - S_G - S_Q(t) \tag{b}$$

式中，$S_Q(t)$ 为楼面可变作用效应随机过程，其时段 (10 年) 内的极大值随机变量仍按服从极值 I 型分布考虑，平均值和标准差为

$$\mu_{S_{Q_t}} = \mu_{S_{Q_{t_1}}} + \frac{\pi}{\sqrt{6}}\sigma_{S_{Q_{t_1}}}\ln\left(\frac{1}{5}\right) = 700\text{kN} + \frac{3.1416}{\sqrt{6}}\times203\times\ln\left(\frac{1}{5}\right)\text{kN} = 280.97\text{kN}$$

$$\sigma_{S_{Q_t}} = \sigma_{S_{Q_{t_1}}} = 203\text{kN}$$

根据式（b）表示的功能函数，采用一次二阶矩方法计算柱的时变可靠指标 $\beta(t)$，结果如图9-5所示。由图9-5可以看出，按照本例给出的混凝土和钢筋性能变化规律，短柱的可靠指标 $\beta(t)$ 由结构开始使用时的 $\beta(0) = 4.58$ 降低到50年时的 $\beta(50) = 3.49$。

（2）柱50年使用期内的可靠指标　将结构使用期 $t_1 = 50$ 年分为 $m = 5$ 个时段，每个时段的长度为 $\tau = 50/5 = 10$ 年。这时钢筋混凝土柱的抗力离散化为

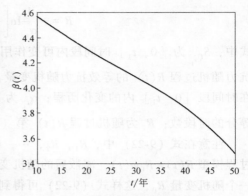

图9-5　例9-1的时变可靠指标

$$R(t_i) = bhf_{c0}\varphi_c(t_i) + A_s f_{y0}\varphi_y(t_i) \quad [t_i = (i-0.5)\tau,\ i = 1,2,\cdots,5]$$

其中

$$\varphi_c(t_1) = 1 - 8.0\times10^{-7}\times5^3 = 0.9999$$
$$\varphi_c(t_2) = 0.9973,\ \varphi_c(t_3) = 0.9875,\ \varphi_c(t_4) = 0.9657,\ \varphi_c(t_5) = 0.9271$$
$$\varphi_y(t_1) = 1 - 2.2\times10^{-6}\times5^3 = 0.999725$$
$$\varphi_y(t_2) = 0.992575,\ \varphi_y(t_3) = 0.965625,\ \varphi_y(t_4) = 0.905675,\ \varphi_y(t_5) = 0.799525$$

荷载效应 $[0,\ t_1]$ 段内最大值 $S_{Q_{t_1}}$ 概率分布的参数为

$$\alpha_{t_1} = \frac{\pi}{\sqrt{6}\,\sigma_{Q_{t_1}}} = \frac{3.14159}{\sqrt{6}\times203} = 0.00632\text{kN}^{-1}$$

$$u_{t_1} = \mu_{S_{Q_{t_1}}} - \frac{0.5772}{\alpha_{t_1}} = 700\text{kN} - \frac{0.5772}{0.00632}\text{kN} = 608.642\text{kN}$$

这样，柱的功能函数为

$$g(R, S_G, S_{Q_{t_1}}) = -\frac{1}{\alpha_{t_1}}\left\{\frac{1}{m}\sum_{i=1}^{m}\exp\left[-\alpha_{t_1}(bhf_{c0}\varphi_c(t_i) + A_s f_{y0}\varphi_s(t_i))\right]\right\} - S_G - S_{Q_{t_1}} \quad \text{(c)}$$

根据式（c）表示的功能函数，采用一次二阶矩方法求得柱的可靠指标为 $\beta(0,50) = 3.8419$。如不考虑柱抗力随时间降低，则可靠指标为 $\beta(0,50) = 4.0079$。

上面讨论的是结构从建成投入使用开始，在 $[0,\ t_1]$ 时间段内的可靠指标的计算方法。如果结构已经正常使用了 t_1 年，需要评价在其之后的 $[t_1,\ t_2]$ 时间段内的可靠度，即结构继续使用年限为 $T_c = t_2 - t_1$ 时的可靠指标，下面对此进行分析。

由于结构在时间段 $[0,\ t_1]$ 是正常工作的，即在 $[0,\ t_1]$ 时间段内结构功能函数 $Z(0,\ t_1) > 0$。所以结构在 $[t_1,\ t_2]$ 时间段内的可靠度是以 $Z(0,\ t_1) > 0$ 为条件的可靠概率，即

$$p_s(t_1, t_2) = P[Z(t_1, t_2) > 0 \mid Z(0, t_1) > 0] = \frac{P[Z(t_1, t_2) > 0, Z(0, t_1) > 0]}{P[Z(0, t_1) > 0]}$$

$$= \frac{P[Z(0, t_2) > 0]}{P[Z(0, t_1) > 0]} = \frac{\Phi[\beta(0, t_2)]}{\Phi[\beta(0, t_1)]} \tag{9-26}$$

结构在 $[t_1, t_2]$ 时间段内的失效概率为

$$p_f(t_1, t_2) = 1 - \frac{\Phi[\beta(0, t_2)]}{\Phi[\beta(0, t_1)]} \tag{9-27a}$$

所以结构在 $[t_1, t_2]$ 时间段内的可靠指标为

$$\beta(t_1, t_2) = -\Phi^{-1}[p_f(t_1, t_2)] \tag{9-27b}$$

若用户要求结构在 $[t_1, t_2]$ 时间段内的可靠指标为 β_T，如果 $\beta(t_1, t_2) \geqslant \beta_T$，则结构可靠度满足用户的要求；如果 $\beta(t_1, t_2) < \beta_T$，则不满足用户的要求。

在既有结构可靠度评估中，也常采用风险函数描述结构性能的退化。风险函数为假定结构在时刻 t 仍保持安全而在时间间隔 $(t, t+\Delta t)$ 内失效的概率，表达式为

$$
\begin{aligned}
h(t) &= \lim_{\Delta t \to 0} \frac{P[Z(t+\Delta t) < 0 \mid Z(t) \geqslant 0]}{\Delta t} \\
&= \lim_{\Delta t \to 0} \frac{P[Z(t+\Delta t) < 0, Z(t) \geqslant 0]}{P[Z(t) \geqslant 0] \Delta t} \\
&= \lim_{\Delta t \to 0} \frac{P[Z(t) \geqslant 0] - P[Z(t+\Delta t) > 0, Z(t) \geqslant 0]}{p_s(t) \Delta t} \\
&= \lim_{\Delta t \to 0} \frac{P[Z(t) \geqslant 0] - P[Z(t+\Delta t) > 0]}{p_s(t) \Delta t} \\
&= \lim_{\Delta t \to 0} \frac{p_s(t) - p_s(t+\Delta t)}{p_s(t) \Delta t} = -\frac{1}{p_s(t)} \frac{\mathrm{d} p_s(t)}{\mathrm{d} t} \\
&= -\frac{\mathrm{d}[\ln p_s(t)]}{\mathrm{d} t}
\end{aligned}
\tag{9-28}
$$

可靠性函数用风险函数表达为

$$p_s(t) = \exp\left[\int_0^t h(x) \mathrm{d} x\right] \tag{9-29}$$

风险函数可用于分析结构由老化和劣化引起的破坏。如果结构在时间段 $[0, t_1]$ 内未失效，结合结构正常使用期间检测到的数据，可确定风险函数 $h(x)$，那么结构在时间段 $[t_1, t_2]$ 内失效的概率为

$$p_f(t_1, t_2) = 1 - \exp\left[\int_{t_1}^{t_2} h(x) \mathrm{d} x\right] \tag{9-30}$$

9.4.2 已知结构或结构构件承载力下限值

式 (9-5) 和式 (9-6) 给出了已知既有结构或结构构件承载力的下限 r_t 后，承载力 R_t（不小于 r_t）的概率密度函数和概率分布函数，由此可计算既有结构或构件的可靠指标。下面以作用效应为 S、抗力为 R、功能函数为 $Z = R - S$ 的情况为例进行分析。

结构的失效概率为

$$p_f = P(Z = R - S < 0) = P(Z = R - S < 0 \mid R < r_t) + P(Z = R - S < 0 \mid R \geqslant r_t) \tag{9-31}$$

式中，r_t 为抗力的某一个值。

图 9-6 说明了式 (9-31) 表示的失效域。直线 OC 的左上方为结构的失效域，由 $A+B$ 区和 C 区组成。$A+B$ 区对应的失效概率为

$$p_{f1} = P(Z=R-S<0 \mid R<r_t) \quad (9\text{-}32a)$$

C 区对应的失效概率为

$$p_{f2} = P(Z=R-S<0 \mid R \geqslant r_t) =$$
$$P(Z=R_t-S<0) \quad (9\text{-}32b)$$

式中，R_t 为随机变量 R 的左截尾分布，其概率密度函数和概率分布函数为式（9-5）和式（9-6）。结构的总失效概率为两个区域对应的失效概率之和 $p_f = p_{f1} + p_{f2}$，即式（9-31）。

在式（9-31）中，如果未对结构或结构构件进行荷载试验，r_t 是一个不明确的值。假如对结构或结构构件进行了现场荷载试验，当荷载产生的效应达到 r_t 时，结构或结构未破坏，即表明结构或结构构件的承载力 $R \geqslant$

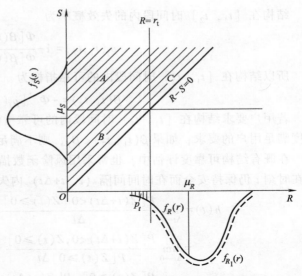

图 9-6　结构或结构构件荷载试验前后的失效域

r_t，在这种情况下 $p_{f1}=0$，结构未来使用期内的失效概率为式（9-32b）。由于 p_{f1} 对应的失效域 C 小于直线 OC 的左上方对应的失效域 $A+B+C$，因此 $p_{f1}<p_f$，这意味着结构或结构构件经过荷载试验后可靠度提高了。但需要特别说明，结构或结构构件经过荷载试验后可靠度的提高，是以试验过程中结构或结构构件发生概率为

$$p_t = P(R<r_t) = F_R(r_t) \quad (9\text{-}33)$$

的破坏为代价的，即在对结构或结构构件进行荷载试验时，要承担试验中结构或结构构件破坏概率为 p_t 的风险。对于同一类型的结构或结构构件，并不是所有结构或构件都能经受荷载效应为 r_t 的荷载，其中有一部分结构或结构构件未达到荷载效应为 r_t 的试验荷载就已经破坏了，只有通过对应于荷载效应为 r_t 的荷载的结构或结构构件，才具有式（9-32b）表示的失效概率。r_t 越大，通过荷载试验后结构或结构构件未来使用期内的可靠度越大，但荷载试验中结构或结构构件破坏的风险也越大。即并不是荷载试验提高了结构或结构构件的可靠度，而是结构或结构构件的承载力是一个随机变量，荷载试验证明了该结构或结构构件承载力具有较高的值。所以，在进行结构荷载试验前，要做精心的分析和准备，并有相应的防止结构破坏的措施，试验过程中要仔细观察结构或结构构件的反应，当出现可能发生破坏的迹象时，立即停止试验。具体规定可见有关结构荷载试验方面的标准。

【例 9-2】　假如对例 6-1 的钢筋混凝土板进行了荷载试验（试验时除施加的试验堆积物外，板上没有其他可变荷载），试验荷载增加至 $q = 4.0\text{kN/m}^2$（不包括板的自重）时，板没有破坏的迹象。对板的可靠度进行评估。

解　由例 6-1 可知，永久作用 S_G 服从正态分布，可变作用 S_Q 服从极值 I 型分布，板的承载力 R 服从对数正态分布，其统计参数为 $\mu_{S_G} = 3.985\text{kN} \cdot \text{m}$，$\sigma_{S_G} = 0.279\text{kN} \cdot \text{m}$；$\mu_{S_Q} = 4.374\text{kN} \cdot \text{m}$，$\sigma_{S_Q} = 1.261\text{kN} \cdot \text{m}$；$\mu_{\ln R} = 3.047$，$\sigma_{\ln R} = 0.1$。

试验荷载增加至 $q = 4.0\text{kN/m}^2$ 板没有破坏的迹象，说明板可承受这样的均布荷载，板的受弯承载力不小于

$$r_t = S_{G_k} + S_{Q_k} = (6.266 + 3.759) \text{kN} \cdot \text{m} = 10.025 \text{kN} \cdot \text{m}$$

这样，板的承载力可采用截尾对数正态分布描述，概率密度函数和概率分布函数分布为

$$f_{R_t}(r) = \frac{f_R(r)}{1 - F_R(r_t)} = \frac{\dfrac{1}{\sqrt{2\pi}\,\sigma_{\ln R}\, r} \exp\left[-\dfrac{(\ln r - \mu_{\ln R})^2}{2\sigma_{\ln R}^2}\right]}{\Phi\left(-\dfrac{\ln r_t - \mu_{\ln R}}{\sigma_{\ln R}}\right)}$$

$$= \frac{\dfrac{1}{\sqrt{2\pi} \times 0.1 r} \exp\left[-\dfrac{(\ln r - 3.047)^2}{2 \times 0.1^2}\right]}{\Phi(7.419)} \quad (r \geqslant r_t) \tag{a}$$

$$F_{R_t}(r) = \frac{F_R(r) - F_R(r_t)}{1 - F_R(r_t)} = \frac{\Phi\left(\dfrac{\ln r - \mu_{\ln R}}{\sigma_{\ln R}}\right) - \Phi\left(\dfrac{\ln r_t - \mu_{\ln R}}{\sigma_{\ln R}}\right)}{1 - \Phi\left(\dfrac{\ln r_t - \mu_{\ln R}}{\sigma_{\ln R}}\right)}$$

$$= \frac{\Phi\left(\dfrac{\ln r - 3.047}{0.1}\right) - \Phi(-7.419)}{\Phi(7.419)} \quad (r \geqslant r_t) \tag{b}$$

板未来使用期的功能函数为

$$Z = R_t - S_G - S_Q \tag{c}$$

采用式（c）表示的功能函数和式（a）和式（b）表示的抗力概率密度函数和概率分布函数进行可靠度计算，得可靠指标 $\beta = 4.2913$。例 6-1 计算的可靠指标为 $\beta = 4.2742$，由此可见，可靠指标没有显著的变化。

为了做进一步的分析，假定对板进行荷载试验时，试验荷载产生的弯矩从板自重产生的弯矩增大到 $25 \text{kN} \cdot \text{m}$（包括板自重产生的弯矩）时板都未破坏，表 9-1 和表 9-2 分别给出了荷载试验过程中对板可靠指标的新估计值和板破坏的概率［按式（9-33）计算］。需要说明的是，由于当试验荷载较小时板可靠指标变化很小，基本与未进行荷载试验时的值一致，表中只给出了试验荷载产生的弯矩 $r_t \geqslant 10 \text{kN} \cdot \text{m}$ 时的结果。另外，当试验荷载产生的弯矩 $r_t > 21 \text{kN} \cdot \text{m}$ 时，采用一次二阶矩法计算可靠指标已经不能收敛，所以未给出 $r_t > 21 \text{kN} \cdot \text{m}$ 时的可靠指标和失效概率。

表 9-1　荷载试验过程中未发生破坏情况下板未来使用期的可靠指标估计值

$r_t/\text{kN} \cdot \text{m}$	10	11	12	13	14	15	16	17
β	4.2913	4.2913	4.2913	4.2913	4.2914	4.2927	4.3028	4.3413
p_{t_2}	8.88×10^{-6}	8.88×10^{-6}	8.88×10^{-6}	8.88×10^{-6}	8.88×10^{-6}	8.82×10^{-6}	8.43×10^{-6}	7.08×10^{-6}
$r_t/\text{kN} \cdot \text{m}$	18	19	20	21	22	23	24	25
β	4.4231	4.5445	4.6928	4.8565	—	—	—	—
p_{t_2}	4.86×10^{-6}	2.75×10^{-6}	1.35×10^{-6}	5.97×10^{-7}	—	—	—	—

表 9-2　板荷载试验过程中发生破坏的概率

$r_t/\text{kN} \cdot \text{m}$	10	11	12	13	14	15	16	17
p_t	4.88×10^{-14}	4.26×10^{-11}	9.50×10^{-9}	7.16×10^{-7}	2.26×10^{-5}	3.50×10^{-4}	0.0030	0.0163
$r_t/\text{kN} \cdot \text{m}$	18	19	20	21	22	23	24	25
p_t	0.0586	0.1525	0.3041	0.4901	0.6702	0.8119	0.9050	0.9572

由表 9-1 和表 9-2 可以看出：

1）随着试验荷载（包括板的自重）的增大，钢筋混凝土板的可靠指标也逐渐增大，但变化不明显；当试验荷载产生的弯矩超过板受弯承载力的标准值 $R_k = 18.638\text{kN} \cdot \text{m}$ 时（见例 6-1），可靠指标的增加才变得明显；当试验荷载产生的弯矩超过板受弯承载力的平均值 $\mu_R = 21.061\text{kN} \cdot \text{m}$ 时，由于受弯承载力 R 截尾后的对数正态分布与正态分布形式差别较大，采用一次二阶矩方法迭代计算已经不能收敛。

2）随着试验荷载（包括板的自重）的增大，板试验过程中破坏的概率也逐渐增大，但变化不明显，同样也只是在试验荷载产生的弯矩超过板受弯承载力的标准值 R_k 时才变得明显；当试验荷载产生的弯矩超过板受弯承载力的平均值时，板破坏的概率已经超过 50%；当试验荷载产生的弯矩超过 $24\text{kN} \cdot \text{m}$ 时，板破坏的概率已经达到 90%；弯矩超过 $25\text{kN} \cdot \text{m}$ 时破坏概率超过 95%。本例只是假定试验荷载使板的弯矩达到 $25\text{kN} \cdot \text{m}$，如果真的进行荷载试验，板弯矩可能未达到这样的值时板已经破坏了，或者说，如果对 100 块这样的钢筋混凝土板进行荷载试验，板的弯矩达到 $25\text{kN} \cdot \text{m}$ 时，大概有 96 块板会发生破坏。

上面的算例分析表明，通过荷载试验判断结构或结构构件的可靠度，实际上是获得结构或结构构件承载性能的更多信息，对设计时采用的结构或构件的概率分布进行更新，然后得到不同于设计时的可靠度结果。由此可见，对结构或结构构件进行可靠度评估时，评估结果与掌握的信息有关。按相同方法设计的结构，建造前认为其可靠度是相同的，建造之后每一个结构及其构件的承载性能不同，结构或结构构件的实际可靠度也是不同的，有的结构或结构构件的可靠度比设计时的可靠度高，有的低，但如果不进行实际检测，就没有进一步的信息，不能确定每一个结构或构件的实际可靠度，只有对结构或结构构件进行了检测，获得了新的信息，才能掌握结构或结构构件更为确切的可靠度。这里描述为确切的可靠度，是相比于设计时的可靠度，因为此时只是利用荷载试验得到的信息对结构或结构构件的抗力概率分布进行了更新，不能知道结构或结构构件的实际抗力值，仍然需将抗力视为一个随机变量。如果能够掌握结构或结构构件的实际抗力值，则可得到其更确切的可靠度，但目前来讲还是难以做到的。

9.5　标准、规范中的实用结构可靠性评估方法

上面从可靠性理论出发讨论了结构可靠性评估的基本方法，而且侧重于结构的安全性，但对于实际中的结构，问题要复杂得多，很多情况下结构的状况和可靠性并不是完全通过计算可以评估的，而是根据一些外在表现和实测数据，通过定性和定量分析，进行综合判断。如混凝土结构使用过程中出现了裂缝，需要判断裂缝的形式（是剪切裂缝还是弯曲裂缝）、出现裂缝的原因（荷载导致的还是温度或干缩引起的）、裂缝对结构安全性的影响（是结构

性的还是非结构性的)、裂缝的稳定性(是否随时间发展)等。特别是结构构件的可靠性与整体结构可靠性间的关系更为复杂,任何情况下评估人员的知识水平都是最重要的,检测设备和仪器只是辅助性工具,为结构可靠性评估提供一些有用的数据。这如同医生为病人看病,仪器测得的只是病人的一些生理指标,或观察的一些外在表象,仪器可以测得数据和提供图像,但没有思维能力;医生能够掌握人的生理结构、各种器官的功能,根据病人的症状和仪器测得的数据进行推理,找出病人的病因所在和对症的治疗方法。

下面介绍一些标准、规范中采用的既有结构可靠性的实用评估方法。

9.5.1 《民用建筑可靠性鉴定标准》(GB 50292—2015)

图9-7为我国《民用建筑可靠性鉴定标准》(GB 50292—2015)中结构可靠性评估的程序。

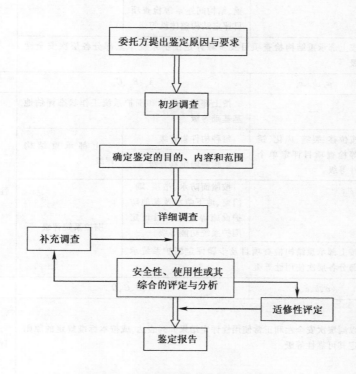

图9-7　民用建筑可靠性评估的程序

在进行民用建筑可靠性鉴定评级时,该标准分为安全性鉴定、使用性鉴定和适修性鉴定三个方面,对每一方面又分为不同的层次和等级。表9-3为可靠性鉴定评级的层次、等级划分、工作步骤和内容。

1. 安全性鉴定

民用建筑安全性鉴定按构件、子单元、鉴定单元分为三层次,每一层次分为四个等级进行鉴定,如图9-8所示。构件可以是一个单件,如一根整截面梁或者柱,也可以是一个组合件,如一榀桁架或一根组合柱,还可以是一个片段,如一片墙或一段条形基础,具体见规范的规定。构件是可靠性鉴定最基本的鉴定单位。

表9-3 可靠性鉴定评级的层次、等级划分、工作步骤和内容

层次		一	二		三
层名		构件	子单元		鉴定单元
安全性鉴定	等级	a_u、b_u、c_u、d_u	A_u、B_u、C_u、D_u		A_{su}、B_{su}、C_{su}、D_{su}
	地基基础	—	地基变形评级	地基基础评级	
		按同类材料构件各检查项目评定单个基础等级	边坡场地稳定性评级		
			地基承载力评级		
	上部承重结构	按承载能力、构造、不适于承载的位移或损伤等检查项目评定单个构件等级	每种构件集评级	上部承重结构评级	鉴定单元安全性评级
			结构侧向位移评级		
		—	按结构布置、支撑、圈梁、结构间连系等检查项目评定结构整体性等级		
	围护系统承重部分	按上部承重结构检查项目及步骤评定围护系统承重部分各层次安全性等级			
使用性鉴定	等级	a_s、b_s、c_s	A_s、B_s、C_s		A_{ss}、B_{ss}、C_{ss}
	地基基础	—	按上部承重结构和围护系统工作状态评估地基基础等级		
	上部承重结构	按位移、裂缝、风化、锈蚀等检查项目评定单个构件等级	每种构件集评级	上部承重结构评级	鉴定单元正常使用性评级
			结构侧向位移评级		
	围护系统功能	—	按屋面防水、吊顶、墙、门窗、地下防水及其他防护设施等检查项目评定围护系统功能等级	围护系统评级	
		按上部承重结构检查项目及步骤评定围护系统承重部分各层次使用性等级			
可靠性鉴定	等级	a、b、c、d	A、B、C、D		Ⅰ、Ⅱ、Ⅲ、Ⅳ
	地基基础	以同层次安全性和正常使用性评定结果并列表达，或按本标准规定的原则确定其可靠性等级			鉴定单元可靠性评级
	上部承重结构				
	围护系统				

注：表中地基基础包括桩基和桩；表中使用性鉴定包括适用性鉴定和耐久性鉴定，对专项鉴定，耐久性等级符号也可按 GB 50292—2015 第 2.2.2 条的规定采用。

子单元是由构件组成的，民用建筑可靠性鉴定标准按地基基础、上部承受结构和围护结构系统分为三个子单元。

鉴定单元由子单元组成，根据被鉴定建筑物的构造特点和承重体系的种类，可将该建筑物划分为一个或若干个可以独立进行鉴定的区段。这样的每一区段为一鉴定单元。

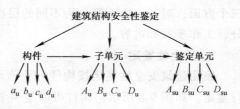

图 9-8 民用建筑安全性鉴定的层次和等级

按规定的检查项目和步骤，从第一层次开始，逐层进行评定。根据构件各检查项目评定结果，确定单个构件等级；根据各子单元各检查项目及各种构件的评定结果，确定该子单元等级；根据各子单元的评定结果，确定鉴定单元等级。

民用建筑安全性鉴定评级的各层次分级标准见表 9-4。

表 9-4 民用建筑安全性鉴定评级的各层次分级标准

层次	鉴定对象	等级	分级标准	处理要求
一	单个构件或其检查项目	a_u	安全性符合本标准对 a_u 级的规定,具有足够的承载能力	不必采取措施
		b_u	安全性略低于本标准对 a_u 级的规定,尚不显著影响承载能力	可不采取措施
		c_u	安全性不符合本标准对 a_u 级的规定,显著影响承载能力	应采取措施
		d_u	安全性不符合本标准对 a_u 级的规定,已严重影响承载能力	必须及时或立即采取措施
二	子单元或子单元中的某种构件集	A_u	安全性符合本标准对 A_u 级的规定,不影响整体承载	可能有个别一般构件应采取措施
		B_u	安全性略低于本标准对 A_u 级的规定,尚不显著影响整体承载	可能有极少数构件应采取措施
		C_u	安全性不符合本标准对 A_u 级的规定,显著影响整体承载	应采取措施,且可能有极少数构件必须立即采取措施
		D_u	安全性不符合本标准对 A_u 级的规定,已严重影响整体承载	必须立即采取措施
三	鉴定单元	A_{su}	安全性符合本标准对 A_{su} 级的规定,不影响整体承载	可能极少数一般构件应采取措施
		B_{su}	安全性略低于本标准对 A_{su} 级的规定,尚不显著影响整体承载	可能有极少数构件应采取措施
		C_{su}	安全性不符合本标准对 A_{su} 级的规定,显著影响整体承载	应采取措施,且可能有极少数构件必须及时采取措施
		D_{su}	安全性不符合本标准对 A_{su} 级的规定,已严重影响整体承载	必须立即采取措施

注：1. 本标准对 a_u 级、A_u 级的具体规定及对其他各级不符合该规定的允许程度,分别由本标准的第5章、第7章及第9章给出。

2. 表中关于"不必采取措施"和"可不采取措施"的规定,仅对安全性鉴定而言,不包括使用性鉴定所要求采取的措施。

2. 使用性鉴定

民用建筑使用性鉴定按构件、子单元和鉴定单元三个层次，每一层次分为三个等级进行鉴定。这里指的构件、子单元、鉴定单元的划分与安全性相同，也是从第一层次开始，逐层进行鉴定，层次与等级关系如图 9-9 所示。

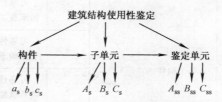

图 9-9 民用建筑使用性鉴定的层次和等级关系

民用建筑使用性能鉴定评级的各层次分级标准见表 9-5。

表 9-5 民用建筑使用性能鉴定评级的各层次分级标准

层次	鉴定对象	等级	分级标准	处理要求
一	单个构件或其检查项目	a_s	使用性符合本标准对 a_s 级的规定,具有正常的使用功能	不必采取措施
		b_s	使用性低于本标准对 a_s 级的规定,尚不显著影响使用功能	可不采取措施
		c_s	使用性不符合本标准对 a_s 级的规定,显著影响使用功能	应采取措施
二	子单元或子单元中的某种构件集	A_s	使用性符合本标准对 A_s 级的规定,不影响整体使用功能	可能有极少数一般构件应采取措施
		B_s	使用性略低于本标准对 A_s 级的规定,尚不显著影响整体使用功能	可能有极少数构件应采取措施
		C_s	使用性不符合本标准对 A_s 级的规定,显著影响整体使用功能	应采取措施
三	鉴定单元	A_{ss}	使用性符合本标准对 A_{ss} 级的规定,不影响整体使用功能	可能有极少数一般构件应采取措施
		B_{ss}	使用性略低于本标准对 A_{ss} 级的规定,尚不显著影响整体使用功能	可能有极少数构件应采取措施
		C_{ss}	使用性不符合本标准对 A_{ss} 级的规定,显著影响整体使用功能	应采取措施

注:1. 本标准对 a_s 级、A_s 级的具体规定及对其他各级不符合该规定的允许程度,分别由本标准第6章、第8章和第9章给出。

2. 表中关于"不必采取措施"和"可不采取措施"的规定,仅对使用性鉴定而言不包括安全性鉴定所要求采取的措施。

3. 当仅对耐久性问题进行专项鉴定时,表中"使用性"可直接改称为"耐久性"。

3. 可靠性鉴定

民用建筑可靠性鉴定是按构件、子单元、鉴定单元三个层次,每一层次分为四个等级进行鉴定。各层次可靠性鉴定评级,以该层次的安全性和使用性的评定结果为依据综合确定。民用建筑可靠性鉴定评级各层次的分级标准见表9-6。

表 9-6 民用建筑可靠性鉴定评级各层次的分级标准

层次	鉴定对象	等级	分级标准	处理要求
一	单个构件	a	可靠性符合本标准对 a 级的规定,具有正常的承载功能和使用功能	不必采取措施
		b	可靠性略低于本标准对 a 级的规定,尚不显著影响承载能力和使用功能	可不采取措施
		c	可靠性不符合本标准对 a 级的规定,显著影响承载能力和使用功能	应采取措施
		d	可靠性极不符合本标准对 a 级的规定,已严重影响安全	必须及时或立即采取措施

（续）

层次	鉴定对象	等级	分级标准	处理要求
二	子单元或其中的某种构件	A	可靠性符合本标准对 A 级的规定,不影响整体承载功能和使用功能	可能有个别一般构件应采取措施
		B	可靠性略低于本标准对 A 级的规定,但尚不显著影响整体承载功能和使用功能	可能有极少数构件应采取措施
		C	可靠性不符合本标准对 A 级的规定,显著影响整体承载功能和使用功能	应采取措施,且可能有极少数构件必须及时采取措施
		D	可靠性不符合本标准对 A 级的规定,已严重影响安全	必须立即采取措施
三	鉴定单元	I	可靠性符合标准对 I 级的规定,不影响整体承载功能和使用功能	可能极少数一般构件应在安全性或使用性方面采取措施
		II	可靠性略低于标准对 I 级的规定,尚不显著影响整体承载功能和使用功能	可能有极少数构件应在安全性和使用性方面采取措施
		III	可靠性不符合标准对 I 级的规定,显著影响整体承载功能和使用功能	应采取措施,且可能有极少数构件必须及时采取措施
		IV	可靠性不符合标准对 I 级的规定,已严重影响安全	必须及时或立即采取措施

注：对 a 级、A 级和 I 级的具体分级界限以及对其他各级超出该界限的允许程度,由本标准第 10 章做出规定。

4. 适修性评定

民用建筑适修性按子单元或鉴定单元进行评级，见表 9-7。

表 9-7　民用建筑子单元或鉴定单元适修性评定的分级标准

等级	分级标准
A_f	易修,修后功能可达到现行设计标准的规定;所需总费用远低于新建的造价;适修性好,应予修复
B_f	稍难修,但修后尚能恢复或接近恢复原功能;所需总费用不到新建造价的 70%;适修性尚好,宜予修复
C_f	难修,修后需降低使用功能,或限制使用条件,或所需总费用为新建造价 70% 以上;适修性差,是否有保留价值,取决于其重要性和使用要求
D_f	鉴定对象已严重残损,或修后功能极差,已无利用价值,或所需总费用接近甚至超过新建造价,适修性很差;除文物、历史、艺术及纪念性建筑外,宜予拆除重建

5. 混凝土构件的安全性评级

前面介绍了民用建筑可靠性评定的内容和等级标准，《民用建筑可靠性鉴定标准》（GB 50292—2015）的第 5~9 章分别给出了民用建筑构件、子单元、鉴定单元安全性和使用性评级的具体方法。在结构可靠性评定中，安全性是最主要的内容，它涉及人的生命安全和财产损失，影响工农业生产。在构件的安全性评级中，该标准分别给出了混凝土结构构件、钢结构构件、砌体结构构件、木结构构件、地基基础、上部承重结构和围护系统的承重部分承载力的评定方法。下面以混凝土结构构件为例说明民用建筑安全性的评估。

（1）构件作用的确定　结构和构件自重的标准值，应根据构件和连接的实际尺寸，按材料或构件单位自重的标准值计算确定。对不便实测的某些连接构造尺寸，可按结构详图估算。常用材料和构件的单位自重标准值，应按现行《建筑结构荷载规范》的规定采用。当规范规定值有上、下限时，应按下列规定采用：当其效应对结构不利时，取上限值；当其效应对结构有利时，取下限值。

当遇到下列情况之一时，材料和构件的自重标准值应按现场抽样称量确定：

1）现行《建筑结构荷载规范》尚无规定。

2）自重变异较大的材料或构件，如现场制作的保温材料、混凝土薄壁构件等。

3）有理由怀疑规定值与实际情况有显著出入时。

现场抽样检测材料或构件自重的试样，不应少于5个。当按检测的结果确定材料或构件自重的标准值时，应按下列规定进行计算：

当其效应对结构不利时

$$g_{k,sup} = m_g + \frac{t}{\sqrt{n}} s_g \tag{9-34}$$

当其效应对结构有利时

$$g_{k,sup} = m_g - \frac{t}{\sqrt{n}} s_g \tag{9-35}$$

式中，$g_{k,sup}$ 为材料或构件自重的标准值；m_g 为试样称量结果的平均值；s_g 为试样称量结果的标准差；n 为试样数量（样本容量）；t 为考虑抽样数量影响的计算系数，按表9-8采用。

表9-8　计算系数 t 值

n	t	n	t	n	t	n	t
5	2.13	8	1.89	15	1.76	30	1.70
6	2.02	9	1.86	20	1.73	40	1.68
7	1.94	10	1.80	25	1.71	≥60	1.67

对非结构的构、配件，或对支座沉降有影响的构件，若其自重效应对结构有利，应取其自重标准值 $g_{k,sup} = 0$。当对规范规定的情况进行加固设计验算时，对不上人的屋面，应考虑加固施工荷载，其取值应符合下列规定：当估计的荷载低于现行《建筑结构荷载规范》规定的屋面均布荷载或集中荷载时，应按规范的规定值采用；当估计的荷载高于现行《建筑结构荷载规范》规定值时，应按实际情况采用。

当对结构或构件进行可靠性验算时，其基本雪压和风压值应按现行《建筑结构荷载规范》采用。当对规范规定的各种情况进行加固设计验算时，其基本雪压值、基本风压值和楼面活荷载的标准值，除应按规范的规定采用外，尚应按下一目标使用期，乘以表9-9中的修正系数 k_t 予以修正。

表9-9　基本雪压值、基本风压值及楼面活荷载的修正系数 k_t

下一目标使用期/年	10	20	30~50
雪荷载或风荷载	0.85	0.95	1.0
楼面活荷载	0.85	0.90	1.0

注：对表中未列出的中间值，允许按插值确定，当下一目标使用期小于10年时，按10年确定 k_t 值。

表 9-9 中的系数 k_t 是《民用建筑可靠性鉴定标准》（GB 50292—2015）中规定的值，比按式（9-13）计算的值大，即取值保守。

（2）构件抗力的确定　已有混凝土构件的承载力或抗力应根据构件截面的实测尺寸、实际配筋和实测材料强度确定。

当需从被鉴定建筑物中取样检测构件的材料强度时，除应按该类材料结构现行检测标准的规定，选择适用的检测方法外，还应遵守下列规定：

1）受检构件应随机地选自同一总体（同批）。

2）在受检构件上选择的检测强度部位应不影响该构件承载。

3）当按检测结果推定每一受检构件材料强度值（即单个构件的强度推定值）时，应符合该现行规范检测方法的规定。

当按检测结果确定构件材料强度的标准值时，应遵守下列规定：

1）当受检构件仅 2~4 个，且检测结果仅用于鉴定这些构件时，可取受检构件强度推定值中的最低值作为材料强度标准值。

2）当受检构件数量（n）不少于 5 个，且检测结果用于鉴定一种构件时，应按下式确定其强度标准值

$$f_k = m_f - k_\alpha s \tag{9-36}$$

式中，m_f 为按 n 个构件算得的材料强度平均值；s 为按 n 个构件算得的材料强度标准差；k_α 为材料标准强度计算系数，可从表 5-5 查得，与 α、γ 和 n 有关，其中可取 $\alpha = 0.05$，对钢材可取 $\gamma = 0.90$，对混凝土可取 $\gamma = 0.75$。

当按 n 个受检构件材料强度标准值算得的变异系数：对钢材大于 0.10，对混凝土大于 0.20 时，不宜直接按式（9-36）计算构件材料的强度标准值，应先检查导致离散性增大的原因。若查明是混入不同总体（不同批）的样本所致，宜分别进行统计，并分别按式（9-36）确定其强度标准值。

（3）等级评定　混凝土结构构件承载能力安全性等级见表 9-10，分级检验系数 k 按下式计算

$$k = \frac{R}{\gamma_0 S} \tag{9-37}$$

式中，R 为结构构件验算抗力设计值；S 为荷载效应验算设计值；γ_0 为结构重要性系数，对安全等级为一、二和三级的结构构件，分别取 1.1、1.0 和 0.9。

混凝土构件除按承载能力进行安全性等级评定外，还要按构造、不适于继续承载的变形和不适于继续承载的裂缝宽度进行评定。

可靠度分析表明，当结构可靠指标在 $\beta = 3~4$ 的范围内时，k 相差 0.1，β 约相差 0.5，失效概率约相差一个数量级；k 相差 0.05，β 约相差 0.25，失效概率约相差半个数量级。表 9-10 的承载力分级标准基本是按照每一级 β 约相差 0.25 的原则确定的。

表 9-10　混凝土构件承载能力安全性等级

构件类别	$R/(\gamma_0 S)$			
	a_u 级	b_u 级	c_u 级	d_u 级
主要构件及节点、连接	≥1.00	≥0.95	≥0.90	<0.90
一般构件	≥1.00	≥0.90	≥0.85	<0.85

【例 9-3】 某钢筋混凝土结构的轴心受压柱，截面尺寸为 500mm×500mm，计算高度 l_0 =6m，承受纵向压力标准值 G_k = 1550kN，Q_k = 1350kN，混凝土强度等级为 C30，配 9 根直径为 20mm 的 HRB500 级钢筋。竣工后发现部分柱的施工质量存在问题，对 6 根柱的混凝土强度用综合法进行了实测，平均值 m_f = 22.6MPa，标准差 s_f = 3.8MPa。按《建筑结构可靠性设计统一标准》（GB 50068—2018）的设计表达式和《混凝土结构设计规范》（GB 50010—2010）的承载力计算公式对该柱进行安全性鉴定。

解 首先验算柱的设计承载力。

$l_0/b = 6000/500 = 12$，查得 $\varphi = 0.95$。

原柱承受轴向力设计值

$$N = 1.3G_k + 1.5Q_k = (1.3 \times 1550 + 1.5 \times 1350)\text{kN} = 4040\text{kN}$$

原柱的承载力设计值

$$N_u = 0.9\varphi(A_c f_c + A'_s f'_y) = 0.9 \times 0.95 \times (500 \times 500 \times 14.3 + 9 \times 314 \times 410)\text{kN} = 4047\text{kN}$$

$N_u > N$，说明该柱原设计是符合规范要求的。

按保证率 $1-\alpha = 0.95$、置信水平 $\gamma = 0.75$ 考虑，查表 5-5，$n = 6$ 时 $k_\alpha = 2.336$。所以实测混凝土强度标准值为

$$f_k = m_f - k_\alpha s = (22.6 - 2.336 \times 3.8)\text{MPa} = 13.723\text{MPa}$$

混凝土强度设计值

$$f_d = \frac{f_k}{\gamma_c} = \frac{13.723}{1.4}\text{MPa} = 9.802\text{MPa}$$

柱的实际承载力

$$N_u = 0.9\varphi(A_c f_d + A'_s f'_y) = 0.9 \times 0.95 \times (500 \times 500 \times 9.802 + 9 \times 314 \times 410) = 3609.2\text{kN}$$

可靠度承载力鉴定系数

$$\frac{R}{\gamma_0 S} = \frac{N_u}{N} = \frac{3609.2}{4040} = 0.89 < 0.9$$

柱按主要构件考虑，由表 9-10 可知，柱承载力鉴定等级为 d_u 级，须进行加固。

9.5.2 《公路桥梁承载能力检测评定规程》（JTG/T J21—2011）

《公路桥梁承载能力检测评定规程》是根据检测结果通过检算方式对公路桥梁承载能力进行评定的一本规程。规程规定，已有桥梁有下列情况之一时，应进行承载能力检测评定：①技术状况等级为四、五类的桥梁；②拟提高荷载等级的桥梁；③需通过特殊重型车辆荷载的桥梁；④遭受重大自然灾害或意外事件的桥梁。

桥梁等级按《公路桥涵养护规范》（JTG H11—2004）评定。承载能力检测评定包括结构或构件的强度、刚度、抗裂性和稳定性四个方面。

对于已有公路桥梁承载能力的检测评定，《公路桥梁承载能力检测评定规程》采用了基于概率理论的修正极限状态分项检算系数表达式。分项检算系数主要包括反映桥梁总体技术状况的检算系数 Z_1 或 Z_2，考虑结构有效截面折减的截面折减系数 ξ_s 和 ξ_c，考虑结构耐久性影响因素的承载能力恶化系数 ξ_e，反映实际通行汽车荷载变异的活载影响系数 ξ_q，可用于圬工桥梁、混凝土桥梁、钢桥梁、桥梁拉吊索和桥梁基础承载力的评定。本节只简单介绍配筋混凝土（钢筋混凝土和预应力混凝土）桥梁的评定方法和公式，说明该规程评定的基

本思想。

1. 承载能力评定公式

根据检测结果，配筋混凝土桥梁的极限承载力按下式进行评定：

$$\gamma_0 S \leq R(f_d, \xi_c a_{dc}, \xi_s a_{ds}) Z_1 (1-\xi_e) \tag{9-38}$$

式中，γ_0 为结构的重要性系数；S 为荷载效应函数；$R(\cdot)$ 为抗力函数；f_d 为材料强度设计值；a_{dc} 为构件混凝土几何参数值；a_{ds} 为构件钢筋几何参数值；Z_1 为承载能力检算系数；ξ_e 为承载能力恶化系数；ξ_c 为配筋混凝土结构的截面折减系数；ξ_s 为钢筋的截面折减系数。

2. 分项检算系数确定

（1）承载能力检算系数 Z_1　综合考虑桥梁结构或构件表观缺损状况、材质强度和桥梁结构自振频率等的检测评定结果，按表9-11确定配筋混凝土桥梁承载能力检算系数 Z_1，特殊情况下可采用专家调查法确定；检算系数评定标度 D 按式（9-39）计算。

$$D = \sum \alpha_j D_j \tag{9-39}$$

式中，α_j 为某项检测指标的权重值，$\sum_{j=1}^{3} \alpha_j = 1$，按表9-12的规定取值；$D_j$ 为结构或构件检测的混凝土强度和桥梁自振频率的评定标度，按表9-13和表9-14取值。

表9-11　配筋混凝土桥梁的承载能力检算系数 Z_1 值

承载能力检算系数 评定标度 D	受弯	轴心受压	轴心受拉	偏心受压	偏心受拉	受扭	局部承压
1	1.15	1.20	1.05	1.15	1.15	1.10	1.15
2	1.10	1.15	1.10	1.10	1.10	1.05	1.10
3	1.00	1.05	0.95	1.00	1.00	0.95	1.00
4	0.90	0.95	0.85	0.90	0.90	0.85	0.90
5	0.80	0.85	0.75	0.80	0.80	0.75	0.80

注：1. 小偏心受压可参照轴心受压取用承载能力检算系数 Z_1 值。

2. 检算系数 Z_1 值，可按承载能力检算系数评定标度 D 线性内插。

表9-12　承载能力检算系数检测指标权重值

检测指标名称	缺损状况	材质强度	自振频率
权重 α_j	0.4	0.3	0.3

表9-13　桥梁混凝土强度评定标准

K_{bt}	K_{bm}	强度状况	评定标度
≥ 0.95	≥ 1.00	良好	1
$(0.95, 0.90]$	$(1.00, 0.95]$	较好	2
$(0.90, 0.80]$	$(0.95, 0.90]$	较差	3
$(0.80, 0.70]$	$(0.90, 0.85]$	差	4
<0.70	<0.85	危险	5

注：K_{bt} 为推定强度匀质系数，$K_{bt} = R_{it}/R$，R_{it}、R 分别为实测混凝土强度和混凝土设计强度；$K_{bm} = R_{im}/R$，R_{im} 为混凝土测区平均换算强度。

表 9-14 桥自梁振频率评定标准

上部结构	下部结构	评定标度
f_{mi}/f_{di}	f_{mi}/f_{di}	
$\geqslant 1.1$	$\geqslant 1.2$	1
$[1.00, 1.10)$	$[1.00, 1.20)$	2
$[0.90, 1.00)$	$[0.95, 1.00)$	3
$[0.75, 0.90)$	$[0.80, 0.95)$	4
<0.75	<0.80	5

注：f_{mi}、f_{di} 分别为实测自振频率和理论计算自振频率。

（2）恶化系数 ξ_e。 配筋混凝土桥梁承载能力恶化系数 ξ_e 按表 9-15 确定，其中恶化状况评定标度 E 根据桥梁检测结果按表 9-16 确定。

表 9-15 配筋混凝土桥梁的承载能力恶化系数 ξ_e 值

恶化状况评定标度 E	环境条件			
	干燥,不冻,无侵蚀性介质	干、湿交替,不冻,无侵蚀性介质	干、湿交替,冻,无侵蚀性介质	干、湿交替,冻,有侵蚀性介质
1	0.00	0.02	0.05	0.06
2	0.02	0.04	0.07	0.08
3	0.05	0.07	0.10	0.12
4	0.10	0.12	0.14	0.18
5	0.15	0.17	0.20	0.25

注：恶化系数 ξ_e 可按结构或构件恶化状况评定标度值线性内插。

表 9-16 配筋混凝土桥梁结构或构件恶化状况评定标度

序号	检测指标名称	权重 α_j	综合评定方法
1	缺损状况	0.32	恶化状况评定标度 E 按下式计算：
2	钢筋锈蚀电位	0.11	
3	混凝土电阻率	0.05	$$E = \sum_{j=1}^{7} E_j \alpha_j$$
4	混凝土碳化状况	0.20	$$\sum_{j=1}^{7} \alpha_j = 1$$
5	钢筋保护层厚度	0.12	式中，E_j 为结构或构件某项检测评定指标的评定标度,按 JTG/T J21—2011 第
6	氯离子含量	0.15	4、5 章的有关规定确定；α_j 为某项检测评定指标的权重值
7	混凝土强度	0.05	

注：对混凝土电阻率、混凝土碳化状况、氯离子含量三项检测指标，按 JTG/T J21—2011 规定不需要进行检测评定时，其评定标度值应取 1。

（3）结构或构件的截面折减系数 ξ_c。 配筋混凝土桥梁结构或构件的截面折减系数按表 9-17 确定，其中综合评定标度 R 依据材料风化、碳化、物理与化学损伤三项检测指标按式（9-40）计算确定。

$$R = \sum_{j=1}^{N} R_j \alpha_j \qquad (9-40)$$

式中，R_j 为某项检测指标的评定标度，按表 9-18、表 9-19 和表 9-20 确定；α_j 为检测的材料指标的权重值，按表9-21的规定确定，$\sum_{j=1}^{N} \alpha_j = 1$；$N$ 为参数，对混凝土和配筋混凝土结构 $N=3$。

表 9-17 配筋混凝土桥梁截面折减系数 ξ_c 值

截面损伤综合评定标度 R	截面折减系数 ξ_c	截面损伤综合评定标度 R	截面折减系数 ξ_c
$1 \leq R < 2$	$(0.98, 1.00]$	$3 \leq R < 4$	$(0.85, 0.93]$
$2 \leq R < 3$	$(0.93, 0.98]$	$4 \leq R < 5$	≤ 0.85

表 9-18 配筋混凝土桥梁材料风化评定标准

评定标度	材料风化状况	性状描述
1	微风化	手搓构件表面，无砂粒滚动摩擦的感觉，手掌上粘有构件材料粉末，无砂粒。构件表面直观较光洁
2	弱风化	手搓构件表面，有砂粒滚动摩擦的感觉，手掌上附着物大多为构件材料粉末，砂粒较少。构件表面砂粒附着不明显或略显粗糙
3	中度风化	手搓构件表面，有较强的砂粒滚动摩擦的感觉或粗糙感，手掌上附着物大多为砂粒，粉末较少。构件表面明显可见砂粒附着或明显粗糙
4	较强风化	手搓构件表面，有强烈的砂粒滚动摩擦的感觉或粗糙感，手掌上附着物基本为砂粒，粉末很少。构件表面可见大量砂粒附着或有轻微剥落
5	严重风化	构件表面可见大量砂粒附着，且构件部分表层剥离或混凝土已露粗集料

表 9-19 混凝土碳化评定标度

K_c	评定标度	K_c	评定标度
<0.5	1	$[1.5, 2.0)$	4
$[0.5, 1.0)$	2	≥ 2.0	5
$[1.0, 1.5)$	3	—	—

注：K_c 为测区混凝土碳化深度平均值与实测保护层厚度平均值的比值。

表 9-20 配筋混凝土桥梁物理与化学损伤评定标准

评定标度	性状描述
1	构件表面较好，局部表面有轻微剥落
2	构件表面剥落面积在5%以内；或损伤最大深度与截面损伤发生部位构件最小尺寸之比小于0.02
3	构件表面剥落面积为5%~10%；或损伤最大深度与截面损伤发生部位构件最小尺寸之比小于0.04
4	构件表面剥落面积为10%~15%；或损伤最大深度与截面损伤发生部位构件最小尺寸之比小于0.10
5	构件表面剥落面积为15%~20%；或损伤最大深度和截面损伤发生部位构件最小尺寸之比大于0.10

表 9-21 材料风化、碳化及物理与化学损伤权重值

结构类别	检测指标名称	权重值 α_j
混凝土及配筋混凝土结构	材料风化	0.10
	混凝土碳化	0.35
	物理与化学损伤	0.55

注：对混凝土碳化，按 JTG/T J21—2011 规定不需要进行检测评定时，其评定标度值应取 1。

（4）钢筋截面折减系数 ξ_s　配筋混凝土结构发生腐蚀钢筋的截面折减系数 ξ_s 按表 9-22 确定。

表 9-22　配筋混凝土钢筋截面折减系数 ξ_s 值

评定标度	性状描述	截面折减系数 ξ_s
1	沿钢筋出现裂缝，宽度大于限值	$(0.98, 1.00]$
2	沿钢筋出现裂缝，宽度大于限值，或钢筋锈蚀引起混凝土发生层离	$(0.95, 0.98]$
3	钢筋锈蚀引起混凝土剥落，钢筋外露、表面有膨胀薄锈层或坑蚀	$(0.90, 0.95]$
4	钢筋锈蚀引起混凝土剥落，钢筋外露、表面膨胀性锈层显著，钢筋断面损失在 10% 以内	$(0.80, 0.90]$
5	钢筋锈蚀引起混凝土剥落，钢筋外露、出现锈蚀剥落，钢筋断面损失在 10% 以上	$\leqslant 0.80$

（5）活荷载影响修正系数 ξ_q　依据实际调查的典型代表交通量、大吨位车辆混入率和轴载分布情况，活荷载影响修正系数 ξ_q 按下式确定

$$\xi_q = \sqrt[3]{\xi_{q1}\xi_{q2}\xi_{q3}} \tag{9-41}$$

式中，ξ_{q1} 为典型代表交通量影响修正系数，按表 9-23 确定；ξ_{q2} 为大吨位车辆混入影响修正系数，按表 9-24 确定；ξ_{q3} 为轴载分布影响修正系数，按表 9-25 确定。

表 9-23　交通量影响修正系数 ξ_{q1}

Q_m/Q_d	ξ_{q1}	Q_m/Q_d	ξ_{q1}
$1 < Q_m/Q_d \leqslant 1.3$	$[1.00, 1.05)$	$1.7 < Q_m/Q_d \leqslant 2.0$	$[1.10, 1.20)$
$1.3 < Q_m/Q_d \leqslant 1.7$	$[1.05, 1.10)$	$2.0 < Q_m/Q_d$	$[1.20, 1.35]$

注：Q_m 为典型代表交通量；Q_d 为设计交通量。

表 9-24　大吨位车辆混入影响修正系数 ξ_{q2}

α	ξ_{q2}	α	ξ_{q2}
$\alpha < 0.3$	$[1.00, 1.05)$	$0.5 \leqslant \alpha < 0.8$	$[1.10, 1.20)$
$0.3 \leqslant \alpha < 0.5$	$[1.05, 1.10)$	$0.8 \leqslant \alpha < 1.0$	$[1.20, 1.35]$

注：α 为大吨位车辆混入率；ξ_{q2} 值可按 α 值线性内插。

表 9-25　轴载分布影响修正系数 ξ_{q3}

β	ξ_{q3}	β	ξ_{q3}
$\beta < 5\%$	1.00	$15\% \leqslant \beta < 30\%$	1.30
$5\% \leqslant \beta < 15\%$	1.15	$\beta \geqslant 30\%$	1.40

注：β 为实际调查轴载分布中轴重超过 14t 情况所占的百分比。

下面通过一个例子简单说明公路桥梁结构的承载力评定方法，本例来源为文献 [145]。

【例 9-4】　某装配式钢筋混凝土 T 形梁桥建于 20 世纪 70 年代，桥梁全长 24.04m，计算跨径 19.5m。桥面净宽度为 7.0m+2×0.5m（安全带）。图 9-10 所示为桥梁上部结构的横向、纵向断面图。2000 年后对该桥进行了检测，表明桥梁存在如下典型病害：

（1）桥面系　桥面铺装有沿桥纵向长约 10m 的车辙，局部骨料外露，并有大面积龟裂。人行道板横梁表观混凝土普遍疏松，部分人行道横梁已经断裂。

（2）上部结构　T 梁腹板下部混凝土疏松，钢筋锈蚀，混凝土胀裂，情况严重的混凝土

大块脱落，露筋并锈蚀。T梁腹板受雨水侵蚀泛白，部分钢板支座锈蚀严重，钢板丧失铰接功能。T梁腹板混凝土开裂，裂缝宽度最大已达0.39mm。

（3）下部结构　桥面排水不良，桥台表面混凝土受水侵蚀、风化严重，表面混凝土疏松。由于桥面排水不良，桥台浆砌块石护坡渗水，导致填料膨胀，造成砌体沿砌缝开裂。

（4）采用《公路养护技术规范》（JTJ 073—1996）对桥梁技术状况进行评价，被评定为三类桥梁。

根据上述情况，对桥梁的承载力进行评定。

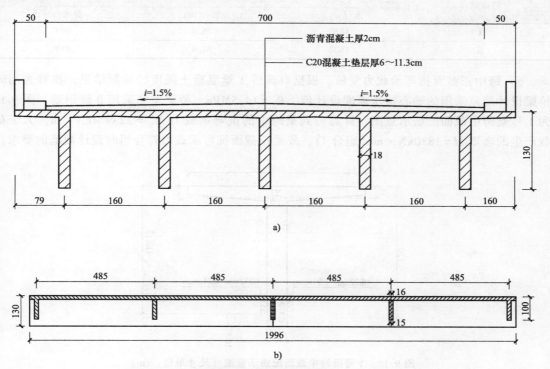

图9-10　桥梁上部结构横向和纵向断面（尺寸单位：cm）
a）横向断面　b）纵向断面

解　查阅该桥的设计资料表明，该桥上部结构是按照《公路桥涵标准图》（JT/GQB 010—1973）设计的，下部结构为双柱式钢筋混凝土灌注桩，是按照《公路桥涵标准图》（JT/GQB 015—1973）设计的。设计荷载等级为汽车—15级，挂车—80级（该桥设计年代的荷载等级）。

首先根据桥梁设计时采用的规范对桥梁承载力进行复核，然后再结合桥梁检测结果对桥梁承载力进行评定。

（1）桥梁承载力复核

1）恒荷载。恒荷载包括主梁自重，桥面铺装（包括沥青面层）、横隔梁、缘石和栏杆等重力，荷载集度为$g_1 = 5.80$kN/m。

2）活荷载。该桥设计荷载等级为汽车—15级，挂车—80级，经计算汽车荷载冲击系数为1.191。

3）荷载组合。按该桥梁设计时采用的规范，考虑两个荷载组合。

荷载组合 I：1.2 恒荷载+1.4 汽车荷载

荷载组合 III：1.2 恒荷载+1.1 挂车荷载

4）计算结果

桥梁上部结构设计由 1 号梁控制，最大弯矩和最大剪力见表 9-26。

表 9-26　1 号梁的最大弯矩和最大剪力

荷载组合	跨中		支点
	弯矩/(kN·m)	剪力/kN	剪力/kN
I	1830	86.4	394
III	1800	81.4	419

5）跨中正截面抗弯承载力复核。根据对该桥 T 梁混凝土强度的检测结果，换算为当时桥梁设计规范采用的轴心抗压强度设计值，$R_a = 14.5$MPa。桥梁主筋采用 II 级钢筋。图 9-11 为 1 号梁跨中截面配筋示意图，计算得到梁跨中的抗弯承载力 $M_R = 2239.4$kN·m，大于荷载产生的弯矩 $M = 1830$kN·m（组合 I），故梁正截面抗弯承载力符合当时设计规范的要求。

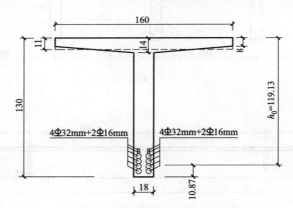

图 9-11　1 号梁跨中截面配筋示意图（尺寸单位：cm）

6）支点斜截面抗剪承载力复核。

抗剪钢筋采用 I 级钢筋。采用当时的设计规范进行计算，得 1 号梁支点的抗剪承载力为 $Q_R = 436.52$kN，大于荷载产生的剪力 $Q_j = 419$kN（组合 III），故梁支点斜截面抗剪承载力满足当时设计规范的要求。

（2）基于检测结果的承载力评定　根据桥梁检测结果，采用《公路桥梁承载能力检测评定规程》（JTG/T J21—2011）对当时设计规范的承载力计算参数和荷载效应进行修正，修正系数包括桥梁检算系数 Z_1、承载力恶化系数 ξ_e、混凝土和钢筋截面折减系数 ξ_c 和 ξ_s、活载影响修正系数 ξ_q。

基于检测结果和当时设计规范的承载力评定表达式为

$$S_d(\gamma_g G; \gamma_q \xi_q \sum Q) \leqslant \gamma_b R_d \left(\xi_c \frac{R_c}{\gamma_c}; \xi_s \frac{R_s}{\gamma_s} \gamma_q \right) Z_1 (1 - \xi_e)$$

1）承载力检算系数。承载力检算系数 Z_1 的分析结果见表 9-27。上部结构技术状况评定值为 3.15，T 形梁承载力检算系数 Z_1 取为 0.91。

表 9-27 承载力检算系数

检测指标	权重 α_j	检测指标的评定标度值 D_j	构件技术状况评定值 D	受弯构件检算系数 Z_1
桥梁外观质量	0.4	3		
混凝土强度	0.3	3.5	3.15	0.91
结构模态参数	0.3	3		

2）承载力恶化系数。承载力恶化系数 ξ_e 的分析结果见表 9-28。

表 9-28 承载力恶化系数

序号	检测指标	权重 α_j	指标评定标度 E_j	恶化状况评定标度 E	恶化系数 ξ_e
1	混凝土表观缺损	0.32	4		
2	钢筋锈蚀电位	0.11	2		
3	混凝土电阻率	0.05	2		0.045（环境条件按干燥、不冻及无侵蚀介质考虑）
4	混凝土碳化深度	0.20	2	2.9	
5	混凝土保护层厚度	0.12	3.5		
6	氯离子（Cl^-）含量	0.15	2		
7	结构混凝土强度推定值	0.05	3.5		

3）混凝土和钢筋截面折减系数。混凝土截面折减系数 ξ_c 的分析结果见表 9-29，钢筋折减系数 ξ_s 为 0.98。

表 9-29 混凝土截面折减系数

检测指标	权重值 α_j	检测指标的评定标度 R_j	截面损伤综合评定值 R	混凝土截面折减系数 ξ_c
材料风化	0.10	3		
碳化	0.35	3	2.45	0.96
物理与化学损伤	0.55	2		

4）活荷载影响修正系数。交通量的活荷载影响修正系数 $\xi_{q1}=1.1$，大吨位车辆混入率的活荷载影响修正系数 $\xi_{q2}=1.05$，轴荷分布的活荷载影响修正系数 $\xi_{q3}=1.05$，则活荷载影响修正系数为

$$\xi_q = \sqrt[3]{\xi_{q1}\xi_{q2}\xi_{q3}} = \sqrt[3]{1.1\times1.05\times1.05} = 1.08$$

5）抗弯承载力评定。经上述系数修正后，采用当时设计规范计算的 T 形梁抗弯承载力为 $M'_R = 1947\text{kN}\cdot\text{m}$。考虑活荷载影响修正系数修改后，荷载产生的梁弯矩设计值为

$$M'_j = 1.2M_g + 1.4M_q \times \xi_q = (1.2\times739+1.4\times670\times1.08)\text{kN}\cdot\text{m} = 1900\text{kN}\cdot\text{m}$$

因为 $M'_R < M'_j$，该桥 T 形梁抗弯承载力仍能满足当时设计规范的要求。

6）抗剪承载力评定。经上述系数修正后，采用当时设计规范计算的梁抗剪承载力为 $Q'_R = 379.5\text{kN}$。考虑活荷载影响修正系数后，荷载产生的梁剪力设计值为

$$Q'_j = 1.2Q_g + 1.4Q_q \times \xi_q = (1.2\times152+1.4\times28\times1.08)\text{kN} = 496.9\text{kN}$$

因为 $Q'_R < Q'_j$，该桥 T 形梁抗剪承载力不能满足当时设计规范的要求。

附 录

附录 A　中英文名词对照

A.1　一般名词

结构　structure

结构构件　structural member（element）

关键构件　key element

结构体系　structural system

结构模型　structural model

结构性能　structural performance

土木工程　civil engineering

建筑物　construction works

建造方法　method of construction

建筑材料　construction material

实施　execution

既有结构　existing structure

可靠性（度）reliability

可靠性分级　reliability classification

安全等级　grade of safety

安全性　safety

适用性　serviceability

耐久性　durability

损坏　damage

失效（破坏）failure

破坏模式　failure mode

疲劳破坏　fatigue failure

脆性破坏　brittle failure

延性破坏　ductile failure

稳固性（损伤不敏感性） robustness（damage insensitivity）

倒塌 collapse

连续倒塌 progressive collapse

破坏后果 failure consequence

后果等级 consequence class

人因差错 human error

替代荷载路径 alternative load path

检测 inspection

监测 monitoring

评估 assessment

劣化 deterioration

维护 maintenance

维修 repair

修复 rehabilitation

升级改造 upgrading，retrofiting

验证（验算、校核） validation

风险评估 risk assessment

质量保证 quality assurance

质量管理 quality management

合格 compliance

A. 2 设计方面的名词

设计 design

设计准则 design criteria

设计状况 design situations

持久设计状况 persistent design situation

短暂设计状况 transient design situation

偶然设计状况 accidental design situation

地震设计状况 seismic design situation

极限状态 limit states

承载能力极限状态 ultimate limit states（ULSs）

正常使用极限状态 serviceability limit states（SLSs）

不可逆正常使用极限状态 irreversible serviceability limit states

可逆正常使用极限状态 reversible serviceability limit states

条件极限状态 condition limit state

A. 3 概率统计方面的名词

不确定性 uncertainty

随机不确定性　random uncertainty

模糊不确定性　fuzzy uncertainty

认知不确定性（知识不完善性）　epistemic uncertainty

固有不确定性　aleatory uncertainty

模型不定性　model uncertainty

物理不定性　physical uncertainty

统计不定性　statistical uncertainty

总体　population

概率论　probability theory

随机变量　random variables

正态随机变量　normal variables

当量正态随机变量　normalized variables

截尾随机变量　truncated random variables

条件概率　conditional probability

统计参数　statistical parameter

平均值　mean

标准差　standard deviation

方差　variance

协方差　covariance（COV）

均值系数　bias

变异系数　coefficient of variation

偏倚系数　coefficient of skewness

峰值系数　coefficient of kurtosis

分位值　fractile

正态分布（高斯分布）　normal distribution（Gaussian distribution）

标准正态分布　standard normal distribution

对数正态分布　lognormal distribution

极值Ⅰ型分布（龚贝尔分布）　extreme I distribution（Gumbel distribution）

概率分布　probability distribution

概率分布函数　probability distribution function（cumulative distribution function）

概率密度函数　probability density function

联合概率分布函数　joint probability distribution function

威布尔分布　Weibull distribution

数理统计　statistics

t 分布　student distribution

非中心 t 分布　noncentral student distribution

F 分布　F-distribution

χ^2 分布　chi-square distribution

随机过程　stochastic process

平稳过程　stationary process

严平稳过程　strongly stationary process

宽平稳过程　weakly stationary process

非平稳过程　nonstationary process

高斯过程　Gaussian process

泊松过程　Poisson process

泊松矩形波过程　Poisson square wave process

滤过泊松过程　filtered Poisson process

各态历经过程　ergodic process

均值函数　mean value function

协方差函数　covariance function

实现　realization

随机场　stochastic field

蒙特卡洛方法　Monte-Carlo simulation

随机数　random number

抽样　sampling

重要抽样法　importance sampling method

贝叶斯方法　Bayesian Method

雨流计数　rain-flow counting

A.4　作用方面的名词

作用　action

永久作用　permanent action

可变作用　variable action

偶然作用　accidental action

地震作用　seismic action

土工作用　geotechnics action

固定作用　fixed action

自由作用　free action

单个作用　single action，individual action

静态作用　static action

动态作用　dynamic action

有界作用　bounded action

无界作用　unbounded action

主导可变作用　leading variable action

非主导（伴随）可变作用　accompanying variable action

作用组合（荷载组合）　combination of actions（load combination）

作用基本组合　fundamental combination of actions

作用偶然组合　accidental combination of actions

作用标准（特征）组合　characteristic combination of actions

作用频遇组合　frequent combination of actions

作用准永久组合　quasi-permanent combination of actions

作用代表值　representative value of an action

作用标准值（特征值）　characteristic value of an action

作用名义值　nominal value of an action

作用设计值　design value of an action

均布荷载　uniformly distributed load

集中荷载　concentrated load

荷载　load

永久荷载　dead load

活荷载　live load

持久性活荷载　sustained live load

临时性活荷载　transient live load

施工荷载　construction load

荷载布置　load arrangement

荷载工况　load case

组合值　combination value

频遇值　frequent value

准永久值　quasi-permanent value

环境影响　environmental influence

应力幅　stress range

A.5　材料及岩土性能方面的名词

材料　material

脆性材料　brittle material

塑性材料　ductile material

材料性能　material property

材料性能标准值（特征值）　characteristic value of a material property

材料性能设计值　design value of a material property

材料性能名义值　nominal value of a material property

岩土性能　geotechnical property

强度　strength

刚度　stiffness

阻尼　damping

S-N 关系（曲线）　S-N relation（curve）

A.6 几何参数方面的名词

几何性能　geometrical property

几何参数标准值（特征值）　characteristic value of a geometrical parameter

几何参数设计值　design value of a geometrical parameter

A.7 结构分析方面的名词

作用效应　effect of action

反应　response

抗力　resistance

承载力　load carrying capacity

结构分析　structural analysis

线弹性分析　linear-elastic analysis

非线性分析　non-linear analysis

弹性-塑性分析（一阶或二阶）　elasto-plastic analysis（first or second order）

刚性-塑性分析　rigid plastic analysis

静定的　statically determinate

静不定的　statically indeterminate

机构　mechanism

转换系数或函数　conversion factor or function

A.8 关于时间方面的名词

使用年限　service life

设计使用年限（设计工作寿命）　design working life

基准期　reference period

任意时点　arbitrary point-of-time

重现期　return period

A.9 可靠度计算方面的名词

变量　variable

基本变量　basic variable

基本随机变量　basic random variable

失效概率　probability of failure

可靠指标　reliability index

目标可靠指标　target reliability index

功能函数（极限状态函数） performance function（limit state function）

极限状态方程 limit state equation

R-F 算法 Rackwitz-Fiessler algorithm

验算点 design point

当量正态化 normal tail approximation

一次二阶矩方法 first-order second-moment method（FOSM）

二次二阶矩方法 second-order second-moment method（SOSM）

一次可靠度方法 first-order reliability method（FORM）

二次可靠度方法 second-order reliability method（SORM）

时变可靠度方法 time-variant reliability method，time-dependent reliability method

构件可靠度 member reliability

体系可靠度 system reliability

A.10 标准、规范与设计方法的名词

标准 standard

规范 code

规程 specification

设计表达式 design format

容许应力设计法 allowable stress design（ASDs），working stress design method

定值设计法 deterministic design method

半概率设计法 semi-probabilistic design method

分项系数设计法 partial factor design method

荷载与抗力系数设计法 load and resistance factor design（LRFD）method（北美国家常用）

概率极限状态设计法 probability-based limit state design method

基于可靠度的设计法 reliability-based design method

基于性能的设计法 performance-based design method

全寿命设计法 life cycle design method

安全系数 factor of safety（safety factor）

分项安全系数 factor of partial safety

分项系数 partial factor

校准 calibration

结构重要性系数 structure important factor

A.11 试验方面的名词

荷载试验 proof loading，load testing

模型试验 model test

原型试验 prototype test

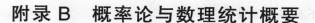

附录 B　概率论与数理统计概要

　　概率论、数理统计和随机过程是研究自然界中随机现象的三大数学理论。在土木工程领域，随机性伴随着结构设计、施工、使用及维护、加固等生命周期的全过程，所以，研究、分析和处理结构生命周期全过程中涉及的随机性问题，是结构可靠性设计、分析和评定的前提。本附录简要介绍了概率论、数理统计和随机过程的一些基本概念，主要是为读者学习本书提供方便。对于未系统学习过概率论、数理统计和随机过程知识的读者，本附录的内容远远不够，建议读者阅读专门的教材和著作。

B.1　概率论

B.1.1　概率论的一些基本概念

　　概率论是研究随机现象数量规律的数学分支，是一门研究事件发生可能性的理论。

B.1.1.1　事件和概率

1. 事件及其运算

　　设 E 为一试验，如果事先不能准确地预言其结果，而在相同的条件下可重复进行，就称 E 为**随机试验**，简称**试验**。随机试验的每一个可能结果一般称为**随机事件**，简称为**事件**，概率论中用 A，B，C，…表示随机事件。

　　在某一随机试验 E 中，其每一个可能出现的不可能再分的结果是最简单的事件，称为**基本事件**（或样本点）。E 的所有基本事件组成的集合称为随机试验 E 的**样本空间**，或称全集。在实际应用中，样本空间通常是由代表基本事件的数所组成的数集合。一般的事件是由基本事件构成的，即相当于样本空间的一个子集合。在一定的试验条件下，必然发生和必然不发生的事件分别称为**必然事件**和**不可能事件**，用 Ω 和 $\varnothing$（空集）表示。如果事件不包含样本点，则称之为不可能事件。必然事件包含了样本空间的全部样本点——必然事件等于样本空间本身。

　　事件之间存在着关系，常见的有：

　　（1）包含关系　若事件 A 发生必然导致事件 B 发生，则称事件 B 包含了事件 A，记作

$$A \subset B \text{ 或 } B \supset A$$

　　（2）事件的和（并）　事件 A 和事件 B 至少有一个发生的事件称为 A 与 B 的和，记作

$$A \cup B$$

事件的和可以推广到有限个或可列个事件的情况，记作

$$A = \bigcup_{i=1}^{n} A_i \text{ 和 } A = \bigcup_{i=1}^{\infty} A_i$$

　　（3）事件的积（交）　事件 A 和事件 B 同时发生的事件称为 A 与 B 的积，记作

$$A \cap B$$

同样，可以定义 A_i（$i = 1$，2，…，n）的积，记作

$$A = \bigcap_{i=1}^{n} A_i \text{ 或 } A = \bigcap_{i=1}^{\infty} A_i$$

（4）互斥（不相容）事件　若事件 A 和事件 B 不能同时发生，即 $AB=\varnothing$，则称事件 A 与事件 B 是互斥（不相容）事件。

（5）互逆（对立）关系　若事件 A 不发生，则事件 B 必然发生，而两者又不能同时发生，即 $A \cup B = \Omega$ 与 $A \cap B = \varnothing$ 同时成立，则称事件 B 为事件 A 的对立事件，记作

$$B = \overline{A}$$

事件之间的关系可以用图 B-1 所示的几何图形直观说明。

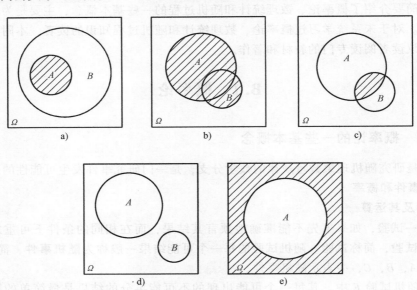

图 B-1　事件之间的关系

a) $A \subset B$　b) $A \cup B$　c) $A \cap B$　d) $AB=\varnothing$　e) $\overline{A}$

事件运算的规则如下：

（1）交换律　$A \cup B = B \cup A$，$AB = BA$

（2）结合律　$(A \cup B) \cup C = A \cup (B \cup C)$，$(AB)C = A(BC)$

（3）分配律　$(A \cup B) \cap C = AC \cap BC$，$(A \cap B) \cup C = (A \cup C) \cap (B \cup C)$

（4）德莫根（De Morgan）定理　$\overline{A_1 \cup A_2} = \overline{A_1} \cap \overline{A_2}$，$\overline{A_1 \cap A_2} = \overline{A_1} \cup \overline{A_2}$

对于 n 个事件，甚至对于可列个事件，德莫根定理也是成立的，例如

$$\overline{A_1 \cup A_2 \cup \cdots \cup A_n} = \overline{A_1} \cap \overline{A_2} \cap \cdots \cap \overline{A_n}$$

$$\overline{A_1 \cap A_2 \cap \cdots \cap A_n} = \overline{A_1} \cup \overline{A_2} \cup \cdots \cup \overline{A_n}$$

2. 概率及其基本性质

研究一个随机现象，仅仅知道该现象中一切可能出现的事件是不够的，还应掌握各种事件以多大的可能性出现。"概率"就是用来衡量事件出现可能性大小的一种尺度。

设随机试验 E 的样本空间为 Ω，对于 E 的每一事件 A，其概率满足下列三条公理：

1）非负性。对于每一事件 A，恒有 $P(A) \geqslant 0$。

2）归一性。必然事件的概率等于 1，即 $P(\Omega) = 1$。

3）可加性。对于任意两个不相容事件（不能同时发生）A 和 B，有

$$P(A \cup B) = P(A) + P(B)$$

由上述三条概率的基本性质，可以直接推出概率的其他性质：

4）不可能事件 $\varnothing$ 的概率等于零，即 $P(\varnothing) = 0$。

5）对任一事件 A，恒有 $P(A) = 1 - P(\overline{A})$。

6）有限可加性。如果在事件 A_1，A_2，$\cdots$，A_n 中，$A_i \cap A_j = \varnothing$（$i \neq j$，$i$、$j = 1$，$2$，$\cdots$，$n$），则

$$P(A_1 + A_2 + \cdots + A_n) = P(A_1) + P(A_2) + \cdots + P(A_n)$$

7）概率加法定理。设 A、B 为两个事件（不是互斥事件），则

$$P(A \cup B) = P(A) + P(B) - P(AB)$$

对于 n 个事件的情况，可用数学归纳法证得：

$$P(A_1 \cup A_2 \cup \cdots \cup A_n) = \sum_{i=1}^{n} P(A_i) - \sum_{1 \leqslant i < j \leqslant n} P(A_i A_j) + \sum_{1 \leqslant i < j < k \leqslant n} P(A_i A_j A_k) - \cdots + (-1)^{n-1} P(A_1 A_2 \cdots A_n)$$

B.1.1.2 条件概率

设 A、B 为随机试验 E 的两个事件，且 $P(B) > 0$，则称

$$P(A|B) = \frac{P(AB)}{P(B)} \tag{B-1}$$

为在事件 B 发生的条件下事件 A 发生的条件概率。

式（B-1）也可写为

$$P(AB) = P(B)P(A|B) \tag{B-2}$$

式（B-2）为概率的乘法公式。

B.1.1.3 事件的独立性

设 A、B 为两个事件，如果有

$$P(AB) = P(A)P(B) \tag{B-3}$$

则称事件 A、B 是统计独立的，简称独立。

同样，对于 n 个事件 A_1，A_2，$\cdots$，A_n，如果其所有可能的组合（$1 \leqslant i < j < k < \cdots \leqslant n$），有下列各等式成立

$$P(A_i A_j) = P(A_i)P(A_j)$$
$$P(A_i A_j A_k) = P(A_i)P(A_j)P(A_k)$$
$$\vdots$$
$$P(A_1 A_2 \cdots A_n) = P(A_1)P(A_2) \cdots P(A_n)$$

则称事件 A_1，A_2，$\cdots$，A_n 相互独立。

B.1.2 随机变量及其概率分布

B.1.2.1 随机变量的概念

如果每次随机试验的结果可以用一个实数 X 来表示，而且对任何实数 x，事件 $X \leqslant x$ 有着确定的概率，则称 X 是随机变量。可见，随机变量就是表示随机试验各种结果的变量，它是定义在样本空间上的单值实函数，依一定的概率规律取值。在工程结构可靠性理论中，

随机变量是描述结构材料性能、结构构件抗力、各类荷载等常用的变量。

按样本空间所包含的基本事件的情况，将随机变量分成离散型和连续型变量两类。离散型变量是取值为有限个或可列无限多个的随机变量；连续型变量是取值连续的随机变量。

B.1.2.2　随机变量的分布函数

随机变量 X 的值小于实数 x 的概率 $P(X \leqslant x)$ 是 x 的函数，记作

$$F_X(x) = P(X \leqslant x)$$

称 $F(x)$ 为随机变量 X 的概率分布函数。分布函数全面反映了随机变量取值的统计规律。

分布函数具有如下性质：

1）归一性。归一性表述为

$$\lim_{x \to -\infty} F_X(x) = F_X(-\infty) = 0, \quad \lim_{x \to +\infty} F_X(x) = F_X(+\infty) = 1$$

2）单调性。对于任何两个实数 $x_1 < x_2$，恒有

$$F_X(x_1) \leqslant F_X(x_2)$$

3）非负。对于任何实数 x，有

$$F_X(x) \geqslant 0$$

4）对任何两个实数 $x_1 < x_2$，有

$$P(x_1 < X \leqslant x_2) = F_X(x_2) - F_X(x_1) \geqslant 0$$

B.1.2.3　离散型随机变量

若随机变量 X 可能取到的值是有限个或可列无限个 x_1，x_2，…，x_n，…，并且对应这些值有确定的概率，即

$$P(X = x_i) = p_i \quad (i = 1, 2, \cdots, n, \cdots)$$

则称 X 是离散型随机变量，p_i（$i = 1$，2，…）称为 X 的概率分布或分布律，它满足下列条件：

$$p_i \geqslant 0, \sum_{i=1}^{\infty} p_i = 1$$

B.1.2.4　连续型随机变量

若存在一个非负的函数 $f_X(x)$，随机变量 X 的分布函数 $F_X(x)$ 可表示为

$$F_X(x) = \int_{-\infty}^{x} f_X(t) \, \mathrm{d}t$$

则称 X 为连续型随机变量，$f_X(x)$ 称为此随机变量的概率密度函数，简称概率密度或密度。

图 B-2 为一般连续随机变量的概率密度曲线和概率分布曲线。

概率密度函数 $f_X(x)$ 有下列性质：

1）$f_X(x) \geqslant 0$。

2）$\int_{-\infty}^{\infty} f_X(x) \, \mathrm{d}x = 1$。

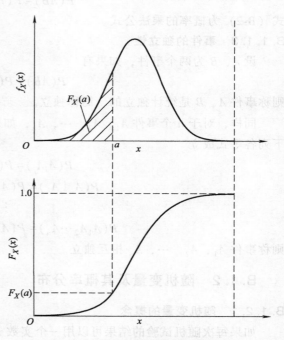

图 B-2　一般连续随机变量的概率密度曲线和概率分布曲线

3) $P(a < X \le b) = F_X(b) - F_X(a) = \int_a^b f_X(x)\,dx$。

4) 若 $f_X(x)$ 在点 x 处连续，则有 $F_X'(x) = f_X(x)$。

对于随机变量 X，若已知 $a \le X \le b$ $(a \le b)$，则根据式（B-1），X 的条件概率分布为

$$F_X(x \mid a \le x \le b) = P(X<x \mid a \le X \le b) = \frac{P(X<x, a \le X \le b)}{P(a \le X \le b)} = \frac{F_X(x) - F_X(a)}{F_X(b) - F_X(a)} \quad (a \le x \le b)$$

$$\text{(B-4a)}$$

概率密度函数为

$$f_X(x \mid a \le x \le b) = \frac{f_X(x)}{F_X(b) - F_X(a)} \quad (a \le x \le b) \tag{B-4b}$$

称 $F_X(x \mid a \le x \le b)$ 为 X 的截尾概率分布函数。当 $a=-\infty$ 时称为右截尾，$b=+\infty$ 时称为左截尾，a 和 b 均为有限值时称为双截尾。双截尾随机变量的概率密度曲线如图 B-3 所示。

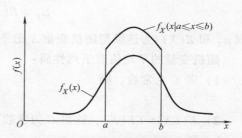

图 B-3　双截尾随机变量的概率密度曲线

需要说明的是，随机变量的概率分布函数是单调的增函数，但概率密度函数只要求是非负函数即可，不要求是单峰函数，可以是多峰函数。图 B-4 示出了实测汽车质量的统计分析结果。这种随机变量可以用一个多峰的概率密度函数描述，也可表示为多个单峰概率密度函数的组合，如

$$f_X(x) = \sum_{i=1}^n q_i f_{X_i}(x) \qquad \left(\sum_{i=1}^n q_i = 1\right)$$

式中，$f_{X_i}(x)$ 为第 i 个单峰随机变量的概率密度函数；q_i 为第 i 个单峰随机变量概率密度函数的权重。

在图 B-4 中，粗线表示的具有三个峰的概率密度函数是将三个正态概率密度函数组合后得到的。

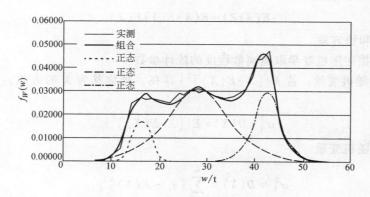

图 B-4　实测汽车质量的统计分析结果

B. 1. 3 随机变量的统计参数

B. 1. 3. 1 平均值（数学期望）

平均值代表随机变量取值的平均水平，可以用加权（概率）平均的方法来定义。

设离散型随机变量 X 的分布律为

$$P(X = x_i) = p_i \quad (i = 1, 2, \cdots)$$

若级数 $\sum\limits_{i=1}^{\infty} |x_i| p_i$ 收敛，记 $E(X) = \sum\limits_{i=1}^{\infty} x_i p_i$ ，则 $E(X)$ 为离散型随机变量 X 的平均值。$E(X)$ 也可记为 μ_X。

对连续型随机变量 X，其概率密度函数为 $f_X(x)$，若 $\int_{-\infty}^{+\infty} |x| f_X(x) \mathrm{d}x$ 收敛，记

$$\mu_X = E(X) = \int_{-\infty}^{+\infty} x f_X(x) \mathrm{d}x$$

则 μ_X 和 $E(X)$ 为连续型随机变量 X 的平均值。

随机变量的平均值有下列性质：

1）若 C 为常数，则

$$E(C) = C$$

2）$E(CX) = CE(X)$，这里 C 为常数。以连续型随机变量为例，设 X 的概率密度函数为 $f_X(x)$，则

$$E(CX) = \int_{-\infty}^{+\infty} Cx f_X(x) \mathrm{d}x = C \int_{-\infty}^{+\infty} x f_X(x) \mathrm{d}x = CE(X)$$

3）设 X, Y 为两个随机变量，则

$$E(X \pm Y) = E(X) \pm E(Y)$$

4）若随机变量 X, Y 相互独立，则

$$E(XY) = E(X)E(Y)$$

上述性质还可以推广到多个随机变量的情况，如

$$E(X + Y - Z) = E(X) + E(Y) - E(Z)$$

当 X、Y、Z 相互独立时

$$E(XYZ) = E(X)E(Y)E(Z)$$

B. 1. 3. 2 方差和协方差

方差是用来描述随机变量取值离散程度的统计参数。

设 X 是一个随机变量，若 $E\{[X - E(X)]^2\}$ 存在，则称其为 X 的方差，记为 $D(X)$ 或 σ_X^2，即

$$\sigma_X^2 = D(X) = E\{[X - E(X)]^2\}$$

对于离散型随机变量

$$\sigma_X^2 = D(X) = \sum_{i=1}^{\infty} [x_i - E(X)]^2 p_i$$

对于连续型随机变量

$$\sigma_X^2 = D(X) = \int_{-\infty}^{+\infty} [x - E(X)]^2 f_X(x) \, \mathrm{d}x$$

方差表示随机变量对平均值（数学期望）的偏离程度，相当于对面积重心的惯性矩。

方差的性质：

1）若 C 为常数，则

$$D(C) = 0$$

2）若 C 为常数，X 为随机变量，则

$$D(CX) = C^2 D(X)$$

3）方差 $D(X)$ 等于 X 平方的期望值减 X 期望值的平方，即

$$D(X) = E(X^2) - [E(X)]^2$$

4）若 X、Y 相互独立，则

$$D(X \pm Y) = D(X) + D(Y)$$

$$D(XY) = D(X)D(Y) + [E(X)]^2 D(Y) + [E(Y)]^2 D(X)$$

方差的单位是 X 的单位的平方。为了单位一致，应用上常用方差 $D(X)$ 的平方根表示离散程度，记作 σ_X，称为 X 的标准差（或均方差），即

$$\sigma_X = \sqrt{D(X)}$$

同样可用 δ_X 来刻画随机变量 X 对其平均值（中心）的离散程度

$$\delta_X = \frac{\sigma_X}{\mu_X}$$

称 δ_X 为随机变量的变异系数。变异系数也可理解为是用平均值归一化后的标准差。

B.1.3.3　原点矩、中心矩

在前述随机变量平均值、方差的计算中，出现了形如 $\int_{-\infty}^{+\infty} x f_X(x) \, \mathrm{d}x$ 或 $\int_{-\infty}^{+\infty} [x - E(X)]^2 f_X(x) \, \mathrm{d}x$ 的积分式。一般地，若

$$E(X^k) = \int_{-\infty}^{+\infty} x^k f_X(x) \, \mathrm{d}x$$

存在，则称之为 X 的 k 阶原点矩；若

$$E\{[x - E(X)]^k\} = \int_{-\infty}^{+\infty} [x - E(X)]^k f_X(x) \, \mathrm{d}x$$

存在，则称之为 X 的 k 阶中心矩。随机变量 X 的平均值 $E(X)$ 为 X 的一阶原点矩，方差 $E\{[x - E(X)]^2\}$ 为 X 的二阶中心矩。

定义 $\gamma_1 = \dfrac{E(X^3)}{\sigma_X^3}$ 为随机变量的偏倚系数，$\gamma_2 = \dfrac{E(X^4)}{\sigma_X^4} - 3$ 为随机变量的超越系数。对于正态随机变量，$\gamma_1 = 0$，$\gamma_2 = 0$。图 B-5 示出了非正态随机变量的偏倚和超越情况。

B.1.3.4　分位数和中位数

设连续随机变量 X 的概率分布函数为 $F_X(x)$，概率密度函数为 $f_X(x)$，对于任意的 α（$0 < \alpha < 1$），假如 x_α 满足

$$F_X(x_\alpha) = P(X \leqslant x_\alpha) = \int_{-\infty}^{x_\alpha} f_X(x) \, \mathrm{d}x = \alpha \tag{B-5a}$$

则称 $x_\alpha = F_X^{-1}(\alpha)$ 为 X 分布的 α 分位数，有时也称 α 为下侧分位数（见图 B-6a）。同样，

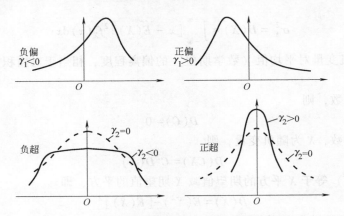

图 B-5　非正态随机变量的偏倚和超越情况

假如 x_β 满足

$$1 - F_X(x_\beta) = P(X > x_\beta) = \int_{x_\beta}^{+\infty} f_X(x)\,\mathrm{d}x = \beta \qquad (\text{B-5b})$$

则称 $x_\beta = F_X^{-1}(1-\beta)$ 为 X 分布的 β 上侧分位数（见图 B-6a）。

当 $\alpha = \beta = 0.5$ 时，称由式（B-5a）或式（B-5b）得到的 $x_{0.5}$ 为 X 分布的中位数（见图 B-6b）。对于随机变量 X 概率密度曲线非对称的情况，其分布的中位数 $x_{0.5}$ 与其平均值

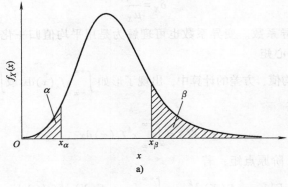

a)

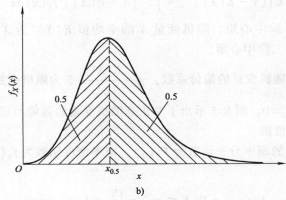

b)

图 B-6　随机变量分布的分位数和中位数

a）下侧分位数和上侧分位数　b）中位数

μ_X 是不相等的；对于随机变量 X 概率密度曲线对称的情况，其分布的中位数 $x_{0.5}$ 与平均值 μ_X 是相等的。

B.1.4　结构可靠度分析常用的概率分布

B.1.4.1　二项分布

将试验 E 重复进行 n 次，各次试验的结果互不影响（独立），试验结果只有两种：A 和 $\overline{A}$（如合格、不合格），记 $P(A)=p$，$P(\overline{A})=1-p=q(0<p<1)$，此试验称为 n 重贝努利（Bernoulli）试验。

以 X 表示贝努利试验中事件 A 发生的次数，则 X 是一随机变量，其取值为 0，1，$\cdots$，n，且有

$$P(X=k)=\binom{n}{k}p^k q^{n-k}=\frac{n!}{(n-k)!\,k!}p^k q^{n-k}\quad(k=0,1,\cdots,n)\tag{B-6}$$

称 X 为服从参数为 n，p 的二项式分布，记为 $X\sim B(n,\ p)$，其平均值 $E(X)=np$，方差 $D(X)=np(1-p)$。

B.1.4.2　泊松（Poisson）分布

设随机变量 X 所有可能的取值为 0，1，2，$\cdots$，而取每个值的概率为

$$P(X=k)=\frac{\lambda^k e^{-\lambda}}{k!}\quad(k=0,1,2,\cdots)\tag{B-7}$$

其中，$\lambda>0$ 为常数，则称 X 服从参数为 λ 的泊松分布，记为 $X\sim\pi(\lambda)$，其平均值 $E(X)=\lambda$，方差 $D(X)=\lambda$。

B.1.4.3　均匀分布

设连续随机变量 X 在闭区间 $[a,\ b]$ 内取值，其概率密度函数为

$$f_X(x)=\begin{cases}\dfrac{1}{b-a}&a\leqslant x\leqslant b\\[2mm]0&\text{其他}\end{cases}\tag{B-8}$$

则称 X 在区间 $[a,\ b]$ 上服从均匀分布，即 $X\sim U(a,\ b)$。其概率分布函数为

$$F_X(x)=\int_{-\infty}^{x}f_X(t)\,\mathrm{d}t=\begin{cases}0&x\leqslant a\\[2mm]\dfrac{x-a}{b-a}&a<x\leqslant b\\[2mm]1&x>b\end{cases}\tag{B-9}$$

平均值和方差为

$$E(X)=\frac{a+b}{2},\ D(X)=\frac{(b-a)^2}{12}$$

均匀分布随机变量的概率密度曲线和概率分布曲线如图 B-7 所示。

如果 $a=0$，$b=1$，则 $X\sim U(0,\ 1)$。

B.1.4.4　正态分布（高斯分布）

当研究对象的随机性是由多个独立随机因素之和所引起的，且每一个随机因素都不起主导作用时，则该随机变量服从正态分布。在结构可靠度分析中，材料的强度、几何尺寸、构件的自重常按服从正态分布考虑。

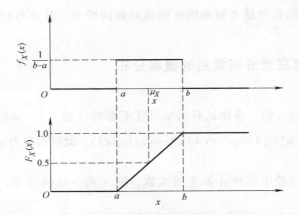

图 B-7　均匀分布随机变量的概率密度曲线和概率分布曲线

设连续随机变量 X 的概率密度函数为

$$f_X(x) = \frac{1}{\sqrt{2\pi}\,\sigma_X} e^{-\frac{(x-\mu_X)^2}{2\sigma_X^2}} \quad (-\infty < x < +\infty)$$

其中 μ_X，$\sigma_X > 0$ 为常数，则称 X 为服从参数 μ_X，σ_X 的正态分布或高斯分布，记为 $X \sim N(\mu_X, \sigma_X^2)$。平均值 $E(X) = \mu_X$，方差 $D(X) = \sigma_X^2$。概率分布函数为

$$F_X(x) = \frac{1}{\sqrt{2\pi}\,\sigma_X} \int_{-\infty}^{x} e^{-\frac{(t-\mu_X)^2}{2\sigma_X^2}} \mathrm{d}t$$

正态分布概率密度曲线和概率分布曲线如图 B-8 所示。

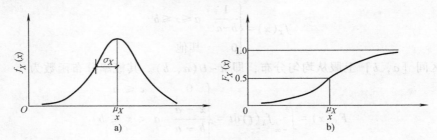

图 B-8　正态分布概率密度曲线和概率分布曲线
a) 概率密度曲线　b) 概率分布曲线

当 $\mu_X = 0$、$\sigma_X = 1$ 时，称 X 为标准正态随机变量，其概率密度函数和概率分布函数分别用 $\varphi(x)$、$\Phi(x)$ 表示，则

$$\varphi(x) = \frac{1}{\sqrt{2\pi}} e^{-\frac{x^2}{2}} \tag{B-10a}$$

$$\Phi(x) = \frac{1}{\sqrt{2\pi}} \int_{-\infty}^{x} e^{-\frac{t^2}{2}} \mathrm{d}t \tag{B-10b}$$

标准正态随机变量的概率密度曲线如图 B-9 所示。可通过变换 $U = \dfrac{X - \mu_X}{\sigma_X}$（标准化变换），将非标准正态分布随机变量 X 变换为标准正态随机变量 U。

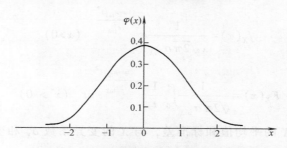

图 B-9　标准正态随机变量的概率密度曲线

正态分布函数与标准正态分布函数的关系为

$$F_X(x) = \frac{1}{\sqrt{2\pi}} \int_{-\infty}^{\frac{x - \mu_X}{\sigma_X}} e^{-\frac{t^2}{2}} dt = \Phi\left(\frac{x - \mu_X}{\sigma_X}\right)$$

以及

$$P(x_1 < X < x_2) = F_X(x_2) - F_X(x_1) = \Phi\left(\frac{x_2 - \mu_X}{\sigma_X}\right) - \Phi\left(\frac{x_1 - \mu_X}{\sigma_X}\right)$$

正态随机变量具有下列性质：

1）$f_X(x)$ 关于 $x = \mu_X$ 对称，$f_X(x + \mu_X) = f_X(x - \mu_X)$。

2）$f_X(x)$ 处处大于 0，且具有各阶连续的导函数。

3）当 $x = \mu_X$ 时，$f_X(x)$ 达到极大值 $\dfrac{1}{\sqrt{2\pi}\,\sigma_X}$，在 $x = \mu_X \pm \sigma_X$ 处 $f_X(x)$ 有拐点。

4）$F_X(x - \mu_X) = 1 - F_X(x + \mu_X)$。

图 B-10a 表示 σ_X 相同但 μ_X 不同的 $f_X(x)$ 曲线，μ_X 称为位置参数；图 B-10b 表示 μ_X 相同但 σ_X 不同的 $f_X(x)$ 曲线，σ_X 称为形状参数。σ_X 越小，$f_X(x)$ 越陡，表示离散性越小，反之则曲线平缓，离散性越大。

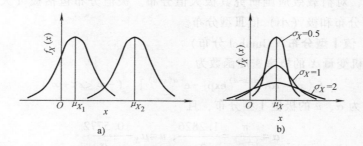

图 B-10　不同 μ_X 和 σ_X 时的正态密度曲线

a）σ_X 相同 μ_X 不同　　b）μ_X 相同 σ_X 不同

B.1.4.5　对数正态分布

如果所研究对象的随机性，是由很多互不相干的随机因素的乘积所引起的，且每一个随机因素的影响都很小，那么可以认为该随机变量服从对数正态分布。在结构可靠度分析中，常将抗力假设为服从对数正态分布。

对数正态随机变量 X 的概率密度函数和概率分布函数为

$$f_X(x) = \frac{1}{x\sqrt{2\pi}\,\sigma_{\ln X}}\mathrm{e}^{-\frac{(\ln x - \mu_{\ln X})^2}{2\sigma_{\ln X}^2}} \quad (x>0) \tag{B-11a}$$

$$F_X(x) = \frac{1}{\sqrt{2\pi}\,\sigma_{\ln X}}\int_0^x \frac{1}{t}\mathrm{e}^{-\frac{(\ln t - \mu_{\ln X})^2}{2\sigma_{\ln X}^2}}\,\mathrm{d}t \quad (x>0) \tag{B-11b}$$

式中，$\mu_{\ln X}$、$\sigma_{\ln X}$ 为 $\ln X$ 的平均值和标准差，与 X 的变异系数 δ_X 和变异系数 δ_X 具有下列关系：

$$\mu_{\ln X} = \ln\left(\frac{\mu_X}{\sqrt{1+\delta_X^2}}\right), \quad \sigma_{\ln X} = \sqrt{\ln(1+\delta_X^2)} \tag{B-12}$$

若 $\delta_X < 0.3$，有 $\ln(1+\delta_X^2) \approx \delta_X^2$，故 $\sigma_{\ln X} \approx \delta_X$。

对数正态概率密度曲线 $f_X(x)$ 的图形如图 B-11。

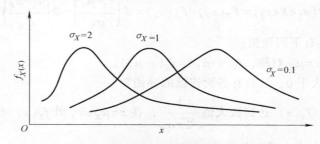

图 B-11　对数正态随机变量的概率密度曲线

B.1.4.6　极值分布

在工程结构可靠度分析和设计中，极值分布是十分重要的。一般来说，对结构抗力要研究其极小值分布，对荷载效应则研究其极大值分布。极值分布包括极（大）值Ⅰ型分布、极（大）值Ⅱ型分布和极（小）值Ⅲ型分布。

1. 极（大）值Ⅰ型分布（Gumbel 分布）

设连续型随机变量 X 的概率密度函数为

$$f_X(x) = \alpha \mathrm{e}^{-\alpha(x-u)}\exp\left[-\mathrm{e}^{-\alpha(x-u)}\right] \quad (-\infty < x < +\infty) \tag{B-13a}$$

则称 X 服从参数为 α，u 的极值Ⅰ型分布，且

$$\alpha = \frac{\pi}{\sqrt{6}\,\sigma_X} = \frac{1.2826}{\sigma_X}, \quad u = \mu_X - \frac{0.5772}{\alpha} \tag{B-13b}$$

式中，μ_X、σ_X 为 X 的平均值和标准差。

随机变量 X 的概率分布函数为

$$F_X(x) = \exp\{-\exp[-\alpha(x-u)]\} \tag{B-13c}$$

极值Ⅰ型分布有下列重要性质：

设有 n 个随机变量 X_1，X_2，$\cdots$，X_n 独立同服从于极值 I 型分布，概率分布函数为 $F_X(x)$，则其最大值随机变量

$$X_{\max} = \max(X_1, X_2, \cdots, X_n)$$

的概率分布函数为

$$
\begin{aligned}
F_{X_{\max}}(x) &= \left[F_X(x)\right]^n = \left\{\exp\left[-\exp(-\alpha x + \alpha u)\right]\right\}^n \\
&= \exp\left[-\exp(-\alpha x + \alpha u)\right]\mathrm{e}^{\ln n} \\
&= \exp\left[-\exp(-\alpha x + \alpha u + \ln n)\right] \\
&= \exp\left\{-\exp\left[-\alpha(x - u_M)\right]\right\}
\end{aligned}
\tag{B-14}
$$

其中

$$u_M = u + \frac{\ln n}{\alpha}$$

可见 $X_{\max}$ 仍服从极值 I 型分布，其尺度参数 α 不变，位置参数 u_M 右移，如图 B-12 所示。

$X_{\max}$ 的平均值和标准差为

$$\mu_{X_{\max}} = \mu_X + \frac{\ln n}{\alpha}, \quad \sigma_{X_{\max}} = \sigma_X = \frac{1.2826}{\alpha}$$

$$\tag{B-15}$$

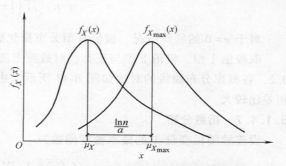

图 B-12　极值 I 型分布的概率密度曲线

在荷载分析中，当分析设计基准期内可变荷载最大值的分布及荷载组合时，上述性质是十分有用的。

2. 极（大）值 II 型分布

极大值 II 型分布常常用来模拟水文和气象事件，其概率密度函数和概率分布函数为

$$f_X(x) = k\alpha^k x^{-k-1} \exp\left[-\left(\frac{\alpha}{x}\right)^k\right] \quad (x>0, \alpha>0, k>0) \tag{B-16a}$$

$$F_X(x) = \exp\left[-\left(\frac{\alpha}{x}\right)^k\right] \quad (x>0, \alpha>0, k>0) \tag{B-16b}$$

极值 II 型随机变量的平均值、标准差为

$$\mu_X = \alpha \Gamma\left(1 - \frac{1}{k}\right) \quad (k>1) \tag{B-17a}$$

$$\sigma_X = \alpha \sqrt{\Gamma\left(1 - \frac{2}{k}\right) - \Gamma^2\left(1 - \frac{1}{k}\right)} \quad (k>2) \tag{B-17b}$$

式中，$\Gamma(\cdot)$ 为伽马函数。

注意 $k \leq 2$ 时，标准差是没有定义的。可以证明，如果 Y 服从极值 II 型分布，则 $Z = \ln Y$ 服从极值 I 型分布。

3. 极（小）值 III 型分布

极值 III 型分布通常称为三参数的韦布尔（Weibull）分布，常用来处理结构材料的疲劳和断裂问题，其概率密度函数和概率分布函数为

$$f_X(x) = \frac{k}{\eta-\varepsilon}\left(\frac{x-\varepsilon}{\eta-\varepsilon}\right)^{k-1} \exp\left[-\left(\frac{x-\varepsilon}{\eta-\varepsilon}\right)^k\right] \quad (x \geq \varepsilon, k>0, k>\eta \geq 0) \quad \text{(B-18a)}$$

$$F_X(x) = 1 - \exp\left[-\left(\frac{x-\varepsilon}{\eta-\varepsilon}\right)^k\right] \quad (x \geq \varepsilon, k>0, k>\eta \geq 0) \quad \text{(B-18b)}$$

极值Ⅲ型分布随机变量的平均值和标准差为

$$\mu_X = \varepsilon + (\eta-\varepsilon)\Gamma\left(1+\frac{1}{k}\right) \quad \text{(B-19a)}$$

$$\sigma_X = (\eta-\varepsilon)\sqrt{\Gamma\left(1+\frac{2}{k}\right) - \Gamma^2\left(1+\frac{1}{k}\right)} \quad \text{(B-19b)}$$

对于 $\varepsilon = 0$ 的特殊情况，极值Ⅲ型分布简化成两参数的韦布尔（Weibull）分布。

取极值Ⅰ型、极值Ⅱ型与正态、对数正态随机变量的平均值和标准差为 $\mu_X = 1.0$, $\sigma_X = 0.2$，各概率分布曲线的对比如图 B-13 所示。由图 B-13 可见，这几种概率分布曲线的尾部相差比较大。

B.1.4.7　指数分布

设连续随机变量 X 的概率密度函数为

$$f_X(x) = \lambda e^{-\lambda x} \quad (x \geq 0) \quad \text{(B-20a)}$$

则称 X 服从参数为 λ 的指数分布，记为 $X \sim E(\lambda)$。指数分布的概率密度曲线如图 B-14 所示。

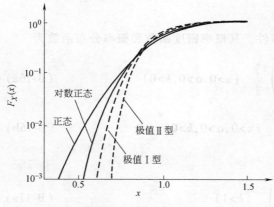

图 B-13　极值Ⅰ型、极值Ⅱ型与正态、对数正态
分布曲线的对比

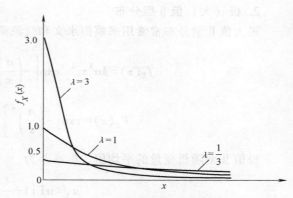

图 B-14　指数分布的概率密度曲线

指数分布的概率分布函数为

$$F_X(x) = 1 - e^{-\lambda x} \quad (x \geq 0) \quad \text{(B-20b)}$$

指数分布随机变量的平均值、标准差和变异系数为

$$\mu_X = \frac{1}{\lambda}, \ \sigma_X = \frac{1}{\lambda}, \ \delta_X = 1$$

指数分布常用来作为各种"寿命"的近似分布。

B.1.4.8 伽马分布

伽马分布随机变量 X 的概率密度函数为

$$f_X(x) = \frac{1}{\Gamma(\alpha)\eta^\alpha} x^{\alpha-1} \exp\left(-\frac{x}{\eta}\right) \quad (\alpha>0, \eta>0, x>0) \tag{B-21a}$$

式中，α、η 为参数。

伽马分布随机变量的概率分布函数为

$$F_X(x) = \frac{1}{\Gamma(\alpha)\eta^\alpha} \int_0^x t^{\alpha-1} \exp\left(-\frac{t}{\eta}\right) dt \quad (\alpha>0, \eta>0, x>0) \tag{B-21b}$$

伽马分布随机变量的平均值和标准差为

$$\mu_X = \alpha\eta, \quad \sigma_X = \sqrt{\alpha}\,\eta$$

B.1.4.9 贝塔分布

贝塔分布随机变量 X 的概率密度函数为

$$f_X(x) = \frac{\Gamma(\alpha+\beta)}{x_m \Gamma(\alpha)\Gamma(\beta)} \left(\frac{x}{x_m}\right)^{\alpha-1} \left(1-\frac{x}{x_m}\right)^{\beta-1} \quad (0 \leq x \leq x_m) \tag{B-22a}$$

式中，$\alpha>0$ 和 $\beta>0$ 为分布参数。

贝塔分布随机变量的概率分布函数为

$$F_X(x) = \frac{\Gamma(\alpha+\beta)}{x_m \Gamma(\alpha)\Gamma(\beta)} \int_0^x \left(\frac{t}{x_m}\right)^{\alpha-1} \left(1-\frac{t}{x_m}\right)^{\beta-1} dt \quad (0 \leq x \leq x_m) \tag{B-22b}$$

贝塔分布随机变量的平均值和标准差为

$$\mu_X = \frac{\alpha x_m}{\alpha+\beta}, \quad \sigma_X = x_m \sqrt{\frac{\alpha\beta}{(\alpha+\beta)^2(\alpha+\beta+1)}}$$

不同 α 和 β 时贝塔分布的概率密度曲线如图 B-15 所示。

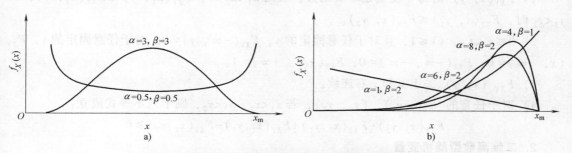

图 B-15　不同 α 和 β 值时贝塔分布的概率密度曲线

B.1.5　多维随机变量及其分布

B.1.5.1　基本概念

在实际工程结构中，某些随机试验的结果需要同时用两个或更多的随机变量来描述。例如，观测钢筋的力学性能时，就要同时考虑抗拉强度 X、冷弯度 Y 和伸长率 Z。

设 E 是一个随机试验，其样本空间 $\Omega=\{e\}$，设 $X=X(e)$ 和 $Y=Y(e)$ 是定义在 Ω 上的随

机变量，由它们构成的一个向量 (X, Y) 称为二维随机变量。二维随机变量的性质不仅与 X、Y 有关，还依赖于这两个随机变量的相互关系，因此需将 (X, Y) 作为一个整体来研究。二维随机变量的结果可以推广到 n 维的情况，下面主要阐述二维随机变量。

B.1.5.2　二维随机变量及其分布函数

1. 二维随机变量的概率分布函数

设 (X, Y) 是二维随机变量，对于任意实数 x，y，二元函数

$$F_{XY}(x, y) = P(X \leqslant x, Y \leqslant y)$$

称为二维随机变量 (X, Y) 的概率分布函数，或称为 X 与 Y 的联合概率分布函数。它表示随机事件 $X \leqslant x$ 和 $Y \leqslant y$ 同时出现的概率。

若将 (X, Y) 看作是平面上随机点的坐标，那么概率分布函数 $F_{XY}(x, y)$ 的几何意义就是随机点 (X, Y) 落在以点 (x, y) 为顶点且位于 (x, y) 左下方的无穷矩形域内的概率（见图 B-16）。因此

$$P(x_1 < X \leqslant x_2, y_1 < Y \leqslant y_2) = F_{XY}(x_2, y_2) - F_{XY}(x_2, y_1) + F_{XY}(x_1, y_1) - F_{XY}(x_1, y_2)$$

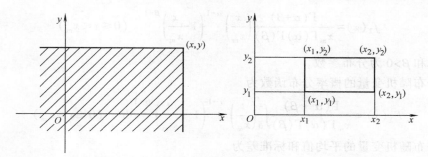

图 B-16　分布函数 $F_{XY}(x, y)$ 的几何意义

概率分布函数 $F_{XY}(x, y)$ 具有以下性质：

1) $F_{XY}(x, y)$ 对每个变量是非负函数，且当 $x_1 < x_2$ 时，$F_{XY}(x_1, y) \leqslant F_{XY}(x_2, y)$；当 $y_1 < y_2$ 时，$F_{XY}(x, y_1) \leqslant F_{XY}(x, y_2)$。

2) $0 \leqslant F_{XY}(x, y) \leqslant 1$，且对于任意固定的 y，$F_{XY}(-\infty, y) = 0$；对于任意固定的 x，$F_{XY}(x, -\infty) = 0$；$F_{XY}(-\infty, -\infty) = 0$，$F_{XY}(+\infty, +\infty) = 1$。

3) $F_{XY}(x, y)$ 关于 x 和 y 右连续。

4) 对于任意的 (x_1, y_1)、(x_2, y_2)，若 $x_1 < x_2$，$y_1 < y_2$，则下列不等式成立：

$$F_{XY}(x_2, y_2) - F_{XY}(x_2, y_1) + F_{XY}(x_1, y_1) - F_{XY}(x_1, y_2) \geqslant 0$$

2. 二维离散型随机变量

设二维离散型随机变量 (X, Y) 所有可能取值为 (x_i, y_j) $(i, j = 1, 2, \cdots)$，记 $P(X = x_i, Y = y_j) = p_{ij}(i, j = 1, 2, \cdots)$，由概率定义有

$$p_{ij} \geqslant 0, \sum_{i=1}^{+\infty} \sum_{j=1}^{+\infty} p_{ij} = 1$$

则称 $P(X = x_i, Y = y_j) = p_{ij}(i, j = 1, 2, \cdots)$ 为离散型随机变量 (X, Y) 的概率分布或分布列，或称 X 和 Y 的联合分布列。其联合概率分布函数为

$$F_{XY}(x,y) = \sum_{x_i \leqslant x, y_j \leqslant y} p_{ij}$$

如果二维离散型随机变量 (X, Y) 的分布列为

$$p_{ij} = P(X = x_i, Y = y_j) \ (i, j = 1, 2, \cdots)$$

则分别称

$$p_{i \cdot} = \sum_{j=1}^{\infty} p_{ij} = P(X = x_i) \ (i = 1, 2, \cdots)$$

$$p_{\cdot j} = \sum_{i=1}^{\infty} p_{ij} = P(Y = y_j) \ (j = 1, 2, \cdots)$$

为 (X, Y) 关于 X、Y 的边缘分布列。

设 (X, Y) 是二维离散型随机变量，对于固定的 j，若 $P(Y = y_j) > 0$，则称

$$P(X = x_i \mid Y = y_j) = \frac{P(X = x_i, Y = y_j)}{P(Y = y_j)} = \frac{p_{ij}}{p_{\cdot j}} \quad (i = 1, 2, \cdots)$$

为在 $Y = y_j$ 下 X 的条件分布列。

同理，对于固定的 i，若 $P(X = x_i) > 0$，则称

$$P(Y = y_j \mid X = x_i) = \frac{P(X = x_i, Y = y_j)}{P(X = x_i)} = \frac{p_{ij}}{p_{i \cdot}} \quad (j = 1, 2, \cdots)$$

为在 $X = x_i$ 下 Y 的条件分布列。

当 X 和 Y 相互独立时，对于 (X, Y) 的所有可能取值 (x_i, y_j) 有

$$P(X = x_i, Y = y_j) = P(X = x_i) P(Y = y_j)$$

这说明当两个随机变量 X、Y 相互独立时，可以利用其各自的概率相乘求得联合概率。

3. 二维连续型随机变量

对于二维随机变量 (X, Y) 的概率分布函数 $F_{XY}(x, y)$，如果存在非负函数 $f_{XY}(x, y)$ 使对于任意实数 x, y 有

$$F_{XY}(x, y) = \int_{-\infty}^{x} \int_{-\infty}^{y} f_{XY}(u, v) \, \mathrm{d}u \mathrm{d}v$$

则称 (X, Y) 为连续型的二维随机变量，函数 $f_{XY}(x, y)$ 称为二维随机变量的概率密度函数。

概率密度函数 $f_{XY}(x, y)$ 具有以下性质：

1) $f_{XY}(x, y) \geqslant 0$。

2) $\int_{-\infty}^{+\infty} \int_{-\infty}^{+\infty} f_{XY}(x, y) \, \mathrm{d}x \mathrm{d}y = F_{XY}(-\infty, +\infty) = 1$。

3) 若 $f_{XY}(x, y)$ 在点 (x, y) 连续，则有

$$\frac{\partial^2 F_{XY}(x, y)}{\partial x \partial y} = f_{XY}(x, y)$$

因此，在 $f_{XY}(x, y)$ 的连续点处有

$$f_{XY}(x,y) = \lim_{\substack{\Delta x \to 0 \\ \Delta y \to 0}} \frac{1}{\Delta x \Delta y} \left[F_{XY}(x+\Delta x, y+\Delta y) - F_{XY}(x+\Delta x, y) - F_{XY}(x, y+\Delta y) + F_{XY}(x,y) \right]$$

$$= \lim_{\substack{\Delta x \to 0 \\ \Delta y \to 0}} \frac{P(x < X \le x+\Delta x, y < Y \le y+\Delta y)}{\Delta x \Delta y}$$

4）设 G 是 xOy 平面上的一个区域，点 (X, Y) 落在 G 内的概率为

$$P\{(X,Y) \in G\} = \iint_G f_{XY}(x,y)\,\mathrm{d}x\mathrm{d}y$$

在 $Y=y$ 下 X 的条件概率密度函数和在 $X=x$ 下 Y 的条件概率密度函数分别为

$$\left.\begin{aligned} f_{X|Y}(x|y) &= \frac{f_{XY}(x,y)}{f_Y(y)} \\ f_{Y|X}(y|x) &= \frac{f_{XY}(x,y)}{f_X(x)} \end{aligned}\right\} \tag{B-23}$$

相应的两个条件概率分布函数为

$$\left.\begin{aligned} F_{X|Y}(x|y) &= \frac{\int_{-\infty}^{x} f_{XY}(x,y)\,\mathrm{d}x}{f_Y(y)} = \int_{-\infty}^{x} f_{X|Y}(x|y)\,\mathrm{d}x \\ F_{Y|X}(y|x) &= \frac{\int_{-\infty}^{y} f_{XY}(x,y)\,\mathrm{d}y}{f_X(x)} = \int_{-\infty}^{y} f_{Y|X}(y|x)\,\mathrm{d}y \end{aligned}\right\}$$

如果 X 和 Y 都是统计上独立的，即

$$f_{X|Y}(x|y) = f_X(x), f_{Y|X}(y|x) = f_Y(y)$$

则

$$f_{XY}(x,y) = f_X(x)f_Y(y) \tag{B-24}$$

式中，$f_X(x)$ 和 $f_Y(y)$ 分别为 (X, Y) 的边缘概率密度函数。

将式（B-24）两边积分可得

$$F_{XY}(x,y) = F_X(x)F_Y(y) \tag{B-25}$$

即

$$P(X \le x, Y \le y) = P(X \le x)P(Y \le y)$$

二维随机变量 (X, Y) 的联合概率密度函数及其相应的边缘概率密度函数如图 B-17 所示。

绝大部分情况下两个相关随机变量的概率密度函数或概率分布函数是用显式表达不出来的，只有很少情况可以表达出来。两个标准正态随机变量 Y_1 和 Y_2 的联合概率密度函数为

$$\varphi(y_1, y_2; \rho_{Y_1 Y_2}) = \frac{1}{2\pi\sqrt{1-\rho_{Y_1 Y_2}^2}} \exp\left[-\frac{y_1^2 - 2\rho_{Y_1 Y_2} y_1 y_2 + y_2^2}{2(1-\rho_{Y_1 Y_2}^2)} \right] \tag{B-26a}$$

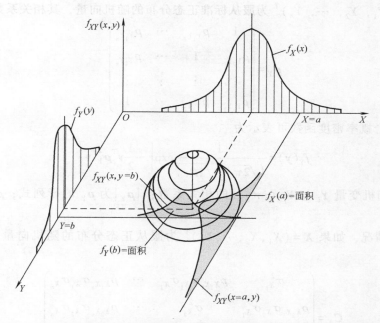

图 B-17 二维随机变量 (X, Y) 的联合概率密度函数及其相应的边缘概率密度函数

式中，$\rho_{Y_1 Y_2}$ 为 Y_1 和 Y_2 的相关系数。

图 B-18 所示为两个标准正态随机变量联合概率密度曲线的等值图。

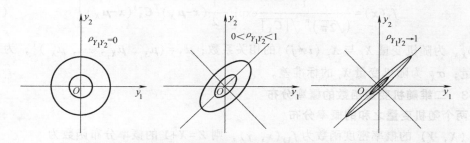

图 B-18 两个标准正态随机变量联合概率密度曲线等值图

两个非标准正态随机变量 X_1 和 X_2 的联合概率密度函数为

$$f_{X_1 X_2}(x_1, x_2; \rho_{X_1 X_2}) = \frac{1}{2\pi\sigma_{X_1}\sigma_{X_2}\sqrt{1-\rho_{X_1 X_2}^2}} \times$$

$$\exp\left\{-\frac{1}{2(1-\rho_{X_1 X_2}^2)}\left[\frac{(x_1-\mu_{X_1})^2}{\sigma_{X_1}^2} - \frac{2\rho_{X_1, X_2}(x_2-\mu_{X_1})(x_2-\mu_{X_2})}{\sigma_{X_1}\sigma_{X_2}} + \frac{(x_2-\mu_{X_2})^2}{\sigma_{X_2}^2}\right]\right\}$$

（B-26b）

4. 多维正态随机变量

式（B-26a）和式（B-26b）给出了二维标准正态随机变量和二维一般正态随机变量的概率密度函数。由于正态随机变量在工程中应用较多，下面给出多维正态随机变量和概率密度函数。

如果 $\boldsymbol{Y} = (Y_1, Y_2, \cdots, Y_n)^{\mathrm{T}}$ 为服从标准正态分布的随机向量，其相关系数矩阵为

$$\boldsymbol{\rho}_Y = \begin{pmatrix} 1 & \rho_{Y_1Y_2} & \cdots & \rho_{Y_1Y_n} \\ \rho_{Y_2Y_1} & 1 & \cdots & \rho_{Y_2Y_n} \\ \vdots & \vdots & \vdots & \vdots \\ \rho_{Y_nY_1} & \rho_{Y_nY_2} & \cdots & 1 \end{pmatrix} \qquad (\text{B-27})$$

则 $\boldsymbol{Y}$ 的联合概率密度函数可表示为

$$f_Y(\boldsymbol{y}) = \frac{1}{(\sqrt{2\pi})^n \sqrt{|\boldsymbol{\rho}_Y|}} \exp\left[-\frac{1}{2} \boldsymbol{y}^{\mathrm{T}} \boldsymbol{\rho}_Y^{-1} \boldsymbol{y} \right] \qquad (\text{B-28})$$

式中，$\rho_{Y_iY_j}$ 为随机变量 Y_i 与 Y_j $(i \neq j)$ 的相关系数；$|\boldsymbol{\rho}_Y|$ 为 $\boldsymbol{\rho}_Y$ 的行列式；$\boldsymbol{\rho}_Y^{-1}$ 为 $\boldsymbol{\rho}_Y$ 的逆矩阵。

作为一般情况，如果 $\boldsymbol{X} = (X_1, X_2, \cdots, X_n)^{\mathrm{T}}$ 为服从正态分布的随机向量，其协方差矩阵为

$$\boldsymbol{C}_X = \begin{pmatrix} \sigma_{X_1}^2 & \rho_{X_1X_2}\sigma_{X_1}\sigma_{X_2} & \cdots & \rho_{X_1X_n}\sigma_{X_1}\sigma_{X_n} \\ \rho_{X_2X_1}\sigma_{X_2}\sigma_{X_1} & \sigma_{X_2}^2 & \cdots & \rho_{X_2X_n}\sigma_{X_2}\sigma_{X_n} \\ \vdots & \vdots & \vdots & \vdots \\ \rho_{X_nX_1}\sigma_{X_n}\sigma_{X_1} & \rho_{X_nX_2}\sigma_{X_n}\sigma_{X_2} & \cdots & \sigma_{X_n} \end{pmatrix} \qquad (\text{B-29a})$$

则 $\boldsymbol{X}$ 的联合概率密度函数可表示为

$$f_X(\boldsymbol{x}) = \frac{1}{(\sqrt{2\pi})^n \sqrt{|\boldsymbol{C}_X|}} \exp\left[-\frac{1}{2} (\boldsymbol{x} - \boldsymbol{\mu}_X)^{\mathrm{T}} \boldsymbol{C}_X^{-1} (\boldsymbol{x} - \boldsymbol{\mu}_X) \right] \qquad (\text{B-29b})$$

式中，$\rho_{X_iX_j}$ 为随机变量 X_i 与 X_j $(i \neq j)$ 的相关系数；$\boldsymbol{\mu}_X = (\mu_{X_1}, \mu_{X_2}, \cdots, \mu_{X_n})^{\mathrm{T}}$，为 $\boldsymbol{X}$ 的平均值向量；σ_{X_i} 为随机变量 X_i 的标准差。

B.1.5.3　二维随机变量函数的概率分布

1. 两个随机变量之和的概率分布

设 (X, Y) 的概率密度函数为 $f_{XY}(x, y)$，则 $Z = X + Y$ 的概率分布函数为

$$F_Z(z) = P(Z \leqslant z) = P(X + Y \leqslant z) = \iint\limits_{x+y \leqslant z} f_{XY}(x,y)\,\mathrm{d}x\mathrm{d}y = \int_{-\infty}^{+\infty} \mathrm{d}x \int_{-\infty}^{z-x} f_{XY}(x,y)\,\mathrm{d}y$$

或

$$F_Z(z) = \int_{-\infty}^{+\infty} \mathrm{d}y \int_{-\infty}^{z-y} f_{XY}(x,y)\,\mathrm{d}x$$

Z 的概率密度函数为

$$f_Z(z) = \int_{-\infty}^{+\infty} f_{XY}(x, z-x)\,\mathrm{d}x$$

由于 X 和 Y 的对称性，也可写为

$$f_Z(z) = \int_{-\infty}^{+\infty} f_{XY}(z-y, y)\,\mathrm{d}y$$

当 X 和 Y 相互独立时，对于所有 x、y 有 $f_{XY}(x,y) = f_X(x)f_Y(y)$，代入上面的公式得

$$f_Z(z) = \int_{-\infty}^{+\infty} f_X(x)f_Y(z-x)\,\mathrm{d}x$$

$$f_Z(z) = \int_{-\infty}^{+\infty} f_X(z-y)f_Y(y)\,\mathrm{d}y$$

上面两个公式称为卷积公式，记为 $f_X * f_Y$。

2. 随机变量函数 $Z=g(X, Y)$ 的概率分布

设 (X, Y) 的概率密度为 $f_{XY}(x, y)$，Z 为随机变量 (X, Y) 的函数，即 $Z=g(X, Y)$，则 Z 的概率分布函数为

$$F_Z(z) = P(Z \leqslant z) = P\{g(X,Y) \leqslant z\} = \iint_{g(x,y) \leqslant z} f_{XY}(x,y)\,\mathrm{d}x\mathrm{d}y$$

常用的随机变量的函数有 $Z=X\pm Y$、$Z=X\cdot Y$、$Z=X/Y$ 等。

3. $X_{\max}=\max(X_1, X_2)$ 和 $X_{\min}=\min(X_1, X_2)$ 的概率分布

设 X_1 和 X_2 是相互独立的随机变量，其概率分布函数分别为 $F_{X_1}(x)$、$F_{X_2}(x)$。由于

$$P(X_{\max} \leqslant x) = P(X_1 \leqslant x, X_2 \leqslant x)$$

得到 $X_{\max}=\max(X_1, X_2)$ 的概率分布函数为

$$F_{X_{\max}}(x) = P(X_{\max} \leqslant x) = P(X_1 \leqslant x, X_2 \leqslant x) = P(X_1 \leqslant x)P(X_2 \leqslant x) = F_{X_1}(x)F_{X_2}(x)$$

同样可得 $X_{\min}=\min(X_1, X_2)$ 的概率分布函数为

$$\begin{aligned} F_{X_{\min}}(x) &= P(X_{\min} \leqslant x) = 1-P(X_{\min}>x) = 1-P(X_1>x, X_2>x) \\ &= 1-P(X_1>x)P(X_2>x) \\ &= 1-[1-F_{X_1}(x)][1-F_{X_2}(x)] \end{aligned}$$

可将上述结果推广到 n 个随机变量的情况。

设 X_1, X_2, $\cdots$, X_n 是 n 个相互独立的随机变量，其概率分布函数分别为 $F_{X_1}(x_1)$, $F_{X_2}(x_2)$, $\cdots$, $F_{X_n}(x_n)$，则 $X_{\max}=\max(X_1, X_2, \cdots, X_n)$ 和 $X_{\min}=\min(X_1, X_2, \cdots, X_n)$ 的概率分布函数分别为

$$F_{X_{\max}}(x) = F_{X_1}(x)F_{X_2}(x)\cdots F_{X_n}(x) = \prod_{i=1}^{n} F_{X_i}(x)$$

$$F_{X_{\min}}(x) = 1 - [1-F_{X_1}(x)][1-F_{X_2}(x)]\cdots[1-F_{X_n}(x)] = 1 - \prod_{i=1}^{n}[1-F_{X_i}(x)]$$

特别当 X_1, X_2, $\cdots$, X_n 独立同分布时，设共同的概率分布函数为 $F_X(x)$，则有

$$F_{X_{\max}}(x) = [F_X(x)]^n \tag{B-30a}$$

$$F_{X_{\min}}(x) = 1-[1-F_X(x)]^n \tag{B-30b}$$

随机变量极大值、极小值分布在许多实际工程问题中有着重要应用。例如，在工程结构可靠度分析中，一般认为可变荷载（楼面活荷载和风、雪荷载等）服从极值 I 型分布，而极值 I 型分布就是用极大值分布在一些假定条件下推导得出的。

B.1.5.4 二维随机变量的数字特征

1. 数学期望和方差

设 (X, Y) 的联合概率密度函数为 $f_{XY}(x, y)$，则数学期望和方差分别为

$$\mu_X = E(X) = \int_{-\infty}^{+\infty} x f_X(x) \mathrm{d}x = \int_{-\infty}^{+\infty} \int_{-\infty}^{+\infty} x f_{XY}(x,y) \mathrm{d}x \mathrm{d}y$$

$$\mu_Y = E(Y) = \int_{-\infty}^{+\infty} y f_Y(y) \mathrm{d}y = \int_{-\infty}^{+\infty} \int_{-\infty}^{+\infty} y f_{XY}(x,y) \mathrm{d}x \mathrm{d}y$$

$$\sigma_X^2 = D(X) = \int_{-\infty}^{+\infty} [x - E(X)]^2 f_X(x) \mathrm{d}x = \int_{-\infty}^{+\infty} \int_{-\infty}^{+\infty} [x - E(X)]^2 f_{XY}(x,y) \mathrm{d}x \mathrm{d}y$$

$$\sigma_Y^2 = D(Y) = \int_{-\infty}^{+\infty} [y - E(Y)]^2 f_Y(y) \mathrm{d}y = \int_{-\infty}^{+\infty} \int_{-\infty}^{+\infty} [y - E(Y)]^2 f_{XY}(x,y) \mathrm{d}x \mathrm{d}y$$

2. 二维随机变量(X, Y)的函数$g(X, Y)$的数学期望

设 $Z = g(X, Y)$，而 (X, Y) 为连续型随机变量，具有联合概率密度函数 $f_{XY}(x, y)$，如果积分

$$\int_{-\infty}^{+\infty} \int_{-\infty}^{+\infty} g(x,y) f_{XY}(x,y) \mathrm{d}x \mathrm{d}y$$

绝对收敛，则称此积分为 $Z = g(X, Y)$ 的数学期望，即

$$E[g(X,Y)] = \int_{-\infty}^{+\infty} \int_{-\infty}^{+\infty} g(x,y) f_{XY}(x,y) \mathrm{d}x \mathrm{d}y$$

3. 二维随机变量的协方差和相关系数

对于随机变量 X 和 Y，若 $E\{[X-E(X)][Y-E(Y)]\}$ 存在，则称其为 X 和 Y 的协方差，记为 $\mathrm{Cov}(X, Y)$ 或简写为 $C(X, Y)$。

对于离散型随机变量，协方差为

$$C(X,Y) = \sum_{i=1}^{\infty} \sum_{j=1}^{\infty} [x_i - E(X)][y_i - E(Y)] p_{ij}$$

式中，p_{ij} $(i=1, 2, \cdots; j=1, 2, \cdots)$ 为 X 和 Y 的联合概率分布或分布列。

对于连续型随机变量，协方差为

$$C(X,Y) = \int_{-\infty}^{+\infty} \int_{-\infty}^{+\infty} [x - E(X)][y - E(Y)] f_{XY}(x,y) \mathrm{d}x \mathrm{d}y$$

式中，$f_{XY}(x, y)$ 为 X 和 Y 联合的概率密度函数。

协方差的性质：

1）$C(X,Y) = C(Y,X)$。

2）$C(aX,bY) = abC(X,Y)$，（a、b 是常数）。

3）$C(X_1+X_2,Y) = C(X_1,Y) + C(X_2,Y)$。

X 和 Y 的相关系数定义为

$$\rho_{XY} = \frac{C(X,Y)}{\sigma_X \sigma_Y} \quad (-1 \leq \rho_{XY} \leq 1)$$

相关系数 ρ_{XY} 为归一化的协方差，表示了两个随机变量的线性相关关系。当 $\rho_{XY} = 0$ 时表

示 X 和 Y 不相关，当 $-1 < \rho_{XY} < 0$ 时表示 X 和 Y 负相关，当 $0 < \rho_{XY} < 1$ 时表示 X 和 Y 正相关，当 $\rho_{XY} = \pm 1$ 时表示 X 和 Y 完全负相关和正相关。除此之外，还需注意下面两个随机变量相关性的概念：

1）线性相关系数描述了两个随机变量的线性关系，除此之外还有两个随机变量间的非线性相关系数（类似于一个随机变量的高阶矩），但工程中一般考虑线性相关关系就足够了。对于两个或两个以上正态随机变量的情况，两两随机变量间的线性相关系数构成的相关系数矩阵完全描述了全部随机变量的线性相关性。

2）一般情况下，两个随机变量不相关并不意味着两个随机变量是相互独立的，对于正态随机变量不相关和独立是等同的。

B.1.5.5 非正态随机变量相关系数的变换

结构可靠度计算是以正态分布为基础的，对于非正态随机变量，需变换或当量正态化为正态随机变量。如果随机变量是相关的，需考虑随机变量的相关性，且要将非正态随机变量的相关系数变换为正态随机变量的相关系数。下面介绍变换的方法。

对于非正态随机变量 X_1 和 X_2，假定其相关系数为 $\rho_{X_1 X_2}$，边缘概率分布函数为 $F_{X_1}(x_1)$ 和 $F_{X_2}(x_2)$。按照等概率原则，可以将 X_1 和 X_2 变换为标准正态随机变量 Y_1 和 Y_2，即

$$X_1 = F_{X_1}^{-1}\left[\Phi(Y_1)\right], \quad X_2 = F_{X_2}^{-1}\left[\Phi(Y_2)\right]$$

假定 Y_1 和 Y_2 的相关系数为 $\rho_{Y_1 Y_2}$，其概率密度函数为式（B-28a），则 $\rho_{X_1 X_2}$ 与 $\rho_{Y_1 Y_2}$ 的关系为

$$
\begin{aligned}
\rho_{X_1 X_2} &= \int_{-\infty}^{+\infty}\int_{-\infty}^{+\infty} \frac{(x_1 - \mu_{X_1})(x_2 - \mu_{X_2})}{\sigma_{X_1}\sigma_{X_2}} \varphi(y_1;\ y_2;\ \rho_{Y_1 Y_2})\mathrm{d}y_1\mathrm{d}y_2 \\
&= \int_{-\infty}^{+\infty}\int_{-\infty}^{+\infty} \frac{\left\{F_{X_1}^{-1}\left[\Phi(y_1)\right] - \mu_{X_1}\right\}\left\{F_{X_2}^{-1}\left[\Phi(y_2)\right] - \mu_{X_2}\right\}}{\sigma_{X_1}\sigma_{X_2}} \varphi(y_1,\ y_2;\ \rho_{Y_1 Y_2})\mathrm{d}y_1\mathrm{d}y_2
\end{aligned}
\tag{B-31a}
$$

当 X_1 服从正态分布、X_2 服从对数正态分布时，由式（B-31a）得

$$\rho_{Y_1 Y_2} = \frac{\rho_{X_1 X_2}\delta_{X_2}}{\sqrt{\ln(1 + \delta_{X_2}^2)}} \tag{B-31b}$$

式中，δ_{X_2} 为随机变量 X_2 的变异系数。

当 X_1 和 X_2 均服从对数正态分布时，由式（B-31a）得

$$\rho_{Y_1 Y_2} = \frac{\ln(1 + \rho_{X_1 X_2}\delta_{X_1}\delta_{X_2})}{\sqrt{\ln(1 + \delta_{X_1}^2)\ln(1 + \delta_{X_2}^2)}} \tag{B-31c}$$

如果 $\delta_{X_1} \leqslant 0.3$，$\delta_{X_2} \leqslant 0.3$，则有

$$\sqrt{\ln(1 + \delta_{X_i}^2)} \approx \delta_{X_i},\ \sqrt{\ln(1 + \delta_{X_j}^2)} \approx \delta_{X_j},\ \ln(1 + \rho_{X_i X_j}\delta_{X_i}\delta_{X_j}) \approx \rho_{X_i X_j}\delta_{X_i}\delta_{X_j}$$

从而

$$\rho_{X_i,\ln X_j} \approx \rho_{X_i X_j} \quad \rho_{\ln X_i,\ln X_j} \approx \rho_{X_i X_j}(i \neq j)$$

对于其他非对数正态随机变量的情况，可对式（B-31）采用级数展开的方法求近似值。

B.1.5.6 随机变量函数的数字特征

在工程结构中，往往已知多个变量 X_1，X_2，$\cdots$，X_n 的值，求由这些变量构成的函数的值，即

$$Y = h(X_1, X_2, \cdots, X_n) \tag{B-32}$$

如果变量 X_1，X_2，$\cdots$，X_n 是相互独立的随机变量，其概率密度函数为 $f_{X_1}(x_1)$，$f_{X_2}(x_2)$，$\cdots$，$f_{X_n}(x_n)$，则需要求 Y 的概率分布函数。

按照概率论，Y 的概率分布函数按下式计算

$$F_Y(y) = P(Y < y) = \int\int_{Y<y} \cdots \int f_{X_1}(x_1) f_{X_2}(x_2) \cdots f_{X_n}(x_n) \, dx_1 dx_2 \cdots dx_n \tag{B-33}$$

一般情况下，由上式确定 Y 的概率分布的解析表达式是困难的，工程中往往转求 Y 的数字特征。Y 的平均值和方差按下列公式计算

$$\mu_Y = E(Y) = \int\int \cdots \int h(x_1, x_2, \cdots, x_n) f_{X_1}(x_1) f_{X_2}(x_2) \cdots f_{X_n}(x_n) \, dx_1 dx_2 \cdots dx_n \tag{B-34a}$$

$$\sigma_Y^2 = E(Y - \mu_Y)^2 = \int\int \cdots \int [h(x_1, x_2, \cdots, x_n) - \mu_Y]^2 f_{X_1}(x_1) f_{X_2}(x_2) \cdots f_{X_n}(x_n) \, dx_1 dx_2 \cdots dx_n \tag{B-34b}$$

相比于按式（B-33）求 Y 的概率分布函数，按式（B-34a）和式（B-34b）求 Y 的平均值和方差要简单（至少可求平均值和方差的具体值，而式（B-33）一般没有解析解），但仍需进行复杂的数值计算，随机变量较多时计算量很大，为此工程中往往采用近似方法计算。

假设随机变量 X_1，X_2，$\cdots$，X_n 的平均值为 μ_{X_1}，μ_{X_2}，$\cdots$，μ_{X_n}，标准差为 σ_{X_1}，σ_{X_2}，$\cdots$，σ_{X_n}，将式（B-32）在 X_1，X_2，$\cdots$，X_n 的平均值处进行泰勒级数展开，并保留至一次项得

$$Y \approx Y_L = h(\mu_{X_1}, \mu_{X_2}, \cdots, \mu_{X_n}) + \sum_{i=1}^{n} \frac{\partial h}{\partial X_i} \bigg|_{\mu_X} (X_i - \mu_{X_i})$$

Y 的平均值可用下式估算

$$\mu_Y = E(Y) \approx E(Y_L) = h(\mu_{X_1}, \mu_{X_2}, \cdots, \mu_{X_n}) + E\left[\sum_{i=1}^{n} \frac{\partial h}{\partial X_i} \bigg|_{\mu_X} (X_i - \mu_{X_i}) \right]$$

$$= h(\mu_{X_1}, \mu_{X_2}, \cdots, \mu_{X_n}) + \sum_{i=1}^{n} \frac{\partial h}{\partial X_i} \bigg|_{\mu_X} E(X_i - \mu_{X_i})$$

$$= h(\mu_{X_1}, \mu_{X_2}, \cdots, \mu_{X_n}) + \sum_{i=1}^{n} \frac{\partial h}{\partial X_i} \bigg|_{\mu_X} (EX_i - \mu_{X_i})$$

$$= h(\mu_{X_1}, \mu_{X_2}, \cdots, \mu_{X_n}) \tag{B-35}$$

Y 的方差可用下式估算

$$\sigma_Y^2 \approx E(Y - \mu_Y)^2 = E\left[\sum_{i=1}^{n} \frac{\partial h}{\partial X_i} \bigg|_{\mu_X} (X_i - \mu_{X_i}) \right]^2$$

$$= E\left[\sum_{i=1}^{n} \frac{\partial h}{\partial X_i} \bigg|_{\mu_X} (X_i - \mu_{X_i}) = \sum_{j=1}^{n} \frac{\partial h}{\partial X_j} \bigg|_{\mu_X} (X_j - \mu_{X_j}) \right.$$

$$= E\left[\sum_{i=1}^{n}\frac{\partial h}{\partial X_i}\bigg|_{\mu_x}\sum_{j=1}^{n}\frac{\partial h}{\partial X_j}\bigg|_{\mu_x}(X_i-\mu_{X_i})(X_j-\mu_{X_j})\right]$$

$$= \sum_{i=1}^{n}\frac{\partial h}{\partial X_i}\bigg|_{\mu_x}\sum_{j=1}^{n}\frac{\partial h}{\partial X_j}\bigg|_{\mu_x}E\left[(X_i-\mu_{X_i})(X_j-\mu_{X_j})\right]$$

$$= \sum_{i=1}^{n}\left(\frac{\partial h}{\partial X_i}\bigg|_{\mu_x}\right)^2 E(X_i-\mu_{X_i})^2 = \sum_{i=1}^{n}\left(\frac{\partial h}{\partial X_i}\bigg|_{\mu_x}\sigma_{X_i}\right)^2$$

式中，$\frac{\partial h}{\partial X_i}\bigg|_{\mu_x}$ 为函数 $h(\cdot)$ 的导数在平均值 $\mu_{X_1}, \mu_{X_2}, \cdots, \mu_{X_n}$ 处的值。

Y 的标准差为

$$\sigma_Y \approx \sqrt{\sum_{i=1}^{n}\left(\frac{\partial h}{\partial X_i}\bigg|_{\mu_x}\sigma_{X_i}\right)^2} \tag{B-36a}$$

如果基本随机变量 X_1，X_2，$\cdots$，X_n 是相关的，$\rho_{X_iX_j}$ 为 X_i 和 X_j 间的线性相关系数，则 Y 的平均值仍为式（B-35），标准差按下式近似计算

$$\sigma_Y \approx \sqrt{\sum_{i=1}^{n}\sum_{j=1}^{n}\left(\frac{\partial h}{\partial X_i}\bigg|_{\mu_x}\frac{\partial h}{\partial X_j}\bigg|_{\mu_x}\sigma_{X_i}\rho_{X_iX_j}\sigma_{X_j}\right)} \tag{B-36b}$$

当 $i=j$ 时，$\rho_{X_iX_j}=1$。

B.2 数理统计

B.2.1 概述

统计学是用科学的方法收集、整理、汇总、描述和分析统计数据，并在此基础上进行统计推断和决策的方法论科学；数理统计是以概率论为基础的，但又为概率论提供支撑。数理统计学研究的基本内容是数据收集和统计推断，即研究怎样有效地收集和使用带有随机性的数据，然后以一定概率得出结论，做出推断、决策和预测。

统计学主要有两大分支：描述统计学和推断统计学。描述统计学是研究对数据的收集、整理、汇总、显示、分析和对数据数量特征描述的方法，描述统计主要包含图形描述和数量特征描述。推断统计学是研究从总体中抽取随机样本，利用样本提供的信息或利用随机试验产生的数据对总体进行推断的方法。

B.2.2 基本概念

所研究对象的全体组成的集合称为总体，它是所考虑元素总数的一般统计术语，如某一时期内特定条件下的所有混凝土强度组成的集合，某地区全体大学生身高组成的集合，一批灯泡的寿命组成的集合等。组成总体的每个元素称为个体，如研究某批钢筋的抗拉强度时，该批钢筋的全体就组成了总体，而每根钢筋就是个体。

总体 X 中的任何一个子集合称为从总体中抽取的样本。样本中包含个体的数目称为样本容量，通常记为 n。设 X_1，X_2，$\cdots$，X_n 是总体 X 的一个样本，其容量为 n。当样本已经

抽定后，该样本是一组具体数字，称它为样本观察值；当样本尚未具体抽定时，这个样本是一组随机变量 X_1，X_2，$\cdots$，X_n，其中每个 X_i（$i=1$，2，$\cdots$，n）可以看成是与 X 有相同分布的随机变量。如果每次取样是独立进行的，则 X_i 相互独立。

设 X_1，X_2，$\cdots$，X_n 是从总体中抽取的一个样本，x_1，x_2，$\cdots$，x_n 是其一个观察值，将观察值自小到大进行排列，得到 $x_1^* \leqslant x_2^* \leqslant \cdots \leqslant x_n^*$。当 X_1，X_2，$\cdots$，X_n 取值为 x_1，x_2，$\cdots$，x_n 时，定义 $X_k^{(n)}$（$1 \leqslant k \leqslant n$）取值为 x_k^*，称由此得到的 $X_1^{(n)}$，$X_2^{(n)}$，$\cdots$，$X_n^{(n)}$ 为 X_1，X_2，$\cdots$，X_n 的一组顺序统计量。记

$$F_n^*(x) = \begin{cases} 0 & x \leqslant x_1^* \\ \dfrac{k}{n} & x_1^* < x \leqslant x_{k+1}^* \\ 1 & x > x_n^* \end{cases}$$

显然 $0 \leqslant F_n^*(x) \leqslant 1$ 且为一个非减左连续函数，称为经验分布函数。

对样本进行统计计算得到的量称为样本统计量，显然样本统计量也是随机变量。常用的统计量有样本平均值 $\overline{X}$ 和样本方差 S^2，即

$$\overline{X} = \frac{1}{n} \sum_{i=1}^{n} X_i, \quad S^2 = \frac{1}{n-1} \sum_{i=1}^{n} (X_i - \overline{X})^2$$

S^2 的算术平方根 S 称为样本标准差或样本均方差。

样本的 k 阶矩 A_k 和 k 阶中心矩 B_k 为

$$A_k = \frac{1}{n} \sum_{i=1}^{n} X_i^k, \quad B_k = \frac{1}{n} \sum_{i=1}^{n} (X_i - \overline{X})^k$$

描述样本相对离散的一个重要特性是变异系数 δ，定义为标准差与平均值的比值

$$\delta = \frac{S}{\overline{X}}$$

变异系数 δ 仅当平均值不等于 0 时才有效。当平均值接近 0 时，应采用标准差来度量离散性。

设 (X_1, Y_1)，(X_2, Y_2)，$\cdots$，(X_n, Y_n) 是来自二维总体 (X, Y) 的一个容量为 n 的样本，其平均值和方差为

$$\overline{X} = \frac{1}{n} \sum_{i=1}^{n} X_i, \quad S_1^2 = \frac{1}{n-1} \sum_{i=1}^{n} (X_i - \overline{X})^2$$

$$\overline{Y} = \frac{1}{n} \sum_{i=1}^{n} Y_i, \quad S_2^2 = \frac{1}{n-1} \sum_{i=1}^{n} (Y_i - \overline{Y})^2$$

则称

$$S_{12} = \frac{1}{n-1} \sum_{i=1}^{n} (X_i - \overline{X})(Y_i - \overline{Y})$$

为二维样本的协方差。而称

$$R = \frac{S_{12}}{S_1 S_2} = \frac{\sum_{i=1}^{n} (X_i - \overline{X})(Y_i - \overline{Y})}{\sqrt{\sum_{i=1}^{n} (X_i - \overline{X})^2 \sum_{i=1}^{n} (Y_i - \overline{Y})^2}}$$

为二维样本的相关系数。

已知土的内摩擦角 φ 和黏聚力 c 是负相关的，假定 φ 的概率密度函数为式（5-47）的形式，c 服从对数正态分布，φ 与 c 的相关系数为 $\rho_{c,\varphi} = -0.6$，图 B-19 为文献［68］采用蒙特卡洛方法模拟 10000 次得到的 φ 与 c 的散点图。

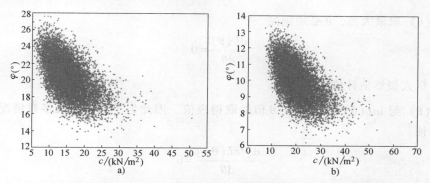

图 B-19　蒙特卡洛随机抽样产生的内摩擦角与土黏聚力的散点图
a）粉土　b）黏土

B.2.3　统计参数估计

随机变量统计参数的估计有多种方法，本节介绍常用的两种方法——矩估计法和极大似然估计法。

B.2.3.1　矩估计法

矩估计法是一种古典的参数估计方法，它是以样本各阶矩作为总体相应矩的估计量。设 $(x_1, x_2, \cdots, x_n)$ 为总体 X 的一组样本观察值，其任意 k 阶原点矩 A_k 的矩估计量为

$$\hat{A}_k = \frac{1}{n} \sum_{i=1}^{n} x_i^k$$

总体 k 阶中心矩 B_k 的矩估计量为

$$\hat{B}_k = \frac{1}{n} \sum_{i=1}^{n} (x_i - \overline{X})^k$$

最常用的总体参数是平均值 μ_X（一阶原点矩）和方差 σ_X^2（二阶中心矩），它们的矩估计量分别为

$$\overline{x} = \hat{\mu}_X = \hat{A}_1 = \frac{1}{n} \sum_{i=1}^{n} x_i$$

$$s^2 = \hat{\sigma}_X^2 = \hat{B}_2 = \frac{1}{n} \sum_{i=1}^{n} (x_i - \overline{X})^2$$

B.2.3.2 极大似然估计法

设总体 X 的概率密度函数为 $f_X(x, \theta)$，θ 为未知参数，其样本的联合密度函数为 $\prod\limits_{i=1}^{n} f_X(x_i, \theta)$。确定 θ 后，与该函数最大值相应的一组样本取值 $(x_1, x_2, \cdots, x_n)$ 是所有取值组中可能性最大的，此即最大似然法的估计准则，它按照所得的样本观察值 $(x_1, x_2, \cdots, x_n)$ 使该函数达到最大来确定参数 θ 的估计值。

定义似然函数 $L(\theta)$ 为

$$L(\theta) = \prod_{i=1}^{n} f_X(x_i, \theta)$$

要使 $L(\theta)$ 取最大值，θ 必须满足

$$\frac{\mathrm{d}L(\theta)}{\mathrm{d}\theta} = 0$$

由上式解得极大似然估计值 $\hat{\theta}$。

由于 $L(\theta)$ 与 $\ln L(\theta)$ 是在同一 θ 值处取得极值，因此为了简便，大多数情况下 $\hat{\theta}$ 按下式求解更方便

$$\frac{\mathrm{d}[\ln L(\theta)]}{\mathrm{d}\theta} = 0$$

确定多个参数的原则与此相同。

B.2.4 统计量的分布

统计量的分布又称为样本分布或抽样分布。下面给出几种总体为正态分布时常用统计量的分布。

B.2.4.1 样本平均值的分布

设样本 $X_1, \cdots, X_n$ 来自正态总体 $X \sim N(\mu_X, \sigma_X^2)$，则样本平均值 $\overline{X} = \dfrac{1}{n}\sum\limits_{i=1}^{n} X_i$ 也服从正态分布，且其数学期望和方差为

$$E(\overline{X}) = \mu_X, \quad D(\overline{X}) = \frac{\sigma_X^2}{n} \tag{B-37}$$

即

$$\overline{X} \sim N\!\left(\mu_X, \frac{\sigma_X^2}{n}\right)$$

B.2.4.2 χ^2 分布

设随机变量 $X_1, \cdots, X_n$ 相互独立，且都服从标准正态分布 $N(0, 1)$，它们的平方和为

$$\chi^2 = X_1^2 + X_2^2 + \cdots + X_n^2$$

则 χ^2 服从自由度为 n 的 χ^2 分布，记作 $\chi^2 \sim \chi^2(n)$。其概率密度函数为

$$f_{\chi^2}(x; n) = \frac{1}{2^{n/2}\Gamma(n/2)} x^{\frac{n}{2}-1} \mathrm{e}^{-\frac{x}{2}} \quad (x \geqslant 0) \tag{B-38}$$

χ^2 分布的期望值和方差为

$$E[\chi^2(n)] = n, \; D[\chi^2(n)] = 2n$$

χ^2 分布的概率密度曲线如图 B-20 所示。

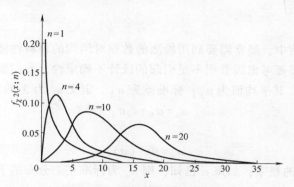

图 B-20　χ^2 分布的概率密度曲线

B.2.4.3　t 分布

设随机变量 $X \sim N(0, 1)$，$Y \sim \chi^2(n)$，且 X 与 Y 相互独立，则

$$T = \frac{X}{\sqrt{Y/n}} \tag{B-39}$$

服从自由度为 n 的 t 分布，记作 $t \sim t(n)$。其概率密度函数为

$$f_T(t;n) = \frac{\Gamma\left(\dfrac{n+1}{2}\right)}{\sqrt{n\pi}\,\Gamma\left(\dfrac{n}{2}\right)}\left(1 + \frac{t^2}{n}\right)^{-(n+1)/2} \quad (-\infty < t < +\infty) \tag{B-40a}$$

t 分布的概率密度曲线如图 B-21 所示。

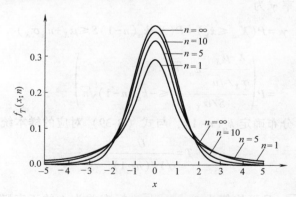

图 B-21　t 分布的概率密度曲线

t 分布的期望值和方差为

$$E[T(n)] = 0, \; D[T(n)] = \frac{n}{n-2} \; (n > 2)$$

如果随机变量 $X \sim N(\mu_X, \sigma_X^2)$，$Y \sim \chi^2(n)$，且 X 与 Y 相互独立，则 T 服从参数 $\delta = \mu_X/\sigma_X$、自由度为 n 的非中心 t 分布。非中心 t 分布的概率密度函数为

$$f_T(t;n,\delta) = \frac{n^{n/2}}{\sqrt{\pi}\,\Gamma\left(\dfrac{n}{2}\right)} \frac{e^{-\delta^2/2}}{(n+t^2)^{(n+1)/2}} \sum_{i=0}^{+\infty} \Gamma\left(\frac{n+i+1}{2}\right) \frac{(\delta t)^i}{i!} \left(\frac{2}{n+t^2}\right)^{i/2} \quad (-\infty < t < +\infty)$$

（B-40b）

在结构可靠性评估中，经常需要利用检测的数据对结构的材料性能和构件承载力进行推断，由于数据有限，需要考虑因数据不足引起的统计不确定性，此时要用到非中心 t 分布。

设 X 为正态分布，其平均值为 μ_X，标准差为 σ_X。定义 x_k 为 X 的特征值

$$x_k = \mu_X + u_\alpha \sigma_X$$

其中

$$u_\alpha = \Phi^{-1}(\alpha)$$

式中，α 为 X 小于 x_k 的概率；如果 α 已知，则 u_α 为标准正态分布的下侧分位数。

如果 μ_X 和 σ_X 未知，对 X 进行抽样，得到其样本的平均值 $\bar{x}$ 和方差 s^2，则特征值 x_k 可按下式估计

$$\hat{x}_k = \bar{x} + u_\alpha s$$

$\hat{x}_k$ 为随机变量 X_k 的实现，X_k 可表示为。

$$X_k = \bar{X} + u_\alpha S$$

由于 X_k 实际上是一个随机变量，一般希望使用 $X_{s\alpha}$ 作为 X_k 的估计值，使 $X_{s\alpha}$ 小于 x_k 的概率为 γ，这一概率称为置信度或置信水平。显然，$\gamma = 0.5$ 时 $X_{s\alpha}$ 接近于 X_k，γ 较大时 $X_{s\alpha}$ 小于 X_k。$X_{s\alpha}$ 表示为

$$X_{s\alpha} = \bar{X} + k_\alpha(n-1)S$$

$X_{s\alpha}$ 的实现为

$$\hat{x}_{s\alpha} = \bar{x} + k_\alpha(n-1)s$$

这样 $X_{s\alpha} \leqslant x_k$ 的概率 γ 为

$$\gamma = P(X_{s\alpha} \leqslant x_k) = P(\bar{X} + k_\alpha(n-1)S \leqslant \mu_X + u_\alpha \sigma_X)$$

$$= P\left(\frac{\dfrac{\bar{X} - \mu_X}{\sigma_X/\sqrt{n}} - u_\alpha\sqrt{n}}{S/\sigma_X} \leqslant -k_\alpha(n-1)\sqrt{n}\right)$$

需要利用非中心 t 分布确定 $k_\alpha(n-1)$，与式（B-39）对应的样本统计量随机变量 T 为

$$T = \frac{U}{\sqrt{Y/(n-1)}}$$

（B-41）

式中，$U = \dfrac{\bar{X} - \mu}{\sigma_X/\sqrt{n}} - u_\alpha\sqrt{n}$，是平均值为 $\delta = -u_\alpha\sqrt{n}$、标准差为 1 的正态随机变量；$Y = S/\sigma_X$ 服从自由度为 $n-1$ 的 χ^2 分布。

这样，$-k_\alpha(n-1)$ 按式（B-40b）表示的概率密度函数积分确定，具体可参考文献 [144]。表 5-5 给出了 $\alpha = 0.05$、置信水平 $\gamma = 0.90$、0.75 和 0.60 时的 k_α 值。

B.2.4.4　F分布

设随机变量 $X \sim \chi^2(n_1)$，$Y \sim \chi^2(n_2)$，且 X、Y 相互独立，则

$$F = \frac{X/n_1}{Y/n_2} \qquad (\text{B-42})$$

服从自由度为 (n_1, n_2) 的 F 分布，记作 $F \sim F(n_1, n_2)$，其概率密度函数为

$$f_F(x; n_1, n_2) = \frac{\Gamma[(n_1+n_2)/2]}{\Gamma(n_1/2)\Gamma(n_2/2)} \left(\frac{n_1}{n_2}\right)\left(\frac{n_1}{n_2}x\right)^{\frac{n_1}{2}-1}\left(1+\frac{n_1}{n_2}x\right)^{-\frac{n_1+n_2}{2}} \qquad (x \geq 0) \qquad (\text{B-43})$$

F 的期望值和方差为

$$E[F(n_1, n_2)] = \frac{n_2}{n_2-2} \quad (n_2 > 2)$$

$$D[F(n_1, n_2)] = \left(\frac{n_2}{n_2-2}\right)^2 \cdot \frac{2(n_1+n_2-2)}{n_1(n_2-4)} \quad (n_2 > 4)$$

F 分布的概率密度曲线如图 B-22 所示。

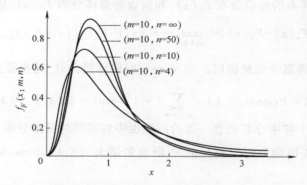

图 B-22　F 分布的概率密度曲线

B. 2. 5　统计假设检验

假设检验有两种情况：一种是事先假定总体分布族可以由有限个参数确定，要检验参数的真实值或取值范围，称为参数假设检验；另一种是事先不假定总体分布族，要检验总体是否服从某一个指定的分布或属于某一个分布族，称为非参数假设检验或分布假设检验。结构概率分析中经常要用到分布假设检验，所以这里对分布假设检验中较常用的 χ^2 检验和 K-S 检验做简要介绍。

B. 2. 5. 1　χ^2 检验

设 $(x_1, x_2, \cdots, x_n)$ 是取自总体的一个容量为 n 的样本观察值，根据样本观察值的范围，将数轴分成 m 个区间（一般为 7～14 个），并且每个区间内 x_i 的数目平均不少于 5 个。记 ν_k 为第 k 个区间 (a_{k-1}, a_k) 内的样本频数，则 ν_k/n 表示样本落在该区间的频率。

设 p_k 是按假设 H_0 确定的分布函数 $F_X(x)$ 计算的概率，即

$$p_k = P(a_{k-1} < x \leq a_k) = F_X(a_k) - F_X(a_{k-1})$$

这样，差值 $(\nu_k/n - p_k)$ 就表示在第 k 个区间内样本频率与相应的按 $F_X(x)$ 计算的概率

之间的偏差。统计量 $\chi^2 = \sum_{k=1}^{m} C_k (\nu_k/n - p_k)^2$ 能很好地反映总的偏差。可以证明，当 $C_k = n/p_k$ 且 $n \to +\infty$ 时，χ^2 与 $F_X(x)$ 的形式无关，所得的总偏差统计量

$$\chi^2 = \sum_{k=1}^{m} \frac{(\nu_k - np_k)^2}{np_k} \tag{B-44}$$

的分布趋于服从参数为 $m-r-1$ 的 χ^2 分布。因此，当 n 比较大时，就可以利用统计量 χ^2 来检验所假设的分布，其中 r 为分布函数 $F_X(x)$ 中用样本估计的参数的数目，具体方法是假定随机变量的总体分布 $F_X(x)$，对于给定的置信水平 α，确定 $\chi^2_\alpha(m-r-1)$ 使

$$P[\chi^2 > \chi^2_\alpha(m-r-1)] = \alpha$$

根据样本观察值 $(x_1, x_2, \cdots, x_n)$ 计算 χ^2，如果 $\chi^2 < \chi^2_\alpha(m-r-1)$，则没有理由拒绝假定的总体分布，应接受假定的总体分布；否则拒绝假定的总体分布。

B.2.5.2　K-S 检验

K-S 检验是利用样本的经验分布 $F_n(x)$ 和假设的总体分布 $F_X(x)$ 做比较，建立统计量

$$D_n = \sup_{-\infty < x < +\infty} |F_n(x) - F_X(x)| = \max_{1 \leqslant k \leqslant n} \{|F_n(x_k) - F_X(x_k)|, |F_n(x_{k-1}) - F_X(x_k)|\} \tag{B-45}$$

进行检验的。柯尔莫哥洛夫定理指出，当 $n \to +\infty$ 时统计量 $\sqrt{n} D_n$ 的极限分布为

$$Q(\lambda) = P(\sqrt{n} D_n < \lambda) = \sum_{k=-\infty}^{\infty} (-1)^k \exp(-2k^2\lambda^2) \quad (\lambda > 0) \tag{B-46}$$

斯米尔诺夫对两个样本分布是否一致的问题也得到相同的极限分布，因此，利用统计量 $\sqrt{n} D_n$ 检验分布的方法也称为柯尔莫哥洛夫-斯米尔诺夫（Kolmogorov-Smirnov）检验，简称 K-S 检验。

具体方法是假定随机变量的总体分布 $F_X(x)$，对于给定的置信水平 α，确定 $D_{n,\alpha}$ 使

$$P(D_n > D_{n,\alpha}) = \alpha$$

根据样本观察值 $(x_1, x_2, \cdots, x_n)$ 计算 D_n，如果 $D_n < D_{n,\alpha}$ 则没有理由拒绝假定的总体分布，应接受假定的总体分布；否则拒绝假定的总体分布。

B.2.6　蒙特卡洛方法

B.2.6.1　蒙特卡洛方法的基本概念

蒙特卡洛（Monte-Carlo）方法也称为随机模拟方法。蒙特卡洛模拟方法是通过物理或数学方法产生随机变量的一组样本，然后针对与所研究对象有关的问题或过程进行数值计算，得到所研究对象统计规律。

图 B-23 示出了由实测得到的随机变量数据推断变量概率分布的过程，以及根据随机变量的概率分布采用蒙特卡洛方法产生随机变量样本的过程。如果通过实测得到随机变量的一组数据，可采用常规的数理统计方法对这组数据进行统计分析，即首先将以数据的最小值和最大值为下界和上界构成的区间，划分为若干个长度相等的子区间，统计数据落入每个子区间的数目，计算数据落入每个区间的频率和累积频率，然后画出变量的统计直方图，经假设和拟合优度检验，确定随机变量概率密度曲线与直方图符合度最好的概率分布。同样，如果

已知随机变量的概率分布，可采用蒙特卡洛方法产生变量的样本数据，如果按照前述常规的数理统计方法对所产生的样本数据进行统计分析，应能得到与产生样本数据所采用的概率分布基本一致的概率分布函数或密度函数。由此可见，蒙特卡洛模拟可看作是根据样本数据推断随机变量概率分布的逆过程。

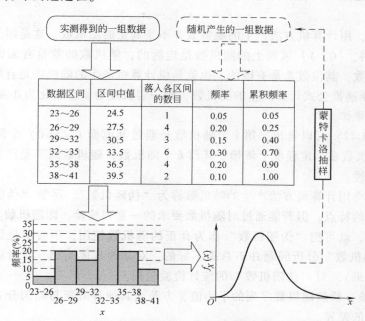

图 B-23　实测数据的统计分析和随机变量的蒙特卡洛抽样

B.2.6.2　随机数的产生与随机变量的抽样

随机变量的抽样是根据随机变量的概率特性，产生其随机样本值的过程，当产生的样本值的容量足够多大，样本值统计上应符合用来抽样的随机变量总体的概率特性。一般情况下，产生随机变量的样本要经过两个过程，首先要产生 [0，1] 区间上的均匀样本值，通过一定的计算产生具有要求概率特性的随机变量的样本值。在不会产生混淆的情况下，一般将 [0，1] 区间上的均匀样本值称为随机数，而将随机数变换为随机变量样本的过程称为随机变量的抽样。

B.2.6.3　随机数的产生

随机数是随机模拟的基础，因此产生随机数的方法一直是随机模拟理论研究的一项重要内容。曾经使用过的随机数产生方法包括三种，即随机数表法、物理方法和计算机方法。

随机数表法是将通过某种方法（如高速转盘、电子装置等）产生的随机数记录于磁盘中，使用时输入计算机即可。显然用这种方法记录下来的随机数是固定不变的，可选择的余地少，还要占用较多的计算机内存，目前已较少使用。一些数学手册中还附有随机数表。

物理方法是通过在计算机上安装一台物理随机数发生器，把具有随机性质的物理过程变换为随机数。一般而言，由物理方法得到的随机数是真正的随机数，随机性和均匀性较好，而且可以根据随机模拟的需要任意产生，不会出现循环现象。但也正因为物理过程是不可控制的，随机数的产生不具有可重复性，不便于对计算结果进行复查，或对不同的分析、模拟方法进行对比。另外，要经常对随机发生器的稳定性进行检查，对发生器进行维护。所以物理方法目前基本也不再使用。

通过计算机来产生随机数是目前应用最广泛的方法，这种方法产生随机数的速度快，即产即用，不需储存，占用内存少，且可重复产生。用计算机产生随机数，是根据数论方法通过数学递推公式运算来实现的，递推公式一般可表达为

$$r_i = f(r_{i-1}, r_{i-2}, \cdots, r_{i-k}) \tag{B-47}$$

从本质上讲，用计算机方法产生的随机数并不是真正的随机数，这是因为：

1) 理论上讲，[0, 1] 区间上的随机数是连续的，随机数的数目有无穷多个，而计算机提供的二进制数，其位数总是有限的，也就是说计算机产生的随机数是有限的离散数。

2) 按照数学递推公式计算产生的随机数，到一定长度后就会退化为 0 或出现循环现象，失掉了随机性的规律。

3) 由式 (B-47) 可以看出，第 i 个随机数是通过其前面 k ($k>0$) 个随机数运算得到的，即第 i 个随机数在一定程度上依赖于其前 k 个随机数，随机数间不是严格独立的，而是存在一定的相关性。

所以，一般将用计算机方法产生的随机数称为"伪随机数"。尽管"伪随机数"不完全具有真正随机数的特点，但若能通过对随机数要求的一系列检验，即随机数具有真正随机数的一些统计性质，就可把"伪随机数"作为真正的随机数使用，不会明显影响分析结果的精度（用"伪随机数"分析问题并不总是不好的，对某些具体问题，有时还会收到比真正随机数更好的结果）。对"伪随机数"的统计检验包括：

1) 参数检验，检验随机数序列的平均值、方差或其他各阶矩与均匀分布统计特征的理论值是否有显著的差异。

2) 均匀性检验，检验随机数序列的经验频率与理论频率的差异是否显著。

3) 独立性检验，检验随机数序列的相关性是否显著。

4) 组合规律检验，检验随机数序列的各种组合规律与理论值的差异是否显著。

5) 无连贯性检验，检验随机数序列各数字的出现有无连贯现象（如连续上升或连续下降）。

除上述统计检验方法外，还要从理论上对数学递推式中的各参数进行检验，以确保产生的"伪随机数"具有长的周期。

B.2.6.4　随机变量的抽样

前面介绍了随机数的产生方法，随机数也是 [0, 1] 均匀分布（可认为是最简单的一种概率分布）随机变量的抽样值，在实际工程中，除个别情况外，所涉及的随机变量并不服从均匀分布。因此，需要研究其他分布类型随机变量的抽样方法。就随机变量概率分布的形式而言，均匀分布与其他形式的分布没有直接的关系，但利用概率论和数理统计的一些基本原理，可以利用均匀分布产生的随机数来产生其他任意分布随机变量的样本值。目前，随机变量的抽样方法有多种，特别是根据一些随机变量的特点，提出了一些高效、专用的抽样方法。本节只根据本书的需要，简单介绍一些常用的连续型随机变量的抽样方法，对其来源、根据及有关定理不做证明，有兴趣的读者可参阅专门的文献。

1. 反函数方法

概率论中已经证明，如果随机变量 X 的概率分布函数为 $F_X(x)$，则 $F_X(X)$ 是一个服从 [0, 1] 均匀分布的随机变量；相反，若 R 是一个服从 [0, 1] 均匀分布的随机变量，则

$X = F_X^{-1}(R)$（R 的反函数）的概率分布函数为 $F_X(x)$。利用这一结果，可根据由均匀分布产生的随机数，来实现对随机变量的抽样。

如果产生了 R 的一个随机数 r，则由下式可得到 X 的一个抽样值 x

$$x = F_X^{-1}(r) \tag{B-48}$$

式（B-48）表示的抽样值是通过求其概率分布函数的反函数得到的，故称为反函数方法。反函数方法是最基本的一种抽样方法。图 B-24 示出了反函数法抽样的过程。

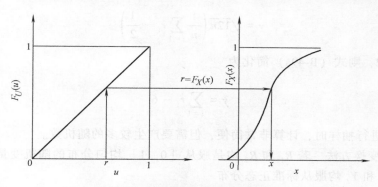

图 B-24　反函数法抽样的过程

2. 舍选法

舍选法有几种不同的抽样形式，此处只介绍最常用、也是最简单的一种。

对于有限区间 $[a, b]$ 上的随机变量 X，其概率密度函数为 $f_X(x)$，并且 $f_X(x)$ 的上确界为 $f_0 = \max\limits_{x \in [a,b]} f_X(x)$，则舍选法的抽样过程如下（见图 B-25）：

1）产生区间 $[a, b]$ 上均匀分布随机变量 U 的样本值 u。

2）产生区间 $[0, 1]$ 上随机变量 R 的随机数 r。

3）如果 $r \leqslant f_X(u)/f_0$，则 u 为随机变量 X 的一个样本值，否则舍弃掉该值转 1）重新产生随机样本。

由这一抽样过程可以看出，舍选法不使用随机变量概率分布的反函数，因此，适于反函数值不易求得的情形。另外，舍选法并不是对每次的

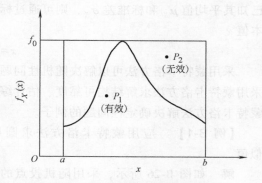

图 B-25　舍选法抽样的过程

抽样结果都采用，而是根据规定的条件进行判断，符合条件的才是有效的，这样存在一个抽样效率问题。图 B-25 示出了舍选法的抽样过程，显然，概率密度曲线越平坦，样本点落入其下的机会越多，抽样效率也越高。

3. 正态随机变量的抽样方法

正态分布在概率论和数理统计学中占有重要的地位，在结构可靠度理论中更是如此。当用蒙特卡洛方法进行结构可靠度分析时，除随机变量本身服从正态分布的情况外，对不服从正态分布的随机变量，也可利用正态分布进行抽样，特别是采用重要抽样法进行分析时。对正态随机变量进行抽样，可使用前述的两种方法，但利用正态分布的一些优良性质，还提出

了其特有的多种抽样方法，下面是常用的几种。

（1）基于中心极限定理的方法　按照概率论中的中心极限定理，若 R_1，R_2，$\cdots$，R_n 是独立同分布的随机变量，则当 $n\rightarrow\infty$ 时，$Y = \sum\limits_{i=1}^{n} R_i$ 是一个趋于正态分布的随机变量。若假定 R_1，R_2，$\cdots$，R_n 均服从 $[0，1]$ 均匀分布，而 r_1，r_2，$\cdots$，r_n 是 R_1，R_2，$\cdots$，R_n 的随机数，则下式近似为标准正态随机变量 Y 的一个样本值

$$y = \sqrt{12n}\left(\frac{1}{n}\sum_{i=1}^{n} r_i - \frac{1}{2}\right) \tag{B-49a}$$

若取 $n=12$，则式（B-49a）简化为

$$y = \sum_{i=1}^{12} r_i - 6 \tag{B-49b}$$

用该方法进行抽样时，计算非常简便，但需要产生较多的随机数。

（2）函数变换方法　若 R_1 和 R_2 均是服从 $[0，1]$ 均匀分布的随机变量，则下式表示的随机变量 Y_1 和 Y_2 均服从标准正态分布

$$\begin{cases} Y_1 = \sqrt{-2\ln R_1}\cos(2\pi R_2) \\ Y_2 = \sqrt{-2\ln R_1}\sin(2\pi R_2) \end{cases} \tag{B-50}$$

若由 R_1 和 R_2 产生随机数 r_1 和 r_2，则可由式（B-50）得到 Y_1 和 Y_2 的样本值 y_1 和 y_2。该方法形式简单，但计算自然对数和正弦函数、余弦函数的值时，要花费较多的时间。

上面两种方法都是对标准正态随机变量进行抽样的。对于一般的正态随机变量 X，如果已知其平均值 μ_X 和标准差 σ_X，则可通过标准正态随机变量的样本值 y，由下式获得 X 的样本值 x

$$x = \mu_X + y\sigma_X$$

采用蒙特卡洛方法可以解决随机性问题，也可以解决确定性问题。本书正文给出了多个采用蒙特卡洛方法求解结构可靠度、估计综合随机变量概率分布的例子，下面给出一个采用蒙特卡洛方法解决确定性问题的例子。

【例 B-1】　应用蒙特卡洛方法求圆周率 π 的近似值。

解　如图 B-26 所示，采用随机投点的方法求 π 的近似值。

图 B-26 为边长为 $2a$ 的正方形和直径为 $2a$ 的内切圆。采用蒙特卡洛方法在正方形内产生 $N_{方}$ 个均匀分布的随机点 $P(x_1，y_1)$，$P(x_2，y_2)$，$\cdots$，$P(x_N，y_N)$，这些随机点同时也落入圆内的数目为 $N_{圆}$。随机点落入圆内的数目 $N_{圆}$ 或落入正方形内的数目 $N_{方}$，与圆的面积 $S_{圆}$ 和正方形的面积 $S_{方}$ 成正比，即

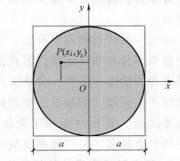

图 B-26　用于统计模拟 π 的投点图

$$\frac{S_{圆}}{S_{方}} = \frac{a^2\pi}{4a^2} = \frac{\pi}{4} = \frac{N_{圆}}{N_{方}}$$

由此得到

$$\pi = \frac{4N_圆}{N_方} \tag{a}$$

所以，只要通过蒙特卡洛模拟得到 $N_圆$ 和 $N_方$ 的值，即可由上式估计 π 的值。为此，用下列公式产生点 P 的随机坐标

$$\begin{cases} x_i = -a + 2ar_{i1} \\ y_i = -a + 2ar_{i2} \end{cases} \tag{b}$$

式中，r_{i1}、r_{i2} 为均匀随机数。当 $x_i^2 + y_i^2 \leq a^2$ 时，表示随机点 $P(x_i, y_i)$ 同时也落入到圆内。

表 B-1 示出了模拟次数 $N_方$ 为 100~1000000 时由式（a）计算得到的 π 的近似值。可以看出，随着模拟次数的增加，由式（a）计算的 π 值精度越高。

表 B-1　不同模拟次数时得到的 π 值

$N_方$	100	1000	10000	100000	1000000
π	3.04	3.08	3.1152	3.1396	3.14138

B.3　随机过程

在工程结构可靠度分析中，要比较精确地模拟荷载等变量的随机性，仅用随机变量的数学模型还是很不够的，必须引入时间概念。在概率论中联系时间参数的概率模型有时间序列概率模型和随机过程概率模型。时间序列概率模型时间参数的取值是离散的，随机过程概率模型时间参数的取值是连续的。本节介绍随机过程的一些简单和基本的概念，结构可靠度分析中采用的随机过程模型在第 5 章进行了介绍。

B.3.1　随机过程的基本概念

设 E 是随机试验，$S = \{e\}$ 是其样本空间，如果对于每一个 $e \in S$，总可以依某种规则确定一时间 t 的函数 $X(e, t)$（$t \in T$）与之相对应（T 是时间 t 的变化范围），于是，对于所有的 $e \in S$ 来说就得到一族时间 t 的函数，称此族时间 t 的函数为随机过程。可将随机过程 $\{X(e, t), e \in S, t \in T\}$ 理解为 e 和 t 的二元函数。当固定 e 为 e_i 时，$X(e_i, t)$ 为一普通函数，称为随机过程对应于 e_i 的样本函数；当固定 t 为 t_j 时，$X(e, t_j)$ 为一随机变量，称为随机过程在 $t = t_j$ 时的截口随机变量。

为表达简便，通常省去 e，用 $X(t)$ 表示随机过程。为明确起见，再重申一下 $X(t)$ 的含义：

1）对于特定的 $e_i \in S$，亦即对于一个特定的试验结果，$X(t)$ 是一个依赖于时间参数 t 的确定的样本函数，可以将其理解为随机过程的一次物理实现。为避免混淆，有时以 $X_i(t)$ 表示。

2）对于每一个固定的时刻，如 $t = t_j \in T$，一切可能出现的结果可以用 $X(t_j)$ 来描述，$X(t_j)$ 是一个随机变量［后面提到"随机变量 $X(t)$"是对 t 的固定值而言的］，工程上有时

将 $X(t_j)$ 称为随机过程 $X(t)$ 在 $t=t_j$ 时的状态，在工程结构可靠度分析中则称之为截口随机变量。

B.3.2　随机过程的分布函数及严平稳过程

设 $X(t)$ 是一个随机过程，对每一个固定时刻 $t_1 \in T$，$X(t_1)$ 是一个随机变量，其概率分布函数一般与 t_1 有关，记为

$$F_X(x_1;t_1) = P\{X(t_1) \le x_1\}$$

称为随机过程 $X(t)$ 的一维概率分布函数。

如果存在二元函数 $f_X(x_1;\ t_1)$，使

$$F_X(x_1;t_1) = \int_{-\infty}^{x_1} f_X(x_1;t_1)\mathrm{d}x_1$$

成立，则称 $f_X(x_1;\ t_1)$ 为随机过程 $X(t)$ 的一维概率密度函数。

为了反映随机过程 $X(t)$ 在不同时刻状态间的联系，有必要引出随机过程的 n 维概率分布函数。

一般，当时间 t 取任意 n 个数值 t_1，t_2，$\cdots$，t_n 时，n 维随机变量

$$[X_1(t_1),X_2(t_2),\cdots,X_n(t_n)]^\mathrm{T}$$

的概率分布函数记为

$$F_X(x_1,x_2,\cdots,x_n;t_1,t_2,\cdots,t_n) = P\{X_1(t_1) \le x_1,X_2(t_2) \le x_2,\cdots,X_n(t_n) \le x_n\}$$

称它为随机过程 $X(t)$ 的 n 维概率分布函数。如果存在函数 $f_X(x_1,\ x_2,\ \cdots,\ x_n;\ t_1,\ t_2,\ \cdots,\ t_n)$，使

$$F_X(x_1,x_2,\cdots,x_n;t_1,t_2,\cdots,t_n) = \int_{-\infty}^{x_1}\int_{-\infty}^{x_2}\cdots\int_{-\infty}^{x_n} f_X(x_1,x_2,\cdots,x_n;t_1,t_2,\cdots,t_n)\mathrm{d}x_n\cdots\mathrm{d}x_2\mathrm{d}x_1$$

成立，则称 $f_X(x_1,\ x_2,\ \cdots,\ x_n;\ t_1,\ t_2,\ \cdots,\ t_n)$ 为随机过程 $X(t)$ 的 n 维概率密度函数。显然，要描述随机过程的统计特性，就要借助其一切有穷维数的概率分布函数，即随机过程的有穷维数的概率分布函数族，记为

$$\{F_X(x_1,x_2,\cdots,x_n;t_1,t_2,\cdots,t_n) \mid 任意正整数\ n,任意\ t_i \in T(i=1,2,\cdots,n)\}$$

在随机过程理论中，将随机过程分为平稳随机过程和非平稳随机过程。平稳随机过程的特点是：过程的统计特性不随时间的平移而变化（或者说不随时间原点的选取而变化）。如果对于时间 t 的任意 n 个数值 t_1，t_2，$\cdots$，t_n 和任意实数 τ，随机过程 $X(t)$ 的 n 维概率分布函数满足关系下式

$$F_X(x_1,x_2,\cdots,x_n;t_1,t_2,\cdots,t_n) = F_X(x_1,x_2,\cdots,x_n;t_1+\tau,t_2+\tau,\cdots,t_n+\tau)\ (n=1,2,\cdots)$$

$$(\text{B-51})$$

则称该随机过程为严平稳随机过程，或简称严平稳过程。

在实际中要按式（B-51）来判定一个随机过程的平稳性是很不容易的，但是对于一个被研究的随机过程，如果前后的环境和主要条件都不随时间变化，则一般就可以认为是平稳的。平稳性反映在观测记录上，即样本曲线方面的特点是：随机过程的所有样本曲线大体上都在某一水平直线周围随机地波动。

B.3.3　均值函数和相关函数

设 $X(t)$ 是一个随机过程，固定 t_1，则 $X(t_1)$ 是一个随机变量，其平均值或数学期望一

般与 t_1 有关，记为

$$\mu_X(t_1) = E[X(t_1)] = \int_{-\infty}^{+\infty} x_1 f_X(x_1, t_1)\,\mathrm{d}x_1$$

式中，$f_X(x_1, t_1)$ 为 $X(t)$ 的一维概率密度函数。称 $\mu_X(t)$ 为随机过程 $X(t)$ 的均值函数，可以将其看成是随机过程所有样本函数在时刻 t_1 函数值的平均，通常称为集平均，如图 B-27 所示。$\mu_X(t)$ 是反映随机过程平均水平的一个指标。

随机过程线性组合的均值函数，等于各随机过程均值函数的线性组合，即

$$AE[X(t)] + BE[Y(t)] + \cdots + CE[Z(t)] = E\{AX(t) + BY(t) + \cdots + CZ(t)\}$$
$$= A\mu_X(t) + B\mu_Y(t) + \cdots + C\mu_Z(t)$$

式中，A、B、C 为常数；$\mu_X(t)$，$\mu_Y(t)$，$\mu_Z(t)$ 分别为 $\{X(t), t \in T\}$，$\{Y(t), t \in T\}$，$\cdots$，$\{Z(t), t \in T\}$ 的均值函数。

将随机变量 $X(t)$ 的二阶原点矩记作 $\psi_X^2(t)$，即

$$\psi_X^2(t) = E[X^2(t)]$$

称为随机过程 $X(t)$ 的均方值。而二阶中心矩记作 $D[X(t)]$ 或 $\sigma_X^2(t)$，即

$$D[X(t)] = \sigma_X^2(t) = E\{[X(t) - \mu_X(t)]^2\}$$

称为随机过程 $X(t)$ 的方差函数。方差函数的平方根 $\sigma_X(t)$ 称为随机过程 $X(t)$ 的均方差函数，表示随机过程 $X(t)$ 在时刻 t 偏离均值函数 $\mu_X(t)$ 的程度，如图 B-27 所示。

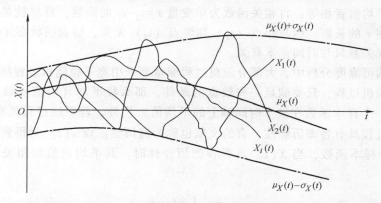

图 B-27　随机过程 $X(t)$ 在时刻 t 偏离均值函数 $\mu_X(t)$ 的程度

均值函数和方差函数是刻画随机过程在各个孤立时刻统计特性的重要数字特征。为了描绘随机过程在两个不同时刻状态之间的联系，还需要利用二维概率密度函数引入新的数字特征。

设 $X(t_1)$ 和 $X(t_2)$ 是随机过程 $X(t)$ 在任意两个时刻 t_1 和 t_2 的状态，$f_X(x_1, x_2; t_1, t_2)$ 为其二维概率密度函数，称二阶原点混合矩

$$R_{XX}(t_1, t_2) = E[X(t_1)X(t_2)] = \int_{-\infty}^{+\infty}\int_{-\infty}^{+\infty} x_1 x_2 f_X(x_1, x_2; t_1, t_2)\,\mathrm{d}x_1\mathrm{d}x_2$$

为随机过程 $X(t)$ 的自相关函数，简称相关函数。记号 $R_{XX}(t_1, t_2)$ 在不引起混淆的情况下常简记为 $R_X(t_1, t_2)$。

类似地，还可以写出 $X(t_1)$ 和 $X(t_2)$ 的二阶中心混合矩

$$C_{XX}(t_1, t_2) = E\{[X(t_1) - \mu_X(t_1)][X(t_2) - \mu_X(t_2)]\}$$

并称它为随机过程 $X(t)$ 的自协方差函数，简称协方差函数。$C_{XX}(t_1, t_2)$ 也常记为 $C_X(t_1, t_2)$。

由多维随机变量数字特征可知，自相关函数和自协方差函数就是刻画随机过程自身在两个不同时刻状态之间线性相互关系的数字特征。

均值函数、方差函数和相关函数及协方差函数各数字特征之间的关系如下

$$\psi_X^2(t) = E[X^2(t)] = R_X(t, t)$$

$$C_X(t_1, t_2) = R_X(t_1, t_2) - \mu_X(t_1)\mu_X(t_2)$$

$$\sigma_X^2(t) = C_X(t, t) = R_X(t, t) - \mu_X^2(t)$$

由上面三个公式可知，各数字特征中最主要的是均值函数和自相关函数。

B.3.4 宽平稳随机过程

根据平稳随机过程数字特征的特性：均值函数为常数，自相关函数为单变量（$\tau = t_2 - t_1$）的函数。工程上通常只在相关理论范围内考虑如下一类广义的平稳过程。

给定随机过程 $X(t)$，如果

$$E[X(t)] = \mu_X(t) = 常数$$

且

$$E[X^2(t)] < +\infty, \quad E[X(t)X(t+\tau)] = R_X(\tau)$$

则称 $X(t)$ 为宽平稳随机过程或广义平稳过程。其特点是：$\mu_X(t)$ 为常数，也就是其任意截口随机变量的平均值皆相等；自相关函数为单变量 $\tau = t_2 - t_1$ 的函数，意思就是自相关函数只依赖于时间区间 τ 的长短，而与起点（t_1）和终点（t_2）无关，即表明状态 $X(t_1)$ 和 $X(t_2)$ 之间的线性相互关系只与时间差 τ 有关。

在工程结构可靠度分析中，大部分随机过程变量都采用宽平稳随机过程描述。

对于平稳随机过程，只要满足一些较宽的条件，那么集平均（均值函数和自相关函数等）就可以用一个样本函数在整个时间轴上的平均值来代替。若平稳过程具有这样的性质，则称平稳随机过程具有各态历经性，有的文献也称为遍历性。设 $x(t)$ 为得到的平稳随机过程 $X(t)$ 的一个样本函数，当 $X(t)$ 具有各态历经性时，其平均函数和相关函数可用下式计算

$$\mu_X = \frac{1}{T}\int_0^T x(t)\,\mathrm{d}t$$

$$R_X(\tau) = \frac{1}{T-\tau}\int_0^{T-\tau} x(t+\tau)x(t)\,\mathrm{d}t$$

结构可靠度分析中的很多随机过程也是按满足各态历经性的随机过程考虑的。

B.4 随机场

上面描述了随时间变化的随机性问题。在实际中还经常遇到随空间位置而变化的随机性问题，可用随机场模型描述，最常见的是土的空间变异性问题。随机场模型与随机过程模型有很大的相似性，随机过程的变异性体现在随时间的变化上，而随机场的变异性体现在随空间位置的变化上。

设 $L(x)$ 是直线上一点，称随机函数 $U(L) = U(x)$ 为一维空间内的一个随机场；设 $S(x, y)$

为平面上一点，称随机函数 $U(S) = U(x, y)$ 为二维空间内的一个随机场；设 $V(x, y, z)$ 是空间内一点，称随机函数 $U(V) = U(x, y, z)$ 为三维空间内的一个随机场。$U(L)$、$U(S)$ 和 $U(V)$ 分别描述了随机变量在一维、二维和三维空间的变异性。可以看出，对于随机过程来讲，时间只有一维；而对于随机场来讲，空间可以有一维、二维和三维。图 B-28 示出了随机场的基本模型及与随机过程的区别。

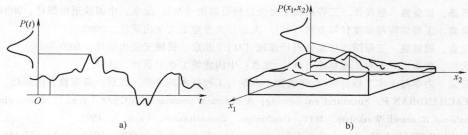

图 B-28 随机场与随机过程的区别

a) 随机过程 b) 随机场

同随机过程一样，可以定义随机场的均值函数和相关函数。下面以三维随机场 $U(V)$ 为例说明。

假定随机场变量 $U(V)$ 的概率密度函数为 $f_U(u)$，则其均值函数和相关函数为

$$\mu_U(V) = \mu_U(x, y, z) = \int_{-\infty}^{+\infty} u(x, y, z) f_U(u) \, \mathrm{d}u$$

$$R(V, V + \Delta V) = R(x, y, z; x + \Delta x, y + \Delta y, z + \Delta z)$$

$$= \int_{-\infty}^{+\infty} \int_{-\infty}^{+\infty} u_1(x, y, z) u_2(x + \Delta x, y + \Delta y, z + \Delta z) f_{U_1}(u_1) f_{U_2}(u_2) \, \mathrm{d}u_1 \mathrm{d}u_2$$

如果 $U(V)$ 满足下列要求

1) 平均值 $\mu_U = E[U(V)]$ 是一个与坐标 (x, y, z) 无关的量。

2) 如果相关函数

$$R(V, V + \Delta V) = E\{[U(V) - \mu_U(V)][U(V + \Delta V) - \mu_U(V + \Delta V)]\}$$

仅依赖于 ΔV，则称 $U(V)$ 为齐次随机场。如果相关函数 $R(V, V + \Delta V)$ 仅与向量 ΔV 的长度有关，则称 $U(V)$ 为齐次迷向随机场，或称齐次随机场是各向同性的。

参考文献

[1] 赵国藩，曹居易，张宽权. 工程结构可靠度 [M]. 北京：水利电力出版社，1984.

[2] 赵国藩. 工程结构可靠性理论与应用 [M]. 大连：大连理工大学出版社，1996.

[3] 赵国藩，金伟良，贡金鑫. 结构可靠度理论 [M]. 北京：中国建筑工业出版社，2000.

[4] 赵国藩，贡金鑫，赵尚传. 工程结构生命全过程可靠度 [M]. 北京：中国铁道出版社，2004.

[5] 贡金鑫. 工程结构可靠度计算方法 [M]. 大连：大连理工大学出版社，2003.

[6] 贡金鑫，魏巍巍. 工程结构可靠性设计原理 [M]. 北京：机械工业出版社，2007.

[7] 丁大钧，蒋永生. 土木工程总论 [M]. 北京：中国建筑工业出版社，1997.

[8] 张若京. 力学与土木工程 [M]//薛明德. 力学与工程技术的进步. 北京：高等教育出版社，2001.

[9] JAYACHANDRAN P. Structural engineering：A historical perspective [C]// [s. n.]. Preceedings of International Research Workshop. M11, Cambridge. Massachusetts. [s. n.]，1991.

[10] FREUDENTHAL A M. The safety of structures [J]. Transaction, ASCE, 1947, 112：125-159.

[11] BASLER S E. Analysis of structural safety [C]//ASCE Annual Convention, Boston, Mass.，1960.

[12] CORNELL C A. A probability based structural code [J]. Journal of the American Concrete Institute, 1969, 66 (12)：947-985.

[13] ISO. General principals of structural reliability：ISO 2394：1998 [S]. Geneva：ISO, 1998.

[14] ISO. General principals of structural reliability：ISO 2394：2015 [S]. Geneva：ISO, 2015.

[15] CEN. Eurocode-Basis of structural design：EN 1990：2002 [S]. Brussels：CEN, 2002.

[16] ACI. Building code requirements for structural concrete：ACI 318—19 [S]. Los Angeles：ACI, 2019.

[17] American Iron and Steel Institute, et al North American specification for the design of cold-formed steel structural member：ANSI/AISI Standard S100 [S], Washington D C：American Iron and Steel Institute, 2007.

[18] AASHTO. Bridge Design Specification：AASHTO LRFD：2012 [S]. Washington D C：AASHTO, 2012.

[19] JCSS. Probabilistic Model Code：JCSS-OSTL/DIA/VROU-10-11：2001 [S]. Copenhagen：JCSS, 2001.

[20] JSCE. Guideline of limit state design for building structures [S]. Tokyo：JSCE, 2002.

[21] HASOFER A M, LIND N C. Exact and invariatn second-moment code format [J]. Journal of the Engineering Mechanics, 1974, 100 (1)：111-121.

[22] RACKWITZ R, FIESSLER B. Structural reliability under combined random load sequences [J]. Computers and Structures, 1978, 9 (5)：489-494.

[23] DITELEVSEN O. Principle of normal tail approximation [J]. Journal of the Engineering Mechanics, 1981, 107 (6)：1191-1208.

[24] SHINOZUKA M. Basic analysis of structural safety [J]. Journal of Structural Division, 1983, 109 (3)：721-740.

[25] MELCHERS R E. Structural reliability analysis and prediction [M]. 2nd ed. Hoboken：John Wiley & Sons, 1999.

[26] MADSEN H O, KRENK S, LIND N C. Methods of Structural Safety [M]. New Jersey：Prentice-Hall, Inc.，1986.

[27] ROSENBLATT M. Remarks on a multivarite transformation [J]. The Annals of Mathematical Statistics, 1952, 23：470-472.

[28] 赵国藩. 建筑结构按照极限状态计算原理及其系数的确定方法 [J]. 土木工程学报，1956 (2)：45-49.

[29] 赵国藩. 钢筋混凝土结构按照数理统计方法的计算 [J]. 大连工学院学刊，1960 (2)：55-67.

[30] 赵国藩. 钢筋混凝土结构按照数理统计方法计算的探讨 [J]. 土木工程学报, 1960 (4)：43-48.

[31] 赵国藩. 结构可靠度的实用分析方法 [J]. 建筑结构学报, 1984, 5 (3)：1-10.

[32] 赵国藩. 结构可靠度分析的抗力统计模式 [J]. 土木工程学报, 1985, (1)：9-15.

[33] 赵国藩. 钢筋混凝土构件裂缝控制可靠度的近似概率分析 [J]. 工业建筑. 1984, 14 (1)：24-29.

[34] 赵国藩, 贡金鑫, 赵尚传. 我国土木工程结构可靠性研究的一些进展 [J]. 大连理工大学学报, 2000, 40 (3)：253-258.

[35] 赵国藩. 影响结构可靠度的主要问题及对微调的建议 [J]. 建筑科学, 1999, 15 (3)：5-7.

[36] 中华人民共和国建设部. 工程结构可靠度设计统一标准：GB 50153—1992 [S]. 北京：中国计划出版社, 1992.

[37] 中华人民共和国住房和城乡建设部. 工程结构可靠性设计统一标准：GB 50153—2008 [S]. 北京：中国建筑工业出版社, 2008.

[38] 中华人民共和国国家计划委员会. 建筑结构设计统一标准：GBJ 68—1984 [S]. 北京：中国建筑工业出版社, 1984.

[39] 中华人民共和国建设部. 建筑结构可靠度设计统一标准：GB 50068—2001 [S]. 北京：中国建筑工业出版社, 2001.

[40] 中华人民共和国住房和城乡建设部. 建筑结构可靠性设计统一标准：GB 50068—2018 [S]. 北京：中国建筑工业出版社, 2018.

[41] 中华人民共和国建设部. 港口工程结构可靠度设计统一标准：GB 50158—1992 [S]. 北京：中国计划出版社, 1992.

[42] 中华人民共和国住房和城乡建设部. 港口工程结构可靠性设计统一标准：GB 50158—2010 [S]. 北京：中国计划出版社, 2010.

[43] 中华人民共和国建设部. 水利水电工程结构可靠度设计统一标准：GB 50199—1994 [S]. 北京：中国计划出版社, 1994.

[44] 中华人民共和国住房和城乡建设部. 水利水电工程结构可靠性设计统一标准：GB 50199—2013 [S]. 北京：中国计划出版社, 2013.

[45] 中华人民共和国建设部. 铁路工程结构可靠度设计统一标准：GB 50216—1994 [S]. 北京：中国计划出版社, 1994.

[46] 中国铁路总公司. 铁路工程结构可靠性设计统一标准：GB 50216—2019 [S]. 北京：中国铁道出版社, 2019.

[47] 中华人民共和国建设部. 公路工程结构可靠度设计统一标准：GB/T 50283—1999 [S]. 北京：中国计划出版社, 1999.

[48] 中华人民共和国交通运输部. 公路工程结构可靠性设计统一标准：JTG 2120—2020 [S]. 北京：人民交通出版社, 2020.

[49] 贡金鑫, 仲伟秋, 赵国藩. 工程结构可靠性理论的发展与应用 (1) [J]. 建筑结构学报, 2002, 23 (4)：2-9.

[50] 贡金鑫, 仲伟秋, 赵国藩. 工程结构可靠性理论的发展与应用 (2) [J]. 建筑结构学报, 2002, 23 (5)：2-10.

[51] 贡金鑫, 仲伟秋, 赵国藩. 工程结构可靠性理论的发展与应用 (3) [J]. 建筑结构学报, 2002, 23 (6)：2-9.

[52] 贡金鑫, 赵国藩, 国外可靠性理论的应用与发展 [J]. 土木工程学报, 2005, 38 (2)：1-7, 21.

[53] 《港口工程结构可靠度设计统一标准》编制组. 港口工程结构可靠度 [M]. 北京：人民交通出版社, 1992.

[54] 《公路工程结构可靠度设计统一标准》编制组. 公路工程结构可靠度 [Z]. 中交公路规划设计

院，1994.

[55] 史志华，贡金鑫，李云贵，等. 中美欧钢筋混凝土基本构件设计安全度比较 [J]. 建筑结构，2012，42（10）：87-97.

[56] 史志华，白生翔. 我国工程结构可靠度设计的里程碑—纪念国家标准《建筑结构设计统一标准》颁发30周年 [J]. 计算力学学报，2014，31（增刊）：1-8.

[57] 胡家顺. 港口工程结构可靠性设计理论与方法 [J]. 计算力学学报，2014，31（增刊）：17-21.

[58] 侯建国，安旭文. 水利水电工程结构可靠性设计理论与方法 [J]. 计算力学学报，2014，31（增刊）：9-16，21.

[59] 李文杰，李会驰，赵君黎，等. 公路工程结构可靠性设计理论与应用现状 [J]. 计算力学学报，2014，31（增刊）：22-26，33.

[60] 高岗，薛吉岗. 铁路桥梁结构设计规范由容许应力法转换为极限状态法的思考 [J]. 铁道标准设计，2012（2）：41-45.

[61] 《水利水电工程结构可靠度设计统一标准》编制组. 水利水电工程结构可靠度设计统一标准专题文集 [M]. 成都：四川科学技术出版社，1994.

[62] IEC. Wind turbines-Part 1：Design requirements：IEC 61400-1：2005 [S]. Geneva：IEC，2005.

[63] DNVGL. Load and site conditions for wind turbine：DNVGL-ST-0437：2016 [S]. Netherlands：DNVGL，2016.

[64] DNVGL. Support structures for wind turbine：DNVGL-ST-0126：2016 [S]. Netherlands：DNVGL，2016.

[65] TARP-JOHANSEN N J，MADSEN P H，FRANDSEN S. Partial safety factors for extreme load effects—proposal for the 3rd ed. of IEC 61400：Wind turbine generator systems-Part 1：Safety requirements [R]. Raslcilde：Risφ National Laboratory，2002.

[66] IEC. Wind turbines—Part 3：Design requirement for offshore wind turbines：IEC 61400-3：2009 [S]. Genevia：IEC，2009.

[67] 贡金鑫，万广泽. 核电厂核安全相关混凝土结构可靠度校准 [J]. 建筑结构，2018，48（16）：29-35.

[68] 王丹阳. 台风区海上风机基础和塔筒可靠度分析 [D]. 大连理工大学，2019.

[69] LEE A，BARRETT P. Performance based building：First International state-of-the-art report [R] Ottawa：International Council for Research and Innovation in Building and Construction，2003.

[70] 过镇海，时旭东. 钢筋混凝土的高温性能及其计算 [M]. 北京：清华大学出版社，2003.

[71] 滕智明. 钢筋混凝土基本构件 [M]. 北京：清华大学出版社，1987.

[72] 胡新六. 建筑工程倒塌案例分析与对策 [M]. 北京：机械工业出版社，2004.

[73] 谢征勋. 建筑工程事故分析及方案论证 [M]. 北京：地震出版社，1996.

[74] 罗福午，张慧英，杨军. 建筑结构概念设计及案例 [M]. 北京：清华大学出版社，2003.

[75] 沈祖炎，陈扬骥，陈以一. 钢结构基本原理 [M]. 北京：中国建筑工业出版社，2000.

[76] 江见鲸，徐志胜，任爱珠. 防灾减灾工程学 [M]. 北京：机械工业出版社，2005.

[77] 李继华. 可靠性数学 [M]. 北京：中国建筑工业出版社，1988.

[78] 陈政清，华旭刚. 人行桥的振动与动力设计 [M]. 北京：人民交通出版社，2009.

[79] ISO. Buildings and constructed assets-Service life planning-Part 1：General principles：ISO 15686-1：2015 [S]. Geneva：ISO，2015.

[80] 日本建筑协会. 建筑物使用寿命规划指南 [S]. 东京：日本建筑协会，2003.

[81] 史志华，胡德炘，陈基发. 钢筋混凝土结构安全度水准修订评估 [J]. 建筑科学，2002，18（增刊-2）：50-57.

[82] 李继华，林忠民，李明顺，等. 建筑结构概率极限状态设计 [M]. 北京：中国建筑工业出版

社，1990.

[83] 李铁夫．铁路桥梁可靠度设计 [M]．北京：中国铁道出版社，2006.

[84] 黄兴棣．工程结构可靠性设计 [M]．北京：人民交通出版社，1989.

[85] 常大民，江克斌．桥梁结构可靠性分析与设计 [M]．北京：中国铁道出版社，1995.

[86] 文雨松，徐名枢．铁路桥梁列车竖向活载和桥梁恒载研究报告 [R]．长沙铁道学院，1990.

[87] 中华人民共和国建设部．冷弯薄壁型钢结构技术规范：GB 50018—2002 [S]．北京：中国计划出版
社，2002.

[88] 中华人民共和国住房和城乡建设部．钢结构设计标准：GB 50017—2017 [S]．北京：中国建筑工业
出版社，2017.

[89] 日本地震工学会基于性能的抗震设计研究委员会．基于性能的抗震设计—现状与课题 [M]．王雪
婷，等译．北京：中国建筑工业出版社，2012.

[90] MELCHERS R E, BECK A T. Structural reliability analysis and prediction [M]. Hoboken: John Wiley &
Sons Ltd, 2018.

[91] ASCE. Minimum design loads for buildings and other structures: ASCE/SEI 7—10 [S]. Virginia: Ameri-
can Society of Civil Engineers, 2010.

[92] 高小旺，魏琏，韦承基．现行抗震规范可靠度水平的校准 [J]．土木工程学报，1987，20（2）：
10-19.

[93] 龚思礼，高小旺，汪颖富．建筑抗震设计新规范应用讲评 [M]．北京：中国建筑工业出版
社，1995.

[94] 中华人民共和国电力工业部．水工建筑物荷载设计规范：DL 5077—1997 [S]．北京：中国电力出
版社，1997.

[95] 徐厚军，陈雪庭．新修订的《冷弯薄壁型钢结构技术规范》可靠度评价的研究报告 [J]．建筑科
学，2002，18（增刊-2）：76-81

[96] 中华人民共和国住房和城乡建设部．建筑结构荷载规范：GB 50009—2012 [S]．北京：中国建筑工
业出版社，2012.

[97] 中华人民共和国交通运输部．港口工程桩基规范：JTS 167-4—2012 [S]．北京：人民交通出版
社，2012.

[98] 中华人民共和国交通运输部．码头结构设计规范：JTS 167—2018 [S]．北京：人民交通出版
社，2018.

[99] 中华人民共和国交通运输部．公路桥涵地基与基础设计规范：JTG D63—2007 [S]．北京：人民交
通出版社，2007.

[100] 中华人民共和国住房和城乡建设部．建筑桩基技术规范：JGJ 94—2008 [S]．北京：中国建筑工业
出版社，2008.

[101] 中华人民共和国交通运输部．港口工程地基规范：JTS 147-1—2010 [S]．北京：人民交通出版
社，2010.

[102] 中国铁路总公司．铁路桥涵极限状态法设计暂行规范（条文说明）：Q/CR 9300—2014 [S]．北
京：中国铁道出版社，2014.

[103] 陈志华，刘占省．拉索抗力分项系数研究和可靠度分析 [J]．建筑结构学报，2010（S1）：
241-246.

[104] JINXIN G, PING Y and NA Z. Non-gradient-based algorithm for structural reliability analysis [J]. Jour-
nal of Engineering Mechanics, 2014, 140（6）：682-694.

[105] PHOON K K, RETIEF J V. 基于 ISO 2394 的岩土工程可靠度设计 [M]．李典庆，唐小松，曹子
君，译．北京：中国水利水电出版社，2017.

［106］　TURKSTRA C J, MADSEN H O. Load combination in codified structural design ［J］. Journal of the Structural Division, ASCE, 1980, 106 (12): 2527-2543.

［107］　PHOON K K. Towards reliability-based design for geotechnical engineering ［C］// ［s. n. ］ Special lecture for Korean Geotechnical Society. Seoul: ［s. n. ］, 2004.

［108］　PAIKOWAKY S G. Load and resistance factor design for deep foundations ［R］. NCHRP Report 24-17, Transportation Research Board, Washington, 2002.

［109］　ALLEN D E. Criteria for design safety factors and quality assurance expenditure ［C］// MOANT, et al. Proceedings of 3rd International Conference on Structural Safety and Reliability Amsterdam: Elsebier, 1981: 667-678.

［110］　ELLINGWOOD B, GALAMBOS T V. MacGregor J. G. and Cornell, C. A. Development of a probability based load criterion for American National Standard A58 ［R］. Publication 577, National Bureau of Standard, Deportment of Commerce, Washington, D. C, 1980.

［111］　李明顺, 胡德炘, 史志华. 我国建筑结构可靠度设计标准的技术合理性与依据 ［C］//清华大学. 土建结构工程的安全性与耐久性. 北京: 清华大学, 2001.

［112］　贡金鑫, 赵国藩. 国际结构设计基础理论的研究应用现状与未来发展 ［R］. 工程建设标准化协会第4届结构设计基础专业委员会第2次会议及中国土木工程学会第5届结构可靠度委员会第1次会议, 2005.

［113］　贡金鑫, 张春雨, 钱丽. 港口工程钢筋混凝土结构可靠度分析 ［J］, 水利水运工程学报, 2004, (4), 9-14.

［114］　AASHTO. 公路桥梁船舶撞击设计规范: AASHTO—2009 ［S］. 中交公路规划设计院有限公司, 译. 北京: 人民交通出版社. 2009.

［115］　中华人民共和国交通运输部. 公路桥涵设计通用规范: JGT D60—2015 ［S］. 北京: 人民交通出版社, 2015.

［116］　国家铁路局. 铁路列车荷载图式: TB/T 3466—2016 ［S］. 北京: 中国铁道出版社, 2016.

［117］　中华人民共和国交通运输部. 港口工程荷载规范: JTS 144-1—2010 ［S］. 北京: 人民交通出版社, 2010.

［118］　中华人民共和国住房和城乡建设部. 建筑抗震设计规范 (2016年版): GB 50011—2010 ［S］. 北京: 中国建筑工业出版社, 2016.

［119］　中华人民共和国住房和城乡建设部. 民用建筑可靠性鉴定标准: GB 50292—2015 ［S］. 北京: 中国建筑工业出版社, 2015.

［120］　中华人民共和国交通运输部. 公路桥梁承载能力检测评定规程: JTG/T J21—2011 ［S］. 北京: 人民交通出版社, 2011.

［121］　中华人民共和国住房和城乡建设部. 建筑地基基础设计规范: GB 50007—2011 ［S］. 北京: 中国建筑工业出版社, 2011.

［122］　中华人民共和国交通运输部. 重力式码头设计与施工规范: JTS 167-2—2009 ［S］. 北京: 人民交通出版社, 2009.

［123］　CEN. Geotechnical design—Part 1: General rules: EN 1997-1: 2004 ［S］. Brussels: CEN, 2004.

［124］　杨晓燕, 贡金鑫, 张启伟. 随机车辆荷载作用下斜拉索索力的概率模型及可靠度分析 ［J］. 建筑工程与科学学报, 2014, 31 (2): 91-98.

［125］　FORSSELL C. Economics and buildings ［J］. Structural Mechanics Study, 1970, 3.

［126］　NATHWANI J S, LIND N, PANDEY M. Affordable safety by choice: The life quality method ［R］. University of Waterloo, Waterloo, 1997.

［127］　FABER M H, VIGUEZ-RODRIGUEZ E. Supporting decisions on global health and life safety investments

［C］// ［s. n. ］Proceedings of 11th International Conference on Applications of Statistics and Probability in Civil Engineering, Zurich：［s. n. ］, 2011.

［128］ MICHAEL H F, OLIVER K, JOCHEN K. Tutorial for the JCSS code calibration program ［R］. Zurich： Swiss Federal Institute of Structural Engineering Group on Risk and Safety, 2003.

［129］ Danish Standards Association. Code of practice for the safety of structures：DS 409：1999 ［S］. Copenhagen：Danish Standards Association, 1999.

［130］ Swedish Standards Association. Code of design for building structures ［S］. Stockholm：Swedish Standards Association, 2004.

［131］ UFC. Design of buildings to resist progressive collapse：UFC 4-023—2013 ［S］. New York：UFC, 2013.

［132］ CEN. Actions on the Structures—Part 1-7：General actions—Accidental actions：EN 1991-1-7：2006 ［S］. Brussels：CEN, 2006.

［133］ ISO. Basis for design of structures—Assessment of existing structures：ISO 13822：2001 （E） ［S］. Geneva：ISO, 2001.

［134］ ZASKÓRSKI L, PULA W. Calibration of characteristic values of soil properties using the random finite element method ［J］. Archives of civil and mechanical engineering, 2016, 16：112-124.

［135］ FENTON G A, GRIFFITHS D V. Risk assessment in geotechnical engineering ［M］. Hoboken：John Wiley & Sons, 2008.

［136］ 斯图亚特. 钢结构与混凝土结构塑性设计法 ［M］. 陈维纯, 马宝华, 译. 北京：中国建筑工业出版社, 1986.

［137］ 牟在根. 房屋建筑结构抗震设计规定及其应用算例解析 ［M］. 北京：中国铁道出版社, 2014.

［138］ 赵国藩, 李云贵. 旧有结构性能评估 ［J］. 大连理工大学学报, 1991 （6）：687-692.

［139］ 贡金鑫, 赵国藩. 考虑抗力随时间变化的结构可靠度分析 ［J］. 建筑结构学报, 1998, 19 （5）：43-51.

［140］ 贡金鑫, 赵国藩. 腐蚀环境下钢筋混凝土结构疲劳可靠度的分析方法 ［J］. 土木工程学报, 2000, （6）：50-56.

［141］ 赵尚传, 赵国藩. 基于可靠性的在役混凝土结构剩余使用寿命预测 ［J］. 建筑科学, 2001, 17 （5）：19-22.

［142］ 赵尚传, 赵国藩, 贡金鑫. 在役混凝土结构最优剩余使用寿命预测 ［J］. 大连理工大学学报, 2002, 42 （1）：7-11.

［143］ 桌尚木, 季直仓, 桌昌志. 钢筋混凝土结构事故分析与加固 ［M］. 北京：中国建筑工业出版社, 1997.

［144］ 国家技术监督局. 非中心 t 分布分位值表：GB/T 15932—1995 ［S］. 北京：中国标准出版社, 1996.

［145］ 张劲泉, 李万恒, 任红伟, 等. 公路旧桥承载力评定方法及工程实例 ［M］. 北京：人民交通出版社, 2007.

［146］ 茆诗松, 周纪芗. 概率论与数理统计 ［M］. 北京：中国统计出版社, 2007.

［147］ 贡金鑫, 等. 中美欧海上风机基础设计规范可靠度分析 ［R］. 大连：大连理工大学, 2021.

［148］ International Electrotechnical Commission. Safety Factors-IEC 61400-1 ed. 4-background document ［R］. Geneva：IEC, 2007.

［149］ TARP-JOHANSEN-N J. Partial Safety Factors and Characteristic Values for Combined Extreme Wind and Wave Load Effects ［J］. Journal of Solar Energy Engineering, 2005, 127 （5）.

［150］ 国家能源局. 海上风电场工程风电机组基础设计规范：NB/T 10105—2018 ［S］. 北京：中国水利水电出版社, 2019.